“十三五”职业教育国家规划教材
广西高等职业教育示范特色专业系列教材
（作物生产技术专业群）

植物保护技术

第2版

陈彩贤　李　成　主编

中国农业大学出版社
·北京·

内容简介

本教材主要针对我国华南地区大田农作物有害生物发生及绿色防控技术特点，以培养华南地区从事农作物植保员职业岗位要求的高等职业技术技能型人才为目标，以华南农作物有害生物绿色防控要求为指导，以植物保护基本理论和实践技能为重点，突出实践技能教学。教材力求反映华南地区有害生物综合防治的地域性、科学性、先进性和实用性。全书共分四个项目，介绍了农业有害生物识别、植物有害生物调查和预测预报、植物有害生物综合防治、农药(械)使用等基础知识，以及地下害虫、水稻、玉米、甘蔗、薯类、大豆、花生、蔬菜等病虫害、农田杂草、农田害鼠、害螨、软体动物等有害生物综合防控技术。在教材融入课程思政元素，体现党的二十大关于实施科教兴国战略、人才强国战略，践行课程育人功能。教材彩图100余张、黑白图片90余张，重要知识点通过配套的微课、视频、课件等数字资源加以强化。本教材适用于高等职业院校种子生产与经营管理、作物生产技术、现代农业技术、生态农业技术、设施农业与装备和休闲农业等专业的植物保护技术或常见病虫草害防治教材，也可作为广大农业工作者参考用书。

图书在版编目(CIP)数据

植物保护技术/陈彩贤，李成主编. --2版. --北京 ：中国农业大学出版社，2024.9.(2025.2重印)

ISBN 978-7-5655-3292-4

Ⅰ.S4

中国国家版本馆CIP数据核字第2024320MH1号

书　名　植物保护技术　第2版
作　者　陈彩贤　李　成　主编

策划编辑　张玉芬　司建新　　**责任编辑**　张玉芬　张小渔
封面设计　李尘工作室
出版发行　中国农业大学出版社
社　址　北京市海淀区圆明园西路2号　　**邮政编码**　100193
电　话　发行部010-62733489,1190　　读者服务部010-62732336
编辑部010-62732617,2618　　出　版　部010-62733440
网　址　http://www.caupress.cn　　**E-mail**　cbsszs@cau.edu.cn
经　销　新华书店
印　刷　河北虎彩印刷有限公司
版　次　2024年9月第2版　2025年2月第2次印刷
规　格　185 mm×260 mm　16开本　22印张　546千字
定　价　72.00元

图书如有质量问题本社发行部负责调换

编审委员会

第2版编审人员

主　编　陈彩贤　李　成

副主编　吕昆明　陈利标　王　燕　张燕杏

编　者　陈彩贤（广西农业职业技术大学）

李　成（广西农业科学院植物保护研究所）

吕昆明（广西乐土生物科技有限公司）

陈利标（广西格林森有害生物防治技术有限公司）

王　燕（杨凌职业技术学院）

张燕杏（广西农业职业技术大学）

欧善生（广西农业职业技术大学）

覃连红（广西农业职业技术大学）

臧延琴（广西田园生化股份有限公司）

蒋飞燕（广西农业职业技术大学）

李杨秀（广西农业职业技术大学）

刘冬梅（广西钦州农业学校）

任立云（广西农业职业技术大学）

王顺清（广西田园生化股份有限公司）

边　雪（广西田园生化股份有限公司）

张　生（广西田园生化股份有限公司）

主　审　陆　温（广西大学农学院）

第 1 版编写人员

主　编　陈彩贤

副主编　李　成　吕昆明　陈利标

编　者　陈彩贤（广西农业职业技术大学）

李　成（广西农业科学院植物保护研究所）

吕昆明（广西乐土生物科技有限公司）

陈利标（广西格林森有害生物防治技术有限公司）

欧善生（广西农业职业技术大学）

覃连红（广西农业职业技术大学）

臧延琴（广西田园生化股份有限公司）

第2版前言

本教材依据教育部《职业教育“十四五”教材建设实施方案》(教职成厅〔2021〕3 号)、《关于推动现代职业教育高质量发展的意见》、《“十四五”职业教育规划教材建设实施方案》和《关于组织开展“十四五”首批职业教育国家规划教材遴选工作的通知》等文件精神，在中国农业大学出版社职业教育事业部组织指导下，由高等职业院校教师和行业、企业一线专家等共同编写完成。在保留第 1 版基本体例和内容的基础上，本教材融入课程思政元素，贯彻落实党的二十大提出的科教兴国战略、人才强国战略，践行课程育人的社会责任，补充了生产实践所需的植保新知识和新技术，重要知识点、技能点配套了微课、视频、课件等教学资源。适用于 2～3 年学制的种子生产与经营管理、作物生产技术、现代农业技术、生态农业技术、农业生物技术和设施农业与装备等专业的“植物保护”课程或农作物病虫害防治技术教学。

“植物保护技术”是种子生产与经营管理、作物生产技术、现代农业技术等专业的核心专业课，生态农业技术和设施农业与装备专业的专业基础课。学生毕业后从事植物生产管理工作，需要植物保护技术，若从事农药等农资的营销工作，还必须持有农作物植保员职业资格证。

本教材充分体现农作物植保员职业标准与岗位技能方面的要求，以国家高级农作物植保员职业资格应知应会的理论、技能为主线，按行业、岗位群所需能力和要求设计教学内容，精简理论教学内容，强调以职业岗位能力培养为核心，紧紧围绕适应生产、建设、管理、服务第一线需要，培养德智体美劳全面发展的具有一技之长的社会主义建设者和接班人，体现以应用为目的，以必需、够用为尺度，讲清概念、强化应用，突出了职业教育教材应用性、实用性、综合性和先进性强的特点，充分体现高等职业教育人才培养目标与“工学结合”、在“做中学、做中教”的职业教育特点，符合职业教育规律和技能型人才成长规律。

本教材分农业有害生物识别、植物有害生物调查和预测预报、植物有害生物综合防治、农药(械)使用四大项目，每个项目下再分若干个子项目，子项目有学习目标，下分若干个任务，每个任务包括材料(或场地)及用具、基础知识、工作步骤、巩固训练(作业、思考题)、课程思政、学习评价栏目，以引导学生树立正确的人生观，学农、知农、爱农，了解自己学习、掌握技能和知识的状况。

本教材教学目标明确，实行理实一体化教学，结合班级生产田种植水稻、玉米、甘蔗、花生、大豆、薯类、蔬菜等作物并实施有害生物防控技术等教学，让学生在做中学，体现产教结合的原则和国内外先进职业教育理念。

学完本课程后学生掌握植物病虫标本采集、制作、保存技术，能识别主要农作物的有害生物种类，掌握主要植物有害生物的田间调查、短期测报和综合防控技术的基本理论和技能，能对农业有害生物开展调查，针对调查结果进行决策，确定主要防治对象，制订综合防治方案和组织实施综合防治。了解常用农药的性能和施用方法，能安全保管农药(械)，能进行田间药效试验，并对试验结果做数据处理，具有获取植保新信息、整理和总结植保技术资料的能力。

本教材提倡利用健康栽培为基础，充分利用有害生物的自然制约因素和物理机械防治，尽量减少农药的使用等，充分体现我国推进农药“减施增效”的新理念，体现绿色经济现代产业理念和技术。教材编写充分体现行业指导、企业参与、校企合作的原则，增加了行业与企业一线人员参与教材编写工作。

全书安排 80 个学时，在实际教学中可根据课时和生产现场选择授课内容。在教学中应坚持以学生学习为中心，利用现场、多媒体等教学手段，强化学生的技能训练。

本教材由陈彩贤、李成担任主编，吕昆明、陈利标、王燕、张燕杏担任副主编。

编写分工如下：陈彩贤编写项目一的子项目二植物病害基本知识，项目二植物有害生物调查和预测预报，项目三的子项目二地下害虫识别与防控技术，项目三的子项目四玉米病虫害识别与防控技术，项目三的子项目五甘蔗病虫害识别与防控技术，项目三的子项目六薯类、豆类、花生病虫害识别与防控技术。

李成编写项目一的子项目一农业昆虫基本知识，项目四的子项目一农药(械)的准备、项目四的子项目二除拓展知识中的一(施药器械)和四(植保无人机的使用)外的所有内容，项目四的子项目三农药的使用中任务一施用农药、任务二清洗药械和保管农药(械)及拓展知识中的科学使用农药、安全使用农药，项目四的子项目四农药的田间药效试验及防治效果调查，附录一、附录二等内容。

吕昆明编写项目三的子项目八农田杂草识别与防控技术，项目四的子项目三拓展知识中的除草剂、植物生长调节剂使用部分。

陈利标编写项目三的子项目九农田害鼠识别与治理。

王燕编写项目三的子项目七中蔬菜病虫害识别与综合防控技术中的病害部分。

张燕杏编写项目三的子项目七中蔬菜病虫害识别与综合防控技术中的虫害部分。

欧善生编写项目三的子项目三水稻病虫害识别与防控技术。

覃连红编写项目三的子项目一综合防治方案的制订。

臧延琴编写项目四的子项目三农药的使用拓展知识中的杀虫剂、杀螨剂、杀菌剂、杀线虫剂部分。

边雪编写项目四的子项目二的拓展知识中的一(施药器械)内容。

王顺清编写项目四的子项目二拓展知识中的四(植保无人机的使用)内容。

蒋飞燕审阅全书课程思政并编写项目二，项目三子项目二、子项目四、子项目六的课程思政内容，陈彩贤编写项目一的子项目一、项目一的子项目二、项目三的子项目一、三、五、八、九，及项目四的课程思政内容。张燕杏编写项目三的子项目七中的课程思政内容。

本教材由广西大学陆温主审。

教材彩色图片100余张,黑白图片90余张。其中彩色图片中的小地老虎成虫、三化螟成虫、玉米螟成虫、黏虫成虫、黄螟成虫、菜蛾成虫图由广西农业科学院王助引拍摄提供,二化螟幼虫、条螟一龄幼虫和台湾稻螟成虫图由广西大学陆温拍摄提供,黄毛鼠、褐家鼠由海南省疾病预防控制中心赵伟拍摄提供,赤眼蜂成虫、植保无人机释放赤眼蜂防治甘蔗螟虫和甘蔗害虫性监诱测图由南宁合一生物防治技术有限公司提供,玉米铁甲虫成虫图由广西融水县农业农村局廖春良拍摄提供,二化螟成虫图由广西大化县植物保护工作站覃雅东拍摄提供,甘蔗条螟成虫图由忻城县农业生态植保站黄珍花拍摄提供,稻瘿蚊幼虫及为害状、玉米纹枯病果穗受害、玉米纹枯病病菌和瓜类枯萎病病茎图由覃连红拍摄提供,玉米大斑病图由王燕提供,菜粉蝶卵图由张燕杏提供,其余90余张彩图由陈彩贤、李成拍摄提供。

教材二维码数字资源共51个,其中视频39个(微课20个,短视频19个),课程PPT文档11个,全书彩图二维码1个。微课由李杨秀提供6个,张燕杏提供4个,刘冬梅提供4个,覃连红提供3个,欧善生提供2个,陈彩贤提供2个,微课所用图片由各人拍摄或搜集整理。短视频由任立云提供2个(稻纵卷叶螟和稻飞虱田间调查,草地贪夜蛾田间调查),张生提供1个(使用悬挂式喷雾喷杆机和无人机施药),其余短视频由陈彩贤和李成提供。课程PPT文档由陈彩贤制作,PPT中的彩色图片除特别注明外由陈彩贤、李成拍摄提供。

全书彩图

教材编写过程中参阅、引用了有关专家、学者的专著和论文,以及多位植保行业专家提供了彩色图片,在此一并表示感谢。

由于植保工作的不断发展和人们环保理念的加强,尽管我们在教材编写中做出了最大努力,但由于时间仓促以及编者水平所限,书中缺点和错误在所难免,诚恳希望各位专家和同行批评指正。

编　者

2024年6月

第1版前言

本教材依据教育部《职业教育“十二五”教材建设的若干意见》《“十二五”职业教育规划教材选题申报工作方案》与《高等职业学校专业教学标准(试行)》等文件精神,在中国农业大学出版社高职部组织指导下编写,作为广西农业职业技术学院广西高等职业教育示范特色专业(作物生产技术专业群)系列教材。适用于 2～3 年学制的作物生产技术专业群的种子生产与经营、作物生产技术(有机农业方向、生态农业方向、现代农艺方向)和农业生物技术专业的“植物保护技术”课程教学。

作物生产技术专业群是广西农业职业技术学院重点专业群,“植物保护技术”是主要专业课。学生毕业后从事植物生产管理工作,需要植物保护技术相关知识,若从事农药等农资的营销工作,还必须持有农作物植保员职业资格证。

本教材充分体现农作物植保员职业标准与岗位技能方面的要求,以国家高级农作物植保员职业资格应知应会的理论、技能为主线,按行业、岗位群所需能力和要求设计教学内容,精简理论教学内容,强调以职业岗位能力培养为核心,紧紧围绕适应生产、建设、管理、服务第一线需要,培养德、智、体、美、劳全面发展的技术应用性专门人才的培养方向,体现以应用为目的,以必需、够用为尺度,讲清概念、强化应用,突出了职业教育教材应用性、实用性、综合性和先进性的特点,充分体现高等职业教育人才培养目标与“工学结合”、在“做中学”的职业教育特点,符合职业教育规律和技能型人才成长规律。

本教材分识别有害生物、植物有害生物调查和预测预报、植物有害生物综合防治、农药(械)使用四大项目,每个项目下再分若干个子项目,子项目有学习目标,下分若干个任务,每个任务包括材料(或场地)及用具,基础知识、工作步骤、巩固训练(作业、思考题)、学习评价栏目,以引导学生了解自己学习、掌握技能和知识的状况。

本教材教学目标明确,实行理实一体化教学,结合班级生产田进行教学,让学生在做中学,体现产教结合的原则和国内外先进职业教育理念。

学完本课程后学生掌握植物病虫标本采集、制作保存技术,能识别主要农作物的有害生物种类,掌握主要植物有害生物的田间调查、短期测报和综合防控技术的基本理论和技能,能对农业有害生物开展调查,针对调查结果进行决策,确定主要防治对象,制订综合防治方案和组织实施综合防治。了解常用农药的性能和施用方法,能安全保管农药(械),能进行田间药效试验,并对试验结果做数据处理,具有获取植保新信息、整理和总结植保技术资料的能力。

本教材提倡利用健康栽培为基础，充分利用有害生物的自然制约因素和物理机械防治，尽量减少农药的使用等，充分体现我国推进农药“减施增效”的新理念，体现绿色经济现代产业理念和技术。教材编写充分体现了行业指导、企业参与、校企合作的原则，增加了行业与企业一线人员参与教材编写工作。

全书安排约100个学时，在实际教学中可根据课时和生产现场选择授课内容。在教学中应坚持以学生学习为中心，利用现场、多媒体等教学手段，强化学生的技能训练。

本教材由陈彩贤主编，李成、吕昆明、陈利标担任副主编。

编写分工如下：

陈彩贤编写项目一的子项目二植物病理基本知识，项目二植物有害生物调查和预测预报，项目三的子项目二地下害虫识别与防控技术，项目三的子项目四玉米病虫害识别与防控技术，项目三的子项目五甘蔗病虫害识别与防控技术，项目三子项目六薯类、豆类、花生病虫害识别与防控技术。

李成编写项目一的子项目一农业昆虫基本知识，项目四的子项目一农药(械)的准备、项目四的子项目二农药的配制，项目四的子项目三农药的使用的任务一施用农药、任务二清洗药械和保管农药(械)及拓展知识中的科学使用农药、安全使用农药，项目四的子项目四农药的田间药效试验及防治效果调查及附录一、附录二等内容。

吕昆明编写项目三的子项目七农田杂草识别与防控技术，项目四的除草剂、植物生长调节剂使用部分。

陈利标编写项目三的子项目八农田害鼠识别与防控技术部分。

欧善生编写项目三的子项目一水稻病虫害识别与防治技术部分。

覃连红编写项目三的子项目一综合防治方案的制订部分。

臧延琴编写项目四的子项目三农药的使用的杀虫剂、杀螨剂、杀菌剂、杀线虫剂部分。

教材编写过程中参阅、引用了有关专家、学者的专著和论文，在此一并表示感谢。

由于植保工作的不断发展和人们环保理念的加强，尽管我们在教材编写中做出了最大努力，但由于时间仓促以及编者水平所限，书中缺点和错误在所难免，诚恳希望各位专家和同行批评指正。

编　者

2019年4月

目 录

项目一
农业有害生物识别

【项目提要】

本项目主要介绍农业昆虫(附蜘蛛、螨类、软体动物)、植物病害、农田杂草、害鼠识别基础知识及植物病虫害标本采集和制作的方法。要求学生能识别当地主要病、虫、草、鼠害和天敌50种以上,掌握显微镜、解剖镜的操作使用方法,了解有害生物形态及防治的关系。

子项目一　农业昆虫基本知识(附蜘蛛、螨类与软体动物)

【学习目标】

1. 了解昆虫与人类的关系。

2. 掌握体视显微镜(解剖镜)的操作使用方法,识别昆虫外部形态特征及各附器的结构和类型,了解昆虫口器、眼、体壁等与防治的关系。

3. 了解昆虫生物学特征,了解昆虫个体发育各个阶段特点、变态、虫态及行为习性与防治的关系,能抓住害虫薄弱环节确定防治适期。

4. 识别出当地主要昆虫15目60科50种以上,能区分害虫与天敌昆虫。

5. 识别主要蜘蛛、螨类与软体动物。

6. 能确定主要防治对象。

任务一　昆虫的形态特征

【材料及用具】蝗虫体躯结构标本,蝼蛄、家蝇、蛾类、蝶类、蜜蜂、蝉、蝽、螳螂、龙虱、草蛉、金龟子、步行虫、蚜虫、蓟马、象虫、白蚁等成虫浸渍或针插标本及昆虫外部形态挂图,蜘蛛、螨类、马陆、鼠妇、蜗牛、蛞蝓等标本。体视显微镜、放大镜、解剖剪、挑针、镊子、搪瓷盘、泡沫塑料板等。

【基础知识】

为害农作物的动物，主要是昆虫，其次是螨类。昆虫和螨类都是一些小型动物，分别属于动物界节肢动物门的昆虫纲和蛛形纲。昆虫纲是动物中种类最多的一类，有 1 000 万种以上，而且繁殖力强，适应性强，海、陆、空均有分布。许多昆虫为害作物、传播人、畜疾病或为害建筑物，对人类不利，称为害虫。如三化螟、牛虻、白蚁、蚊子、苍蝇等。有的昆虫以害虫为食料，帮助人类消灭害虫，如草蛉、寄生蜂；有的帮助植物传粉；有的为人类创造财富；有的可作中药如蜜蜂、家蚕、冬虫夏草等，则称为益虫。蛛形纲中螨类一部分为害农作物，一部分是害虫天敌；而蜘蛛则是肉食性动物，在本课程中全为天敌。节肢动物门的鼠妇、软体动物门的蜗牛、蛞蝓以及脊椎动物亚门哺乳纲的老鼠也为害农作物。

一、昆虫纲特征

昆虫纲成虫具有以下特征：①体躯分成头部、胸部、腹部 3 个明显的体段。②头部着生 1 个口器、1 对触角及 1 对复眼和 0～3 个单眼。胸部分前、中、后 3 个胸节，各节有 1 对足，中、后胸一般各有 0～1 对翅。腹部大多由 9～11 个体节组成，末端具有外生殖器，有的还有 1 对尾须。③体壁骨化，称为“外骨骼”。前、后胸或中、后胸及腹部 1～8 节两侧各有气门 1 对，用气管呼吸。④从卵到成虫的发育过程中要经过变态(图 1-1-1)。

昆虫外部形态

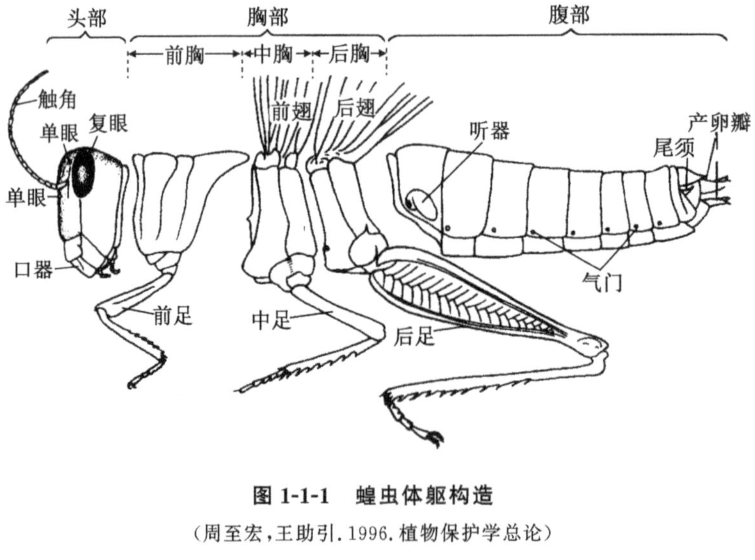

图 1-1-1　蝗虫体躯构造

(周至宏，王助引．1996．植物保护学总论)

掌握以上特征，就可以把昆虫与节肢动物门的其他常见类群分开。如多足纲(蜈蚣、马陆)体躯分头部和胴部 2 个体段，胴部多节，每节有足；蛛形纲蜘蛛体躯分头胸部、腹部 2 个体段，足 4 对，蛛形纲螨类不分段，仅分颚体与躯体，足 4 对或 2 对，均无翅，无触角；甲壳纲(虾、蟹)体躯分头胸部和腹部，足至少 5 对，无翅，触角 2 对。

昆虫(胡蜂)

二、昆虫的头部

头部是昆虫体躯最前的一个体段，以膜质的颈与胸部相连。头上生有触角、复眼、单眼等感觉器官和取食的口器，所以，头部是昆虫感觉和取食的中心。

(一)头部的分区和头式

1.头部的分区　昆虫的头部由6个体节愈合成坚硬的头壳，头壳的表面由于有许多沟、缝和蜕裂线，从而将头部划分为头顶、额、唇基、颊和后头5个区(图1-1-2)。

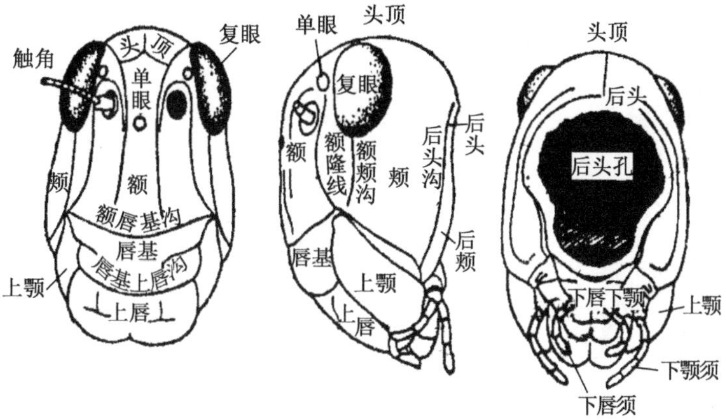

1　　2　　3

图1-1-2　昆虫头部构造图

1.正面　2.侧面　3.后面

(周至宏，王助引.1996.植物保护学总论)

2.昆虫的头式　由于口器着生位置的不同，昆虫的头式可分为3种(图1-1-3)：

(1)下口式：口器着生在头部的下方，头部纵轴与体躯纵轴几乎成直角。大多见于植食性昆虫，如蝗虫等。

(2)前口式：口器着生在头的前方，头部纵轴与体躯纵轴成钝角。大多见于捕食性昆虫，如步甲等。

(3)后口式：口器从头的腹面伸向体后方，头部纵轴与体躯的纵轴成锐角。多数见于刺吸植物汁液的昆虫，如蚜虫、叶蝉等。

1　　2　　3

图1-1-3　昆虫的头式

1.下口式(螽斯)　2.前口式(步行虫)　3.后口式(蝉)

(周至宏，王助引.1996.植物保护学总论)

昆虫头式的不同，反映了取食方式的差异，是昆虫对环境的适应，也是分类学上应用的特征。

(二)昆虫的触角

昆虫的触角由柄节(第1节)、梗节(第2节)和鞭节(第3节及以后各节,含1至多个小节)3部分组成。昆虫的触角可根据环境中气味、湿度、声波等因素的刺激而调整方向,具有感觉和嗅觉功能,在昆虫觅食、求偶、产卵等活动中起着重要的作用。触角的形状随昆虫的种类和性别而异,其变化主要在鞭节上(图1-1-4)。

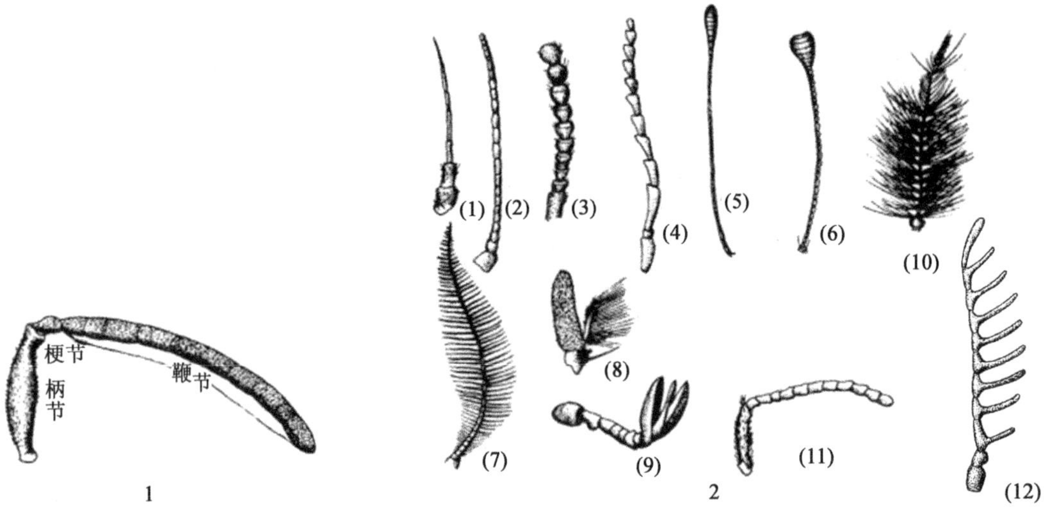

图1-1-4 昆虫的触角及类型

1.触角的基本构造 2.触角类型

(1)刚毛状 (2)丝状 (3)念珠状 (4)锯齿状 (5)球杆状 (6)锤状

(7)羽毛状 (8)具芒状 (9)鳃叶状 (10)环毛状 (11)膝状 (12)栉齿状

(周至宏,王助引.1996.植物保护学总论)

1.刚毛状(鬃形) 触角很短,基部2节粗大,鞭节纤细似刚毛。如蝉和蜻蜓的触角。

2.丝状(线形) 除基部两节稍粗大外,其余各节大小相似,相连成细丝状。如蝗虫和蟋蟀的触角。

3.念珠状 鞭节各节近似圆珠形,大小相似,相连如串珠。如白蚁的触角。

4.锯齿状 鞭节各节近似三角形,向一侧作齿状突出,形似锯条。如锯天牛、叩头甲及绿豆象雌虫的触角。

5.球杆状 基部各节细长如杆,端部数节逐渐膨大,整体形似棍棒。如菜粉蝶的触角。

6.锤状 基部各节细长如杆,端部数节突然膨大似锤。如皮蠹的触角。

7.羽毛状(双栉齿状) 鞭节各节向两侧作细枝状突出,形似鸟羽。如毒蛾、樟蚕蛾的触角。

8.具芒状 触角短,鞭节仅1节,但异常膨大,其上生刚毛状的触角芒。如蝇类的触角。

9.鳃叶状 触角端部数节扩展成片状,相叠一起形似鱼鳃。如金龟甲的触角。

10.环毛状 鞭节各节都具1圈细毛,越近基部的毛越长。如雄蚊的触角。

11.膝状 柄节特长,梗节细小,鞭节各节大小相似,与柄节成膝状曲折相接。如蜜蜂的触角。

12.栉齿状 鞭节各节向一边作细枝状突出,形似梳子。如绿豆象雄虫的触角。

昆虫的触角是分类常用特征之一。

（三）昆虫的眼

昆虫的眼一般有复眼和单眼两种。

1. 复眼　昆虫的复眼是昆虫的主要视觉器官，具有成像及感知光线强弱的功能，对于昆虫的取食、觅偶、群集、归巢、避敌等都起着重要的作用。成虫和不全变态中的若虫、稚虫都有1对复眼，善于飞翔的昆虫复眼比较发达；低等昆虫、穴居昆虫及寄生性昆虫，复眼常退化或消失。

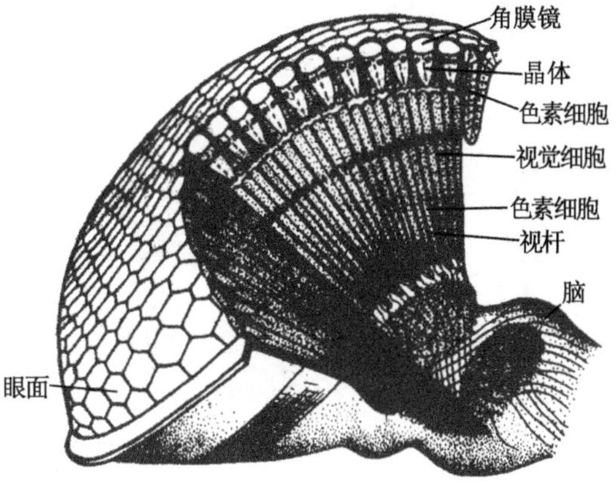

图 1-1-5　昆虫复眼的模式构造
（西北农林科技大学．2000．农业昆虫学）

复眼由许多小眼组成。小眼的数目因昆虫种类而异。如蜻蜓的复眼有 28 000 多个小眼。一般小眼数目越多，它的视力也越强（图 1-1-5）。昆虫的复眼不但能分辨近处的物体，特别是运动着的物体，而且对光的强度、波长和颜色等都有较强的分辨能力，能看到人类所不能看到的短光波，特别是对 330～400 nm 的紫外线有很强的反应，并呈现趋性，如很多害虫有趋绿习性，蚜虫有趋黄特性。由此可利用黑光灯、双色灯、诱虫田和黄板等诱集昆虫。

2. 单眼　成虫、若虫和稚虫的单眼常位于头部的背面或额区的上方，称为背单眼；完全变态昆虫幼虫的单眼位于头部的两侧，称为侧单眼。背单眼通常有 0～3 个，侧单眼一般每侧各 1～6 个。单眼的有无、数目以及着生位置常用作昆虫分类特征。昆虫的单眼只能辨别光线的强弱而不能成像，是一种激动性器官，可使飞行、降落、趋利避害等活动迅速实现。

（四）昆虫口器

1. 口器的主要类型　口器是昆虫取食的器官，位于头部的下方或前端。昆虫由于食性和取食方式不同，因而口器在外形和构造上也发生相应的特化，形成各种不同的口器类型。一般分咀嚼式和吸收式两类。

（1）咀嚼式口器：咀嚼式口器在演化上是最原始的类型，其他不同类型的口器都是由其演化而来。它为取食固体食物的昆虫所具有，由上唇、上颚、下颚、下唇和舌五部分组成，如蝗虫的口器，白蚁、叶甲、草蛉（成虫）的口器及鳞翅目幼虫的口器等（图 1-1-6）。

咀嚼式口器为害状（尺蛾）

（2）吸收式口器：吸收式口器是由咀嚼式口器演化而来的，其特点是口器的某些部分特别延长形成口针，便于吸取液体养分。主要有以下 7 种类型：①刺吸式口器（蚜虫、蝽、叶蝉、蚊等）（图 1-1-7）；②虹吸式口器（蝶、蛾类成虫）；③锉吸式口器（蓟马）；④刮吸式口器（蝇类幼虫）；⑤舐吸式口器（蝇类成虫）；⑥嚼吸式口器（蜜蜂成虫）；⑦捕吸式口器（草蛉幼虫）等。

2. 不同口器的为害特性与药剂防治的关系　咀嚼式口器咬食固体食物，有的沿叶缘蚕食成缺刻；有的在叶片中间啮食成孔洞；有的潜食叶肉，形成弯曲的虫道或白斑；有的能钻入植物茎秆、花蕾、铃果内，造成作物断枝、落蕾、落铃；有的甚至在土中取食刚播下的种子或作物的地下部分，造成缺苗、断垄；有的还吐丝卷叶，躲在里面咬食叶片。咀嚼式口器的害虫可用胃毒剂如敌百虫、辛硫磷、阿维菌素和触杀剂如溴氰菊酯、高效氯氰菊酯等进行防治，用毒饵诱杀要做成固体毒饵，如炒香米糠拌敌百虫。

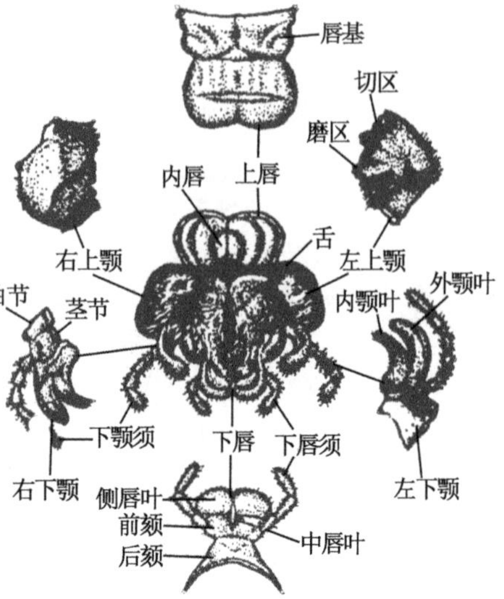

图 1-1-6 蝗虫的咀嚼式口器

（周至宏，工助引. 1996. 植物保护学总论）

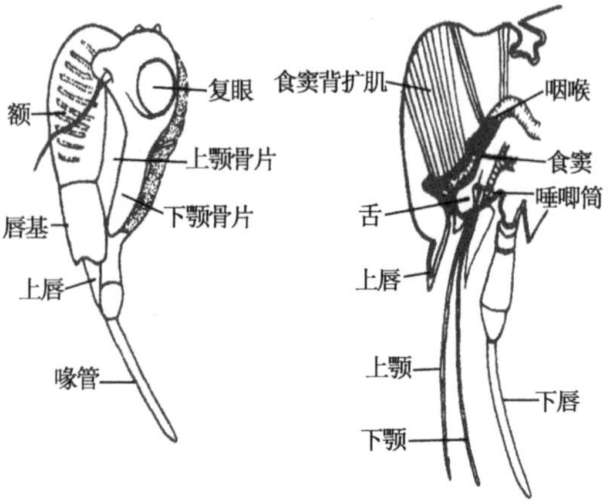

图 1-1-7 蝉的刺吸式口器

（周至宏，王助引. 1996. 植物保护学总论）

刺吸式口器害螨为害状（温室白粉虱）

刺吸式口器的害虫，刺吸寄主植物汁液，在被害部形成变色斑点，或枝叶生长不平衡而卷缩扭曲畸形，或因刺激形成瘿瘤。同时，在大量害虫为害下，由于植物失去大量营养物质而生长不良，甚至枯萎而死。许多刺吸式口器昆虫，如蚜虫、叶蝉在取食的同时，还可传播病毒病。吸收式口器的害虫可用内吸剂如吡蚜酮、吡虫啉和触杀剂进行防治，用毒饵诱杀要做成液体毒饵，如糖醋液加敌百虫。

三、昆虫的胸部

（一）胸部的基本构造

胸部是昆虫的第 2 个体段，由膜质的颈部与头部相连。胸部由 3 个体节组成，由前向后依次称为前胸、中胸和后胸。各胸节的侧下方生有 1 对足，分别称为前足、中足和后足。许多种类在中胸和后胸的背面两侧各着生 1 对翅，称为前翅和后翅。昆虫的每一胸节，均由背板、侧板及腹板 4 块骨板组成。胸部是昆虫的运动中心。

（二）胸足的基本构造和类型

1. 基本构造　成虫胸足由基节、转节、腿节、胫节、跗节、前跗节（爪）六部分组成。

基节是与身体相连的一节，一般粗短，可以自由活动。转节细小，有时隐挤在发达的腿节之下，一般为一节，蜻蜓和姬蜂有两个转节。腿节为足的第三节，通常粗长而发达。胫节一般细长，常具刺列或末端生距。跗节是足的第五部分，常分为 2～5 个亚节。爪也称前跗节。

昆虫各足的跗节数不尽相同，从而组成了各种跗节形式，如天牛科前、中、后足跗节均为 5 节，则称“5-5-5”式，拟步甲科前、中足跗节为 5 节，后足跗节为 4 节，则称“5-5-4”式。昆虫的跗节式是鉴定昆虫的重要特征。

2. 胸足类型及代表昆虫　胸足是昆虫的行走器官，但由于生活方式和环境不同，进而在构造和功能上发生了变化，形成各种类型的胸足（图 1-1-8）：

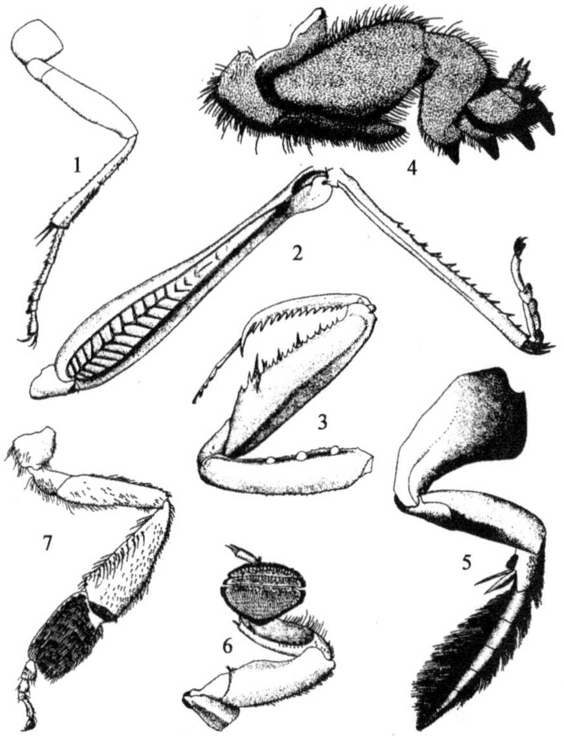

图 1-1-8　胸足的类型

1. 步行足(步甲)　2. 跳跃足(蝗虫后足)　3. 捕捉足(螳螂的前足)　4. 开掘足(蝼蛄的前足)
5. 游泳足(龙虱后足)　6. 抱握足(雄龙虱前足)　7. 携粉足(蜜蜂的后足)
(周至宏,王助引. 1996. 植物保护学总论)

(1)步行足:此为最常见的足,比较细长,各节无显著特征,适于步行。如步甲的足等。

(2)跳跃足:这类足的腿节特别发达,胫节细长,适于跳跃。如蝗虫和蟋蟀的后足。

(3)捕捉足:特点是基节特别长,腿节的腹面有 1 条沟槽,槽的两边有 2 排刺,胫节的腹面也有 1 排刺,胫节弯折时,正好嵌在腿节的槽内,适于捕捉小虫。如螳螂和猎蝽的前足。

(4)开掘足:特点是粗短扁壮,胫节膨大宽扁,末端具齿,跗节呈铲状,便于掘土。如蝼蛄的前足,有些金龟甲的前足也属此类型。

(5)游泳足:有些水生昆虫的后足,各节变得宽扁,胫节和跗节生细长的缘毛,适于在水中游泳。如龙虱的后足。

(6)抱握足:跗节特别膨大,且有吸盘状的构造,在交配时能抱握雌体,称为抱握足。如雄性龙虱的前足。

(7)携粉足:特点是后足胫节端部宽扁,外侧平滑而稍凹陷,边缘具长毛,形成携带花粉的花粉筐。同时第 1 跗节也特别膨大,内侧有多排横列的刺毛,形成花粉刷,用以梳集花粉。如蜜蜂的后足。

昆虫的足是分类依据之一。足跗节的表面具有许多感觉器,当害虫在喷有触杀剂的植物上爬行时,药剂容易由此进入昆虫体内,使其中毒死亡。

(三)翅的构造和变异

由于昆虫有翅能飞,不受地面爬行的限制,所以翅对昆虫寻找食物、觅偶、繁衍、躲避敌害

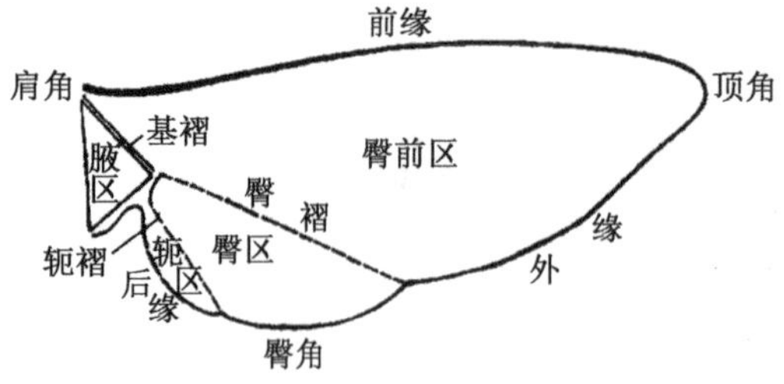

图 1-1-9 翅的缘角和分区

（周至宏，王助引．1996．植物保护学总论）

以及迁飞扩散等具有重要意义。翅是昆虫分类的主要依据之一。

1．基本构造　翅是由昆虫的背板向两侧扩展而形成的，一般为膜质薄片，中间贯穿着由气管系统演化而来可加强翅的强度的翅脉。翅的形状多为三角形，为便于描述，各部位均给予命名。其三边分别称为翅的前缘、外缘和后缘；其三角分别称为肩角、顶角、臀角（图 1-1-9）。

翅脉在翅上分布排列的形式称为脉相（图 1-1-10）。翅脉的多少和分布形式变化很大，而在同类昆虫中则十分稳定和相近似，所以脉相在昆虫分类学上和追溯昆虫的演化关系上都是重要的依据。昆虫学家们在研究了大量的现代昆虫和古代化石昆虫的翅脉，加以分析比较和归纳概括后拟出模式脉相，或称为标准脉相，作为比较各种昆虫翅脉变化的依据。

翅脉有纵脉和横脉两种，其中由翅基部伸到边缘的翅脉称为纵脉，连接两纵脉之间的短脉称为横脉。模式脉相的纵、横脉都有一定的名称和缩写代号。鳞翅目成虫翅面上有由各种颜色组成的线纹和图案（图 1-1-11）。

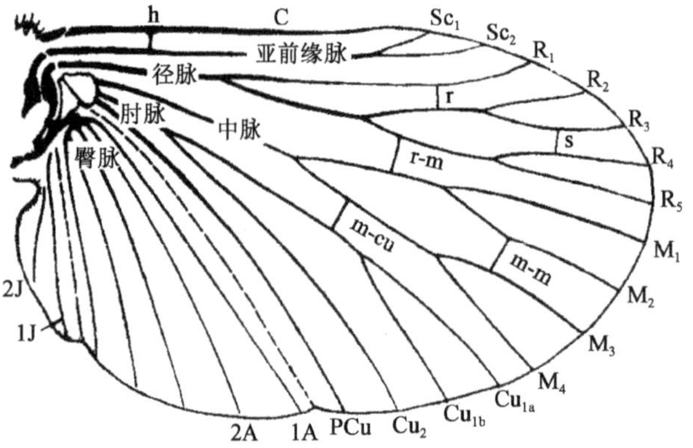

图 1-1-10 昆虫翅的标准脉相图

（袁锋．2001．农业昆虫学）

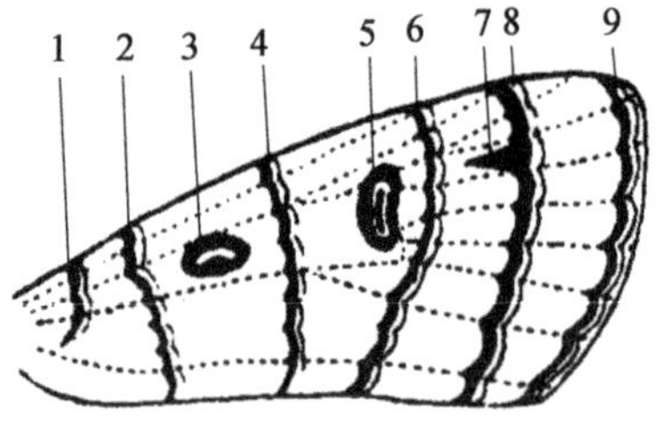

图 1-1-11 蛾类前翅模式线纹

1．基横线　2．内横线　3．环状纹　4．中横线　5．肾状纹　6．外横线　7．楔状纹　8．亚外缘线　9．外缘线

（陕西省汉中农业学校．1993．农业昆虫学）

由纵横脉将翅面上划分出的小区称为翅室，翅室的四周完全为翅脉所封闭的称为闭室，如有一边无翅脉而达翅缘的称为开室。在中脉后，翅的中间部位的翅室称为中室。

2．翅的类型及代表昆虫　有些昆虫由于适应它的特殊需要和功能，使翅发生了变异，主要有如下 8 种类型：

（1）膜翅：翅膜质透明，翅脉明显。如蚜虫、蜂类前后翅、蝇类前翅。

（2）鳞翅：翅膜质，翅面上有一层鳞片。如蛾、蝶的翅。

（3）毛翅：翅膜质，翅面密生细毛。如石蛾的翅。

（4）缨翅：翅膜质，狭长，边缘着生很多细长的缨毛。如蓟马的翅。

（5）复（覆）翅：翅质加厚成革质，半透明，仍然保留翅脉，兼有飞翔和保护作用。如蝗虫、蝼蛄、蟋蟀的前翅。

（6）鞘翅：翅角质坚硬，翅脉消失，仅有保护身体的作用。如步甲、金龟甲、叶甲、天牛等甲虫的前翅。

(7)半鞘翅:翅的基半部为革质,端半部为膜质。如蝽的前翅。

(8)平衡棒:翅退化成很小的棍棒状,飞翔时用以平衡身体。如蚊、蝇和介壳虫雄虫的后翅、捻翅虫的前翅。

四、昆虫的腹部

腹部是昆虫的第三体段,腹内包藏着各种脏器和生殖器,腹部末端具有外生殖器,所以腹部是昆虫新陈代谢和生殖的中心。昆虫的腹部一般由 10～11 节组成。由背板、腹板和侧膜构成,无侧板,各腹节之间由节间膜相连,故腹部可以前后套叠,伸缩弯曲,以利于交配与产卵。腹部 1～8 节两侧各有一对气门,有的昆虫在10～11 节上有尾须。

1. 昆虫的外生殖器　在腹部第 8 节和第 9 节上着生外生殖器,是雌雄交配和产卵的器官。雌虫的称为产卵器,雄虫的称为交配器,雄性外生殖器的构造复杂,是分类时鉴定种或近缘种的重要依据(图 1-1-12)。

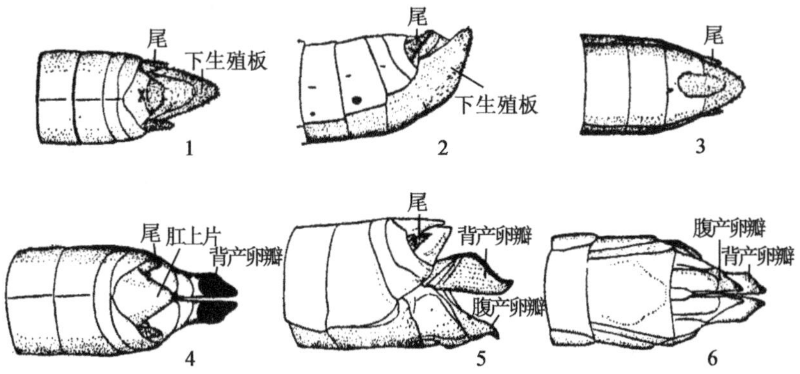

图 1-1-12　飞蝗的腹部末端

1～3. 雄虫腹末端的背面、侧面和腹面　4～6. 雌虫腹末端的背面、侧面和腹面

(袁锋. 2001. 农业昆虫学)

2. 尾须　是第 11 腹节的 1 对附肢。许多高等昆虫由于腹节的减少而无尾须,只在低等昆虫中较普遍,且尾须的形状、构造等变化也大。在缨尾目和部分蜉蝣目昆虫中,1 对细长的尾须间,还有 1 条与尾须极相似的中尾丝。

五、昆虫的体壁

1. 功能　昆虫的体壁是包裹在昆虫外部的骨化了的皮肤。具有支撑身体,着生肌肉,保护内脏,防止体内水分蒸发,以及微生物和其他有害物质的侵入,接受外界刺激,向外分泌化合物等功能。

2. 体壁基本构造　昆虫的体壁从外到内是由表皮层、皮细胞层和基底膜三部分构成的。昆虫的表皮层从内到外又可分为内表皮、外表皮和上表皮三层。昆虫的上表皮层从内到外又由角质精层、蜡层和护蜡层组成。

3. 昆虫体壁的特性　昆虫的体壁具有稳定性、曲折延展性、坚硬性和不透水性等。

昆虫的体壁常外突形成各种外长物。如仅由表皮层外突而形成的微小的突起、脊纹、棘、翅面上的微毛等非细胞性外长物，刚毛、鳞片等单细胞外长物，多细胞外长物则是由体壁向外突出而形成的中空刺状构造。其基部不能活动的称为刺，基部周围以膜质和体壁相连，可以活动的称为距。如叶蝉后足胫节有成排的刺，而飞虱则在后足胫节末端有一能活动的大距。刺和距都是昆虫分类常用特征(图 1-1-13)。

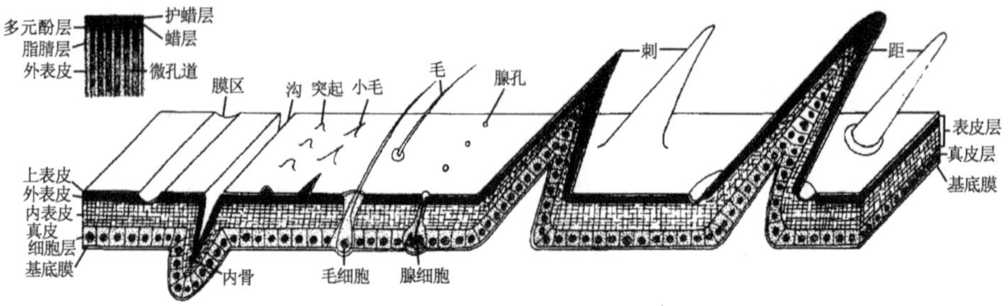

图 1-1-13 昆虫体壁的构造及其附属物

(袁锋.2001.农业昆虫学)

4.体壁与化学防治的关系 ①凡是体壁厚、蜡质多、体毛较密的种类触杀剂类农药较难透过，故常在药液中加入少量的洗衣粉或其他湿润剂降低表面张力，增加湿润展布性能，提高药剂防治效果。②幼虫(若虫)期大量取食，迅速生长，严重为害，龄期越大，体壁越坚硬，抗药性越强，为害性越大，故一般化学防治应在幼虫(或若虫)3 龄前进行，钻蛀性害虫在钻蛀前防治。③触杀剂还可在节间膜、跗节等体壁较薄的地方进入虫体，熏蒸剂、油剂、乳剂可从体壁上的气门进入虫体，粉剂、面糊水、黏土粉可机械堵塞气门，使昆虫窒息而死。应用生长调节剂类农药如灭幼脲、噻嗪酮、氟啶脲等，能破坏表皮中几丁质的合成，幼虫(若虫)在蜕皮过程中，不能形成新表皮而死亡。

六、昆虫的内部器官

昆虫内部器官

1.昆虫内部器官相对位置 昆虫所有的内部器官都浸浴在体腔内。昆虫没有高等动物那样的血管，血液充满整个体腔，所以昆虫的体腔又叫血腔。内部器官浸浴在血液中。整个体腔被背膈和腹膈分割成 3 个小腔，分别称为背血窦、围血窦、腹脏窦。消化道纵贯中央，在上方与其平行的是背血管，在下方与其平行的是腹神经索。与消化道相连的还有专司排泄的马氏管。消化道两侧，为呼吸系统的侧纵干，开口于身体两侧，即气门。生殖器官中的卵巢或睾丸位于消化道背侧面，以生殖孔开口于体外。这些内部器官虽各有其特殊功能，但它们联系紧密，不可分割(图 1-1-14)。

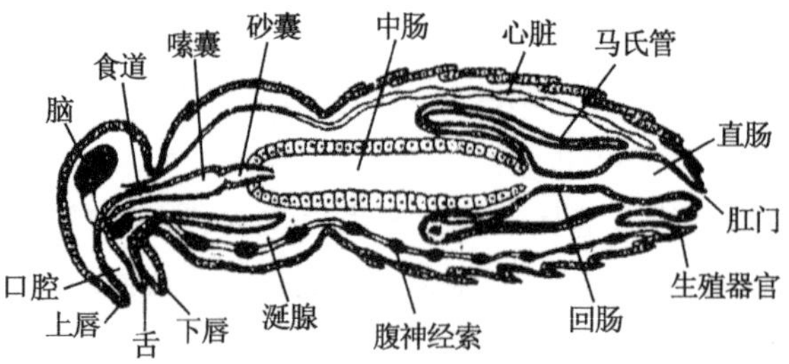

解剖蝗虫

图 1-1-14 昆虫纵剖面模式图

(周至宏，王助引.1996.植物保护学总论)

2. 消化系统　昆虫的消化系统包括一根自口到肛门，纵贯血腔中央的消化道，以及与消化有关的唾腺等。咀嚼式口器的消化系统粗短，由前肠、中肠、后肠组成，适于消化固体食物、吸收营养。部分昆虫的中肠前端肠壁向外突出，形成2～6个胃盲囊，以增加中肠的分泌和吸收面积。部分昆虫的中后肠分界处着生有马氏管，是昆虫的排泄器官。刺吸式口器的消化系统产生了变异，主要是口腔和咽喉部分形成强有力的吸泵，中肠变得细长，并形成了滤室，适于消化液体食物，吸收营养。

(1)消化系统的功能：前肠具有接收、运送和贮存食物并具有初步消化功能；中肠是消化食物和吸收营养的主要器官；后肠主要具有回收水分、排出食物残渣的功能。

(2)消化系统与药剂防治的关系：防治害虫的农药，有些是通过害虫的消化道而起作用的，如胃毒剂和拒食剂。胃毒剂是经昆虫口摄入消化道以后引起中毒死亡的药剂，在昆虫中肠内能否溶解或溶解度的大小，直接影响其杀虫效力。一般来说，酸性的胃毒剂在碱性溶液中溶解度大，因此对碱性中肠液的昆虫毒力高，反之对酸性中肠液的昆虫其毒力就比较低。苏云金芽孢杆菌制剂为胃毒剂，主要杀虫成分是杀虫晶体蛋白(δ内毒素)，这类毒素在碱性消化液中被蛋白酶溶解活化为小分子活性肽。活性肽与中肠细胞膜上的受体结合后，形成孔洞，破坏肠壁细胞的功能，使昆虫致死，所以大多数苏云金芽孢杆菌对消化液偏碱性的昆虫，如菜粉蝶、小菜蛾等毒力较高。拒食剂则是影响昆虫食欲的药剂，昆虫摄食这类药剂后不再取食，最后因饥饿而死。如三氮苯类、印楝素等药剂，对多数昆虫虽然无害，但能阻止咀嚼式口器害虫的取食，对各类蛾、蝶幼虫、甲虫均有一定的防治效果。

3. 排泄系统　昆虫的主要排泄器官称为马氏管，着生于中、后肠交界处，浸浴在血液中的细长盲管，能从血液中吸收含氮废弃物，形成固体尿酸后排入后肠，由后肠排出体外，并回收水分，以调节体液中无机盐和水分的平衡，保持血液一定的渗透压和化学成分，使各种器官能进行正常的生理活动。其数目因种类而异，一般为4～6条，少则2条(如蚧类)，多达300多条(如直翅目昆虫)。

其他排泄器官主要有脂肪体和围心细胞。

4. 呼吸系统　昆虫的呼吸系统由气门、气管、支气管、微气管、气囊五部分组成。

呼吸作用与化学防治的关系：昆虫的呼吸作用主要靠空气的扩散和虫体的呼吸运动实现的，当空气中含有有毒气体时，毒气也就随着空气进入虫体，使昆虫中毒死亡。

呼吸运动的快慢，随多种因子而变化，一般是在一定的温度范围内，温度越高，昆虫越活动，气门开放也越大，昆虫呼吸次数越多，在空气中二氧化碳增多时呼吸强度也越大，因此，在天气热、温度高时应用熏蒸剂毒杀效果好。在气温低时使用熏蒸剂防治害虫，除了提高仓库内温度外，还可采用输送二氧化碳的办法，刺激害虫呼吸，促使气门开放，达到熏杀的目的。同时，昆虫的气门一般都是疏水性的，水汽不会侵入气门，但油类却极易进入。油剂、乳剂的作用，除能直接穿透体壁外，大量是由气门进入虫体的。此外，粉剂、高岭土和肥皂水、面糊水等，可以机械地堵塞气门，使昆虫窒息而死。

5. 循环系统　昆虫的循环系统是一条前端开口、后端封闭的背血管，背血管的前段称为大动脉，后段称为心脏。昆虫血液循环属于开放式循环，血液在背血管内由腹末向头部流动，在头部由血管喷出，向后流至整个体腔。昆虫的血液无载氧功能。

杀虫剂与循环系统的关系：杀虫剂进入虫体后，都要依赖血液循环将其送到目标组织中，才能发生作用。一般血液循环越快，药剂运载效率越高，杀虫效果越好。杀虫剂的作用靶标通常与循环系统无关，但常有一些毒副作用。杀虫剂破坏循环系统的主要表现是扰乱血液循环，如烟碱类；破坏血细胞，如无机盐类；使心脏搏动率下降，减低血液循环压力，如氢氰酸和除虫菊素等。

6. 神经系统　昆虫的神经系统支配昆虫的一切活动。

(1)神经系统的组成：昆虫的神经系统包括中枢神经系统、交感神经系统和周缘神经系统三大部分(图 1-1-15)。

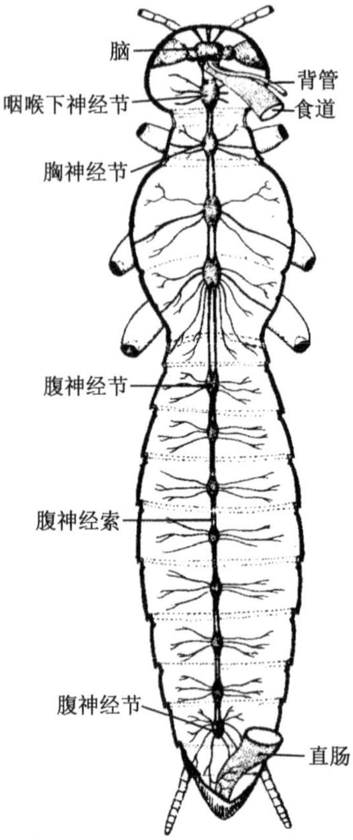

图 1-1-15　昆虫中枢神经系统模式图

(袁锋.2001.农业昆虫学)

①中枢神经系统：中枢神经系统由脑、咽下神经节和腹神经索组成，主要支配和协调全身性动作。脑有神经通到眼、触角、上唇和额。脑不仅为头部的感觉中心，也是神经系统中最主要的联系中心。咽下神经节发出的神经通至上颚、下颚、下唇、舌、唾管和颈部肌肉等处，其主要作用是控制和协调口器的动作。腹神经索由 3 个胸神经节和 8 个腹神经节以神经索相连而成，支配着昆虫胸腹部及其附肢的各项反应，控制呼吸和肌肉运动以及排泄、交尾、产卵等生命活动。

②交感神经系统：交感神经系统包括口道神经索、中神经和腹部最后一个复合神经节。交感神经支配各内部器官的活动。

③周缘神经系统：包括除去脑和神经节以外的所有感觉神经纤维和运动神经纤维形成的网络结构。一般位于体壁真皮细胞下及连接在感觉器上，它们接受环境刺激，并传入中枢神经系统，再把中枢神经系统发出的指令传到运动器官，使运动器官对环境刺激做出相应的反应。

(2)基本构造：构成神经系统的基本单位是神经元。每个神经元包括一个神经细胞及其伸出的神经纤维。神经细胞分出的主支为轴状突，轴状突再分出的支为侧支。轴状突及其侧支的顶端发生的树状细支，称端丛。在细胞体四周发生的小树状分支，称树状突。

按细胞外突着生的形式，神经元可分为单极神经元(只有 1 个轴状突和侧支)、双极神经元(除轴状突外，细胞体另一端还具有 1 个端突)和多极神经元(除轴状突外，还有树状突)；按功能可分为感觉神经元、运动神经元和联络神经元。

反射弧概念：反射弧是昆虫接收外界刺激到做出相应反应的神经传导通路，即感受器接受刺激→感觉神经→中枢神经(判断)→运动神经→反应器官做出反应(图 1-1-16)。

(3)神经系统的传导作用：各神经元的神经末梢并非直接接触，只是互相靠近，前后两个互相接近的神经末梢及其间隙称为突触。突触是神经元之间的连接点，神经传导的联络区，由突触前膜神经与突触后膜神经组成，它的神经膜相应为突触前膜与后膜。突触间隙的神经递质以乙酰胆碱为主，神经冲动传到突触前膜时使乙酸、胆碱合成乙酰胆碱透过突触将冲动传到后膜，冲动过后，乙酰胆碱很快被吸附在突触后膜的乙酰胆碱酯酶水解为乙酸、胆碱，回到突触前膜，等待下一次神经冲动的到来。

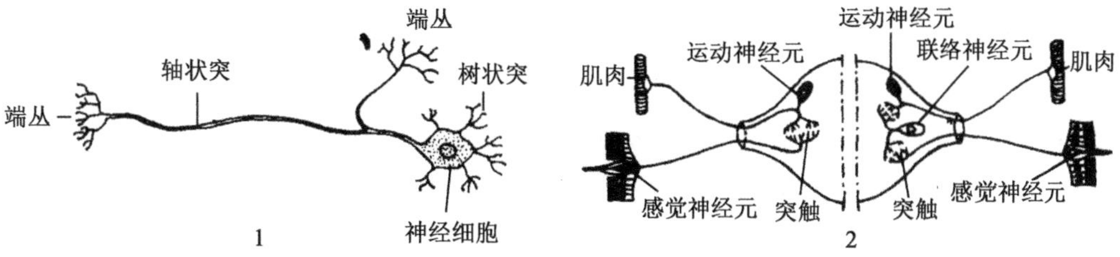

图 1-1-16　昆虫神经元和神经反射弧模式图

1.神经元模式构造图　2.反射弧示意图

(袁锋.2001.农业昆虫学)

(4)杀虫剂对神经系统的影响:不同的神经性杀虫剂作用于神经系统的具体靶标不同。如拟除虫菊酯类杀虫剂是抑制突轴膜的离子通道,使膜的渗透性改变或抑制突触上的 Na^+ 的通透性时间,使其兴奋,易击倒,击倒速度快。烟碱、沙蚕毒素类杀虫剂能与突触后膜上的乙酰胆碱受体结合,使昆虫不断出现神经冲动,产生颤抖症状,随之发生痉挛,最后麻痹死亡。有机磷和氨基甲酸酯类杀虫剂像乙酰胆碱那样与乙酰胆碱酯酶相结合,但结合以后不易水解,结果使乙酰胆碱酯酶正常水解作用受阻,造成突触部位乙酰胆碱大量积累,昆虫中毒后表现出过度兴奋和紊乱状态,破坏了正常的生理活动,随之行动失调,麻痹死亡。

7.昆虫的感觉器官　主要有触觉器、视觉器、听觉器、感化器(嗅觉、味觉)等。

昆虫对环境条件刺激的反应,必须依靠身体的感觉器官接收外界的刺激,通过神经与反应器联系,然后才能做出适当的反应

8.分泌系统　昆虫的分泌系统分为内分泌器官和外激素腺体两大类。它们分泌微量的活性物质,能支配和协调昆虫个体的各种生理功能,这些物质称为激素,由内分泌器官分泌的物质称为内激素,由外激素腺体分泌的活性物质称为外激素或信息激素。

(1)内激素:内激素活性物质对昆虫的生长、变态、滞育、交配、生殖和一般生理代谢功能起调控作用。

控制昆虫幼虫生长和变态的内激素有三大类:由脑神经细胞群分泌的脑激素,由咽侧体分泌的保幼激素和由前胸腺分泌的蜕皮激素。脑激素能激发前胸腺分泌使昆虫蜕皮的蜕皮激素,同时又能激发咽侧体分泌保幼激素。昆虫幼虫(或若虫)时期保幼激素分泌较多,使每次蜕皮后仍保持幼虫特征,并不断生长;当幼虫(或若虫)老熟时,体内保幼激素停止分泌,在蜕皮激素的单一作用下,原来潜在的成虫器官芽得到生长发育,蜕皮后变为蛹或成虫。由此可见,在脑激素的支配下,保幼激素与蜕皮激素相互平衡共同调节,对昆虫的生长发育和变态有着重要意义。

(2)外激素(信息激素):昆虫的外激素又称信息激素,是由昆虫体表特化的腺体(外激素腺体)分泌到体外,影响同种其他个体行为、发育和生殖的一种化学物质。不同的昆虫可分泌不同的信息激素,昆虫主要的信息激素有性外激素(如蝶类和甲虫)、性抑制外激素(如蜂、蚁等昆虫)、聚集外激素(如东亚飞蝗)、标迹外激素(如白蚁、蚂蚁、蜂类昆虫)和告警外激素(如黄蜂等昆虫)等。

(3)昆虫激素与信息激素的应用:昆虫激素有较大的应用价值。如保幼激素用于害虫防治,有杀卵、致畸、致死和不育的作用;蜕皮激素对幼虫有致死作用;性外激素可用于害虫测报

及防治。近年来已发现300多种昆虫能分泌性外激素,其中已有数十种经过化学分析进行人工合成。如甘蔗螟虫、菜蛾、稻螟、稻瘿蚊、黏虫、玉米螟、棉铃虫等。激素对害虫的作用专一,而且有些种类可从植物中提取或人工合成,应用前景日益受到重视。

昆虫生长调节剂就是通过干扰昆虫体内的激素平衡,破坏其正常的生长发育或干扰其变态和生殖,以达到防治害虫的目的,且对人、畜毒性低,不污染环境。因此,被称为第三代杀虫剂。如噻嗪酮防治飞虱、粉虱等同翅目害虫;米螨和抑太保防治小菜蛾、甜菜夜蛾等都取得良好效果。

9.生殖系统　生殖系统是昆虫的繁衍器官,它的主要功能是繁衍后代,延续种族。一般位于消化道两侧或背面。雄性生殖系统开口在第9腹节腹板上或其后方,雌性生殖系统则开口于第8或第9腹节腹板后方。

(1)雌性内生殖器官的基本构造:雌性内生殖器官有1对卵巢、1对侧输卵管、受精囊、生殖腔(或阴道)、附腺等。附腺能分泌胶质,使虫卵黏着于物体上或相互黏结成卵块,还可以形成卵块的卵鞘(图1-1-17A)。

(2)雄性内生殖器官的基本构造:雄性内生殖器官有1对睾丸(或精巢)、1对输精管、贮精囊、射精管、阳茎和生殖附腺。雄性附腺分泌液浸浴精子,或形成包藏精子的精球(或精珠)(图1-1-17B)。

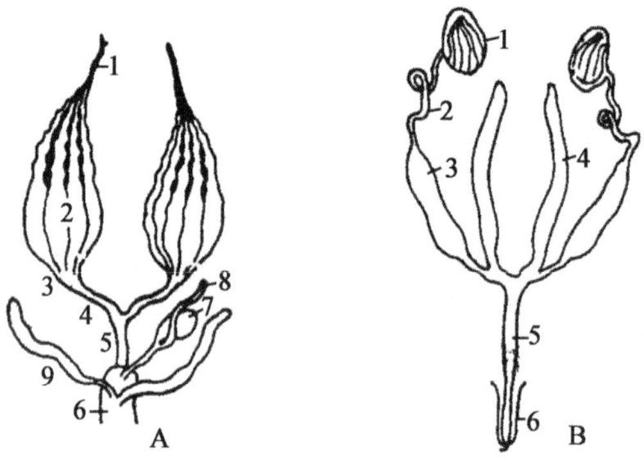

图1-1-17　昆虫生殖器官

A.雌性生殖器官:1.系带　2.卵巢　3.卵巢蒂　4.侧输卵管

5.总输卵管　6.生殖腔　7.受精囊　8.受精囊腺　9.附腺

B.雄性生殖器官:1.睾丸　2.输精管　3.贮精囊　4.附腺　5.射精管　6.交尾器

(周至宏,王助引.1996.植物保护学总论)

(3)交尾、授精和受精:昆虫的交配又称交尾,是雌雄两性成虫交合的过程。昆虫交尾时,雄虫把精子射入雌虫生殖腔内,并贮存在受精囊中,这个过程叫授精。授精后不久雌虫开始排卵,当成熟的卵经过受精囊时,精子就从受精囊中释放出来,与排出的卵相结合,这个过程称为受精。

(4)生殖系统与害虫防治的关系:①测报上的应用:通过解剖雌成虫的内生殖器官,观察卵巢发育的级别和卵巢管内卵的数量,作为预测害虫的发生期、防治适期、发生量以及迁飞等的依据。如稻纵卷叶螟卵巢解剖在测报上的应用。②利用绝育防治害虫:这种方法比直接杀死害虫更有效,并且不会伤害天敌和污染环境,很受国内外重视。特别是对于某些一生只交尾一次的昆虫,采用辐射不育、化学不育剂等绝育方法,可以使雄虫不育或者雌虫不育,有些化合物可使雌雄两性均不育，然后释放到田间，使其与正常的防治对象交尾，便可造成害虫种群数量不断下降，甚至灭亡。

【工作步骤】

一、体视显微镜的使用和保养注意事项

1. 使用方法

体视显微镜(解剖镜)的一般操作步骤：

(1)根据观察物体颜色选择载物台，使观察物衬托清晰，并将观察物放在载物台中心。

(2)根据观察需要确定放大倍数，然后松开锁紧手轮，用手稳住升降支架或托住镜身，慢慢拉出或压入升降支架，调节工作距离，至初步看到观察物时，再扭紧锁紧手轮，固定镜身。一般放大倍数在80～100×时，工作距离为70～100 mm；放大160×(加用2倍大物镜)时，工作距离为25～35 mm。因体视镜规格而异。

2. 保养与注意事项

(1)注意观察物不能直接放在载物台上，必须放在培养皿或其他物体上再放到载物台上观察。

(2)每次观察完毕后，应及时降低镜体，取下载物台面上的观察物，将台面擦拭干净。物镜、目镜装入镜盒内，目镜筒用防尘罩盖好，装入木箱，加锁放好。

(3)体视显微镜和一般精密光学仪器一样，不用时应放置在阴凉、干燥、无灰尘和酸碱性蒸汽的地方。注意防潮、防震、防尘、防霉、防腐蚀。

(4)显微镜镜头内的透镜都经过严格校验，不得任意拆开，镜面上如有污秽，可用脱脂棉蘸少量二甲苯或酒精、乙醚混合溶液轻轻揩拭。但要注意切不可使酒精渗入透镜内部，以免溶解透镜胶损坏镜头。镜面的灰尘可用软毛笔或擦镜头纸轻拭，镜身可用清洁软绸或细绒布擦净，切忌使用硬物以免擦伤。

(5)齿轮滑动槽面等转动部分的油脂，如因日久形成污垢或硬化影响螺旋转动灵活时，可用二甲苯将陈脂除去，再擦少量无酸动物油脂或无酸凡士林滑润。但应注意油脂不可接触光学零件，以免损坏。

二、昆虫外部形态观察

1. 整体观察　蝗虫：体躯分段、分节、分区情况；头、胸、腹结构，触角、口器、单眼、复眼、足、翅的位置以及个数；外生殖器形态、尾须有无；体壁骨化程度；听器、气门着生位置。

2. 各附器构造、类型及代表昆虫观察

(1)触角类型及其代表昆虫：观察蜜蜂、象虫触角的柄节、梗节、鞭节的构造。比较观察蝗虫、蝉、蛾类、蝶类、蝽、金龟甲、步甲、蝇类、白蚁等的触角各属何类型。

(2)口器类型及代表昆虫：①用镊子取下蝗虫咀嚼式口器的上唇、上颚、下颚、下唇和舌，对

照挂图观察。②在体视镜下将蝉的刺吸式口器取下，用挑针、镊子等工具将其拨开，分开上下颚口针观察。辨识所给昆虫的口器属何种类型。

(3)足的类型及代表昆虫：观察蝗虫足的基节、转节、腿节、胫节、跗节、爪及爪垫的构造。对比观察蝼蛄的前足、步甲的足、蝗虫的后足、螳螂的前足、蜜蜂和龙虱的后足各属何种类型。

(4)翅的类型及代表昆虫：取蛾类的前翅，观察昆虫翅的构造及分区，对比观察蝗虫的前后翅、蝽类的前翅、金龟类的前翅、蛾类的前后翅，在体视显微镜下观察蓟马的前后翅，比较不同昆虫翅的类型和特征。辨识所给昆虫的翅属何种类型。

三、昆虫内部器官相对位置及结构解剖观察

(1)取蝗虫 1 头，剪去翅、足和触角，用解剖剪自腹部末端沿背中线左侧向前剪开，将头壳剪去一半，注意剪尖不要插入体壁太深，以免伤及内脏器官。将剪开的虫体放在蜡盘中，用大头针先将头部及腹部末端固定住，用镊子和挑针将大半部体壁向左右分开，用大头针沿剪口斜插，将体壁固定在蜡盘上，然后在蜡盘中放入清水，浸没虫体。

(2)用镊子和挑针小心地剥掉肌肉和脂肪体等，指导学生观察由口腔到肛门纵贯体腔中央的消化道构造，区分前肠、中肠和后肠；观察前肠与中肠交接处着生有胃盲囊，中肠与后肠相接处着生有许多囊状小管，即昆虫的排泄器官——马氏管；再用剪子从前端剪断消化道，小心将其移开，去掉腹部肌肉，即可看到中枢神经系统，观察腹神经索的构造及由各神经节向各部伸出的神经纤维；观察腹部末端消化道两侧着生的雌雄生殖器官，观察雌性的一对卵巢、输卵管等或雄性的一对睾丸、输精管等。

(3)在体视显微镜下观察活家蚕或玉米螟、蜚蠊背部中央心血管搏动时有规律的张缩情况。

【巩固训练】

作业

1.绘昆虫触角的基本构造图，并标出各部分名称。

2.绘昆虫足的基本构造图，并标出各部分名称。

3.绘昆虫翅的模式图，指出其三边和三角。

思考题

1.描述昆虫纲形态特征。

2.昆虫有哪两大类型的口器？昆虫两大类型口器的危害状及其与防治有何关系？

3.昆虫体壁的功能、特性与防治有何关系？

4.昆虫消化系统、呼吸系统、神经系统与化学防治有何关系？

5.昆虫的神经系统包括哪三大组成成分？

6.什么叫作昆虫激素？有哪两大类型？激素在昆虫生长发育中起什么作用？在生产上有何应用？

任务二　昆虫的发育和行为

【材料及用具】菜粉蝶、天蛾、蝽、蝗虫类、叶蝉类、黏虫(或地老虎类、棉铃虫)、螟蛾类、瓢虫类、草蛉类等的卵或卵块;蝗虫类、有翅蚜虫、蝽类的若虫;瓢虫类、蛾类、粉蝶类、蝇类、金龟甲类、尺蠖类、麦叶峰(或芜菁叶蜂)、象虫类,寄生蜂类的成虫、幼虫及蛹,蓑蛾、独角仙、稻褐飞虱、白蚁等的成虫性二型和多型现象的标本;全变态和不全变态昆虫的生活史标本。放大镜、体视显微镜、解剖剪、挑针、镊子、搪瓷盘、泡沫塑料板等。

昆虫的发育和行为

【基础知识】

一、昆虫的繁殖方式

1. 两性生殖　是指多数雌雄异体的昆虫,通过两性交配,精子与卵子结合,雌虫产下受精卵,再发育成新的个体的生殖方式。这是昆虫最常见的繁殖方式。

2. 孤雌生殖　是指部分昆虫的卵不经过受精可以发育成新的个体的繁殖方式。也称为单性生殖。这类昆虫一般无雄虫或雄虫极少,如某些粉虱、介壳虫、蓟马等。在正常情况下部分两性生殖的昆虫中,偶尔也发生孤雌生殖现象。如蜜蜂,雌雄交配后,产下的卵有受精和不受精两种,凡受精卵孵化的为雌虫,未受精卵孵化的为雄虫。孤雌生殖是昆虫在长期历史演化过程中,对各种生活环境适应的结果。它不仅能在短期内繁殖大量的后代,而且对扩散蔓延起着重要的作用。即使1头雌虫被带到新地区,也有可能在这个地区繁殖下去。

3. 卵胎生　指卵在母体内成熟后并不排出体外,而停留在母体内进行胚胎发育直到孵化,直接产下幼虫或若虫的繁殖方式。如南方蚜虫均采用卵胎生方式生殖。

4. 幼体生殖　指少数昆虫母体尚未达到成虫阶段,还处于幼虫时期,卵巢就已成熟,可进行生殖的繁殖方式。如捻翅目昆虫可进行幼体生殖。

5. 多胚生殖　指由一个卵发育成两个或更多个胚胎,每个胚胎发育成一个新的个体的繁殖方式。如膜翅目中的茧蜂科昆虫。

二、昆虫的发育和变态

昆虫的个体发育过程,划分为胚胎发育和胚后发育两个阶段。胚胎发育是指卵经过受精后(或不需受精)开始至发育为幼虫(或若虫)为止的卵内发育过程。胚后发育是昆虫幼虫(或若虫)自卵孵出后至羽化为成虫并达到性成熟为止的发育过程。昆虫在从卵发育到成虫的过程中,要经过一系列外部形态和内部器官的阶段性变化,即经过若干次由量变到质变的几个不同发育阶段,这种变化叫作变态。按昆虫发育阶段的变化,变态主要有下列两类:

1. 不全变态　昆虫个体发育经过卵、若虫和成虫三个发育阶段称为不全变态(图1-1-18A)。成虫的特征随着若虫的生长发育而逐步显现,翅在若虫体外发育。若虫除翅和生殖器官尚未发育完全外,其他形态特征和生活习性等方面均与成虫基本相同。它们的幼期通称为若虫,如蝗虫、盲蝽、叶蝉、飞虱等。

2. 全变态　昆虫个体发育过程中要经过卵、幼虫、蛹和成虫四个发育阶段称为全变态(图 1-1-18B)。幼虫在外部形态和生活习性上与成虫截然不同。如鳞翅目幼虫无复眼，腹部有腹足，口器为咀嚼式，翅在体内发育。幼虫不断生长经若干次蜕皮变为形态上完全不同的蛹，蛹再经过相当时期后羽化为成虫。如三化螟、玉米螟、甲虫、蜂类等。

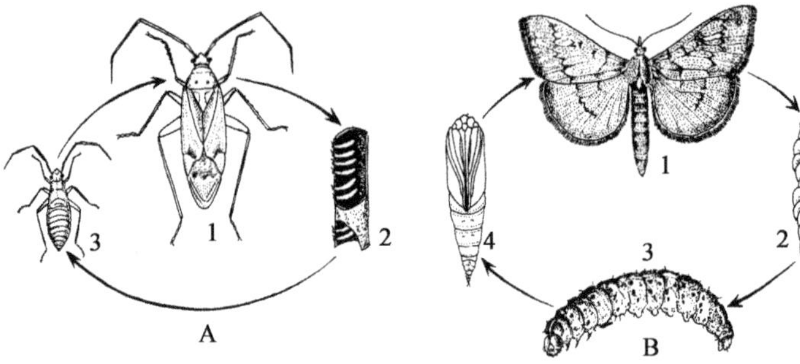

图 1-1-18　昆虫的变态

A. 不全变态(盲蝽)：1. 成虫　2. 卵　3. 若虫

B. 全变态(玉米螟)：1. 成虫　2. 卵　3. 幼虫　4. 蛹

(周至宏，王助引. 1996. 植物保护学总论)

三、昆虫个体发育阶段各虫态类型

1. 卵　昆虫的卵是一个单细胞，有各种形状颜色，大小不同。最小的如寄生蜂的卵只有 0.002 mm 左右，最大的如一种螽斯的卵长达 9～10 mm，一般在 0.55～2 mm。卵的最外层是一层坚硬的壳，表面常有各种刻纹。一般在卵的前端卵壳上有一至数个小孔，称为精孔，是雄性精子进入卵内进行受精的孔口。昆虫的卵形状繁多，常见的有球形、半球形、长卵形、篓形、馒头形、肾形、桶形等，草蛉的卵还有丝状的卵柄(图 1-1-19)。

昆虫的产卵方式随种类而不同。有的单粒散产(如凤蝶)，有的集聚成块(如瓢虫)，有的在卵块上还覆盖着一层茸毛(如毒蛾、灯蛾)，有的卵则具有卵囊或卵鞘(如蝗虫、螳螂)。产卵场所也因昆虫种类而异。多数将卵产在植物的表面(如三化螟、玉米螟)，有的将卵产于植物组织内(如稻飞虱、稻叶蝉)，金龟甲类等地下害虫则产卵于土中。成虫产卵部位往往与其幼虫(若虫)生活环境相近，一些捕食性昆虫，如捕食蚜虫的瓢虫、草蛉等常将卵产于蚜虫群落之中(图 1-1-20)。

卵是昆虫个体发育的第 1 阶段。昆虫的生命活动是从卵开始的，卵自产下后到孵化出幼虫(若虫)所经过的时间称卵期。昆虫在卵内完成胚胎发育后，幼虫破壳而出的过程称为孵化。

一批卵(卵块)从开始孵化到全部孵化结束，称为孵化期。有些初孵化出的幼虫有取食卵壳的习性。卵期的长短因种类、季节或环境温度不同而异。卵期短的只有 1～2 d，长的达数月之久。不少昆虫的卵在孵化前其颜色可发生变化，我们可根据卵的颜色变化来预测幼虫的孵化期。

卵期不吃不动，化防效果差，但人工防治和生物防治效果较好。如人工摘除三化螟卵块，在卵期释放赤眼蜂，翻耕土壤，可将地下害虫的卵暴露出来，使其失水或利于天敌取食。

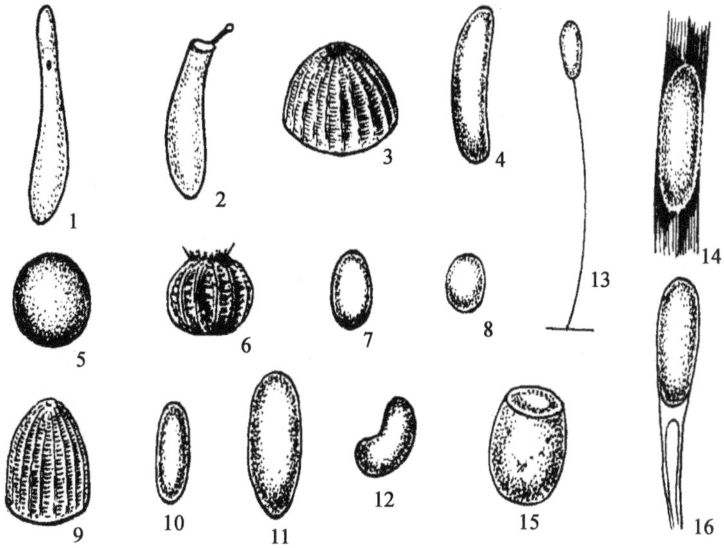

图 1-1-19　昆虫卵的形态

1. 长茄形(飞虱)　2. 袋形(三点盲蝽)　3. 半球形(小地老虎)　4. 肾脏形(蝗虫)　5. 球形(甘薯天蛾)　6. 篓形(棉金刚钻)　7. 椭圆形(蝼蛄)　8. 椭圆形(大黑金龟甲)　9. 半球形(棉铃虫)　10. 长椭圆形(棉蚜)　11. 长椭圆形(豆芫菁)　12. 肾形(棉蓟马)　13. 有柄形(草蛉)　14. 被有绒毛的椭圆形卵块(三化螟)　15. 桶形(稻绿蝽)　16. 双辫形(豌豆象)

(周至宏,王助引. 1996. 植物保护学总论)

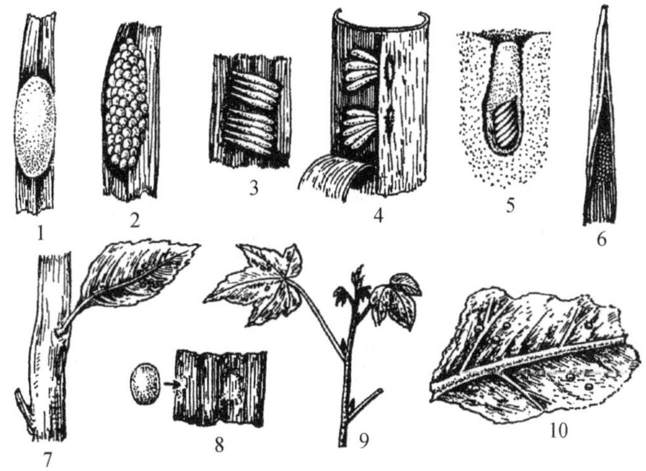

图 1-1-20　昆虫的产卵场所和产卵方式

1～6. 聚产　1. 产在叶面被有绒毛(三化螟)　2. 产在叶面,排成鱼鳞状(二化螟)　3. 产在叶鞘内侧(黑尾叶蝉)　4. 产在叶鞘中脉内(白背飞虱)　5. 产在土中(蝗虫)　6. 产在叶尖卷缝内(黏虫)　7～10. 散产　7. 产在基部叶片背面(小地老虎)　8. 产在叶片内部(铁甲虫)　9. 产在顶叶叶面上(棉铃虫)　10. 产在叶片背面(红蜘蛛)

(西北农业大学. 2000. 农业昆虫学)

2. 幼虫类型　昆虫从卵孵化出来到成虫特征出现之前的整个发育阶段称为幼期，又分幼虫期和若虫期 2 种。不全变态类昆虫自卵孵化到变为成虫时所经过的时间，称为若虫期；全变态类昆虫自卵孵化到变为蛹时所经过的时间，称为幼虫期。从卵孵出的幼体通常很小，取食生长后不断增大，当增大到一定程度时，由于坚韧的体壁限制了它的生长，就必须蜕去旧表皮，代之以新表皮，这种现象叫作脱(蜕)皮。脱下的旧表皮，称为蜕或蜕皮。

昆虫在蜕皮前常不食不动，每蜕一次皮，虫体就显著增大，食量相应增加，形态也发生一些变化。前后两次蜕皮之间所经历的时间，称为龄期。在每一龄期中的具体虫态称为龄或虫龄。从卵孵化后至第 1 次蜕皮前称为第 1 龄期，这时的虫态即为 1 龄；第 1 次脱皮后至第 2 次蜕皮之前称为第 2 龄期，这时的虫态即为 2 龄，往后以此类推。即龄数等于脱皮次数加 1。

昆虫种类不同，龄数和龄期长短也有差异。同种昆虫幼虫(若虫)期的分龄数及各龄历期，因食料等条件不同也常有区别。通常是经过饲养观察而明确的。在获得各龄标本后，分别测定其头宽和体长，观察记载翅芽长短和体色等的变化，可作为区别虫龄的依据，其中头宽是区分幼虫龄别最可靠的特征。掌握幼虫(若虫)各龄区别和历期是进行害虫预测预报和防治必不可少的资料。

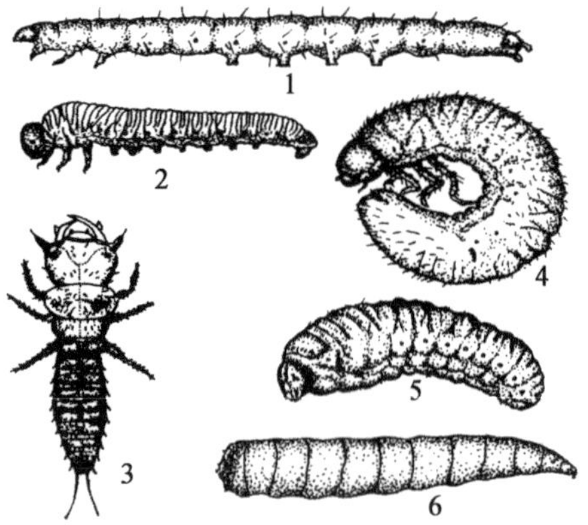

图 1-1-21　幼虫的类型

1. 苹果卷叶蛾　2. 叶蜂　3. 步甲
4. 蛴螬　5. 象甲　6. 萝卜蝇蛆
(1、2 多足型，3、4 寡足型，5、6 无足型)
(周至宏，王助引. 1996. 植物保护学总论)

全变态昆虫的幼虫期随种类不同，其幼虫形态也不相同。常见的昆虫幼虫主要有 3 种类型(图 1-1-21)。

(1)无足型：这一类幼虫既无胸足也无腹足，有时甚至头部也都退化。如蚊、蝇、虻、天牛、象甲、蜂类的幼虫。

(2)寡足型：这一类幼虫具有发达的胸足，但无腹足和其他腹部附肢。如鞘翅目的步甲、金龟甲、瓢虫等。

(3)多足型：这类幼虫的特点是除具有发达的胸足外，还具有腹足或其他腹部附肢。如鳞翅目的蛾和蝶类的幼虫有腹足 2～5 对以及膜翅目的叶蜂类幼虫有腹足 6～8 对等。

幼虫(若虫)期是大量取食，迅速生长伴随着蜕皮，是严重危害的时期，也是防治的关键时期。3 龄前食量小，造成的危害小，而且抗性差，化学防治效果好。化学防治应在 3 龄前进行，钻蛀性害虫应在钻蛀前防治。

3. 蛹的类型　幼虫老熟以后，即寻找适当场所，准备化蛹，昆虫化蛹前体躯逐渐缩短，活动减弱，称为预蛹，所经历的时间为预蛹期。

完全变态的昆虫幼虫或预蛹蜕去最后一层皮变成蛹的过程，称为化蛹。从化蛹时起发育到成虫所经过的时间，称为蛹期。各种昆虫的预蛹期和蛹期的长短，与食料、气候及环境条件有关。在蛹期发育过程中，体色有明显的变化。根据体色的变化，可将蛹期划分成若干蛹级，作为调查发育进度的依据，可准确地预测害虫的发生期，在害虫的预测预报中已得到广泛的应用。

预蛹和蛹在外表看来是处于静止状态，其实体内在起着激烈的生理变化。昆虫种类不同，蛹的形态也不一，一般有以下 3 种类型(图 1-1-22)。

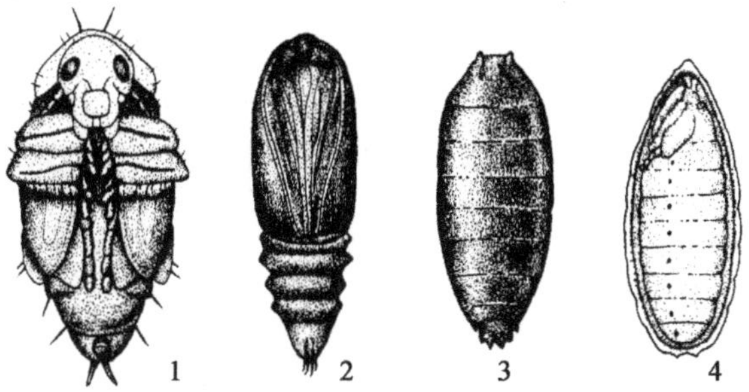

图 1-1-22　蛹的类型

1.离蛹　2.被蛹　3.围蛹　4.围蛹的透视

（彩万志等.2011.通昆虫学）

（1）离蛹：又称裸蛹。它的特点是附肢（触角、足）和翅等不紧贴虫体，能够活动，同时腹节也略可活动。如金龟甲、蜂类的蛹。

（2）被蛹：蛹的附肢和翅等紧贴于蛹体，不能活动，大多数或全部腹节也不能活动。如蛾、蝶类及蚊子的蛹。

（3）围蛹：实际上是一种裸蛹，由于幼虫最后蜕下的皮包围于裸蛹之外，形成圆筒形硬壳。如蝇类的蛹。

蛹期是昆虫生命活动中的一个薄弱环节。因为蛹处于不活动期，难以逃避敌害和不良环境因子等的影响，是害虫防治的有利时机。但因其虫龄较大，化防效果差。可人工防治和生物防治。如黏虫，可通耕翻土壤，将蛹翻至土表曝晒致死，或增加天敌捕食的机会。

4.成虫　从羽化起直到死亡所经历的时间，称为成虫期。成虫是昆虫个体发育的最后阶段，其主要任务是交配、产卵、繁衍后代。因此，昆虫的成虫期实质上是生殖时期。

（1）羽化：末龄若虫或蛹脱皮变为成虫的过程称为羽化。初羽化的成虫，一般身体柔软而色浅，翅未完全展开，随后，身体逐渐硬化，体色加深，翅完全展开后，方能活动和飞翔。

羽化（赤眼蜂）

（2）性成熟和补充营养：某些昆虫羽化为成虫后，性器官就已成熟，即能交配和产卵。如三化螟。部分成虫羽化后性器官未发育成熟，需要继续取食，这种对性成熟必不可少的成虫期营养，称为补充营养。如小地老虎需补充营养。在自然界中，蛾类获得补充营养的来源有开花的蜜源植物、腐熟的果汁、植物蜜腺及蚜虫、介壳虫的分泌物等。利用这些害虫具有补充营养的特性，可设置糖、醋、酒混合液诱杀，或设置蜜源植物观察圃进行诱集，作为害虫防治或预测的措施之一。

（3）交配和产卵：成虫性成熟后，即行交配和产卵。雌成虫从羽化开始到第一次产卵所经过的时间，称为产卵前期。产卵前期的长短，因种类而异。在农作物害虫防治上，为把成虫防治在产卵以前，以及应用历期法进行发生期预测，了解害虫的产卵前期是必不可缺少的基本资料。

雌虫开始产第一粒卵到产完所有的卵所经历的时间，称为产卵期。产卵期的长短，因昆虫种类不同和成虫寿命的长短而异，也受气候和食料等环境条件的影响。如螟蛾类一般为 3～5 d，叶蝉、蝗虫 20 d 至 1 个月，某些甲虫可达数个月，白蚁类昆虫则更长。

(4)性二型和多型现象：性二型指雌雄两性除了第1性征(生殖器官)不同外，在形态上还有明显差异的现象，也称为雌雄异型。如独角犀的雄虫，头部具有雌虫没有的角状突起或特别发达的上颚。介壳虫和袋蛾雌虫无翅，而雄虫有翅(图1-1-23)。

多型现象指有些昆虫除了雌雄异型以外，在同一性别中，还有不同形态的类型。如白蚁有兵蚁、工蚁、蚁王、蚁后、有翅型、无翅型，稻飞虱雌雄都有长、短两种翅型(图1-1-24)。

成虫期化防效果差，但可利用其趋性进行诱杀，如灯光诱杀、糖醋液诱杀、潜所诱杀等。

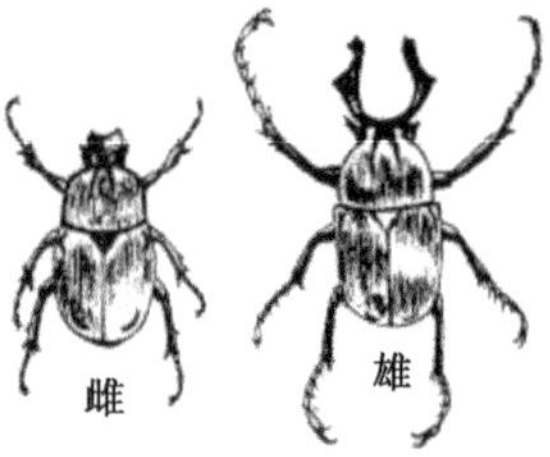

图1-1-23 锹甲的性二型现象

(袁锋．2001．农业昆虫学)

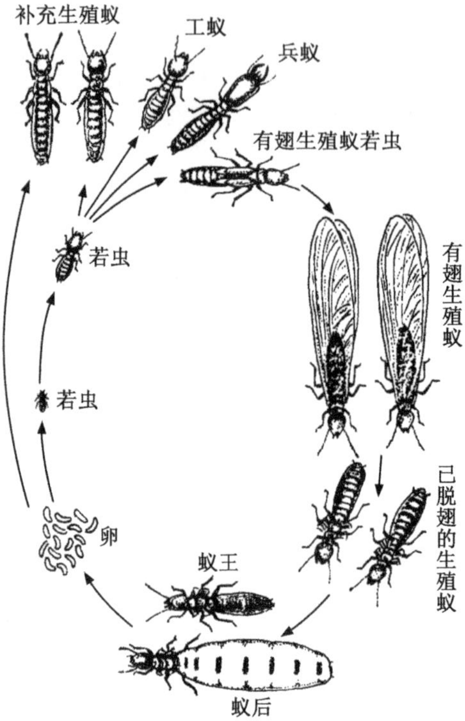

图1-1-24 白蚁的多型现象

(袁锋．2001．农业昆虫学)

四、昆虫的世代和生活史

1.昆虫的世代 昆虫的生活周期，从卵或幼体离开母体开始经过幼虫或若虫、蛹到成虫性成熟为止的个体发育周期，称为一个世代。

2.昆虫的年生活史 昆虫在整个一年中的发生经过，如发生的代数，各虫态出现的时间，和寄主植物发育阶段的配合，以及越冬情况等，称为年生活史或生活年史。

凡是以幼虫、蛹或成虫越冬于次年继续发育的世代，都不能算作当年的第1代，而是前一年的最后一个世代，称之为越冬代。越冬代成虫产下的卵发育到成虫为当年的第1代，往后依次类推。但在以往的一些农业害虫世代的划分中，常把越冬代成虫称作第1代成虫，由第1代卵发育而成的成虫称为第2代成虫，在应用历史资料时应注意区别。另有一些在本地不能越冬的迁飞性害虫，如黏虫、稻纵卷叶螟、褐飞虱等，其初次迁入的成虫，可把它称为迁入代成虫，或称为1代虫源。

3.化性 昆虫因种类和环境条件不同，一年发生的代数和每个世代历期的长短也不同。将每年出现的世代数称为化性。有的昆虫一年只发生1代，称为一化性昆虫，有的可发生2～6代甚至更多，则称为多化性昆虫。例如，三化螟在长江中下游一年发生3代，在广西一年发生4～5代。蚜虫类一年可多达20～30代。同种昆虫每年发生代数也随分布地的有效发育总积温或海拔高度不同而异。通常是随着纬度的降低而增加，随着海拔的增加而减少。但是，有的害虫如大地老虎、大豆食心虫等，不论南北地区，一年都只发生1代。

在一年多代的害虫中，往往因各虫态发育进度参差不齐，造成田间发生的世代难以划分界限，即在同一时间内出现同种昆虫不同世代的相同虫态，这种现象叫作世代重叠。世代重叠必然导致田间虫情复杂化，给害虫的测报和防治带来困难。

4.研究昆虫年生活史的意义和方法　研究昆虫年生活史的基本方法是进行室内饲养，结合田间系统调查观察。对某些具有趋光或趋化性的害虫，可用灯光或诱杀液诱集，来掌握成虫的发生期。为了表述昆虫的年生活史，除了用文字记载外，还可以用各种图解的方式绘制成生活史图。生活史图还可以配上寄主植物的生育期，这样，害虫发生期与寄主植物之间的关系便可一目了然。

5.昆虫的休眠和滞育　昆虫在一年的发生过程中，为适应不良的环境条件，常会出现一段或长或短的生长发育暂时停滞的时期或虫态。这一现象常与冬季的低温和夏季的高温相关，故通称为越冬和越夏。

根据引起和解除生长停滞的条件，可分为休眠和滞育两种状态。休眠是昆虫在个体发育过程中对不良环境条件的一种暂时的适应性，但当不良环境条件一旦消除而能满足其生长发育的要求时，便可立即停止休眠而继续生长发育的现象。休眠现象发生在冬季称为冬眠，发生在夏季称为夏眠，有时因食料缺乏而导致的休眠称饥眠。滞育是部分昆虫由内激素控制的可以遗传的一种特性，它是在一定的季节，一定的发育阶段发生的生长发育停止现象，在停育期间，虽然给予良好的生活条件，也不能立即恢复生长，而必须经过较长时间，并要求有一定的刺激因素(如低温、光照等)，才能重新恢复生长。

处在休眠和滞育状态的昆虫，它们的呼吸代谢速度十分缓慢，耗氧量大大减少，体内脂肪和碳水化合物含量丰富，特别是体内游离水显著减少。因此，进入休眠和滞育状态的昆虫，对不良环境因子如寒冷、干旱、农药等都具有较强的抵抗力。

了解昆虫的世代和生活史，我们可以对害虫的发生和为害进行预测，或破坏其越冬越夏场所或利用休眠、滞育后的昆虫抗性差对害虫进行防治。

五、昆虫的习性及与防治的关系

昆虫的习性是种或种群的生物学特性，是生命活动的综合表现，是通过神经活动对刺激的反应。包括昆虫的活动和行为。昆虫的习性主要有如下表现：

1.食性　指昆虫在长期的演化过程中，形成了对食物的特殊选择和要求。根据食物的性质可分为：

(1)植食性：以活体植物为食料的称为植食性。

(2)肉食性：以活的动物体为食料的称为肉食性。肉食性又可分为捕食性和寄生性两种。如瓢虫捕食蚜虫，寄生蜂寄生于害虫的体内等。这些以害虫为食料的昆虫，称为益虫或天敌昆虫。

(3)粪食性：专门以动物粪便为食料的称为粪食性。

(4)腐食性：以动植物组织的尸体或腐败物质作为食料的称为腐食性。如取食腐败物质的蝇蛆。

(5)杂食性：既取食动物性食料又取食植物性食料的称为杂食性。如蜚蠊、蚂蚁等。

根据取食范围的广狭又可分为单食性、寡食性、多食性3种。单食性指只以1种或极近缘的少数几种植物为食料的昆虫，如三化螟、褐稻虱只为害水稻。寡食性指能取食同属、同科和近缘科的几种植物的昆虫，如菜青虫只为害十字花科的白菜、甘蓝、萝卜、油菜等，以及与十字花科亲缘关系相近的木樨科植物。多食性指能取食多科、多属的植物，如玉米螟可为害40科181属200种以上的植物。

2. 趋性　是指昆虫对外界环境刺激所表现的趋避行为，趋性有正负之分，昆虫向着刺激物运动的称为正趋性，背离刺激物的运动称为负趋性。按刺激物的性质主要分为趋光性，趋化性，趋温性，趋色性：

(1)趋光性：昆虫通过视觉器官趋向光源的反应行为，称为趋光性。离开光源的称为负趋光性。一般说，短光波的光线对昆虫的诱集力特别大。

(2)趋化性：昆虫通过嗅觉器官对于化学物质的刺激而产生的反应行为，称为趋化性。如菜白蝶有趋向含有芥子油气味(糖苷化合物)的十字花科蔬菜产卵的习性。

(3)趋温性：昆虫对温度刺激所产生的定向运动，称为趋温性。

(4)趋色性：昆虫对不同颜色的刺激所产生的定向运动，称为趋色性。

3. 群集性　是指同种昆虫个体，高密度地聚集在一起的习性。可分为暂时群集和长期群集两类。暂时群集一般发生在昆虫生活史中的某一阶段。往往是由于有限空间内昆虫个体大量繁殖或大量集中的结果。如越冬期的二十八星瓢虫，是比较明显的暂时性群集。长期群集是群集时间较长，包括个体整个生活周期，群集形成后往往不再分散。如群居型飞蝗。

4. 迁移性　昆虫的成虫从一发生地长距离地迁飞到另一个发生地的习性，称为迁飞性。如黏虫、小地老虎、稻纵卷叶螟、褐飞虱、白背飞虱等。昆虫从一发生地短距离地移动的习性称为扩散。

5. 自卫习性　是指昆虫在长期适应环境的演化中，获得了多种保护自身免受其他生物为害的特性，如假死性、拟态和保护色。

(1)假死性：有些害虫如金龟甲、黏虫和小地老虎幼虫等，在受到突然的震惊时，立即将足收缩，身体蜷曲，或从植株上掉落地面，这种习性称为假死性。

(2)拟态：是指有些昆虫模拟生活环境某些物体的形态，如尺蠖幼虫在树枝上栖息时，以腹足固定在树枝上，身体斜立，很像枯枝；枯叶蝶停息时双翅竖立，翅背极似枯叶，是拟态的典型例子。

(3)保护色：是指某些昆虫具有与生活环境中的背景相似的体色。如生活在绿色植物中的螽斯和蚱蜢，常随着秋季植物的枯黄而使身体由绿色转为黄褐色。

有些昆虫具有同背景环境成鲜明对照的警戒色。如一些瓢虫及蛾类等具有色泽鲜明的斑纹，能使其袭击者望而生畏，不敢接近。

研究和了解昆虫习性，对农业害虫的测报和防治具有重要意义。如我们可以利用昆虫的趋光性用黑光灯诱杀害虫，利用趋化性用糖醋液诱杀、性诱杀或毒谷诱杀害虫，利用趋温性采用高、低温杀虫，如夏天暴晒、温汤浸种等杀虫，对趋黄性可用黄板、枯草把诱杀害虫，对趋绿性可采用偏施、多施氮肥和种植诱虫田诱杀害虫，对单食性的昆虫可以采用轮作方式防治害虫，对群集性害虫可在其群集阶段集中消灭害虫，对有迁飞、扩散性的害虫可在其迁飞扩散前防治，对迁飞性害虫的异地测报，能较准确地预测其发生期和为害趋势，对有假死性的害虫可用振落法收集和消灭害虫。

【工作步骤】

1. 昆虫变态类型观察　比较观察全变态(蝶蛾类)和不全变态昆虫(蝽类)生活史标本的主要区别。

2. 昆虫卵的观察　观察各种供实验昆虫的卵粒形态或卵块特点如排列情况及有无保护物等。

3. 若虫的观察　观察比较蝗蝻、蝽象、有翅蚜虫等若虫与成虫在形态上的异同,注意翅芽的形态。

4. 幼虫类型及代表观察　注意观察所给幼虫标本特征,区分它们的类型。无足型(天牛、象甲、蝇类)、多足型(蝶、蛾类)、寡足型(金龟甲、瓢虫)。注意观察叶蜂幼虫与蝶蛾类幼虫的腹足对数有何不同。

5. 蛹的类型及代表观察　观察蝇类、粉蝶、蛾类、金龟甲、瓢虫、寄生蜂等蛹的形态,注意所属类型及其特征。离蛹(鞘翅目)、被蛹(鳞翅目)、围蛹(蝇类)。

6. 成虫的性二型及多型现象的观察　观察所给标本如蓑蛾、独角仙、稻褐飞虱、白蚁等。

【巩固训练】

思考题

1. 昆虫有哪些繁殖方式?各种繁殖方式的特点如何?

2. 何谓变态?不全变态和全变态的个体发育各经过哪些虫态?不全变态和全变态昆虫在外部形态和生活习性上有何不同?

3. 研究害虫的年生活史有何重要意义?

4. 名词解释:若虫、幼虫、孵化、化蛹、羽化、龄数和龄期、世代、世代重叠、休眠、滞育、产卵前期、补充营养、性二型、多型现象。

5. 昆虫的主要习性有哪些?在害虫测报、防治上有何应用?

任务三　农业昆虫的重要类群

【材料及用具】东亚飞蝗、蝼蛄、蟋蟀、螽斯、蝽、盲蝽、缘蝽、网蝽、猎蝽、蝉、叶蝉、飞虱、蚜虫、介壳虫、粉虱、木虱、象蜡蝉、蛾蜡蝉、稻蓟马、草蛉、蚁蛉、蝶蛉、粉蝶、凤蝶、弄蝶、眼蝶、蛱蝶、斑蝶、木蠹蛾、螟蛾、夜蛾、毒蛾、灯蛾、尺蛾、舟蛾、卷叶蛾、小卷叶蛾、麦蛾、刺蛾、蓑蛾、天蛾、斑蛾、步甲、虎甲、金龟甲、叶甲、肉食性瓢甲、植食性瓢甲、叩头甲、象甲、天牛、吉丁虫、豆象、龙虱、水龟、菜叶蜂、梨茎蜂、姬蜂、茧蜂、赤眼蜂、金小蜂、蜜蜂、胡蜂、蚁、稻瘿蚊、食虫虻、实蝇、食蚜蝇、稻秆蝇、豌豆潜叶蝇、稻水蝇、美洲斑潜蝇、种蝇(花蝇)、寄蝇、T纹狼蛛、拟环纹狼蛛、三突花蟹蛛、八点球腹蛛、荔枝毛毡病、柑橘全爪螨、柑橘锈壁虱等的为害状和生活史标本,蝶蛾类成虫展翅标本,其他昆虫成虫、幼虫、若虫及蜘蛛的浸渍标本,微小虫螨的玻片标本，有关挂图、幻灯片、模型、多媒体教材等。体视显微镜、放大镜、镊子、挑针、载玻片等。

【基础知识】

一、昆虫分类的意义、依据及命名法则

(一)昆虫分类的意义

昆虫分类可以帮助我们正确识别种类繁多的昆虫，研究益虫和害虫的发生规律，进行预测预报，做好植物检疫，以及防治害虫和利用益虫。

(二)昆虫分类的主要依据

昆虫分类的主要依据是成虫的形态特征及昆虫的生理、生态、生物学特征。昆虫分类的单位采用生物界的分类阶元：界(Kingdon)、门(Phylum)、纲(Class)、目(Order)、科(Family)、属(Genus)、种(Species)7个必要的阶元。种是分类的基本单元。昆虫属于动物界节肢动物门昆虫纲，纲下还有目、科、属、种。从界到种，均可设“亚级(Sub)”，如亚门(Subphylum)、亚目(Suborder)、亚科(Subfamily)、亚种(subspecies)等。在目和科上，有时可加上“总级(Super)”，如总目(Superorder)、总科(Superfamily)。

(三)昆虫的学名

种，又称物种，是分类的基本单元，又是繁殖单元。它是由种群组成，具有相同的形态特征，占有一定的生态空间，拥有一定的基因遗传型和表型，能相互配育，并产生具有繁殖力的后代，与其他种之间存在着生殖隔离现象。每个种都有一个全世界统一的科学名称，也称为学名，用拉丁语单词或拉丁化的单词构成，种名由属名加种名两个拉丁词组成，称为双名法，为表示负责，学名后加上定名人的姓氏，属名和定名人的姓氏第一个字母大写，其余小写，印刷时属名和种名排斜体，手写稿应在下面画一横线，定名人的姓氏用正体字排列，手写稿在下面不加横线。例如棉蚜的学名为：

Aphis gossypii Glover

属名　　种名　定名人

亚种的学名由三个拉丁词组成，属名、种名和亚种名，称为三名法。

有些昆虫的学名，在定名人外加有圆括号，这说明该种属名已经后人修订过。如黏虫原学名 *Leucania separata* Walker，现用学名为：*Mythimna separata* (Walker)。这种变化称为重新组合。凡是新组合种，即属的名称有变动的种，都要在定名人外加上圆括号。

植物、动物、真菌、细菌、线虫等病害的种名也采用拉丁双名法和三名法规则。病毒种的命名则不采用拉丁双名法，而是以寄主英文俗名、症状名加“virus”构成。

二、昆虫重要目、科识别

一般将昆虫分34目，我国已记录的昆虫有67 000多种，和农业生产关系密切的主要有10目。

(一)等翅目

本目昆虫俗称白蚁。

1. 形态特征　体小至中型，白色、淡黄色至黑色。头大，前口式。口器咀嚼式，触角念珠状。分为有翅、短翅及无翅的几个类型，具翅者，2 对翅狭长，膜质，大小、形状及脉序相似，故称等翅目。白蚁之翅，经一度飞翔后即脱落，脱落部位在翅基肩缝处，残存部分称为“翅鳞”。跗节 4 节或 5 节。尾须 1 对。

2. 生物学特性　多型性的社会性昆虫，群栖生活。在一个蚁巢中有几百到几百万只个体，从形态和机能上可分为生殖和非生殖两大类型(图 1-1-25)。

昆虫分类一
等直半同缨脉翅目

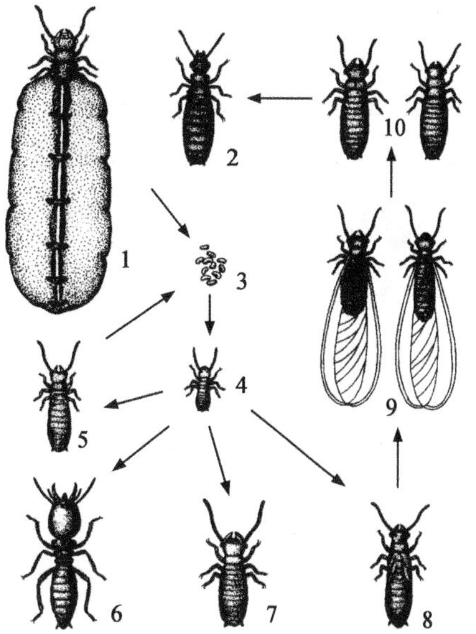

图 1-1-25　等翅目代表:家白蚁

1. 蚁后　2. 蚁王　3. 卵　4. 若蚁　5. 补充生殖蚁　6. 兵蚁　7. 工蚁　8. 长翅生殖蚁若虫　9. 长翅雌、雄生殖蚁　10. 脱翅雌、雄生殖蚁

(彩万志等. 2011. 普通昆虫学)

(1)生殖类型又分为原始蚁王和蚁后、短翅补充蚁王和蚁后、无翅补充蚁王和蚁后 3 个品级。

(2)非生殖类型包括兵蚁、工蚁 2 个品级。

白蚁主要取食活的植物体、干枯的植物、真菌等。根据筑巢的地点分为木栖性、土栖性和土木两栖性三类。白蚁在广西地区严重为害甘蔗、桉树等经济植物。

(二) 直翅目

1. 形态特征　体中至大型。触角为丝状、锤状或剑状。口器咀嚼式，头多呈下口式，单眼 2～3 个。前胸大而明显，中后胸愈合；前翅狭长，革质；后翅膜质，臀区大，休息时作扇状折叠在前翅之下，有些种类为短翅型或无翅型；后足跳跃式，或前足开掘式。产卵器发达，呈剑状、刀状或凿状。前足胫节(蝼蛄、蟋蟀、螽斯)或第 1 腹节(蝗虫)常具听器。常有发音器，有的是左、右翅相互摩擦(蝼蛄、蟋蟀、螽斯)，有的是以后足的突起刮擦翅而发音(蝗虫)。

2. 生物学特性　不全变态。卵一般产在土中，有的数个成小堆，有的集合成卵块，外覆保护物，形成卵鞘。螽斯和树蟀将卵产在植物的组织内。若虫的形态、生活环境和食性均和成虫相似。若虫一般有 5 龄。多生活在地面上，有的生活在土中；有些生活在树上。多数具有跳跃能力，飞翔力不强，但少数种类，如飞蝗，成群迁飞，可随气流飞翔数千米。1 年 1 代、2 代或 2～3 年完成 1 代均有，一般以卵越冬，多有保护色。多为植食性，少数捕食其他昆虫或小动物。

3. 主要科的特征　直翅目已知种类在 20 000 种以上，我国近 2 000 种，根据本目昆虫进化的方向，周尧教授 1963 年提出分为蝼蛄、蝗、螽斯 3 个亚目。和农业关系较大的有下列几科(图 1-1-26)：

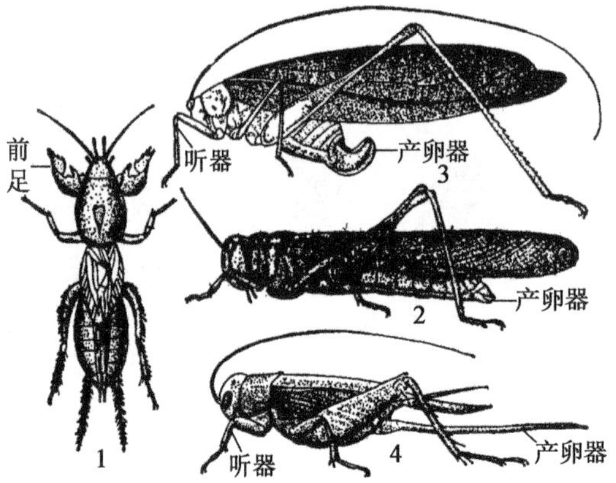

图 1-1-26 常见直翅目昆虫代表

1.蝼蛄科 2.蝗总科 3.螽斯科 4.蟋蟀科

(周至宏,王助引.1996.植物保护学总论)

(1)蝼蛄科:体大型,土栖昆虫。触角短,丝状。前胸背板椭圆形,前翅短,后翅外露如尾状。前足开掘足。发音器不发达,听器在前足胫节上,状如裂缝。尾须或长或短,不分节,产卵器不外露。是重要的地下害虫。如台湾蝼蛄、东方蝼蛄。

(2)蝗总科:触角短,不长过身体,一般为丝状,少数种类为剑状或锤状;跗节均为3节,第1跗节腹面有3个垫。有2对发达的翅,少数为短翅型或无翅型。雄虫能以后足腿节刮擦前翅而发音,听器在腹部第一节两侧。产卵器短呈凿状。植食性。如中华稻蝗、东亚飞蝗等。

(3)螽斯科:产卵器短而阔,刀状。跗节4节。植食性,有的肉食性。卵产在植物组织中。如为害林木的双叶拟缘螽,为害农作物的中华露螽等。

(4)蟋蟀科:体粗壮,产卵器细长,剑状,跗节3节;听器在前足胫节上。成虫在夏秋间盛发,多发生在低洼、河边、杂草丛中,雄虫昼夜发出鸣声。在华南地区为害农作物的主要是大蟋蟀。

(三)半翅目

半翅目昆虫一般称为蝽(椿)象,简称“蝽”,俗称臭屁虫。

1.形态特征 多数种类体形宽而略呈扁平,椭圆形或长椭圆形,体壁坚硬。触角多为丝状,有的端节略膨大,4节或5节,以4节最多。口器刺吸式,单眼2个或无。前胸背板及中胸小盾片发达。前翅基部革质,端部膜质,称为半鞘翅。革质部分由爪片缝分为爪片和革片,有的在革片的外缘有狭的缘片及在端角区有小三角形的楔片;端部膜质部分称为膜片,其上有翅脉和翅室。后翅膜质。翅不用时平置背面。有些种类无翅。跗节1～3节。腹部背面常可见到若虫腹臭腺孔的痕迹,能散发出臭味。雌虫产卵器锥状、针状或片状,或长或短。

2.生物学特性 属不全变态昆虫。1年发生1代至数代。大多数以成虫越冬,但盲蝽科以卵越冬。卵一般为聚产于植物表面及茎干的粗皮裂缝中,也有产于植物组织中,水栖类群则产卵于水草茎秆上或水面漂浮物体上。若虫多为5龄。生活环境有陆栖、半水栖和水栖。半翅目中有植食性的农业害虫,如荔枝蝽、绿盲蝽等;也有传播人、畜疾病的吸血种类,如温带臭虫。但是,也有对人类有益的种类,如捕食性的益蝽、猎蝽、姬蝽、花蝽等,是生物防治利用的对象;还有少数属于药用昆虫,如九香虫。

3.主要科的特征 半翅目已知种约38 000种,我国3 100多种。陆生类群触角外露,着生于眼的前方或前下方;在半水栖、水栖类群中,触角则隐于眼的下方。由此,可将半翅目分为显角亚目和隐角亚目。和农业生产关系密切的有下述各科(图1-1-27):

(1)蝽科:体小至大型,多为扁平椭圆形。头小,三角形。触角多为5节。通常有2个单眼。复眼着生于头的基部,为头部的最宽处。前胸背板发达,中胸小盾片很大。舌状突出,长度为前翅的1/2。前翅膜片上有纵脉,多从1基横脉上分出。重要的农业害虫有稻褐蝽、稻黑蝽、稻绿蝽等。

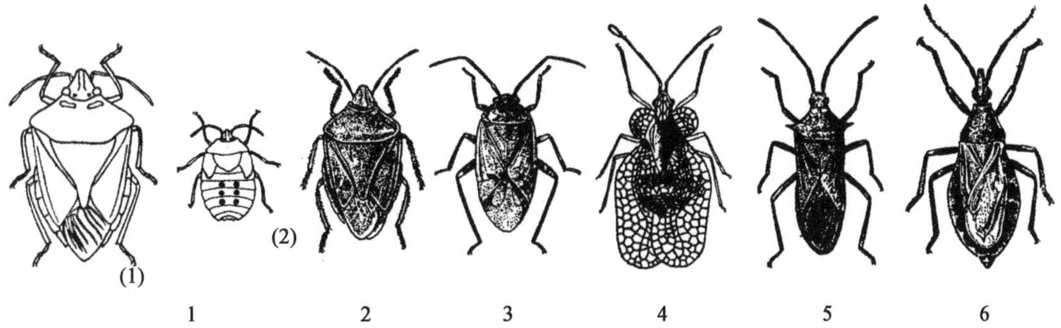

图 1-1-27 半翅目的身体构造及代表科

1.半翅目的身体构造:(1)成虫 (2)若虫

2.蝽科 3.盲蝽科 4.网蝽科 5.缘蝽科 6.猎蝽科

(周至宏,王助引.1996.植物保护学总论)

相近科:荔蝽科;体型较大,外形、小盾片特征及膜片上纵脉与蝽科相似。中国种触角4节,触角相对于体长较短,小盾片舌状突出部分较窄,小盾片短于前翅的1/2。代表昆虫有荔枝蝽。

(2)盲蝽科:体小至中型。触角4节。无单眼。喙长4节。前翅具革片、爪片和楔片,以及界限不明的缘片,膜片有2个封闭的翅室。跗节3节。本科全世界已知10 000种,我国有560种。多为植食性,部分是捕食性。常见的农业害虫有绿盲蝽、苜蓿盲蝽等,天敌有黑肩绿盲蝽,专门吸食稻飞虱的卵。

(3)网蝽科:体小而扁。触角4节。无单眼。前胸背板向后延伸盖住小盾片,有网状花纹。前翅密布网纹,无明显的革片、膜片之分。跗节2节,无爪垫。若虫体侧有刺。常群集于叶片反面主脉两侧为害,主要害虫有梨网蝽、香蕉网蝽等。

(4)缘蝽科:体中至大型,狭长,两侧缘略平行。头部远较,前胸狭短,胸部与腹部宽度相等。触角4节。有单眼。前翅膜片具许多平行的纵脉,通常基部无翅室,但有的种类膜片脉呈网状。重要的农业害虫有针缘蝽、稻蛛缘蝽等。

(5)猎蝽科:体小至中型。头后部细缩如颈状。喙3节,坚硬弯曲。触角4节。有单眼。前足能捕捉。前翅膜片有2翅室。全为肉食性,如黄足猎蝽、黑红猎蝽。

其他常见科还有姬猎蝽科:体较小。喙长4节。触角4节(少数5节)。前胸背板狭长,前面有横沟。半鞘翅膜片上有4条纵脉形成2～3个长形闭室,并由它们分出一些短的分支。捕食性益虫,如中华姬猎蝽。

(四)同翅目

同翅目包括蝉、叶蝉、飞虱、粉虱、木虱、蚜虫和介壳虫等。

1.形态特征　体小至大型。小的仅0.3 mm,大的可达80 mm。触角刚毛状或丝状。口器刺吸式,后口式,喙3节,也有2节或1节的。复眼发达,有时退化。有翅种类有单眼2个或3个,无翅种类,无单眼。前胸背板小。通常有2对翅(雄介壳虫仅有1对前翅,后翅成平衡棒),前翅质地基本均匀,膜质或革质,休息时常放置背上呈屋脊状。多数种类有蜡腺。

2.生物学特性　不全变态,但介壳虫雄虫和粉虱等少数种类是过渐变态昆虫。有些种类有多型现象。两性生殖或孤雌生殖,也有二者交替进行;有卵生,也有胎生。卵产在植物组织中或植物表面。卵多为长椭圆形或椭圆形。同翅目昆虫全部植食性,吸收植物汁液,被刺吸处出现斑点，变黄、变红，或组织增殖，畸形发展，形成卷叶甚至枯萎；不少种类能分泌蜜露，诱致煤烟病，还有些种类可以传播植物病毒病。

3.主要科的特征　同翅目全世界记载有45 000多种，我国已知3 000多种。根据周尧教授1963年的意见，分为5个亚目。和农业生产关系密切的有下列各科(图1-1-28)：

(1)蝉科：体中至大型。单眼3个，触角刚毛状，生于两复眼前方。翅膜质透明，翅脉粗大。前足开掘式。雄虫腹部第一节有鸣器。成虫、若虫均刺吸植物汁液。雌成虫产卵于树木枝条中，易使枝条枯死，若虫钻入土中吸食根部汁液。若虫蜕皮入药，称"蝉蜕"。常见的如黑蚱蝉、黄蟪蛄、红蝉(红娘子)，可作药用。

(2)叶蝉科：体小型，具有跳跃能力。触角刚毛状，着生于头前方两复眼之间。单眼2个，或无。前翅革质。后足胫节棱脊上有2～4列刺状毛。有横向爬行习性。产卵器锯状，产卵于植物组织内，有些种类传播植物病毒病。趋光性强。重要的农业害虫有黑尾叶蝉、大青叶蝉、小绿叶蝉等。

(3)飞虱科：体小型。触角短，刚毛状。单眼2个。喙出自头部。翅膜质透明，不少种类有长翅和短翅二型。短翅型雌虫体肥大，繁殖力强。足能跳跃，但非典型的跳跃足；跗节3节；后足胫节端部有1个能活动的距。卵产于植物组织内。重要的农业害虫有褐飞虱、白背飞虱、灰飞虱和甘蔗扁角飞虱等。

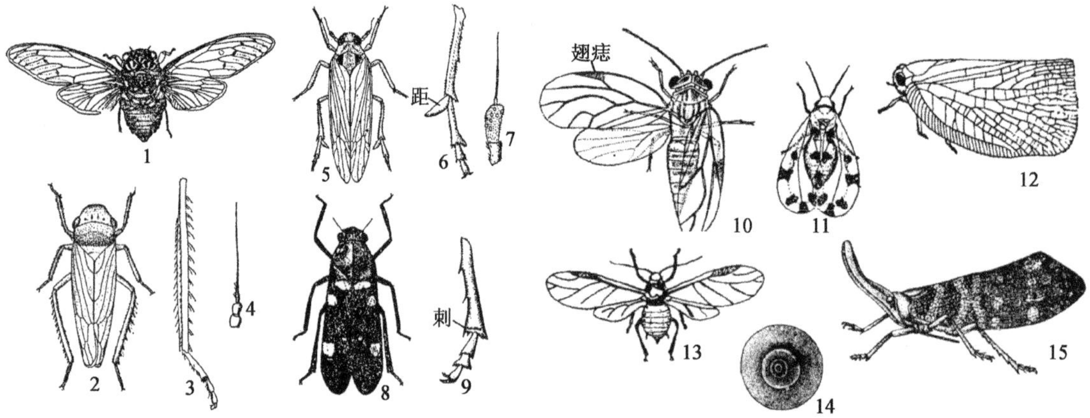

图1-1-28　同翅目主要科

1.蝉科　2.叶蝉科　3.叶蝉科后足　4.叶蝉科触角　5.飞虱科　6.飞虱科后足
7.飞虱科触角　8.沫蝉科　9.沫蝉科后足　10.木虱科　11.粉虱科
12.蛾蜡蝉科　13.蚜科　14.盾蚧科　15.象蝉科
(周至宏，王助引.1996.植物保护学总论)

(4)沫蝉科：体中型。前翅革质，后足跳跃式，胫节端部有2圈端刺，第一、二跗节有端刺。若虫能分泌泡沫保护自己，故有"吹泡虫"之称。重要害虫如稻赤斑黑沫蝉。

(5)木虱科：体小型，活泼。触角10节，末端开叉。跗节2节。前翅基部生出1条脉纹，中途3分支，每支再2分支。若虫体被蜡粉。多数加害木本植物，如榕树木虱、梨木虱等。

(6)粉虱科：体微小，仅1～3 mm。成虫体及翅上被白色蜡粉。触角细长，丝状，7节。单眼2个。前翅最多有3条翅脉，后翅只有1条；静止时翅平放背上或成屋脊状。跗节2节。卵小，有柄，附着在植物上。从卵中孵出的1龄若虫，可用足爬行，第1次蜕皮后，足和触角消失，虫体固着在植物上。若虫共4龄，末龄若虫的体壁硬化，形状似蛹，称为"蛹"壳，是本科分类的主要依据。重要的农业害虫有柑橘刺粉虱、温室白粉虱等。

(7)蛾蜡蝉科:体中型,状似蛾。前翅宽大成长方形,脉序复杂,前翅前缘多横脉,爪片上散生颗粒状的突起。常见的有白蛾蜡蝉,为害各种果树。和本科分类地位相近的有蜡蝉科(Fulgoridae)为害龙眼、荔枝的"龙眼鸡"。

(8)蚜科:体微小,柔软。触角大多6节,细丝状,其上有圆形或椭圆形的感觉孔,复眼1对;单眼3个,无翅型大多数退化。口器刺吸式,有翅和无翅型。翅膜质透明,前翅大,后翅小,前翅有翅痣。腹部第6节背面两侧生有1对圆柱状腹管,腹末有突起的尾片。常有世代交替或转主现象。

蚜虫每年能发生很多世代。夏、秋季营孤雌胎生,秋、冬季可出现有性雌雄蚜,交配后北方蚜虫产卵越冬,在广西地区以若虫越冬。有多型现象。在环境条件或营养条件变劣时,产生有翅蚜迁移。重要害虫有菜蚜、橘蚜、桃蚜等。

(9)盾蚧科:若虫和雌成虫都被介壳,介壳较薄。雌成虫无翅,介壳背面由两层蜕皮和一层丝质分泌物重叠而成。虫体盖在介壳下。触角退化,无足,无复眼。雄虫微小,有1对翅或无翅,触角发达。本科的重要害虫有桑盾蚧、矢尖蚧、褐圆蚧等。

其他科还有以下几类:①蜡蚧科:雌成虫无翅,长卵圆形、扁平形、半圆形或球形,有革质或坚硬的外骨骼。若虫和雌成虫都被介壳,介壳较厚。体躯分节不明显。触角多为6~8节。雄虫有1对翅或无翅。重要种类有红蜡蚧、灰蜡蚧、龟蜡蚧等。②绵蚧科:也称硕蚧科,体小型。雌虫无翅,椭圆形,常被蜡粉,分节明显。触角6~11节。足发达。产卵期有的有卵袋。雄虫有1对翅,有复眼和单眼,触角10节。成若虫均可活动。主要害虫有吹绵蚧等。③粉蚧科:雌性成虫外形同绵蚧科相似,但体壁通常柔软,被有蜡粉,有时身体侧面的蜡粉突出成线状,腹部末节有2瓣状突起,其上各有一根刺毛,产卵时有卵袋。常见的种类有橘小粉蚧、柑橘粉蚧等。

(五)缨翅目

缨翅目昆虫通称蓟马。

1. 形态特征　体长0.5~7.0 mm,多数微小。头部下口式,口器锉吸式。复眼大,圆形,单眼3个,无翅种类无单眼。触角6~9节。有翅种类翅2对,膜质狭长,边缘有长缘毛,翅脉最多只有2条纵脉,能飞。腹部末端呈圆锥状或细管状,有锯状产卵器或无产卵器。

2. 生物学特性　不全变态。有长翅型、短翅型和无翅型。卵生或卵胎生,偶有孤雌生殖。卵很小,肾形或长卵形,产在植物组织里或裂缝中。多数种类植食性,是农业害虫,少数以捕食蚜虫、螨类和其他蓟马为生,是有益天敌。

3. 主要科的特征

(1)蓟马科:体略扁平,触角6~8节,有翅或无翅,前翅翅脉2条,后翅2条,翅面上有微毛,产卵器锯状,侧面观尖端向腹方弯曲(图1-1-29)。为害多种植物的叶、果实、芽和花。重要种类有稻蓟马、烟蓟马和温室蓟马等。

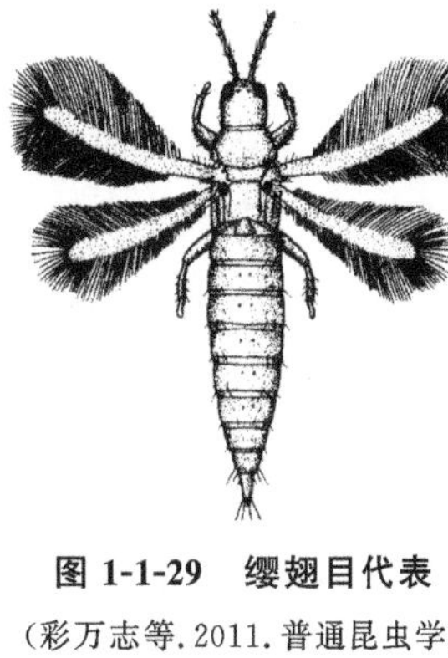

图1-1-29　缨翅目代表

(彩万志等.2011.普通昆虫学)

(2)管蓟马科:又名皮蓟马科。体黑色或暗褐色,翅白色、烟黑色或有斑纹,触角8节,少数7节,前后翅均无翅脉,翅面光滑无毛，腹部末端管状，生有较长的刺毛，雌虫无产卵管。重要的农业害虫有稻管蓟马等。

(3)纹蓟马科：触角 9 节，前翅较宽，有横脉；产卵器端部向上弯曲，如纹蓟马，多在豆科植物上捕食蚜虫、其他蓟马等。

(六)脉翅目

脉翅目昆虫常称为“蛉”。本目昆虫有 4 500 多种，我国 662 种。

1. 形态特征　一般中小型，也有大型种类。头下口式，成虫口器咀嚼式。复眼大，相隔较远；一般无单眼，有些种类有单眼 3 个。触角细长，丝状、念珠状、栉齿状或球杆状。翅膜质，静止时呈屋脊状。翅脉密而多，网状，边缘多分叉；少数种类翅脉较少，边缘不分叉。跗节 5 节，爪 2 个。

2. 生物学特性　属完全变态昆虫。卵长形，有的有长柄。幼虫胸足发达，幼虫口器双刺吸式(捕吸式)。幼虫和成虫都是肉食性的，捕食蚜虫、蚁和鳞翅目幼虫。飞行力弱，大多有趋光性。

3. 主要科的特征：

(1)草蛉科：体型中等，柔弱，绿、黄或灰色。翅展 31～65 mm。头小。触角丝状，长于体长。翅膜质透明，前后翅相似，后翅略小。前缘区有横脉 30 条以下，不分叉，翅外缘的翅脉分叉。卵有长柄。幼虫口器双刺吸式(捕吸式)，有蚜狮之称。蛹外有白色圆形的茧。用于生物防治的常见种类有大草蛉、丽草蛉、中华草蛉等(图 1-1-30)。

草蛉

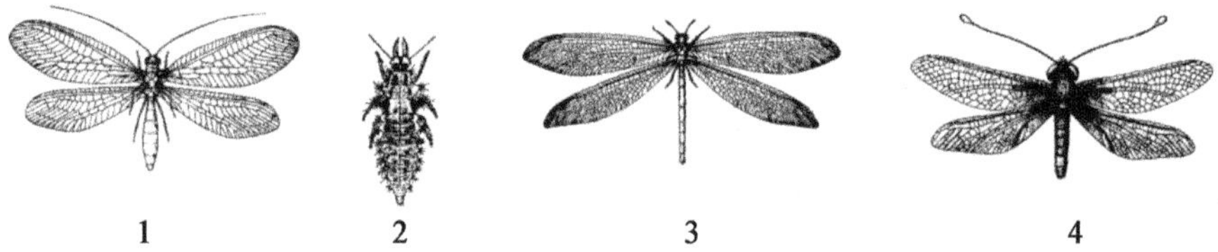

图 1-1-30　脉翅目代表

1. 草蛉科成虫　2. 草蛉科幼虫　3. 蚁蛉科　4. 蝶角蛉科

(仿周尧、杨集昆)

(2)蚁蛉科：体细长，外形略似小蜻蜓。触角短棒状，翅很狭长，前后翅的形状大小及脉序相似，有时有斑纹。幼虫多在沙土地上筑漏斗形的陷阱，捕食蚂蚁及其他经过的小虫，俗称“倒退牛”，入中药用。常见的种类有蚁蛉及斑翅蚁蛉。

(3)蝶角蛉科：大型种类，体长 40～50 mm，外形很像大蜻蜓。触角长，端部膨大而扁；前后翅形状与脉序相似，后翅稍短。常在空中飞翔，捕食小虫。常见种类是蝶角蛉。

(七)鳞翅目

鳞翅目包括蝶类与蛾类，是昆虫纲中第二大目，也是为害农作物最严重的一个目，本目昆虫除吸果夜蛾类成虫期也能为害外，其余均以幼虫为害。许多种类均是农林植物的大害虫，如三化螟、黏虫、斜纹夜蛾、小地老虎等，但家蚕、柞蚕、蓖麻蚕是重要的益虫。

1. 形态特征　体小至大型，体翅密被鳞片，翅展 5～200 mm 以上。触角丝状、梳状、羽状、棍棒、球杆状和末端钩状等多种形状。复眼发达，单眼 2 个或无。口器虹吸式，喙管不用时呈发条状卷曲在头下。前胸小，中胸最大，后胸相对较小，翅 2 对，翅脉发达，少数原始种类前后翅翅脉相似，大多数种类前翅比后翅大；翅的基部中央由脉纹围成一个大型翅室，称“中室”；翅膜质，覆盖有

昆虫分类二
鳞翅目

各种颜色的鳞片，前翅上的鳞片组成一定的斑纹，是重要的分类特征。透翅蛾科的翅大部透明，无鳞片。

幼虫体圆柱形，柔软。头部坚硬，每侧有6个单眼，唇基大，三角形，额很狭，呈“人”字形；口器咀嚼式，下唇叶变成一中间突起，叫吐丝器，能吐出丝线。胸腹部区分不明显，统称胴部。胴部上有时有线纹、毛瘤(图1-1-31)。除3对胸足外，一般有腹足2～5对。腹足的对数有不同变化。腹足底面有钩状刺，称趾钩(图1-1-32)。胴部的线纹数目、色泽及毛瘤多少和排列、腹足排列形式及腹足数目等，都是鳞翅目幼虫分类上常用的特征。

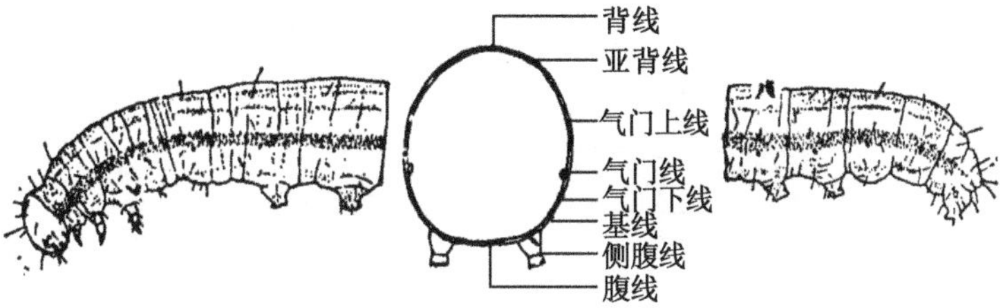

图1-1-31 鳞翅目幼虫体线图

(袁锋.2001.农业昆虫学)

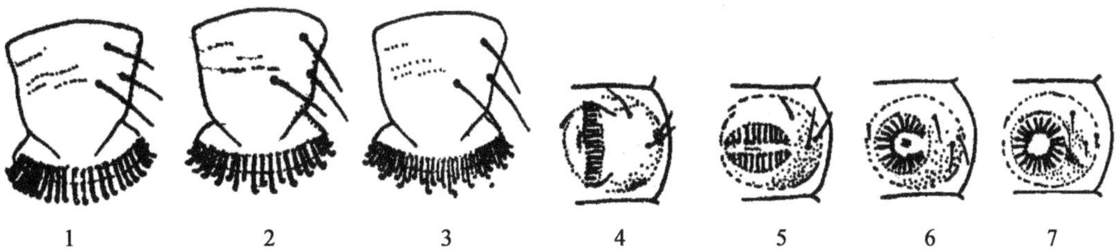

图1-1-32 鳞翅目幼虫腹足的趾钩体线图

1.单序 2.二序 3.三序 4.中列式 5.二横带 6.缺环式 7.环式

(袁锋.2001.农业昆虫学)

2.生物学特性 完全变态。卵呈圆球形、半球形、馒头形、圆锥形、鼓形，表面有刻纹，单粒或多粒集聚黏附于植物上。鳞翅目幼虫绝大多数是植食性的，食叶、潜叶、蛀茎、蛀果、蛀根、蛀种子，也为害贮藏物品，如粮食、干果、药材和皮毛等。极少数种类是捕食性或寄生性的，如某些灰蝶科幼虫以蚜虫、介壳虫为食。蛹为被蛹。

成虫和幼虫食性不同，成虫口器多为虹吸式，吸食花蜜作为补充营养，一般不为害作物。有的种类根本不取食，完成交配产卵之后即行死亡。少数“吸果蛾类”的喙管末端坚实而尖锐，能刺破果皮吸收汁液。卵多产在幼虫所取食的植物上。

3.亚目的区分和主要科特征 全世界鳞翅目昆虫达200 000种，其中蝶类约18 000种，我国有鳞翅目昆虫16 699种，其中蝶类约1 300种。不同学者分类系统不同，一般分为3个亚目，其中98%以上都属于有喙亚目。本目中重要的亚目、科有以下几种：

(1)蝶亚目(锤角亚目)：通称蝴蝶。触角端部膨大成棒状或锤状。前后翅无特殊连接构造，飞翔时后翅肩区贴着在前翅下。白天活动，休息时翅竖立在背面或不时扇动。贴合式连接，休息时翅直立背上。主要有如下各科(图1-1-33)。

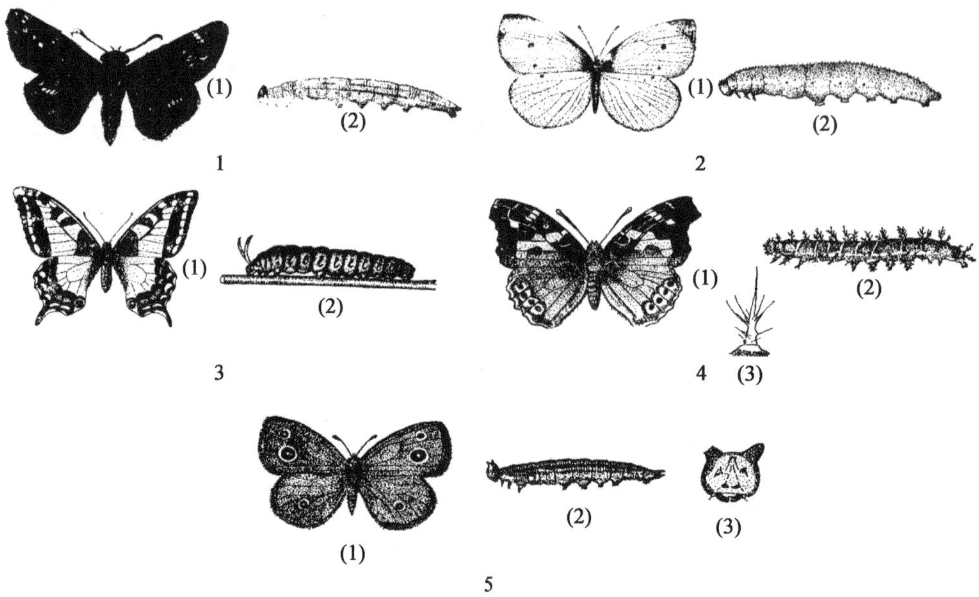

图 1-1-33 蝶类重要科的代表

1.弄蝶科(直纹稻弄蝶):(1)成虫 (2)幼虫

2.粉蝶科(菜粉蝶):(1)成虫 (2)幼虫

3.凤蝶科(黄凤蝶):(1)成虫 (2)幼虫

4.蛱蝶科(大红蛱蝶):(1)成虫 (2)幼虫 (3)幼虫体上棘刺

5.眼蝶科(稻眼蝶):(1)成虫 (2)幼虫 (3)幼虫头部

(袁锋.2001.农业昆虫学)

①弄蝶科:体中或小型,粗壮,大多暗色,头大。触角前端膨大尖出,弯成小钩。幼虫无毛,体呈纺锤形,前胸细瘦呈颈状。幼虫常吐丝缀数叶片作苞,在内取食为害。重要的农业害虫有直纹稻弄蝶、隐纹谷弄蝶。

②凤蝶科:大型美丽的蝶类。我国最大的凤蝶翅展达 150 mm 以上。翅有黑、绿、黄三种底色,缀以红、绿、蓝、黑色斑块或花纹,常有金属闪光。无尾突或有尾突,触角棒状,基部互相接近。翅三角形,后翅外缘呈波浪状,有尾状突起;前翅径脉 5 条,只 R_4 和 R_5 共柄,臀脉 2 条(2A、3A)。后翅基部上面有 1 钩状的肩横脉,臀脉 1 条(2A)。幼虫肥大多数光滑,前胸前缘有臭腺,受惊时翻出体外,呈"Y"状。常见害虫有柑橘凤蝶和玉带凤蝶等。

③粉蝶科:体中型。翅大多为白色或黄色,偶有红色和蓝色底色的,有黑色或绿色斑纹。前翅三角形,前翅径脉只有 4 条,R_2、R_4、R_5 3 条脉共柄,后翅卵圆形,前翅臀脉 1 条,后翅臀脉 2 条。足 3 对,正常。幼虫圆柱形,细长,表面有小颗粒,无毛或多毛,绿色或黄色,有的有纵线。主要害虫菜粉蝶、大菜粉蝶、云斑粉蝶、檀香粉蝶等。

④眼蝶科:体小或中型,颜色多不鲜艳,翅上常有大小的眼状斑纹,前足退化。前翅脉纹基部膨大。幼虫体纺锤形,前胸和末端消瘦而中部肥大;头比前胸大,分为 2 瓣或有 2 个角状突起;肛板呈叉状。如为害水稻的稻眼蝶。

其他科有:a. 蛱蝶科:体中至大型,有各种鲜艳的色斑、闪光,显得格外美丽。前足很退化,常缩起不起作用。触角端部特别膨大。前翅的中室闭式,后翅的中室开式。幼虫头部常有突起,胴部常有成对的棘刺。如苎麻赤蛱蝶和苎麻黄蛱蝶。b. 斑蝶科:多为大型美丽的种类,触角上没有鳞片，棒状不明显，前足极退化，没有爪，经常缩在胸部下，不适于步行，雄性则前足端部膨大成球状。中室闭式。我国常见的种类是金斑蝶，为害夹竹桃等观赏植物和马利筋等药材。c.灰蝶科：都是小型的种类，纤弱而美丽。触角有白色的环，眼的周围白色。后翅外缘常有尾状突起。前后翅的中室都是开式。如荔枝小灰蝶，幼虫蛀食荔枝果实。

(2)轭翅亚目：包括低等蛾类。触角不呈棒状。上颚发达。前后翅连接为翅轭式，前后翅的脉序相似。常见科有蝙蝠蛾科：中药中的冬虫夏草就是真菌虫草菌，寄生于本科幼虫体上生成的。

(3)缰翅亚目：包括大多数夜间活动的蛾类。触角线状、栉齿状或羽状，极少呈棒状；上颚不发达。休息时4翅伸展在身体两侧。

轭翅亚目和缰翅亚目有时统称为蛾类，主要有如下各科(图 1-1-34)。

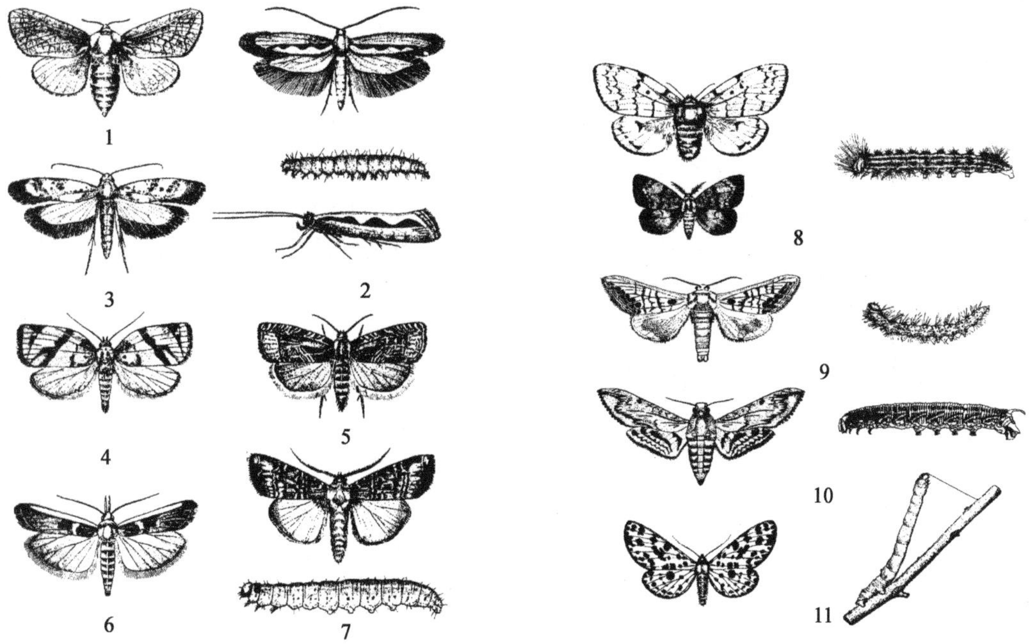

图 1-1-34　蛾类重要科的代表

1.木蠹蛾科　2.菜蛾科　3.麦蛾科　4.卷蛾科　5.小卷蛾科　6.螟蛾科
7.夜蛾科　8.毒蛾科　9.舟蛾科　10.天蛾科　11.尺蛾科
(李清西.2002.植物保护)

①木蠹蛾科：体中至大型，体粗壮，翅多灰色，有黑色斑纹。触角栉齿状或羽毛状，无喙。幼虫粗壮，通常白色、黄色或红色，钻蛀多种树木，少数为害根部。如芳香木蠹蛾、大褐木蠹蛾等，为害果树及行道树。

②菜蛾科：体小型而狭长，色暗。触角在静止时伸向前方。下唇须第2节有三角形的毛丛。翅狭长，后翅菜刀形。幼虫小，绿色，圆筒形。臀足较长而往后斜伸。幼虫为害叶片或潜叶、潜茎。主要害虫有小菜蛾。

③麦蛾科：体小或微小型，颜色暗淡。下唇须向上弯曲，长而伸过头顶。前后翅外缘和后翅内缘有长缘毛。前翅较后翅狭，后翅顶角尖，外缘内凹呈菜刀形。幼虫圆筒形，苍白色或粉红色。潜叶种类腹足和胸足均可能退化。重要害虫有麦蛾和甘薯麦蛾等。

④卷蛾科：小型，翅展通常不超过 20 mm。行动活泼，大多有保护色。体黄褐、褐、灰色，有条纹、斑点。下唇须第 1 节被厚鳞。前翅近长方形，休息时前翅平叠于背上略呈钟罩状。一般非挂果期卷叶为害，有果时蛀果为害。重要害虫有褐带长卷叶蛾、拟小黄卷叶蛾等。

⑤小卷蛾科：与卷叶蛾极相似。前翅肩区不发达，前缘有一列短的斜纹，后翅中室下缘有栉齿状毛。幼虫蛀食荚、果。如甘蔗黄螟、大豆食心虫。

⑥螟蛾科：体小或中型，身体细长，腹部末端尖削。下唇须相当长，在头的前面或向上弯。后翅有发达的臀区。幼虫体细长，光滑，毛稀少，钻蛀或卷叶为害。重要害虫有玉米螟、三化螟、稻纵卷叶螟等。

⑦夜蛾科：体中至大型，色暗，少数有鲜艳色彩，粗壮，多鳞片和毛。触角丝状，雄虫常为栉齿状。复眼大，常具单眼。前翅颜色略深，颜色常与栖居环境相似，后翅顶角圆钝，幼虫粗壮，腹足 5 对，少数种类第 3 腹节或第 3、4 节上的腹足退化，行走时似尺蛾幼虫。

夜蛾科是鳞翅目中最大的一科，有 2.1 万多种，我国已知 2 000 多种，包括许多重要害虫。根据其为害方式可分为 4 种类型：食叶种类：如黏虫、斜纹夜蛾、稻螟蛉等。蛀食种类：如大螟、棉铃虫和鼎点金刚钻等。切根种类：如小地老虎、大地老虎和黄地老虎等。成虫吸果种类：如嘴壶夜蛾、葡萄紫褐夜蛾等。

⑧毒蛾科：体中型，强壮。触角双栉齿状。休息时，多毛的前足常伸向前方。雌虫有的无翅，腹部末端有成簇的毛，产卵时脱落覆盖卵块。幼虫体被长短不一的刚毛，至少一丛呈毛刷状排列，毛杆内常有毒液。第 6、7 腹节自翻缩腺。趾钩单序中列式。茧丝质，其上混有幼虫的毒毛。重要害虫有盗毒蛾、舞毒蛾等。

⑨舟蛾科：又名天社蛾。中至大型，体灰色或浅黄色，前翅后缘中央常有突出的毛簇，静止时毛簇竖起如角。幼虫休息时头尾翘起似舟形，故称“舟形毛虫”。如高粱舟蛾(在广西为害甘蔗)、杨二尾舟蛾(在广西为害葡萄)。

⑩天蛾科：体大型，偶有中型的，粗壮，梭形。行动活泼，飞翔力强。触角中部加粗，末端弯曲成钩状。喙发达，有时长过身体。前翅大而狭，顶角尖而外缘倾斜。腹部第 1 节有听器。幼虫粗大，一般无毛，腹部每节分为 6～8 个小环，第 8 节背部有 1 尾角，是最易识别的特征。常见害虫有甘薯天蛾等。

⑪尺蛾科：体小至中型，细弱。翅大而薄，休止时 4 翅平铺，前后翅斑纹相连，个别种类雌虫无翅。幼虫仅有 2 对腹足，行动时体呈拱桥状，一曲一伸，所以称“造桥虫”或“步曲”。如桑尺蠖、枣尺蠖、柿星尺蠖等。

⑫枯叶蛾科：体中至大型，体粗壮多毛。触角羽毛状。单眼与喙退化。后翅肩角扩大，有些种类后翅外缘呈波状，休息时露于前翅两侧，形似枯叶而得名。幼虫粗壮，体被长短不一的长毛，化蛹于丝茧内。如黄褐天幕毛虫及各种松毛虫等。

⑬天蚕蛾科：也称大蚕蛾科，体型特别大，色多绚丽。翅上一般有透明的斑，某些种类后翅有长的尾角。幼虫粗壮，体多枝刺。常见种类如樗蚕、蓖麻蚕等。

⑭潜蛾科：体微小至小型。头颜面光滑，头部多有粗鳞，下颚须多发达；触角长。前翅披针形，顶角尖，略向上或向下弯曲；后翅线形，缘毛长。后足胫节多被长毛。幼虫扁形或圆筒形，常在叶内潜食为害。如柑橘潜叶蛾等。

其他科有：a. 灯蛾科：体中型，粗壮且较鲜艳，腹部多为黄或红色，常有黑点。翅多为白、黄或灰色，翅面常有条纹或斑点。触角羽状或丝状。幼虫体被辐射状毛丛，毛丛着生在毛瘤上，毛长短较整齐。常见种类如人纹污灯蛾、红缘灯蛾、美国白蛾等。b.刺蛾科：体中等大小，短而粗壮，多毛，黄、褐或绿色，有红色或暗色斑纹。翅短而阔，有较厚的鳞和毛。幼虫又称洋辣子，体扁，生有枝刺和毒毛。胸足退化，腹足呈吸盘状，无趾钩。重要种类有黄刺蛾、褐刺蛾、扁刺蛾等，为害各种果树林木。c.透翅蛾科：体狭长，小至中型，外形似蜂，黑褐色，常有红或黄色斑纹。触角棒状；雄的有栉齿状。翅狭长，大部分透明，仅在翅缘和翅脉上有鳞片。足细长，有距。腹部尾端常生毛束。幼虫钻蛀木本植物的茎、枝条。如葡萄透翅蛾。d.袋蛾科：又名蓑蛾、避债蛾。雌雄异形。雄蛾有翅，触角羽状，无喙，翅面鳞片薄，近于透明。雌虫无翅，形如幼虫，终生居住在幼虫编织的鞘中，交配时也不离鞘，卵就产在鞘内。幼虫肥胖，胸足发达，腹足5对，初龄就吐丝缀叶编织袋囊，取食时头胸伸出袋外，负鞘行走。囊外无或缀有小枝、碎叶。如大袋蛾。

(八)鞘翅目

鞘翅目昆虫因有坚硬如甲的前翅，常被称为“甲虫”。本目是昆虫纲中种类、数量最多的一个目，也是为害农作物的第二大目，益虫、害虫均有。

1.形态特征　体小至大型，坚硬。口器咀嚼式；头部坚硬，前口式或下口式，正常或延长成喙。复眼发达，触角多样，线状、棒状、念珠状、锯齿状、双栉齿状、锤状、膝状和鳃叶状等；通常无单眼，偶有单眼1～2个。前胸发达，常露出三角形的中胸小盾片；前翅硬化，角质，为鞘翅，休息时放于腹背上，盖住大部分腹部，有的鞘翅很短，可见7～8节，但腹部末端绝无尾铗。后翅膜质，折叠在鞘翅下面；也有短翅的及完全无后翅的。足多数为步行足，也有跳跃、开掘、抱握、游泳等类型。各足跗节的节数有5-5-5、5-5-4、4-4-4和3-3-3等类型。

2.生物学特性　全变态。卵呈圆形或圆球形等，幼虫一般体狭长。头部发达，坚硬；口器咀嚼式。幼虫至少有4个类型：步甲型的胸足发达，行动活泼，捕食其他昆虫，如步甲幼虫；蛴螬型的肥大弯曲，有胸足，但不善爬行，为害植物根部，如金龟甲幼虫；天牛型为直圆筒形，略扁，足退化，钻蛀为害，如天牛幼虫；象甲型的中部特别肥胖，弯曲而无足，如豆象幼虫。蛹为裸蛹。甲虫多数陆生，也有水生的。少数是肉食性的，可作益虫看待。多数是植食性的，为害植物的根、茎、叶、花、果实和种子。鞘翅目昆虫多数是幼虫期为害，但也有成虫期继续为害的(如叶甲)。成虫常有假死习性，大多数有趋光性。

昆虫分类三
鞘翅目

3.亚目的区分和主要科的特征　本目是昆虫纲中最大的目，已知种达33万种，约占全部昆虫种类的40%，我国已知18 405种。可分为原鞘亚目、藻食亚目、肉食亚目和多食亚目。与农业生产关系较大的有肉食亚目和多食亚目。

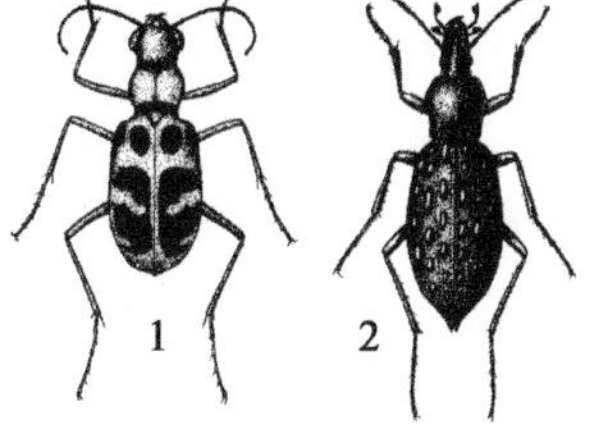

图1-1-35　肉食亚目重要科的代表

1.虎甲科　2.步甲科

(李清西.2002.植物保护)

(1)肉食亚目：第一腹节腹板为后足基节所分开。触角多为线状。跗节通常5节。绝大部分肉食性。常见的有以下各科(图1-1-35)。

①虎甲科：体中型，色鲜艳。头大，复眼突出，头比前胸宽。下口式。翅发达，飞翔迅速，但有的种类无后翅。幼虫体细长，白色，有毛疣；头部坚强，上颚发达；腹节第五节背面1对倒逆的钩刺。成虫、幼虫均为捕食性。如多型虎甲、中华虎甲等。

②步甲科：体小至大型。前口式，头比前胸狭。触角丝

状，11 节。足细长，适于步行。跗节式 5-5-5。后翅通常退化，不能飞翔。幼虫体长，活泼；上颚突出；腹末端背面有1对尾突。成虫、幼虫以昆虫、蚯蚓、蜗牛为食。常见的如中华广肩步甲、黄缘步甲等。

其他常见科还有龙虱科：水生甲虫，小型至大型。体椭圆形，扁平而光滑，有光泽，后翅发达，能飞。后足很大，远离中足。3 对足均为游泳足。幼虫肉食甲型。体细长，略扁。头大，胸足 5 节，有长毛。腹部 8 节，末 2 节成长管状，且有毛。成、幼虫均生活在水中，捕食水生动物，包括水生昆虫、甲壳类及小鱼，为养鱼业大害，农业上也有为害水稻秧苗的记载。成虫有趋光性。常见种类为黄缘龙虱，南方作为食品。

(2)多食亚目：第一腹节腹板不被后足基节分开。触角与跗节有种种变化。植食性或肉食性。

①鳃金龟科：鳃金龟科是金龟总科中最大的科，我国有近 500 种。体小至大型，略呈圆筒形，平滑，有条纹或皱纹，部分有毛。体色有黑、褐、绿、蓝及各种金属光泽。雄虫头部有时有角状突起。触角鳃叶状。后足爪等大，胫节有 1 齿。幼虫为害植物根部，是重要的地下害虫。常见害虫有暗黑鳃金龟、华北大黑鳃金龟等(图 1-1-36A)。

②丽金龟科：体中型，光亮，有金属的蓝、绿、褐、黄、金和红色。和鳃金龟科近缘，可以根据后足胫节有 2 个距，后足爪不相等特征与鳃金龟科相区别。成虫为害森林、果树，喜食阔叶树叶，幼虫为地下害虫。重要害虫有铜绿异丽金龟。

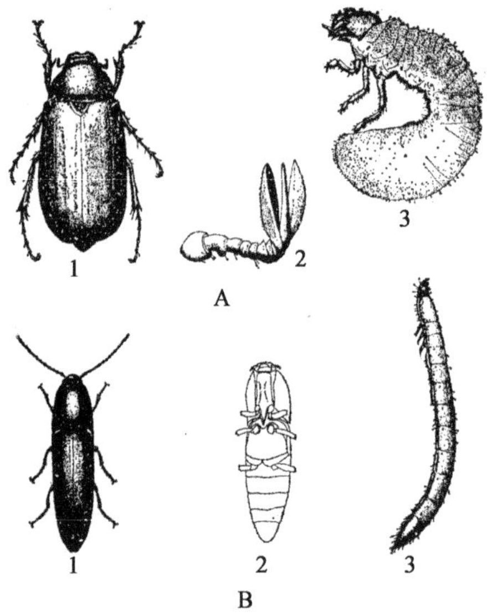

图 1-1-36 鳃金龟科和叩头甲科

A. 鳃金龟科：1. 成虫 2. 触角 3. 幼虫

B. 叩头甲科：1. 成虫 2. 成虫腹面 3. 幼虫

(北京农业大学. 1981. 昆虫学通论)

③叩头甲科：体小至大型，灰褐或棕色。头小，紧接于前胸。触角 11 节，锯齿状、栉齿状或丝状，雌雄常有差异。前胸背板发达，后侧有锐刺突出。前胸腹板中间有 1 尖突起，向后延伸，嵌在中胸腹板的凹陷内。前胸和中胸之间有关节，可以活动。各足跗节 5 节。幼虫称为“金针虫”，体细长，圆筒形或稍扁，黄色或黄褐色，皮肤光滑坚韧，头和末节特别坚硬，有 3 对胸足；大多生活在土壤中，取食植物的根、块茎和播下的种子。如沟金针虫、细胸金针虫等(图 1-1-36B)。

④吉丁虫科：体多小至中型。有绿、蓝、青、紫、古铜等美丽的金属光泽。头小，垂直，嵌入前胸。触角短，锯齿状，11 节。前胸背板后侧角不呈刺状；前胸腹板后端向后延伸，嵌入中胸腹板的凹槽，但无关节，不能活动。足短，跗节 5 节。幼虫乳白色，体扁，头小，前胸特大，蛀食木材韧皮部。主要害虫有柑橘小吉丁虫、金缘吉丁虫等(图 1-1-37A)。

⑤天牛科：体呈长圆筒形，略扁。头大，上颚发达。触角特别长，丝状，有时超过体长，也有较短的种类。复眼肾形，围在触角基部，有时断开成 2 个。足细长，跗节隐 5 节(假 4 节)。后翅发达，适于飞行。幼虫钻蛀树木茎根，为害严重。常见害虫有星天牛、橘褐天牛等(图 1-1-37B)。

天牛成虫　　叶甲

⑥叶甲科:体小至中型,大多为长卵形,也有半球形。触角丝状,一般不超过体长之半,伸向前方。跗节隐5节。本科又名“金花虫”,幼虫和成虫均食叶形成缺刻。主要害虫有大猿叶虫、小猿叶虫、黄守瓜、黄曲条跳甲等(图1-1-38A)。

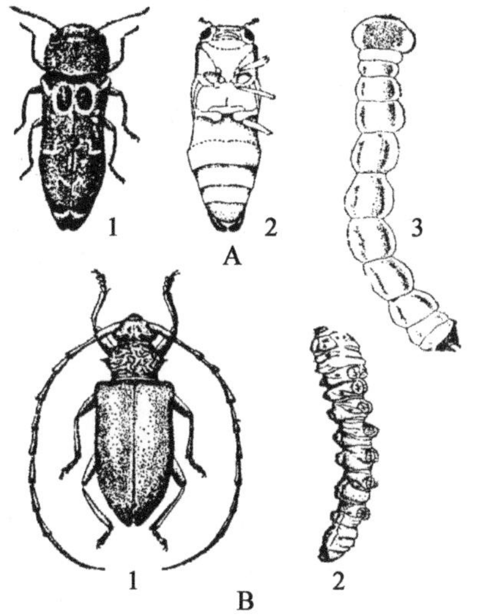

图1-1-37　吉丁虫科和天牛科

A.吉丁虫科:1.成虫　2.成虫腹面　3.幼虫

B.天牛科:1.成虫　2.幼虫

(北京农业大学.1981.昆虫学通论)

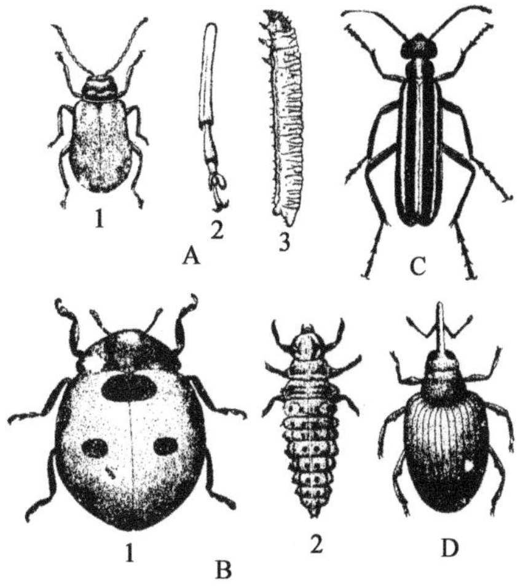

图1-1-38　鞘翅目重要科的代表

A.叶甲科:1.成虫　2.成虫足胫节　3.幼虫

B.瓢虫科:1.成虫　2.幼虫

C.芫菁科　D.象甲科

(北京农业大学.1981.昆虫学通论)

⑦瓢虫科:体小至中型,半球形,偶有长卵形,体色鲜艳。头小,嵌入前胸甚深。触角前端3节膨大成锤状。足短,跗节隐4节,第3节很小,隐藏在第2节之间,第2节分为2叶,因而外观似为3节(又称假3节)。幼虫纺锤形,寡足型,体多枝刺或毛瘤。本科有肉食性和植食性两类。肉食性瓢虫成虫体背光滑无毛有光泽,幼虫体背毛突多,上生柔软的刚毛。植食性瓢虫成虫体背有毛少光泽,幼虫体上刺突坚硬,上生分枝的刺。常见肉食性益虫有澳洲瓢虫、龟纹瓢虫、黑襟毛瓢虫、七星瓢虫等,植食性害虫有马铃薯瓢虫和茄二十八星瓢虫等(图1-1-38B)。

⑧芫菁科:体长形,鞘翅较软。头大而能动,下口式。触角11节,丝状;雄虫触角中间有几节膨大。前胸狭,鞘翅末端不完全切合。跗节5-5-4式。复变态。幼虫期是蝗虫的天敌。成虫以豆科植物的叶片为食,是农业害虫。常见种类有豆芫菁(图1-1-38C)。

⑨象甲科:又称象鼻虫。其特点为头部延长成象鼻状或喙状。触角呈膝状弯曲,11节,前端3节膨大。体坚硬。跗节5节。幼虫体柔软肥胖,无足。成、幼虫均为植食性,有吃叶、蛀茎、蛀根、蛀果实或种子、卷叶或潜叶等多种习性。重要害虫有香蕉双黑带象甲、甘薯小象甲等(图1-1-38D)。

⑩拟步甲科：多为黑色或暗褐色，扁平，坚硬。头小，部分嵌入前胸背板。触角 10～11 节，丝状或锤状。前胸背板发达，鞘翅盖达腹部末端，腹板可见 5 节。外形和步甲科相似，但跗节为 5-5-4 式。幼虫和叩头甲科幼虫相似，有"伪金针虫"之称，其区别是本科幼虫上唇和额之间有明显的横缝，前足一般比中后足粗。植食性，幼虫在土中或树皮中栖居，为害玉米、高粱、大豆及果苗，有的种类为害贮粮和食用菌(图 1-1-39A)。

⑪小蠹科：体圆筒形，色暗，头比前胸狭，喙短宽，稍向前延伸。触角短，锤状。成、幼虫蛀食形成层或蛀食贮粮(图 1-1-39B)。

⑫豆象科 ：体小型，卵圆形。头部突出，能自由转动。触角 11 节，锯齿状或双栉齿状。鞘翅末端截断状，尾节露出。腹板可见 6 节。跗节隐 5 节。幼虫为害豆科植物的种子。常见害虫有绿豆象、豌豆象等(图 1-1-39C)。

玉米象和绿豆象

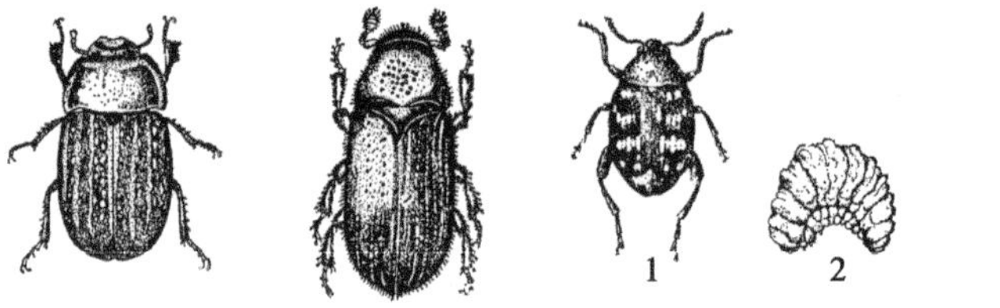

图 1-1-39　拟步甲科、小蠹科、豆象科代表

A. 拟步甲科　B. 小蠹科　C. 豆象科：1. 成虫　2. 幼虫

（北京农业大学. 1981. 昆虫学通论）

其他常见科：①水龟虫科：水生甲虫，外形似龙虱，但背面更隆起。中胸腹面有一条长的中脊起，鞘翅盖住腹部，后翅能飞。②萤科：头小，完全被大型的前胸背板所盖住。雄触角梳状或扇状。腹部可见腹板 6～7 节，通常有发光器。雌虫有时无翅，幼虫也有发光器，成虫和幼虫都在晚间活动，捕食蜗牛、小的昆虫和甲壳类。常见种有红胸萤等。③隐翅甲科：小型或中型，体长，头大，前口式，鞘翅极短，没有盖住腹部的一半。后翅发达或退化，平时褶起放在鞘翅下。腹部各节能弯曲。常见种有青翅蚁形隐翅虫，为益虫，可捕食水稻害虫。④皮蠹科：体小至中型，卵圆形或蚕茧形，被鳞片和细绒毛。头小，向下弯曲，背面隆起。触角短，棒状或锤状，11 节。鞘翅盖住腹部。后翅发达，能飞。足短，各足跗节 5 节。幼虫体上有许多或长或短的毛。成虫和幼虫嗜食干的动物质，如皮毛、干肉、鱼干、动物和昆虫标本等，有时也为害种子和粮食。如谷斑皮蠹、黑皮蠹等。

(九)膜翅目

膜翅目包括蜂和蚁，是昆虫纲中较进化的目。

1. 形态特征　最微小的蜂(卵蜂属)体长 0.21 mm，粗大的熊蜂和细长的姬蜂，包括其长产卵管，体长达 75～115 mm。触角丝状、锤状或膝状等。口器咀嚼式或嚼吸式。翅膜质，前翅大于后翅，有的种类退化或缺。前翅常有一显著的翅痣，脉序常愈合和减少。腹部第一节常并入胸部，称并胸腹节，有的第二腹节细小呈腰，称腰柄。常有发达的产卵器，能穿刺、钻孔和锯割，同时有产卵、刺螫、杀死、麻痹和保藏活的昆虫食物的功能。毒针是变形的产卵器，有毒囊分泌毒液。

昆虫分类四
膜、双翅目蛛
螨类和软体动物

2. 生物学特性　全变态。卵多为卵圆形或香蕉状。幼虫食叶性的为多足型，和鳞翅目幼虫相似，但腹足无趾钩，头部额区不呈“人”字形，头的每侧只有1个单眼，食性很复杂。蛀茎的种类足常退化，其他种类的幼虫无足。裸蛹，有茧或筑巢保护起来。

少数种类植食性，如叶蜂科、茎蜂科，多数肉食性，肉食性的有捕食性和寄生性两类。捕食性的种类，能为其子代捕捉其他昆虫，麻痹后储放于卵室中，留待幼虫孵化后食用。寄生性是膜翅目昆虫的重要特性。植食性和寄生性蜂类均营独栖生活，蚁和蜜蜂等有群栖习性，有多型现象，而且有职能的分工，因而称之为“社会性昆虫”。

3. 亚目的区分和主要科的特征　膜翅目昆虫世界已知12万种以上，估计至少有25万种，我国已知8 145种，分为3个亚目。根据第2腹节和并胸腹节相连接处是否收缩成细腰状，以及腹部末节腹板是否纵裂，产卵器是否特化成螯刺，将本目分为广腰亚目、细腰亚目和针尾亚目。

(1)广腰亚目：胸腹部广接，不收缩成腰状。后翅至少3个基室。产卵器锯状或管状。足的转节2节。植食性。主要有两科(图1-1-40)：

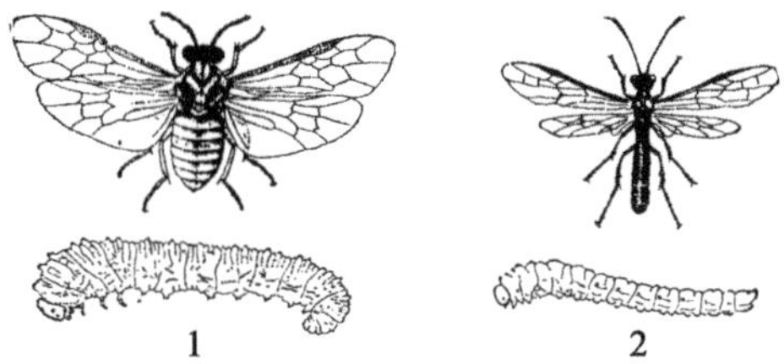

图1-1-40　广腰亚目重要科代表

1. 叶蜂科　2. 茎蜂科

(张随榜. 2015. 园林植物保护)

①叶蜂科：体小至中型，肥胖粗短，头阔，无腹柄。触角丝状，7～10节。前胸背板后缘深凹入。前足胫节有2端距。产卵器锯状。幼虫状如鳞翅目幼虫，有腹足6～8对，无趾钩。大多以植物叶片为食，也有蛀果、蛀茎或潜叶的。蛹有羊皮纸质的茧，在地面或地下化蛹。卵扁，产在植物组织中。常见种类有黄翅菜叶蜂、梨实蜂。

②茎蜂科：体细长。触角线状。前胸背板后缘平直；前足胫节只有一个端距。产卵器短，能收缩。幼虫无足，皮肤有皱纹，白色，腹末有尾状突起。蛀食植物茎秆。如梨茎蜂。

(2)细腰亚目：胸腹部连接处收缩呈细腰状。后翅至多2个基室；腹部最后一节腹板纵裂，产卵器着生处离腹末有一段距离。足的转节多为2节。多为寄生性蜂类。主要有如下各科(图1-1-41A)：

①姬蜂科：微小至大型，体细长。触角丝状，多节。前胸背板两侧延伸，和肩板相接。前翅翅痣明显，在第2列翅室中，中间1个翅室特别小，呈四边形或五角形，称为小室，它的下面所连的1条横脉叫第2回脉，有第2回脉是姬蜂科的重要特征。胸腹节常有刻点，腹柄明显。卵多产在寄主的体内，寄主是鳞翅目、鞘翅目、膜翅目昆虫的幼虫和蛹。寄生于重要农业害虫的种类有黄带姬蜂、齿唇姬蜂、螟黑点疣姬蜂等。

②茧蜂科：体微小至中型，体长2～12 mm。触角线状。形态和姬蜂科相似，但翅脉脉序简单，无第2回脉，小室无或不明显。卵产于寄主体内，幼虫内寄生，有多胚生殖现象。老熟幼虫常钻出寄主体外结黄色或白色小茧化蛹，有些种类在寄主体壁上化蛹，如螟蛉绒茧蜂、稻纵卷叶螟绒茧蜂等。寄生在蚜虫体内的有印度蚜茧蜂和棉蚜茧蜂等。

③小蜂科：体微小至小型，2～9 mm，大多为黑色或褐色，并有白、黄或带红色的斑点，绝无金属光泽。触角多呈膝状，端部膨大。复眼大，单眼3个，排成1列或三角形。前胸背板不和肩板接触。前翅翅脉退化，只剩1条。少数种类后足腿节膨大，下缘有齿或刺，胫节弯曲，末端生2端距。足能爬行和跳跃。是鳞翅目、鞘翅目、双翅目昆虫幼虫和蛹的寄生蜂，常有重寄生

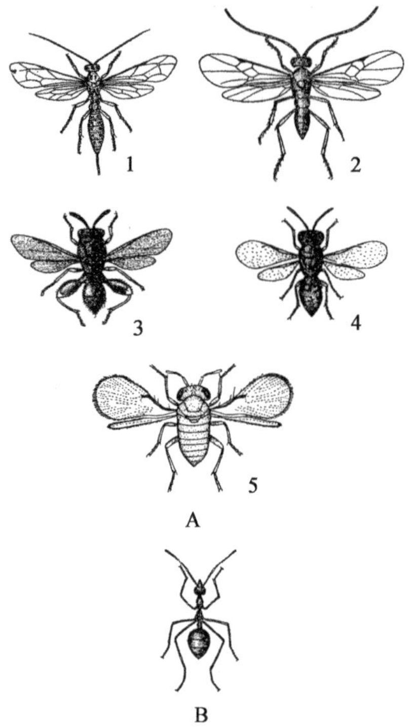

图 1-1-41　细腰亚目和针尾亚目重要科代表

A. 细腰亚目：1. 姬蜂科　2. 茧蜂科　3. 小蜂科

4. 金小蜂科　5. 纹翅卵蜂科

B. 针尾亚目：蚁科

（周至宏，王助引. 1996. 植物保护学总论）

现象。常见种类有广大腿小蜂，寄生于粉蝶、松毛虫、稻苞虫和舞毒蛾等鳞翅目昆虫的蛹。

④金小蜂科：体微小型，长 1～2 mm，活泼，能步行、跳跃和飞行，大多具有绿、蓝、金黄、铜黄等金属色泽。复眼大。触角膝状。胸部大而拱形，小盾片极大，前翅脉纹退化只有 1 条；后足腿节不膨大，胫节只有 1 个端距。细腰明显，但腹柄很短。跗节 5 节。翅痣或小或大。产卵管短。常见种类有黑青小蜂 、蝶蛹金小蜂等。

⑤赤眼蜂科：也称纹翅卵蜂科。体微小型，长 0.3～1.2 mm，为昆虫中最小者。黑色、淡褐色或黄色。触角膝状。前翅宽，有缘毛，翅面微毛排成纵行。后翅狭，刀状。寄生于各目昆虫的卵内。重要种类有广赤眼蜂、稻螟赤眼蜂等。

(3)针尾亚目：胸腔连接收缩成细腰状。后翅最多只有 2 个基室。腹部末节腹板不纵裂，产卵器特化成螯刺。足转节 1 节。多为中到大型的种类。

赤眼蜂人工饲养　　红火蚁

①蚁科：是熟知的蚂蚁。体小至中型，呈黑、褐、黄、红等色。腹部第一节或第一、二节呈结状。多态性，群栖。有些种类为肉食性，捕食小虫，如黄猄蚁（又称红树蚁），是我国劳动人民在唐代就用来防治柑橘害虫的种类，成为世界上以虫治虫最早的例子。蚁科不少种类与同翅目有共栖关系（图 1-1-41B）。

②胡蜂科：体中至大型，黄或红色。翅狭长，休息时能纵褶。成虫捕食性，也能加害苹果、葡萄等果实，取食汁液。常见种类如普通长脚胡蜂等。

③蜜蜂科：体生密毛，毛多分枝。头胸一样宽，后足为携粉足，成为采集与携带花粉的器官。如人工饲养的为中国蜜蜂和意大利蜜蜂。

其他常见科还有熊蜂科、木蜂科、泥蜂科和土蜂科等。

(十)双翅目

双翅目包括蝇、蚊、虻等，是重要的卫生害虫，也有植食性、捕食性和寄生性的种类，和农业生产关系密切。

1. 形态特征　体小至中型。体长 0.5～50 mm，翅展 1～100 mm。口器刺吸式或舐吸式；常为下口式。触角长而多节，或短而节少，或仅有 3 节，有丝状、念珠状、环毛状和具芒状等。复眼发达，有的种类左右复眼在背面相接的称合眼式，单眼 3 个。前翅发达，膜质，脉序简单，在臀区内方常有 1～3 个小型的瓣，后翅特化成平衡棒，只在飞翔时起平衡作用。跗节 5 节。雌虫腹部末端数节能伸缩，称伪产卵器。蝇类体外刚毛的排列称为鬃序，是分类的重要依据。

2.生物学特性　全变态。卵一般呈长圆卵形。幼虫为无足型。根据头部骨化程度不同,可再分为全头型、半头型和无头型。喜欢潮湿的环境,有些种类幼虫生活在水中。蛹为离蛹、被蛹或围蛹。幼虫植食性、腐食性、粪食性、捕食性或寄生性均有。有些是农作物害虫,有些是家畜寄生性害虫,有些是寄生性或捕食性益虫,有些种类成虫吸食人、畜血液,传染各种疾病。

3.亚目的区分和主要科的特征　双翅目昆虫已知15万种,我国9 151种。一般趋向于分为3个亚目,即长角亚目、短角亚目和芒角亚目(或称环裂亚目)。本目与农业有关的主要科有以下几类(图1-1-42)。

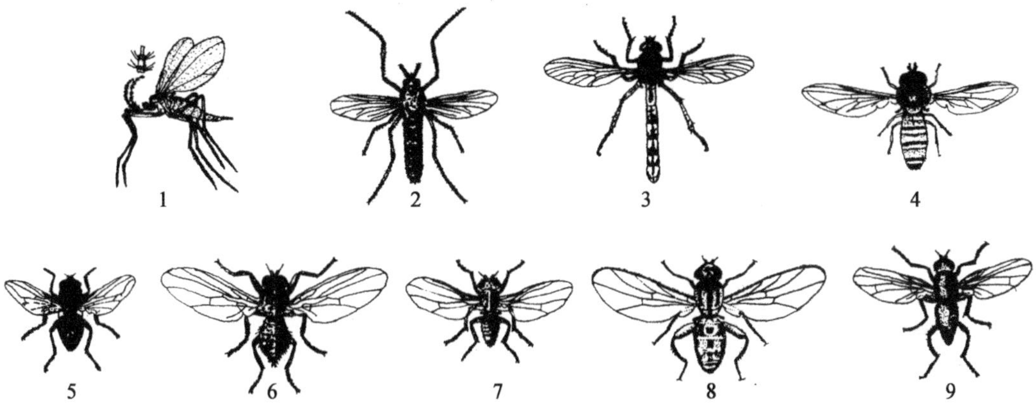

图1-1-42　双翅目重要科代表

1.瘿蚊科　2.摇蚊科　3.食虫虻科　4.食蚜蝇科　5.寄蝇科
6.潜蝇科　7.水蝇科　8.黄潜蝇科　9.花蝇科
(周至宏,王助引.1996.植物保护学总论)

(1)长角亚目:触角长,一般长于头胸部,8～18节,有的多达40节。幼虫全头型。蛹为被蛹,少数离蛹,包括蚊、蠓、蚋。主要有如下各科:

①摇蚊科:体小或微型,柔弱。触角细长,14节,多毛,基节膨大,雄性的羽状。后胸有纵沟。足细长,前足特别长,休息时举起。翅狭,前面的脉纹较明显。幼虫细长,12节,胸部第一节和腹部末节各有一伪足突起。多生活在水中。如稻摇蚊,为害水稻。

②瘿蚊科:体微小、瘦弱。足细长。触角长,10～36节,念珠状,轮生细毛,雄虫常为环毛状。复眼发达,左右相接。有单眼。前翅阔,只有3～5条脉纹,横脉很少,基部只有一个闭室。幼虫体纺锤形,或后端较钝,头很退化,有触角,腹面第2、3节之间多有胸叉。中胸腹板上通常有剑骨片,是弹跳器官。成虫一般不取食,早晚活动,趋光性不强。幼虫的食性复杂,若干种类是植食性害虫,为害花、叶、茎、根和果实,并能形成虫瘿,因而有"瘿蚊"之名。也有腐食性、粪食性和寄生性种类。本科中重要害虫有稻瘿蚊、柑橘花蕾蛆、荔枝叶瘿蚊、龙眼叶球瘿蚊等。

其他常见科还有大蚊科等。

(2)短角亚目:触角短,比头胸部短,一般3节,第三节有分节遗迹或具端刺。幼虫半头型。蛹为被蛹。虻类。主要科有盗虻科,又叫食虫虻科。体细长,多刺毛。头顶凹陷而复眼突出。成、幼虫均捕食小虫,吸食其汁液。常见的如中华盗虻。其他常见科还有虻科、水虻科等。

(3)芒角亚目:触角3节,第3节上有1根刚毛状的刺毛,称触角芒为侧芒。幼虫无头型。围蛹。

食蚜蝇幼虫捕食蚜虫

①食蚜蝇科:体中等大小。头大。触角3节,芒状。外形像蜂,具蓝、绿等金属光泽和各种彩色斑纹。头大,与胸部约等宽;复眼大,雄的合眼式。前翅有与外缘平行的横脉,径脉和中脉之间有1条两端游离的伪脉。常在花上或芳香植物上飞舞,取食花蜜。幼虫无头式,长而略扁,后端截形,皮肤粗糙,体侧有短的突起。幼虫能捕食蚜虫、介壳虫、粉虱和叶蝉等害虫,也有在朽木、粪便中生活的。常见种有细腰食蚜蝇、黑带食蚜蝇等。

②寄蝇科:体中型或小型。粗壮,灰黑色、黑色或褐色,全体长有粗黑刚毛。雄虫接眼式。触角芒常光滑。前翅发达,中脉第一分支向前弯曲。但后盾片发达,露在小盾片外呈一圆形突起。成虫活泼,白昼活动,常集于花上。幼虫寄生性,多寄生于鳞翅目幼虫和蛹,以及鞘翅目和直翅目等昆虫。寄生在家蚕体的寄蝇,则是重要害虫。常见种类如玉米螟厉寄蝇、黏虫缺须寄蝇等。

③潜蝇科:体小型,长1.5～4 mm,黑色或黄色。触角短,第3节常呈球形,芒生于背面基部。翅前缘脉只有一个折断处,中脉间有2闭室,后方有一个小臀室幼虫蛆式,体长4～5 mm,潜伏叶内取食。如豌豆潜叶蝇、美洲斑潜蝇等。

④秆蝇科:也称黄潜蝇科。体微小或小型,少毛,多数绿或黄色。复眼发达,翅前缘脉只有一个断裂处;中脉间只有一个翅室,后面无臀室。幼虫圆柱形,长约6 mm,口钩明显,在植物茎内钻蛀为害。重要害虫如稻秆蝇、豆秆蝇。

⑤花蝇科:也称种蝇科。体小型或中型,细长多毛,一般为黑色、灰色或暗黄色。头大,能转动。复眼大,离眼式;雄虫左右复眼几乎相接。触角芒无毛或羽状。翅脉全是直的。腋瓣大。幼虫蛆式,圆柱形,后端截形,有6～7对突起。大多数腐食性,少数植食性,通常称之为地蛆或根蛆。重要种类有种蝇、葱蝇、萝卜蝇等。

⑥实蝇科:体小型至中型。头大,有细颈。复眼大,常有绿色闪光。单眼有或无。翅阔,有褐色或黄色斑纹。休息时翅常展开并扇动。亚前缘脉末端突然弯曲向上。幼虫圆锥形,蛀食果实、茎、根,或在叶上穿孔,有的造成虫瘿或潜入叶内。本科有许多种是重要的害虫,例如柑橘大实蝇、瓜实蝇等。

其他科有水蝇科:体小型,色暗。翅前缘脉有2个折断处。幼虫体纺锤形,末端延长成管状。多数水生。如稻水蝇、菲岛毛眼水蝇。

除以上十目外,其余常见的还有弹尾目(跳虫)、双尾目(双尾虫、铗尾虫)、缨尾目(衣鱼)、蜉蝣目、蜻蜓目、蜚蠊目(蟑螂)、螳螂目、纺足目(如足丝蚁)、竹节虫目、革翅目(蠼螋)、啮虫目(啮虫、书虱)、食毛目(羽虱)、虱目(牛虱)、广翅目(泥蛉)、毛翅目(石蛾)和蚤目(跳蚤)等。

三、蜘蛛、螨类和软体动物

(一)蜘蛛

蜘蛛

蜘蛛是节肢动物门蛛形纲蜘蛛目的动物。世界上已知蜘蛛达35 000多种,我国目前已知的种类有千种以上,绝大多数分布在农田、果园及森林等处,全部肉食性,以小型动物及昆虫为食。蜘蛛作为捕食性天敌,对害虫的控制作用巨大，其群体的杀虫作用要比瓢虫、草蛉、猎蝽的杀虫总和还要大几倍。蜘蛛有种类繁多、繁殖力强、食量大、抗逆力强、寿命长等特点，因此利用蜘蛛防治害虫，已经在生产上受到广泛关注。农田中广泛分布的有草间小黑蛛、八斑球腹蛛、拟水狼蛛，三突花蛛等。

1. 形态特征　蜘蛛分头胸部和腹部两个体段，大多数蜘蛛头胸部具有 8 个单眼，少数也有 2、4、6 个或无眼(无眼蛛)。单眼一般排列成 2 列。有螯肢、触肢和口器等附肢。有步足 4 对，着生在头胸甲四周的基节窝内，每一步足由基节、转节，腿节，膝节，胫节、后跗节及跗节 7 节组成。跗节末端有爪，一般结网型蜘蛛有爪 3 个，游猎型蜘蛛有爪 2 个。腹部腹面的末端有纺丝器官(图 1-1-43)。

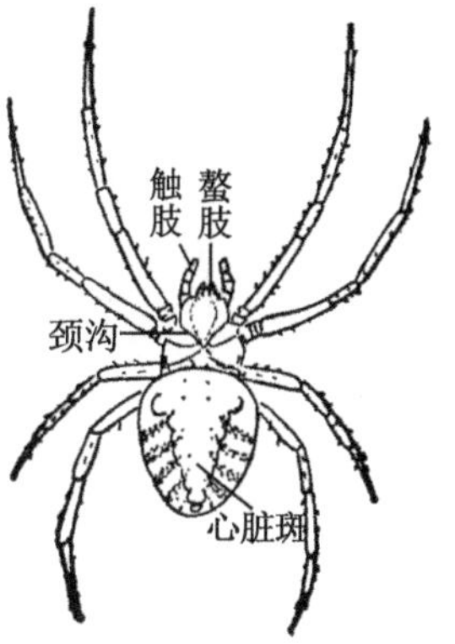

图 1-1-43　蜘蛛的体形
(周至宏，王助引. 1996. 植物保护学总论)

2. 蜘蛛的生活史和习性　蜘蛛没有变态现象。一生中可分为卵、幼蛛(若蛛)、亚成蛛及成蛛几个时期。每年发生的世代因种而异，有 1 年 1 代，1 年 2 代或 1 年多代，例如微蛛科中有的种类则 1 年发生 8～10 代。蜘蛛是雌雄异体，于春末夏初或夏末秋初交尾，产卵，产卵后不久即能孵化成幼蛛。幼蛛不立即出卵袋，营短暂的团居生活，蜕皮 1 次后才各自分散活动。若遇寒冷，幼蛛则在卵袋内越冬，春暖时才出卵袋。从幼蛛到成蛛，须经几次蜕皮，蜕皮的次数随外界环境条件和蜘蛛种类而异。蜕去最后 1 次皮，便进入成蛛阶段，性器官成熟，各部特征显现。

蜘蛛由于有飞航习性，能在自然界中广泛分布，并以多种多样的方式生存与繁殖，其基本的生活类型可分为定居型和游猎型的两大类。蜘蛛交配后即行产卵，产卵多在夜间，产卵结束，便以腹部压紧卵粒，形成扁圆形的卵块，并以纺丝覆盖卵块上，形成卵囊，而后用纺器粘住卵囊，过携带卵囊的游猎生活。蜘蛛的越冬生境广泛，有在树上、土中、枯枝落叶中、石缝及洞穴等处。

与农业生产关系密切的主要有狼蛛科的“T”纹狼蛛。拟环纹狼蛛，沟渠豹蛛等，微蛛科的草间小黑蛛，食虫瘤胸蛛，驼背额角蛛等，蟹蛛科的三突花蛛，自条锯足蛛、条纹花蟹蛛等，球腹蜘蛛科的八点球腹蛛、横带球腹蛛及管巢蛛科的卷叶刺足蛛等。

(二)螨类

螨类属于节肢动物门蜘蛛纲蜱螨亚纲螨目。记载种类已达 10 余万种。螨类在自然界中分布广泛。其中植食性螨类为害农作物和果树，如叶螨科、瘿螨科和跗线螨科的一些种类等，是有害的螨类。而捕食性螨类则捕食害虫及害螨，如植绥螨科、长须螨科等，称为益螨。

植食性螨类为害农作物，引起叶片变色、变形，甚至脱落，如荔枝瘿螨在嫩叶叶背为害，刺激被害部分产生绒毛，形成毛毡病。柑橘始叶螨引起枯叶变形，有的为害柔嫩组织，形成疣状突起，如柑橘瘤壁虱，有的在仓库内为害粮食的螨类，常引起粮食色味变劣，人、畜误食或被感染，易引起肠胃炎及皮疹，有的甚至寄生于动物或人体皮肤，导致人、畜发病。

1. 形态特征　螨类与昆虫的主要区别在于：体不分段；无翅，无复眼，或只有1～2 对单眼；有足 4 对(少数有足 2 对如瘿螨科；或 3 对如幼螨)；变态经过卵—幼螨—若螨—成螨。螨类体小至微小型，身体分节不明显。螨类的形体通常为圆形或椭圆形，由颚体段，前足体段，后足体

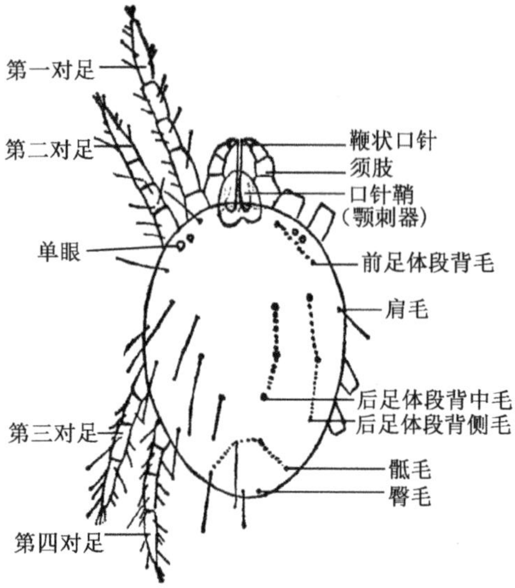

图 1-1-44　螨类体躯结构

（以棉红蜘蛛为例）

（周至宏，王助引.1996.植物保护学）

段，末体段四部分组成（图 1-1-44）。

螨类的口器有两种类型：一是咀嚼式口器，二是刺吸式口器。咀嚼式口器的螯肢端节连接在基节的侧面，可以活动，整个螯肢呈钳状，可咀嚼和粉碎食物，如粉螨。刺吸式口器的螯肢端部特化为细长的针刺，用以刺入植物内吸取汁液，螯基部愈合形成针鞘，如叶螨。

螨类的步足由 6 节组成：基节、转节、腿节、膝节、胫节、跗节。各节上生有一定数目和形状的刚毛，跗节末端常有 1～3 个爪和中垫式的吸盘。

2. 生物学特性　螨类有变态，多两性卵生繁殖，有少数种类行孤雌生殖。成螨有性二型现象。发育阶段雌雄有别。雌性经过卵、幼螨、第 1 若螨、第 2 若螨到成螨等 5 个发育时期。雄性则无第 2 若螨期。有些种类（粉螨）在不良环境下，第 1 若螨可成为形态特殊的休眠体，一旦环境条件适宜，休眠体便蜕皮，成为第 2 若螨。幼螨和各龄若螨都有活动期和静止期。静止期蜕皮后进入下一龄期。繁殖迅速，一年最少 2～3 代，最多 20～30 代。

螨类食性复杂，有植食性、捕食性、寄生性等。许多植食性螨类是农业上的大害虫，其中有为害叶片和果实的叶螨科、跗线螨科、叶爪螨和瘿螨科；为害根部的粉螨科根螨属；为害粮食、食品和药材的储藏物的粉螨科；为害食用菌的微离螨科等。螨类中有许多肉食性种类，它们捕食害螨、昆虫若虫和卵，是害螨的重要天敌，如植绥螨科。

螨类（叶螨）

3. 主要科的特征

（1）叶螨科：体微小，体长约 1 mm 以下，圆形或长圆形，足 4 对，2 对往前，2 对往后。雄螨腹部尖削，多半为红色、暗红色、黄色或暗绿色。口器刺吸式。须肢末端有指状复合体，跗爪具有粘毛，爪间突有不同的形状。植食性，通常群集于叶片上，吸取汁液，有些种类在叶面吐丝结网。行孤雌生殖和两性生殖，本科种类多为农作物及果树，蔬菜上常见的害螨。如柑橘始叶螨（图 1-1-45）。

（2）瘿螨科：体极微小，长约 0.1 mm，蠕虫形，狭长，足 2 对，位于体躯前部，前肢体段背板大，呈盾状，后肢体段和末体段延长，分为很多环纹。口器刺吸式，整肢针状，藏在槽内，可以伸出，体具环纹，爪间突由 1 个放射形的刷状器官代之，在背面，爪间突之上，有 1 根棍状毛。农业上重要的种类有柑橘瘤螨（柑橘瘤壁虱）、柑橘锈螨（柑橘锈壁）等。

（3）植绥螨科：体微小，椭圆形。白色、淡黄色。须肢爪具 2 分叉，背板完整，其上面的刚毛数为 20 对或更少。雌雄成螨腹板与肛板愈合为肛腹板，雌螨肛腹板前方还有一块后缘平截的生殖板。雌雄螨可根据整肢的形态特征区分，雌螨整肢为简单的剪刀状，雄螨整肢的跗节生有 1 个状似鹿角的导精趾。本科均为捕食性，很多种类是植食螨的重要天敌。例如智利小植绥螨、纽氏钝绥螨，在果园、温室试用防治叶螨都获得成功。

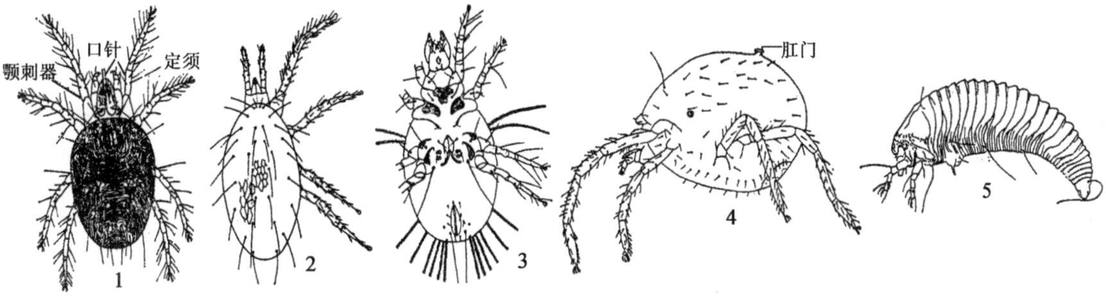

图 1-1-45　蜱螨目重要科特征图

1.叶螨科　2.植绥螨科　3.粉螨科　4.真足螨科　5.瘿螨科

（李清西.2002.植物保护）

其他科有跗线螨科，体微小，圆形或长圆形。雌螨第 4 对足端部具鞭状毛，雄螨第 4 对足常粗大，足的爪间突膜质。本科螨类，以植物、真菌及昆虫为食，对农业生产有益，有些种类是农业害虫，如茶黄螨（侧多食跗线螨），在我国为害茄、辣椒、番茄、黄瓜等蔬菜。真足螨科也叫走螨科，体长 0.1～1 mm，圆形，绿、黄、红或黑色。皮肤柔软，有细线或细毛。口器刺吸式。肛门开口于体背面。如麦背肛螨。粉螨科：体白色或灰白色。口器咀嚼式，前体段与后体段之间有一缢缝。足的基节与身体腹面愈合为 5 节。为仓库中最常见的一类害虫，如粉螨、卡氏长螨等。

（三）软体动物

软体动物多喜阴湿环境，南方露地花卉、北方温室大棚，在阴雨高湿天气或种植密度大时发生严重。主要种类有蜗牛、蛞蝓等，均属于软体动物门腹足纲柄眼目的一类动物。啃食花卉和观叶植物的花、芽、嫩茎及果。造成叶片缺刻、孔洞及幼苗倒伏、果实腐烂。

1.蜗牛　蜗牛有 4 万多种，几乎分布在全世界各地。蜗牛有一个比较脆弱的、低圆锥形左旋或右旋的壳，头部有 2 对触角，后一对较长的触角顶端有眼，腹面有扁平宽大的腹足，行动缓慢，足下分泌黏液，降低摩擦力以帮助行走，黏液还可以防止蚂蚁等一般昆虫的侵害。一般生活在森林、灌木、果园、菜园、农田、公园、庭园等阴暗潮湿地方，在植物丛中躲避太阳直晒。主要以植物茎叶、花果及根为食，是农业害虫之一，也是家畜、家禽某些寄生虫的中间宿主。温度 16～30 ℃，空气湿度 60%～90%，适于其生长发育。当温度低于 15 ℃，高于 33 ℃时休眠，低于 5 ℃或高于 40 ℃，则可能被冻死或热死。休眠时分泌出的黏液形成一层干膜封闭壳口，全身藏在壳中，当气温和湿度合适时就会出来活动。不同种类的蜗牛体形大小各异，非洲大蜗牛可长达 30 cm，在北方野生的种类一般只有不到 1 cm。对农业生产有害的种类主要有灰巴蜗牛、福寿螺和非洲大蜗牛。

灰巴蜗牛：有触角 2 对，前触角较短，后触角较长，并在顶端长有黑眼。贝壳椭圆形，壳顶端尖，自左向右旋转，第 5 圈后突然扩大。卵圆形乳白，直径 1～1.5 mm。幼贝体长约 2 mm，贝壳淡褐色（图 1-1-46）。1 年发生 1 代，寿命达 1 年以上，成贝与幼贝白天在砖块、花盆或叶下栖息，晚间活动取食，阴天也可整天活动取食。成贝产卵于松土内，初孵幼贝群集为害，以后分散。

2.蛞蝓　蛞蝓俗称鼻涕虫，雌雄同体，分为头、躯干、足三部分。成体伸直时体长 30～60 mm，体宽 4～6 mm，长梭形，柔软，体表暗黑色、暗灰色、黄白色或灰红色。头上有触角

2对，触角顶端有眼。体前端较钝，后端稍尖，腹面较平。体背有2条灰白色纵线(图1-1-47)。蛞蝓可分泌透明的胶状液体，干后发亮。蛞蝓1年发生2～6代，以成体和幼体在寄主根部湿土下越冬。成体、幼体在4—7月大量活动，喜温湿环境，畏光。白天隐蔽，夜出活动取食和繁殖。空气及土壤干燥时(土壤含水量低于15%)可引起大量死亡。温度12～20℃，土壤含水量为20%～30%时，对其生长发育最为有利。温度在25℃时，潜入土隙、花盆及砖石中，30℃以上也会大量死亡。温湿度条件合适时，寿命可达1～3年。蛞蝓取食广泛，主要取食蔬菜、花卉、蘑菇、真菌等。

图1-1-46 灰巴蜗牛
(张随榜，强磊.2015.园林植物保护)

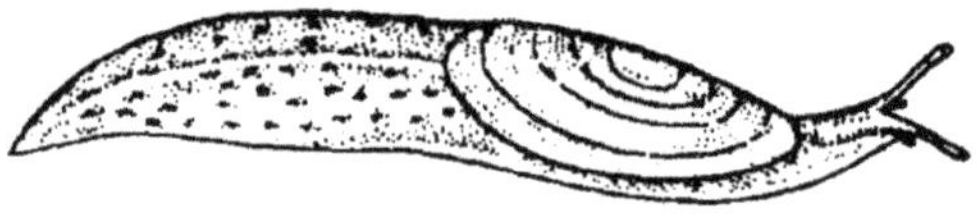

图1-1-47 野蛞蝓
(张随榜，强磊.2015.园林植物保护)

防治软体动物可用人工捕杀，在发生区域周围撒石灰粉，于夜间喷洒茶籽饼浸出液，用毒饵诱杀或用杀螺剂撒施。

【工作步骤】

1.直翅目及其代表科的观察　观察飞蝗、蝼蛄、蟋蟀和螽斯标本，注意听器的位置、形状；触角的类型、口器类型、前胸背板、前后翅、足的类型、产卵器的形状及尾须的长短等。总结出目、科特征。

2.半翅目及代表科的观察　观察荔枝蝽标本，注意头式、喙的形状，触角的类型及着生位置，前翅的分区及翅脉的变化，产卵器的形状等。对比观察盲蝽科、缘蝽科、网蝽科、猎蝽科的形态特征。

3.同翅目及其代表科的观察　观察黑蚱蝉标本，注意头式、喙的着生位置、触角的形状及着生位置、头的宽窄、前翅的质地、产卵器形态与雌雄辨别、足的特点。总结出叶蝉与飞虱，粉虱与介壳虫的区分和识别要点。

4.缨翅目及代表科的观察　仔细观察稻蓟马形态特征，对比观察锥尾亚目、管尾亚目及其代表科的形态特征，尤其注意从翅脉和产卵器上区分。

5.脉翅目及代表科的观察　观察草蛉科的基本特征，对比观察蚁蛉科、蝶角蛉科的生活史标本或成、幼虫标本，注意从触角、翅型、翅脉及翅面蜡粉等特征区分主要科。

6.鳞翅目观察

(1)成虫体躯结构观察。天蛾：口器虹吸式，翅的形状，复眼大小，前、中后胸的划分。凤蝶：前后翅中室位置。小地老虎：翅的斑纹。蝶、蛾类触角区别。

(2)鳞翅目幼虫形态特征观察。黏虫幼虫：头部正面“人”字纹，口器咀嚼式，胸、腹足对数。台湾稻螟、二点螟幼虫：观察身体线纹特征，识别背线、亚背线、气门上线、气门线，对比观察枯叶蛾科、毒蛾科、灯蛾科、刺蛾科、蛱蝶科、尺蛾科、凤蝶科幼虫的形态、有无腹足及对数、幼虫身上有无毛瘤、枝刺、毒腺及其着生位置等。

(3)鳞翅目蛹的特征观察:均属被蛹,蝶类的蛹有棱,蛾类的蛹光滑。

(4)蝶、蛾类的特征比较:观察凤蝶与天蛾的区别,触角的类型,静止时翅的放置情况。

(5)鳞翅目重要科成虫、幼虫的识别:蝶类:弄蝶、粉蝶、凤蝶、蛱蝶、眼蝶;蛾类:麦蛾、菜蛾、潜叶蛾、卷叶蛾、小卷叶蛾、螟蛾、夜蛾、尺蛾、毒蛾、灯蛾、枯叶蛾、天蛾、蚕蛾、刺蛾、蓑蛾等的特征与区别。

7. 鞘翅目观察　先以步甲与金龟甲为代表,观察鞘翅目及其两亚目的基本特征,然后对比观察步甲与虎甲、叩头甲与吉丁虫、叶甲与天牛、瓢甲与豆象、肉食性瓢甲与植食性瓢甲、金龟甲与象甲等科的成虫、幼虫的基本特征及其相互区分。

8. 膜翅目观察　以菜叶蜂和蜜蜂等为代表,观察膜翅目其两亚目的基本特征,然后对比观察叶蜂与茎蜂、姬蜂与茧蜂、小蜂与赤眼蜂、金小蜂科的形态特征及其相互区别。

9. 双翅目观察　先以食蚜蝇等为代表,观察双翅目及其亚目的基本特征,然后对比观察瘿蚊与摇蚊、食虫虻与食蚜蝇、潜蝇与黄潜蝇、水蝇与种蝇、实蝇与寄生蝇的形态特征及相互区别。

10. 蜘蛛和螨类观察　以狼蛛与小麦红叶螨为代表,结合挂图或模型,认识蛛形纲及蜘蛛目、蜱螨目的基本特征等。

【巩固训练】

植保技能考核1:识别作物害虫。操作要求:单人考核,15 min 内识别出当地主要害虫和天敌15种,写出名称。

植保技能考核2:微小虫螨识别。操作要求:单人操作考核,10 min 内正确用体视显微镜观察微小昆虫或螨类5个,写出名称。

三级农作物植保员
技能考核1:害虫识别

三级农作物植保员
技能考核2:微小昆虫识别

作业

1. 绘叶蝉与飞虱的后足图,并注明刺与距。

2. 绘弄蝶、眼蝶、蛱蝶、凤蝶、螟蛾、夜蛾、灯蛾、毒蛾、枯叶蛾、尺蛾、刺蛾、天蛾、金龟甲、象甲、天牛、叩头甲和吉丁虫幼虫形态图。

3. 绘蝇、蚊、虻触角示意图。

4. 绘蜘蛛、叶螨、瘿螨体形图。

思考题

1. 昆虫分类的主要依据和基本单位各是什么?

2. 指出蝶、蛾类的区别。

3. 指出叶步甲与虎甲、肉食性瓢虫与植食性瓢虫、叩头甲与吉丁虫、叶甲与瓢甲、拟步甲与金龟甲、蝇、蚊、虻的成虫的区别。

4. 指出广腰亚目与细腰亚目、姬蜂与茧蜂、胡蜂与蚁(成虫)、叶蜂幼虫与鳞翅目幼虫的识别特征。

5. 指出昆虫、蜘蛛、螨类在形态、习性方面的区别。

任务四　昆虫标本的采集、制作和保存

【学习目标】

熟悉并掌握昆虫和植物标本的采集、制作和保存技术与方法,了解当地天敌昆虫及农业植物病虫害的发生种类及为害情况。

【材料及用具】 捕虫网、毒瓶、吸虫管、采集箱、采集袋、活虫采集盒、三角纸袋、不同型号昆虫针、展翅板、三级台等。

【工作步骤】

一、昆虫标本的采集

根据昆虫不同类型、不同虫态和习性等,选用相应的用具与方法。

1. 常用采集用具及使用方法　在教师指导下熟悉常用采集用具种类及使用方法。如捕虫网、毒瓶、吸虫管、采集箱、采集袋、活虫采集盒和三角纸袋等(图1-1-48、图1-1-49、图1-1-50)。

2. 采集方法　根据害虫的不同种类、虫态和习性等,采用不同的采集方法。

对善飞翔的昆虫如蝶、蛾等,采用迎头网捕或从旁掠取;对生活在绿草丛中的害虫,采用扫网扫捕;对有假死性的害虫,通过振落收集,对有趋光或趋化性的昆虫采用灯光或糖醋液诱集;对地下的害虫可采用挖土法采集。

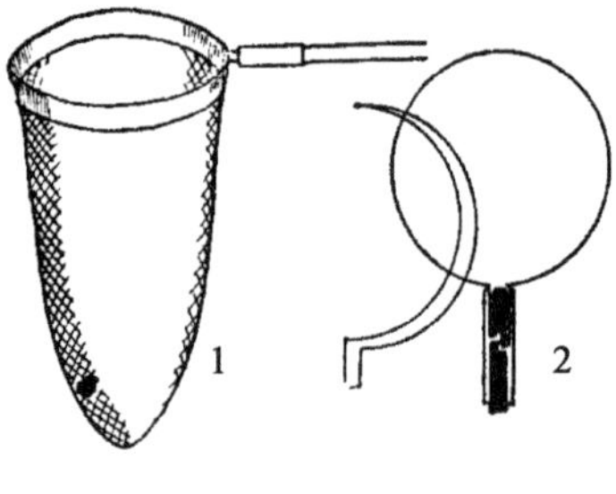

图1-1-48　捕虫网

1. 捕虫网　2. 网圈(可拆卸、折叠)

(北京农业学校. 1980. 蔬菜病虫害防治学)

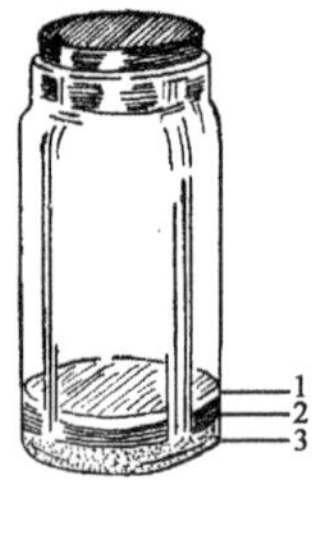

图1-1-49　毒瓶

1. 石膏　2. 锯末　3. 氰化钾

(北京农业学校. 1980. 蔬菜病虫害防治学)

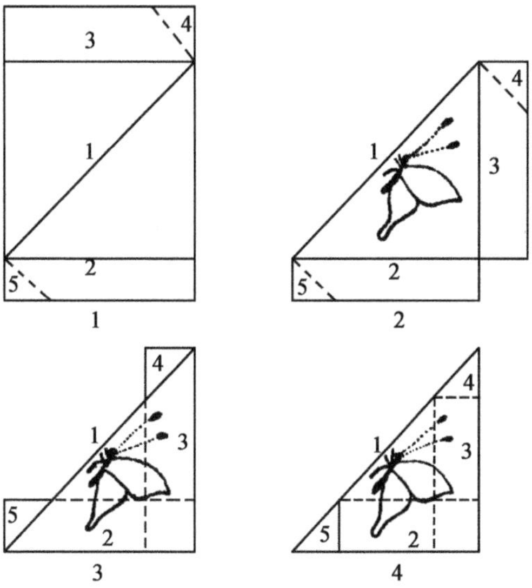

图 1-1-50　三角纸包的用法

（北京农业学校. 1980. 蔬菜病虫害防治学）

二、昆虫标本的制作

根据昆虫的不同特点和用途，制成针插、浸泡、展翅、玻片及生活史等标本。

1. 制作用具　熟悉用具的种类和使用方法等。如昆虫针、展翅板、三级台（图 1-1-51）等。

2. 制作方法

（1）针插标本制作：根据标本大小，选用昆虫针。夜蛾科类一般用 3 号昆虫针，天蛾科等大型昆虫用 4 号或 5 号昆虫针，盲蝽、叶蝉、小型蛾等用 1 号或 2 号昆虫针。在虫体上的针插位置有统一要求（图 1-1-52），如鳞翅目、膜翅目等从中胸背面正中央插入；同翅目、双翅目等从中胸背中间偏右插入；直翅目从前胸背板右面稍后处插入；鞘翅目从右翅基部约 1/4 处插入；半翅目从中胸小盾片中央偏右插入。

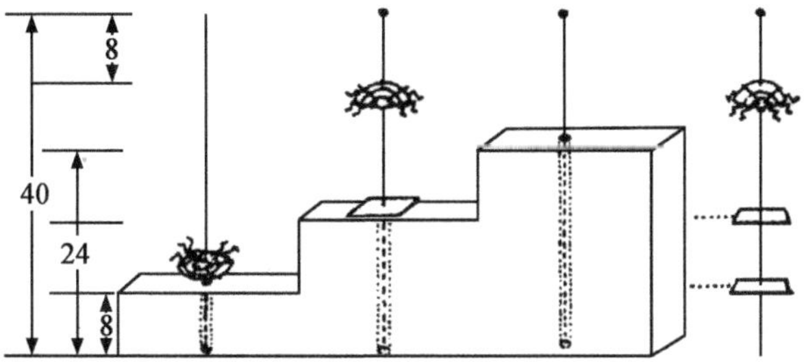

图 1-1-51　三级台（单位：mm）

（北京农业学校. 1980. 蔬菜病虫害防治学）

虫体及标签在昆虫针上的高度，常用三级台调正与标定，虫体离针头顶部约 8 mm。另外一些小型昆虫和飞虱、米象、黄条跳甲等，常采用重针法或三角纸点胶法来制作（图 1-1-53）。

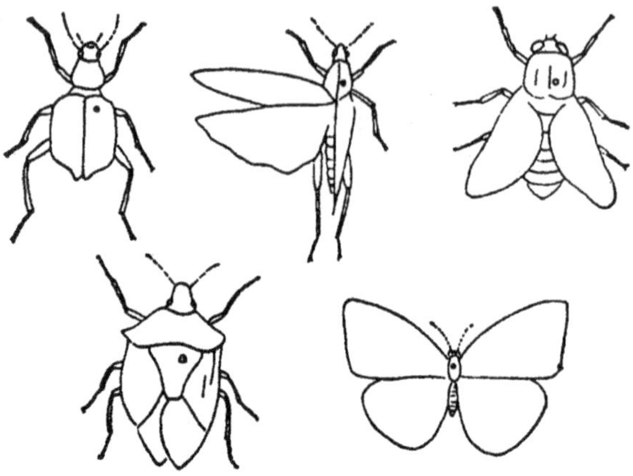

图 1-1-52 各种昆虫的插针位置

（北京农业学校.1980.蔬菜病虫害防治学）

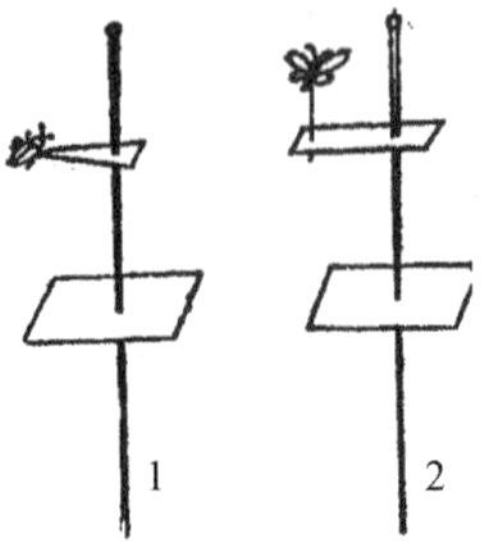

图 1-1-53 微小昆虫的制作

（北京农业学校.1980.蔬菜病虫害防治学）

昆虫标本插好后，要进行整肢，尽量保持其自然状态，尤其注意触角及足部的位置，前足向前，中足向左右，后足向后，触角呈倒“八”字形伸向前方等。

（2）展翅标本制作：把插好针的新鲜蝶、蛾标本插在翅板中间沟内胶木上，使虫体背面与两侧展翅板同高，中间宽窄视虫体大小调整，用小号昆虫针在前翅较粗的翅脉上轻轻往前拨，拨至两前翅后缘呈一条直线（与身体纵轴垂直）为准，把前翅暂时用针固定，再用同法往前拨后翅，将后翅前缘拨在前翅后缘下边，左右对称充分展开，最后用塑料薄膜或光滑纸条压紧，以昆虫针或大头针固定后，置于遮光通风干燥处或在 38～41 ℃的电动鼓风干燥箱中，标本完全干燥后取下保存（图 1-1-54）。

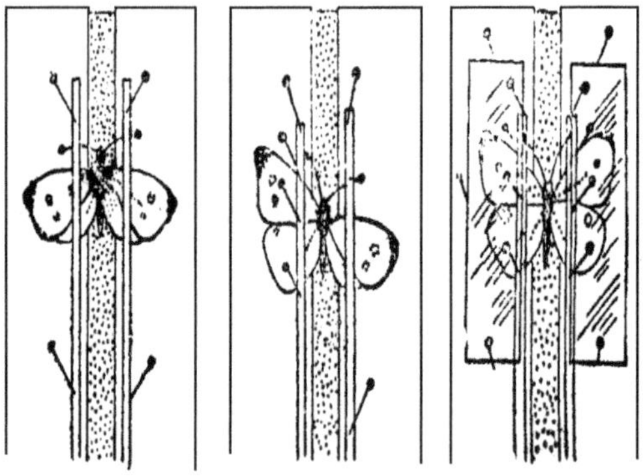

图 1-1-54 展翅的步骤

（北京农业学校.1980.蔬菜病虫害防治学）

（3）浸渍标本制作：昆虫的卵、幼虫、蛹或直翅目、鞘翅目、半翅目、同翅目、膜翅目、双翅目等成虫，都可制成浸渍标本。浸泡前先饿 1～2 d，排清虫体内粪便，用开水杀死后，投入浸泡液中即可。最常用的浸泡液为白糖保色浸泡液，浸泡的标本不收缩、不变黑。此液不沉淀，对保持褐色、黄色和红色等有较好的保存效果，但对多种绿色昆虫不能保色。此液的配比为：白糖 5 g、冰醋酸 5 mL、福尔马林 4 mL、蒸馏水 100 mL 和 95%酒精 6 mL，其中酒精加不加均可。

(4)生活史标本制作：为了认识害虫的各虫态与作物被害状等，常制成昆虫的生活史标本。生活史标本的成虫可用展翅或针插的成虫标本；卵、幼虫、蛹等常用指形管或安瓿管封好后与成虫配装在铺好脱脂棉的标本盒内，盒的一角加上标签，注明害虫名称、寄主、采集地点、时间、采集人或制作者等。

(5)玻片标本的制作：在昆虫鉴定时，为了看清小型或微小昆虫的整体特征或虫体的某部分(如外生殖器等)的细微特征，还须制成透明的玻片标本，借助显微镜才能看清楚。玻片标本制作方法如下：

①材料的碱性处理。将准备好的材料——虫体的整体或部分，投入 5%～10%的 NaOH 或 KOH 溶液中直接加热或隔水加热 5 min 至 1 h 不等，以煮至材料基本透明为止，但不可煮时间太久，否则材料易损坏。

②材料清洗。将煮好的材料小心移至蒸馏水中反复冲洗直至碱性液和脏物、杂物(杂物指虫体或组织器官中不需要的部分)彻底清除为止。

③染色。清洗过的材料是否染色，要视材料而定，如鳞翅目雄性外生殖器骨化程度较高，色深而且特别明显，根本不需要染色。染色时将要染色的材料放入酸性品红溶液中，染色 20 min 至 24 h 不等。染色最好用浅的器皿台表面皿、凹载玻片或卧式染色缸为宜。这样，既看得清，又操作方便。

④混合脱水、透明。将清洗好或染好的材料小心移到载玻片上，在实体显微镜下初步整姿，后取无水酒精与二甲苯各半的混合液滴在虫体上脱水透明，同时用小毛笔轻轻压挤，除去污垢。在脱水过程中因混合液不断吸收昆虫体内的水分而出现白雾，因此要反复滴加混合液至白雾消失为止。最后用吸水纸吸去混合液。

⑤用油代替混合液。将丁香油或水杨酸甲酯滴在脱好水的材料上，材料浸在油滴中，可进行整姿，再将材料移到玻片的恰当位置。

⑥封片。封片前用吸水纸等吸去多余的丁香油或水杨酸甲酯待材料自然干或在酒精灯加温烘干后(切记加温烘干时严防材料皱缩)，滴上适量的加拿大胶，等胶接近自然展平时，轻轻盖上盖玻片，贴上标签后置干燥遮光又不易染灰尘处，自然干后即成永久性玻片。

3.标本的保存　采集制作的昆虫标本，需要永久保存。针插标本容易受虫蛀、鼠咬与受潮霉变；蝶、蛾类标本受阳光照射极易褪色；灰尘常沾污标本；因此，昆虫标本保存的关键是干燥、遮光、密闭和驱治各种标本虫害与鼠害。

(1)针插标本：按昆虫分类系统放入分类柜的标本盒内，盒内不断更换樟脑或其他驱虫药物。

(2)浸泡标本、生活史标本：分类放入标本柜内。生活史标本也应放入樟脑或其他驱虫药物。浸渍标本每隔半年至一年更换一次浸泡液。

(3)玻片标本：放在专用的标本盒与标本柜内。

(4)陈列标本：陈放在专用的陈列柜中以便观察。同样要做好防虫、鼠咬和霉变。

【巩固训练】

作业

1. 标本采集制作要求：采集到 15 目 60 科以上昆虫，每人制作蝶、蛾类展翅标本、微小昆虫标本各 2～3 个，其余针插标本 10～20 个。鉴定并写出昆虫目科名称，每小组交实习标本 1 份。

2. 实习报告：实习结束后，每人写实习报告 1 份，1 周后上交，底稿自留。内容包括：①实习名称；②班别学号姓名；③实习目的要求；④实习时间、地点；⑤实习内容、结果：文字简述采集、制作、考核内容及方法，列出采集清单；⑥实习收获、体会、建议。

思考题

1. 昆虫标本的采集方法有哪些？你还能说出一些符合当地昆虫习性的采集方法吗？

2. 试说明干制昆虫标本的针插位置。

【拓展知识】

昆虫与环境的关系

研究昆虫与周围环境条件相互关系的科学称为昆虫生态学。主要研究环境条件对昆虫生命活动的影响，并进一步分析在环境条件作用下昆虫种群盛衰的变化，从而找出昆虫发生消长的规律、地理分布、数量变化的原因，以及起作用的主导因素。因此，它是预测预报和防治农业害虫的主要理论依据。

昆虫与环境的关系

一、气候因素对昆虫的影响

气候因素包括温度、湿度、降水、光、气流、气压等。其中对昆虫影响较大的是温度和湿度。气候有大气候、地方气候和小气候之分。大气候是指一般气象台站观测的气候条件，地方气候是指一定生态环境的气候条件，小气候是指地面上1.5～2.0 m气层内的气候条件。这 3 种不同的气候各有其生态学上的意义，在分析气候条件时必须加以注意。

(一)温度对昆虫的影响

温度是气候因素中对昆虫影响最显著的一个因素。这是因为昆虫是变温动物，体温随周围环境的变化而变动。昆虫新陈代谢的速率，在很大程度上是受外界温度支配的。即温度主要影响昆虫发生期。

1. 昆虫对温度的一般反应　昆虫的生长发育、繁殖等生命活动在一定的温度范围内进行，这个范围称为昆虫的适宜温区或有效温区。不同种的昆虫的有效温区不同，温带地区的昆虫一般为 8～40 ℃。在有效温区内包括最适于昆虫生长发育和繁殖的温度范围，称为最适温区，一般为 22～30 ℃。有效温区的下限是昆虫开始生长发育的温度，称为发育起点温度，一般为 8～15 ℃。有效温区的上限是昆虫因温度过高而生长发育开始被抑制的温度，称为高温临界，一般为 35～45 ℃或更高些。

昆虫在发育起点以下的一定范围内并不死亡，因温度低而呈休眠状态，当温度恢复到有效温区内，仍可恢复生长发育，因此在发育起点以下有一个停育低温区。温度再下降，昆虫因过冷而死亡，这个温度范围称为致死低温区，一般在零下若干度。同样，在高温临界以上有一个停育高温区，在此温度范围内昆虫的生长发育因温度过高而停滞。温度再高，昆虫因过热而死亡，即进入致死高温区，一般在 45 ℃以上。

昆虫生长发育最快的温度不一定是最适宜的温度。因为昆虫在一定的高温下生长发育很快，但它的生殖力、生活力却显著降低，成虫的寿命缩短，这样的温度条件从生长发育速度来看是最适宜的，但从种的繁荣来看，则不及较低一些的温度条件更为适宜。

低温导致昆虫体液结冰，使原生质脱水、遭受机械损伤和生理机能被破坏而导致死亡。自然界中许多昆虫能忍耐比零度低得多的温度而不死亡，主要是在寒冬之前，它们就做好越冬准备，大量积累脂肪和糖类，减少细胞和体液中的水分，排净体内粪便，并且隐蔽在温度变化较小的地方，降低呼吸，停止生长发育，进入休眠或滞育状态。当严寒来临时，由于虫体体液浓度高，可使冻结点降低。因此，昆虫在越冬阶段的耐寒性比在生长发育阶段的耐寒性强得多。

一般秋季越冬前或春季越冬后的昆虫抵抗低温能力较越冬期内差，因此春季和秋季的寒流对昆虫常有很大的杀伤力。

在一定温度范围内，昆虫的发育速率和温度成正比。温度增高则发育速率加快，而发育所需时间缩短，也就是说，发育时间和温度成反比。即在适宜温区范围内温度主要影响昆虫的发育速度(即发生期)。

2.有效积温法则　昆虫完成一定的发育阶段(一个虫期或一个世代)，需要一定的热量积累。完成这个发育阶段所需的温度积累值是一个常数。对昆虫发育起作用的温度是发育起点以上的温度，称为有效温度，有效温度积累值称为有效积温，可用下面的公式表示：$K=N(T-C)$或$N=\dfrac{K}{T-C}$，这里 K 是有效积温，N 是发育天数，T 是观测温度，C 是发育起点温度，$(T-C)$就是逐日的有效温度。如果将发育天数 N 改为发育速度 V，则得：$V=\dfrac{T-C}{K}$或$T=C+KV$。

昆虫发育速度与温度的直线关系只限于一定的适宜温度范围之内，超过这个范围，在整个有效温区内两者的关系呈“S”形曲线，即在低适温区内发育速度呈缓坡式增加，在高适温区内发育速度也减缓，这种关系可用逻辑斯蒂曲线配合。

3.有效积温法则的应用

(1)推测一种昆虫在不同地区的世代数：知道了某种昆虫一个完整世代发育的有效积温(K)，再利用各地气象站的资料，计算出各地有效积温的总和(K_1)，以 K_1 除以 K，便可确定这种昆虫在该地区 1 年中发生的世代数(N)。例如小地老虎完成一个世代的有效积温(K)为 504.47 ℃，南京地区常年有效总积温(K_1)为 2 220.9 ℃，则南京地区 1 年可能发生的代数 $N=K_1/K=2\,220.9/504.47=4.4$(代)。据南京地区饲养观察，可发生 4～5 代，预测代数与实际发生代数基本一致。

(2)预测发生期：知道了一种害虫或一个虫期的有效积温和发育起点，便可根据公式 $N=$

$\frac{K}{T-C}$进行发生期预测。例如,已知黏虫卵的发育起点是12.1 ℃,有效积温是50.4 ℃,卵产下当时的平均气温是20 ℃,代入公式就可测出6 d多孵出幼虫。

(3)控制昆虫的发育进度:在田间释放寄生蜂等益虫,用以防治害虫,根据释放日期的需要,便可按公式$T=\frac{K}{N}+C$计算出室内饲养益虫的需要温度,通过调节温度来控制益虫的发育进度,恰在合适的日期释放出去。

(4)预测害虫的地理分布:如果当地有效积温不能满足某种害虫一个世代的K值,则这种害虫在该地就不能完成发育。

有效积温法则有一定的准确性,但也有其局限性,有时会产生较大误差。因为该法则只注意了昆虫的发育起点和平均温度,而反映不出过高过低温度对其发育的延缓或阻止作用;该法则在实验室的恒温下测得,而昆虫在自然界变温情况下发育快;有效积温法则只注意了温度这个孤立的因子,忽视了其他环境因素的影响;气象部门提供的平均气温也不能完全反映昆虫所处环境的小气候变化。

(二)湿度对昆虫的影响

湿度和降雨,实质是水的问题。水是生物进行生理活动的介质。昆虫对湿度的要求有一定范围,它对昆虫的发育速度、繁殖力和成活率有明显影响。一般来说,低湿延缓发育天数、降低繁殖力和成活率,故湿度主要影响昆虫的发生量。对于降雨,除了雨量之外,还应该注意降雨次数和强度,因为许多害虫要求较高的湿度条件,可是暴雨冲刷掉大量的卵和低龄幼虫,使害虫种群数量迅速下降。对于湿度除了注意大气湿度变化外,还要特别重视农田的湿度状况。

(三)温湿度的综合影响

自然界中,温度与湿度总是同时存在,互相影响并综合作用于昆虫的。对一种昆虫来说,适宜的温度范围常随湿度的变化而变化,反之适宜的湿度范围常随温度不同而变化。温湿度组合常用温度和湿度的比值来表示,称湿温系数。一般用降水与积温之比或平均相对湿度与平均温度之比来表示,

公式:$Q=\frac{P}{\sum(T-C)}$　　　　或公式:$Q=\frac{R.H.}{T}$

其中,Q是湿温系数,P是降水量,$\sum(T-C)$是有效积温,$R.H.$是平均相对湿度,T是平均温度。

在一定的温湿度范围,相应的温湿度组合能产生相近或相同的生物效能。但不同的昆虫必须限制在一定的温度、湿度范围。因为不同的温度、湿度组合可得出相同的系数,它们对昆虫的作用却截然不同。

(四)光对昆虫的作用

光主要影响昆虫的活动与行为,协调昆虫的生活周期,起信号作用。

光的性质以波长来表示,不同波长显示出不同颜色。人类可见光波长400～770 nm;而昆虫可见光偏于短光波,为253～700 nm,许多昆虫对紫外光表现正趋性,黑光灯波长为360 nm左右,所以诱虫最多。昆虫对不同光的颜色有明显分辨能力。蜜蜂能区分红、黄、绿、紫4种颜

色；蚜虫对黄色敏感。光的强度对昆虫的活动与行为影响也很明显。如蝶类在白天强光下飞翔，夜蛾类喜在夜间弱光下活动。昼夜交替时间在一年中的周期性变化称为光周期，它是时间与季节变化最明显的标志，不同昆虫对光周期的变化有不同反应。光照时间及其周期性变化是引起昆虫滞育的重要因素。季节周期性变化影响着昆虫的年生活史。试验证明，许多昆虫的孵化、化蛹、羽化都有一定的昼夜节奏特性，与光周期变化有密切关系。

(五)风对昆虫的影响

风主要影响昆虫的活动范围。风可以降低气温和湿度，影响昆虫的体温和体内水分的蒸发，特别是对昆虫的扩散和迁移影响较大。许多昆虫能借风力传播到很远的地方，如蚜虫可借风力迁移 1 220～1 440 km，松干蚧卵囊可被气流带到高空随风飘移。

昆虫栖息地的小气候也不容忽视。大气候虽然不适于某种害虫大发生，但由于栽培条件、肥水管理、植被状况等影响，害虫所处的小环境(田间气候)适宜，也会出现局部严重发生。

二、土壤因素对昆虫的影响

土壤是昆虫的一个特殊生态环境，很多昆虫都与土壤有密切关系。如蝼蛄、蟋蟀、金龟子、地老虎、金针虫等地下害虫。有些终生在土壤中生活，有些是大部分虫态在土壤中度过，有的温暖季节在土壤外面活动，冬季又在土壤中休眠。

土壤的理化性状，如温度、湿度、机械组成、有机质含量及酸碱度等，直接影响土壤中昆虫的生命活动。一些地下害虫往往随土壤温度变化而上下移动，以便栖息于适温土层，春、秋上升到表土层为害，寒冬炎夏则潜入较深土层休眠。在一昼夜间也有一定的活动规律，如蛴螬、小地老虎夏季多于夜间或清晨上升土表为害，中午则下移到土壤深层。生活在土壤中的昆虫多数对湿度要求较高，湿度低时会影响其生命活动。人们掌握了昆虫对土壤环境的要求之后，可以通过耕作、施肥、灌溉等各种措施改变土壤条件，达到控制害虫保护益虫的目的。

三、生物因素对昆虫的影响

生物因素是指环境中一切有生命活动的生物，它们之间存在着相互依存和相互制约的关系。

(一)生物因素的基本概念

1. 食物链和食物网　自然界中生物之间的最基本关系是食物联系，又叫营养联系。

食物联系通常以植物为起点，植物从土壤中吸食水分和矿质营养，从空气中吸收二氧化碳，在阳光作用下，经过光合作用，合成有机物质，这些有机物质可提供植物生命活动所需的化学能和热能。植食性昆虫不能自己制造营养物质，必须通过取食植物才能获得营养物质和能量，而植食性昆虫又是以它所为食的肉食性昆虫的营养物质和能量的来源。这种以植物为起点的彼此依存的食物联系的基本结构称为食物链，食物链的环节最少 3 个，多的达 5～6 个。

自然界中，单纯直链式的食物链是不存在的，总是由许多交错联系的食物链结合在一起，构成多分支的结构，称为食物网。

2. 生物群落　由食物网中看出，自然界的生物不是孤立存在或孤立地发展。在一定的地域内，由于气候、地形地势、土壤等非生物因素的相似，往往有一定的相互联系着的动物和植物组合，由此形成了该地域内特定的动、植物组合结构，这个结构的总合称生物群落。生物群落由若干个食物网联系而成。因此，生物群落并非杂乱无章的动物和植物总体，而是有层次和结构的总体。

3. 生态系统　在一定的气候和土壤条件下，具有一定的生物群落，这些生物和非生物因子相互作用形成一个自然综合体，常有一定的结构，并能凭借这一结构进行物质循环，能量转换，起着相互依存和相互制约的功能，生态学上将这种自然综合体称为生态系统。在生态系统中，植物是"生产者"、动物是"消费者"、腐食性动物以及微生物是"分解者"。

4. 农业生态系统　农业生态系统是在人类社会经济体系作用下，以农业植物群落和人类农业经济活动为中心而建立的生态系统。由于农业生产系统中作物群体的单纯性，和其相联系的昆虫类群也变得单纯，少数种类由于获得了较好的营养条件，个体数量剧增，成为当地的重要害虫。再加上人为地施用化学农药，则植物相和昆虫相变得更为单纯，趋于不稳定，一旦环境条件对某种害虫发育繁殖有利，在短期内就暴发成灾。所以生态系统的多样性和稳定性，是农田生态系统害虫治理中值得重视的中心问题。

(二)植物抗虫性

植物抗虫性是指田间存在某种害虫的条件下，植物很少受害的特性。抗虫性是植物与害虫在外界环境条件作用下斗争的结果，表现为不选择性、抗生性与耐害性，统称为抗虫性三机制。

1. 不选择性　即在害虫发生数量相同的条件下，一些品种少或不被害虫选择前来产卵、取食。

2. 抗生性　是指昆虫取食一些品种时，发育不良，体形变小，体重减轻，寿命缩短，生殖力降低，死亡率增加。例如，一些玉米品种，由于抗螟素含量高，抑制玉米螟幼虫取食，促使幼虫死亡。

3. 耐害性　是指有些作物品种受害后，有很强的增殖或补偿能力，使害虫造成的损失很低。例如一些水稻品种，虽也被稻瘿蚊幼虫为害，造成"标葱"，但由于分蘖力强，可以补偿被害苗的损失。

选育和利用抗虫品种是防治一些农业害虫最经济和有效的措施，很值得作物育种学家和昆虫学家结合，进行研究。

(三)天敌因素

1. 天敌昆虫　包括寄生性和捕食性两大类。寄生性天敌种类很多，其中膜翅目、双翅目的昆虫利用价值最大。根据寄生和取食方式分内寄生与外寄生两类。凡是寄生在寄主的卵、幼虫、蛹和成虫体内的称内寄生，凡寄生在寄主体表称外寄生。

捕食性天敌种类也很多，分属 10 余目 100 多科。常见的如螳螂、蜻蜓、草蛉、虎甲、步甲、瓢甲、食虫虻、食蚜蝇、胡蜂等。这些益虫在自然界中帮助人们消灭大量害虫，许多在生物防治中已发挥了巨大作用。如澳洲瓢虫、大红瓢虫、草蛉等。

2. 天敌微生物　这类微生物常使昆虫在生长发育过程中染病死亡。利用病原微生物防治害虫已受到人们的重视。主要包括细菌、真菌、病毒等。昆虫感染不同的致病微生物后，其症状有不同的表现。昆虫感染真菌死亡后虫体硬化，长出各色霉层；昆虫感染细菌死亡后虫体软化，皮破流液，腐烂发臭；昆虫感染病毒死亡后虫体腹足紧贴树梢，头尾下垂，身体软化，皮破流液，但无臭味。我们可以收集田间病死的昆虫，捣碎磨烂，过滤后加水喷于原田间作物上，可使田间同类害虫染病死亡。有些病原微生物已能人工繁殖生产。

3.捕食性鸟兽及其他有益动物　主要包括蜘蛛、捕食螨、鸟类、两栖类、爬行类等。鸟类的应用早为人们所见，蜘蛛的作用在生物防治中越来越受到人们的重视。

四、人类的生产活动对昆虫的影响

人类是改造自然的强大动力，对昆虫有着巨大影响。

1.改变一个地区的昆虫组成(即昆虫相)　人类生产活动中，常有目的地从外地引进某些益虫，如澳洲瓢虫相继被引进各国，控制了吹绵蚧。但人类活动中也无意带进一些危险性害虫，如松突圆蚧、葡萄根瘤蚜、美国白蛾、棉红铃虫等，给带进国带来灾难。

2.改变昆虫的生活环境和繁殖条件　人类培育出抗虫耐虫的作物、蔬菜良种及果树、茶树苗木，大大减轻了受害程度，大规模的兴修水利、植树造林和治山改水的活动，改变自然面貌，从根本上改变昆虫的生存环境，从生态上控制害虫的发生。

3.直接消灭害虫　大规模的治虫运动，如对东亚飞蝗的飞机防治，对果树食心虫、红叶螨和卷叶蛾的成功防治，就是最明显的历史鉴证。但是，在化学治虫中，由于用药不当又常出现某些害虫猖獗为害的现象。如果树上的红叶螨一再猖獗，其原因之一就是滥用农药所造成的。

另外，在人类的生产活动和贸易往来中，一些为害严重的新害虫，也常随人类的频繁交往传播蔓延，给农业生产带来新的为害，因此加强植物检疫，增强检疫意识是十分必要的。

思考题

1.温度、湿度、光、风对昆虫有什么主要影响?

2.试述有效积温法则及其应用。

【课程思政】

1.以人民为中心

我们深入贯彻以人民为中心的发展思想，在幼有所育、学有所教、劳有所得、病有所医、老有所养、住有所居、弱有所扶上持续用力，建成世界上规模最大的教育体系、社会保障体系、医疗卫生体系，人民群众获得感、幸福感、安全感更加充实、更有保障、更可持续，共同富裕取得新成效。

2.农作物植保员职业守则

(1)遵纪守法，敬业爱岗。(2)规范操作，注意安全。(3)认真负责，实事求是。(4)忠于职守，热情服务。(5)勤奋好学，精益求精。(6)团结协作，勇于创新。

3."上医治未病"与我国植保方针

2000多年前，我国最早的医学典籍《黄帝内经》中提出"上医治未病，中医治欲病，下医治已病"，即医术最高明的医生并不是擅长治病的人，而是能够预防疾病的人。由此可见，中医历来防重于治(王国玮.2008.图解《黄帝内经》养生精华)。

我国现行植保方针"预防为主，综合防治"，是在1975年河南新乡全国植保大会确立的，其内容为防治病虫害"以农业防治为基础，因地、因时制宜，合理运用化学防治、生物防治、物理防治等措施，达到经济、安全、有效地控制病虫为害的目的”。我国植保方针蕴含了“上医治未病”理念。

4.植物病虫害发生、防治简史

(1)植物遭受病虫危害，损失严重：据联合国粮农组织统计，近年来全世界农作物因病虫危害所造成产量的损失：粮食作物约20%，棉花30%，果树40%，杂草造成减产10%～15%，农田鼠害造成减产约6%。

(2)东亚飞蝗发生历史：几千年来，蝗虫一直是我国农业生产上的一大害虫，严重影响了人民的生产和生活。从公元前707年最早蝗灾记载开始，一直到新中国成立前，共造成蝗灾八百余次。据北京农大陈家祥教授记载，1944年我国发生的那次大蝗灾，作物受害面积达5 000万亩，飞蝗所到之处，绿色全无，造成了大面积饥荒，饿死了无数百姓。当时被群众打死的蝗虫就有1 835万斤，真是“飞蝗蔽日，禾草一空，赤地千里，饿殍载道”。新中国成立前，历来是把蝗灾与黄河水灾相提并论的。

(3)害虫防治历史：在3 000多年前，就懂得利用物理方法治虫，有“掘沟治螨”的记载。在1 800多年前就已利用砷剂、汞剂、藜芦、硫磺、油类、铜及各种有毒物质作为杀虫剂，并掌握了喷洒、涂抹和熏蒸等施药方法。在公元304年前后，广东果农就已利用黄猄蚁防治柑橘害虫，这是世界上生物防治“以虫治虫”的最早记录。

(4)病害发生历史：马铃薯晚疫病导致爱尔兰大饥荒事件。马铃薯是19世纪爱尔兰人赖以维持生计的唯一农作物。19世纪30年代，爱尔兰从南美洲的秘鲁引进带有马铃薯晚疫病菌的种用马铃薯，导致爱尔兰境内种植的马铃薯大量发病腐烂，并于1845—1850年引起毁灭性的灾难，造成历史上著名的爱尔兰大饥荒，死于饥荒者达100万之众，另有200万人逃亡海外。

(5)近代植物病虫草鼠害的防治：新中国成立后，我国政府非常重视对植物病虫草鼠害的防治工作，从中央到地方都设有植物保护、植物检疫机构，负责指导群众开展植物病虫草鼠的防治工作。

我国是通过“生态控制”防治东亚飞蝗最成功的国家。新中国成立前我国3～5年就会发生一次大蝗灾，新中国成立后我国通过兴修水利，开垦荒地，实行改制(旱改水)以及植树造林等综合治理措施，改造了飞蝗发生基地形成不利于飞蝗发生的生态环境，从根本已上控制了东亚飞蝗的大面积发生为害。

抗虫棉的培育成功，标志着我国基因工程在植保方面的巨大成功。

5.益虫利用历史

养蚕：我国劳动人民对昆虫的研究与利用，比西方国家要早几个世纪。早在5 000多年前，我国人民就掌握了养蚕知识，并用蚕丝纺织成布，开创了有名的丝绸之路。

养蜂：在3 000多年前，就有了养蜂业。

药用昆虫：冬虫夏草、蝉蜕、斑蝥、蜂毒、地元、桑螵蛸、僵蚕等。

保健风味昆虫地方小吃：和味龙虱。

6.昆虫专家周尧事迹

中国昆虫分类泰斗——周尧(1912年6月8日—2008年12月15日)，昆虫分类学家，创办了《趣味昆虫》《中国昆虫学杂志》和主编国际性学术刊物《昆虫分类学报》，被国内外誉为“亚洲之光”“虫坛怪杰”，其生平被拍成电影电视剧《蝶之梦》。发表《中国昆虫学史》《中国盾蚧志》《中国蝶类志》《中国蝴蝶分类研究》《周尧昆虫图集1—8》等专著和论文200部

(篇),建立了23个新亚目,45个新总科和2个新科,发现420多个新种与26个新属。1990年获中国优秀科技史图书一等奖,1995年获全国优秀科技图书二等奖及第九届中国图书奖,2000年获第十二届中国图书奖,被国内外誉为"亚洲之光""虫坛怪杰""蝶神"。其中《周尧昆虫图集1—8》是涉及昆虫黑白图片的教材绝大部分是周尧所绘或仿周尧原图的。

【学习评价】

表1-1-1 农业昆虫识别考核评价表

序号	考核项目	考核内容	考核标准	考核方式	分值
1	昆虫外部形态观察	体躯的基本构造观察	能正确划分体段,准确指明代表昆虫各种附器(口器、触角、胸足、翅)的名称及类型	口试	2
2	昆虫生物学特性观察	变态类型及虫态观察	能识别出昆虫的变态类型、全变态昆虫幼虫、蛹所属的类型,以及性二型和多型现象	口试	2
3	昆虫标本采集、制作与保存	昆虫标本采集	懂得配制昆虫浸渍液,采集到当地主要昆虫15目60科以上,标本完整	标本鉴定验收	10
		昆虫标本制作与保存	能制作针插标本、浸渍标本、蝶蛾类展翅标本、微小昆虫标本	单人标本制作考核	5
4	农业昆虫常见类群识别	农业昆虫重要目、科分类特征观察	能正确识别农业昆虫重要目、主要科代表性昆虫,并准确指明所观察各目主要代表科昆虫的分类特征	单人、分批标本识别考核	10
5	知识点考核		了解昆虫外部形态、生物学特性及其与防治的关系,了解昆虫发生与环境的关系	闭卷笔试	50
6	作业、实验报告		完成认真,内容正确;绘制的害虫形态图特征明显,标注正确	教师评分	6
7	学习纪律及态度		遵守学习纪律,学习态度好	课堂考勤	15

子项目二 植物病害基本知识

【学习目标】

1.了解植物病害的危害,认识真菌、病毒、细菌及线虫等所致病害症状特点,根据田间发病症状能大体确定病原类别。

2. 会制作并观察病原真菌临时玻片，能镜检并鉴定出霜霉菌、根霉菌、长喙壳属、白粉菌、黑粉菌、锈菌、炭疽菌、丝核菌、梨孢霉属、交链孢属、青霉属、枯萎病菌、尾孢属、镰孢菌属等10～15属(或类)病原真菌，并熟知其所致病害。

3. 能根据症状或简易方法诊断出病毒病、细菌性青枯病、细菌性叶枯病、根结线虫病等。

4. 掌握各类病害的诊断方法，能识别出30～40种(或类)常见病。理解对症施治的重要意义。

任务一　植物病害症状识别

【材料及用具】当地主要作物不同症状类型的病害标本：如柑橘黄龙病、番木瓜花叶病、稻瘟病、玉米大、小斑病、花生黑、褐斑病、香蕉叶斑病、黄瓜细菌性角斑病、番茄早疫病，白菜软腐病、玉米干腐病、甘薯瘟、水稻恶苗病、瓜类枯萎病、番茄、辣椒及花生青枯病、白菜根肿病、玉米瘤黑粉病、花生、龙眼丛枝病、香蕉束顶病、番茄蕨叶病、各种蔬菜根结线虫病、果树根癌病等具各种明显病状的标本，白菜、瓜类霜霉病、柑橘青霉病和绿霉病、甘薯软腐病、节瓜疫病、茄绵疫病、茄及莴苣白绢病、番茄及马铃薯晚疫病、瓜类及杧果白粉病、稻粒黑粉病、甘蔗黑穗病、玉米、花生、豆类锈病、水稻、玉米纹枯病、甘蔗凤梨病、甘薯黑斑病、油菜及莴苣菌核病、柑橘、杧果、香蕉及番木瓜炭疽病等具明显病征的新鲜标本，提前做好水稻白叶枯病叶切口在保湿容器中的“溢菌”现象和番茄青枯病病茎横切面在透明容器的水中的“溢脓”现象新鲜标本。扩大镜、生物显微镜、镊子、挑针、搪瓷盘、载玻片、盖玻片、吸水纸、擦镜纸、刀片、无菌水滴瓶、干净纱布等。

【基础知识】

一、植物病害概念

植物在生长发育过程中，受到不适宜的环境条件或遭受其他生物侵染，使正常的生长发育受到影响，在生理、组织和形态上发生一系列变化过程，造成生长受阻、产量降低、质量变劣等对人类不利的影响，甚至植株死亡的现象，称为植物病害。

植物病害有一定的病理变化过程，是由内部生理产生一系列持续性的顺序变化，最终反映到外部形态的不正常表现，这一变化过程称为“病理程序”，简称为“病程”。由于各种植物对于不同病原的反应，各有一定的特点，因此，不同病害都有它一定的病理程序，并且在最后表现出各种不同的特征。而植物的自然衰老凋谢，由风、雹、虫及动物等对植物所造成的突发性机械损伤及组织死亡，因缺乏病理变化过程，不能称为病害。

二、植物病害类型

植物病害的类型很多，发病的原因也各异。一般把植物病害发生的原因称为“病原”。根据病原不同，可以把植物病害分为非侵染性病害和侵染性病害两大类。

非侵染性病害又称生理性病害。这类病害的特点是：病害不会相互传染，环境条件改善后可以恢复常态，它是由非生物因素所引起的病害。如某些营养物质的缺乏或过多，植物黄化或徒长，水分供应失调，温度过高或过低，霜害与冻害及强光引起的果实日光灼伤；施用农药和化肥不当，造成药害、灼伤；以及遭受工矿区附近的废水、废气和有毒烟害等。

侵染性病害是由真菌、病原原核生物（细菌、菌原体）、病毒、寄生线虫和寄生性种子植物等在植物体上寄生所引起的病害。由于这些寄生物都是有生命的病原，所以，也叫病原物。其中属于菌类的病原物，如真菌、细菌等，又称为病原菌。被寄生的植物，称为寄主植物（简称寄主）。侵染性病害主要由真菌引起，其次是病毒和细菌引起的病害。

侵染性病害的特点是：具有传染性，病害发生后不能恢复常态。一般可以在寄主体上找到它的寄生物，并通过风雨、昆虫、土壤等进行传播，使病害不断蔓延扩大。

侵染性病害和非侵染性病害在一定条件下可以互为影响。不适宜的非生物因素，不仅其本身可引起植物发病，同时也为病原物开辟侵入途径，或降低植物对侵染性病害的抵抗性，如温室花卉受到低温的影响而发生冻害后，容易诱发真菌性灰霉病；植物发生缺素症后，也易诱发真菌性叶斑病。相反，植物得了侵染性病害又可诱发非侵染性病害，如植物由于某种真菌性叶斑病的为害导致早期落叶，更易遭受冻害和霜害等。

二、植物病害的症状

植物病害概念与类型

植物感病后其外表的不正常表现称为症状。症状包括感病植物全株性或局部的反常变化，也包括病原物表现的特征，因此植物病害的症状是由病状和病征组成的。病状是指植物染病后本身表现出各种不正常状态，病征是指病原物在植物发病部位表现的特征。植物病害都有病状，而病征只有在真菌、细菌所引起的病害才表现明显；病毒、菌原体、植物病原线虫，是在植物细胞里寄生的，所致病害无病征；非侵染性病害不是寄生现象产生的，无病原物，当然也无病征。症状是植物内部病变的结果，外部症状易被人们注意，是认识和诊断病害的重要依据。

（一）病状类型

根据病状的表现和寄主植物的病变把病状划分为以下几种主要类型：

1. 变色　大多数发生在叶片上。植物感病后，局部或全株的叶绿素形成受到抑制或破坏，失去正常的绿色，称为变色。黄绿相嵌的称花叶，全叶变黄白色的称黄化，全叶或全株颜色变淡的称褪绿，也有变为其他颜色的，如白色、红色、紫色、褐色等。

2. 坏死　植物感病后，引起细胞或组织的死亡，多发生在茎、叶、果、种子上。如发生在叶片上的坏死表现为各种病斑。因病斑的颜色、形状等不同分有褐斑、黑斑、轮纹斑、角斑、人斑等。

3. 腐烂　病组织细胞受破坏而离解，引起组织溃烂。腐烂分湿腐和干腐两种。

组织幼嫩多汁的，如瓜果、蔬菜、块根及块茎等肉质多汁的组织多出现湿腐。组织较坚硬，含水分较少或腐烂后很快失水的多引起干腐。

4. 萎蔫　根部或茎部的输导组织被破坏，使水分不能正常运输而引起凋萎枯死。萎蔫进展急速，枝叶初期仍为青色的叫青枯。萎蔫进展缓慢，枝叶逐渐干枯的叫枯萎。

5. 畸形　感害植物的细胞或组织过度增生或受到抑制而变为畸形。水稻恶苗病（稻株徒长）、香蕉束顶病（植株矮化）、花生、龙眼丛枝病（丛生）、番茄蕨叶病（萎缩）、白菜根肿病、玉米瘤黑粉病、各种蔬菜根结线虫病、果树根癌病（增生）。

(二)病征类型

植物病害的病征因病原种类的不同而异。常见的病征多数属于真菌类的菌丝体和繁殖体;而细菌病害的病征,多为胶黏状的菌脓。病征的主要类型有下列几种：

1. 霉状物　病部表面产生各种颜色的霉层,即霜霉、青霉、灰霉、黑霉、赤霉等。观察稻瘟病斑上的灰霉、甘薯软腐病的黑霉,柑橘青霉病的青霉,注意白菜瓜类、葡萄、大豆霜霉病的霜霉颜色有何不同。

2. 絮状物　病部产生大量白色疏松的棉絮状或蛛网状物。观察节瓜疫病、茄绵疫病上的白色棉絮状物。注意观察茄及莴苣白绢病的棉絮状物有何特点。

3. 粉状物　病部产生各种颜色的粉状物。观察瓜类及杧果白粉病、桑里白粉病叶上的白粉、玉米、花生、葡萄、豆类锈病叶上的锈粉、稻粒黑粉病、甘蔗黑穗病、玉米黑粉病穗上的黑粉。

4. 粒状物　病部产生各种形状大小不一的颗粒状物。观察水稻、玉米纹枯病、油菜及莴苣菌核病病部上产生的褐色至黑色的菌核;瓜类白粉病、桑里白粉病、甜椒、柑橘、芒果、炭疽病部上的小黑粒;甘蔗凤梨病、甘薯黑斑病病斑上的针刺状物。

5. 脓状物　病部产生脓状黏液,干燥后成黄褐色颗粒状或膜状。这是细菌性病害特有的病征,称菌脓。观察水稻白叶枯病部上的黄色菌脓,白菜软腐病部上的黄白色黏液。注意观察教师提前做好水稻白叶枯病叶切口在保湿容器中的“溢菌”现象的蜜黄色水珠状菌脓,番茄青枯病病茎横切面在透明容器的水中的“溢脓”现象出现的乳白色云雾状细菌溢。

【工作步骤】

观察实验提供的植物病害标本,区分不同病状、病征类型,并将观察结果填入表1-2-1。

表1-2-1　植物病害标本记载表

病害名称	寄主名称	发病部位	病状类型	病征类型	病原类型

【巩固训练】

思考题

1. 什么是植物病害？植物病害的病原有哪两大类型？所致病害各有什么特征？
2. 植物生长不正常都是病害吗？
3. 植物病害病状、病征的类型各有哪些？
4. 植物病害都有病状和病征吗？一般什么时候下出现病征？

任务二　植物病原真菌形态识别

【材料及用具】白菜根肿病、稻绵腐病、黄瓜猝倒病、瓜果腐霉病，番茄晚疫病、白菜或瓜类霜霉病、油菜或雍菜白锈病、甘薯软腐病、瓜类白粉病、柑橘或其他果树煤烟病、甘蔗凤梨病、甘薯黑斑病、瓜类枯萎病、水稻恶苗病、稻曲病、油菜菌核病、玉米瘤黑粉病、甘蔗鞭黑穗病、稻粒黑粉病、玉米、花生或大豆锈病、梨锈病、番茄灰霉病、稻瘟病、番茄早疫病、十字花科蔬菜黑斑病、花生黑斑病、褐斑病、豇豆叶霉病、玉米大、小斑病、柑橘疮痂病、柑橘、芒果、香蕉及番木瓜炭疽病、茄褐纹病、水稻、玉米纹枯病、稻小球菌核病、花生白绢病、柑橘青霉病、绿霉病、柑橘紫纹羽病、柑橘膏药病等病害标本和病原玻片。放大镜、生物显微镜、载玻片、盖玻片、镊子、挑针、解剖刀、蒸馏水小滴瓶、纱布块、吸水纸、擦镜纸、搪瓷盘等。

【基础知识】

一、植物病原真菌一般性状

真菌是自然界中一类重要的真核生物，已描述的约12万种，与人类的关系密切。有的可供食用，如香菇、木耳等；有的可直接作为药材，如茯苓、灵芝，有的代谢产物可防治人、畜疾病，如青霉素；有的用于工业发酵；有的可分解土壤中的有机质，提高土壤肥力，或对其他病原物有拮抗作用，可用于农业生产，也有的引起人、畜、植物的病害，和农业有关的植物病害中由真菌引起的约占80%。

(一)真菌的营养体

真菌吸收养分和水分进行营养生长的菌体称为营养体。真菌的营养体由菌丝组成。菌丝呈管状，大部分无色透明，有隔或无隔，分别称为有隔菌丝和无隔菌丝，并向四周不断分枝(图1-2-1)。单根丝状体称为菌丝，相互交织成的丝状体称为菌丝体。肉眼观察如同蜘蛛网或棉絮一样。真菌菌丝有无隔膜是区分高等、低等真菌的重要依据。

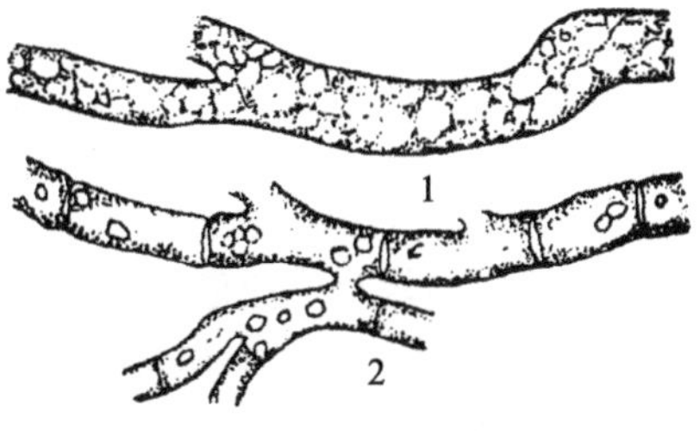

图1-2-1　菌丝的形态

1.无隔菌丝　2.有隔菌丝

(李清西.2002.植物保护)

菌丝的主要功能是吸取养分，但也有繁殖作用，即每一小段的菌丝在适宜的条件下都能生长成新的菌丝体。有很多病原菌能够以菌丝在寄主体内渡过不适宜的环境条件后，成为植物下一个生长季节发病的主要来源。大多数菌丝体都在细胞内或细胞间生长，直接从寄主细胞内或通过细胞壁吸取营养。生长在细胞间的真菌，从菌体上形成瘤状、指状、掌状等形态伸入寄主细胞内吸取养分的结构称为吸器。有些真菌在不适宜的条件下或生长的后期发生变态，形成一些特殊结构，如菌核、菌索、子座等组织体。

1. 菌核　是菌丝体纵横交错集结而成的颗粒状结构，形状、大小各异，是一种休眠体，可抵抗不良环境。遇适宜环境时，菌核萌发产生菌丝体或繁殖器官，一般不直接产生孢子。

2. 菌索　是由很多菌丝平行排列而成的绳索状物，不仅可抵抗不良环境，而且有蔓延和直接侵染的作用。

3. 子座　是由菌丝交结而成或由菌丝体和部分寄主组织结合而形成的垫状结构。其上或内部产生子实体，也可直接产生繁殖体，还可渡过不良环境。

植物真菌病害的诊断与防治

（二）真菌的繁殖体

大多数菌丝体生长发育到一定阶段后，就转入繁殖阶段。真菌的主要繁殖方式是通过营养体的转化，形成大量的孢子。真菌孢子相当于高等植物的种子，它对传播和继代起重要作用，而且是真菌分类的重要依据。大多数真菌都是以一部分菌丝体分化为繁殖体，其余部分仍然进行营养生长。真菌繁殖方式可分为无性繁殖和有性繁殖两类。

1. 真菌的无性繁殖　不经过性细胞结合，而直接由细胞分裂或菌丝分化切割而成无性孢子的繁殖方式。相当于高等植物的块根、球茎等无性繁殖器官。常见的无性孢子种类有：芽孢子、粉孢子、孢囊孢子、游动孢子、厚垣孢子和分生孢子（图 1-2-2）。

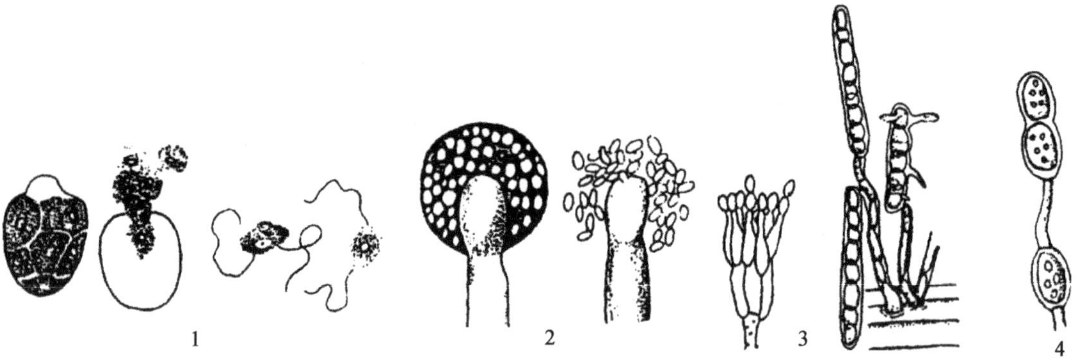

图 1-2-2　真菌无性孢子的类型

1. 游动孢子囊及游动孢子　2. 孢子囊及孢囊孢子　3. 分生孢子　4. 厚垣孢子

（李清西. 2002. 植物保护）

无性孢子只要外界环境继续适于其营养生长或寄生生活，则大量重复产生，使真菌能迅速地繁殖和传播，成为许多真菌性病害在一个生长季节或一段时间内严重发生的重要原因。但多数对不良环境条件的抵抗力不强（除厚垣孢子外）。

（1）游动孢子：形成于游动孢子囊，无细胞壁，具 1～2 根鞭毛，释放在水中能游动。孢子囊球形、卵圆形或不规则形，形成于菌丝顶端或有特殊形状和分枝的孢囊梗上。

（2）孢囊孢子：形成于孢子囊内，有细胞壁，无鞭毛，不能在水中游动。孢子囊着生于孢囊梗上，由孢囊梗的顶端膨大而成。孢子囊成熟时，囊壁破裂释放出孢囊孢子。

（3）分生孢子：通常产于菌丝特化的分生孢子梗上，也有直接产于菌丝上。分生孢子的形状、颜色、大小、多种多样，单孢或多孢，无色或有色，成熟后从孢梗上脱落。有些真菌的分生孢子产生于分生孢子果内，近球形具有孔口的孢子果称为分生孢子器，杯状或盘状的孢子果称为分生孢子盘。

（4）厚垣孢子：有些真菌菌丝个别细胞膨大变圆、原生质浓缩，细胞壁加厚而形成休眠孢子。

2.真菌的有性繁殖　经过两性细胞或由性器官结合而进行繁殖的一种方法。有性繁殖产生的孢子叫有性孢子。有性孢子是一种休眠孢子，起渡过不良环境的作用。常见的有性孢子种类有：接合子、卵孢子、接合孢子、子囊孢子、担孢子(图 1-2-3)。

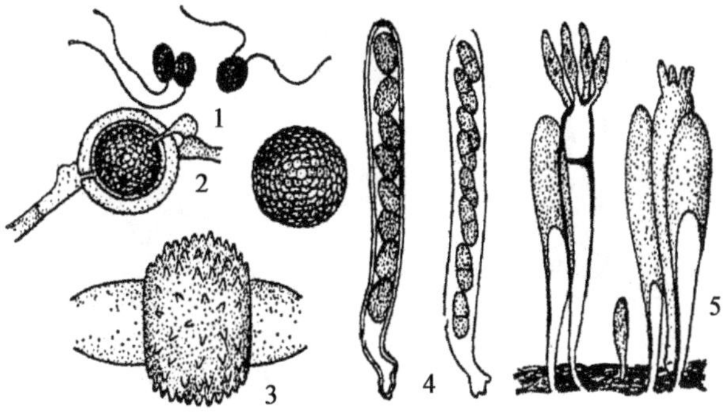

图 1-2-3　真菌有性孢子的类型

1.接合子　2.卵孢子　3.接合孢子　4.子囊孢子　5.担孢子

(周至宏，王助引.1996.植物保护学总论)

(1)卵孢子：卵菌的有性孢子，由两个异形配子囊(大的球形配子囊称为藏卵器，小的棍棒或环状配子囊称为雄器)结合而成。两者接触后，雄器内的细胞质和细胞核经受精管进入藏卵器，与卵球核配后，发育成厚壁、双倍体的卵孢子。通常卵孢子需经过一定时期的休眠才能萌发，萌发时可直接形成菌丝或在芽管顶端形成游动孢子。卵孢子抗性强。

(2)接合孢子：由两个同型配子囊(形状、大小相同，性别相异)结合形成。在接合处产生黑色、有刺、厚壁、二倍体孢子。其萌发时产生孢子囊或直接产生菌丝。接合孢子抗性也强。

(3)子囊孢子：是子囊菌的有性孢子，由两个异形配子囊结合形成。子囊孢子单倍体，生于子囊内，每一子囊一般有 8 个子囊孢子。

(4)担孢子：为担子菌产生的有性孢子。担子菌的两性器官多退化，以菌丝结合的方式产生双核菌丝，并从其顶端细胞发育成棍棒状的担子，担子内的双核配合后，经过减数分裂形成 4 个单倍体核，同时在担子顶端形成 4 个小梗，最后 4 个核分别进入小梗的膨大部分，形成 4 个担孢子。如梨胶锈菌。

取已制玻片标本在显微镜下观察上述各种无性、有性孢子及各类子实体的特征。

真菌的无性孢子和有性孢子，均为繁殖器官。一般说，无性孢子繁殖能力强，在一个生长季节中可以产生许多次，数量也很大，起繁殖和传播作用(这就是真菌生活史的无性阶段)。有性孢子在一个生长季节中或一年中通常只产生一次，数量也较少，多在生长季节后期形成，具有较强的生活力和对不利环境的较大耐力，经过越冬或越夏后又萌发产生新的个体，是许多病害每年的初次侵染来源。

3.真菌的子实体　真菌产生孢子的结构称为子实体。子实体是由菌丝体与部分寄主组织结合而形成的，是产生孢子的特殊器官。就像种子在果实中一样。根据产生不同性质的孢子，子实体可分为无性子实体和有性子实体两种。无性子实体有：分生孢子梗束、分生孢子座、分生孢子盘、分生孢子器；有性子实体有：子囊壳、闭囊壳、子囊盘、担子果等(图 1-2-4)。子实体的形状和大小差异很大，可作为鉴别真菌种类的主要依据。

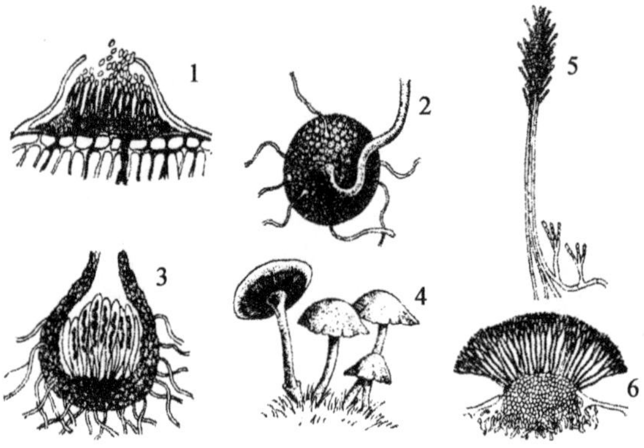

图 1-2-4 真菌的无性子实体和有性子实体类型

1. 分生孢子盘 2. 分生孢子器 3. 子囊果 4. 担子果 5. 分生孢梗束 6. 分生孢子座

（周至宏，王助引. 1996. 植物保护学总论）

（三）真菌的生活史

典型真菌的生活史是指从一种孢子开始，经过萌发、生长和发育，最终又产生同一种孢子的个体发育过程。典型真菌生活史包括无性繁殖和有性繁殖两个阶段。一般是有性孢子萌发产生芽管，芽管生长为菌丝体，菌丝体经过一定时期的营养生长后在适宜条件下产生无性繁殖器官并生成无性孢子。无性孢子萌发产生芽管，继续生长成新的菌丝体，并产生无性孢子，这是无性阶段，在生长季节通常循环多次。在生长后期，真菌进入有性生殖阶段，形成有性孢子。

但半知菌的生活史只有无性阶段而缺乏有性阶段，而另一些高等担子菌则只有有性阶段无无性阶段。还有少数真菌如水霉目、霜霉目真菌其无性阶段和有性阶段同时并存，在营养生长同时产生无性和有性孢子。

大部分真菌在其整个生活史中产生一种有性孢子和一种无性孢子，但有些真菌可产生2种或2种以上的孢子，称多型现象。多数植物病原真菌在一种寄主上就可以完成生活史称单主寄生；有的真菌，不同的寄生阶段必须在两种不同的寄主植物上生活才能完成生活史，称为转主寄生。

二、植物病原真菌的主要类群及其所致病害

本教材采用的最新生物分类八界系统即原核总界（或细菌总界）的古细菌界和真细菌界，真核总界的原始动物界、原生动物界、藻物界、真菌界、植物界和动物界，与传统的分类有较大区别。广义真菌分布在八界系统的原生动物界、色藻界和真菌界3个界中。

（一）原生动物界

原生动物是无细胞壁的单细胞的真核生物，营养方式是吞噬或光合作用（叶绿体无淀粉和藻胆体），可进行有性繁殖和无性繁殖，分别产生有性孢子和无性孢子。无性孢子有不呈直管状的鞭毛，有性孢子是休眠孢子囊。与植物病害有关的主要有根肿菌门的根肿菌属。

根肿菌属：休眠孢子（休眠孢子囊）不联合成休眠孢子堆，而分散在寄主细胞内呈鱼卵块状。引起十字花科芸薹属多种蔬菜的根肿病。

(二)藻物界

藻物界一般指色藻界(Chromista)。营养体多为单细胞或无隔菌丝,营养方式为吸收或原始光养型(叶绿体位于糙面内质网腔内,无淀粉和藻胆体),细胞壁主要成分为纤维素,不含几丁质;游动孢子有茸毛状鞭毛,鞭毛直管状。与植物病害有关的是卵菌门。营养体是发达的无隔菌丝,且为二倍体;无性繁殖形成游动孢子囊,内生多个异型双鞭毛的游动孢子,有性繁殖产生1至多个卵孢子。卵菌多生活在水中或潮湿的土壤中,高级类群为陆生,不少是专性寄生菌,也有腐生和非专性寄生。与植物病害关系密切的主要菌类有绵霉属、腐霉属、疫霉属、霜霉属和白锈属,引起植物腐烂、局部褪绿坏死或畸形肿大病状,病部产生绵霉状物、霜霉状物或白锈状物等病征。

(1)腐霉属(*Pythium*):菌丝发达,生长旺盛时呈白色棉絮状。孢囊梗菌丝状。孢子囊多数在菌丝顶端形成,呈棒状、姜瓣状或球形,成熟后一般不脱落,萌发时形成泡囊,游动孢子在泡囊内产生。有性生殖时雄器侧生,在藏卵器内产生一个卵孢子(图1-2-5)。腐霉常存在于潮湿肥沃的土壤中,所致病害有多种作物幼苗的根腐病、猝倒病以及果腐病等。

(2)疫霉属(*Phytophthora*):孢子梗有分化,与菌丝有一定的差别。孢子囊在孢子梗上形成,呈柠檬形、卵形或球形,顶端有乳头状突起,成熟时脱落,游动孢子在孢子囊内形成。藏卵器圆形,单卵球,形成一个卵孢子(图1-2-6)。多数疫霉寄生性强,寄主范围广,可引起多种作物的疫病,如冬瓜疫病。

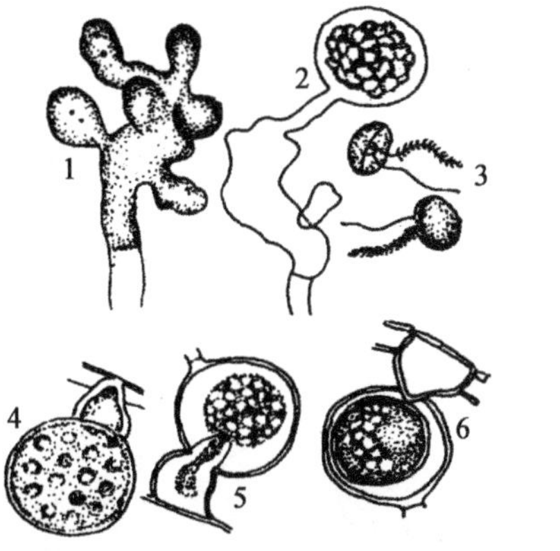

图1-2-5 腐霉属

1.孢子囊 2.孢子囊萌发形成泡囊 3.游动孢子
4.发育中的藏卵器和雄器 5.藏卵器和雄器交配
6.藏卵器、雄器和卵孢子
(李清西.2002.植物保护)

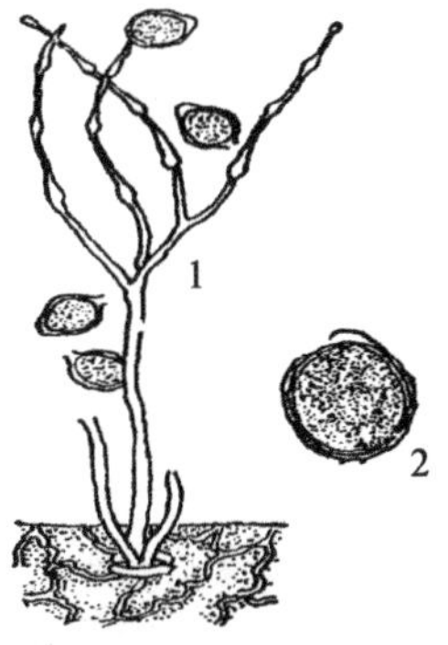

图1-2-6 疫霉属

1.孢囊梗、孢子囊和游动孢子
2.放大的孢子囊
(李清西.2002.植物保护)

(3)霜霉属(*Peronospora*):孢子梗单生或丛生,主轴较粗壮,顶部呈二叉状锐角分枝,末端尖锐。孢子囊近卵形,成熟时易脱落,萌发时直接产生芽管。霜霉属是霜霉目下霜霉科的一个重要属。霜霉科真菌因其引起典型的霜状霉层病征,而称为霜霉菌,所引起的病害通称霜霉病。霜霉菌依据孢子梗的特征分为7个属,都是高等植物的专性寄生菌,其中霜霉属、单轴霉属(*Plasmopara*)、假霜霉属(*Pseudoperonospora*)、盘梗霉属(*Bremia*)和指梗霉属(*Slerospora*)(图1-2-7),可引起多种作物的霜霉病。

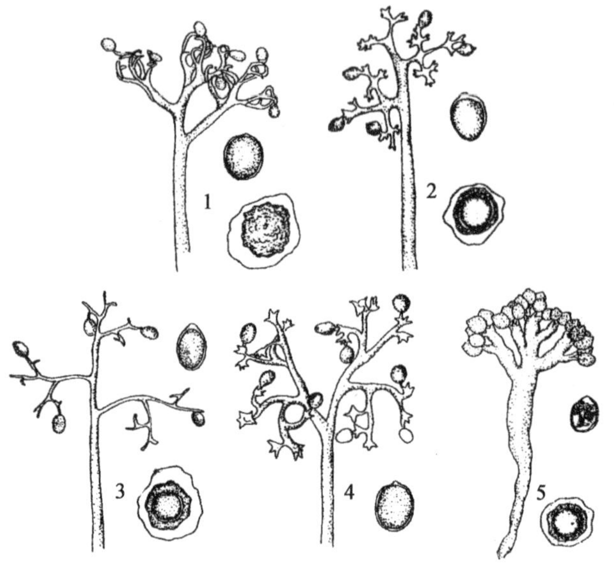

图 1-2-7　霜霉菌主要属的形态(孢囊梗、孢子囊和卵孢子)

1.霜霉属　2.单轴霉属　3.假霜霉属　4.盘梗霉属　5.指梗霉属

(李清西.2002.植物保护)

(4)霜疫霉属(*Peronophthora*):孢子梗主干明显,上部双叉状分枝一至数次。孢子囊在孢子梗上形成,卵圆形,顶端有乳头状突起,萌发时产生游动孢子,也可直接萌发形成芽管(图 1-2-8)。所致病害有荔枝霜疫病。

(5)白锈属(*Albugo*):孢囊梗平行排列在寄主表皮下,不分枝,短棍棒状,其顶端着生成串的球形孢子囊(图 1-2-9)。为专性寄生菌,为害植物时在病部产生白色疱状的孢子囊堆,因而称为白锈病。可引起多种植物白锈病,如十字花科植物白锈病。

图 1-2-8　霜疫霉属

1.孢囊梗及孢子囊　2.雄器、藏卵器和卵孢子

(李清西.2002.植物保护)

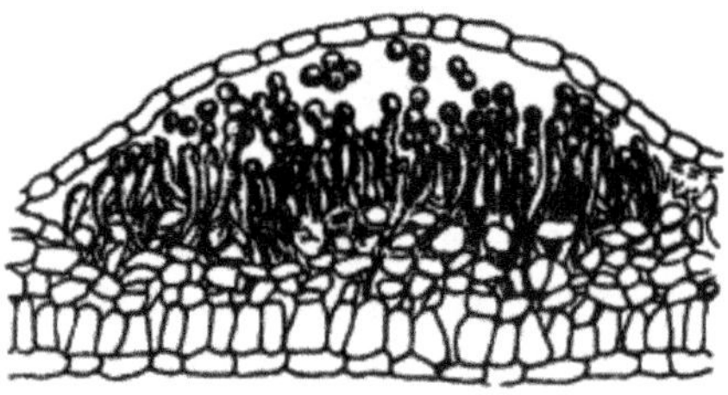

图 1-2-9　白锈属

寄主表皮细胞下的孢囊梗和孢子囊

(李清西.2002.植物保护)

(三)真菌界

营养体主要是有隔或无隔的菌丝体,少数是单细胞或根状菌丝,以吸收方式获得营养,细胞壁主要成分是几丁质,一般不产生游动孢子,若有游动孢子,其鞭毛不是茸鞭。

真菌界包括所有真正的真菌。根据营养体、无性孢子和有性孢子的特征分为四门一类,即壶菌门、接合菌门、子囊菌门、担子菌门和半知菌类。

1. 壶菌门　营养体形态变化很大，较低等的为单细胞，有的可形成假根，较高等的可形成较发达的无隔菌丝体。无性繁殖时产生游动孢子囊，内生多个单尾鞭的游动孢。有性生殖大多产生休眠孢子囊，萌发时释放出 1 至多个游动孢子。是最低等的微小真菌，一般水生、腐生，少数可寄生植物。与农业有关的仅一属：节壶菌属，引起玉米褐斑病。

2. 接合菌门　营养体为无隔多核菌丝体，无性繁殖形成孢子囊，产生不能游动的孢囊孢子，有性繁殖产生接合孢子。这类真菌全是陆生，多数为腐生菌，少数弱寄生，广泛分布在土壤和粪肥中。与植物病害关系密切的种类仅有根霉属。

根霉属(*Rhizopus*)：营养体为发达的无隔菌丝，具匍匐丝和假根，孢囊梗 2～3 根从匍匐丝上与假根相对应处长出。一般不分枝，直立或上部弯曲，顶端形成球形孢子囊。孢子囊内有由孢囊梗顶端孢子膨大形成的囊轴。孢子囊成熟后为黑色，破裂散出球形、卵形或多角形的孢囊孢子(图 1-2-10)。根霉属中的黑根霉菌，在贮藏和运输过程中，常引起多种植物果实、块根、球茎、农产品发生腐烂病状，在病部表面初期出现疏松灰白色，后转为灰黑色的毛霉状物病征。所致病害有甘薯软腐病、棉铃软腐病、果树及花卉球茎软腐病和多种蔬菜花腐病，也可以在各种食物上腐生引起食品霉坏变质。

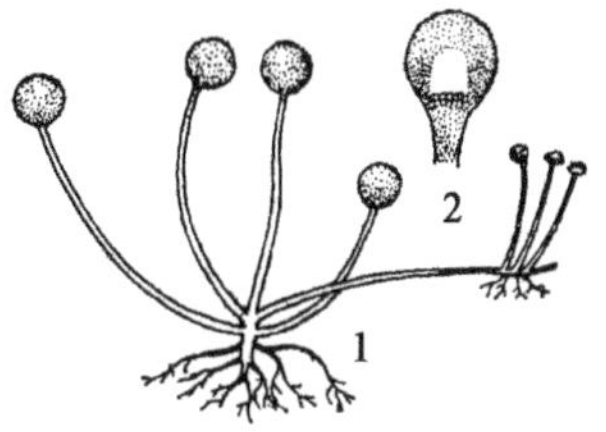

图 1-2-10　根霉属

1. 具有假根及匍匐枝的丛生孢囊梗及孢子囊　2. 放大的孢子囊

(周至宏，王助引. 1996. 植物保护学总论)

3. 子囊菌门　除酵母菌外，营养体均为有隔菌丝，有些菌丝体可形成菌核、子座等组织。无性繁殖发达，产生各种类型的分生孢子。有性繁殖形成子囊和子囊孢子。多数子囊菌在产生子囊之前或在子囊的形成过程中，其营养菌丝也大量分枝生长，从而组成子囊的保护结构，特称为子囊果。有些子囊是裸生的，大多数子囊产生在子囊果中。子囊果的形态差别很大，通常有闭囊壳、子囊壳、子囊盘、子囊腔四种形式。无孔口的叫闭囊壳，顶端有开口的叫子囊壳，呈盘状的叫子囊盘。全部陆生，除白粉菌是专性寄生菌外，其他都是非专性寄生菌，多在秋季开始形成子囊果，春季才形成子囊孢子，有性阶段一部分是在腐生状态下进行的。

子囊菌门分为 3 亚门：酵母菌亚门、外囊菌亚门、盘菌亚门，和植物病害有关的只有外囊菌亚门和盘菌亚门。

(1)外囊菌亚门：外囊菌亚门只有 1 个纲：半子囊菌纲。没有子囊果，子囊裸生，并排着生在寄主组织表面，菌体由菌丝或酵母状细胞构成。重要的有外囊菌属(*Taphrina*)：子囊圆筒形，平行排列在寄主表面，不形成子囊果，子囊孢子可芽殖产生芽孢子，芽孢子可继续芽殖进行无性繁殖(图 1-2-11)。此属真菌为害多种果树，引起叶片、果实畸形，如桃缩叶病。

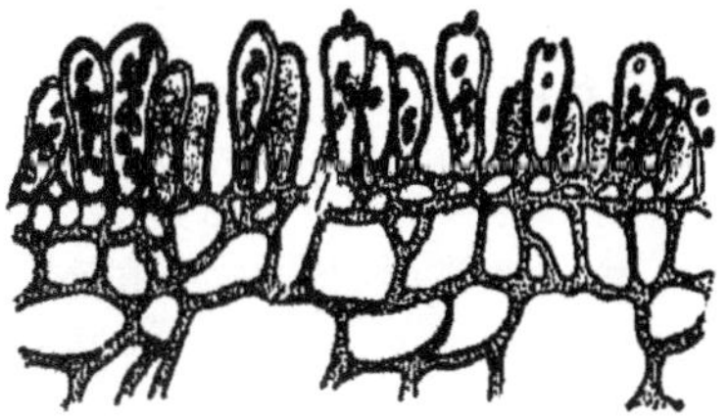

图 1-2-11　外囊菌属的子囊

(周至宏，王助引. 1996. 植物保护学总论)

(2)盘菌亚门：主要特征是营养体为发达的有隔菌丝；无性繁殖产生大量的各种形态的分生孢子；有性繁殖产生具有孔口的子囊壳，子囊壳下部呈球形或近球形，上部有一个长短不一的喙。有的盘菌亚门真菌的子囊果为闭囊壳。盘菌亚门是子囊菌门中最大的类群，分 10 纲，其中与植物病害有关的主要有锤舌菌纲、粪壳菌纲和座囊菌纲。

①锤舌菌纲：子囊果多为子囊盘，呈杯状、盘状或垫状(除白粉菌外)，有柄或无柄；子囊和侧丝排列成整齐的子实层，子实层通常暴露；子囊多为单层壁，可强力弹射子囊孢子。少数产

生闭囊壳。与植物病害有关的主要有斑痣盘菌目和柔膜菌目。斑痣盘菌目子囊盘无柄，生于寄主表皮下子座内，寄生于阔叶树叶片上，导致严重的果树、林木“黑痣病”或“漆斑病”。柔膜菌目子囊盘有柄或无柄，生于子座或基质内，有的形成菌核，菌核萌发形成子囊盘，与植物病害有关的有白粉菌和核盘菌。

白粉菌目：中国生物物种名录将的白粉菌归为锤舌菌纲柔膜菌目下的一科。本目真菌一般称为白粉菌，都是高等植物的专性寄生物。白粉菌的菌丝常在寄主表面生长，并形成指状或球形的吸器伸入表皮和叶肉细胞。无性繁殖产生大量椭圆形的分生孢子，与菌丝一起在寄主表面形成白粉状的病征，因此称作白粉病。有性繁殖产生球形或近球形的闭囊壳，肉眼观察呈小黑点状。闭囊壳四周或顶部有各种形状的附属丝，依据附属丝的形态及壳内的子囊数目，白粉菌分为不同的属。引起植物病害的重要属有：白粉菌属(*Erysiphe*)、钩丝壳属(*Uncinula*)、球针壳属(*Phyllactinia*)、叉丝单囊壳属(*Podosphaera*)、单丝壳属(*Sphaerotheca*)和叉丝壳属(*Microsphaera*)，近年又细分出布氏白粉菌属(*Blumeria*)、高氏白粉菌属(*Golovinomyces*)和内丝白粉菌属(*Leveillula*)(图 1-2-12)，引起各种植物的白粉病。

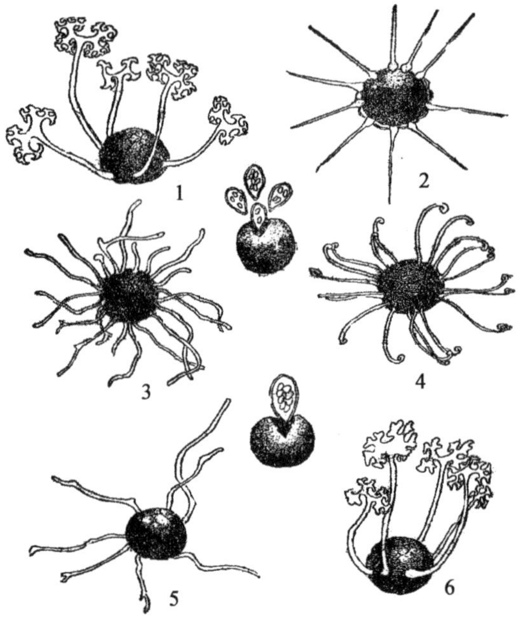

图 1-2-12　白粉菌主要属形态(闭囊壳及附属丝)

1. 叉丝壳属　2. 球针壳属　3. 白粉菌属　4. 钩丝壳属　5. 单丝壳属　6. 叉丝单囊壳属

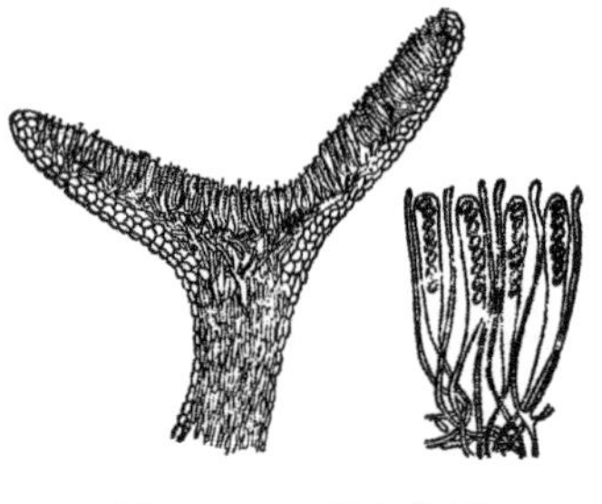

图 1-2-13　核盘菌属

子囊盘、子囊和侧丝

(周至宏，王助引. 1996. 植物保护学总论)

核盘菌属(*Sclerotinia*)：菌丝体能形成菌核。菌核在寄主表面或组织内，球形、鼠粪状或规则形，黑色。由菌核产生子囊盘，杯状或盘状，褐色。子囊孢子单孢、无色、椭圆形。不产生分生孢子(图 1-2-13)。所致病害有油菜菌核病。

②粪壳菌纲：本纲真菌的子囊果为子囊壳，散生或聚生，着生于基质表面或埋生于子座内。子囊一般为单囊壁，囊壁不开裂。子囊间可有侧丝，有些侧丝早期消解。无性阶段发达，产生大量的分生孢子。与植物病害有关的目主要有微囊菌目、肉座菌目、间座壳目和小煤炱目。微囊菌目

子囊壁早期消解，子囊孢子散生在子囊壳内。肉座菌目子座发达，内生子囊壳，子座和囊壁鲜艳。间座壳目子囊壳单个或聚生于子座内，有一长颈伸出。小煤炱目闭囊壳壁厚而色暗，子囊薄壁，易消解，子囊之间往往有侧丝。

长喙壳属(*Ceratocystis*)：子囊壳有长喙，囊壁早期溶解，无侧丝(图 1-2-14)。所致病害有甘蔗凤梨病、甘薯黑斑病。

赤霉菌属(*Gibberella*)：子囊壳单生或群生在子座上，壳壁蓝色或紫色，子囊孢子梭形，2～3 个隔膜，无色(图 1-2-15)。无性态为镰刀菌属(*Fusarium*)。所致病害有水稻恶苗病、小麦赤霉病等。

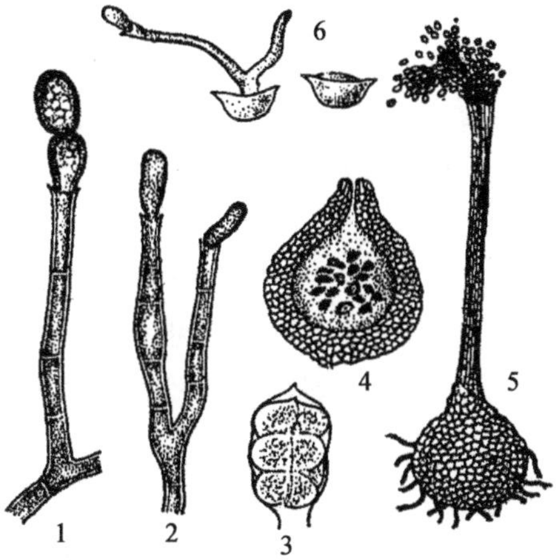

图 1-2-14　长喙壳属

1. 内生厚垣孢子的形成　2. 内生分生孢子的形成子囊壳　3. 子囊及子囊孢子　4. 子囊壳剖面　5. 子囊壳　6. 子囊孢子及孢子萌发

（周至宏，王助引. 1996. 植物保护学总论）

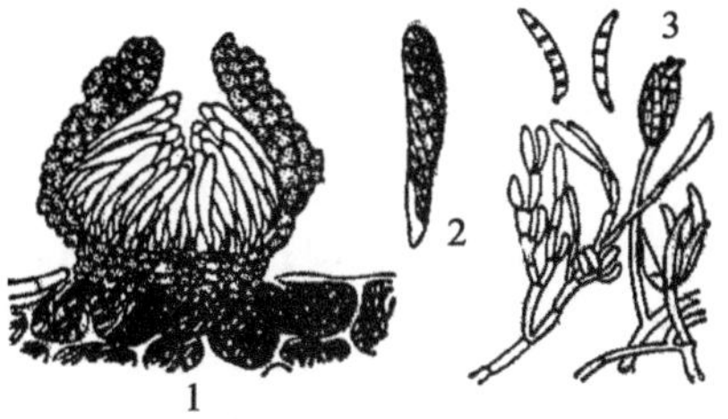

图 1-2-15　赤霉菌属

1. 子囊壳剖面　2. 子囊和子囊孢子　3. 镰刀形分生孢子

（周至宏，王助引. 1996. 植物保护学总论）

小煤炱属(*Meliola*)：子囊束生于黑色闭囊壳基部；子囊孢子椭圆形，暗褐色，2～4 个隔膜。该属多寄生于温暖地区的树木和灌木的叶片上，引起多种植物的煤烟病。

③座囊菌纲：本纲最主要特征是子囊果是子座溶解而成的子囊腔。子囊具双囊壁。囊壁可裂开，子囊间有拟侧丝(子座溶解后的残余物)。有的子囊腔周围的菌组织被压缩得很像子囊壳的壳壁，因而有人称之为假囊壳。与植物病害关系较大的有黑星菌属(*Venturia*)，其子座初埋生，后外露或近表生，孔口周围有刚毛。子囊长卵形。子囊孢子圆筒至椭圆形，中部常有一隔膜，无色或淡橄榄绿色。无性孢子卵形、单胞、淡橄榄绿色。所致病害有梨黑星病及多种作物黑星病。

4. 担子菌门　担子菌门是最高等的一类真菌，全部陆生。营养体为有隔分枝的菌丝体，且通常是双核菌丝体。菌丝体可形成菌核、菌索和担子果。无性繁殖除锈菌和少数黑粉菌外，大多数不形成无性孢子，有性繁殖产生担子和担孢子。这类真菌有寄生的，也有腐生；高等的一类担子菌可以产生大型的子实体，称为担子果，可供人类食用和药用，如香菇、银耳、木耳、茯苓等。有的可引起植物的立枯、根腐和木材腐朽，如柑橘膏药病菌、树木根腐病菌等。低等的担子菌没有担子果，但可形成成堆的冬孢子。这类真菌包括黑粉菌和柄锈菌，引起多种植物的黑粉病和锈病。

(1)黑粉菌目:本目真菌一般称作黑粉菌。主要以双核菌丝在寄主细胞间寄生,后期在寄主组织内形成成堆的黑色粉状冬孢子。冬孢子内含双核,萌发时进行核配,后在萌发形成的先菌丝中进行减数分裂,并在先菌丝上形成外生的担孢子。不同性别的担孢子结合后形成侵染丝(双核菌丝)再侵入寄主。黑粉菌主要依据冬孢子的性状及寄主范围进行分类,已知有 34 属约 980 种。为害植物的重要属有黑粉菌属和腥黑粉菌属等。

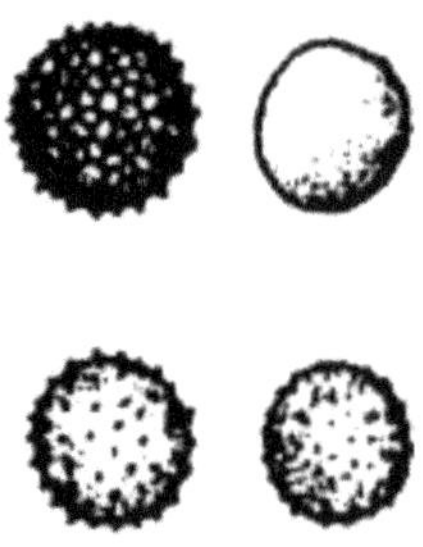

图 1-2-16　黑粉菌属冬孢子

(仿陈利锋.2001.农业植物病理学)

黑粉菌属(*Ustilago*):冬孢子堆黑褐色,成熟时呈粉状;冬孢子散生,萌发时产生有横隔的担子,担子侧生担孢子(图 1-2-16)。有的冬孢子萌发可直接产生芽管而不形成先菌丝。所致病害有玉米黑粉病、甘蔗黑穗病等。

(2)柄锈菌目:本目真菌侵染植物后,在病斑表面形成锈状物病征,因而称其为锈菌。所引起的病害称为锈病。通常认为锈菌是专性寄生的,但已有少数锈菌可以在人工培养基上培养。锈菌的生活史较复杂,可在其生活史中产生多种类型的孢子,最多的可产生 5 种类型的孢子,即性孢子、锈孢子、夏孢子、冬孢子和担孢子。冬孢子主要起休眠越冬的作用,冬孢子萌发产生担孢子,常为病害的初侵染源;锈孢子和夏孢子是再侵染源,起扩大蔓延的作用。有的锈菌有转主寄生现象,即它的生活史需要在两种亲缘关系较远的植物上寄生完成。

锈菌主要根据冬孢子的形态、排列方式和萌发形式等进行分类,已知 126 属约 6 000 种。重要的属有柄锈菌属、胶锈菌属和单胞锈菌属等。

柄锈菌属(*Puccinia*):冬孢子堆在寄主表皮下产生,成熟后突破表皮。冬孢子双细胞有柄,夏孢子单细胞,球形或椭圆形,有微刺,黄褐色(图 1-2-17)。所致病害有花生锈病、小麦锈病等。

单胞锈菌属(*Uromyces*):冬孢子单胞,顶端壁厚,呈乳突状,有一芽孔,光滑或有疣,深褐色,有柄(图 1-2-18)。所致病有甜菜锈病、豇豆锈病等。

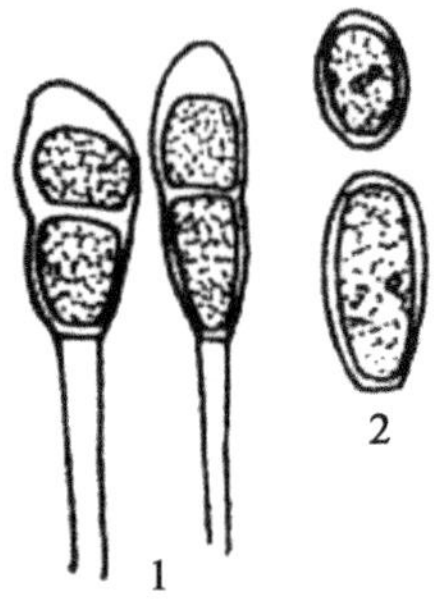

图 1-2-17　柄锈菌属

1.冬孢子　2.夏孢子

(宗兆锋.2002.植物病理学原理)

图 1-2-18　单胞锈菌属

1.冬孢子　2.夏孢子

(张随榜.2003.有害生物防治)

胶锈菌属(*Gymnosporangium*):冬孢子堆胶质,遇水膨大。无夏孢子阶段,冬孢子双胞,椭圆形,黄褐色,有一无色长柄,遇水胶化(图 1-2-19)。所致病害有梨锈病、苹果锈病等。

5.半知菌类　营养体为有隔膜菌丝体,无性繁殖主要产生各种类型分生孢子,有性阶段没有发现或很少产生,故称半知菌,也称为不完全真菌,无性菌类。当发现其有性阶段后,多数归

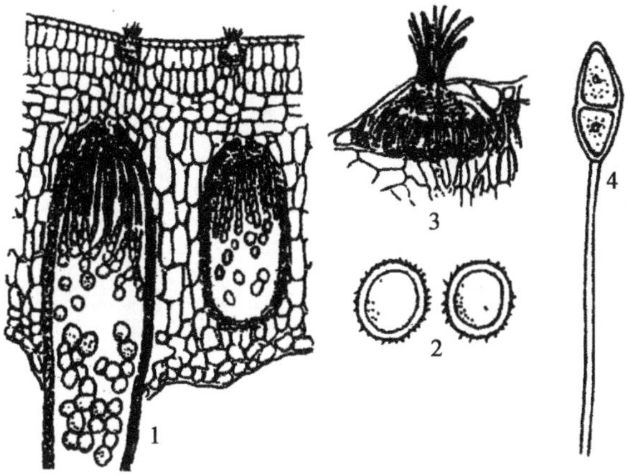

图 1-2-19　胶锈菌属

1.锈孢子器　2.锈孢子　3.性孢子器　4.冬孢子

（李清西.2002.植物保护）

属于子囊菌，极少属于担子菌。因此，有的真菌有两个学名，一个是有性阶段的学名，另一个是无性阶段的学名。

半知菌分生孢子的形状、颜色多种多样，分生孢子着生在由菌丝分化形成的分生孢子梗上。有些半知菌的分生孢子梗和分生孢子直接着生在寄主表面，有的着生在分生孢子盘上或分生孢子器内。此外，还有少数半知菌不产生分生孢子，菌丝体可以形成菌核或厚垣孢子。

引起植物病害的主要是丝孢纲和腔孢纲中的病菌。

(1)丝孢纲：本纲真菌的分生孢子着生在分生孢子梗上，分生孢子梗散生、束生或着生在分生孢子座上。本纲分为丝孢目、束梗孢目、瘤座菌目和无孢目 4 个目。

①丝孢目的主要特征是分生孢子梗散生、丛生。重要的植物病原菌属有(图 1-2-20、图 1-2-21)：

葡萄孢属(*Botrytis*)：分生孢子梗细长，有分枝，无色、褐色或浅灰色，顶端细胞膨大成球形，上面有许多小梗；分生孢子单胞，无色或灰色，椭圆形，着生于小梗上聚集成葡萄穗状。重要种有灰葡萄孢(*B. cinerea*)，为害多种植物的幼苗、果实及贮藏器官，引起猝倒、斑点和腐烂等症状，后期病部出现灰色霉层。因此，其所致病害称为灰霉病。

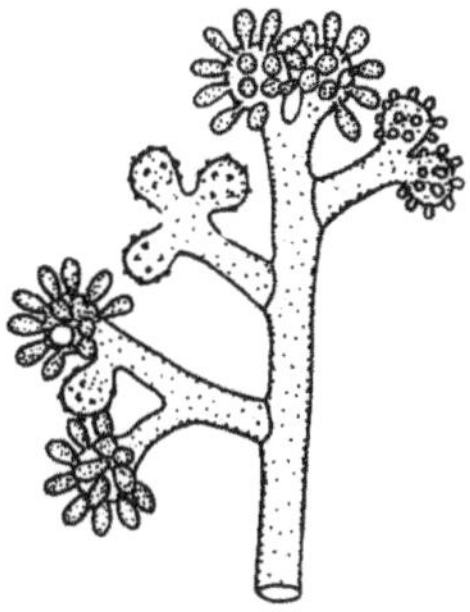

图 1-2-20　葡萄孢属

分生孢子梗和分生孢子

（仿宗兆锋等.2002）

粉孢属(*Oidium*)：菌丝体白色，表生，分生孢子梗直立不分枝，顶端以全壁体生式产生节孢子，孢子串生、单胞，卵形或椭圆形，无色或淡色的分生孢子。多数是子囊菌门中白粉菌的无性阶段，引起各种植物白粉病。

丛梗孢属(*Monilia*)：分生孢子梗丛集成层，二叉状或不规则分枝，梗上以孢子芽生方式形成串生分生孢子，单胞，无色或淡色，卵形或近球形。所致病害有桃褐腐病、山楂花腐病等。

曲霉属(*Asperaillus*)：分生孢子梗从菌丝厚壁足细胞生出，直立粗大，多数无隔膜，顶端呈膨大的顶囊，表面密生瓶形小梗，小梗上串生单胞无色的球形分生孢子。所致病害有花生冠腐病、棉铃曲霉病等。

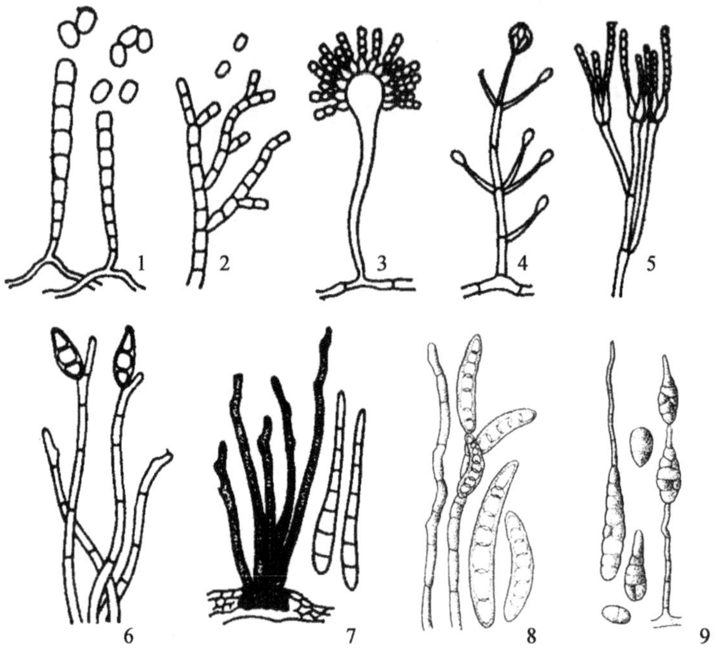

图 1-2-21　丝孢目各主要属

1.粉孢属　2.丛梗孢属　3.曲霉属　4.轮枝菌属　5.青霉属

6.梨孢霉属　7.尾孢属　8.凸脐蠕孢属　9.链格孢属

（周至宏，王助引.1996.植物保护学总论）

轮枝菌属(*Verticillium*)：分生孢子梗轮状分枝，产孢细胞基部略膨大；分生孢子单细胞，卵圆形至椭圆形，单生或聚生。所致病害有马铃薯黄萎病、茄子黄萎病等。

青霉属(*Penicillium*)：分生孢子梗无色单生，顶端多分枝呈帚状。分枝顶端产生多数瓶形小梗，其上串生单胞无色球形的分生孢子。所致病害有柑橘青霉病和甘薯青霉病等。

梨孢霉属(*Pyricularia*)：分生孢子梗细长，淡褐色，不分枝，顶端以合轴式延伸产生外生芽殖型分生孢子，呈屈膝状；分生孢子梨形至椭圆形，无色或淡橄榄色，多为 3 个细胞。所致病害有稻瘟病。

尾孢属(*Cercospira*)：分生孢子梗褐色不分枝丛生于子座上。产孢细胞多芽生，作合轴式延伸。分生孢子单生，倒棒状或鞭形，无色或淡色，有多个分隔。所致病害有稻条叶枯病、棉叶斑病、花生叶斑病，大豆紫斑病、豇豆叶霉病等。

凸脐蠕孢属(*Exserohilum*)：分生孢子梭形、圆筒形或倒棍棒形，直或弯曲，脐点明显突出。所致病害有玉米大斑病。分生孢子脐点稍突出，平截状的是平脐蠕孢脐属(*Bipolaris*)，所致病害有玉米小斑病。

链格孢属(*Alternaria*)：分生孢子梗淡褐色或褐色，合轴式延伸，顶端单生或串生淡褐色至深褐色、砖隔状的分生孢子。分生孢子从产孢孔内长出，倒棍棒形、椭圆形或卵圆形，有纵横隔膜，顶端常具喙状细胞。所致病害有番茄早疫病、白菜黑斑病。

②瘤座菌目真菌的分生孢子梗着生在分生孢子座上。重要的属有：

镰刀菌属(*Fusarium*)：分生孢子梗无色，内壁芽生瓶梗式产孢。分生孢子有两种类型：大型分生孢子多细胞，无色，镰刀形；小型分生孢子单细胞，无色，卵圆形或椭圆形。有的种的菌丝或分生孢子的细胞可形成近球形的厚垣孢子(图 1-2-22)。在培养基上常产生红、紫、黄或蓝色的色素。可寄生或腐生,寄生性的镰刀菌可引起多种植物的根腐、茎腐、果腐及块根、块茎的腐烂,有的可侵染植物维管束,引起萎蔫。所致病害有瓜类、香蕉、棉花枯萎病。

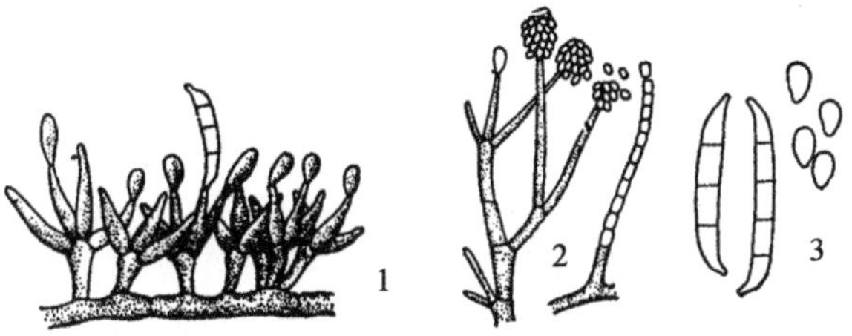

图 1-2-22 镰刀菌属

1. 分生孢子梗,镰刀形孢子 2. 分生孢子梗和小型孢子 3. 镰刀形及小型分生孢子

(周至宏,王助引. 1996. 植物保护学总论)

③无孢目真菌重要特征是不产生分生孢子。重要的植物病原菌属有:

丝核菌属(*Rhizoctonia*):菌丝褐色,常呈直角分枝,分枝处有缢缩。菌核褐色或黑色,表面粗糙,形状不一,菌核间有菌丝相连(图 1-2-23)。本属为一类重要的寄生性土壤习居菌,主要侵染根、茎,引起植物的立枯或猝倒病。所致病害有水稻、玉米纹枯病和苗木立枯病等。

小核菌属(*Sclerotium*):菌丝无色或浅色菌,不产生无性孢子。菌核圆形或不规则形,初呈白色,老熟后呈褐色或黑色,组织坚硬,内部浅色,表面粗糙或光滑。所致病害有稻小球菌核病、茄白绢病等。

(2)腔孢纲:本纲真菌的分生孢子产生在分生孢子盘或分生孢子器内。分为黑盘孢目(Melanconiales)和球壳孢目(Sphaeropsidales)。前者形成分生孢子盘,而后者形成分生孢子器。本纲重要属有:

①炭疽菌属(*Colletotrichum*):分生孢子盘初埋生于寄主表皮下,成熟后突破表皮露出。分生孢子盘周围有黑褐色刚毛,有时在分生孢子间也杂生有刚毛。分生孢子梗短而不分枝,顶端着生分生孢子。分生孢子无色,单胞,长椭圆形或新月形,萌发后芽管顶端常产生附着胞(图 1-2-24)。炭疽菌属有 20 多个种,其寄主范围很广。最常见的种是胶孢炭疽菌(*C. gloeosporiodes*),可引起多种植物的炭疽病。

②痂圆孢属(*Sphaceloma*):分生孢子盘半埋于寄主组织内,分生孢子较小,单胞,无色椭圆形,稍弯曲(图 1-2-25)。所致病害有葡萄黑痘病、柑橘疮痂病等。

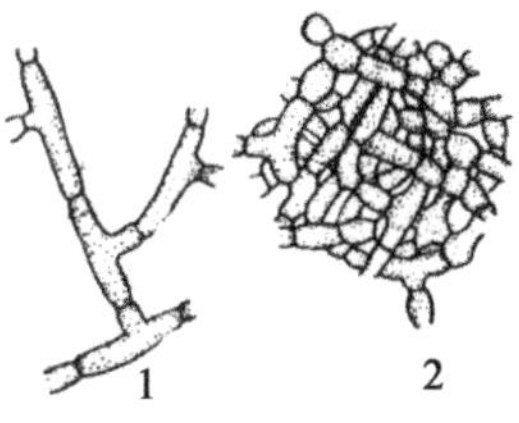

图 1-2-23 丝核菌属

1. 直角分枝的菌丝

2. 菌丝组织

(李清西. 2002. 植物保护)

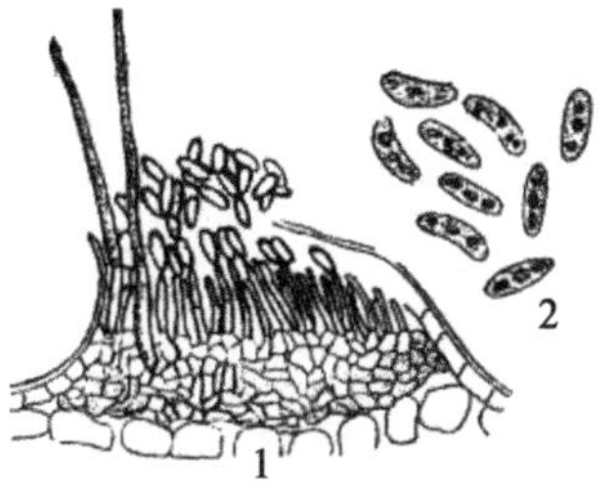

图 1-2-24 炭疽菌属

1. 有刚毛的分生孢子盘

2. 分生孢子

(李清西. 2002. 植物保护)

图 1-2-25 痂圆孢属

子座、分生孢子盘

和分生孢子

(张随榜. 2015. 园林植物保护)

③叶点霉属(*Phyllosticta*):分生孢子器黑色,扁球形至球形,有孔口,着生在寄主组织内,部分自寄主组织内突出,或以短喙穿出寄主表皮。分生孢子梗极短。分生孢子单胞、无色,卵圆形至椭圆形(图 1-2-26)。寄生性较强,主要为害叶片引起多种植物的叶斑病。

④拟茎点霉属(*Phomopsis*):分生孢子器黑色,球形或圆锥形,顶端有孔口或无,埋生于寄主组织内,部分露出。分生孢子梗短,分枝或不分枝。分生孢子有两种类型:甲型分生孢子卵圆形至纺锤形,无色、单胞,能萌发;乙型分生孢子线形,一端弯曲呈钩状,不能萌发(图 1-2-27)。重要病害有茄褐纹病。

⑤壳针孢属(*Septioria*):分生孢子器暗色,散生,近球形,生于病斑内,孔口露出。分生孢子梗短,无色,多胞,细长呈线形。如芹菜斑枯、菊花褐斑等(图 1-2-28)。

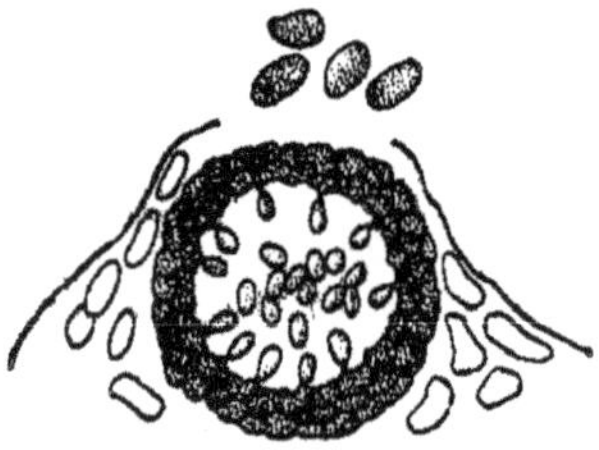

图 1-2-26 叶点霉属
叶片和分生孢子器剖面
(周至宏,王助引.1996.植物保护学总论)

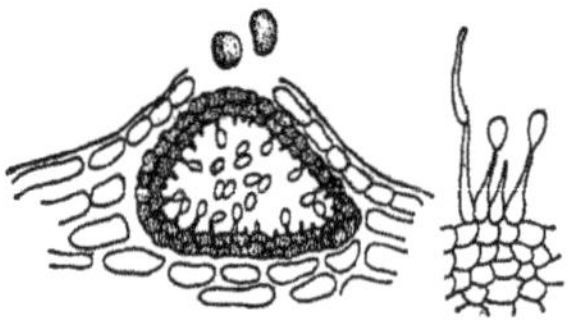

图 1-2-27 拟茎点霉属
分生孢子器、分生孢子梗及甲乙型孢子
(周至宏,王助引.1996.植物保护学总论)

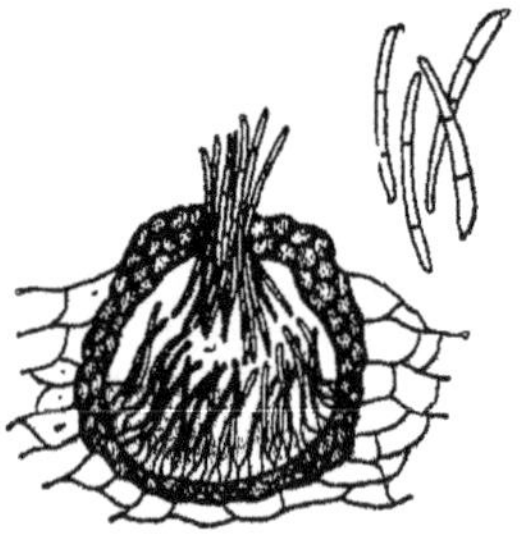

图 1-2-28 壳针孢属
线形分生孢子
(周至宏,王助引.1996.植物保护学总论)

【工作步骤】

一、生物显微镜的使用

1.取镜和放置 右手握住镜臂,左手托住镜座。把显微镜放在实验台距边缘 4 cm 左右处,略偏左。安装好目镜和物镜。

生物显微镜结构

2.光源和对光 目前多数实验室使用的显微镜一般都以电作为光源。接通电源,转动转换器,使低倍物镜对准通光孔,物镜的前端与载物台要保持 2 cm 的距离。把一个较大的光圈对准通光孔。左眼注视目镜内,右眼同时睁开,便于以后同时画图。转动反光镜,使光线通过通光孔反射到镜筒内。通过目镜,可以看到白亮的视野,调节集光镜和调节照明度控制钮,选择最佳的照明效果。

3.观察 按照从低倍物镜到高倍物镜的原则,一般是按 4 倍→10 倍→40 倍顺序进行观察。

(1)低倍物镜的使用。将低倍物镜对准载物台中央圆孔处,把所要观察的玻片标本放在载物台上,用压片夹压住,标本要正对通光孔的中心。转动粗准焦螺旋,使镜筒缓缓下降,直到物镜接近玻片标本为止,注意观察物镜,以免物镜碰到玻片标本。左眼向目镜内看,同时反方向转动粗准焦螺旋，使镜筒缓缓上升，直到看清物像为止。再略微转动细准焦螺旋，使看到的物像更加清晰。一般4倍物镜即可看清根霉菌、长喙壳属的子囊壳和丝核心菌属的菌核切片等较大物体，10倍物镜可看清白粉病菌的闭囊壳、线虫等，如仍看不清楚，则需换用高倍镜。

植物病害永久玻片观察

(2)高倍镜的使用。将在低倍镜看清的物像置于视野的正中央，然后转动转换器再换用高倍镜，此时视野内亮度会变暗，需要调整为较大的光圈并使用反光镜的凹面，然后调节细准焦螺旋。显微镜在设计制造时，都是共焦点的，即低倍镜对焦后，转换高倍镜时一般都能对准焦点，能看到物像，只需转动细调节螺旋便可使物像清晰。多数病原真菌需要40倍物镜才可看清楚。

(3)油镜的使用。细菌个体微小，需要用油镜进行观察。①滴加镜油：转动粗调节螺旋，使镜台下降(或使镜筒上升)，在染色标本处滴加1～2滴液体石蜡或香柏油。②转换油镜：转动物镜转换器，把油镜置镜筒下方。③调焦：转动粗调节螺旋，使镜台上升(或镜筒下降)，让镜头的前端浸入镜油中。操作时要从侧面仔细观察，只能让镜头浸入镜油中紧贴着标本而避免让镜头撞击载玻片，导致玻片和镜头损坏。然后在目镜下进行观察，并缓慢地转动粗调节器使镜台下降(或使镜筒上升)即可看到物像，再转动细调节旋使物像清晰。转动粗调节器使镜台下降(或使镜筒上升)时，若油镜已离开油滴，必须重新进行上述调焦操作。不得边用左眼在目镜上观察，边转动粗调节器使镜台上升(或镜筒下降)使镜头前端浸入油滴中，这样易使镜头撞击载玻片，损坏标本和镜头。④调节孔径光圈和视场光圈：把孔径光圈开到最大，使与油镜的数值口径相匹配。通过调节视场光圈或照明度控制钮，选择合理的照明。

4.使用后的处置　实验完毕，把显微镜的外表擦拭干净。转动转换器，把两个物镜偏到两旁，并将镜筒缓缓下降到最低处，反光镜竖直放置。最后把显微镜放进镜箱里，送回原处。

5.注意事项　(1)严忌单手提取显微镜。(2)若须移动显微镜，务必将显微镜提起再放至适当位置，严忌推动显微镜，使用显微镜请务必小心轻放。(3)使用显微镜时座椅的高度应适当，观察时更应习惯两眼同时观察，且光圈及光源亮度皆应适当，否则长时间观察时极易感觉疲劳。(4)转动旋转盘时务必将载物台降至最低点，以免因操作不当而刮伤接目镜的镜头。(5)标本染色或其他任何操作皆应将玻片取下，操作完成后再放回载物台观察，切勿在载物台上操作，以免染剂或其他液体流入显微镜内部或伤及镜头。(6)观察完一种材料，要更换另一种材料时，务必将载物台下降至最低点，换好玻片后再依标准程序重新对焦，切勿直接抽换标本，以免刮伤镜头或玻片标本。(7)用毕显微镜应将载物台下降至最低点，并将低倍镜对准载物台中央圆孔处，将电源线卷好，盖上防尘罩，并收入存放柜中。

二、主要植物病原真菌形态观察

1.玻片标本制作、无隔菌丝及其繁殖体的观察　取清洁载玻片，中央滴蒸馏水一滴，用挑针挑取少许瓜果腐霉病菌的白色绵毛状菌丝放入水滴中，用两支挑针轻轻拨开过于密集的菌丝，然后自水滴一侧用挑针支持，慢慢加盖玻片即成，注意加盖玻片时不宜太快，以防形成大量气泡，影响观察或将欲观察的病原物冲溅到玻片外。观察菌丝是否分隔，颜色，孢囊梗、孢子囊和游动孢子形态。

病原微生物制片

2.有隔菌丝、假根及其繁殖体的观察　挑取甘薯软腐病菌制片镜检观察菌丝是否分隔，有无假根、孢囊梗、孢子囊及孢囊孢子的形态。

3. 菌核及菌索的观察　观察油菜菌核病和水稻纹枯病的菌核及紫纹羽病菌索，比较其形态、大小、色泽等。

4. 芽孢子的观察　观察酵母菌装片从母细胞长出的芽孢子形态。

5. 粉孢子的观察　取瓜类白粉病部上的白色粉状物，制片镜检粉孢子形态、颜色，孢子着生情况。

6. 分生孢子的观察　用解剖刀刮取玉米小斑病或稻胡麻斑病病斑上的霉状物制片观察分生孢子梗、分生孢子的形态。

7. 接合孢子的观察　镜检根霉属接合孢子装片，观察接合孢子的形态和颜色。

8. 厚垣孢子的观察　观察甘蔗凤梨病厚垣孢子的形态及其孢子壁厚薄特征。

9. 子实体及其上着生的孢子形态观察　观察分生孢子梗束、分生孢子座、分生孢子盘、分生孢子器、子囊壳、闭囊壳、子囊盘的担子果等装片，比较各种子实体的形态特征。

10. 腐霉属观察　观察水稻绵腐病谷和黄瓜猝倒病菌玻片标本，观察比较它们的孢囊梗、孢子囊的形态特征。

11. 疫霉属观察　观察马铃薯或番茄晚疫病菌玻片标本，观察孢囊梗、孢子囊的形态特征。

12. 霜霉病菌(不分属)观察　霜霉病的共同特点是在病部产生大量的霜霉状物，挑取各属标本的病叶背上的霜霉状物制片(或装片)镜检。孢囊梗的形态及孢子囊有无乳状突起是霜霉菌各属的分类依据。自制葡萄霜霉病菌、十字花科植物霜霉病菌、黄瓜霜霉菌、莴苣霜霉病菌临时玻片，观察它们的孢囊梗有无分枝、分枝特点、末端特征。

13. 白锈菌属观察　观察蕹菜白锈病菌玻片标本观察孢囊梗形态。

14. 根霉属观察　镊取甘薯软腐病上的霉状物制片镜检。观察匍匐枝及假根、孢囊梗、孢子囊、孢囊、孢子的形态。

15. 白粉病菌(不分属)观察　比较各属所致病害症状之特点有无黑色小颗粒状的闭囊壳，用挑针挑取闭囊壳制片观察附属丝的形态，然后把显微镜筒提高，用手轻压盖玻片后，再把镜筒降下，调整焦距，观察被压破的闭囊壳内所含的子囊数。注意闭囊壳及其附属丝的形态和子囊多少是白粉病菌的分类依据。无病害标本，可用各属闭囊壳装片观察。观察不同白粉菌如葡萄白粉病菌、瓜类白粉病菌的闭囊壳附属丝形状和闭囊壳中所含子囊数。

16. 长喙壳属观察　观察甘薯黑斑病或甘蔗凤梨病部的黑色刺状物玻片标本，仔细观察子囊壳的形态，基部膨大呈球状、有长喙及口须。

17. 赤霉属观察　挑取小麦赤霉病病部病征制片，观察无性孢子是否有镰刀形大型分生孢子和单胞椭圆形的小孢子。取赤霉属的有性世代装片观察子囊壳是球形或圆锥形。子囊及子囊孢子的形态。

18. 煤炱属观察　挑取柑橘煤污病叶表面的黑色煤污物制片，观察子座及子囊孢子的形态特征。

19. 核盘菌属观察　镜检油菜或花生菌核病的菌核萌发示范标本的子囊盘形状。

20. 黑粉病类病原观察　黑粉病的共同特征是在病部产生大量黑色粉末，即病原的冬孢子，制片镜检玉米黑粉病菌、稻粒黑粉病菌冬孢子及担孢子的形态。

21. 锈病类的病原观察　锈病的共同特点是病部都产生大量黄色铁锈状物，可挑取锈状物制片观察。蚕豆锈病菌、花生锈病菌、玉米锈病菌、葡萄锈病菌、大豆锈病菌的冬孢子及夏孢子形态、梨锈病菌性孢子器、锈子腔及冬孢子、锈孢子等的形态特征。

22.丝核菌属观察　先用扩大镜观察稻纹枯病或玉米纹枯病的菌核颜色和大小，镜检菌核横切面玻片标本，观察内外层颜色是否相同。镜检菌丝分枝处有无隔膜、缢缩。

23.小核菌属观察　用扩大镜观察稻小球菌核病或花生白绢病病部的菌核颜色和大小。镜检菌核横切面玻片标本，观察外层颜色是否比内层深。

24.粉孢属　镜检瓜类白粉病的粉状物装片，观察分生孢子梗顶端是否串生单胞分生孢子的形状和颜色。

25.曲霉属　镜检观察棉铃曲霉病或花生冠腐病菌的分生孢子梗顶端膨大，并密生瓶形小梗、小梗上串生分生孢子。

26.青霉属　镜检观察柑橘或甘薯青霉病菌的分生孢子梗呈帚状分枝，其上串生分生孢子。

27.梨孢霉属　镜检观察稻瘟或粟瘟病菌的分生孢子梗顶部屈膝状，分生孢子梨形、有2个分隔。

28.尾孢属　镜检观察花生褐斑病或甜菜褐斑病菌的分生孢子细长、端部稍细，呈鼠尾状。

29.凸脐蠕孢属、平脐蠕孢属　镜检观察稻胡麻斑病或玉米大、小斑病菌的分生孢子梗上部呈屈膝状、分生孢子长椭圆形。

30.链格孢属　镜检观察番茄早疫病或十字花科蔬菜黑斑病菌的分生孢子倒棒状，有纵横隔膜，有时串生。

31.镰刀菌属　镜检观察稻恶苗病或瓜类枯萎病菌的二种分生孢子，大型分生孢子多胞、镰刀状，小型分生孢子卵圆形，单胞。

32.炭疽菌属　镜检柑橘炭疽病的病原装片，观察分生孢子盘及分生孢子的形态。

33.叶点霉属、茎点霉属　观察叶点霉属、茎点霉属示范装片，比较它们的分生孢子器及分生孢子的形态特征。

三、主要植物病原真菌所致病害症状观察

观察实验提供的上述各属病原所致病害的症状特点。

【巩固训练】

植保技能考核3：植物病原真菌制片。操作要求：单人操作考核，10 min内制作植物病原真菌玻片1片，写出病原名称（属名或大类）及所致病害名称。

植保技能考核4： 20 min内识别出当地主要真菌性病原菌玻片10属，写出病原名称及所致病害名称。

作业

1.绘出霜霉菌（任1种）、疫霉属、根霉属、白粉菌（任1种）、黑粉菌（任1种）、锈菌（任1种）病原形态图，并注明病原名称及所致病害名称。

2.绘粉孢属、梨孢霉属、凸脐蠕孢属或平脐蠕孢属、尾孢属、镰刀菌属、链格孢属、青霉属、叶点霉属病菌形态图，并注明病原名称及所致病害名称。

思考题

1. 真菌的无性繁殖和有性繁殖各产生哪些类型的孢子？它们在病害循环中各起什么作用？
2. 真菌菌丝的变态有哪几种？各有何作用？
3. 何谓典型真菌的生活史？
4. 简述鞭毛菌、接合菌、担子菌、子囊菌、半知菌病害症状特点。
5. 说明针对不同的病征类型在显微镜观察时应采用何种制片方法？

任务三　植物病原原核生物、病毒、线虫、寄生性种子植物形态及所致病害症状识别

【材料及用具】水稻白叶枯病、水稻细菌性条斑病、柑橘溃疡病、柑橘黄龙病、瓜类细菌性角斑病、甘薯瘟或番茄青枯病、稻褐条病、白菜软腐病、十字花科蔬菜黑腐病、果树根瘤病、马铃薯环腐病或当地各种细菌性病害、各种蔬菜病毒病、香蕉束顶病、龙眼丛枝病、花生丛枝病等病毒类病害、线虫病块根材料、大豆根线虫病或花生根结线虫病根上的根结；菟丝子、桑寄生等当地的寄生性种子植物标本；植物病原细菌经活化的斜面菌种等；带油镜生物显微镜、载玻片、盖玻片、镊子、挑针、解剖刀、单面刀片、蒸馏水小滴瓶、洗瓶、酒精灯、火柴、纱布块、吸水纸、擦镜纸、碱性品红、龙胆紫、95%酒精、碘液、香柏油、搪瓷盘等。

【基础知识】

原核生物是指含有原核结构的单细胞生物。一般是由细胞壁、细胞膜或只有细胞膜包围细胞质，但无固定细胞核的单细胞生物。原核生物界的成员很多，包括细菌、放线菌以及无细胞壁的菌原体等，通常以细菌作为有细胞壁类群的代表，以菌原体作为无细胞壁但有细胞膜类型的代表。引起植物病害的原核生物包括细菌、菌原体等，如重要的病害稻白叶枯病、棉角斑病、十字花科蔬菜软腐病、番茄青枯病、柑橘溃疡病、柑橘黄龙病、桑萎缩病、枣疯病等，都给农业生产造成重大损失。

一、植物病原原核生物

原核生物个体微小，结构简单，每个细胞就是一个独立生活的个体，其细胞核无核膜包裹，无固定形态，包括细菌、放线菌和无细胞壁的菌原体。其中有些细菌和植物菌原体可引起多种植物病害。

(一)植物病原原核生物的一般性状

细菌个体微小，单细胞，一般为(1～3) μm×(0.5～0.8) μm，有球状、杆状和螺旋状 3 种，植物病原细菌都是杆状菌。大多数菌体上都长有鞭毛，能游动。鞭毛着生在菌体一端或两端的称极生鞭毛，在菌体四周的称周生鞭毛(图 1-2-29)。

细菌以裂殖方式繁殖，一分为二，即一个杆状菌体生长达到一定的限度时，在中间断裂，形成两个独立菌体，两个细胞长大后又可以分裂成四个，如此继续下去，速度极快，只要适宜的条件，20～30 min 分裂一次。这是细菌病害发生迅速而严重的原因。

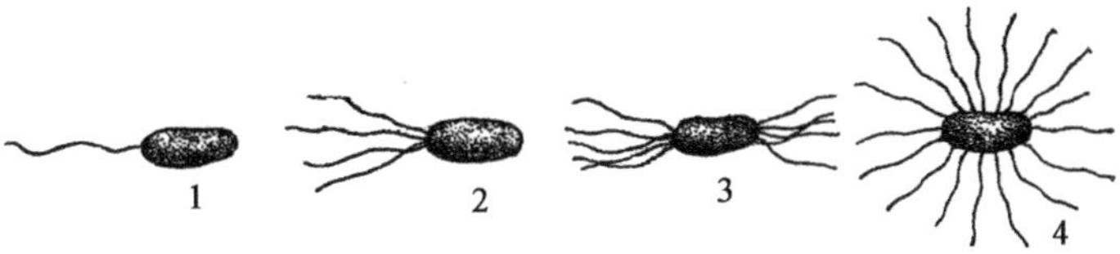

图 1-2-29 植物病原细菌的形态

1.单极毛杆菌 2、3.极毛杆菌 4.周毛杆菌

植物病原细菌大多是好气菌，生长、繁殖的适温在 18～28 ℃，耐低温，对干燥有抵抗力，对高温较敏感，致病温度一般不超过 50 ℃，在阳光直射下，容易死亡，但在种子和干组织中可以维持一定时间的生活力。多数细菌对营养的要求不严格，可在普通培养基上生长，并形成不同形状和颜色的菌落。

多数细菌是非专性寄生菌，在寄主死亡后，可以在病残组织上继续腐生一段时间，但多数种类在土壤深处，当病组织分解后即很快死亡。因此，改进耕作和沤肥技术，促进一些土壤腐生菌加速繁殖和分解病残组织，对减少土壤、粪肥中的病原细菌起重要作用。

细菌个体很小，多为无色透明，观察形态及鉴定时，须将细菌体染色。以革兰氏染色法最为重要，把细菌分为革兰氏染色阳性(G^+)和阴性(G^-)两类。大多数植物病原细菌为革兰氏阴性细菌，少数为革兰氏阳性细菌。

植物菌原体没有细胞壁，没有革兰氏染色反应，也无鞭毛，不会运动。可在人工培养基上生长，在液体培养基中呈丝状，在固体培养基上形成典型的“荷包蛋”状菌落，边缘明显、菌体很小。类菌原体对青霉素不敏感，对四环素族抗生素敏感，即使低浓度也使其发育受到抑制。

植物菌原体都是活体寄生物，寄生于植物的韧皮部，通过裂殖或芽殖法进行繁殖。传播介体主要是叶蝉、飞虱和木虱，嫁接和菟丝子也可传播。侵染植物多引起全株性症状，主要表现为黄化、矮缩、丛枝、萎缩及器官畸形等。如水稻黄矮病、玉米矮缩病、花生丛枝病。

植物原核生物病害的诊断与防治

(二)植物病原原核生物的主要类群

目前较普遍采用柏杰(D. H. Bergey)提出的分类系统。从实用角度可将细菌分为革兰氏阴性菌、革兰氏阳性菌和菌原体 3 个表型类群。与植物病害有关的主要有：

1.革兰氏阴性菌　细胞壁较薄，细胞壁中含肽聚糖量为 8%～10%，革兰氏染色反应阴性，重要的属有：

(1)农杆菌属(*Agrobacterium*)：菌体短杆状，鞭毛 1～6 根，周生或侧生。菌落为圆形、隆起、光滑，灰白色至白色，质地黏稠，不产生色素。引起寄主产生肿瘤症状和产生大量不定根，如桃、苹果、葡萄、月季等的根癌病。

(2)欧文氏菌属(*Erwinia*)：菌体短杆状，多双生或短链状，周生多鞭毛。菌落圆形、隆起、灰白色。导致叶枯、枝枯、花腐、枝杆溃疡等，如梨火疫病。

(3)果胶杆菌属(*Pectobacterium*)：菌体杆状，鞭毛周生。菌落圆形或不规则形。产生大量果胶酶使植物组织薄壁细胞浸离降解，全株呈现急性萎蔫，维管束变褐色，但叶片不变色。可引起十字花科蔬菜、马铃薯、芋头、铁皮石斛等软腐病。

(4)假单胞菌属(*Pseudomonas*)：菌体短杆状或略弯，单生，鞭毛单根或多根，极生。菌落圆形、隆起、灰白色，有的能产生荧光色素。腐生或寄生。寄生类型引起植物叶、枝、花、果的斑点、坏死以及茎杆溃疡，如桑细菌性疫病。

(5)劳尔氏菌属(*Ralstonia*)：菌体短杆状，单根或多根极生鞭毛或周生鞭毛，或无鞭毛。菌落隆起、光滑、湿润、灰白色至白色。有些菌株在培养基上可分泌水溶性褐色素而使培养基变褐色。引起茄科植物青枯病。

(6)黄单胞菌属(*Xanthomonas*)：菌体短杆状，多单生，少双生，单鞭毛，极生。菌落圆形、隆起、蜜黄色，产生非水溶性黄色素。本属绝大多数都为植物病原细菌，引起植物叶斑和叶枯症状，少数种类引起萎蔫、腐烂。如十字花科植物黑腐病、水稻白叶枯病。

2. 革兰氏阳性菌　细胞壁较厚，细胞壁中含肽聚糖量为50%～80%，革兰氏染色反应阳性，重要的属有棒形杆菌属(*Clavibacter*)，菌体单生，杆状，直或稍弯曲，有时呈棒状，一般无鞭毛。菌落为圆形、光滑、凸起，不透明，多为灰白色。主要引起萎蔫症状，如马铃薯环腐病等。

3. 菌原体　菌体无细胞壁，四周由称为单位膜的原生质膜包围，不含肽聚糖。与植物病害有关的一般称为植物植原体。所致病害有桑萎缩病、泡桐丛枝病、枣疯病等。

二、植物病毒

植物病毒病害，就目前其数量及危害植物来看，仅次于真菌病害而比细菌病害更严重。从大田作物到蔬菜、果树、园林花卉都受不同程度侵染，甚至造成严重的经济损失。

(一)植物病毒的主要性状

病毒是一类极其细小的非细胞形态的寄生物，普通光学显微镜下看不见，只有在电子显微镜下放大数万倍才能看见其形态，一般有杆状、球状、细线状等。如香蕉花叶心腐病毒为球状、烟草花叶病毒(图1-2-30)为长杆状、番木瓜花叶病毒为线状。

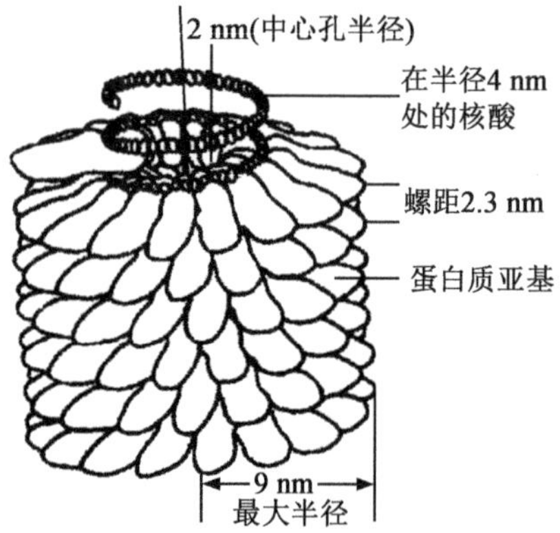

植物病毒、线虫及寄生性种子植物病害的诊断与防治

图 1-2-30　烟草花叶病毒(TMV)的模式结构图

(仿刘正坪.2005.园艺植物保护技术)

病毒结构简单，其个体是由核酸和蛋白质组成。核酸在中间，形成心轴，是病毒的遗传部分，并有侵染力作用。蛋白质包围在核酸外面，形成一层衣壳，对核酸起保护作用。

病毒是一种活体寄生物，只能在活的寄主细胞内生活繁殖。但一般对寄主选择不严格，寄主范围广，可以包括许多不同的科属。当病毒粒体与寄主细胞活的原生质接触后，病毒的核酸与蛋白质衣壳分离，核酸进入寄主细胞内，改变寄主细胞的代谢途径，并利用寄主的营养物质、能量和合成系统，分别合成病毒的核酸和蛋白质衣壳，最后核酸进入蛋白质衣壳内而形成新的病毒粒体。病毒的这种独特繁殖方式称为增殖，也称为复制。通常病毒增殖过程也是病毒的致病过程。

不同病毒,对外界条件稳定性不同。这种特性可作为鉴定病毒的依据之一。通常用以下三个指标加以描述。

失毒温度:也称热钝化温度。指病株组织的榨出液 10 min 内能使病毒失去致病力的最低温度。如烟草花叶病毒的失毒温度为 93 ℃。而大多数植物病毒在 55～70 ℃。

体外存活期:指病株组织的榨出液保存在 20～22 ℃室温条件下,能保持致病力的最长时间,也称为体外保毒期。一般 3～5 d,短的数小时,长的达 1 个月以上。如番木瓜环斑(花叶)病毒体外保毒期为 48 h;烟草花叶病毒的体外存活期为 1 年以上。

稀释终点:指病株组织的榨出液保持其侵染能力的最大稀释倍数,也称为稀释限点,如烟草花叶病毒的稀释限点为 10^{-6}。

(二)植物病毒病的传播特点

病毒本身没有直接侵染的能力,多借助外部动力和通过微伤口入侵来传播。植物病毒传播可分为非介体传播(包括汁液接触传播、嫁接传播、花粉传播及种子和无性繁殖材料传播)和介体传播。介体传播类型较多,有昆虫、螨类、线虫、真菌等。以刺吸式口器昆虫,如蚜虫、叶蝉、飞虱等害虫传播最重要。

植物病毒病害一般表现系统侵染症状。当植物被感染后,常表现出植株的矮化、花叶等全株症状,也有局部性的症状。只有明显的病状,不表现病征。

病毒病的病状常因寄主、品种、环境条件和发病时期不同而有所变化。有些植株体内有病毒侵染后,由于环境条件不适宜而不表现症状,叫作“隐症现象”。当环境条件适宜时,症状开始表现。同时,病毒病症状有时很容易与非侵染性病害症状混淆,因此,在诊断时,除注意症状特点外,要综合分析气候、土壤、栽培管理等病情分布,病害扩展与害虫的关系等,才能较正确地诊断。

类病毒比病毒更小更简单。在结构上没有蛋白质外壳,只有裸露的核糖核酸碎片,但进入寄主细胞内对寄主细胞的破坏和自行复制的特点与病毒相似。不同于病毒之处是大多数类病毒比病毒对热的稳定性高,能耐 70～90 ℃的高温。对辐射不敏感。通常为全株性带毒,感病植株茎尖生长点的分生组织里也含有类病毒,所以,不能利用茎尖生长点切除培养法获得没有类病毒的繁殖材料。种子带毒率高,可通过种子传毒,无性繁殖材料和汁液接触传染,昆虫能传播病害。引致的病害症状有病株矮化、畸形、黄化、坏死、裂皮等。迄今发现的类病毒引起的病害有马铃薯纺锤块茎病、柑橘裂皮病、葡萄黄点病、菊花矮缩病和褪绿斑驳病等 10 多种。

(三)病毒、类病毒的命名和书写规则

病毒种的名称不采用拉丁双名法,以寄主英文俗名名、症状名加“virus”构成。例如,烟草花叶病毒为 *Tobacco mosai cvirus*,缩写为 TMV。类病毒的命名和书写规则与病毒相同中,但词尾为 viroid,缩写成 Vd。

三、植物病原线虫

线虫属于无脊动物门线虫纲。线虫种类繁多、分布广,大多数腐生在土壤和水中,也有的寄生于动植物体上。寄生在植物上,引起植物病害,大多数是专性寄生,少数非专性寄生。它的危害除直接吸取植物体内的养料外,主要是分泌激素性物质或毒素,引起寄主生理机能的破

坏，使植物发生病变，故称“线虫病”。如水稻干尖线虫病、花生根结线虫病、大豆胞囊线虫病、甘薯茎线虫病、柑橘根结线虫病等。此外，线虫的活动和危害，还能为其他病原物的侵入提供途径，从而加重病害的发生。

图 1-2-31　植物病原线虫形态

1. 雌虫　2. 雄虫

3. 根结线虫雌虫及卵囊

(一)植物寄生线虫的一般性状

植物寄生线虫形态多数为不分节的乳白色透明线形体，一般长 0.3～1 mm，也有长达 4 mm 左右的，宽 0.015～0.05 mm，虫体由头部、体段和尾部 3 部分组成。多数雌雄同形，少数雌雄异形，雄虫线形，雌成虫球形或梨形(图 1-2-31)。

植物寄生线虫的生活史一般很简单，除少数可孤雌生殖外，绝大多数线虫是经过两性交尾后，雌虫才能排出成熟的卵。线虫的卵一般产在土壤中，也有的产在卵囊中或在植物体内，还有少数则留在雌虫母体内；卵孵化为幼虫，幼虫经 3～4 次蜕皮后，即发育为成虫。从卵的孵化到雌成虫发育成熟产卵为 1 代生活史，线虫完成一代生活史所需时间，随各种线虫而长短不一。

植物病原线虫绝大多数是活体寄生。其寄生方式可分为内寄生和外寄生两类，虫体全部钻入植物组织内的称为内寄生，如根结线虫就是典型的内寄生；虫体大部分在植物体外，只是头部穿刺入植物组织吸食的称为外寄生。还有些线虫开始为外寄生，后期进入植物体内寄生。不同种类的线虫寄主范围也不同，有的专化性很强，只能寄生在少数几种植物上，有的寄主范围较广，可寄生在许多不同的植物上。线虫绝大多数在土壤耕作层。最适于线虫发育和孵化的温度为 20～30 ℃，最适宜的土壤条件为沙壤土。

线虫多数引起植物地下部发病，病害是缓慢的衰退症状，很少有急性发病。通常表现植株生长衰弱、表现矮小、发育缓慢、叶色变淡，甚至黄萎，类似营养不良的全株症状和病部产生虫瘿、肿瘤、茎叶畸形、叶尖干枯、须根丛生等畸形的局部症状。

(二)植物病原线虫的主要类群

植物病原线虫主要有如下各属：

1. 胞囊线虫属(*Heterodera*)　寄生于植物的根和块茎皮层组织内，危害根部但不形成根结。雄虫蠕虫形，透明柔软。雌虫 2 龄后渐膨大呈梨形或球形，金黄色或深褐色，坚硬不透明。如大豆胞囊线虫等。

2. 根结线虫属(*Meloidogyne*)　内寄生于植物根部，引起根皮及中柱细胞形成根结。雌虫球形或梨形，存于根结内如花生根结线虫病、瓜类根结线虫病等。

3. 粒线虫属(*Anguina*)　寄生在植物地上部分，刺激病茎、叶、花、果形成虫瘿。雌雄虫体均为圆筒状，但雌虫粗壮，头部钝化，尾端尖锐，虫体向腹面卷曲。如小麦粒线虫病。

四、寄生性种子植物

种子植物一般都具有叶绿素，能自己制造养料独立生活，但有少数种子植物由于缺乏叶绿素或某些器官退化，失去自己制造养料的功能，只能靠寄生在其他植物上夺取水分和养分，称为寄生性种子植物。根据不同寄生性植物对其寄主植物的营养依赖程度，可分为全寄生和半寄生两大类，如菟丝子、列当属全寄生，它们不具叶绿素，完全靠寄主提供养分。桑寄生科属半寄生，自己具有叶绿素，可以制造养料，只是靠寄主提供水分与无机盐。

(一)菟丝子

菟丝子是一年生的攀绕生长的全寄生草本植物，属双子叶植物纲茄目旋花科菟丝子属，主要有南方菟丝子、菟丝子2种。可寄生于多种植物上，受害植物严重者可以致死，是最常见的全寄生性种子植物。它没有根，无叶绿素。茎藤细长、丝状，直径1 mm左右，没有叶片或退化成细小鳞片状。茎叶黄色，缠绕在寄主植物上，以吸器刺入寄主茎的维管束中吸取水分和养料。菟丝子能开花结果，花梗稍粗壮，长1～2.5 mm；花萼杯状，基部连合，裂片长0.8～1.8 mm；花冠乳白色或淡黄色，杯状，长约2 mm；蒴果球形，直径约3 mm，种子淡褐色，卵形，长约1 mm，表面粗糙。种子成熟后落入土中，或混在作物种子中，次年播种后，菟丝子也发芽，长出黄白色细丝，在空中旋转，碰到寄主就缠绕其上，长出吸盘侵入寄主维管束，建立寄生关系，下部的茎逐渐萎缩，与土壤脱离(图1-2-32)。

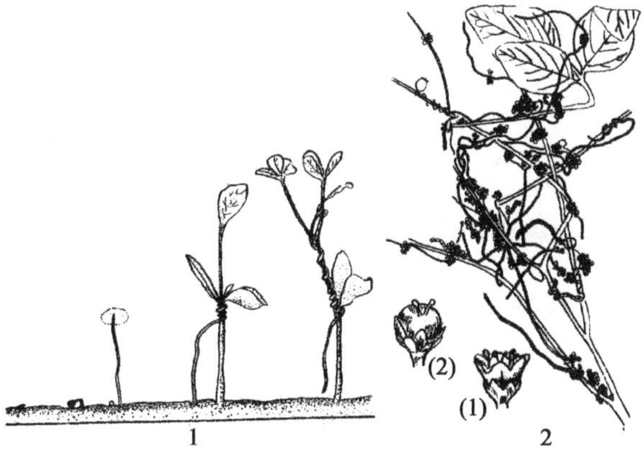

图1-2-32 菟丝子

1.菟丝子的种子萌发和侵害方式　2.菟丝子寄生状：(1)花　(2)蒴果

(李清西.2002.植物保护)

菟丝子以种子进行繁殖，成熟的种子落入土壤或混入作物种子中传播。断茎也有生长能力，茎的每一个片段，只要和寄主接触，就可以继续生长分枝，以扩大蔓延危害。

(二)桑寄生和槲寄生

桑寄生和槲寄生一般寄生在林木和果树枝条上的一类小灌木(图1-2-33)。桑寄生的茎呈圆筒状、褐色、有匍匐茎，槲寄生小茎分枝，不产生匍匐茎，它们都能开花结果。果实为浆果，均属半寄生性种子植物，在寄生部位以上的枝条常因缺乏水分与养分而枯死。这类半寄生种子特征是：叶片具有叶绿素，能进行光合作用制造养料，但根部退化，以吸根附在寄主枝条上吸取水分和无机盐生活。

桑寄生和槲寄生种子一般借鸟类传播，鸟啄果实后，吐出或经过消化道排出种了，种了黏附树皮上，在适宜的环境条件下萌发。先长吸器，后产生吸根，侵入寄主枝条，发育成绿色丛状枝叶，极易与寄主植物区别。

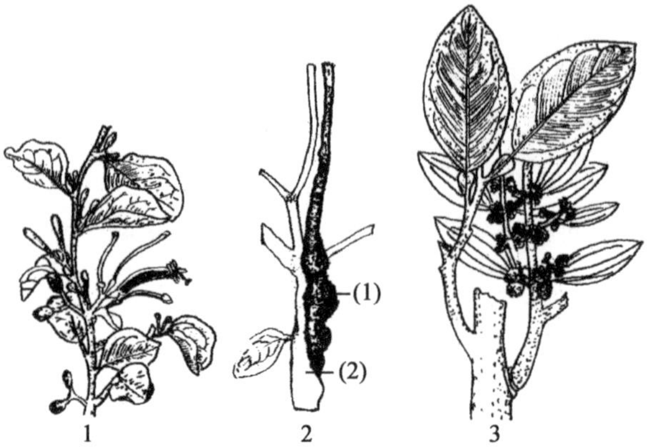

图 1-2-33 桑寄生和槲寄生

1.桑寄生 2.桑寄生引起的龙眼茎部:(1)膨肿 (2)寄生物 3.槲寄生

(李清西.2002.植物保护)

【工作步骤】

一、植物细菌性病害的观察和试验操作

植物细菌性病害简易鉴定方法

(一)植物细菌性病害的症状观察

观察稻白叶枯病、柑橘溃疡病、棉花角斑病、甘薯瘟或番茄青枯病、白菜软腐病、果树根瘤病、马铃薯环腐病等病害的症状特点。指出哪些症状是斑点、腐烂、萎蔫、肿瘤等,哪些病部有溢出菌脓?

(二)植物细菌性病害的初步诊断

1. 水稻白叶枯等叶斑或叶枯型病害的诊断 剪取病斑的病健交接处新鲜小块组织,放在有水滴的载玻片上,盖上盖玻片,在低倍显微镜下观察"喷菌现象"。

2. 甘薯瘟等萎蔫型病害的诊断 纵剖甘薯瘟或番茄青枯病等病茎可见维管束变褐色。横切病茎,用手挤压病茎切有浑浊细菌黏液被挤出。

3. 白菜软腐病等腐烂型病害的诊断 观察腐烂组织黏滑,有恶臭。

细菌喷菌现象

(三)植物病原细菌革兰氏染色和形态观察

1. 革兰氏染色 ①涂片。在一片载玻片两端各滴一滴无菌蒸馏水备用,分别从白菜软腐病或马铃薯环腐病部(或两种病菌的菌落)挑取适量细菌,分别放入载片两端水滴中,用挑针搅匀涂薄。②固定。将涂片在酒精灯火焰上方通过数次,使菌膜干燥固定。③染色。在固定的菌膜上分别加一滴龙胆紫液染色 1 min→用水轻轻冲去多余的龙胆紫液→加碘液冲去残水→再加一滴碘液媒染 1 min→用水冲洗碘液,滤纸吸去多余水分→滴加 95%酒精脱色 25~30 s→用水冲洗酒精,滤纸吸干后再用碱性品红复染 0.5~1 min→用水冲洗复染剂,吸干。

2.形态镜检观察　①油镜使用方法。由于细菌形态微小，必须用油镜观察。将制片依次先用低、高倍镜找到观察部位，然后在细菌涂面上滴少许香柏油，再慢慢地把油镜转下使其浸入油滴中，并由一侧注视，使油镜轻触玻片，观察时用微动螺旋慢慢将油镜上提到观察物像清晰为止。镜检完毕后，用擦镜纸沾少许二甲苯轻拭镜头，除净镜头上的香柏油。②镜检。按油镜使用方法分别观察革兰氏染色的制片。两种细菌的形态是否相同？哪种病原细菌被染成紫色(革兰氏阳性)？哪种被染成红色(革兰氏阴性)？

二、各种病毒、菌原体所致病害标本观察

观察所给的病毒、菌原体等所致病害标本，区分花叶、均匀黄化、斑驳、畸形、明脉、蕨叶等症状。

三、植物病原线虫的观察

(1)用挑针取小麦粒线虫病乳熟初期的虫瘿或甘薯茎线虫病块根内少量白色絮状物(或粉状物)置于玻片清水中制成临时装片镜检。若用小麦粒线虫病应水浸泡至发软时切开，挑取内容物制片。

(2)刮取大豆根线虫：病根外黄白色小粒状物或剥开花生根结线虫根上的根结，挑取其中的线虫制片镜检。注意观察小麦粒线虫或甘薯茎线虫和大豆根线虫或花生根结线虫的形态。

四、寄生性种子植物的观察

仔细比较菟丝子、桑寄生、槲寄生或所给的寄生性种子植物标本的特征。

【巩固训练】

植保技能考核 5：15 min 内识别出当地主要病害标本 15 种。

作业

1.植物细菌性病害的症状有何特点？

2.绘制任一种线虫形态图。

思考题

1.试比较病原细菌和病原真菌在侵染、传播方面的特点。

2.试述植物病毒的主要性状及所致病害的主要症状特点。

3.简述全寄生和半寄生种子植物的区别，并举出代表植物名称。

三级农作物植保员
技能考核 3：病害识别

任务四　植物病害的诊断方法

【材料及用具】放大镜、剪刀、标本夹、记载本、PDA 培养基、显微镜、载玻片、盖玻片、蒸馏水、挑针、纱布、吸水纸、擦镜纸及相关资料。

【基础知识】

一、植物病害的诊断步骤

对熟悉的常见病害，根据症状即可诊断；对少见病害、新病害或症状容易混淆的病害，要经过田间诊断、症状观察、病原室内鉴定、病原物分离培养、接种等程序，采用不同的方法来鉴定和诊断。

（一）田间观察

观察病害在田间的分布规律，如病害是零星的随机分布，还是普遍发病，有无发病中心等，这些信息常为我们分析病原提供必要的线索。进行田间观察，还需注意调查询问病史，了解病害的发生特点、种植物品种和生态环境。

（二）症状观察

观察植物病害标本并作全面检查，尤其对发病部位、病变部分内外的症状作详细的观测和记载。应注意对典型病征及不同发病时期的病害症状的观察和描述。从田间采回的病害标本要及时观察和进行症状描述，以免因标本腐烂影响描述结果。有的无病征的真菌病害标本，可进行适当的保湿后，再进行病菌的观察。

（三）采样检查

肉眼观察看到的仅是病害的外部症状，对病害内部症状的观察需对病害标本进行解剖和镜检。同时，绝大多数病原生物都是微生物，必需借助于显微镜的检查才能鉴别。因此，诊断不熟悉的植物病害时，室内检查鉴定是不可缺少的必要步骤。采样检查的主要目的，在于识别有病植物的内部症状；确定病原类别；并对真菌性病害、细菌性病害以及线虫所致病害的病原种类做出初步鉴定，进而为病害确诊提供依据。

（四）病原物的分离培养和接种

对某些新的或少见的真菌和细菌性病害，还需进行病原菌的分离、培养和人工接种试验，才能确定真正的致病菌。这一病害诊断步骤，按柯赫氏原则进行。即首先分离病原菌并进行扩大培养，获得接种材料，再将病原菌接种到相同的健康植物体上，如果通过接种试验，在被接种的植物上又产生了与原来病株相同的症状，同时又从接种的发病植物上重新分离获得该病原菌，即可确定接种的病原菌就是该种病害致病菌。

（五）提出适当的诊断结论

最后应根据上述各步骤得出的结果进行综合分析，提出适当的诊断结论，并根据诊断结果提出或制订防治对策。

植物病害的诊断步骤不是一成不变的。对于具有一定实践经验的专业技术人员，可根据病害的某些特征，即可鉴别病害，而不需要完全按上述复杂的诊断步骤进行诊断。当然，对于某种新发生的或不熟悉的病害，严格按上述步骤进行诊断是必要的。同时，随着科学技术的不断发展，血清学诊断、分子杂交和 PCR 技术等许多新的分子诊断技术已广泛应用于植物病害的诊断，尤其是植物病毒病害的诊断。

二、植物病害的诊断要点

(一)非侵染性病害

非侵染性病害是由于受不良的环境条件所致的，并与气候、地势、土质、施肥、灌溉、喷药等有关，常造成植物变色，枯死、落花、落果、畸形、生长不良等现象，在病植物上看不到任何病征，也分离不到病原物。病害在田间分布比较均匀，成片发生，病害不传染，没有逐步传染扩散的现象。根据症状表现，可针对性进行治疗，植株病态可消失并恢复正常。下列几点有助于诊断其病因：

1.病害突然大面积同时发生　发病时间短，只有几天。大多是由于大气污染、“三废”污染或气候因子异常，例如冻害、干热风、日灼所致。

2.病害只限于某一品种发生　多表现生长不良或表现有系统性的一致症状。多为遗传性障碍所致。

3.有明显的枯斑或灼伤　且多集中在植株顶部的叶或芽上，无既往病史。大多是由于农药或化肥使用不当所致。

4.出现明显的缺素症状　多见于老叶或顶部新叶。

(二)侵染性病害

1.侵染性病害诊断的一般方法：

①田间诊断：病株在田间有发病中心；有由点到面逐步扩大蔓延的趋势；有传染性。

②症状观察：真菌、细菌性病害病部后期有霉、粉、点粒状物或菌脓等病征，或保温保湿培养后有病征，可用扩大镜检查。线虫病可采用分离法检查，病毒病可用摩擦接种观察。

③病原室内鉴定：用显微镜进一步检查真菌性病原或作喷菌现象观察。

④病原物分离培养接种：根据不同病原，采用不同的方法，如拌种、喷雾、剪叶或针刺等法，将分离培养好的病原，接种到同种植物的健康植株上，同时用清水代替病菌，用同样的方法接种作对照，观察发病情况。如出现与原病原引起的症状相同，即可判断是同种病原，如无，即可判断不是同种病原。

2.真菌病害的诊断方法　大多数真菌性病害，都在发病部位产生病征。主要的病征有：各种色泽的霉、粉、锈、绵毛、黑点、黑粒、菌核、菌索、伞状物等。可根据病状特点，结合病征的出现，用扩大镜观察病部病征类型，即可确定病害种类。对于病部不易产生病征的真菌病害，可以用保湿培养镜检法缩短诊断过程。即摘取植物的病器官，用清水洗净，于保湿器皿内，适温(22～28 ℃)培养 1～2 个昼夜，促使真菌产生子实体，然后进行镜检，对病原做出鉴定。有些病原真菌在植物病部的组织内产生子实体，从表面不易观察，需用徒手切片法，切下病部组织作镜检。还有的真菌病害，病部无明显的病征，保湿培养及徒手切片均未见到病菌子实体，则应进行病原的分离、培养及接种试验，才能做出准确的诊断。

3.细菌病害的诊断方法　细菌所致的植物病害症状，主要有斑点、溃疡、萎蔫、腐烂和畸形等类型。病斑多表现为急性坏死型。多数叶斑受叶脉限制呈多角形或近似圆形斑。病斑初期呈半透明水渍状，边缘常有褪绿的黄晕圈。对于细菌性病害出现的病状，与真菌病害相似，容易混淆，有些不能作为诊断的主要依据。但多数细菌病害有一个共同特点：发病后期，当气候潮湿时，从病部的气孔、水孔、皮孔及伤口处溢出细菌的黏状物，即菌脓。由于植物细菌病害的种类很多，单凭症状诊断是不够的，还需要检查病组织中是否有细菌存在。简易的检查方法是：

①产生各种叶斑或叶枯型的病害，切取小块病健部交界的组织制成玻片，在显微镜下观察，如在切口处有云雾状细菌溢出称“喷菌现象”，说明是细菌性病害。

②萎蔫型细菌病害，可将植株拔起，剖开病茎，即见维管束变褐色，在靠近根部 10 cm 处剪断，倒置于盛有水的透明矿泉水瓶中，经 2～5 min 从切口处有乳白色混浊的菌脓溢出；或用手挤压病茎，横切面可溢出混浊的液体即为细菌性病害。

③腐烂型的细菌病害，一个重要的特点是腐烂的组织黏滑且有臭味。对于有疑难的细菌病害和新的病害，必须进行分离、培养和接种试验来做出正确诊断。革兰氏染色、血清学检验和噬菌体反应等也是细菌病害诊断和鉴定中常用的快速方法。

4. 植原体病害的诊断方法　植原体病害的特点是植株矮缩、丛枝或扁枝、小叶与黄化，少数出现花变叶或花变绿。只有在电子显微镜下才能看到植原体。注射四环素以后，初期病害的症状可以隐退消失或减轻，但对青霉素不敏感。

5. 病毒病害的诊断方法　病毒病有明显的花叶、黄化、丛枝、矮化、畸形、坏死等病状，但无病征。感病植株，多为全株性发病，少数为局部性发病。田间病株多分散，零星发生，无规律性。如果是接触传染或昆虫传播的病毒，分布较集中。病毒病症状有些类似于非侵染性病害，诊断时要仔细观察和调查，必要时还需采用汁液摩擦接种、嫁接传染或昆虫传毒等接种到指示植物或鉴别寄主上，可很快见到特殊症状出现，以证实其传染性，这是诊断病毒病的常用方法。或直接撕取表皮，在电子显微镜下检查，可见病毒粒体和内含体。用血清学诊断技术也可快速做出正确的诊断，必要时做进一步的鉴定试验。

6. 线虫病害的诊断方法　线虫多数引起植物地下部发病，病害是缓慢的衰退症状，很少有急性发病。通常表现的症状是：病部产生虫瘿、肿瘤、茎叶畸形、叶尖干枯，须根丛生及植株生长衰弱，类似营养缺乏症状。鉴定时，可剖切虫瘿或肿瘤部分，用针挑取线虫制片或用清水浸渍病组织，或做病组织切片镜检。有些植物线虫不产生虫瘿和根结，可通过漏斗分离法或叶片染色法检查。必要时可用虫瘿、病株种子、病田土壤等进行人工接种来诊断。

三、植物病害常规诊断的注意事项

(一)充分认识植物病害症状的复杂性

植物病害症状在田间的表现十分复杂。首先，是许多植物病害常产生相似的症状，因此要从各方面的特点去综合判断；其次，植物常因品种的变化或受害器官的不同，而使症状有一定幅度的变化；再次，病害的发生发展是一个过程，有初期和后期，症状也随之而发展变化；最后，环境条件对病状和病征有一定的影响，尤其是湿度对病征的产生有显著的作用，加之发病后期病部往往会长出一些腐生菌的繁殖器官。植物病害症状的稳定性和特异性只是相对的，要认识症状的特异和变化规律，在观察植物病害时，须认真地从症状的发展变化中去研究和掌握症状的特殊性。例如，水稻稻瘟病，叶上的症状和茎上、穗颈上、谷粒上的症状各异，慢性型、急性型、白点型、褐点型病斑差异明显。因此诊断者除了要全面掌握病害的典型症状外，应仔细区别病征的那种微小的、似同而异的特征，这样才能正确诊断。

(二)注意虫害、螨害和病害的区别

许多刺吸式口器的昆虫为害植物，造成植物叶片变色、皱缩。有的昆虫为害后造成虫瘿，有的昆虫取食叶肉留下表皮，在叶上形成弯曲隧道。这些虫害易与病害混淆。诊断时仔细观

察可见虫体、虫粪、特殊的缺刻、孔洞、隧道及刺激点。蔬菜上的一些螨类也可造成叶片变色、畸形。有的虫螨不仅直接为害植物，还传播病毒。

（三）注意并发病和继发病的区别

一种植物发生一种病害的同时，另一种病害伴随发生，这种伴随发生的病害称为并发病害。例如小麦蜜穗病菌由小麦粒线虫传播，当小麦发生粒线虫病时，有可能伴随发生蜜穗病。继发病害是指植物发生一种病害后，紧接着又发生另一种病害，后发生的病害以前一种病害为发病条件，后发生的病害叫继发性病害。例如，红薯受冻害后，在贮藏时又发生软腐病。这两类病害的正确诊断，有助于分清矛盾的主次，采用合理的防治措施。

（四）诊断植物病害时应注意事项

1.症状的稳定性和复杂性　植物病害的症状虽有一定的稳定性，但还表现有一定的变异性和复杂性，即病害发生在初期和后期症状往往不同。由于作物品种、生长环境和栽培管理的不同，症状的表现也不相同，有时不同的病原物在同一寄主也表现相似的症状，若不仔细观察，常得不到正确的结论。

2.病原菌与腐生菌的混淆　许多植物的病部，往往检查到多种病原菌。如柑橘溃疡病常在老病斑上有霉状物，并非真正的病原菌，植物在生病以后，往往容易被腐生菌着生其上，诊断时要取新鲜的病组织进行检查，避免造成混淆和误诊。

3.病害与虫害、伤害的区别　病害与虫害、伤害的主要区别在于前者有病变过程，但也有例外的，如蚜虫在嫩叶上为害后引起叶片皱缩，应注意区分。

4.侵染性病害与非侵染性病害的混淆　侵染性病害的病毒病类与非侵染性病害的症状类似，必须通过调查、鉴定、接种等途径加以诊断。

【巩固训练】

作业

结合当地生产实际，对田间农作物、蔬菜、果树等作物的田间常见病害进行诊断，参考相关资料根据症状及发病特点先进行田间诊断，再到实验室按相关步骤进行分离、镜检并要求写出相关的诊断过程。

思考题

1.如何诊断非侵染性病害？

2.如何简易诊断叶枯型细菌性病害和枯萎型细菌性病害？

3.如何诊断真菌性病害？

4.如何诊断线虫病？

任务五　植物病害标本采集、制作及保存

【材料及用具】标本夹、吸水草纸、采集箱、枝剪、小刀、小锯、镊子、显微镜、放大镜、载玻片、盖玻片、挑针、标本瓶、大烧杯、贮水滴瓶、乳酚油、福尔马林、酒精灯、甘油明胶、醋酸钾浮载

剂、0.1%棉兰、加拿大树胶、醋酸铜、冰醋酸、硫酸铜、亚硫酸、蒸馏水等。

【工作步骤】

一、病害标本采集用具使用

1. 标本夹　用以夹压各种含水分不多的枝叶病害标本。

2. 吸水纸　要求吸水力强，保持清洁干燥。

3. 采集箱　采集腐烂果实、木质根茎或在田间来不及压制的标本时用。

4. 其他用具　枝剪、小刀、小锯及放大镜、纸袋、塑料袋、铅笔、记载本、标签、线等。

二、采集标本注意事项

1. 症状典型　要采集不同时期不同部位典型症状的材料。

2. 病征完全　要采集有病征的标本。真菌病害的病原应尽量在不同时期分别采集具有性、无性两个阶段的标本，真菌有性子实体常在地面的病残体上产生，应注意采集。

3. 避免混杂　采集时易混淆污染的标本要分别用纸夹好，以免鉴定时发生差错。

4. 防止标本变形　容易干燥蜷缩的标本，如禾本科植物病害，应随采随压，或用湿布包好，防止变形。

5. 采集记载　标本应挂有标签，标签上须有寄主名称、采集号数(标本编号)、采集地点、采集日期、采集人姓名、病害危害情况等。同一份标本在记录本和标签上的编号必须相符，以便查对。

三、蜡叶标本的制作与保存

蜡叶干制标本的原则是在短时间内使植物标本干燥压平，保持真实原形，便于长期保存。操作时注意：

1. 随采压平　采集的标本随即放入标本夹中压制，使标本保持原形，减少压制中整形工作。有些标本的茎枝过粗或叶子过多，应将枝条劈去一半或去掉部分叶子再压，以防标本因受压不匀或叶子重叠过多而变色变形。全株采集的标本，如小麦茎、叶，可将标本折成适当形状后压制。

2. 勤换勤翻　为了使标本的水分易被吸水草纸吸收，标本夹好后，用绳扎紧标本夹，注意勤翻吸水草纸，使标本干得越快越好，这样较能保持原有色泽；潮湿的地区，可将扎紧的标本夹放到日光下晒或烘烤，以免标本霉坏。

3. 整理和保存　干燥后的标本经选择整理连同采集记载一并放入牛皮纸袋或普通纸盒中保存，把鉴定记载贴在纸袋上，按寄主或病原分类排列存放。存放时间要避免受潮、防鼠害。

4. 标本展览　蜡叶标本供展览用可装于标本盒内，也可贴到坚厚洁白的台纸上，标准大小为 37.5 cm×29 cm。粘贴时把标本放在台纸适当位置，用线或塑料胶带固定，使标本整洁、牢固。在台纸左下角或右下角加贴标签。

四、浸渍标本的制作与保存

块根、果实和柔软肉质的菌类子实体标本，为了保持标本色泽和症状特点，常制作浸渍标本。同样，标本制好保存时，要在瓶上贴上标签。标本浸渍液的配制法很多，常用的有：

1. 普通防腐性浸渍液　只能防腐，保持标本不变形，但不能保持标本原有色泽。配方是：福尔马林 25 mL，酒精(95%)150 mL，水 1 000 mL。

此液可简化为单用 5%福尔马林液或单用 70%酒精液。浸渍前洗净标本，浸渍液须淹没标本。若标本上浮，可用细线固定在玻片或玻棒上。若浸泡标本量大，可浸泡数日后再换一次浸渍液。

2. 保绿色浸渍液

①醋酸铜液：将结晶醋酸铜或氯化铜逐渐加到 50%的醋酸中，直到不溶解为止，配成饱和溶液，大约 10 mL 加 5 g。用时，加水稀释 3～4 倍，加热至沸时投入标本，每次投入的数量宜少，以掌握绿色均匀度。当标本原来的绿色被漂去，经数分钟至绿色恢复后即将标本取出，用流水漂净，保存在 5%的福尔马林液中，或压成干标本。也可不加热直接用醋酸铜稀释液冷浸，但需时较长。

②硫酸铜及亚硫酸液：标本洗净后，放在 5%硫酸铜液中，浸 8～34 h 取出，用清水漂洗数小时，保存在亚硫酸液(含 5%～6% SO_2 的亚硫酸 1 份，水 19 份)，应用此法要密封瓶口。

五、玻片标本的制作

植物病害的病原物一般采用制片方法观察和保存。对生长在植物表面的病原物，可直接用挑针或刮刀挑取少许放在载玻片上的水滴或其他浮载剂上加盖玻片即可观察。对植物组织内部的病原物，可用刀片切成薄片，或者将材料夹在胡萝卜、马铃薯等内，再切成薄片，用毛笔蘸水轻轻取下，放在有水的浅皿中，选用其中最薄的制片观察或短期保存，玻片标本制成后，在玻片左边贴上标签，平放保存。常用的浮载有下列几种：

1. 甘油明胶　明胶 5 g 加 30 mL 水中浸透，加热至 35 ℃，溶化后，加甘油 35 mL 用苯酚 1 g 搅和，用纱布过滤、贮于玻璃瓶中备用。同时，将甘油明胶隔水加热溶化，用玻棒醮一小滴滴在玻片上，或直接挑取小团甘油明胶放在玻片上，微微加热，等甘油明胶熔化而气泡消失后，将脱水的标本从甘油中取出，用吸水草纸吸去多余甘油，移入熔化的甘油明胶中，加盖玻片，轻轻向下压，擦去玻片周围多余的甘油明胶。制成的玻片平放 10 d 后，用加拿大树胶或其他封固剂封边保存。

甘油明胶用于含水分高的标本，要经过脱水，复杂费时；用于保存干燥标本，往往又有许多气泡，可采用醋酸钾浮载剂。

2. 醋酸钾浮载剂配方　醋酸钾(2%水溶液) 300 mL，甘油 120 mL，酒精180 mL。将醋酸钾浮载剂滴在玻片上，放入要保存的标本，玻片微微加热，除去气泡，蒸去大部分的浮载剂，趁热加入一小块甘油明胶。熔化后加盖玻片，平放 10 d 后，用加拿大树胶封边。

3. 乳酚油配方　苯酚结晶(加热熔化)20 mL，乳酸 20 mL，甘油 40 mL，蒸馏水 20 mL。乳酚油中加适量染料，则兼有染色作用。若用 0.05%～0.1%棉兰，可染真菌的原生质，不染细胞壁，用以染色后，移入甘油明胶封片保存。

【拓展知识】

植物侵染性病害的发生与流行

植物遭到病原物侵染,从个体发病到群体发病,从一个生长季节发病到下一个相同生长季节发病,都是在一定的环境条件和人为活动影响下,寄主植物与病原物相互作用的结果。学习侵染性植物病害发生发展的共同规律,研究植物病害发生流行的一般理论,是制订防治技术方案的基础。

一、病原物的寄生性与致病性

(一)寄生性

寄生性是指病原物在寄主植物活体内取得营养物质而生存的能力。寄生物消耗寄主植物的养分和水分,对寄主植物的生长和发育产生不利影响。寄生物从寄主植物获得养分的方式有两种:一种是寄生物先杀死寄主植物的细胞和组织,然后从中吸取养分,这种营养方式称为死体营养,该寄生物称作死体寄生物。另一种是从活的寄主中获得养分,并不立即杀伤寄主植物的细胞和组织,则分别称为活体营养和活体寄生物。

人们将只能进行活体寄生的寄生物称为专性寄生物,而将生活史中有一段时间进行腐生生活的寄生物,称为兼性寄生物。专性寄生物一般不能在人工培养基上培养,而兼性寄生物可以在人工培养基上正常生长发育。

任何寄生物只能寄生在一定范围的寄主上。不同的寄生物,寄主范围大小不同。寄生物对寄主的选择叫作专化性。在不同寄主上,分离出来的病原个体,在形态上虽然相同,但对寄主的要求却有明显的分化。同一种病原根据它对寄主不同属、种的选择,可分成若干品系或变种;同一种真菌对寄主不同品种的选择,可分为若干生理小种;同一种细菌对寄主不同品种的选择,可分为若干菌系;同种病毒,由于对不同品种的选择,分为若干株系。一般来说,寄生性越强,寄主范围越窄,寄生专化性也越强。

(二)致病性

致病性是指寄生物破坏寄主而引起病害的能力。病原物对寄主的致病和破坏作用,一方面表现在对寄主体内水分和养分的大量掠夺与消耗,同时还由于它们分泌各种毒素、有机酸和生长刺激素等,直接或间接地破坏植物细胞和组织,使细胞增大或膨大,或抑制植物生长发育,因而使寄主植物发生病变。

病原物的寄生性和致病性是密切相关的,寄生性不同的病原物其致病性也不同,一般兼性寄生物对植物组织的破坏性很大,它们主要为害植物的死组织或伤组织,为害生长弱、生活力降低的植物,然后从死组织中吸取养料,病部通常表现腐烂、溃疡、斑点等坏死型的病状。专性寄生物常常是从寄主的活组织中吸取养料,并不立即引起寄主细胞的死亡,受害部分通常表现为褪色、畸形等症状。因此致病性的强弱并不都与寄生性相对应。

二、寄主植物的抗病性

抗病性是指寄主植物抵抗病原物侵染的能力。病原物和寄主植物间的关系是对抗的关系，其对抗的结果，可能使植物不发病至严重发病。植物是否生病，除了与病原物的寄生性和致病性有关系外，但在一定条件下，仍然取决于植物本身的抗病性。

（一）抗病性的类型

植物的抗病性，根据其性质和不同反应，可分为 4 种类型。

1. 感病　植物容易遭受病原物的侵染而发病，使生长、发育、产量和品质受到很大影响，甚至引起局部或全部死亡。

2. 耐病　植物能对病原物有较强的忍受能力，能引起发病，但在产量和质量方面不受严重损害。

3. 抗病　植物具有阻止或限制病原物的侵入蔓延的特性。即病原物不易侵入或侵入后表现轻微的症状，对产量和品质的损失不大。

4. 免疫　植物对病原物具有极高的抵抗能力。完全不表现任何症状。

（二）植物抗病机制

植物的抗病机制常与多方面的因素有关，主要有以下几个方面的作用。

1. 避病　有的植物生育期的感病阶段与病原物的盛发期错开，因而避免了病原物的侵染，这种现象称避病。如早熟种的小麦发生秆锈病较轻甚至不发病，原因是当秆锈病菌夏孢子大量发生时，寄主已接近成熟而不再受侵染。

2. 形态结构上的抗病　植物表皮毛的多少和表皮蜡质层、角质层的厚薄、气孔、水孔的多少和大小都直接影响病原物的侵入。如柑橘溃疡病菌主要在甜橙类上感染发病严重；而柑类、橘类则抗病性最强，原因是：甜橙的气孔分布最稀，气孔中隙大，溃疡病菌易侵入；而柑类、橘类则相反。

3. 生理上的抗病性　植物细胞的营养物质状况、酸碱度、渗透压及特殊抗生物质、有毒物质，如植物碱、单宁等含量越高，抗病性越强。

（三）植物抗病性的分类

1. 小种专化抗性和非小种专化抗性　小种专化抗性：寄主品种与病原物生理小种之间具有特异的相互作用，即寄主品种对病原物某个或少数生理小种能抵抗，但对其他多数小种则不能抵抗，这种抗性称为小种专化抗性，过去常称为垂直抗性。在遗传学上，这种抗性往往是由个别主效基因和寡基因控制的，一般呈质量性状。由于培育具有这种抗性的品种相对较为容易，而且品种抗病性较高。但是，这种抗性容易因病原物生理小种发生变化而丧失，抗病性难以稳定和持久。

非小种专化抗性：寄主品种与病原物生理小种之间无特异的相互作用，即某个品种对所有或多数小种的反应是一致的，这种抗性不存在小种专化性，所以称为非小种专化抗性，过去常称为水平抗性。这种抗性通常是由多个微效基因控制的，但也有单基因控制的。具有这种抗性的品种一般表现为中度抗病，在病害流行过程中能减缓病在的发展速率，使病害群体受害较轻。由于非小种专化抗性品种能抗多个或所有小种，因而抗性较为稳定和持久，因此，有人也将这种抗性称为持久抗性。

植物的抗病性和植物的其他性状一样，既可以遗传，也可以在一定条件下发生变异。因此，一种优良抗病品种不能长久栽培，要经常性的选种换种，采用成套的抗病品种轮换种植，改善栽培管理技术，不让病原物对某些品种有长期的适应条件等，就有可能延缓和防止寄主抗病性的丧失，避免某些病害的严重发生。

2.阶段抗病性和生理年龄抗病性　植物的抗病能力随着植物的不同阶段而有差异。这种抗病性表现为阶段抗病性，如白菜软腐病苗期不易发生，其易感阶段多在包心期后才开始。植物的抗病性还表现在生理年龄的差异上。如幼苗猝倒病多发生于植物幼嫩、木栓组织尚未形成以前，幼苗长大后，由于木栓组织形成而具抗病力。

3.个体抗病性和群体抗病性　个体抗病性是指植物个体遭受病原物侵染所表现出来的抗病性。群体抗病性是指植物群体在病害流行过程中所显示的抗病性。即在田间发病后，能有效地推迟流行时间或降低流行速度，以减轻病害的严重速度。在自然界中，个体抗病性间虽仅有细微差别，但作为群体，在生产中却有很大的实用价值。群体抗病性是以个体抗病性为基础的，却又包括更多的内容。

环境条件对植物抗病性的表现。植物的营养条件也影响寄主的抗病性，如过多用氮素肥料，植物生长幼嫩，容易被病原菌侵入为害；增施磷、钾肥和某些元素，可以提高植物的抗病力。

三、病害的侵染循环

侵染循环又称侵染周期或侵染链，是指一种侵染性病害从植物上一个生长季节开始发病，过渡到下一个相同生长季节再度发病的过程。它包括一系列顺序接替的环节，主要表现为病原物的侵染、越冬越夏和传播等环节。

（一）病原物的侵染过程

侵染过程是指从病原物与寄主感病部位接触开始，到病害症状呈现为止所经过的全过程，简称病程。一般把病程划分为接触期、侵入期、潜育期、发病期。

1.接触期　是指病原物借助介体传到寄主植物上，并发生接触的时期。病害的发生是病原物接触寄主，还必须接触在病原物能够入侵的部位，这个适宜侵入的部位叫作感病点。接触期受外界各种复杂因素的影响，如大气温度、湿度、光照、叶面温湿度及渗出物等。只有克服了不利因素，病原物才能萌发侵入到寄主体内。病毒、菌质体的接触和入侵是同时完成的。细菌从接触到入侵几乎是同时完成的。真菌接触期的长短不一，一般情况是从孢子接触到萌发侵入，在适宜的环境条件下，几小时就可以完成。

2.侵入期　指病原物侵入寄主到建立寄生关系为止的时期。病原物的种类不同，侵入植物的途径也各不相同，大致可归为3种：①自然孔口（包括气孔、水孔、皮孔等）；②伤口（主要虫伤、冻伤、机械损伤）；③直接穿透植物的角质层或表皮层。病毒只能从微小伤口侵入，细菌可由自然孔口和伤口侵入；真菌、线虫能从自然孔口、伤口侵入，也可直接穿透侵入。环境条件对病原物的侵入影响也是重要的。此期受湿度的影响最大。

3.潜育期　指病原物与寄主建立寄生关系后，在寄主体内扩展蔓延至症状开始表现为止的这段时期。各种病害潜育期长短不同，这与病原物特性，寄主的抵抗力和环境条件密切相关。此期受温度的影响最大，一般温度高，潜育期短，温度低，潜育期长。一般潜育期越短，可在短时间内产生大量的病原菌，有利于病菌传播，侵染机会多，容易造成大面积发生病害。掌握各种病害在不同条件下的潜育期变化规律，在植物病害的防治上有重要的意义。

4.发病期　发病期是从症状表现后，病害进一步发展的时期。在这一时期，寄主表现各种病态，后表现病征（主要真菌、细菌）。病征的出现一般就是再侵染病原的出现，如果产生的病征稠密，标志着大量病原物存在，病害就有大发生的可能。此期不同的病害受环境影响的主要因素不同。

病害发生所经过的四个时期是连续的，各时期之间并没有明确的界限，但各有其特点。病害的侵染过程，实质上是寄主植物与病原物在一定环境条件下互相作用的过程。当环境条件对病原物的侵染有利，即引起植物发病；当环境条件对病原物的侵染不利时，寄主的抗病力就有所提高，病害就不发生或发病轻。因此，通过改进栽培管理，控制田间温湿度或其他环境条件，病害即可得到防治，这是以农业防治为基础的理论依据之一。

（二）病原物的越冬或越夏

病原物越冬或越夏的场所就是初次侵染的来源。病原物休眠在冬季称为越冬，休眠在夏季称为越夏。在这段时间里，病原物多数不活动。掌握了病原物在什么场所渡过严冬或盛暑后，便可设法采取各种措施加以控制，以减少侵染来源，避免或减轻下个生长季节病害的发生。病原物越冬或越夏的场所有以下几个方面：

1.田间病株　绝大多数病原菌都在病枝干、病根、病芽组织内外潜伏越冬。柑橘溃疡病和各种炭疽病都是以细菌个体或菌丝体在病组织中越冬，到下一个生长季节时，田间病株上的病原物恢复生长，并侵染植物形成新的病害出现。因此，及时消除病株是防止发病的重要措施之一。

2.种子、苗木、接穗及其他繁殖材料　许多病原物可以在种子、苗木、接穗及繁殖材料上越冬，成为初侵染源。此外，还可以随繁殖材料的调运传入新区。因此，选用无病的繁殖材料和种植前进行种子接穗消毒及苗木处理极为重要。

3.土壤和病残体　病残体和在病株上产生的病原物都很容易落在土壤里。因此，深耕翻土、合理轮作、处理病株残体、改变环境条件，是消灭土壤中病原物的重要措施。

4.粪肥　病原物可随同病株残体混入粪肥中，或用病残体做饲料，不少病原物的休眠孢子通过牲畜的消化道后仍保持侵染能力。肥料必须充分腐熟后才能使用，避免用带菌病株作生饲料喂牲畜。

5.其他介体　如有少数病原物还可以在昆虫、线虫、温室、大棚和贮藏窖等媒介体内越冬。如水稻黄矮病毒在黑尾叶蝉体内越冬，柑橘青霉病菌可以在贮藏窖越冬。所以，及时防虫即可减轻病害发生。

（三）病原物的初侵染和再侵染

经越冬或越夏后的病原物，在植物开始生长后引起第一次侵染，称为初侵染。在同一个生长季节里，受到初侵染病株产生的病原物，继续传播到其他植株侵染为害，称为再侵染。初侵染的作用是引起第一次发生病害，病原物主要来源于越冬或越夏的场所。部分病害在寄主植物整个生长季节里只发生一次侵染。如玉米丝黑穗病、梨锈病等，这类病害只要消灭初侵染来源，就能获得显著的防治效果。再次侵染的作用是引起病害蔓延和流行，病原物主要来自当年寄主产生的繁殖体。多数植物病害都有再侵染，在一个生长季节发生多次，能引起病害大面积发生流行。如稻瘟病、各种炭疽病等；对于这类病害在减少和消灭初侵染来源的基础上，还必须在生长期间采取其他措施防止再侵染，才能取得最好的防治效果。

(四)病原物的传播

在越冬或越夏场所的病原物必须经过一定的途径才能传播到寄主植物上,引起初侵染和再侵染。每种病原物都有一定的传播方式,可分为主动传播和被动传播两种。

1.主动传播　是靠病原物自身的活动进行传播。如线虫在土壤和寄主上爬行,能产生游动孢子的部分真菌和有鞭毛的细菌,可在水中游动传播等。这种传播方式并不普遍,传播的距离和范围是极有限的。

2.被动传播　是大多数病原物传播的一种。这种传播方式是靠外界因素进行的,其中有自然因素和人为因素。自然因素如借助风、雨、流水、昆虫的传播作用最大。人类在从事农事活动和农产品、种苗运输过程中,可携带病原物作远距离传播,造成病区扩大和新区的形成。因此,在防治上要选用无病繁殖材料,进行植物检疫。

病原的传播是侵染循环中各个环节间相互联系的纽带。因此,切断传播途径,就能打断侵染循环,达到防治的目的。

四、病害的流行

在同一个时间,同一个地区,在某些植物上病害大面积严重发生、并引起巨大的损失称为植物病害流行。经常引起流行的病害,称为流行性病害,如小麦锈病、稻瘟病等。

(一)病害流行的类型

植物病害的流行,按其流行情况一般可分为两种类型。一类是一年只发生一次侵染,其特点是:病原物能较长期的存活,渡过作物中断期的能力强,有较高的侵染率。这类病害不能在当年无限增长,病原体数量的逐年积累和发病植株的数量决定于初侵染的多少,如梨锈病、小麦散黑穗病、线虫病等均属这类病害。另一类有再侵染的病害,这是主要的流行性病害,其特点是:病害传播途径广或传播的媒介效率高,而且有强大的传播能力,病害能在有限的时间内,进行多次的再侵染,以扩大漫延、加重为害,如霜霉病、白粉病、锈病等均属这类病害。总之,对于作物群体的发病数量大,个体损失重,是流行性病害的共同特点。

(二)病害流行三要素

传染性病害的流行是有一定的规律性的。病害能否流行决定于病原物、寄主植物、环境条件三方面因素缺一不可。如同三角形的三条边,缺少任何一边则没有面积,这就是病害或病害流行三要素。

1.寄主因素　大量种植感病寄主,并处在感病期是病害流行的先决条件。感病寄主植物的数量、分布是病害流行和流行程度轻重的基本因素。感病寄主群体越大,分布越广,病害流行的范围越大,危害越重。尤其是大面积种植同一感病品种,即品种单一化,会造成病害流行的潜在威胁,易引起病害的流行。

2.病原因素　存在大量的致病性强的病原物。无再侵染的病害,病原物越冬或越夏的数量,对病害的流行起着决定性的作用。对于具有再侵染能力的病原物,如果有大量休眠体过冬,当遇到适宜的环境,使初侵染和早期的几次再侵染能够顺利进行,而且病程短,重复再侵染的次数多,就能迅速地积累大量的病原,引起病害的广泛传播和流行。例如,稻瘟病、小麦锈病、马铃薯晚疫病之所以能在短期内大发生,正是由于它们的潜育期短,病原物的繁殖速度快,为病害的发生提供大量菌源而引起病害的流行。

3.环境因素　环境条件利于病原物的生长而不利于寄主植物的生长。环境条件主要是气候条件、栽培条件和土壤条件，其中以气候条件最为重要，它包括温度、湿度、光照等。湿度又比温度的影响更大。大多数病原物一定要在适宜湿度条件下，才能容易繁殖、传播和侵入。往往雨水多的年份，常引起许多病害的流行。

侵染性病害的发生，是由寄主、病原、环境条件三方面因素互相配合而引起的。但是，各种病害的性质不同，对三个因素在病害流行中并不同等重要，每种病害都有它决定性的因素。如水稻绵腐病菌，只要在播种后遇上低温阴雨天气，加上管理不当，就容易造成绵腐病的流行，环境条件是稻苗绵腐病的主要因素；而稻纹枯病流行的主要因素是田间的菌核量和环境条件，品种的抗病性是次要因素。所以，对病害的流行及其消长变化要进行具体分析，找出决定性因素，抓住主要矛盾，及时开展防治。

【巩固训练】

作业

采集识别当地主要植物病害标本，并分别制作蜡叶标本、浸渍标本和封片标本，并写出主要标本的标签及采集记载。

思考题

1.病害标本采集时的注意事项有哪些？

2.什么是病害的侵染循环？侵染循环包括哪些环节？

3.病害流行的三大因素是什么？

4.简述不同病原物的侵入途径、传播方式和病害防治的关系。

5.病原物的越冬越夏场所有哪些？了解病原物的越冬越夏场所对病害的防治作用。

【拓展知识】

植物病害病原物的分离培养和接种

一、植物病原真菌的分离培养

植物病原真菌的分离培养常采用的是组织分离法，此方法的基本原理是创造一个适合真菌生长的无菌营养环境，诱导染病植物组织中的病原真菌菌丝体向培养基上生长，从而获得病原真菌的纯培养。

1.材料的选择　选择新近发病的典型症状植株、器官或组织，洗净，晾干，取病健交界部分切成3～5 mm见方小块用作分离材料。

若材料已经严重腐败，无法进行常规分离培养，可采用接种后再分离的方法，即将病组织作为接种材料，直接接种在健康植株或离体植物材料上，等其发病后再从病株或病组织上进行分离培养。

2. 工具的消毒、灭菌　先打开超净工作台通风 20 min 以上，用 70% 酒精擦拭手、台面和工作台出风口进行消毒，分离用的容器和镊子用 95% 酒精擦洗后经火焰灼烧灭菌。

分离也可在室内空气相对静止的台面上进行，方法是在台面上铺 1 块湿毛巾，其他操作与超净工作台上相同。

3. 平板 PDA 的制作　将待用的三角瓶 PDA 培养基置微波炉内中融化，取出摇匀，在超净工作台上经无菌操作将培养基倒入已灭菌的培养皿(厚度 2～3 mm)中摇匀，静置台面冷却即成。在倒培养基时不要让三角瓶瓶口接触培养皿壁，以免培养基黏附在皿壁上，引起污染。

4. 材料的消毒　将分离材料置于已灭菌的小容器中，先用 70% 酒精漂洗 2～3 s，迅速倒去，紧接着用 0.1% 升汞溶液消毒 30 s 至几分钟(消毒时间因材料不同而存在差异，消毒剂也可根据不同情况选用漂白粉、次氯酸钠)，再经无菌水漂洗 3～4 次，最后用灭菌的滤纸吸干材料上的水。

常用培养基的配制

PDA 培养基配制方法。配方：马铃薯 200 g，葡萄糖 20 g，琼脂 15～20 g，蒸馏水 1 000 mL。

配制步骤：先洗净去皮，再称取 200 g 马铃薯切成小块，加水煮烂(煮沸 20～30 min，能被玻璃棒戳破即可)，用八层纱布过滤，加热，再据实际实验需要加 15～20 g 琼脂，继续加热搅拌混匀，待琼脂溶解完后，加入葡萄糖，搅拌均匀，稍冷却后再补足水分至1 000 mL，分装试管或者锥形瓶，加塞、包扎，115 ℃灭菌 20 min 左右后取出试管摆斜面或者摇匀，冷却后贮存备用。

5. 材料移入平板 PDA 上　在无菌操作下用镊子将材料移入平板 PDA 培养基上，在一个培养皿上可分开放置多块分离材料。

6. 培养　在培养皿盖上标明分离材料、日期，必要时还可注明消毒剂种类、处理时间等。将培养皿放入塑料袋中，扎紧袋口，置恒温培养箱中在室温、阴暗条件下培养，或置室内阴暗处培养 2～3 d，即可检查结果。

7. 转管保藏　若分离成功，可见在分离材料周围长出真菌菌落，在无污染菌落的边缘挑取小块菌组织，在无菌操作下移入试管斜面 PDA 培养基上，待菌丝长满整个斜面，将试管放入冰箱中作低温保藏，这样便获得了植物病原真菌的纯培养。

为了避免污染，以上操作一般需在无菌室内的超净工作台上严格按无菌操作要求进行。无菌室应保持清洁干净，定期用甲醛熏蒸或喷洒福尔马林(1∶40)消毒。每次使用前用紫外灯杀菌 15 min 以上，效果更佳。

无菌操作的要点是所有接种工具都必须经高温灭菌或灼烧，与培养基接触的瓶口等处应经火焰灼烧，操作时应在酒精灯火焰附近进行，以保证管口、瓶口或培养皿开口所处空间无菌，要求动作轻快，屏住呼吸，尽量减少空气流动而造成的污染。

高压蒸汽灭菌锅的使用

对于植物病原真菌的分离，组织分离法是最常用的方法，其他方法往往是根据实际情况在此基础上所做的改良或小变动，如分离肉质材料可简化消毒步骤，用 70% 酒精擦拭表面，用灭菌镊子撕开表皮，直接镊取肉质材料置平板 PDA 上培养。在分离过程中，为防止细菌污染，可在每 10 mL 培养基中加入 3 滴 25% 乳酸，使大部分细菌受到抑制，并不影响真菌的生长。在分离中如要有目的地选择分离某真菌，还可在培养基中加入一些抗生素和化学药剂抑制非目标真菌和细菌的生长。

二、植物病原细菌的分离

植物病原细菌一般用稀释分离方法。因为在病组织中病原细菌数量巨大，分离材料中所带的杂菌又大多是细菌，用稀释培养的方法就可以使病原细菌与杂菌分开，形成分散的菌落，从而较容易获得植物病原细菌的纯培养。

在病原细菌的分离培养中，材料的选择及表面消毒都与病原真菌的分离培养基本相同，而稀释分离主要有以下两种方法：

(一)培养皿稀释分离法

1. 制备细菌悬浮液　取灭菌培养皿 3 个，每个培养皿中加无菌水 0.5 mL，切取约 4 mm 见方的小块病组织，经过表面消毒和无菌水冲洗 3 次后，移在第 1 个培养皿的水滴中，用灭菌玻棒将病组织研碎，静置 10～15 min，使组织中的细菌流入水中成悬浮液。

2. 配制不同稀释度的细菌悬浮液　用灭菌移植环从第 1 个培养皿中移植 3 环细菌悬浮液到第 2 个培养皿中，充分混合后再从第 2 个培养皿移植 3 环到第 3 个培养皿中。

3. 倒入培养基　将融化的琼脂培养基冷却到 45 ℃左右，分别倒入 3 个培养皿中，摇匀后静置冷却，凝固后在培养皿盖上标明分离材料、日期和稀释编号等。

(二)平板画线分离法

1. 制备细菌悬浮液　在灭菌培养皿中滴几滴无菌水，将表面消毒，将无菌水冲洗过 3 次后的病组织块置于水滴中，用灭菌玻棒将病组织研碎，静置 10～15 min，使组织中的细菌流入水中成悬浮液。

2. 画线　用灭菌移植环蘸取以上悬浮液在表面已干的琼脂平板上画线，先在平板的一侧顺序画 3～5 条线，再将培养皿转 60°，将移植环经火焰灼烧灭菌后，从第 2 条线末端用相同方法再画 3～5 条线。也有其他画线形式，如四分画线和放射状画线等，其目的都是使细菌分开形成分散的菌落。

3. 作标记　在培养皿盖上标明分离材料和日期等。

4. 培养及结果观察　将分离后的培养皿翻转放入塑料袋中，扎紧袋口，置恒温培养箱中适温培养 24～48 h，可观察结果。若分离成功，琼脂平板上菌落形状和大小比较一致，即使出现几种不同形状的菌落，总有一种是主要的。如果菌落类型很多，且不分主次，很可能未分离到病原细菌，应考虑重新分离。如果不熟悉 1 种细菌菌落的性状，就应选择几种不同类型的菌落，分别培养以后接种测定其致病性，最终确定病原细菌。

植物病原细菌分离常用的消毒方法是用漂白粉溶液处理 3～5 min 或用氯酸钠溶液处理 2 min，然后用无菌水冲洗。分离通常使用肉汁胨培养基和马铃薯葡萄糖(或蔗糖)培养基(PDA 或 PSA)。分离细菌的 PDA 或 PSA 在制作时将 pH 调节至 6.5，而分离真菌的培养基则不必调节其酸碱度。

画线分离法的关键是要等到琼脂平板表面的冷凝水完全消失后才能画线，否则细菌将在冷凝水中流动而影响形成单个分散的菌落。为加快消除冷凝水，可将平板培养基在 37 ℃的温箱中放 1～2 d，或者在无菌条件下将培养皿的盖子打开，翻转培养皿斜靠在盖上，在 50 ℃的干燥箱中干燥 30 min。

分离要选用新鲜标本和新病斑，分离用的标本不适宜放在塑料袋中保湿，否则容易滋生大量细菌。若标本保存太久或严重腐败而不易直接分离成功，可以与真菌病害一样经过接种后再分离，即将病组织在水中磨碎，滤去粗的植物组织，离心后用下层浓缩的细菌悬浮液针刺接种在相应寄主植物上，发病后从新病斑上分离。

三、植物病原线虫的分离

线虫是低等动物，它们的分离方法与植物病原真菌、细菌不同。在植物线虫病害研究中，不仅要采集病组织作标本，还必须考虑采集病根、根际土壤和大田土样进行研究，在此我们只介绍植物材料中线虫的基本分离方法。

(一)直接观察分离法

将线虫寄生的植物根部或其他可疑部位放在解剖镜下，用挑针直接挑取虫体观察，或在解剖镜下用尖细的竹针或毛针将线虫从病组织中挑出来，放在载玻片水滴中做进一步观察和处理。

(二)漏斗分离法

此法由贝尔曼首创，是最早从植物组织和土壤中分离线虫的方法，适合分离能运动的线虫。此法简便，不需复杂设备，容易操作，缺点是漏斗内特别是橡皮管道内缺氧，不利于线虫活动和存活，有效分离率低，所获线虫悬浮液不干净，分离时间较长。

分离装置是将玻璃漏斗，架在铁架台上，下面接一段(约 10 cm)橡皮管，橡皮管上夹 1 个弹簧夹，其下端橡皮管上再接一段尖嘴玻璃管。

具体分离步骤如下：

(1)在漏斗中加满清水，将带有线虫的植物材料剪碎，用单层纱布包裹，置于盛满清水的漏斗中。

(2)经过 4～24 h，由于趋水性和本身的重量，线虫就离开植物组织，并在水中游动，最后都沉降到漏斗底部的橡皮管中，打开弹簧夹，放取底部约 5 mL 的水样到小培养皿中，其中就含有寄生在样本中大部分活动的线虫。

(3)将培养皿置解剖镜下观察。可挑取线虫制作玻片或作其他处理。如果发现线虫数量少，可以经离心(1 500 r/min，2～3 min)沉降后再检查；也可以在漏斗内衬放 1 个用细铜纱制成的漏斗状网筛，将植物材料直接放在筛网中。

漏斗分离法也适用于分离土壤中的线虫，方法是在漏斗内的网筛上放上一层细纱布或多孔疏松的纸，上面加一薄层土壤样本，小心加水漫过后静置过夜。

分离植物材料中的线虫，还可以用组织捣碎少量植物材料，再将捣碎液顺序通过 20～40 目、200～250 目和 325 目的网筛，可观察最后两个网筛，从中挑取线虫，或者将残留物取出，再用漏斗法分离，此法可分离短体线虫和穿刺线虫的幼虫和成虫，但根结线虫的雌虫则大都会被捣碎。

四、接种

根据不同病原，采用不同的方法，土传病害如玉米根腐病用拌种法，气流传播真菌性病害如玉米大斑病用喷雾法，伤口侵入的细菌性病害如水稻白叶枯病、水稻细菌性条斑病用剪叶或针刺等法，将分离培养好的病原，接种到同种植物的健康植株上，同时用无菌水代替病菌，用同样的方法接种作对照，真菌性病害接种 7 d 后，细菌性病害接种 1 d 后观察发病情况。如出现的症状与原病原引起的症状相同，即可判断是同种病原，如无，即可判断不是同种病原。

【课程思政】

1.社会主义核心价值观和爱国主义教育

社会主义核心价值观:富强、民主、文明、和谐是国家层面的价值目标,自由、平等、公正、法治是社会层面的价值取向,爱国、敬业、诚信、友善是公民个人层面的价值准则。

爱国主义教育内容主要有:①国家和民族历史教育。培养全民热爱祖国、热爱中国共产党、热爱社会主义制度,为国家独立富强奋斗和献身的精神。②民族优秀传统文化教育。增强全民的民族自尊心、自信心和自豪感。③国情教育。包括国家的领土、领海、领空和地理、自然资源,现行社会制度的优越性,国家建设的成就等。增强全民维护国家主权、国家安全和领土完整的使命感、责任感。

2.广泛践行社会主义核心价值观

社会主义核心价值观是凝聚人心、汇聚民力的强大力量。弘扬以伟大建党精神为源头的中国共产党人精神谱系,用好红色资源,深入开展社会主义核心价值观宣传教育,深化爱国主义、集体主义、社会主义教育,着力培养担当民族复兴大任的时代新人。

3.教育、科技、人才是全面建设社会主义现代化国家的基础性、战略性支撑

必须坚持科技是第一生产力、人才是第一资源、创新是第一动力,深入实施科教兴国战略、人才强国战略、创新驱动发展战略,开辟发展新领域新赛道,不断塑造发展新动能新优势。

我们要坚持教育优先发展、科技自立自强、人才引领驱动,加快建设教育强国、科技强国、人才强国,坚持为党育人、为国育才,全面提高人才自主培养质量,着力造就拔尖创新人才,聚天下英才而用之。

4.热爱生命,预防人畜共患传染病和植物致病微生物对人类的影响

人畜共患传染病如艾滋病、猴痘、非典(SAS)、狂犬病、牛羊炭疽病等。艾滋病也称为获得性免疫缺陷综合征。研究认为,艾滋病起源于非洲黑猩猩和非洲白眉猴,经过种种途径传入人体,经过一系列变异最终适应人体环境并长期存活下来。1981 年 6 月 5 日美国首次报告了 5 例艾滋病患者的病例,1982 年正式命名“艾滋病”。不久以后,艾滋病迅速蔓延到各大洲。1985 年我国第一例发病死亡的艾滋病病例是一位到中国旅游的外籍人士。

绝大多数植物致病微生物不会导致人类病害,但也有小部分也能引起人类发病,如青霉菌、曲霉菌。青霉菌可引起柑橘青霉病,也可以感染人体皮肤、肺部以及泌尿系等,出现咳嗽、咳痰、呼吸困难、尿痛、尿血等症状。黑曲霉可引起花生冠腐病,人体感染后可出现支气管炎、肺组织炎症、糜烂、溃疡和组织坏死,导致肺功改变、血栓形成、出现呼吸困难、咯血等症状,严重时可侵袭心、脑、肾和脾。黄曲霉则导致贮藏不当的植物种子如花生、玉米、大豆等发霉腐烂,产生的黄曲霉毒素是强致癌物,人类食用后可导致肝癌。肝癌是致死率极高的恶性肿瘤。我国肝癌的发病率世界排名第八,在我国癌症排行榜上位居第四,死亡人数仅次于肺癌位居第二,江苏启东、福建同安、广东顺德、广西扶绥为肝癌高发区。这与当地湿度大,植物种子贮藏不当易发霉,人类食用有一定关系。

5. 耐心、细致探索微观世界

大多数致病微生物体形微小，结构简单，要借助显微镜观察，做事要耐心、细致入微，正确调整物品位置和放大倍数才能观察清楚，显微镜是贵重物品，大家要爱护好。

【学习评价】

表 1-2-2 植物病害识别考核评价表

序号	考核项目	考核内容	考核标准	考核方式	分值
1	植物病原真菌制片	对光调焦，低、高倍镜的使用；制片操作，镜检结果	熟练使用显微镜，制片操作规范、熟练，视野清晰，病原物特征明显，在规定时间内完成	考核	5
2	植物病害标本采集、制作与保存	植物病害标本采集	掌握病害浸渍液配制，采集当地 5 大病原所致病害 30 种以上，标本完整	标本鉴定验收	10
		植物病害标本制作与保存	能根据标本特征制作保存蜡叶标本和浸渍标本	标本制作考核	5
3	植物病害的诊断	田间现场观察，室内显微镜下判别及简易鉴定操作	能正确识别出细菌、病毒、线虫病害，能鉴定出 10 属或大类真菌性病原	操作考核	5
4	知识点考核		理解病害症状、发生与流行特点，掌握各种病害的诊断方法	闭卷笔试	50
5	作业、实验报告		完成认真，内容正确；绘图特征明显，标注正确	教师评分	10
6	学习纪律及态度		遵守学习纪律，学习态度好	课堂考勤	15

项目二
植物有害生物调查和预测预报

子项目一　农作物主要病虫害的田间调查和短期预测

【学习目标】

学习掌握主要农作物有害生物的取样和调查的方法，调查数据整理、统计，根据调查结果进行分析，结合天气及病虫发生情况做出短期预测的方法。

任务一　水稻主要病虫害田间调查和预测

【场地及用具】水稻病虫害发生重的田块，记录本、放大镜、铅笔、皮卷尺或米尺、黏虫胶、33 cm×45 cm 的白搪瓷盘、2 m 长竹竿等用具。

【工作步骤】

一、稻瘟病田间调查和短期预测

(一)田间调查

1. 叶瘟普查　分别在分蘖末期和孕穗末期调查两次。按病情程度选择当时田间发病轻、中、重三类型田，每类型田查 3 块，总田块数不少于 20 块，每块田查 50 丛稻的病丛数，5 丛稻的绿色叶片病叶率。采用五点取样法，每点直线隔丛取 10 丛稻，调查病丛数。每点随机选取一发病稻丛，查清绿色叶片的总叶数和发病叶数。计算病丛率和病叶率。注意是否有急性型病斑出现。记录上一旬降雨量，雨日数和平均气温。在破口初期预测穗瘟发生情况。将调查结果记入表 2-1-1。

表 2-1-1 大田叶瘟调查记载表

调查日期	地点	类型田	品种名称	生育期	调查总叶数/片	病叶数/片	病叶率/%	严重度					病情指数	急性型病叶率/%	备注
								0	1	2	3	4			

(中国农业出版社,最新中国农业行业标准第六辑,2011,1)

大田叶瘟病情分级指标(以叶片为单位):

0 级:无病;

1 级:病斑少而小,病斑面积占叶面积 1%以下;

2 级:病斑小而多,或大而少,病斑面积占叶片面积的 1.1%~5%;

3 级:病斑大而较多,病斑面积占叶片面积 5.1%~10%;

4 级:病斑大而多,病斑面积占叶片面积 10.1%~50%;

5 级:病斑面积占叶片面积 50%以上,全叶将枯死。

2. 穗瘟普查　在黄熟期进行。按品种的病情程度,选择有代表性的轻、中、重三类型田,总田块数不少于 20 块,采用平行跳跃式或棋盘式取样,每块田查 50~100 丛。分级记载病穗数,计算病穗率及病情指数。将调查结果记入表 2-1-2。

表 2-1-2 穗瘟调查记载表

调查日期	地点	类型田	品种名称	生育期	调查总穗数/穗	病穗数/穗	严重度						病情指数	病穗率/%	损失率/%	备注
							0	1	2	3	4	5				

(中国农业出版社,最新中国农业行业标准第六辑,2011,1)

穗瘟病情分级指标(以穗为单位):

0 级:无病;

1 级:每穗损失 5%以下,或个别枝梗发病;

2 级:每穗损失 5.1%~20%,或 1/3 左右枝梗发病;

3 级:每穗损失 20.1%~50%,或穗颈、主轴发病;

4 级:每穗损失 50.1%~70%,或穗颈发病,大部分秕谷;

5 级:每穗损失 70%以上,或穗颈发病造成白穗。

(二)短期预测

1. 查叶瘟,看天气和品种定防治对象田　在水稻分蘖期气温达 20 ℃时,生长浓绿的稻株和易感病的品种,发现病株或出现发病中心,而天气预报又将有连续阴雨时,则 7~9 d 后大田将有可能普遍发生叶瘟,10~14 d 后病情将迅速扩展。如出现急性型病斑,温度在 20~30 ℃,天气预报近期阴雨天多,雾、露大,日照少,则 4~10 d 后叶瘟将流行;如果急性型病斑每日成倍增加时,则 3~5 d 叶瘟将流行。

在孕穗期间,稻株贪青,剑叶宽大软弱,延迟抽穗,或在抽穗期间,叶瘟继续发展,剑叶发病,特别是出现急性型病斑,则预示穗颈瘟将流行。如果孕穗期病叶率达 5%,则穗颈瘟将严重发生。如果孕穗期叶枕瘟达 1%，并且雨量充沛，温度高达 25～30 ℃，并有阵雨闷热天气，5 d 后将会出现穗瘟。

早稻穗期降温至 25 ℃以下，晚稻穗期降温至 20 ℃以下，连续阴雨 3 d 以上，对感病品种虽达不到叶瘟防治指标也都应列为防治对象田。

2. 查水稻生育期，定防治适期　分蘖期田间出现中心病株，特别是出现急性型病斑时需马上防治。孕穗期病叶率达到 2%～3%或剑叶病叶率达 1%以上田块，感病品种和生长嫩绿的田块，应掌握孕穗末期、破口和齐穗期喷药防治 2～3 次。晚稻齐穗后，如天气仍无好转，处于灌浆期的水稻也应掌握雨停间隙喷药。使用内吸性药剂时应适当提前用药。

二、水稻纹枯病田间调查和短期预测

(一)田间调查

1. 菌核调查　春季稻田翻耕前，选择上年发病轻、中、重三个类型田各 1 块，五点取样，每点 0.1 m^2。将厚度为 1 cm 的表土连同作物或残渣一并铲起(如在越冬后春季田调查，取 5～10 cm 厚表土)置于缸内，加水充分搅动，捞出水面浮渣，计算菌核量，折算出每 667 m^2 菌核残留量。

2. 大田病情普查　在水稻分蘖盛期、孕穗期、抽穗期、乳熟期各调查一次。选择早、中、迟类型田 8～10 块，直线取样，每块田调查 100 丛，计算丛、株发病率，并从中选取 10 丛进行严重度分级，计算病情指数。调查结果记入表 2-1-3。

表 2-1-3　水稻纹枯病病情调查记载表

调查地点	调查日期	类型田	稻作类型	水稻种类	品种	生育期	调查丛数/丛	病丛数/丛	病丛率/%	调查总株数/株	病株数/株	病株率/%	各级严重度病株数/株						病情指数	肥水管理	备注
													0	1	2	3	4	5			

注：1. 水稻种类指粳稻、籼稻、糯稻、杂交籼稻和杂交粳稻等。
2. 稻作类型指早稻、中稻、单季晚稻和双季晚稻等。
3. 肥水管理分好(施肥管水合理，水稻生长正常)、差(施肥管水不当，稻苗徒长)。
(中国农业出版社，最新中国农业行业标准第八辑，2012，12)

水稻纹枯病严重度分级标准(以株为单位)：

0 级：全株无病；

1 级：基部叶片叶鞘发病；

2 级：第三叶片以下各叶鞘或叶片发病(自顶叶算起，下同)；

3 级：第二叶片以下各叶鞘或叶片发病；

4 级：顶叶叶鞘或叶片发病；

5 级：全株发病枯死。

(二)短期预测

1. 根据稻田残留菌核量,查苗情,看天气,定防治适期　每667 m^2残留菌核量达6万粒以上时会引起早稻纹枯病大流行。水稻分蘖末期至孕穗、破口露穗前,若遇多雨天气,高温高湿,天气闷热,有利于病情发展时,即为防治适期。

2. 查病情,对指标,定防治对象田　早稻分蘖拔节期丛发病率达10%～15%,孕穗期丛发病率达15%～20%,晚稻孕穗期丛发病率达25%～30%的田块列为防治对象田。

三、水稻条纹叶枯病田间调查和短期预测

(一)田间调查

1. 灰飞虱普查　根据不同播期和长势,分别选择早、中、晚及长势好、中、差的不同类型田共20～30块,小麦于冬后越冬代灰飞虱高龄若虫至成虫期以及一代灰飞虱若虫高峰期在麦田调查,每5 d调查1次,共查2次;水稻秧田于一代灰飞虱成虫迁入盛期开始,每5 d调查1次,共查2～3次;水稻本田分别于二、三代若虫高峰期每5 d调查1次,共查2～3次。采用对角线五点取样,麦田及水稻秧田每点调查0.11 m^2,水稻本田每点查10丛,记载灰飞虱成虫、若虫各虫态及数量,折算667 m^2 虫量或百丛虫量。

2. 灰飞虱带毒率测定　在上年发生程度不同的地区,分别在不同播期和品种抗性的田块采集越冬代或一代灰飞虱高龄若虫或成虫,各类型田虫量不少于50头,分别测定越冬代或一代灰飞虱带毒率。通常测定越冬代即可,一代灰飞虱带毒率可参照越冬代结果。

灰飞虱带毒率采用斑点免疫快速测定方法(Dot-ELISA,DIBA)。将采集的成虫或高龄若虫,单头虫置于200 μL离心管中加100 μL碳酸盐缓冲液,用木质牙签捣碎后制成待测样品。在硝酸纤维素膜上划0.5 cm×0.5 cm方格,每格加入3 μL样品室温晾干;在37 ℃温度条件下,4%牛血清(或0.4% BSA)封闭0.5 h后浸入酶标单抗(封闭液稀释500倍)孵育1.5 h,洗涤后浸入固体显色底物液中0.5 h。每步用磷酸缓冲液(PBST)洗涤3次,每次3 min。检查反应类型(带毒灰飞虱呈现阳性反应),记载带毒虫量。计算灰飞虱带毒率。

3. 水稻条纹叶枯病普查　根据水稻不同播种期与抗性,分别选择早、中、晚及不同抗感类型田共20～30块。秧田于虫量高峰后20 d左右即一代灰飞虱传毒危害稳定后进行,每5 d调查1次,共查2～3次。本田分别于二、三代灰飞虱传毒危害田间病情稳定后进行,每5 d调查1次,每代共查2次。采用对角线五点取样,秧田每点调查0.11 m^2,本田每点查10丛,秧田记载发病株数,本田记载发病丛数、发病株数、严重度,计算病株率、病丛率、病情指数和相对病情指数。

(二)短期预测

1. 查苗情和虫情,定防治适期　秧苗期2叶期至分蘖期,此时是预防外来灰飞虱带毒虫迁入传病的适期,为防治适期。一般灰飞虱带毒率大于3%,虫草量高,一代灰飞虱迁入高峰期与秧苗期吻合,品种较感病,水稻条纹叶枯病流行的可能性较大,带毒率达到12%以上则有大流行趋势。

2. 查虫情,对指标,定防治对象田　水稻条纹叶枯病、黑条矮缩病发生区,水稻秧苗期、分蘖期灰飞虱防治指标为灰飞虱有效虫量2～3头/m^2,即每667 m^2 灰飞虱有效虫量1 300～2 000头。水稻穗期灰飞虱防治指标:水稻齐穗后7～14 d为防治适期,每穗灰飞虱成若虫密度3～5头。

四、水稻螟虫田间调查和短期预测

(一)田间调查

1. 成虫诱测　用200 W白炽灯或用20 W的黑光灯(波长3 600 Å)。灯源离地面1.5 m,上方架设防雨罩,下方装集虫漏斗、杀虫和集虫装置。广西桂北稻区每年从3月26日开始至11月10日止;桂南稻区每年从3月1日开始至11月10日止。其余稻区每年从越冬代幼虫化蛹始盛期开始,至秋季末代螟蛾终见后一周止。每天黄昏开灯,天明关灯。每天上午取回诱集物(智能虫情测报灯每周取一次),置于室内区别种类,并清点虫数。将调查结果记入表2-1-4。

表2-1-4　稻螟蛾灯诱记载表

诱蛾日期		二化螟/头			三化螟/头			大螟/头			开灯时间内气象要素	备注
月	日	雌	雄	合计	雌	雄	合计	雌	雄	合计		

(仿中国农业出版社,最新中国农业行业标准第六辑,2011,1)

2. 卵块密度调查　每代调查3次,分别在成虫始盛、高峰和盛末期后2 d各调查1次。根据水稻品种、播期、移栽期等将水稻大田划分几种类型田,每类型田选择有代表性的田块3块,秧田每块田调查10～20 m²,本田采用平行跳跃式取样,每块田取5个样点,每个样点查50丛水稻。计算卵块密度,摘取卵块回室内放入试管内,1管放1块,管口用湿脱脂棉塞住,保湿培养,观察卵块孵化情况,累计孵化进度。调查二化螟时每块田标定100丛,每次调查摘取所取样点内的全部卵块,秧田划定10 m²作卵量观察圃,每次调查在计数全部卵块后,摘除卵块,计算卵块密度。

3. 螟害率和虫口密度调查　枯鞘率或枯心率调查结合当代稻螟残留虫量调查进行;枯孕穗、白穗、虫伤株调查于水稻黄熟期进行。按稻作类型(早、中、晚稻)、品种、栽插期、抽穗期或螟害轻、中、重分为几个类型,在每类型田中选择有代表性的田块2块。采用平行跳跃式取样,二化螟每块田取100丛,三化螟每块田取200丛,计数其中的被害株。连根拔取全部被害株,如枯鞘、枯心、虫伤株、枯孕穗和白穗等,剥查其中幼虫和蛹的数量及其发育级别。计算被害率及虫口密度。调查20丛稻的分蘖或有效穗数。将调查结果记入表2-1-5。

表2-1-5　水稻螟虫虫口密度及被害率调查表

调查日期	世代	类型田	品种	生育期	调查丛数/丛	平均每丛/个		调查株数/株	调查虫量/头		每667 m²活虫量	死亡率/%	二化螟占稻螟总活虫比例/%	被害株数	被害株率/%	稻螟被害总株数	稻螟被害总株率/%	备注
						分蘖数	有效穗数		活虫数	死虫数								

(仿中国农业出版社,最新中国农业行业标准第六辑,2011,1)

4. 幼虫、蛹发育进度调查　可结合虫口密度调查进行。如虫口密度调查时剥查到活虫数未达 100 头，可随机剥查枯梢、枯心苗或白穗至活虫数达 100 头，对查到的幼虫、蛹进行分龄分级，除调查各虫态的发育进度外，还调查死亡、寄生情况，每次的调查结果分别记入表 2-1-6。

表 2-1-6　二化螟发育进度调查表

单位：　　　　　　　　　　　　年度：

调查日期	地点	类型田	品种	生育期	项目	总虫数	各龄幼虫					蛹								死虫	
							1～3龄	4龄	5龄	6龄	预蛹	1级	2级	3级	4级	5级	6级	7级	蛹壳	自然死亡	寄生
					头																
					%																

(二)短期预测

发生期分为始见期、始盛期(16%)、高峰期(50%)、盛末期(84%)和终见期。田间化蛹率达 16%、50%、84%的日期加当代蛹历期，或田间某一蛹级达 16%、50%、84%的日期加上该蛹级至羽化所需的发育天数，分别为该代蛾的始盛期、高峰期和盛末期；再分别加上产卵前期和卵历期则分别为卵孵化始盛期、高峰期和盛末期。结合灯测和田间卵孵化进度调查可较为准确地了解当地的卵孵化时期，用以指导螟害防治。

1. 防治枯鞘、枯心两查两定

(1)查卵块孵化进度，定防治适期。在发蛾高峰期，根据水稻品种、移栽期划分类型，每类型选有代表性的田块 2～3 块，每块田采取多点平行线取样法查 300～500 丛，每隔 2～3 d 查 1 次，连查 3 次，每次将查到的有卵株连根拔起，移栽到田边或盆罐中，每天下午观察 1 次孵化情况，以确定孵化进度。药剂防治适期二化螟掌握在卵孵化高峰后至枯心形成前，三化螟掌握在卵孵化高峰期防治，卵块密度特别大时在卵孵始盛期和高峰期各防治 1 次。

(2)查卵块密度，定防治对象田。在卵块孵化高峰期开始调查，采用多点平行取样，每块田查 200 丛。当查到 667 m^2 二化螟卵块达 150 块时，三化螟卵块达 100 块(7—8 月第 3 代达 1 000块)以上时列为防治对象田。

2. 防治虫伤株和白穗两查两定　查发蛾情况，预测卵块孵化进度，定防治适期：根据幼虫、蛹发育进度调查或灯下发蛾情况，推算卵块孵化进度，掌握在卵孵化高峰期或高峰期后5～7 d 用药。查虫情与苗情配合情况，定防治对象田：凡螟卵孵化始盛期到水稻成熟不到半个月的早熟早稻，可不必防治，相隔 15 d 以上始熟的中、迟熟早稻，要挑治上一代残留虫口较高、生长嫩绿的早稻，或调查中心凋萎虫伤株数量，在螟卵孵化始盛期，查到 667 m^2 中心凋萎虫伤株 50 个以上的田块，定为防治对象田。

防治白穗，在螟卵盛孵期内掌握早破口早用药，迟破口迟用药的原则，一般在破口抽穗 5%～10%时用药 1 次，如果螟虫发生量大或水稻抽穗期长，则隔 4～5 d 再用药 1 次。螟卵盛孵前已经抽穗而尚未齐穗的稻田，则掌握在螟卵孵化始盛期用药。凡在螟卵盛孵期内，孕穗(大肚)植株达 10%以上至齐穗植株 80%以下的稻田，均列为防治对象田。

(三)测报参考资料

(1)三化螟各龄幼虫特征见表 2-1-7。

表 2-1-7 三化螟各龄幼虫特征

龄别	体长/mm	体色	头壳宽/mm	头壳色	其他特征
1	1.2～3	灰黑	0.20～0.29	黑褐	前胸背板黑褐色,腹部灰黑色,第一节白色
2	4～7	黄白	0.30～0.46	黄褐	前胸背板黄褐色,与中胸之间有 1 对纺锤形隐纹(死虫看不清楚)
3	7～9	淡黄	0.44～0.70	黄褐	前胸背板淡褐色,后缘左右各有 1/2 圆弧形紧靠一起,呈半圆形,背血管清晰可见
4	9～15	黄绿	0.65～1.18	黄褐	前胸背板后缘有一对新月形褐斑,靠中线排列
5	15～20	黄绿至粉绿色	>1	黄褐	前胸背板后缘的新月形斑深褐色,腹足趾钩环的纵横径均为 4 龄的 1.5 倍

三化螟各级蛹特征：

1 级:体淡黄至黄绿色,复眼无色透明至 1/2 有淡褐色;

2 级:体色同上,复眼全部淡褐色;

3 级:体淡黄褐色,复眼深褐色;

4 级:体色同 3 级,复眼黑色;

5 级:头、胸和翅基部分淡褐色,复眼银灰色,隐约可见翅点;

6 级:体黄褐色,复眼灰黑并覆盖金黄色薄膜,黑色翅点明显;

7 级:体披灰黄色鳞粉,翅点明显,复眼披赤金色薄膜。

(2)其他水稻螟虫形态特征观察。

三化螟各虫态历期见表 2-1-8。

表 2-1-8 三化螟各虫态历期(广西宾阳) d

世代＼虫态	卵	幼虫					预蛹	蛹	产前	世代经过
		1 龄	2 龄	3 龄	4 龄	5 龄				
一	11	5.8	4	5.3	7	5	1	8.8	2	3 中/5 上
二	7	4.9	4.6	5	5.5	6.1	1	9	1	5 中/6 下
三	8	5.3	4.8	5.2	7.2	7	1	8.8	1	6 下/7 下

* 害虫发生期预测所用的虫态历期必须用当地病虫测报站多年统计值。

五、稻纵卷叶螟田间调查和短期预测

(一)田间调查

1. 田间赶蛾　从灯下或田间始见蛾开始,至水稻齐穗期。选取不同生育期和好、中、差 3

种长势的主栽品种类型田各 1 块，每块田调查面积为 50～100 m^2，手持长 2 m 的竹竿沿田埂逆风缓慢拨动稻丛中上部（水稻分蘖中期前同时调查周边杂草），用计数器计数飞起蛾数，隔天上午 9 时以前进行一次，将赶蛾数据记入表 2-1-9。结合赶蛾，用捕虫网采集雌成虫 20～30 头进行卵巢解剖。

表 2-1-9　稻纵卷叶螟田间赶蛾调查记载表

调查地点	调查日期	世代	稻作类型	品种	生育期	赶蛾面积/m^2	蛾量/头	折合 667 m^2 蛾量/头	备注

（仿中国农业出版社，最新中国农业行业标准第八辑，2012，12）

2. 残留虫量和发育进度调查　残留虫量（幼虫密度）调查选主要类型田各 3 块，双行平行跳跃式，每块田查 50～100 丛，调查百丛虫量，并折算为百丛虫量和 667 m^2 虫量；取其中 20 丛查卷叶数，计算卷叶率；发育进度调查：每类型田取 50 条幼虫，分别记录虫态和龄期。调查稻株顶部 3 张叶片的卷叶率，确定稻叶受害程度，数据记入表 2-1-10。

表 2-1-10　稻纵卷叶螟幼虫发育进度及残留虫量调查表

调查地点	调查日期	世代	类型田	品种	生育期	调查丛数/丛	总虫数/头	活虫数														寄生幼虫数/头	寄生率/%	卷叶率/%	虫量	
								幼虫										蛹		蛹壳					头/100丛	头/667 m^2
								1龄		2龄		3龄		4龄		5龄										
								头	%	头	%	头	%	头	%	头	%	头	%	头	%					

（仿中国农业出版社，最新中国农业行业标准第八辑，2012，12）

（二）短期预测

1. 查幼虫发育进度，定防治适期　赶蛾时蛾量突增为始盛期，蛾量最多时为发蛾高峰日。2 龄幼虫高峰期或卵孵高峰后 3～5 d 或新卷叶苞长度不超过 4 cm 时进行防治。2 龄幼虫高峰期＝发蛾高峰日＋当地该虫产卵前期＋卵历期＋1 龄幼虫期（成虫高峰后 10 d 左右）。

2. 查虫口密度，定防治对象田　在水稻分蘖期至抽穗期，2～3 龄幼虫密度分蘖期达 50 头/百丛，孕穗期达 30 头/百丛的田块列为防治对象田。

（三）测报参考资料

稻纵卷叶螟各龄幼虫、预蛹、蛹特征见表 2-1-11。

表 2-1-11　稻纵卷叶螟各龄幼虫、预蛹、蛹特征

龄期	体长/mm	特征
1龄	1～2	头黑色，体淡黄绿色，前胸背板中央黑点不明显
2龄	3～4	头黄褐色，体黄绿色，前胸前缘，后缘中部各出现2个黑点，中胸隐约可见2毛片
3龄	5～7	头褐色，前胸后缘两黑点转变为2个三角形黑斑，中胸毛片褐色，后胸毛片隐约可见
4龄	10～12	头暗褐色，体深绿色，前胸前缘2黑点两侧出现许多小黑点连成括弧形，中后胸毛片乌黑
5龄	14～19	头褐色，前胸中部黑点色退淡，中后胸毛片内侧颜色渐消失，呈括弧状，老熟幼虫体橘黄至棕红色
预蛹	13～17	身体收缩，体节膨大，橘黄色至橙红色
蛹	7～9	圆筒形，尾部尖，上生8根钩刺；腹部第5～7节近前缘处有1黑褐色细横隆线，初期淡黄色，渐变为黄褐色，羽化前带金黄色。茧薄，白色

稻纵卷叶螟世代划分的起点虫态为成虫。全国世代以中文数字表示，当地世代用阿拉伯数字加括号表示，如当地6月下旬至7月上旬才发生第一代，记为四(1)代。世代具体起止日期根据实际发生划定，但一般不宜超过标准日期5 d以上。全国稻纵卷叶螟世代划分统一时间见表2-1-12。

表 2-1-12　全国稻纵卷叶螟世代划分统一时间表

世代	起止日期/(月/日)	世代	起止时间/(月/日)
一	4/15以前	五	7/21—8/20
二	4/16—5/20	六	8/21—9/20
三	5/21—6/20	七	9/21—10/31
四	6/21—7/20	八	11/1—12/10

稻纵卷叶螟各虫态历期见表2-1-13。

表 2-1-13　稻纵卷叶螟各虫态历期(广西宾阳)　　d

虫态 世代	卵	幼虫					预蛹	蛹	产前	世代经过
		1龄	2龄	3龄	4龄	5龄				
一	12	4.8	2.6	3.1	3.4	5.4	2	8	2	4/15以前
二	5	3	2.5	2.5	3.5	6.2	2	6	2	4/16—5/20
三	4	2.7	2.5	2.3	3.4	6	2	7	2	5/21—6/20

六、稻飞虱田间调查和短期预测

(一)大田虫情普查

1. 灯光诱测　用200 W白炽灯作标准光源。已使用多年黑光灯诱测的地方，仍可继续使用黑光灯，光源为20 W(波长为3 650 Å)。光源离地面1.5 m，上方架设防雨罩，下方装集虫漏斗、杀虫和集虫装置。诱测灯安装应紧靠稻田，直径300 m范围内无高度超过6 m的建筑物和丛林，距路灯等干扰光源300～350 m。从当地最早见虫年份的成虫初见期前10 d开始，至常年成虫终见后10 d结束。每天天黑前开灯，天明后关灯。逐日对诱获的成虫计数，区别白背飞虱、褐飞虱种类和性别，并记载其他种类飞虱诱集数量。当日诱虫总重量超过100 g时，将所诱集的成虫均匀平铺于瓷盘内，用“十字交叉”法将成虫分为4等份，如1/4虫量仍超过100 g时，继续等分，使1/4虫量低于100 g后，再分类、记数。将各类型稻飞虱数量×4^n(n为等分次数)即为各类总诱获量。同时记录开灯时的天气状况。

2. 大田虫情普查　主害前一代若虫2～3龄盛期查1次，主害代防治前后各查1次，共查3次。每次成虫迁入峰后，立即普查1次田间成虫迁入量。在观察区和辖区范围内调查每种主要水稻类型田不少于20块，面积不少于1 hm^2。每块田采用平行跳跃式取样，每块田取5～10点，每点2丛。每块田的调查丛数可根据稻飞虱发生量而定。每丛低于5头时，每块田查50丛以上；每丛5～10头时，每块田查30～50丛；每丛大于10头时，每块田查20～30丛。用白搪瓷盘(33 cm×45 cm)，用水湿润盘内壁。查虫时将盘轻轻插入稻行，下缘紧贴水面稻丛基部，快速拍击植株中、下部，连拍3下，每点计数1次，计数各类飞虱不同翅型的成虫，以及低龄和高龄若虫数量，同时记录蜘蛛和黑肩绿盲蝽数量。每次拍查计数后，清洗白搪瓷盘，再进行下次拍查。调查结果记入表2-1-14。

表2-1-14　稻飞虱大田虫口密度普查记载表

调查日期	调查地点	类型田	品种	生育期	成虫量/(头/百丛)			若虫量/(头/百丛)			总虫量/(头/百丛)	褐飞虱百分率/%	防治情况
					长翅	短翅	小计	低龄	高龄	小计			

(仿中国农业出版社，最新中国农业行业标准第六辑，2011.1)

(二)短期预测

1. 查虫龄，定防治适期　在各地主害代田间成虫高峰出现后，调查有代表性的类型田1～2块，每隔2～3 d抽查1次。采用直线跳跃式取样，每块田查25～50丛。当查到田间1～3龄若虫占田间总虫量50%以上时，即为防治适期。

2. 查虫口密度，定防治对象田　根据县(市)病虫测报站防治适期预报，对当地水稻不同品种类型、插秧期早迟和前一世代防(兼)治情况划分若干类型田，进行稻飞虱密度普查。主害代秧田期加权平均30～40头/m^2，分蘖期以后加权平均百丛虫量达1 000头时均应列为防治对象田，当田间低龄(1～3龄)若虫约占50%或明显增多时为防治适期。对未达到防治指标的田块，过4～5 d再复查1次，已经达到防治指标的田块，立即施药1次。当早稻田蜘蛛和稻飞虱的比例为1∶4，晚稻田为1∶(8～9)时，可不用药防治。

(三)测报参考资料

三种稻飞虱若虫形态特征见表2-1-15。

表 2-1-15　三种稻飞虱若虫形态特征

龄期	褐稻虱	白背飞虱	灰飞虱	翅芽形状
1	平均体长约 1.1 mm，体灰白色。腹背中央有 1 淡色“T”形斑纹	平均体长 1.1 mm，腹背灰褐色，第 3～4 腹节背面呈“丰”形浅色斑纹	平均体长 1 mm，腹背豆浆色，斑纹不明显	无翅芽，后胸后缘平直
2	体长约 1.5 mm，腹背淡黄褐色，第 3～4 腹节黄白色	体长约 1.3 mm，腹背灰褐色，第 3～4 腹节淡褐色呈“丰”形	体长约 1.2 mm，腹背黄白色，二侧淡灰色，斑纹模糊	无翅芽，后胸二侧向后伸，中间向前凹
3	体长约 2.0 mm，腹背黄褐色，第 4～5 腹节各相嵌 1 对白色三角形斑纹，第 6～8 腹节有“山”形浅色斑	体长约 1.7 mm，腹背灰黑色，第 4～5 腹节各嵌有 1 对乳白色大形斑。第 6 腹节背面有浅色横带	体长约 1.5 mm，腹背灰褐色，二侧深灰色。第 4、5 腹节各嵌 1 淡褐色“人”字形纹	中、后胸二侧向后延伸成“八”字形翅芽
4	体长约 2.4 mm，其余同 3 龄	体长约 2.2 mm，其余同 3 龄	体长约 2.0 mm	前翅芽尖端与后翅芽相接近或平齐
5	体长约 3.2 mm	体长约 2.9 mm，其余同 4 龄	体长约 2.7 mm，其余同 4 龄	前翅芽尖端超过后翅芽尖端

卵(不分种)，长约 0.8 mm，香蕉形、新月形至尖辣椒形，常数粒至一二十粒排列成串。初产时乳白色，后变淡黄色，孵化前出现眼点。

七、稻瘿蚊田间调查和短期预测

(一)大田虫情普查

1. 晚稻秧田虫口密度调查　选择早、中、迟稻类型秧田各 1 块，随机或对角线 5 点取样，每个点调查 0.1 m^2，共查 0.5 m^2。调查其总株数、出葱率、葱管类型、虫口密度。将调查结果记入表 2-1-16。

表 2-1-16　稻瘿蚊虫口密度和发育进度调查表

单位：　　　　　　　　　　　　　　　年度：

日期	地点	类型田	调查株数/株	出葱株数/株	出葱率/%	活虫数/头		化蛹率/%	被寄生数/头	寄生率/%	虫量/(头/亩)
						幼虫	蛹				

(广西科学技术出版社，广西农作物主要病虫测报技术，2009.8)

2. 本田虫口密度和发育进度调查　本田期(早稻生长后期，晚稻返青至分蘖期)，在各代出葱高峰期后或成虫盛发期前 10 d，结合为害率调查进行。选择各种稻作类型田，采用平行跳跃五点取样法，每个类型田查 5 个点，每个点查 10～40 丛(早稻生长后期查 40 丛，晚稻返青至分蘖期查 10 丛)。调查出葱率、虫口密度。将调查结果记入表 2-1-16。每类型田剥查活虫数应大于 50 头，分别对幼虫、蛹进行分龄、分级，并计算比率。将调查结果记入表 2-1-17。

表 2-1-17 稻瘿蚊田间幼虫、蛹发育进度调查表

单位：　　　　　　　　　　　　　　　　　年度：

日期	地点	类型田	各龄幼虫数(头)及百分比/%								各级蛹数量(头)及百分比/%											
			1龄		2龄		3龄		预蛹		一级		二级		三级		四级		五级		六级	
			虫数	百分比	虫数	百分比	虫数	百分比	虫数	百分比	虫数	百分比	虫数	百分比	虫数	百分比	虫数	百分比	虫数	百分比	虫数	百分比

(广西科学技术出版社，广西农作物主要病虫测报技术，2009.8)

(二)短期预测

1.查虫龄，定防治适期　在晚稻苗期每隔 3 d 查 1 次，本田返青至分蘖期每隔 5～7 d 查 1 次，选择各种稻作类型田，采用平行跳跃五点取样法，每个类型田查 5 个点，每个点查 10～40 丛。调查出葱率、虫口密度。当查到丙型葱管达 20%时，即为成虫始盛期，3 d 后即为卵孵始盛期。成虫始盛期至卵孵始盛期是化学防治适期。如近期有阴雨、浓雾、重雾天气，则利于发生。

2.查虫口密度，定防治对象田　根据县(市)病虫测报站防治适期预报，对当地水稻不同品种类型、插秧期早迟和前一世代防(兼)治情况划分若干类型田，进行稻瘿蚊密度普查。早稻后期无效分蘖标葱率 0.5%，晚稻秧田需防治，晚稻秧田标葱率达 20%，本田达 10%，应列为防治对象田。

注：葱管类型有 3 种。甲型标葱：即大肚秧，此时葱管尚未抽出，被害状表现为无心叶或心叶缩短。乙型标葱：葱管已伸出叶鞘，幼虫已老熟化蛹，葱管末端封闭。丙型标葱：葱管末端有羽化孔，常残留白色蛹壳，成虫已羽化。

(三)测报参考资料

稻瘿蚊幼虫 3 龄，分龄特征：

1 龄幼虫体乳白色透明，第 3 节背面有浅赤色 X 形眼点，第 12 节和第 13 节末端两侧有管突和刺毛。

2 龄表皮半透明，眼点在第 2 节背面中央末端。第 2 节和第 12～13 节各有一对黑褐色的气孔。

3 龄表皮不透明，第 2 节腹面中央有红褐色的胸骨片，末端分叉。

稻瘿蚊蛹体长约 4 mm，长椭圆形，橙红色，头顶有分叉的额刺 1 对，前胸背前缘有背刺 1 对。蛹分为 6 级，分级特征：

1 级：蛹体和复眼无色；

2 级：体淡黄白色；

3 级：体橙黄色，复眼浅红色；

4 级：体橙红色，复眼枣红色；

5 级：复眼黑褐色，翅芽浅棕色；

6 级：蛹复眼乌黑色，翅芽棕褐色。

【巩固训练】

植保技能考核6:水稻病虫害田间调查统计与数据分析。操作要求:单独考核,考生根据田间水稻病虫害发生情况对水稻螟虫、稻纵卷叶螟、稻飞虱、稻瘟病、水稻纹枯病进行田间调查、统计和数据分析,30 min内完成。

稻纵卷叶螟和稻飞虱田间调查

作业

1.灯光诱测。在实习农场安装频振式测报诱虫灯或20 W的黑光灯,北纬24°以南并属于南亚热带季风气候区的地区每年3月1日起至11月10日止,其他地区于3月20日起至11月10日止,晚上开灯,白天关灯,每天上午取虫回室内,分种类记录水稻主要害虫灯下诱测数据,根据成虫高峰日预测幼虫孵化高峰。没有条件的可到当地县级植物病虫测报站参观,了解灯光诱虫情况。

2.病圃诱测。在实习农场建立不小于200 m^2的病害观测圃,种植当地主要水稻品种数种,并给予偏施氮肥、高湿等条件,诱发病害发生并进行测报。

3.水稻病虫害田间调查和短期预测。根据各地水稻病虫发生实况,选择稻瘟病、水稻纹枯病、水稻螟虫、稻纵卷叶螟和稻飞虱等主要病虫中的2～3种或全部种类开展发生情况普查和短期测报工作,按有关要求认真记载各项调查数据,并进行统计分析。

思考题

1.水稻的苗期、分蘖期和孕穗期各有什么主要病虫发生?水稻的什么生育期病虫为害最严重?

2.当年水稻主要病虫害的发生与历年有什么不同?分析其主要原因。

3.如何实现在同一时间同时调查几种水稻病虫害?

任务二　玉米主要病虫害田间调查和预测

【场地及用具】玉米病虫害发生重的田块,记录本、放大镜、铅笔、皮卷尺或米尺及其他有关用具。

【工作步骤】

一、玉米大、小斑病田间调查及短期预测

(一)田间调查

从3叶期开始至收获止,每隔5 d调查1次,选择当地有代表性的玉米品种,播期不同的田块各2～3块,每块田定5个点,采用五点取样法,每点查10株,共50株,统计发病率和病情指数,并在发病后,每点定玉米2株,观察病斑增长数,统计病情指数增长率。将调查结果记入表2-1-18。

表 2-1-18　玉米大、小斑病系统调查记载表

单位：　　　　　　　　　　　　　　　年度：

日期	地点	生育期	调查总株(叶)数/株(叶)	病株(叶)数/株(叶)	病株(叶)率/%	病株(叶)分级					病情指数
						1级	2级	3级	4级	5级	

预测预报参考资料：

玉米大、小斑病病情分级标准(以叶片为单位)：

1级：病斑面积占叶片面积的5%以下；

2级：病斑面积占叶片面积的6%～10%；

3级：病斑面积占叶片面积的11%～25%；

4级：病斑面积占叶片面积的26%～50%；

5级：病斑面积占叶片面积的50%以上。

玉米大、小斑病病情分级标准(以整株为单位)：

1级：全株叶片有零星病斑(占总叶片面积的5%以下)；

2级：全株叶片有少量病斑(占总叶片面积的6%～10%)；

3级：全株叶片有一定量的病斑(占总叶片面积的11%～25%)；

4级：全株叶片有较多的病斑(占总叶片面积的26%～50%)；

5级：全株上下有大量的病斑，出现大片枯死现象(占总叶片面积的50%以上)。

(二)短期预测

南方玉米栽培区2—4月，北方玉米栽培区6—8月，当田间病株率达70%，病叶率在20%左右时，气象预报有中雨或大雨，气温在25 ℃以下，玉米大斑病在半个月左右将暴发，温度大于25 ℃，则利于小斑病发生和流行。一般将玉米吐丝后15 d，病情指数达10的玉米田列为防治对象田。

二、玉米螟田间调查和短期预测

玉米害虫田间调查

(一)田间调查

1.玉米螟田间卵量调查　在黑光灯下出现当代成虫开始，每3 d调查1次，至成虫或卵终见3 d后止，选择长势好、种植主栽品种的玉米田3块，每块田棋盘式10点取样，每点10株，逐叶观察记录卵块数，并用记号笔做好标记，统计百株卵块数和被寄生数。

2.玉米螟幼虫为害情况调查　在心叶中期和末期各查1次，一般选择有代表性的玉米田若干块，每块田棋盘式10点取样，每点10株，调查花叶株率，凡新生2片叶有明显食痕的即为花叶株，在玉米穗期，调查雌穗上的虫穗率，统计花叶株率、被害株率、有虫雌穗率等。

(二)短期预测

1.查玉米发育进度，定防治适期　玉米心叶末期和抽丝盛期是心叶末期和穗期玉米螟幼虫的防治适期。心叶末期的确定：选择具有代表性玉米品种若干株，将玉米喇叭口卷成筒状而尚未展开的叶片拔出，层层剥开嫩叶，逐叶片计数，直到露出雄穗芽为止，当剥开4～5片

叶片见到雄穗芽，这是心叶中期；当剥开 2～3 片叶片就已看到雄穗芽，此时为心叶末期；一般春玉米心叶期叶片的生长速度为 3 d 长 1 叶或 5 d 长 2 叶，因此，在心叶中期就可推测再过 5～6 d 将达心叶末期。抽丝盛期的确定：自见到玉米抽丝开始，每 2 d 调查 1 次，当抽丝达 60%时，为抽丝盛期。

2. 查被害率或虫口密度，定防治对象田　心叶期世代百株卵量感病品种累计达 12 块，中抗品种达 20 块或花叶株率超过 10%；穗期世代百株累计 12 块卵或百穗花丝有虫 50 头或虫穗率达 10%的玉米田均列为防治对象田。如果心叶中期花叶株率超过 20%，或累计卵量百株超过 30 块，除在心叶末期防治 1 次外，心叶中期需增加防治 1 次。

三、草地贪夜蛾田间调查和短期预测

(一)田间调查

1. 诱测成虫

(1)高空测报灯诱测成虫　高空测报灯为 1 000 W 金属卤化物灯，能够实现控温杀虫、烘干、雨天不断电、按时段自动开关灯等一体化功能，诱到活虫后处理灭杀、翅膀鳞片完整，翅征易于辨别。高空测报灯可设在楼顶、高台等相对开阔处，或安装在病虫观测场内，要求其周边无高大建筑物遮挡和强光源干扰。在观测期内逐日记载诱集的雌蛾、雄蛾数量，结果记入表 2-1-19。单日诱虫量出现突增至突减之间的日期，记为发生高峰期(或称盛发期)。长江以南地区全年开灯监测，长江以北地区 4—10 月开灯监测。

草地贪夜蛾
田间调查

表 2-1-19　草地贪夜蛾成虫灯诱记载表

日期	作物种类和生育期	高空测报灯			常规测报灯			备注天气要素
		雌蛾/头	雄蛾/头	合计/头	雌蛾/头	雄蛾/头	合计/头	

(2)性诱剂诱测成虫　在玉米等寄主作物生长期开展监测。设置罐式、桶形或新型干式诱捕器，诱芯置于诱捕器内，诱芯每隔 30 d 更换 1 次。每块田放置 3 个诱捕器。苗期玉米等低矮作物田，3 个诱捕器呈正三角形放置，相距至少 50 m，每个诱捕器与田边距离不少于 5 m，诱捕器距地面 1 m 左右或高于植株冠层 20 cm。成株期玉米等高秆作物田，最好选田埂走向与当地季风风向垂直的田块，诱捕器放置于田边方便操作的田埂上，与田边相距 1 m 左右，诱捕器呈直线排列，间距至少50 m。每天上午检查记载诱到的蛾量，结果记入表 2-1-20。

2. 卵密度调查　当灯具或性诱诱到一定数量的成虫(始盛期)、雌蛾卵巢发育级别较高时，开始田间查卵，3 d 调查 1 次，成虫盛末期结束。采用五点取样，玉米抽雄前采用“W”形取样，抽雄后“梯子”形取样(见图 2-1-1)，每点取 10 株，每点间隔距离视田块大小而定。主要调查植株基部叶片正面、背面和叶基部与茎连接处的茎秆，成虫种群数量较大时，卵也会产在植株的高处或附近的其他植被上，应注意调查。记载调查株数、卵块数和每块卵粒数，结果记入表 2-1-21。

表 2-1-20 草地贪夜蛾成虫性诱记载表

调查日期	作物种类	生育期	诱集数量(头/台)			平均诱虫(头/台)	备注天气要素(气温、降雨、风力、风向等)
			诱捕器 1	诱捕器 2	诱捕器 3		

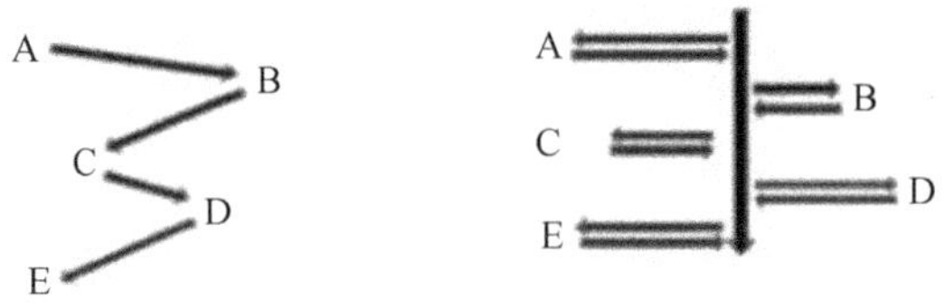

图 2-1-1 草地贪夜蛾卵、幼虫、蛹田间取样方法

(左为" W "形,右为"梯子"形)

(全国农业技术推广服务中心.草地贪夜蛾调查规范.2021)

表 2-1-21 草地贪夜蛾查卵情况记载表

日期	作物种类	生育期	调查株数/株	卵块数/块	估算单块卵粒数/粒			产卵部位	备注
					最多	最少	平均		

3.受害株率调查 苗期至灌浆期的玉米均可受害,也要注意观察甘蔗、高粱、谷子、花生、大豆、棉花、香蕉及各种蔬菜等作物发生情况。田间受害株呈聚集分布,发现 1 株受害,其周围可见数量不等的受害株。受害部位依生育期不同而变化,应观察记载叶片、心叶、茎秆、雄穗、花丝、雌穗等部位受害情况,苗期注意调查枯心苗引起的死苗。3 d 调查 1 次,结果记入表 2-1-22。

表 2-1-22 草地贪夜蛾为害情况记载表

日期	作物种类	生育期	调查株数/株	被害株数/株	被害部位	死苗株数/株	被害株率/%	死苗株率/%	雌穗被害率/%

4.幼虫密度和天敌调查 与受害株调查同时进行。观察为害状后,再调查叶片正反面、心叶、叶鞘、茎秆、未抽出雄穗苞、花丝、果穗等部位的幼虫数量、分辨龄期,同时注意观察天敌发生情况,结果记入表 2-1-23。

表 2-1-23　草地贪夜蛾幼虫和天敌情况记载表

<table>
<tr><th rowspan="2">日期</th><th rowspan="2">作物种类和生育期</th><th rowspan="2">调查株数/株</th><th colspan="6">各龄幼虫数/头</th><th rowspan="2">百株虫量/头</th><th colspan="2">天敌</th><th rowspan="2">备注</th></tr>
<tr><th>1～2 龄</th><th>3 龄</th><th>4 龄</th><th>5 龄</th><th>6 龄</th><th>合计</th><th>种类</th><th>数量</th></tr>
<tr><td></td><td></td><td></td><td></td><td></td><td></td><td></td><td></td><td></td><td></td><td></td><td></td><td></td></tr>
<tr><td></td><td></td><td></td><td></td><td></td><td></td><td></td><td></td><td></td><td></td><td></td><td></td><td></td></tr>
</table>

(二)短期预测

1. 预测发生期，确定防治适期

依据当地调查虫态、发育历期和温度情况，估算发育进度，作出幼虫发生期预报。防治适期为 2 龄幼虫高峰期。

2. 预测发生量，确定防治对象田

玉米田虫口密度达到 10 头/百株时，需进行化学防治。

(三)测报参考资料

草地贪夜蛾卵期夏季一般 2～3 d；幼虫期 12～30 d，25 ℃条件下 13.7 d；蛹期夏季 8～9 d，春、秋季 12～14 d，冬季 20～30 d；成虫寿命 7～21 d，平均约 10 d，多为 2～3 周。1～6 龄幼虫平均头宽和体长见表 2-1-24，幼虫 25 ℃发育历期见表 2-1-25。

表 2-1-24　草地贪夜蛾 1～6 龄幼虫平均头宽和体长　　mm

龄期	1	2	3	4	5	6
头宽	0.35	0.45	0.75	1.3	2.0	2.6
体长	1.7	3.5	6.4	10.0	17.2	34.2

表 2-1-25　草地贪夜蛾幼虫 25 ℃发育历期　　d

龄期	1	2	3	4	5	6	合计
历期	3.3	1.7	1.5	1.5	2.0	3.7	13.7

四、黏虫田间调查和短期预测

(一)田间调查

1. 诱测成虫　各地诱蛾时间不同。一代发生区南部自 2 月 10 日至 4 月 10 日，北部自 3 月 5 日至 4 月 15 日；二代发生区自 5 月 10 日至 6 月 20 日；三代发生区自 7 月 15 日至 8 月 15 日；四代发生区自 9 月 1 日至 10 月 10 日。各地可选用糖醋液、糖醋毒草把和虫情测报灯等诱蛾效果最好的方式进行诱蛾。

糖醋液诱蛾，配方为 40°～50°白酒 125 mL，水 250 mL，红糖 375 g，食醋 500 mL，90%晶体敌百虫 3 g。先将红糖和敌百虫称出，用温水溶化后，加入醋、酒，拌匀即为一台诱蛾器诱剂全量。可使用专门的诱蛾器，或用 5 L 旧塑料油瓶自制简易诱蛾器。选择离村庄稍远、比较空旷容易遭受为害的作物田，一般设置2台诱蛾器，间距应在500 m以上，诱蛾器可以用木或铁器架架起，诱蛾器底部距地面1 m。设立后不要轻易移动位置，保持相对稳定。加入诱剂后，每日黄昏前将诱剂皿盖打开，次日清晨将落在皿内和皿外死亡的黏虫蛾取出，携回检查并将诱剂皿盖盖好，减少诱剂蒸发，再罩好筒罩。诱剂每逢5(每月5日、15日、25日)增加半量，逢10(每月10日、20日、30日或31日)更换全量。

糖醋毒草把诱蛾，选用粗壮未发霉的干稻草，剪成50 cm长，基部扎紧呈直径10 cm的草把，端部朝下，插在1.5 m左右长的木棍或竹竿上。草把下边装一个盛蛾铁皮漏斗，漏斗直径60 cm、高30 cm，草把上安装一棚罩，以防雨淋。糖醋毒草把诱剂成分为红糖100 g、食醋100 mL、水100 mL、40°～50°白酒50 mL、90%晶体敌百虫2 g，以上为5个毒草把诱剂全量，配制方法同诱蛾器诱剂。诱液于傍晚涂在草把上，漏斗中可放入少许稻草，防止鸟雀啄食蛾子；次日清晨将落在漏斗内的黏虫蛾取出，携回检查。诱液每2 d涂一次。

虫情测报灯诱蛾，在常年适于成虫发生的场所，装设1台多功能自动虫情测报灯或20 W黑光灯，要求设在视野开阔处，其四周没有高大建筑物或树木遮挡，灯管下端与地表面垂直距离为1.5 m。一般每年更换一次灯管。灯的高度一般应以灯管下端高出作物30～70 cm为宜，也可以安装在便于管理的田边或路边。每天黄昏开灯，次日清晨关灯。

自各代成虫发生初期起，逐日调查统计蛾量及雌雄比，并解剖雌蛾卵巢，观察发育进度和抱卵量。也可进行草把诱卵。

黏虫发生区划分：

越冬代发生区：广东、广西、福建、云南、江西、湖南；

一代发生区：上海、浙江、湖北、江苏、安徽、河南、山东；

二代发生区：黑龙江、吉林、辽宁、内蒙古、山西、山东、河北、天津、北京、云南、贵州、四川、陕西、甘肃、宁夏；

三代发生区：黑龙江、吉林、辽宁、内蒙古、河北、山西、山东、天津、北京；

四代发生区：广东、广西、福建、江西、云南。

2.幼虫普查　当系统调查大部分幼虫进入2龄期时，立即组织一次普查。选具有代表性的各种寄主作物田进行，普查田块总数不少于20块，每块田以棋盘式10点取样，条播、穴播的小麦、谷子、水稻每点1 m^2，撒播的作物每点0.09 m^2；玉米、高粱每点10株，调查后均折算成平均每平方米虫数。调查条播麦田、谷田时，样点下铺一白布，拍打植株，如此重复数次，直至拍打后不再出现幼虫为止，然后扒开行间，检查布上或地表上的幼虫数量及其发育龄期；还应翻转根际松土，检查潜土的幼虫；谷叶心内常有低龄幼虫潜伏，除拍打外，对心叶及穗轴应仔细检查。玉米、高粱等高秆作物，先检查心叶、叶腋、雌雄穗及干叶卷缝内的虫量、虫龄；再查地表及土内虫量、虫龄；如田中杂草较多，也要查清杂草上的虫量、虫龄。

(二)短期预测

1.根据发蛾高峰，推测防治适期　根据诱蛾结果，由发蛾高峰日(蛾量最多的1 d)起，加上卵期、1龄和2龄幼虫历期，即为3龄幼虫发生盛期，也是用药防治的关键时期。

2.查幼虫密度，定防治对象田　根据测报站预报，在卵块孵化盛期开始幼虫普查，每隔3 d查1次，当查到一代黏虫，一类麦田幼虫密度达25头/m^2，二类麦田达15头/m^2，二代黏虫，玉米10头/百株，三代黏虫，谷子、水稻25头/m^2的田块，列为防治对象田。

【巩固训练】

植保技能考核7：玉米病虫害田间调查、统计与数据分析。操作要求：单独考核，考生根据田间玉米病虫害发生情况对玉米螟、草地贪夜蛾、黏虫、玉米大斑病或小斑病进行田间调查、统计和数据分析，30 min内完成。

作业

1.灯光诱测。在实习农场安装频振式测报诱虫灯或20 W的黑光灯，北纬24°以南并属于南亚热带季风气候区的地区每年3月1日起至11月10日止，其他地区于3月20日起至11月10日止，晚上开灯，白天关灯，每天上午取虫回室内，分种类记录当地杂粮主要害虫灯下诱测数据，根据成虫高峰日预测幼虫孵化高峰。

2.草把诱测、糖醋液诱测。早春在玉米田开展草把诱测、糖醋液诱测。

3.病圃诱测。在实习农场建立不小于200 m^2的病害观测圃，种植当地主要玉米品种数种，并给予偏施氮肥、高湿等条件，诱发病害发生并进行测报。

4.根据各地杂粮病虫发生实况，选择玉米螟、黏虫、大斑病等主要病虫中的1～2种或全部种类开展发生情况普查和短期测报工作，按有关要求认真记载各项调查数据，并进行统计分析。

思考题

1.在当地黏虫为害的作物种类有哪些？为害不同作物的时间有何不同？

2.除上述所列的病虫外，当地还有哪些病虫为害玉米较严重？

任务三　甘蔗主要病虫害田间调查和预测

【场地及用具】甘蔗病虫害发生重的田块，记录本、放大镜、铅笔、皮卷尺或米尺及其他有关用具。

【工作步骤】

一、甘蔗螟虫田间调查和短期预测

(一)田间调查

1.成虫诱测　用220 W的黑光灯(波长3 600 Å)。黑光灯设在虫口密度较大、连片面积在1 hm^2以上的连作蔗田内。每年4月开始点灯，至末代蛾终见后1周结束。每天黄昏开灯，天明关灯。逐日检查螟蛾数量和雌雄比，将数据记入表2-1-26。

2.性诱剂诱测　用三个饭钵，各装半钵水，加少量洗衣粉搅匀，把性诱剂架于钵上即可，放置田间。到甘蔗伸长期，要用小棍支架性诱钵，使之与蔗梢齐平。天黑放钵，天亮收钵，清点雄蛾数，按1∶(0.9～1)的雌雄比计算，可掌握田间数量的消长，并以此确定发蛾盛期及高峰日，将数据记录入表2-1-26。

表 2-1-26 甘蔗螟虫成虫诱测结果记载表

单位： 年度：

时间	地点	类型田	二点螟			条螟			黄螟		
			雌	雄	总数	雌	雄	总数	雌	雄	总数

3. 卵密度和孵化进度调查 从蛾始盛期开始，选宿根蔗和新植蔗田各2～3块，每块固定5点，每点67 m^2，3 d调查一次，主要查1～4叶，至蛾盛末止。记载并标记每次调查的卵块数，并每天定时观察孵化情况。据此确定当年当代的卵块密度增长情况及孵化进度。卵块密度普查则可在盛蛾高峰后3～5 d查不同类型田，按五点取样，每点133 m^2，记载卵量，将调查结果记入表2-1-27。

表 2-1-27 蔗螟卵密度和孵化进度调查记载表

单位： 年度：

日期	地点	蔗田类型	调查株数	调查叶数	二点螟			条螟			黄螟			平均每亩卵数
					卵块数	孵化卵块数	孵化率/%	卵块数	孵化卵块数	孵化率/%	卵块数	孵化卵块数	孵化率/%	

(二)短期预测

1. 根据发蛾高峰，推测防治适期 根据诱蛾结果，由发蛾高峰日(蛾量最多的1 d)起，加上产卵前期和卵历期，即为卵孵高峰期，施药适期为卵块盛孵期。

2. 查卵块密度，定防治对象田 根据测报站预报，从盛蛾高峰后3～5 d开始，选宿根蔗和新植蔗田各2～3块，每块固定5点，每点67 m^2，3 d调查1次，主要查1～4叶，至蛾盛末止。记载卵量，当查到甘蔗二点螟卵块密度达50块/667 m^2 的田块，列为防治对象田。

(三)测报参考资料

二点螟、条螟、黄螟发生期和各虫态历期见表2-1-28、表2-1-29、表2-1-30。

表 2-1-28 二点螟发生期和各虫态历期

世代	发生期/(月/旬)	各虫态历期/d				全世代历期(平均天数)
		卵	幼虫	蛹	成虫	
一	3/上—6/下	9.0	20.5	5.5	4.3	39.3
二	5/中—8/上	5.5	19.4	6.0	4.7	35.6
三	6—9/上	8.0	12.8	5.5	4.7	31.0
四	8/上—10/中	4.5	18.4	6.0	3.0	31.9
五	9/中—翌年4/下	7.5	65.0	11.0	5.0	88.5

表 2-1-29　条螟发生期和各虫态历期

世代	发生期/(月/旬)	各虫态历期/d				全世代历期（平均天数）
		卵	幼虫	蛹	成虫	
一	4/中—6/中	9.5	36.7	11.0	5.0	62.2
二	5/下—7/下	5.8	34.2	10.0	5.0	55.0
三	7/中—9/下	6.7	34.3	9.0	5.0	55.0
四	9/上—翌年 5 月上旬	7.0	118.8	14.3	11.7	151.8

表 2-1-30　黄螟发生期和各虫态历期

世代	发生期/(月/旬)	各虫态历期/d				全世代历期（平均天数）
		卵	幼虫	蛹	成虫	
一	3/上—5/上	6.3	33.9	10.5	8.5	59.2
二	4/下—6/中	6.1	17.2	8.7	6.3	38.3
三	5/上—7/下	5.6	19.7	8.1	5.8	39.2
四	7/上—9/上	5.6	19.4	8.1	7.2	40.3
五	8/下—10/下	6.0	18.7	8.9	8.1	41.7
六	9/下—11/中	8.4	18.4	10.3	10.5	47.6
七	11/上—翌年 3/下	12.4	65.0	25.4	14.8	117.6

【巩固训练】

植保技能考核 8：甘蔗螟虫田间调查、统计与数据分析。操作要求：单独考核，考生对甘蔗螟虫（二点螟、条螟、黄螟、大螟等）进行田间调查、统计和数据分析，20 min 内完成。

作业

1. 灯光诱测。在本校实习农场安装频振式测报诱虫灯或 20 W 的黑光灯，北纬 24°以南并属于南亚热带季风气候区的地区每年 3 月 1 日至 11 月 10 日止，其他地区于 3 月 20 日起至 11 月 10 日止，晚上开灯，白天关灯，每天上午取虫回室内，分种类记录当地甘蔗主要害虫灯下诱测数据，根据成虫高峰日预测幼虫孵化高峰。

2. 根据甘蔗螟虫发生实况，对甘蔗螟虫开展发生情况普查和短期测报工作，按有关要求认真记载各项调查数据，并进行统计分析。

思考题

当地甘蔗螟虫发生的种类有哪些？为害时间和为害状有何异同？

任务四　油料作物主要病虫害田间调查和预测

【场地及用具】油料作物病虫害发生重的田块，记录本、放大镜、铅笔、皮卷尺或米尺及其他有关用具。

【工作步骤】

一、油菜菌核病田间调查和短期预测

(一)病情普查

油菜盛花期(主茎开花株率达95%以上时)、终花期和成熟期各调查1次。按品种、茬口和长势等各类型田共选择调查田不少于20块。每块田10点取样，每点查10株，发病初期调查叶发病株、茎发病株和茎发病严重度，当茎病株率达10%以上时，只查茎病株及其严重度，分别计算叶、茎病株率和病情指数。

严重度分级指标：

0级：无病；

1级：1/3以下分枝数发病，或主茎病斑不超过3 cm；

2级：1/3～2/3分枝数发病，或发病分枝数在1/3以下及主茎病斑超过3 cm以上；

3级：2/3以上分枝数发病，或发病分枝数在2/3以下及主茎中下部病斑超过3 cm以上。

(二)短期预测

油菜菌核病流行程度与菌源量、花期降水量、油菜生长势，以及油菜花期早晚和长短及花期与子囊盘盛发期吻合程度等有关。在其他因子一定情况下，春季气温回升早，油菜花期雨日多、雨量大且时段分布均匀，则当年病害大流行，反之则病情减轻。各地可依据当地气象预报，对当年的病害流行程度做出短期预报。

防治指标：油菜花期病株率达10%时。防治适期：油菜盛花期(主茎开花株率达95%以上时)开始第一次用药防治。

二、大豆食心虫田间调查和短期预测

(一)成虫发生数量消长调查

选当地种植的主栽大豆品种，固定两块邻近上年豆茬田块，每块面积不少于0.5 hm^2，每隔20垄取1点，每点长100 m、宽二垄，共取5点，做好标记。持1 m长木棍，行进并拨动豆株，目测惊起蛾量。用捕虫网采集成虫20头以上，分辨雌雄，计算性比。

(二)短期预测

吉林等东北地区的经验，如7月上旬降水较多，中、下旬降水不多，日降水量低于60 mm，8月上旬不特殊干旱，成虫期无大的暴雨，又加上豆田蛾量剧增，蛾团数也在增加，雌雄比接近1∶1，连续3 d累计双行百米蛾量达100头，应立即进行防治。如用药棒熏成虫(如敌敌畏浸

泡的高梁秸或玉米秸)，可在成虫初盛期开始；如药剂喷雾防治成虫和幼虫，可在成虫高峰期后5～7 d内进行。

【巩固训练】

植保技能考核9:油料作物病虫害田间调查、统计与数据分析。操作要求：单独考核，考生对油料作物病虫害进行田间调查、统计和数据分析，20 min内完成。

作业

1.病圃诱测。在实习农场建立不小于200 m^2的病害观测圃，种植当地油料作物品种数种，并给予偏施氮肥、高湿等条件，诱发油菜菌核病发生并进行测报。

2.根据各地油料作物大豆食心虫的发生情况开展普查和短期测报工作，按有关要求认真记载各项调查数据，并进行统计分析。

思考题

1.为什么油菜菌核病在寄主的生育期发生较严重？

2.影响油菜菌核病流行程度的因素有哪些？

3.什么气象条件利于大豆食心虫的发生？

4.除上述所列的病虫外，当地还有哪些病虫为害油料作物较严重？

任务五　蔬菜主要病虫害田间调查和预测

【场地及材料】蔬菜病虫害发生重的田块，记录本、放大镜、铅笔、皮卷尺或米尺、锄头或铁锹等用具。

【工作步骤】

一、小菜蛾田间调查和预测

(一)田间调查

1.成虫的消长调查　3月初—11月底，每日晚7时后点20 W黑光灯1盏，逐日早晨调查诱蛾数。将结果记入表2-1-31。

表2-1-31　小菜蛾成虫灯下诱蛾消长记载表

单位：　　　　　　　　　　　　年度：

日期	灯诱蛾量	当日合计	本旬累计	本月累计

2. 发育进度和虫口密度调查　3月初—11月底，选早、中、晚茬花菜及结球白菜、甘蓝类型田各2块；采用对角线5点取样法，每隔10 d调查1次，每田每次取样共25株（小株菜50株）；调查有虫株率，卵、幼虫、蛹数，计算发育进度，将结果记入表2-1-32。

表2-1-32　小菜蛾田间虫口密度与发育进度调查表

单位：　　　　　　　　　　　　　　　　年度：

日期	调查株数	有虫株数	有虫株率/%	幼虫数(头)				蛹数	合计虫数	有卵株数	有卵株率/%	百株卵量	发育进度/%			
				1龄	2龄	3龄	4龄						1龄	2龄	3龄	4龄

(二)短期预测

1. 预测发生期，确定防治适期　根据诱蛾结果、田间虫量消长情况和虫态历期，采用期距和历期法预测卵孵盛期及2龄幼虫期。

卵孵盛期＝发蛾高峰日（蛾量突增日）＋产卵前期＋卵历期；2龄幼虫盛期＝卵孵盛期＋1龄幼虫历期

防治适期为2龄幼虫期，或田间查卵孵化率达20%～50%时为防治适期。

即防治适期（2龄幼虫期）＝发蛾高峰日（蛾量突增日）＋产卵前期＋卵历期＋1龄幼虫历期＋（1/2）2龄幼虫历期。

2. 预测发生量，确定防治对象田　根据虫口密度、成虫诱集量及发育进度调查情况，结合天气、作物布局、长势情况、天敌数量和历史资料综合分析，做出发生量、发生程度预测。在春、秋两个主要为害季节开展大田虫情查定预报。

一般当每百株虫量达30头时，苗期至采收期10 d前的类型田确定为防治对象田。

(三)测报参考资料

菜蛾幼虫共4龄。老熟幼虫体长9 mm左右，两头尖细，呈纺锤形。前胸背板有淡褐色小点组成两个“U”字形纹。臀足往后伸长超过腹端。1～4龄幼虫头宽分别为0.17 mm、0.27 mm、0.39 mm、0.59 mm；体长分别为1.08 mm、2.83 mm、4.87 mm、8.76 mm。

小菜蛾各虫态历期见表2-1-33。

表2-1-33　小菜蛾各虫态历期（天）（室内1992—1994年广州华南农业大学）

温度/℃	虫态							备注
	卵	幼虫				预蛹	蛹	
		1龄	2龄	3龄	4龄			
8	27	22	15	16	21	5	38	在人工气候室进行养虫
12	15	11	8	8	12	3	19	
14	9	9	6	6	8	2	12	
17	6	6	4	5	6	2	8	

续表 2-1-33

温度/℃	虫态							备注
	卵	幼虫				预蛹	蛹	
		1龄	2龄	3龄	4龄			
20	5	4	3	3	4	1	5	在人工气候室进行养虫
23	4	3	2	3	4	1	4	
25	3	3	2	3	3	1	4	
27	3	2	2	2	2	1	4	
28.5	2	2	2	2	2	1	3	
30	2	2	2	2	2	1	3	
33	2	2	1	1	2	0	3	
35	2	2	2	3	1	4		

注：均用四舍五入法取数值。

二、黄曲条跳甲田间调查和预测

(一)田间调查

1. 色诱成虫消长系统调查　当地春季温度达到 10 ℃左右开始至秋季温度回落到 10 ℃以下时止，在主要生产基地，选择有代表性的茬口、主栽品种，在露地观察点放置 30 cm×30 cm×10 cm 中黄色方形诱杀盆(或用 18～25 cm 直径，中黄色圆盆)3 只(编号)。黄色诱成虫应将诱虫设备放在空旷、便于调查进出的田边，周边应避免有同类的光谱干扰，各盆间隔距离 10 cm 以上，在盆深 2/3 左右位置开5～8 个 2 mm 直径的溢水孔，盆放在近地面，盆内盛清水至溢水孔，并加入少量敌百虫农药，防止已诱捕入盆的成虫再跳出。每日上午同一时间(一般上午上班时)调查隔日的投盆虫数。将结果记入表 2-1-34。

表 2-1-34　黄曲条跳甲黄盆诱捕消长记载表

调查单位：________　　　　年度：________

调查日期	地点	黄盆 1	黄盆 2	黄盆 3	当天合计	当天单盆平均	平均单盆累计	备注

(李惠明，蔬菜病虫害预测预报调查规范，上海科学技术出版社，2006)

2. 大田虫情系统调查　在黄盆诱虫始见后 10 d 至黄盆诱虫终见止。直播的叶菜或萝卜播种出苗后 10 d 开始，至采收前 10 d 止；移栽定植的大田白活棵后10 d 开始，至采收前 5 d 止。采用对角线五点取样法，每 5 d 调查 1 次，每点取样 10 株，共调查取样 50 株。记载虫害株数、被害叶率，将结果记入表 2-1-35。

表 2-1-35 黄曲条跳甲田间叶片为害率调查

调查单位：________ 年度：________

日期	地点	生育期	品种	调查株数/株	被害株数/株	被害株率/%	调查总叶片数/片	被害叶片数/片	叶片被害率/%

3. 大田普查　从当地黄曲条跳甲发生盛期开始至年度的发生末期止。采用对角线五点取样法，每 10 d 查 1 次，每点取样 20 株。调查虫害株率。将大田虫情巡回普查结果汇总记入表 2-1-36。

表 2-1-36 黄曲条跳甲大田普发率调查表

单位： 年度：

日期	地点	类型田	生育期	调查株数/株	有虫株率/%	受害叶率/%

(二)短期预测

根据黄盆诱虫系统消长调查，在成虫盛发期前 5～7 d，向主要生产区发布大田虫情防治适期预报。

防治适期为成虫始盛至高峰期。连茬种植的十字花科播种时用颗粒剂随种子同时散布于浅土层。

防治对象田为大田虫情普查有虫株率达到 10%以上的田块(或发生程度属中等发生以上)和连茬种植萝卜类型田。

(三)测报参考资料

黄曲条跳甲老熟幼虫体长 4 mm 左右，长圆筒形，乳白色。胸足发达。头部、前胸盾片和腹末臀板呈淡褐色。各节都有不显著的肉瘤，上生细毛。幼虫多为 3 龄，1～3 龄头宽依次为 151.6 μm、200.9 μm 和 310.1 μm。

黄曲条跳甲卵历期(室内饲养，上海)：17～19 ℃ 7～8 d、21～23 ℃ 5～6 d、24～25 ℃ 4 d、27.5～30 ℃ 3 d。

幼虫、成虫的发生期见表 2-1-37、表 2-1-38。

表 2-1-37 黄曲条跳甲幼虫历期(室内饲养，上海)

虫龄	平均温度/℃	历期/d
1 龄	29.0～31.5	2～3
2 龄	28.0～31.0	2
3 龄	27.5～31.0	2
预蛹	29.0～32.0	1～2

表 2-1-38 上海地区黄曲条跳甲各代成虫的发生期

代别	发生时期/(月/旬)	代别	发生时期/(月/旬)
越冬代	4/中、下	第四代	8/中、下
第一代	5/下	第五代	9/中、下
第二代	6/下	第六代	10/中、下—11/中
第三代	7/下		

三、菜粉蝶田间调查及防治决策

(一)田间调查

1. 发育进度和虫口密度调查　于3月初至11月中旬,根据当地十字花科蔬菜种植情况,分早、中、晚栽的类型田各1～2块。每块田采用对角线5点取样,取5点,每点查5株(小菜10株),共查25株(小菜50株),每隔5 d调查1次,将卵、幼虫、蛹的数量记入表2-1-39。

表 2-1-39 菜粉蝶田间虫口密度与发育进度调查记载表

单位：　　　　　　　　　　　　　　年度：

日期	地点	类型田	品种	生育期	调查株数/株	有卵株数/株	有卵株率/%	卵粒数/粒	百株卵量/粒	有虫株率/%	百株虫量						有蛹株数/株	百株蛹数/株
											1	2	3	4	5	合计		

2. 幼虫发生普查　于4月初至10月底进行。选择具有代表性的乡(镇)、村进行抽样,各类型田的调查块数应按当地其相应比例确定。调查采用对角线5点取样,调查百株虫口密度,并以此确定幼虫发生级别。记录各级别所占田块数及比例。将调查结果记入表2-1-40。

表 2-1-40 菜粉蝶大田普查记载表

单位：　　　　　　　　　　年度：

日期	地点	品种	生育期	调查株数/株	调查叶数/片	有虫株数/株	有虫株率/%	有虫叶数/片	有虫叶率/%	幼虫量/头			百株虫量
										低龄	高龄	合计	

(二)短期预测

1. 预测发生期,确定防治适期

一般以2龄幼虫高峰期至3龄幼虫始盛期(3龄幼虫占20%)为防治适期,球菜、花椰菜等补偿能力较强,可推迟至3龄幼虫高峰期防治。防治适期=卵高峰日+1龄幼虫历期+2龄幼虫 1/2 历期。

根据越冬虫口存活率和羽化进度及田间卵量消长调查结果，累计羽化率分别达到 20%、50%、80%时作为羽化始盛期、高峰期和盛末期，采用期距法，结合气象情况，预测幼虫发生初、盛期及 2～3 龄幼虫盛发期。

2. 预测发生量，确定防治对象田

根据大田虫情调查情况，以及不同蔬菜品种和生育期，百株幼虫 2～5 头，百株卵量 50 粒以上为防治对象田。

根据虫口基数、田间虫量消长动态，结合天气条件、天敌数量、作物布局、长势等进行综合分析，预测发生量。在春、秋两个主要为害季节开展大田虫情查定预报。

(三)预测预报参考资料

各虫态历期见表 2-1-41、表 2-1-42、表 2-1-43。

表 2-1-41　菜粉蝶卵历期

代别	1	2	3	4	5	6	7	8	地点
平均温度/℃	20.3	22.6	27.9	29.8	28.3	28.1	20.0	15.7	宁波(1985，室内)
平均历期/d	5.5	3.6	2.5	2.0	2.0	2.0	5.5	7.5	
平均历期/d	6.6	3.9	3.8	3.1	2.9	3.1	3.9	4.6	无锡(1982—1983)

表 2-1-42　菜粉蝶蛹历期

代别	1	2	3	4	5	6	7	8	地点
平均温度/℃	21.6	22.7	29.7	28.2'	26.6	23.2	17.4		宁波(1985，室内)
平均历期/d	9.3	8.1	5.8	5.3	6.1	8.0	12.6		
平均历期/d	8.9	8.1	6.0	5.8	6.2	7.6	13.6		无锡(1982、1983)

表 2-1-43　菜粉蝶成虫历期

代别	1	2	3	4	5	6	7	地点
平均温度/℃	22.4	22.9	32.0	29.7	27.1	21.1	14.9	宁波(1985，室内)
平均历期/d	3.3	5.3	2.0	2.1	3.2	4.0	6.7	
平均历期/d	5.8	6.6	5.3	4.0	5.5	5.7	12.3	无锡(1982、1983)

四、黄瓜霜霉病调查和短期预测

(一)田间调查

1. 大棚(温室)黄瓜中心病株及发病情况调查　大棚(温室)黄瓜定植后，选择地势低洼、通风排水不良、容易发病地段的大棚 1～2 个，在未发现中心病株前，全棚调查，发现中心病株后，即发出中心病株普查预报并进行防治。

2. 露地黄瓜中心病株调查　黄瓜定植后，选择地势低、栽培较集中、早栽、易感病的生栽品种类型田 2～3 块。从出苗或定植后开始，每天调查 1 次，采取对角线 5 点取样，每点调查 100～200 株(或全田调查)，查清发病始期、中心病株出现日期，并统计发病株率等。

(二)短期预测

查见黄瓜霜霉病中心病株后 10～15 d 或田间株发病率 5%～10%为防治适期。进入生长盛期至采收中后期前的各类型大田为防治对象田。

(三)预测预报参考资料

黄瓜霜霉病病叶病情严重度分级标准

0 级：叶上无病斑。

1 级：病斑面积占全株叶面积的 1/4 以下。

2 级：病斑面积占全株叶面积的 1/4～1/2。

3 级：病斑面积占全株叶面积的 1/2～3/4。

4 级：病斑面积占全株叶面积的 3/4 以上至成片枯死。

五、番茄青枯病调查和短期预测

(一)田间调查

番茄定植大田后 10～15 d(保护地 5～10 d)，选早栽易感病的主栽品种一种，类型田二块，每 10 全田普查 1 次，于上午 10 时至下午 5 时调查。初见病株后，改为每 5 d 查 1 次，采用平行跳跃式取样法，每田定行定株 100 株，调查株发病率、病情指数。将结果记入表 2-1-44。

表 2-1-44　番茄青枯病定点系统调查记载表

单位：　　　　　　　　　　　　　　　　年度：

日期	地点	品种	生育期	调查株数/株	发病株数/株	发病株率/%	各级发病株数				病情指数
							1	2	3	4	

(二)短期预测

番茄始花期遇多雨或晴后突降大雨，病害容易流行。一般在土温 20～25 ℃，株发病率达 1%的番茄田为防治对象田。

(三)预测预报参考资料

番茄青枯病病情严重度分级标准

0 级：无症状表现；

1 级：植株顶端个别叶、枝萎蔫；

2 级：全株 1/3 枝、叶自上向下萎蔫，早晚有恢复能力；

3 级：全株 1/2 枝、叶萎蔫，无恢复能力；

4 级；全株枝叶萎蔫而枯死。

【巩固训练】

植保技能考核10:蔬菜病虫害田间调查、统计与数据分析。操作要求:单独考核,考生对蔬菜病虫害进行田间调查、统计和数据分析,20 min内完成。

作业

1.灯光诱测。在本校实习农场安装频振式测报诱虫灯或20 W的黑光灯,北纬24°以南并属于南亚热带季风气候区的地区每年3月1日起至11月10日止,其他地区于3月20日起至11月10日止,晚上开灯,白天关灯,每天上午取虫回室内,分种类记录当地蔬菜主要害虫灯下诱测数据,根据成虫高峰日预测幼虫孵化高峰。

2.黄盆诱测。当地春季温度达到10 ℃左右开始至秋季温度回落到10 ℃以下时止,在本校实习农场蔬菜种植地空旷、便于调查进出的田边,放置30 cm×30 cm×10 cm中黄色方形诱杀盆3只(编号),各盆间隔距离10 cm以上,在盆深2/3左右位置开5~8个2 mm直径的溢水孔,盆放在近地面,盆内盛清水至溢水孔,并加入少量敌百虫农药。每日上午同一时间(一般上午上班时)调查记录隔日的投盆虫数。

3.根据蔬菜病虫害发生实况,选择小菜蛾、黄曲条跳甲、菜粉蝶开展发生情况普查和短期测报工作,按有关要求认真记载各项调查数据,并进行统计分析。

思考题

在当地为害各类蔬菜的主要病虫害有哪些?为害时间?寄主生育期?为害部位?害虫为害状和病害症状如何?

任务六　地下害虫田间调查和预测

【场地及用具】地下害虫发生重的田块,记录本、放大镜、铅笔、皮卷尺或米尺、锄头或铁锹等用具。

【工作步骤】

(一)田间调查

挖土调查是地下害虫种类和数量调查中最常用的方法。一般在春、夏、秋播种前或在秋季(收获后,结冻前)进行,选择当地代表性强的田块5块以上,分别按不同土质、地势、茬口、水浇地、旱地等进行调查,每块田不少于2×667 m^2。每块田采用对角线五点取样或棋盘式取样方法,每点1 m^2(长宽各1 m或长2 m、宽0.5 m均可),1 hm^2内取5点,1 hm^2以上每加大0.7 hm^2增加1点,挖土深度一般30 cm(如进行蝼蛄垂直活动调查,则要分层挖土,一般分为0~15 cm、16~34 cm、35~45 cm、46 cm以下四层进行,分别统计虫口数),记录各种地下害虫的种类及数量,统计虫口密度(头/m^2)。5点内未发现地下害虫,应增加点数,至少挖到1头地下害虫为止。将调查结果记入表2-1-45。

表 2-1-45 主要地下害虫田间密度调查表

调查日期	地点	地势	土质	前茬作物	土地类型	取样面积/m^2	蝼蛄	蛴螬	地老虎	金针虫	其他地下害虫	平均每平方米虫量				备注
												蝼蛄	蛴螬	金针虫	总计	

也可采用灯光诱测成虫、食物诱集或目测(如蝼蛄在上午10时以前调查土表虚土堆或短虚土隧道数以确定虫量)的方法进行调查或在作物苗期调查被害率。

(二)短期预测

地下害虫的发生为害受多种因素的影响,应根据当地情况对不同种类采取不同的预测方法。

1.查成虫发生盛期,定防治适期　小地老虎可采用蜜糖液诱蛾器,如平均每天每台诱蛾器诱蛾5～10头及以上,表示进入发蛾盛期,蛾量最多的一天即为发蛾高峰期,后推20～25 d为1～3龄幼虫盛期,即为防治适期;诱蛾器如连续两天诱蛾在30头以上,预示小地老虎将有大发生的可能。金龟甲可从当地优势种常年始见期开始,设置诱虫灯逐日观测;或在金龟甲经常活动的场所,如大豆田、灌木丛等,固定3～5点,每点10 m^2,由专人于每晚18～20时检查虫量,当金龟甲数量激增时,即为防治成虫的适期。

2.查害虫活动情况,定防治适期　春季当蝼蛄已上升至表土层20 cm左右,蛴螬和金针虫在10 cm左右,田间发现被害苗时,需及时防治。当蝼蛄达0.5头/m^2(或有新鲜浮土或隧道1个/m^2),或作物被害率在10%左右;蛴螬达3～5头/m^2,或作物受害率达10%～15%;小地老虎幼虫达1头/m^2,或作物被害叶率(花叶)达25%;金针虫达5头/m^2的田块列为防治对象田。

【巩固训练】

植保技能考核10:地下害虫田间调查、统计与数据分析。操作要求:单独考核,考生对地下害虫(蝼蛄、蛴螬、小地老虎)进行田间调查、统计和数据分析,20 min内完成。

作业

1.灯光诱测。从当地金龟甲优势种常年始见期开始,设置诱虫灯逐日观测,分种类记录金龟甲灯下诱测数据,根据成虫高峰日预测防治适期。

2.用挖土法调查各种地下害虫密度,确定防治对象田。

3.采用蜜糖液诱蛾器诱测小地老虎发蛾高峰期,预测幼虫防治适期。

4.田间调查作物花叶株率,确定防治对象田。

5.目测浮土法调查蝼蛄田间密度,确定防治对象田。

思考题

1.当地主要地下害虫有哪些?

2.当地什么作物、什么生育期受地下害虫为害最严重？

3.当几种地下害虫同时发生时，如何确定防治指标？

4.当地水稻遭受地下害虫为害吗？是什么生育期遭受地下害虫为害？

【拓展知识】

植物有害生物的调查与预测预报

一、植物有害生物的调查

(一)调查类型

病虫害调查根据其目的和要求大致可分为3种类型。

1.普查　用于了解当地各种作物或某种作物上病虫害的种类、分布特点、危害损失程度等，或当年某种病虫害在各阶段发生的总体情况。可采用访问和田间调查等方法。一般调查面积较大，范围较广，但较粗放。

2.系统调查　用于了解病虫在当地的年生活史或某种病虫害在当年一定时期内发生发展的具体过程。一般要选择、确定有代表性的场所或田块，按一定时间间隔进行多次调查，每次都要按规定的项目、方法进行调查和记载。

3.专题调查　用于对病虫害发生发展规律、调查或防治中的某些关键性因子或技术进行研究。这类调查要有周密计划，并与田间或室内试验相结合。

(二)调查内容

1.病虫发生及危害情况调查　主要是了解一个地区一定时间内病虫种类、发生时期、发生数量及危害程度等。

2.病虫、天敌发生规律的调查　调查某一病虫或天敌的寄主范围、发生世代、主要习性以及在不同农业生态条件下数量变化的情况等。为制订防护措施和保护利用天敌提供依据。

3.越冬情况调查　调查病虫的越冬场所、越冬基数、越冬虫态和病原越冬方式等，为制订防治计划和开展预测预报提供依据。

4.防治效果调查　包括防治前后病虫发生程度的对比调查；防治区与未防治区的对比调查和不同防治措施的对比调查等，为选择有效的防治措施提供依据。

(三)调查方法

有害生物的田间调查方法取决于有害生物的田间分布型(也称为空间格局)。

1.有害生物田间分布型　有害生物田间分布型主要有以下3种(图2-1-2)：

(1)随机分布：又称潘松分布。有害生物在田间分布是随机的，每个个体之间的距离不等，但比较均匀。如玉米螟卵块和稻瘟病流行期病株多属此类型。

(2)核心分布：又称奈曼分布。有害生物在田间不均匀地呈多个小集团核心分布。核心内为密集的，而核心间是随机的。如玉米螟幼虫及其被害株在玉米田内的分布、水稻白叶枯病由中心病株向外蔓延的初期均属此类型。

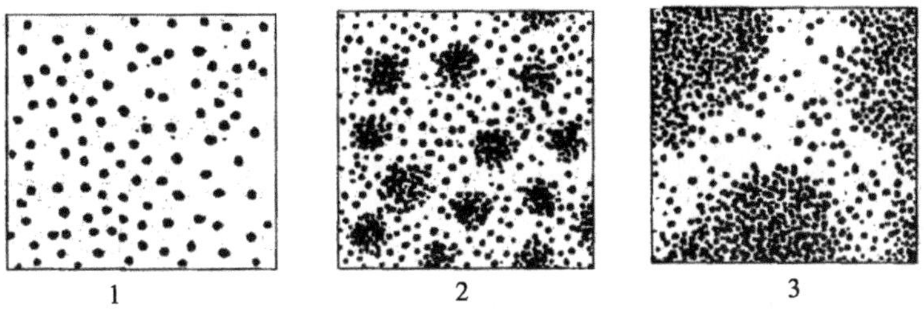

图 2-1-2 植物病虫害的田间分布型

1.随机分布 2.核心分布 3.嵌纹分布

(李清西.2002.植物保护)

(3)嵌纹分布:又称负二项式分布。有害生物在田间呈不规则的疏密相间的不均匀分布。

2.调查取样方法 取样方法有多种,可根据病虫在田间的分布不同而采取不同的取样方法。无论采用何种取样,总的原则是抽样的样本要有代表性,以最大限度地缩小误差。常用的取样方法有五点式取样、棋盘式取样、对角线式取样(单对角线、双对角线)、分行式取样和"Z"字形取样等(图 2-1-3)。一般前 3 种取样适用于随机分布型的病虫调查,分行式取样和棋盘式取样适用于核心分布型的病虫,"Z"字形取样适用于嵌纹分布型的病虫。

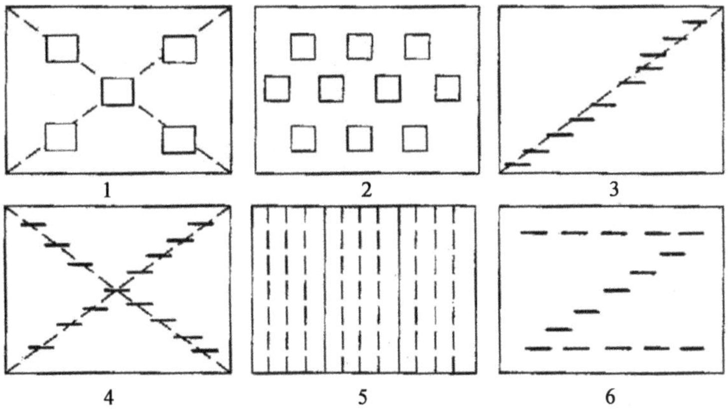

图 2-1-3 田间调查常用的取样方法

1.五点式(面积) 2.棋盘式 3.单对角线式 4.双对角线式 5.分行式 6."Z"字形

(李清西.2002.植物保护)

3.取样单位和数量 应随作物和病虫的种类而定,一般常用的单位有:长度单位(m),适用于调查麦类等条播密植作物上的病虫害;面积单位(m^2),适用于调查地下害虫和密集作物或作物苗期病虫害;重量单位(kg),多用于调查粮食、种子中的病虫害;植株和部分器官为单位,适用于调查全株或茎、叶、果等部位上的病虫害;网捕为单位,即以一定大小口径捕虫网的扫捕次数为单位,多用于调查虫体小而活动性大的害虫;此外还有以体积、诱集器械为单位。

取样数量因病虫的分布和作物的受害程度而不同,一般每样点取样数量是:全株性病虫 100~200 株,叶部病虫 10~20 片叶,果部病虫 100~200 个果。

(四)资料记载和计算

1.资料的记载 记载是田间调查的重要工作。记载要求准确、简明、有统一标准。田间调查记载内容,根据调查的目的和对象而定,一般采用表格的形式记载。应有调查时间、地点、作物及生育期、调查株(丛、叶等)数或面积、查得病虫数、病虫严重分级数、统计数等。对于较深入的专题调查,记载的内容应更详尽。

2.调查资料的整理与计算　通过抽样调查,获得的资料和数据,必须经过整理、简化、计算和比较分析,才能提供给病虫预测预报使用。调查资料的常用计算方法:

(1)发病率、被害率:反映病虫发生或危害的普遍程度。其公式为:

$$被害率=\frac{被害株(秆、叶、花、果)数}{调查总株(秆、叶、花、果)数}\times 100\%$$

$$发病率=\frac{病苗(株、叶、秆)数}{检查总苗(株、叶、秆)数}\times 100\%$$

(2)虫口密度:一般用单位面积的虫量表示。虫口密度也常用百株(穗、铃、丛等)虫量表示,密度很大时也可用单株(或其他单位)虫量表示,或根据所调查对象的特点,用单位时间、单位容器上出现的数量表示。其公式为:

$$虫口密度(头/hm^2)=\frac{查得的总虫数}{调查总面积}$$

①地上部分的虫口:在害虫发生季节或越冬期,抽样检查单位面积、单位植株或单位器官上害虫的卵(或卵块)数或虫(或幼、若虫、蛹或成虫)数。如对三化螟调查统计每 667 m^2 卵块数,对稻纵卷叶螟调查统计百丛幼虫数。

②地下部分的虫口:采用挖土或淘土方法,调查统计单位面积一定深度内数量,必要时进行分层调查。如对金针虫、蛴螬等地下害虫的调查常用挖取 30 cm 深每 m^2 土中虫数表示。

③飞翔的昆虫或行动迅速不易在植株上统计的昆虫如飞虱、叶蝉等:对有趋光性、趋色性、趋化性的昆虫可用黑光灯、草把、黄板、诱虫田、糖醋液等进行诱杀,以单个容器逐日诱集数表示。网捕是调查飞翔昆虫的重要方法,标准捕虫网柄长 1 m,网口直径 33 cm,来回扫动 180°为一复,以平均 1 复次或 10 复次的虫数表示。

④虫量的计算:

A. $有虫株率=\frac{有虫株数}{调查株数}\times 100\%$

B. $百株(丛)虫量=\frac{总虫数}{调查株(丛)数}\times 100\%$

C. $单株虫量=\frac{总虫数}{调查总株数}$

D. $单叶虫量=\frac{总虫数}{调查叶片数}$

E. $单位面积虫量=\frac{查得总虫数}{调查总面积}$

(3)病情指数:表示田间总体受害程度,是病害发生普遍程度和严重程度的综合指标。常用于植株局部受害,且各株受害程度不同的病害。其公式为:

$$病情指数=\frac{\sum[各级病株(秆、叶、花、果)数\times 该病级代表值]}{调查总株(秆、叶、花、果)数\times 最高级代表值}\times 100$$

在虫害调查时，也可根据作物受害程度分级，然后计算被害指数。计算方法一般与病情指数相同，但有时为了反映不同级别的重要性，用代表值来代替级数。如棉蚜量指数的计算中以1、5、10分别代表Ⅰ、Ⅱ、Ⅲ级量。

(4)损失率：除少数病虫如小麦散黑穗病的发病率，三化螟的白穗率接近或等于损失率外，大部分病虫的被害率与损失率不一致。病虫所造成的损失应以生产水平相同的受害田与未受害田的产量或经济产值对比来计算。其公式为：

$$\text{损失率}=\frac{\text{未受害区产量(产值)}-\text{受害区产量(产值)}}{\text{未受害区产量(产值)}}\times 100\%$$

二、植物有害生物的预测预报

植物有害生物的预测预报是在认识有害生物发生消长规律的基础上，有目的、有计划地进行调查，取得数据，结合历年观测资料和天气预报等信息，进行分析判断，推测出病虫在未来一段时间内的发生期、发生量及危害程度等，并及时发出情报，使有关部门和农户及时做好准备，抓住有利时机，开展防治工作。预测预报是植物保护工作的重要组成部分，是贯彻落实“预防为主，综合防治”植保工作方针，是保证农业增产增收的重要手段。

(一)预测预报的类型

预测按其内容可分为发生期预测、发生量预测、发生程度预测和产量损失预测等。

按时效分，预测又可分为长期预测、中期预测和短期预测三类。长期预测一般是在年初预测全年的病虫消长动态和灾害程度。其期限为31 d以上(含31 d)，也可以是一个季度、作物的一个生长季节、半年或几年不等，长期预测难度大；中期预测的期限为11～30 d，对害虫通常是从上一代预测下一代；短期预测就是在小范围内预测病虫害在未来7～10 d内的发生情况。短期预测对害虫来说一般是从前一个虫态的发生情况推测后一个虫态的发生期和发生量等，以确定防治适期、次数和方法等。对病害是在其发生前不久预测流行的可能性和程度，以指导防治。短期预测准确性高。

病虫预测还可以根据其手段、方法分为常规预测、数理统计预测、种群系统模型预测和专家系统预测等。

预报按其性质可分为通报、补报和警报等。通报是正常预报，一般由县级测报部门定期或不定期地发布书面“病虫情报”；补报是根据情况的变化发出的补充预报，如规定台风后对稻纵卷叶螟必须进行调查补报，用于对通报内容进行补充或修正；警报是就即将在短时间内暴发的病虫害做出紧急防治部署。

(二)害虫的预测

1.发生期预测　害虫发生期的预测主要是根据某种害虫防治对策的需要，预测某个关键虫期(适于防治的虫期)出现的时间。常用的预测方法有发育进度预测法、物候预测法、有效积温预测法。

(1)发育进度预测法：此法是根据实查的田间害虫发育进度和气温条件，参考历史资料，将实查日期加上相应的虫态历期，来推算以后虫期的发生期。此法适用于短期预测。主要有历期预测法、分龄分级预测法和期距预测法。

历期预测法：昆虫各虫态在一定温度条件下，完成其发育所需天数称历期。一般是通过对田间某种害虫前一个虫态发生情况的系统调查，明确其发育进度，如化蛹率、羽化率、孵化率及各龄幼虫，并确定其发育百分率达始盛期、高峰期和盛末期的时间，在此基础上分别加上当时当地气温下各虫态的平均历期，推算出后 1 个或几个虫态、虫龄发生的相应日期。习惯上将昆虫某一虫态出现达 16%称为始盛期，出现达 50%称为高峰期，出现达 84%称为盛末期。

发育进度的有关计算：

发育进度表示群完成某一阶段发育的虫数占调查虫数的比例。

计算公式如下：

$$当日孵化率=\frac{到当天为止的卵块(粒)孵化数}{当天检查卵块(粒)总数(已孵化+未孵化)}\times 100\%$$

$$累计孵化率=\frac{累计孵化卵块(粒)数}{累计总卵块(粒)数(已孵化+未孵化)}\times 100\%$$

$$化蛹率=\frac{活蛹数+蛹壳数}{总活虫数(幼虫+蛹+蛹壳)}\times 100\%$$

$$羽化率=\frac{蛹壳数}{总活虫数(幼虫+蛹+蛹壳)}\times 100\%$$

分龄分级预测法：是通过对害虫作 2～3 次田间发育进度调查，仔细进行卵分级、幼虫分龄、蛹分级，并分别计算其所占百分率，再从后往前累加其百分率，当累加值达到始盛期(16%)、高峰期(50%)、盛末期(84%)标准之一时，将起算日加上该虫态或虫龄至成虫羽化的历期，即可推算出下一代成虫的始盛期、高峰期和盛末期。这种预测方法多适用于各虫态发育历期较长的昆虫，如果各虫态历期较短，则用历期预测法。

例如，某县作物病虫测报站于 2023 年 5 月 8 日采用随机取样法对稻纵卷叶螟进行了幼虫发育进度调查，获得活虫分龄数据如表 2-1-46 所示，当地稻纵卷叶螟各虫态历期如表 2-1-47 所示，经统计下代化学防治适期是 5 月 31 日至 6 月 4 日。

统计过程如下：

①从表 2-1-46 中查知本次调查是二代测三代，下代 2 龄幼虫高峰期即为防治适期；

表 2-1-46　____县剥查到的稻纵卷叶螟活虫分龄数据表

统计项目＼各龄虫数	幼虫					预蛹	蛹	蛹壳	合计
	1 龄	2 龄	3 龄	4 龄	5 龄				
活虫数/头	0	4	18	60	13	5	0	0	100
平均发育进度/%	0	4	18	60	13	5	0	0	
累计发育进度/%		100	96	72	18	7	0	0	

表 2-1-47　当地稻纵卷叶螟各虫态历期　d

世代＼虫态	卵	幼虫					预蛹	蛹	产前	世代经过
		1 龄	2 龄	3 龄	4 龄	5 龄				
一	11.8	4.8	2.6	3.1	3.4	5.4	2	8	2	4/15 以前
二	5	3	2.5	2.5	3.5	6.2	2	6	2	4/16—5/20
三	4	2.7	2.5	2.3	3.4	6	2	7	2	5/21—6/20

②从表2-1-46中查得5龄幼虫、蛹和预蛹累计发育进度为18%，刚好达始盛期标准；4龄、5龄、蛹和预蛹累计发育进度为78%，已超过高峰期标准，部分4龄幼虫经一定时间发育后进入5龄，再经一段时间即可化蛹、羽化、产卵、孵化，经1龄后，达防治适期，故采用计算公式：

(高峰标准－前一虫态累计发育进度%)÷该虫态平均发育进度%×该虫态历期

＝(48%－18%)÷60%×3.5＝1.75(d)

下代(三代)2龄幼虫孵化高峰期(防治适期)

＝调查日期＋4龄幼虫部分历期＋5龄历期＋预蛹期＋蛹期＋产卵前期＋三代卵历期＋三代1龄幼虫历期

＝5月8日＋1.75＋6.2＋2＋6＋2＋4＋2.7＝6月2日

由于调查时间与实际发生时间相距10～30 d，属中期预测，发生区间±2 d，即下代化学防治适期是5月31日至6月4日。

当年当地三代稻纵卷叶螟实际2龄幼虫高峰期出现在6月2日，与预测结果基本相符。

期距预测法：期距一般是指一个虫态到下一个虫态，或者是由一个世代到下一个世代的时间距离，是根据当地累积多年的历史资料总结出的经验值。一般是以前一虫态田间害虫系统发育进度为依据，当调查到其百分率达到始盛期、高峰期和盛末期的标准时，分别加上当时气温下各虫态历期，即可预测下一虫态或下一个世代的发生期。不同地区，或同一地区不同世代的期距不同，测报时一定要用当地资料。

(2)物候预测法：利用自然界各种生物现象的相互关系预测。由于害虫的发生受到自然界气候的影响，其某一发育阶段也必然只在一定的节令才能出现。这是长期适应的结果。如在辽宁，黏虫的发蛾盛期与刺槐的盛花期相吻合。在河南，小地老虎的发生规律则是“桃花一片红，发蛾到高峰”，“榆钱落，幼虫多”。人们可以利用物候作为预测该种害虫发生时期的指标。利用物候法要注意地域性，特别要注意观察重点放在害虫即将大发生的物候上，以便更好地指导防治。

(3)有效积温预测法：根据有效积温公式 $K=N(T-C)$，可推出 $N=K/T-C$。只要知道了某虫态的 C 和 K 值，就可根据近期气象预报或常年同期平均温度，预测下一虫态的发生期。

例如，已知黏虫卵的发育起点是12.1 ℃，有效积温是50.4 ℃，卵产下未来一周内的平均气温是20 ℃，代入公式就可测出6 d后孵出幼虫。

2.发生量预测　害虫发生量预测主要依照当时害虫的发生动态和环境条件，参考历史资料，估计未来发生数量。影响害虫发生量的因素较多，因此准确预测害虫发生量比较困难。目前主要是预测害虫的发生程度，在防治时再进行两查两定，调查田间实际虫口密度，确定防治对象田。发生量预测常依据有效基数预测、主导环境因子预测以及形态指标预测。

(1) 依据有效基数预测：这是当前常用的方法，对一化性害虫或一年发生2～4代害虫的第一、二代预测效果较好。害虫的发生数量通常与前一代的虫口基数有关，因此，许多害虫越冬后在早春进行有效基数的调查，可作为第一代发生数量的依据。在实际运用中，根据害虫前一世代的有效基数，推测后一世代的发生数量。

发生量计算公式为：

$$P=P_0\left[e\frac{f}{m+f}(1-M)\right]$$

P＝繁殖数量，即下一代的发生量；P_0＝上一代虫口基数；e＝每头雌虫平均产卵数；$f/m+f$＝雌虫百分率，f 为雌虫，m 为雄虫；M＝死亡率，包括卵、幼虫、蛹、生殖前成虫的死亡率；$1-M$＝生存率，可为$(1-a)(1-b)(1-c)(1-d)$，a、b、c、d 分别代表卵、幼虫、蛹、和生殖前成虫的死亡率。

例如，某地秋蝗残蝗密度为每 667 m^2 30 头（折每平方米 0.05 头）。雌虫占总虫数 45%，雌虫产卵率为 90%，每头雌虫平均产卵 240 粒，越冬死亡率为 55%，预测来年夏蝗蝗蝻密度。

解：根据公式 $P=P_0\left[e\frac{f}{m+f}(1-M)\right]$

得来年夏蝗蝗蝻密度 $P=0.05\times240\times45\%\times90\%\times(1-55\%)=2.2$ 头/m^2。

(2)依据主导环境因子预测：环境对害虫发生量的影响很大，特别是一年多代的害虫，其发生量大小主要受环境条件的支配。影响发生量的环境条件有气候（温度、湿度、雨量、雨日数、日照时数等）、食料和天敌等。它们对害虫的作用是综合的，而且错综复杂，但一般都可以找出一种或若干种关键性或比较重要的因子。利用主导因子对害虫发生量进行预测，一般要先通过对历史资料的统计分析，得出与害虫各发生程度相对应的指标或综合指数，然后用于预测。或直接应用经统计分析求得的回归方程进行预测。

(3)依据形态指标预测：环境条件对昆虫是否有利，往往会通过昆虫的形态及生理状态的变化反映出来。如当食料、气候等条件适宜时，蚜虫中的无翅蚜数量多，介壳虫中的无翅雌虫数量多，飞虱中的短翅型个体数量多，短翅型飞虱和无翅蚜及无翅雌蚧属于居留繁殖型，它们的比例大，是种群数量将要激增的预兆。在环境条件不适时，多产生有翅蚜、有翅雄蚧和长翅型飞虱，它们属于迁移型，预示着种群密度下降而为害范围扩大。所以，昆虫种群中各型的比例大小，反映了环境条件的适宜程度，可以作为预测种群数量发展趋势的指标。

(4)依据天敌指数预测法：如稻飞虱虫口密度调查，查得百丛虫量达 1 000 头，但蜘蛛数多于 200 头，则近期不用防治。

（三）病害的预测

病害的预测远不如害虫预测那样完善和准确。病害的发生期和流行程度预测往往结合在一起进行。一般是在对观测圃、系统观察田、大田进行调查的基础上根据品种、发病基数、作物生长状况、气候、栽培条件等因素进行估计。

1.*孢子捕捉预测法*　某些真菌病原孢子随气流传播，发病季节性较强，容易流行成灾，可用空中捕捉孢子的方法预测发生动态。

2.*观测圃预测法*　观测圃设立在有代表性的区域，种植当家品种或感病品种，可分期播种，给予有利于发病的肥水条件。在观测圃中可以系统调查病情，观察作物生育期。通过调查观察，掌握大田调查和始病期，了解病情的发展，指导大田调查和防治。观测圃也可以在已种植的田块中划定，选有代表性的品种及施肥水平高的田块。

3.*气象指标预测法*　作物病害的发生和流行与气象条件密切相关。可以根据某些有利病害流行的气象条件能否出现以及何时出现，预测病害的发生情况。

我国有害生物预测预报准确率要求达 80%以上，但随着农作物有害生物预测预报技术的进步，特别是专用监测仪器设备的研究开发和推广，不少省份有害生物预测预报准确率已达

90%以上。目前,病虫害监测仪器主要有自动虫情测报灯(图 2-1-4)、定量风流孢子捕捉仪(图 2-1-1)、小气候信息采集系统、病虫调查统计器、农林生态远程实时监控系统等。

图 2-1-4 自动虫情测报灯和定量风流孢子捕捉仪

思考题

1.病虫害的田间调查取样方法有哪些?各适合什么分布型?

2.怎样计算被害率、虫口密度、病情指数、被害指数及损失率?试举实例进行计算。

3.害虫发生期预测常用的预测方法有哪些?

4.何谓害虫某虫态的始盛期、高峰期和盛末期?

子项目二 农田杂草与害鼠调查

【学习目标】

掌握农田杂草与害鼠的调查方法。

任务一 农田杂草发生情况调查

【场地及用具】杂草发生重的田块,调查记载表、记录本、铅笔、皮卷尺或米尺、50 cm×50 cm 铁线框或竹、木制框等用具,杂草彩色图谱等。

【工作步骤】

一、调查方法

杂草调查主要有目测法、样方法和估计值法,调查记录小区的杂草种群量,如杂草种类、杂草株数、覆盖度或杂草重量等。为便于记载，杂草的株数以杂草茎干数表示。

(一)目测法

杂草刚出苗后不久用目测法进行调查，目测一定调查面积内的杂草种类及株数。

(二)样方法

在田间用取样框选取一定数量的样方，统计样方中杂草植株数量，或计称杂草的鲜重。样方的大小、形状和数目，可根据最小面积原则及具体情况而定。根据农田杂草的特点，对于种类组成和地上部生物量等的数量指标，一块0.33 hm^2 左右的田块，5 个 0.33 m^2或 3 个 1 m^2的样方均可达到满意的效果。

对于面积较小的田块，采用随机取样或对角线五点取样方法调查 3～5 点即可。对于面积较大，而且杂草分布不均匀的田块，多采用倒置"W"九点取样法(中国农科院)或多点随机取样法，但倒置"W"九点取样法较难掌握。现介绍效果相同且较易掌握的多直线不等距九点取样法。根据田块大小，目测将田块横向分为四等份，纵向分五等份，从纵向 1/4 处下田，到横向第一等份的半距时调查第 1 点，到横向 1/2 处调查第 2 点，到横向最后距离田边半距时调查第 3 点，转到纵向 1/2 处的第二直线，在距离田边 1/5 处调查第 4 点，在 2/5、3/5、4/5 处分别调查第 5、6、7 点，转到纵向 3/4 处的第三直线，在两端距离田边 1.5 等份处调查第 8 点、第 9 点(图 2-2-1)。每点 0.25～1 m^2，用样框(边长为 0.5～1 m 的正方形铅丝框或竹、木制框，对高大作物方框四边可设计成活动的形式)进行取样。调查每种杂草的株数或重量(割除一定面积内的杂草称其鲜重)，在某些情况下，也可以计算或测量特殊植物器官(例如杂草花、果数或单子叶杂草有效分蘖数等)。

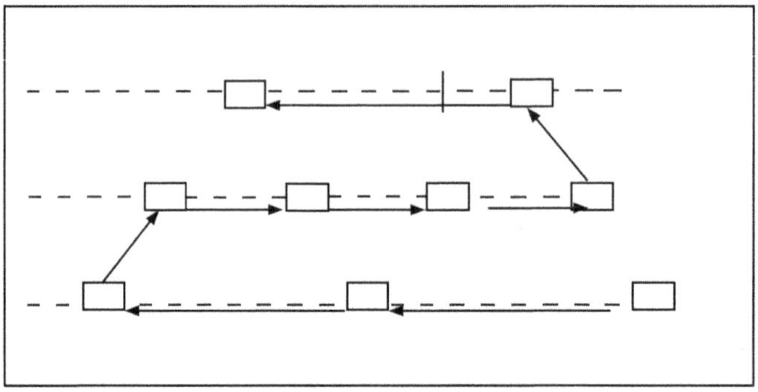

图 2-2-1 多直线不等距取样法

(三)估计值调查法

估计值调查法多用于田间杂草防治效果调查。每处理小区同邻近不处理对照小区或对照带进行比较，估计相对杂草种群量。这种调查方法包括杂草群落总体估算和单个杂草品种估算，如估计杂草数量、覆盖度、高度、茁壮度(实际的杂草重量)等指标。这种估计方法快速简单，其结果可以用简单的百分比表示[例如由 0(无草)到 100(同一种杂草严重侵扰)]。同时还应提供对照小区或对照带上杂草侵染的绝对数量。一般可以采用下列分级进行调查：

1 级：无草；

2 级：无处理小区杂草数的 0～2.5%；

3 级：无处理区杂草数的 2.6 %～5%；

4 级:无处理区杂草数的 5.1%～10%;

5 级:无处理区杂草数的 10.1%～15%;

6 级:无处理区杂草数的 15.1%～25%;

7 级:无处理区杂草数的 25.1%～35%;

8 级:无处理区杂草数的 35.1%～67.5%;

9 级:无处理区杂草数的 67.6%～100%。

使用分级的调查人员,用前应进行训练。本分级范围可以直接应用,不必转换成估算值的百分数的平均值。

二、调查、统计项目

为便于记载,杂草的株数以杂草茎干数表示。调查记载各样点中出现的杂草种类、株数、高度(或长度)等。统计各种杂草的密度(*D*)、平均密度(*MD*)、田间均度(*U*)、频率(*F*)、相对频率(*RF*)、相对均度(*RU*)、相对密度(*RD*)、相对多度(*RA*)等。各项目含义如下:

密度(*D*):单位面积内某一杂草的个体(株)数/单位面积,以株/m^2表示;

平均密度(*MD*):某种杂草的平均密度(株数/m^2)为这种杂草在各调查田块样方中的密度之和与调查田块数之比;

田间均度(*U*):某种杂草在调查田块中出现的样方次数占总调查样方数的百分比;

频率(*F*):某种杂草的频率为这种杂草出现的田块数占总调查田块数的百分比;

相对频率(*RF*):[某种杂草的频率(*F*)/各种杂草的频率和]×100%;

相对均度(*RU*):[某种杂草的田间均度(*U*)/所有杂草的田间均度和]×100%;

相对密度(*RD*):[某种杂草的平均密度(*MD*)/所有杂草的平均密度和]×100%;

相对多度(*RA*):某种杂草的相对多度(*RA*)为该种杂草的相对频率(*RF*)、相对均度(*RU*)、相对密度(*RD*)之和,即 $RA=RF+RU+RD$。

三、短期预测

杂草的萌发与温度、降雨量有很大关系。由于各地温度差异较大,不同作物播种时间不同,不同的杂草出苗时间也不同,各地差异较大。一般越冬性和早春性杂草一般在 2～5 ℃的温度下开始萌发出土,而晚春性和夏生杂草待土温升至 15 ℃以上时,方开始发芽出苗。早春气温较低,作物生长缓慢,杂草萌发不一致,秋冬作物由春季回暖后杂草即可出苗。春季作物出苗后 3～15 d 形成第一个总草出草高峰,播后 20～50 d 形成第二个总草出草高峰。夏秋季气温较高,播种后一般是先长苗后长草,或草、苗同时生长。降雨后一段时间内会出现一个出草高峰。春夏季降雨多,杂草生长迅速,应注意防治。

任务二　农田害鼠发生情况调查

【场地及用具】 鼠害发生重的田块,调查记载表、记录本、铅笔、皮卷尺或米尺、鼠夹等用具。

【工作步骤】

一、田间调查

(一)调查时间

1. 大田普查　每年调查2次,第1次在春季,即在当地害鼠尚未大量繁殖之前,4月中旬左右,主要调查了解当年害鼠种群大量繁殖之前的越冬存活率及年龄结构、性比和繁殖鼠在种群中所占比例。第2次在当地害鼠越冬前,9月中旬前后,主要调查了解害鼠越冬前的种群数量与年龄结构。

2. 系统调查　每月上旬(5—10日)调查1次。其中南方地区,1年调查12个月;北方寒冷地区,1年可调查8个月(3—10月)。主要调查鼠害发生消长情况。

(二)调查场所

1. 观测区的设置与规模　观测区是指能够反映一定区域内的害鼠数量分布与危害程度而设立的野外调查区。观测区应选择在当地主要害鼠栖息的典型地段,其位置相对稳定,每个观测区的面积50 hm^2以上。观测区内调查基本单位面积为0.5 hm^2或1 hm^2,一个观测区每次调查面积不少于3个基本单位。

2. 样地的设置与规模　样地是指能够反映主要害鼠对农田危害的地点,也是长期监测害鼠数量动态的观测地点。样地能够满足长期调查取样需要,样地设在观测区内,当样地内鼠密度不能反映当地主要害鼠数量变动趋势时,方可变更。样地离永久居民区500 m以上。样地调查基本单位面积为0.5 hm^2,每次调查面积为1个基本单位,若1次捕鼠数量少于15只,应再扩大1～2个基本调查单位。

(三)调查项目

调查项目主要是害鼠洞口密度(鼢鼠为土丘密度)(个/hm^2)、危害范围、危害等级、建群植物、植被状况、产量、造成的经济损失等;调查害鼠密度(只/hm^2)、种群性比与年龄结构、繁殖次数、繁殖起止时间、繁殖强度(指雌鼠繁殖数量多少和繁殖次数)、食性、食量、贮食情况、环境生态因子、不同鼠种的数量关系及其他有关数据。根据当地害鼠种群动态环境特点和调查结果,经综合分析处理,预测出害鼠数量变动趋势。

(四)调查方法

调查鼠密度的方法较多,为便于统计,对一般地面活动鼠的调查,要求统一采用鼠夹法;对不适宜用鼠夹法调查的鼠种(如鼢鼠等地下活动鼠,或部分洞居生活明显且洞道易于发现的鼠种),可选用害鼠洞口密度调查法。

害鼠洞口密度调查法采用堵洞开洞法,害鼠密度采用捕尽法进行调查。堵洞开洞法即第一天将一定面积内的洞口全部堵住,并记数,经24 h后,计数其中被鼠盗开的洞数,被盗开的洞口为有效洞口。捕尽法是指在一定面积内,将所有洞口设置捕鼠器,连续捕打3 d,在捕鼠期间每天检查3次,记录捕获的鼠数、体重、胴体重、体长、尾长、胚胎数等。

注意鼠夹选择,一般地区应统一采用中号铁板夹,其规格为12 cm×6.5 cm;个别大型鼠或小型鼠为优势种的地区，可适当搭配一定比例的大号夹（15 cm×8 cm）或小号夹（9 cm×5 cm）。诱饵一般用新鲜花生米，每天更换1次。对已捕打过鼠的夹子，再使用时要做适当处理（如用清水洗净后在日光下曝晒一段时间或在鼠夹上擦涂适量的酒精、白酒、食醋、食用油等祛除异味）。

二、短期预测

一般春季害鼠密度高，雌鼠多，怀孕率高，种群中亚成体鼠和成体鼠所占比例高，鼠类身体状况好，田间食物丰富，对鼠类有利，则当年害鼠数量将明显增加，危害加重。控制指标：农舍区鼠密度为2%，农田区春季鼠密度为3%，秋（冬）季鼠密度为5%。农田控制适期：春季在害鼠繁殖高峰期前或农作物播种前；秋（冬）季在害鼠种群数量高峰期前或农作物成熟收获前。

【巩固训练】

植保技能考核11：能记汇总田间调查数据，计算百分率、平均数、虫口密度、病情指数、普遍率等，能使用计算工具做简单的统计分析，编制统计图表。

植保技能考核12：能对病、虫发生进行预测分析，并确定防治适期和防治区域。

作业

以小组为单位，调查当地主要农田杂草和害鼠的发生为害情况，分析种群数量变化的原因，撰写800字以上的调查报告1份。

思考题

1. 杂草调查方法有哪几种？
2. 如何计算杂草的重量？
3. 害鼠调查方法有哪些？
4. 如何选择害鼠调查的观测区和样地？
5. 农田害鼠的控制指标和控制适期分别是什么？

【课程思政】

1. 提高全社会文明程度

实施公民道德建设工程，弘扬中华传统美德，加强家庭家教家风建设，加强和改进未成年人思想道德建设，推动明大德、守公德、严私德，提高人民道德水准和文明素养。统筹推动文明培育、文明实践、文明创建，推进城乡精神文明建设融合发展，在全社会弘扬劳动精神、奋斗精神、奉献精神、创造精神、勤俭节约精神，培育时代新风新貌。

同学们在野外植物病虫害调查时，要讲文明，讲礼貌，爱护农民群众种植的作物，不要采摘、损坏无病虫标本。

2. 中华人民共和国生物安全法

2021 年 4 月 15 日，我国颁布实施了《中华人民共和国生物安全法》，其中明确指出要防范外来物种入侵与保护生物多样性。根据生态环境部《2020 中国生态环境状况公报》，中国已发现 660 多种外来入侵物种。我们要了解国家生物安全法，防止外来入侵害虫，对生物多样性进行保护，牢固树立维护国家安全和生物安全的意识，积极参与生物资源和生态环境的保护，推动构建人类命运共同体，实现人与自然和谐共生。

3. 实践出真知，没有调查就没有发言权

田间实践调查是植物保护技术教学的重要环节之一，田间调查结果能预测有害生物什么时间发生，是判断否需要药剂防治的依据。在对有害生物的社会实践调查中始终做到不损毁庄稼，爱护一草一木，尊重他人劳动成果；同时遵守规范，依据行业标准、职业标准实施调查，做到实事求是，不弄虚作假、编造数据，确保调查数据真实、调查结果准确，养成科学严谨、求真务实、脚踏实地、规范操作的职业素养。同时，大学生深入田间地头，能够亲身接触、感受我国农业、农村的发展现状。通过组织大学生调查作物上发生的主要害虫种类及采用的防治方法，了解农村现有植保技术的落后，增强了社会责任感，激发学生投身“三农”事业的热情和实现乡村振兴的信心。

【学习评价】

表 2-2-1　农作物重要病虫害田间调查及预测预报考核评价表

序号	考核项目	考核内容	考核标准	考核方式	分值
1	田间调查	类型田选择	能现场区分类型田，并选择其中之一进行调查；类型田选择合理	现场考核	10
		调查取样	根据当地田间主要作物重要病虫害种类及发生情况进行调查取样；方法正确，操作熟练		10
		实地调查	针对调查对象，在所选择的田块实地调查，能对主要害虫进行发生期和发生量调查，方法正确，操作熟练		10
		数据记载	数据记载完整、准确	教师评分	10
2	数据统计	数据统计分析	会计算发病率、病情指数或被害指数和虫口密度等，能使用计算工具做简单的统计分析；分析论据充分，结论正确	教师评分	10

续表 2-2-1

序号	考核项目	考核内容	考核标准	考核方式	分值
3	预测分析	获取植保信息	能通过多种途径了解当地主要作物病虫害发生信息	学生自评、小组互评和教师评价相结合	10
		防治决策	能根据调查结果，短期预测病虫的发生期；查对防治指标，确定调查田块是否需要防治；决策对指导当地病虫害防治具有指导意义		10
4	调查报告		报告完成规范，文字流畅，内容真实，调查结果与实际发生情况相符	教师评分	15
5	学习纪律及态度		遵守学习纪律，学习态度好	课堂考勤	15

项目三
植物有害生物综合防治

子项目一　综合防治方案的制订

【学习目标】

了解综合防治的概念及其在生态平衡中的意义，了解综合防治方案的制订原则，掌握综合防治的基本方法，了解农药对环境污染所起的作用，在综合防治中尽量少用或不用化学农药。能结合实际制订本地主要农作物病虫害的综合防治方案，能组织落实综合防治技术措施。

【材料及用具】红糖、45°以上白酒、食醋、谷糠、水稻叶、玉米叶、甘蔗叶、敌百虫、诱蝇剂、诱虫灯、黏虫黄板、蓝板、纸袋、温度计、玻璃棒、烧杯、电磁炉、铁锅等；本地气象资料、栽培品种介绍、栽培技术措施方案和当前病虫害种类及发生情况等资料。

【基础知识】

一、综合防治的概念

综合防治是对有害生物进行科学管理的体系，它从生态系统的整体观点出发，本着预防为主的指导思想和安全、有效、经济、简便的原则，因地制宜，协调应用农业、生物、物理、化学的方法以及其他有效的生态手段，把有害生物控制在经济受害允许水平之下，以获得最佳的经济效益、生态效益和社会效益。它和国外流行的害虫综合治理（integrated pest management，IPM）的意义内涵基本一致，都包含了经济观点、生态观点、综合协调观点和安全环保观点。

二、综合防治方案的制订原则

农作物有害生物的综合防治实施方案，应以建立最优的农业生态系统为出发点，一方面要利用自然有利因素；另一方面要根据需要和可能，协调各种防治措施，把有害生物控制在经济受害允许水平以下。

(一)综合防治方案的基本原则

在制订有害生物综合防治方案时，选择的技术措施要符合“安全、有效、经济、简便”的原则。“安全”指的是人、畜、作物、天敌及其生活环境不受损害和污染。“有效”是指能大量杀伤有害生物或明显压低其密度，起到保护植物不受侵害或少受侵害的作用。“经济”是以最少的投入，获取最大的经济收益。“简便”指要求因地、因时制宜，防治方法简便易行，便于群众掌握。

(二)综合防治方案的类型

1.以单个有害生物为对象　即以一种有害生物为对象制订综合防治措施，如对稻纵卷叶螟的综合防治方案。

2.以一种作物为对象　即以一种作物所发生的主要有害生物为对象制订综合防治措施，如对甘蔗病虫害的综合防治方案。

3.以整个农田为对象　即以某个村、镇或地区的农田为对象，制订该村镇或地区各种主要作物的重点病、虫、草、鼠等有害生物的综合防治措施，并将其纳入整个农业生产管理体系中去，进行科学系统的管理。如对某个乡、镇的各种作物病、虫、草、鼠害的综合防治方案。

三、综合防治的主要措施

(一)植物检疫

1.植物检疫概念　植物检疫(plant quarantine)是指一个国家或地方政府颁布法令，设立专门机构，禁止危险性病、虫、杂草等随种子、苗木及农产品等在国际及国内地区之间调运而传入和输出，或者传入后为限制其继续扩展所采取的一系列措施。

植物检疫按其职责和任务，分为“出入境植物检疫”和“国内植物检疫”。

2.植物检疫的主要措施

(1)确定植物检疫对象名单：植物检疫对象是每个国家或地区为保护本国或本地区农业生产安全，在充分了解国内外危险性有害生物的种类、分布和发生情况以及对可能传入的危险性病、虫、杂草进行风险性评估后而制订。

(2)划定疫区和保护区：局部地区发生植物检疫对象的，应划为疫区，采取封锁、消灭措施，防止植物检疫对象传出；发生地区已比较普遍的，则应将未发生地区划为保护区，防止植物检疫对象的传入。

(3)采取检疫措施：我国主要实施产地检疫和调运检疫。检疫合格时，发给《产地检疫合格证》(可换取《植物检疫证书》)或“植物检疫证书”；发现有检疫对象，对能进行除害处理的，在指定地点按规定进行处理后，经复查合格发给“植物检疫证书”；不能进行除害处理或除害处理无效时，视不同情况分别给予转港、改变用途、禁运、退回、销毁等处理。严禁带有检疫对象的种子、苗木、农产品及其他材料进入保护区。

(二)农业防治

农业防治(agricultural control)是结合农事操作的各种具体措施,有目的地创造利于农作物的生长发育而不利于有害生物发生的环境条件,以达到直接消灭或抑制有害生物的目的。

农业防治是有害生物综合治理的基础措施,其优点是对有害生物的控制以预防为主,多数情况下是结合栽培管理措施进行的,不需要增加额外的成本,对其他生物和环境的破坏作用最小,可长期控制多种病虫害,有利于保持生态平衡,符合农业可持续发展要求,易于被群众接受,易推广。但其局限性是防治效果慢,地域性较强,受自然条件限制较大,有害生物大发生时必须依靠其他防治措施,有些措施与丰产要求或耕作制度有矛盾。具体措施主要有以下几点:

1.选用抗性良种　选育和推广抗性良种是防治有害生物最经济有效的办法。目前,我国在玉米、小麦、棉花、向日葵、烟草等作物上已培育出一批具有综合抗性的品种,并在生产上发挥作用,如通过基因工程技术将细菌的抗虫基因转到棉花体内培育出来的转基因抗虫棉。

2.使用无害种苗　种子、苗木和其他繁殖材料可以传播多种病虫。建立无病虫种苗基地是杜绝种苗传播病虫的有效措施。无病虫留种基地应选择无病虫地块,播前选种或进行消毒,加强田间管理,采取适当防治措施,或通过种苗无害化处理、工厂化组织培养脱毒苗等途径获得无害优质种苗。

3.改进耕作制度　耕作制度的改变可使一些常发性重要有害生物变成次要有害生物,并成为大面积有害生物治理的一项有效措施。如广西冬种地区采用的稻-稻-菜、菜-稻-薯(马铃薯)等水旱轮作方式,可使为害蔬菜的病虫和为害水稻的病虫都大为减少。大棚中的瓜-瓜-蒜(或葱、椒),由于葱、蒜、椒等含有天然杀菌素,能有效地减少甜瓜多种病虫害的发生。

4.加强田间管理　田间管理涉及一系列农业技术措施,可以有效地改善农田小气候和生物环境,使之有利于作物的生长发育,而不利于有害生物的发生危害。如适时播种、合理密植、中耕除草、适时间苗、定苗、拔除弱苗和病虫苗、及时整枝打杈、适当修剪,可使作物生长整齐健壮,增强抵抗力,避开某些病虫的严重为害期,同时植株间通风透气好,湿度降低,都能明显地抑制病虫的发生。清洁田园,及时清除枯枝、落叶、落果、残枝败叶等,可消灭大量潜伏其间的病虫。合理施肥,合理排灌,能改善土壤理化性状和作物的营养条件,提高作物的抗性,还能直接杀死病虫。如适时排水晒田,可抑制稻纹枯病、稻飞虱等的发生。改水育秧为旱育秧,可减少稻瘿蚊的发生(图 3-1-1)。

图 3-1-1　葡萄避雨栽培

5.安全收获　采用适当的方法、机具和后处理措施适时收获作物,对病虫害的防治也有重要作用。如取食大豆的大豆食心虫和豆荚螟,在大豆成熟时幼虫脱荚入土越冬,如能及时收割、尽快干燥脱粒,即可阻止幼虫入土,减少次年越冬虫源。作物收获后要适当处理,如大田作物的籽实要经干燥后才贮藏,而多汁的水果、蔬菜,收获时必须注意避免机械创伤,防止感染致病,必要时还需进行消毒和保鲜处理。

(三)物理防治

物理防治(physical control)是指利用简单的器械和各种物理因素(如光、电、色、温度、湿度等)来防治有害生物。此法简单易行,经济安全,很少有副作用。

1. 捕杀法　利用人工或简单的器械捕捉或直接消灭害虫。如人工挖掘捕捉地老虎幼虫,挖蝼蛄卵,振落捕杀金龟甲,用铁丝钩杀树干中的天牛幼虫等。

2. 诱杀法　利用害虫的趋性,人为设置器械或引诱物来诱杀害虫。常用方法有:

(1)灯光诱杀:利用害虫的趋光性进行诱杀。常用波长 365 nm 的 20 W 黑光灯、日光灯并联或旁加高压电网进行诱杀(图 3-1-2)。

图 3-1-2　灯光诱虫害虫

(2)潜所诱杀:利用害虫在某一时期喜欢某一特殊环境的习性,人为设置类似的环境引诱害虫来潜伏,然后及时消灭。如在树干基部绑扎草把或包扎布条诱集梨星毛虫、梨小食心虫越冬幼虫。在玉米地插枯草把诱集黏虫成虫产卵,在玉米苗期地头堆放新鲜杂草,诱集小地老虎幼虫潜伏草下。

(3)食饵诱杀:利用害虫的趋化性,在其所喜欢的食物中掺入适量毒剂来诱杀害虫。例如常用炒香的麦麸、谷糠拌入适量敌百虫、辛硫磷等来诱杀蝼蛄、地老虎等地下害虫,常以糖、酒、醋加敌百虫来诱杀地老虎、黏虫成虫。

(4)色板诱杀:将黄色黏胶板设置于田间、菜地、果园,可诱粘到大量有翅蚜、白粉虱、斑潜蝇等害虫,蓝色诱虫板则可以诱杀到大量蓟马(图 3-1-3)。

(5)银膜驱蚜:有翅蚜对银灰色有负趋性,可用银灰色反光塑料薄膜覆盖蔬菜育苗地,避蚜效果良好(图 3-1-4)。

图 3-1-3　黄板诱虫

图 3-1-4　防虫网结合银膜驱蚜

3. 汰选法　利用健全种子与被害种子在体形大小、比重上的差异进行器械或液相分离,剔除带有病虫的种子。常用的有手选、筛选、风车选、盐水选等。

4. 温度处理　夏季利用室外日光晒种,能杀死潜伏其中的害虫。冬季,在北方地区,可利用自然低温杀死贮粮害虫。瓜类、茄果类种子消毒可用 55 ℃温水浸种,维持 55 ℃水温 10～15 min,可预防叶霉病、早疫病、瓜类真菌性枯萎病等多种病害。

5. 窒息法　人为造成缺氧环境,使害虫窒息死亡。如在豌豆收获后,将豌豆粒(豌豆粒含水量<14%)装入双席包密闭囤内,四周填充麦糠密闭 15 d,囤内呈高温缺氧环境,即可杀死潜

图 3-1-5　果实套袋

伏于豆粒内的豌豆象。

6. 阻隔法　根据病虫的生活习性，设置各种障碍物，防止病虫危害或阻止其活动、蔓延。如利用防虫网防止蚜虫、叶蝉、粉虱、蓟马等害虫侵害温室花卉和蔬菜，果实套袋防止病虫侵害水果，树干刷白、涂胶阻止某些害虫上树危害或下树越冬，撒药带阻杀群迁的黏虫幼虫，早春覆膜或盖草，可提高地温，促进作物生长，同时减少病虫害的发生等(图 3-1-5)。

此外，还可用高频电流、超声波等技术防治病虫。

(四)生物防治

生物防治(biological control)就是利用有益生物及代谢产物来防治有害生物的方法。生物防治的特点是对人、畜、植物安全，不污染环境，害虫不易产生抗性，天敌来源广，且有长期抑制作用。但往往局限于某一虫期，作用慢，成本高，人工培养及使用技术要求比较严格。必须与其他防治措施相结合，才能充分发挥其应有的作用。生物防治主要包括以下几方面内容。

1. 利用天敌昆虫消灭害虫　以害虫作为食料的昆虫称为天敌昆虫。利用天敌昆虫防治害虫又称为“以虫治虫”。

天敌昆虫可分为捕食性和寄生性两类。常见的捕食性天敌昆虫如螳螂、瓢虫、草蛉、猎蝽、食蚜蝇等，直接蚕食虫体的一部分或全部，或吸食害虫体液使其死亡。它们的个体一般较被捕食者大，一生须捕食多个个体，在自然界中抑制害虫的作用十分明显。寄生性天敌昆虫主要包括寄生蜂和寄生蝇，它们的某个时期或终身寄生在其他昆虫的体内或体外，以后者体液和组织为食来维持生存，最终导致寄主昆虫死亡。这类昆虫个体一般较寄主小，1 个个体或多个个体才能导致一个寄主死亡，但它们的数量比寄主多得多。利用天敌昆虫防治害虫的主要途径有以下 3 类：

(1)保护利用本地自然天敌昆虫：自然界的天敌昆虫种类很多，人们可以有意识地改善或创造有利于自然天敌昆虫生存的环境条件，如直接保护天敌昆虫安全越冬，人为创造条件使天敌昆虫增殖。同时，进行化学防治时应选择合适的农药种类、浓度、用药时间和方法，以免农药对天敌造成杀伤等。

(2)人工大量繁殖和释放天敌昆虫：常用人工饲养的方法是在室内大量繁殖天敌昆虫，在害虫大发生前释放到田间或仓库中去，以补充自然天敌数量的不足，达到控害的目的。如饲养释放赤眼蜂防治玉米螟、松毛虫，在柑橘上释放捕食螨防治柑橘红蜘蛛等(图 3-1-6)。

图 3-1-6　植保无人机释放赤眼蜂防治蔗螟

(3)引进外地天敌昆虫：我国解放初从国外引入澳洲瓢虫防治柑橘吹绵蚧，效果显著。在 20 世纪 50 年代从苏联引进日光蜂与胶东地区日光蜂杂交，提高了生存力与适应性，从而有效控制了烟台等地苹果棉蚜的为害。1978 年从英国引进丽蚜小蜂控制温室白粉虱获得成功。引进天敌时，必须选择适应能力强，寻找寄主的活动能力大，繁殖率高，繁殖速度快，生活周期短，无重寄生物的天敌昆虫。

2. 利用微生物及其代谢产物防治害虫　也称为"以菌治虫"。引起昆虫疾病的微生物有真菌、细菌、病毒、原生动物及线虫等多种类群。

(1)细菌：昆虫病原细菌目前已知 90 多种，其中以苏云金杆菌类(Bt)应用较广(包括松毛虫杆菌、青虫菌均为其变种)，主要用于防治棉花、蔬菜、果树等作物上的多种鳞翅目害虫。目前国内已成功地将从细菌中得到抗棉铃虫的基因转入棉花，培育成转基因抗虫棉品种。此外，形成商品化生产的还有乳状芽孢杆菌，主要用于防治蛴螬。

(2)真菌：寄生于昆虫的真菌多达 750 多种，但研究较多且实用价值较大的主要是接合菌中的虫霉目虫霉属，半知菌中的白僵菌属、绿僵菌属及拟青霉属。目前应用最广泛的是白僵菌，主要用于防治玉米螟、松毛虫、大豆食心虫、甘薯象甲、稻叶蝉、稻飞虱等。

(3)病毒：目前有 700 多种昆虫可被病毒感染而发病致死。能引起昆虫发病的病毒以核型多角体病毒(NPV)最多，其次为颗粒体病毒(GV)和质型多角体病毒(CPV)。目前主要利用核多角体病毒防治桑毛虫、棉铃虫等鳞翅目害虫。

(4)杀虫素：某些放线菌类微生物在代谢过程中能够产生杀虫的活性物质，称为杀虫素。我国已经批量生产的有阿维菌素、杀蚜素、T21、44 号、7180、浏阳霉素等。

3. 利用微生物及其代谢产物防治病害　也称为"以菌治病"。某些微生物在生长发育过程中能分泌一些抗菌物质，抑制其他微生物的生长，称为抗生菌。抗生菌种类很多，最主要的是放线菌和真菌。抗生菌分泌能够抑制、杀伤甚至溶化其他有害微生物的特殊物质，称为抗生素。在我国广泛使用的有井冈霉素、灭瘟素、春雷霉素、多抗霉素、农抗 120、木霉菌、武夷菌素、中生霉素、链霉素、土霉素等。如用井冈霉素或其混剂朗纹康防治水稻纹枯病、玉米纹枯病；用木霉菌拌种防治棉花立枯病、黄萎病等，效果显著。目前，以菌治病多用于土壤传播的病害。

4. 其他有益生物治虫　其他有益生物包括蜘蛛、捕食螨、两栖类、爬行类、鸟类、家禽等。农田中蜘蛛有百余种，常见的有草间小黑蛛、八斑球腹蛛、三突花蛛、拟水狼蛛等。蜘蛛繁殖快、适应性强，对稻田飞虱、叶蝉及棉蚜、棉铃虫等的捕食作用明显，是农业害虫的一类重要天敌。1 头狼蛛 1 d 可捕食稻飞虱 23 头以上，当早稻田蜘蛛和稻飞虱的比例为 1∶4，晚稻田为 1∶(8～9)时，可不用药防治。农田中的捕食性螨类，如植绥螨、长须螨等，在果树、棉田、蔗地害螨的防治中有较多应用，如应用胡瓜钝绥螨防治柑橘、苹果、茶叶、梨、枇杷等害螨，普遍效果显著；应用尼氏钝绥螨防治甘蔗叶螨也获得了成功，当蔗田中尼氏钝绥螨与甘蔗叶螨的数量比达 1∶25 时，可有效地控制叶螨的发生。青蛙、蟾蜍和鸟类也主要以昆虫为食，所以要保护青蛙、蟾蜍和鸟类。此外，稻田养鸭、养鱼、果园养鸡也可减少害虫的发生。

5. 利用昆虫激素和不育性防治害虫　我国商品化的昆虫激素类农药达 50 多种，其中性外激素在害虫防治及测报上有很大的应用价值。我国已合成利用的有甘蔗螟虫、菜蛾、棉铃虫、玉米螟等性外激素。在生产上，常把性诱剂与粘胶、毒药、诱虫灯或高压电网灯配合使用，可诱杀雄虫(诱杀法)，或在农田、果林等处喷洒，使雄虫找不到雌虫交配而无法繁殖(迷向法)。虫死净、米满、卡死克等激素类农药可防治鳞翅目、鞘翅目、同翅目的多种农业害虫。

不育性治虫是采用辐射源或化学不育剂处理昆虫或用杂交方法使其不育，然后释放到田间，使其与正常的防治对象交配，使其无法繁殖后代，经过多代释放，可造成害虫种群数量不断下降，达到防治害虫的目的。这种方法对某些一生只交配一次的昆虫效果更好。

(五)化学防治

利用化学农药直接杀灭农业有害生物的方法,称为化学防治(chemical control)。

化学防治的优点可用 5 个字概括:"多快好省高",即品种多,作用速度快,防治效果好,省时省力,可高度机械化。化学防治的缺点也可用五个字概括:"毒伤残抗害",即人、畜易中毒,杀伤天敌,部分品种可残留在环境中,容易引起有害生物产生抗药性,作物易产生药害。

但是,当某些病虫害大发生时,化学防治可能是唯一的有效方法。今后相当长时期内化学防治仍然占重要地位。至于化学防治的缺点,可通过发展选择性强、高效、低毒、低残留的农药以及通过改变施药方式、减少用药次数等措施逐步加以解决,同时还要与其他防治方法相结合,扬长避短,充分发挥化学防治的优越性,减少其毒副作用。

【巩固训练】

植保技能考核 13:结合实际对当地某种主要作物的 3 种及以上主要病、虫害提出综防计划,并根据实际情况对主要病、虫防治计划进行优化。

作业

1. 阐述综合防治、农业防治、植物检疫、物理防治、生物防治、化学防治的概念。
2. 常用的农业防治法有哪些具体措施?
3. 常用的物理防治法有哪些具体措施?

思考题

1. 试以当地主要作物的某种主要有害生物为对象,编制一份综合防治方案。
2. 试以当地某种主要作物的各种主要有害生物为对象,编制一份综合防治方案。

【课程思政】

1. 江山就是人民,人民就是江山

中国共产党领导人民打江山、守江山,守的是人民的心。治国有常,利民为本。为民造福是立党为公、执政为民的本质要求。必须坚持在发展中保障和改善民生,鼓励共同奋斗创造美好生活,不断实现人民对美好生活的向往。

2. 绿色植保

2006 年全国植保植检工作会议提出,绿色植保是指植物保护的方法和措施是"绿色"的。根据全国植保会议定义:绿色植保就是把植保工作作为人与自然界和谐系统的重要组成部分,突出其对高产、优质、高效、生态、安全农业的保障和支撑作用。这一定义的核心是强调植保措施要与自然界和谐友好。因此,可以用一句简单明了的话来讲,绿色植保就是采取与自然生态系统和谐友好的植保方法或措施(手段)。因为植保措施与自然生态系统和谐友好了,才不会破坏自然生态环境,才能保障农业生产及其产品质量安全。

3. 公共植保

植保事业是国家、人民群众的事业，所以称为公共植保。公共植保包括植物检疫、农药管理、农业有害生物的监测预报、有害生物的统防统治和有害生物发生规律、防控方法的科学研究五项工作，前三项有国家专门的机构和队伍，经费由国家财政供给。第四项全国一类有害生物，如稻飞虱、条锈病、黏虫、草地螟、蝗虫爆发，由政府出面组织有序的统防统治。第五项是有害生物发生规律、防控方法的科学研究也是政府参与或支持立项研究。

4. 推动绿色发展，促进人与自然和谐共生

大自然是人类赖以生存发展的基本条件。尊重自然、顺应自然、保护自然，是全面建设社会主义现代化国家的内在要求。必须牢固树立和践行绿水青山就是金山银山的理念，站在人与自然和谐共生的高度谋划发展。我们要推进美丽中国建设，坚持山水林田湖草沙一体化保护和系统治理，统筹产业结构调整、污染治理、生态保护、应对气候变化，协同推进降碳、减污、扩绿、增长，推进生态优先、节约集约、绿色低碳发展。

5. 植保技术措施必须符合安全、有效、经济、简便的原则

在制订有害生物综合防治方案时，选择的技术措施必须要符合“安全、有效、经济、简便”的原则，因地制宜，协调应用农业、生物、物理、化学的方法以及其他有效的生态调控手段，把有害生物控制在经济受害允许水平之下，以获得最佳的经济、生态和社会效益，做到人与自然和谐共生的高度谋划发展。

【学习评价】

表 3-1-1　农业有害生物综合防治方案制订考核评价表

序号	考核项目	考核内容	考核标准	考核方式	分值
1	制订综合防治方案	能针对不同作物制订综合防治方案	能结合实际对三种主要病虫害发生规律制订出综合防治方案，防治方案制订科学、可行性强	个人表述，小组讨论，成果展示，教师点评相结合	15
2	实施综合防治措施	能组织实施综合防治方案	了解主要病虫综合防治技术规程，能组织落实综合防治技术措施	现场操作考核：防治操作规范、熟练	10
3	知识点考核		掌握综合防治基本理论知识	闭卷笔试	50
4	调查报告		格式规范，内容真实，文字精练	防治总结内容真实，有参考价值	10
5	学习态度		遵守纪律，服从安排，积极思考，能综合应用所掌握的基本知识，分析问题和解决问题	学生自评，小组互评和教师评价相结合	15

子项目二　地下害虫识别与防控技术

【学习目标】

识别地下害虫种类及为害状，掌握地下害虫田间调查及数据记载和统计方法，并能根据调查结果进行防治决策，实施防治。

任务一　地下害虫识别

【材料及用具】地老虎类、蝼蛄、蛴螬、各种金龟甲成虫、蟋蟀、金针虫、白蚁等地下害虫标本及为害状，体视显微镜、放大镜、镊子、培养皿、挂图。

【基础知识】

地下害虫是指活动为害期或主要为害虫态生活在土壤中，为害作物种子、幼苗、幼树根部或近地面的幼茎，造成死株缺苗的一类害虫。主要种类有小地老虎、蛄蝼、蛴螬、金针虫、根蛆和白蚁。适宜发生于旱作地区，多数种类的生活周期和为害期很长，寄主种类复杂，且多在春、秋两季为害。主要为害植物的种子、地下部及近地面的根茎部。发生与土壤环境和耕作栽培制度的关系极为密切。由于它们在地下潜伏为害，不易发现，因而增加了防治上的困难。目前国内利用白僵菌、乳状芽孢杆菌和线虫等生物防治地下害虫得到迅速发展。今后应大力开展其天敌种类的调查和引进，开发农业防治和其他配套防治技术，以提高综合防治的水平。化学防治主要采用药剂拌种、土壤处理、毒饵和毒水浇灌等方法。

一、蝼蛄类

蝼蛄属直翅目蝼蛄科，俗称土狗、地狗、拉拉蛄等，为典型的地下害虫。

（一）为害状识别

蝼蛄以成虫、若虫咬食根部及靠近地面的幼茎，断口处乱麻状；也常食害新播和刚发芽的种子。还在土壤表层开掘纵横交错的隧道，造成种子架空不能发芽，或使幼苗须根与土壤脱离枯萎而死，造成缺苗断垄。“不怕蝼蛄咬，就怕蝼蛄跑”就是这个道理。在广西地区为害蔬菜和粮、棉、麻等作物。

我国有四种蝼蛄，即东方蝼蛄（*Gryllotalpa orientalis* Burmeister，原称非洲蝼蛄 *Gryllotalpa africana* Palisot de Beauvois，国内 1992 年改为东方蝼蛄）、华北蝼蛄（*G. unispina* Saussure）、普通蝼蛄（*G. gryllotalpa* Linnaeus）和台湾蝼蛄（*G. formosana* Shiraki），为害较重的是华北蝼蛄和东方蝼蛄。华北蝼蛄主要分布在北方地区，东方蝼蛄几乎遍及全国，但以南方各地发生较普遍。华北蝼蛄在盐碱地、沙壤土发生多，东方蝼蛄在低湿和较黏的土壤发生多。

(二)形态识别

东方蝼蛄成虫体长30～35 mm,黄褐色,密被细毛,腹部近纺锤形。前足腿节下缘平直;后足胫节内上方有等距离排列的刺3～4个(或4个以上)。卵椭圆形,初产时长约2.8 mm,宽约1.5 mm,孵化前长约4 mm,宽约2.3 mm。卵初产为乳白色,渐变为黄褐色,孵化前为暗紫色。若虫共8～9龄。初孵若虫体长约4 mm,头胸细,腹部大,乳白色。2龄、3龄以后若虫体色接近成虫,末龄若虫体长约25 mm(图3-2-1)。

图3-2-1　东方蝼蛄

(三)生活习性

东方蝼蛄发生不整齐,南方1年发生1代,成虫、若虫均可在土穴内越冬。次年3—4月越冬成虫开始活动,4—5月交配产卵,产卵盛期在6—7月。越冬若虫于5—6月羽化为成虫,7月交尾产卵。卵经2～3周孵化,初孵若虫群集于洞穴内,2龄后渐分散。至秋季若虫发育至4～7龄,深入土中越冬。第2年春季恢复活动,再脱2～4次皮羽化为成虫。若虫期共9龄,一般在10月下旬入土越冬。

蝼蛄昼伏夜出,21—23时为活动、取食高峰,具强趋光性和趋化性。对具有香、甜味的物质趋性强,嗜食煮至半熟的谷子、棉籽、炒香的豆饼、麦麸等。对马粪、有机肥等未腐熟的有机物也有一定的趋性。蝼蛄对产卵场所有严格的选择性。

东方蝼蛄喜欢潮湿,多集中在沿河两岸、池塘和沟渠附近产卵。产卵前先在5～20 cm深处做窝,窝中仅有1个长椭圆形卵室,雌虫在卵室周围约30 cm处另做窝隐蔽,每雌产卵60～80粒。一般低洼地,雨后和灌溉后为害最烈。

蝼蛄防治指标:0.5头/m^2,作物被害率在10%左右。

二、金龟甲类

(一)为害状识别

金龟甲幼虫统称蛴螬。以幼虫为害为主,取食多种植物的地下部分及播下的种子,造成缺苗断株,断口平截。成虫啃食各种植物叶片形成孔洞、缺刻或秃枝。我国已经记载的蛴螬种类100多种,其中常见的有30多种,广西以铜绿丽金龟、中华阔头鳃金龟和大棕金龟甲等发生普遍而严重。一个地区多种蛴螬常混合发生,咬食花生嫩果或马铃薯、甘薯、甜菜的块茎和块根,不但造成减产,而且容易引起病菌的侵染。现以铜绿丽金龟为代表介绍如下:

铜绿丽金龟(*Anomala corpulenta* Motchchulsky)属鞘翅目丽金龟科。全国大部分省区均有分布。多食性,为害杨、柳、榆、桃、松、杉、柑橘、苹果等多种林木和果树。

(二)形态识别

铜绿丽金龟成虫体长15～18 mm,宽8～10 mm。背面铜绿色,有光泽。额及前胸背板两侧边缘黄色。复眼黑色,大而圆。触角9节,黄褐色。鞘翅黄铜绿色,有光泽,上有不甚明显的3条隆起线。虫体腹面及足均为黄褐色。足的胫节和跗节红褐色。卵白色，初产时为长椭圆形，以后逐渐膨大至近球形，卵壳表面平滑。幼虫体长30～40 mm。头黄褐色，胴部乳白色，身体肥大、弯曲，皮肤柔软，多皱纹，前顶毛每侧各为8根，后顶毛10～14根。臀节腹面具刺毛列，肛门孔横列状。蛹椭圆形，长约18 mm，土黄色，末端圆平(图3-2-2、图3-2-3)。

图3-2-2 蛴螬

图3-2-3 铜绿丽金龟成虫

(三)生活习性

1年发生1代，3龄幼虫在土中越冬次年5月开始化蛹，6—7月为成虫出土为害期，7月中旬逐渐减少，8月下旬终止。成虫白天隐伏于灌木丛、草皮中或表土中，傍晚飞出，交尾产卵、取食危害。5—6月雨量充沛，成虫出土较早，盛发期提前。成虫有假死性和趋光性。卵散产，多产于5～6 cm深土壤中，每头雌虫平均产卵40粒，卵期10 d。1龄、2龄幼虫多出现在7—8月，食量较小，9月后大部分变为3龄，食量猛增，越冬后又继续为害到5月。幼虫一般在清晨和黄昏由深处爬到表层，咬食苗木近地面的基部、主根和侧根。

三、金针虫类

金针虫是叩头甲幼虫的通称，属鞘翅目叩头甲科，种类较多。广西常见的是细胸金针虫(*Agriotes fuscicollis* Miwa)，北至黑龙江、内蒙古、新疆，南至福建、湖南、贵州、广西、云南都有分布。主要发生在水湿地和低洼地。

(一)为害状识别

金针虫以幼虫为害刚发芽的种子和幼苗的根部，造成缺苗断垄。成虫食叶成缺刻。

(二)形态识别

成虫体长8～9 mm，宽25 mm，暗褐色，密被灰色短毛，并有光泽，头胸部黑褐色，前胸背板略带圆形；翅鞘暗褐色密被灰色短毛，有9条纵列点刻。足胫节较大，赤褐色。卵近圆形，乳白色，径0.5～1 mm，老熟幼虫体长约32 mm，淡黄褐色，细长圆筒形，尾节圆锥形，近基部两侧各有一褐色圆斑，4条长8～9 mm褪褐色纵纹(图3-2-4)。

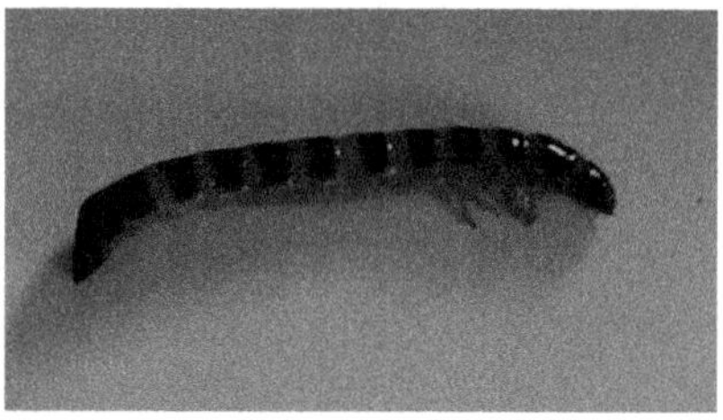

图3-2-4 细胸金针虫

(三)生活习性

细胞金针虫在东北地区约需要3年完成一个世代。在内蒙古6月上旬土中有蛹,多在7～10 cm深处,6月中下旬羽化成虫,在土中产卵,散产。卵期一般为15～18 d。细胞金针虫在旱地几乎不发生,早春土壤解冻即开始活动,10 cm深土温达7～12 ℃时达为害盛期。

四、地老虎类

地老虎属鳞翅目夜蛾科。目前国内已知有10多种,主要有小地老虎[*Agorotis ypsilon* (Rottemberg)]、大地老虎(*A. tokionis* Butler)和黄地老虎[*A. segetum* (Schiffermüller)]。小地老虎是一种迁飞性害虫,在南岭以南,1月平均气温高于8 ℃的地区终年可繁殖为害;南岭以北,北纬33°以南地区,有少量幼虫和蛹越冬;在北纬33°以北,1月份平均气温0 ℃以下的地区,不能越冬。因此,我国北方地区小地老虎越冬代成虫均由南方迁入。小地老虎在我国分布广泛,严重为害地区为长江流域、东南沿海各省,在北方分布在地势低洼、地下水位较高的地区。黄地老虎分布在淮河以北,主要为害区为甘肃、青海、新疆、内蒙古及东北北部地区。大地老虎只在局部地区造成为害。

图3-2-5 小地老虎为害状

(一)为害状识别

地老虎食性很杂,幼虫为害寄主的幼苗,从地面截断植株或咬食未出土幼苗,也能咬食作物生长点,严重影响植株的正常生长(图3-2-5)。

(二)形态识别

3种地老虎的形态比较见表3-2-1、图3-2-6所示。

表3-2-1 3种地老虎形态比较

虫态特征＼虫名		小地老虎	大地老虎	黄地老虎
成虫	体长	16～23 mm	20～23 mm	14～19 mm
	翅展	42～54 mm	42～52 mm	32～43 mm
	前翅	暗褐色,肾状纹外有1尖长楔形斑,亚缘线上也有2个尖端向里的楔形斑,3斑相对	黄褐色,横线不明显,有肾状纹和环状纹,无楔形纹	黄褐色,无楔形斑,肾状纹、环状纹、棒状纹均明显,各横线不明显
	触角(雄)	双栉齿状,分枝仅达1/2处,其余为丝状	双栉齿状分枝逐渐短小,几达末端	分枝达2/3处,其余为丝状
卵	直径	半球形,直径0.6 mm,有纵横交错的隆起线	半球形,直径约1.8 mm	球形,直径约0.5 mm,有多条纵脊

续表 3-2-1

虫态特征		小地老虎	大地老虎	黄地老虎
幼虫	体长	37～44 mm	40～60 mm	33～34 mm
	体色	黄褐色至黑褐色	黄褐色	灰黄褐色
	毛片	各节背板上4个毛片，前后各2个，后面2个比前面2个大1倍以上	各节2对毛片大小约相等	各节2对毛片大约相等
	臀板	黄褐色，有2条深色纵带	深褐色，表面密布龟裂状皱纹	黄褐色，有时有1对稍暗的斑点
蛹	腹末	长18～24 mm，4～7腹节基部有圆刻点，背面的大而深	长23～24 mm，4～7腹节基部密布刻点，气门下方无刻点	长15～20 mm，第4节腹节背中央刻点不明显，5、7腹节刻点多，气门下方有一列刻点

图 3-2-6 小地老虎(上雄成虫，下幼虫)

(三)生活习性

在这3种地老虎中以小地老虎分布最广，为害最严重。下面以小地老虎为例说明。

小地老虎在华北地区每年发生2～3代，在华南地区为5～6代。以蛹或老熟幼虫越冬。小地老虎发生期依地区及年度不同而异，一年中常以第一代幼虫在春季发生数量最多，造成为害最重。成虫多在15时至22时羽化。成虫具迁飞性，昼伏夜出，具强趋光性和趋化性。成虫需取食花蜜补充营养。对发酵的酸、甜气味和萎蔫的杨树枝把有较强趋性，喜食花蜜和蚜露。故可设置黑光灯、糖醋液和杨树枝把来诱杀成虫。卵散产或堆产于矮杂草、幼苗的叶背或嫩茎上。每雌可产卵800～1 000粒。1～2龄幼虫群集在寄主心叶内活动，昼夜取食，形成半透明斑或不规则孔洞的“花叶状”为害状。3龄后即分散为害，4～6龄幼虫白天潜伏土中，夜出咬断幼苗，将其拖入穴中。幼虫有假死性。老熟幼虫在土表5～6 cm深处做土室化蛹。小地老虎喜温暖潮湿，以15%～20%土壤含水量最为适宜，怕高温，地势低洼、排水不良、杂草丛生的圃地发生重。沙土地，重黏土地发生少，沙壤土、壤土、黏壤土发生多。

小地老虎捕食性天敌主要有蚂蚁、蟾蜍、步甲、虻、草蛉、鼬鼠、鸟类、蜘蛛等；寄生性天敌主要有姬蜂、寄生蝇、寄生螨、线虫和病原细菌、病毒等。

五、种蝇

(一)为害状识别

常见的种蝇有4种：种蝇[*Delia platura* (Meigen)]又名灰地种蝇，萝卜蝇(又名白菜蝇)[*Delia floralis* Fallen]，小萝卜蝇(又名毛尾地种蝇)[*Delia pilipyga* (Villeneuve)]和葱蝇

(又名洋葱蝇、蒜蝇)[*Delia platura*(Meigen)],均属双翅目,花蝇科,幼虫称地蛆、根蛆。全国均有分布。是一种多食性害虫,寄主植物包括豆类、瓜类、棉花、十字花科蔬菜、玉米等的幼苗和种子。萝卜蝇和小萝卜蝇是寡食性害虫,主要为害十字花科蔬菜尤其是萝卜、白菜受害严重。葱蝇主要为害葱、洋葱、大蒜等。均以幼虫取食种子胚乳、子叶和茎,使种子不能发芽,幼芽腐烂不能出苗。也能从根部蛀入,顺茎向上食害,或在根部为害,造成根茎枯烂而枯死。

植物的种子及幼根、嫩茎受害,常导致缺苗。此外,盆花也常受此虫为害,造成植株枯萎,影响观赏价值,也有碍卫生。

(二)形态识别

种蝇成虫体长约 5 mm,头部银灰色,复眼暗褐色,胸部背面有 3 条纵线。卵椭圆形,稍弯,弯内有纵沟陷。乳白色,表面有网状纹。幼虫长 7 mm,形似粪蛆。乳白而略带淡黄色,尾节上有 7 对突起,第 7 对很小。蛹长 4～5 mm,褐色或红褐色,圆筒形,围蛹(图 3-2-7)。

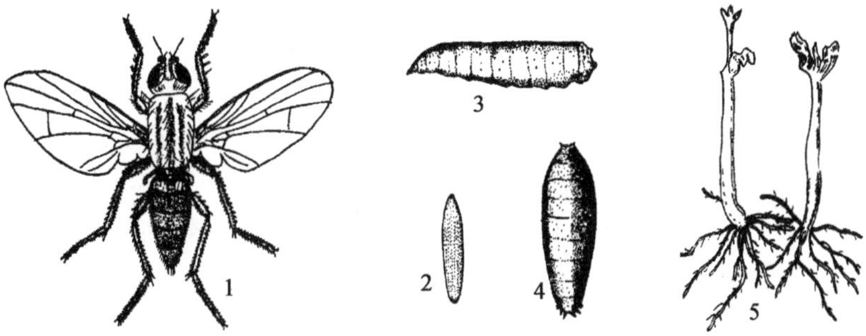

图 3-2-7 种蝇

1.雌成虫 2.卵 3.幼虫 4.蛹 5.为害状

(张随榜.2015.园林植物保护)

(三)生活习性

1 年 2～6 代,以蛹在土内越冬。4 月底早春气温稳定在 5 ℃成虫即能羽化,超过 13 ℃可大量发生。喜在厩肥处活动。成虫产卵于肥料堆或苗根附近的湿松土中。幼虫孵化后即在根、茎处为害。种蝇在水肥充足条件下发生严重,尤其是粪肥施在表面的花圃地和盆花中发生严重,夏季高温则发生较轻。成虫在干燥晴天活动,晚上静止,较阴凉或多风天气,大多躲在土块缝或其他隐蔽场所。第 1 代幼虫为害最重。成虫对蜜露、腐烂有机质、糖醋的酸甜味有较强的趋性。

【工作步骤】

观察地老虎类、蝼蛄、蛴螬、各种金龟甲成虫、蟋蟀、金针虫等各虫态和为害状。

【巩固训练】

植保技能考核 14:识别并写出当地主要地下害虫(或为害状)的名称。

任务二　地下害虫综合防控技术

【材料、用具与场所】记录本、铅笔、皮卷尺或米尺、农药及施药器械等，地下害虫发生严重的地块。

【基础知识】

广西地区常见的地下害虫有蝼蛄、蛴螬、地老虎、金针虫、蟋蟀、白蚁、种蝇等。综合防控技术如下：

1. 农业防治　减少虫源，及时清除苗床及圃地杂草，杀灭卵和幼虫，在被咬断苗木附近土中挖除幼虫。实行水旱轮作，深耕勤耙，中耕除草，适时灌水，合理施肥，不施未腐熟的有机肥。

2. 生物防治　保护利用各种天敌如步甲、寄生蜂等。

3. 诱杀幼虫　堆草诱杀，在幼苗出土前及幼虫为害期，将鲜嫩菜叶或杂草浸入 90%敌百虫晶体 150 倍稀释液中 10 min，于傍晚成堆撒布地面，每隔 2～3 m 一堆。每堆约 250 g。毒饵诱杀，以 1 份药∶10 份水∶100 份米糠的比例，将 90%敌百虫晶体用水稀释 10 倍后均匀拌入炒香的米糠中，于傍晚成堆撒布地面，每堆 25～50 g，需米糠 150 kg/hm^2。诱杀 3 龄以上幼虫。用鲜草堆草诱杀、马粪诱杀各种地下害虫。

4. 诱杀成虫　在春季成虫羽化盛期，利用黑光灯、糖醋液和性诱剂可诱杀到大量成虫。用 200 W 白炽灯或用 20 W 的黑光灯(波长 3 600 Å)。灯源离地面 1.5 m，上方架设防雨罩，下方装集虫漏斗，杀虫和集虫装置。每年从越冬代幼虫化蛹始盛期开始，至秋季末代螟蛾终见后一周止。每天黄昏开灯，天明关灯。每天上午(每周取 1 次)取回诱集物，置于室内区别种类，并清点虫数。用黑光灯诱杀地老虎、蝼蛄成虫，糖醋液的配制比例为糖∶食醋∶45°以上白酒∶水=3∶4∶1∶2，或 6∶1∶1∶10 加总液量 0.5%～1%的 90%晶体敌百虫，傍晚将盆置于高出作物约 30 cm 处。

可用 500 mL 空矿泉水瓶自行制作盛放糖醋液的容器。方法是，在离瓶底约15 cm处的瓶身两侧向上各剪一个约 5 cm×4 cm 的“U”形口，向上折起“U”形塑料片，可防止雨水流入瓶内，保留瓶盖，在瓶口处扎上绳子，拴在竹竿上插到作物田中即可。注意天气干燥时糖醋液中的酒和醋易蒸发，3～4 d 要加半量糖醋液，7 d 更换一次糖醋液。

杨树枝把(或稻叶、甘蔗叶、玉米叶)制作：将萎蔫的杨树枝条截成长约 60 cm，8～10 枝捆成一束，基部扎紧，端部朝下，在 1.5 m 左右长的木棍或竹竿上，于傍晚时分插放在苗圃内，每 667 m^2插放 6～8 把。第二天清晨将草把放入大塑料袋中用力抖动，将潜伏在草把中的成虫抖落杀死即可。

5. 施药防治　化学防治指标：蛴螬、金针虫、蝼蛄混合种群虫口基数≥30 000 头/hm^2；当混合种群的组成以中型蛴螬(如大黑鳃、铜绿丽)占绝对优势种群时，这一防治指标可适当缩小。当金针虫数量不多，可用以下防治指标：蝼蛄达 0.5 头/m^2，或作物被害率在 10%左右；蛴螬达 3～5 头/m^2，或作物受害率达10%～15%；小地老虎达 1 头/m^2，或作物被害叶率(花叶)达 25%。

施药防治主要采用药剂拌种、土壤处理、毒饵和毒水浇灌等方法。

(1)药剂拌种,在玉米、花生、大豆、马铃薯等播种前用 600 g/L 吡虫啉悬浮种衣剂进行种子包衣,或用 70%噻虫嗪种子处理悬浮剂,按照 1 份药∶200～400 份种子的比例进行拌种,或用 50%辛硫磷微胶囊缓释剂 1 份药∶50 份水∶500 份种子的比例进行拌种,闷 3～4 h,待种子干后即可播种。

(2)土壤处理,下种前 667 m^2 用 2%吡虫啉颗粒剂 2 000～4 000 g＋20～30 kg 腐熟有机肥或用 3%辛硫磷颗粒剂 3～5 kg 混细沙 20～25 kg 均匀撒施后再翻耕土壤。

(3)喷雾,小地老虎 3 龄前为害会造成"花叶"为害状,应及时选用 40%辛硫磷 800～1 200 倍液喷雾。喷雾仅对 3 龄前小地老虎幼虫有效。3 龄后幼虫改用毒土法,每 667 m^2 用 3%辛硫磷颗粒剂 2～2.5 kg,加适量水后拌细土 20～25 kg 制成毒土均匀撒于地面,深耙 20 cm。

(4)药液灌根,在苗期地下害虫发生时,可用 50%辛硫磷乳油 800～1 200 倍液灌根,每株 50～100 mL。

【工作步骤】

1. 以小组为单位,制订地下害虫调查方案并实施调查。
2. 以小组为单位,根据调查结果查对防治指标,进行防治决策,制订综合防治方案。
3. 采取相应措施实施地下害虫综合防治,调查防治效果,写出调查报告。

【巩固训练】

作业

列表表示当地地区地下害虫的为害虫态、典型为害状、防治对口农药及施用方法。

思考题

当地地下害虫有何特点?

【课程思政】

1. 饥荒是引起社会动荡的因素,"中国人的饭碗任何时候都要牢牢端在自己手上"

作物病虫害在中国古代造成过严重的饥荒,引起巨大的社会动荡。社会稳定的重要基础是"粮丰民安",因此,习近平总书记强调"中国人的饭碗任何时候都要牢牢端在自己手上"。植物保护科技工作者是作物抗虫防病的守护神,在维护国家粮食安全中具有举足轻重的地位。我们青年大学生应该守初心,担当起强农兴农的使命,做"一懂两爱"的新型农业人才。

2. 制订植物有害生物防治方案要树立"绿色植保、公共植保、科学植保"的理念

植物有害生物发生会造成农业生产重大损失,不恰当的防治方法,还会环境污染、浪费资

源甚至造成人、畜中毒。制订防治方案要牢固树立“绿色植保、公共植保、科学植保”的理念，必须贯彻落实习近平总书记“绿水青山就是金山银山”的新发展理念。我们作为新时代的大学生要传递“环境保护，人人有责”，坚持生态优先、绿色发展不动摇，做美丽中国的建设者和践行者。

【学习评价】

表 3-2-2　地下害虫综合防治考核评价表

序号	考核项目	考核内容	考核标准	考核方式	分值
1	地下害虫识别	地下害虫形态及为害状识别	能正确识别出当地各种地下害虫和为害状	标本考核	4
2	田间调查	地下害虫田间调查方法	能现场区分类型田，并选择其中之一进行调查，采取正确的调查方法实地调查，数据记录正确、完整	现场考核	6
3	制订综合防治方案	能根据当地地下害虫的发生规律制订综合防治方案	防治方案制订科学、可行性强	小组综合评分	5
4	组织实施综合防治	能根据实际情况按照操作程序进行当地地下害虫的各项防治操作，并进行防治效果调查，撰写防治总结	防治操作规范、熟练；防治总结完成认真，内容真实，有参考价值	操作考核	10
5	知识点考核		地下害虫发生种类，为害状、发生特点，综合防治方法	闭卷笔试	50
6	作业、实验报告		完成认真，内容正确；绘图特征明显，标注正确，调查方法正确，数据记录清楚，统计，防治决策正确	教师评分	10
7	学习纪律及态度		遵守纪律，服从安排，积极思考，能综合应用所掌握的基本知识，分析问题和解决问题	课堂考勤	15

子项目三　水稻病虫害识别与防控技术

【学习目标】

识别水稻主要病虫害的症状及其病原物形态和主要害虫的形态特征及危害状，掌握水稻病虫害的发生规律和综合防治方法。

任务一　水稻病虫害识别

【材料与用具】稻瘟病、稻纹枯病、稻曲病、稻条纹叶枯病、稻白叶枯病等水稻病害的新鲜标本、干制标本和病原玻璃标本；多媒体教学设备及其课件、挂图等。生物显微镜、镊子、挑针、载玻片、盖玻片等有关用具。

【基础知识】

一、稻瘟病

(一)症状识别

稻瘟病在水稻整个生育期都可发生，按发生时期和部位的不同可分为苗瘟、叶瘟、节瘟、叶枕瘟、穗颈瘟、枝梗瘟和谷粒瘟等，其叶以叶瘟、穗颈瘟最为常见，危害较大。

1. 苗瘟　一般在3叶前发生，初在芽和芽鞘上出现水渍状斑点，后基部变成黑褐色，并卷缩枯死。

2. 叶瘟　发生在秧苗和成株期的叶片上。病斑随品种和气候条件不同而异，可分为4种类型：

(1)慢性型：又称普通型病斑。病斑呈梭形或纺锤形，边缘褐色，中央灰白色，最外层为淡黄色晕圈，两端有沿叶脉延伸的褐色坏色线。天气潮湿时，病斑背面有灰绿色霉状物(图3-3-1、图3-3-2)。

图3-3-1　稻瘟病(叶瘟)

图3-3-2　稻瘟病田间症状

(2)急性型：病斑暗绿色，水渍状，椭圆形或不规则形。病斑正反两面密生灰绿色霉层。此病斑多在嫩叶或感病品种上发生，它的出现常是叶瘟流行的预兆。若天气转晴或经药剂防治后，可转变为慢性型病斑。

(3)白点型：田间很少发生。病斑白色或灰白色，圆形，较小，不产生分生孢子。一般是嫩叶感病后，遇上高温干燥天气，经强光照射或土壤缺水时发生。如在短期内气候条件转为适宜，这种病斑可很快发展成急性型；如条件不适可转变为慢性型。

(4)褐点型：为褐色小斑点，局限于叶脉之间。常发生在抗病品种和老叶上，不产生分生孢子。

3. 节瘟　病节凹陷缢缩，变黑褐色，易折断。潮湿时其产生灰绿色霉层，常发生于穗颈下第1节、第2节。

4. 叶枕瘟　又称叶节瘟。常发生于剑叶的叶耳、叶舌、叶环上，并逐步向叶鞘、叶片扩展，形成不规则斑块。病斑初为暗绿色，后呈灰白色至灰褐色，潮湿时病部产生灰绿色霉层。叶枕瘟的大量出现，常是穗颈瘟发生的前兆。

图 3-3-3　稻瘟病(穗颈瘟)

5. 穗颈瘟和枝梗瘟　发生在穗颈、穗轴和枝梗上。病斑不规则，褐色或灰黑色。穗颈受害早的形成白穗，颈易折断。枝梗受害早的则形成花白穗，受害迟的，使谷粒不充实，粒重降低(图 3-3-3)。

6. 谷粒瘟　谷粒上的病斑变化较大，且易与其他病害混淆。一般为椭圆形或不规则形的病斑，外缘褐色或黑褐色，中央灰白色。受害重时谷粒空瘪，甚至米粒变黑。护颖也极易受害，多呈褐色或黑色。

稻胡麻斑病在水稻各生育期地上各部分均可发生，在叶片和谷粒上的症状最为明显。叶片上病斑椭圆形、褐色，外围常有黄色晕圈，中间有因颜色深浅不同而形成的轮纹，后期病斑中央黄褐色或灰白色。谷粒上病斑为椭圆形，灰褐色至褐色，湿度高时，病部长出黑霉。

(二)病原识别

稻瘟病病原物为稻巨座壳菌(*Magnaporthe oryzae* B. C. Couch)，属子囊菌门巨座座壳属，仅在人工培养基上产生，自然界尚未发现。其无性阶段为由半知菌类梨孢属的稻梨孢(*Pyricularia oryzae* Cavara)引起，病部的灰绿色霉层即为病菌的分生孢子梗和分生孢子。分生孢子梗无色，基部稍带褐色，有2～8个分隔，顶端略弯曲，常3～5根丛生或单生，多从气孔伸出。分生孢子梨形，无色，二分隔。稻瘟病菌对不同品种的致病性有明显差异，从而分化出不同的生理小种。在自然情况下，稻瘟病菌除侵染水稻外，还可侵染秕壳草、马唐等。

稻胡麻斑病的病原为宫部旋孢腔菌[*Cochliobolus miyabeanus* (Ito et Kurib.) Drechs. ex Dastur]，属子囊菌门旋孢腔菌属真菌。

(三)发生规律

稻瘟病以菌丝和分生孢子在病稻草、病谷上越冬。翌年当气温回升到20 ℃左右时，遇降雨，便可产生大量分生孢子，分生孢子借气流传播，也可随雨滴、流水、昆虫传播。孢子达到稻株，在有水和适温条件下，萌发形成附着孢，产生菌丝，侵入寄生，摄取养分，迅速繁殖，产生病斑。在适宜温湿度条件下，产生新的分生孢子，进行再侵染，逐步扩展蔓延。一般高氮肥地块发病重；增施磷、钾肥有利提高植株抗病能力，减轻危害。长期灌深水冷水，土壤缺氧均有利发病。温湿度对发病影响大。当气温在20～30 ℃，田间湿度达90%以上，植株体表面保持6～10 h的水膜，易发病；当温度大于32 ℃或小于15 ℃时病害受抑制。北方稻区在水稻抽穗期，遇20 ℃以下，兼有降雨天气，易流行穗颈瘟。

二、水稻纹枯病

(一)症状识别

图 3-3-4　水稻纹枯病

水稻纹枯病一般从分蘖盛期开始发病，孕穗至抽穗期蔓延最快，主要危害叶鞘、茎秆，其次危害叶片，严重时也能危害穗颈和谷粒。先在近水面的叶鞘上产生暗绿色病斑，边缘不明显，扩大后呈椭圆形，病斑中央灰白色、边缘暗褐色。许多病斑连在一起形成云纹状。湿度大时，病部可见许多白色菌丝，随后菌丝集结成白色绒球状菌丝团，最后形成暗褐色菌核，菌核易脱落。叶片上的病斑与叶鞘上的相似(图 3-3-4)。

(二)病原识别

水稻稻瘟病、纹枯病诊断与防治

病原物无性阶段为立枯丝核菌(*Rhizoctonia solani* Kühn)，属担子菌无性型核菌属。菌丝初为无色，后渐呈淡褐色，分枝与主枝近似直角，分枝处显著缢缩，距分枝不远处有分隔。病组织表面的菌丝可集结成菌核。菌核扁圆形或不规则形，内外均为褐色，表面粗糙靠少量菌丝与病组织相连，极易脱落。有性阶段为瓜亡革菌[*Thanatephorus cuctmeris* (Frank) Donk.]，属担子菌门亡革菌属。在荫蔽、高湿条件下，病部表面产生的白色粉末状物即为病菌的担子和担孢子，担子棍棒形、无色，担孢子卵圆形或椭圆形、无色。纹枯病菌除危害水稻外，还能危害大麦、小麦、玉米、花生等 15 个科近 50 种植物。

(三)发生规律

水稻纹枯病以菌核在土壤中越冬，也可以菌丝和菌核在稻草、田边杂草或其他寄主上越冬。翌年耙地后，菌核浮在水面，插秧后，菌核随流水附在植株基部叶鞘上，待温度适宜，菌核萌发，产生菌丝，从叶鞘内侧表皮气孔或表皮侵入。一般在稻田分蘖盛期以横向发展为主，孕穗至抽穗期则从纵向发展为主。在水稻生长的一生中，分蘖期、孕穗期至抽穗期抗病能力降低，病菌侵染最快。该病发生流行适温为 22～28 ℃，相对湿度为 90%以上。当气温低于 22 ℃，湿度低于 85%时，病情趋于停止状态。偏施、迟施氮肥、重化肥轻有机肥、高密植、长期深水灌溉或污水灌溉的地块发病重；适时适量施肥、增施磷钾肥、浅水勤灌、适时晒田发病轻。一般阔叶型品种比窄叶型品种发病重；大穗高秆松散型品种发病较重。

三、水稻白叶枯病和水稻细菌性条斑病

(一)症状识别

水稻白叶枯病多在分蘖期后发生，主要危害叶片。其症状因水稻品种、发病时期及侵染部位不同而异。先在叶尖或叶缘产生黄绿色或暗绿色斑点，然后沿叶缘或中脉上下扩展，形成条斑，病组织枯死后呈灰白色，此为最常见的叶枯型症状。在多肥、植株嫩绿、天气阴雨闷热及品种极易感病的情况下，发病后全叶迅速失水卷曲，呈暗绿色似开水烫伤的青枯状，为急性型症状，此类症状出现，表示病害正在急剧发展。在南方稻区，一些感病品种在菌量大或根茎部受

伤情况下可出现凋萎型症状。高湿时各种症状的病部表面常会溢出露珠状的黄色脓胶团(称菌脓),干燥后结成鱼子状小胶粒,易脱落(图 3-3-5A、图 3-3-6B)。

图 3-3-5 水稻白叶枯病(A)

图 3-3-6 水稻白叶枯病(B)

观察水稻白叶枯病叶枯型症状,注意其与生理性枯黄的区别。除依据症状特点外,还可用以下方法进行鉴别。切取病健交界处组织一小块,放在载玻片的水滴中,加载玻片夹紧 1 min,用肉眼透光观察;或盖上盖玻片,在低倍镜暗视野下观察,如见混浊的烟雾状物从病组织中溢出,为白叶枯病,生理性枯黄无此现象。或取病叶剪去两端,将下端插于洗干净的湿沙中,保湿 6～12 h,如果叶片上部剪断面有黄色菌脓溢出,则为白叶枯病,生理性枯黄只有清亮小水珠溢出。凋萎型(又称枯心型)症状很像螟虫造成的枯心苗,但其茎部无虫伤孔,折断病株的茎基部并用手挤压,则可见到大量黄色菌脓溢出(图 3-3-7)。

水稻细菌性条斑病在水稻整个生育期的叶片上都可发生。病斑初期呈暗绿色水渍状半透明条斑,后迅速在叶脉间扩展变为黄褐色的细条斑,其上分泌出许多蜜黄色菌脓,排列成行。发病后期,病叶成片枯黄,似火烧状。与白叶枯病的主要不同点是:水稻细菌性条斑病菌多从气孔侵入,病斑可在叶片任何部位发生;病斑为短而细的窄条斑,对光观察呈半透明、水渍状;病斑上菌脓多、颗粒小、色深,干燥后不易脱落(图 3-3-8、图 3-3-9、图 3-3-10)。

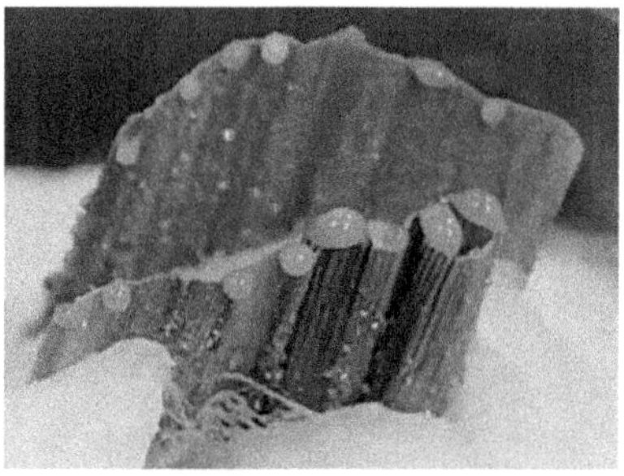

图 3-3-7 水稻白叶枯病叶保湿溢菌现象

图 3-3-8 水稻细菌性条斑病初期症状

(二)病原识别

水稻白叶枯病病原为薄壁菌门黄单胞菌属的水稻黄单胞杆菌白叶枯变种[*Xanthomonas oryzae* pv. *oryzae* (Ishiyama) Zoo]。菌体短杆状,两端钝圆,极生鞭毛 1 根。在肉汁琼脂培养基上菌落呈蜜黄色,有光泽,中央隆起,边缘整齐,表面光滑。水稻细菌性条斑病病原物为薄壁菌门黄单胞菌属的水稻黄单胞杆菌栖稻变种[*Xanthomomas oryzae* pv. *oryzicola* (Fang et al) Swings],菌体略小于白叶枯病菌菌体。

图 3-3-9　水稻细菌性条斑病后期症状

图 3-3-10　水稻细菌性条斑病田间症状

(三)发生规律

水稻白叶枯病主要在稻种、稻草和稻桩上越冬,重病田稻桩附近土壤中的细菌也可越年传病。播种病谷粒,病菌可通过幼苗的根和芽鞘侵入。病稻草和稻桩上的病菌,遇到雨水就渗入水流中,秧苗接触带菌水,病菌便从水孔、伤口侵入稻株。用病稻草催芽,覆盖秧苗、扎秧把等有利病害传播。早、中稻秧田期由于温度低,菌量较少,一般看不到症状,直到孕穗前后才暴发出来。病斑上的溢脓,可借风、雨、露水和叶片接触等进行再侵染。气温为 26～30 ℃,相对湿度 90%,多雨、少日照,风速大的气候条件,特别是台风暴雨造成稻叶大量伤口并给病菌扩散提供极为有利的条件。在 20 ℃以下或 33 ℃以上病害停止发生发展。秧苗淹水,本田深水灌溉,串灌、漫灌,施用过量氮肥等均有利于发病;水稻一生中不同生育期抗病性不同,分蘖末期抗病力开始下降,孕穗阶段最易感病。品种抗性有显著差异,一般情况下籼稻发病重于粳稻;矮秆品种发病重于高秆窄叶型品种;不耐肥品种发病重于耐肥品种。大面积种植感病品种,有利病害流行。

四、水稻螟虫

(一)为害状识别

我国水稻螟虫主要有三化螟[*Tryporyza incertulas* (Walker)]、二化螟[*Chilo suppressalis* (Walker)] 、大螟[*Sesamia inferens* (Walker)]和台湾稻螟[*Chilo auricilius* Dudgeon],均属鳞翅目。大螟属夜蛾科,其他 3 种属螟蛾科。4 种螟虫均以幼虫钻蛀稻株。水稻分蘖期被蛀害,形成枯心苗;孕穗至抽穗期被蛀害,形成枯孕穗、白穗;灌浆后形成虫伤株,严重影响产量。被害株成团出现。此外,二化螟和大螟还能蛀食叶鞘,形成枯鞘。三化螟造成的枯心苗早期叶鞘不枯黄,易拔起,断处有虫刻痕迹且平齐;造成的白穗剑叶叶鞘也不枯黄,断口平齐,茎外无虫粪,剥开穗茎,茎内虫屑、虫粪较少,且青白干爽。二化螟造成的枯心苗和白穗断口不齐平,茎内外都有虫粪,且粪粒较细而多,新鲜粪粒黄色、湿润。大螟所造成的危害状与二化螟相仿,但蛀孔大,虫粪多而稀。台湾稻螟先集中为害叶鞘组织,然后钻至心叶或拔节后的茎秆内,在其内取食内壁组织。在孕穗期幼虫也取食嫩穗。随着水稻生育期不同,水稻螟虫分别会造成水稻枯鞘、枯心苗、白穗、虫伤株等,被害株茎秆穿孔很多,孔口排出黄白色粪便,幼虫有群集性(图 3-3-11)。

图 3-3-11　水稻螟虫为害状
枯心苗和白穗

三化螟是单食性害虫，一般只危害水稻。二化螟和大螟除危害水稻外，还危害茭白、玉米、高粱、甘蔗、芦苇以及稗草、李氏禾等；未发育成熟的越冬幼虫冬后还会转到小麦、大(元)麦、油菜、蚕豆和紫云英等作物的茎中取食危害。台湾稻螟的寄主除水稻外，还有甘蔗、玉米、小麦、高粱、粟等。

(二)形态识别

我国水稻螟虫的形态特征如表 3-3-1，图 3-3-12 至图 3-3-18 所示。

表 3-3-1　3 种水稻螟虫的形态特征(农业部人事劳动司等.农作物植保员.2004)

虫态	三化螟	二化螟	大螟	台湾稻螟
成虫	体长约 12 mm。雌蛾黄白色，前翅近三角形，中央有一黑点，腹末端有棕黄色绒毛：雄蛾灰褐色，体型比雌蛾稍小，前翅中央有一小黑点，从顶角至后缘有 1 条暗褐色斜纹，外缘有 7 个小黑点	体型比三化螟稍大，体长 10～15 mm，淡灰色，前翅近长方形，中央无黑点，外缘具有 7 个小黑点，排成 1 列。雌蛾腹部纺锤形，雄蛾腹部细圆筒形	体型比二化螟肥大，体长约 15 mm，雄蛾体长 10～13 mm，灰褐色，前翅近长形，翅中部有一明显暗褐带，其上、下方各有 2 个小黑点。排列成不规则的四方形后翅银白色	雄蛾体长 6.5～8.5 mm，前翅黄褐色，中区有隆起且具金属光泽的深褐色斑 4 个，亚外缘线部位有黑褐色点列，外缘有 7 个小黑点，后翅白色
卵	卵扁平椭圆形，分层排列成椭圆形卵块，上覆盖有棕黄色绒毛，似半粒发霉的黄豆	卵扁平椭圆形，呈鱼鳞状单层排列。卵块长椭圆形，表面有胶质	卵扁球形，卵粒常 2～3 行排列呈带状	卵扁平椭圆形，初产时白色，后转灰黄色，卵块外盖胶质物，卵粒呈鱼鳞状排列，构成明显的纵行，通常为 1～3 行
幼虫	体淡黄绿色，背面只有 1 条半透明背线。腹足不发达，趾钩排列为扁椭圆形，单序全环。成熟时体长 21 mm 左右	体淡褐色，背面有 5 条紫褐色纵纹，腹足较发达，趾钩排列呈圆形，外侧单序，内侧三序，一般全环。成熟时体长 20～30 mm	体粗壮，头红褐色，胴部背面紫红色，腹足发达，趾钩 1 行单序半环形。体长 30 mm 左右	老熟幼虫体长 16～25 mm，头部暗红色至黑褐色；体背面具 5 条赤褐色纵线，即背线、亚背线和气门上线
蛹	瘦长，长约 13 mm，黄白色，后足伸出翅芽外，雄蛹伸出较长	圆筒形，黄褐色，体长 11～17 mm，腹背 5 条紫色纵纹，隐约可见。左右翅芽不相接，后足不伸出翅芽端部	肥壮，体长 13～18 mm，长圆筒形，淡黄至褐色，头胸部有白粉状分泌物。左右翅芽有一段相接，后足不伸出翅芽端部。腹部末端有 4 个明显的棘状突起	体长 9～16 mm，初时黄色，背面有 5 条棕色纵纹；颊在左右两边各形成 1 个近似三角形的突起。中胸气门呈两个扁形的耳状突起。腹部第 5～7 节背面近前缘各有 1 横列齿状小突起；臀刺显著，背面具 4 刺，腹面具 2 刺

图 3-3-12　三化螟雌成虫

图 3-3-13　三化螟幼虫

图 3-3-14　二化螟雄成虫

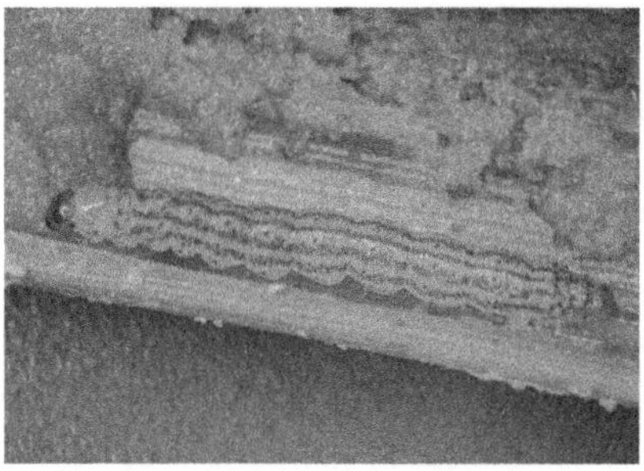

图 3-3-15　二化螟幼虫

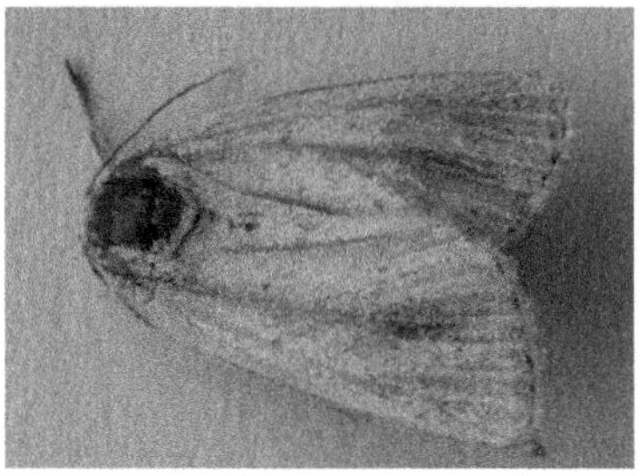

图 3-3-16　灯诱大螟成虫

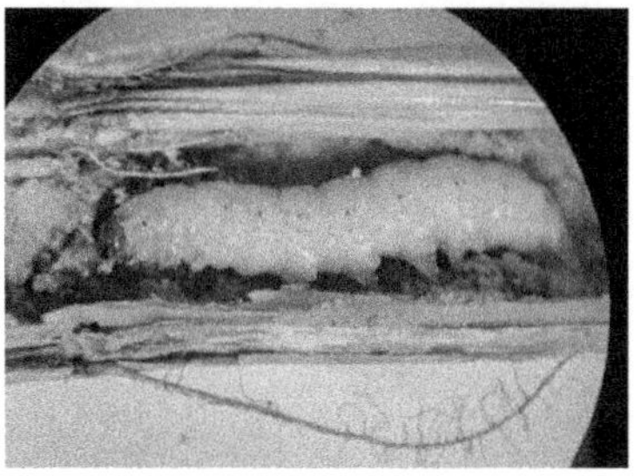

图 3-3-17　大螟幼虫

(三)发生规律

图 3-3-18　台湾稻螟成虫

三化螟以老熟幼虫在稻桩内滞育越冬，广西 1 年发生 4～5 代。成虫有强趋光性，白天静伏在稻丛中，黄昏活动。产卵前期越冬代 2 d，其余世代 1 d。羽化后 2～3 d 内产卵最多，卵块多产在叶片上，秧苗期产在离叶尖 610 mm 的叶片正面；分蘖期多产在稻株外围第 3～4 叶片背面；圆秆拔节到抽穗期多产在稻株外围第 2～4 叶片背面，趋嫩绿叶片产卵。成虫寿命 2～6 d，幼虫龄数 4 龄，幼虫历期 20～30 d，幼虫在分蘖期蛀食稻茎内幼嫩而呈白色的组织，将心叶咬断；在穗期幼虫蛀食稻茎内壁组织，咬断维管束。稻茎基部近水面处或土下 1～2 cm 的稻茎内化蛹。

二化螟以 4～6 龄幼虫在稻桩和稻草中越冬，还有在茭白遗株、三棱草及杂草中越冬。在我国 1 年发生 1～5 代，广西、广东 1 年发生 4 代。成虫有强趋光性，白天静伏在稻丛中，黄昏活动。产卵前期 1 d，羽化后 2～3 d 内产卵最多，卵块多产在叶片上；秧苗期至分蘖期多产在离叶尖 3～6 mm 的叶片正面，分蘖期至抽穗期，绝大多数卵产在离水面 7～10 cm 的第 2 叶鞘上。趋叶色嫩绿及粗壮高大稻株叶片产卵，以分蘖期、孕穗期产卵最多。成虫寿命 5.8～9.1 d，幼虫龄数 7 龄，幼虫历期 30.5～44.4 d。蚁螟先群集在叶鞘内取食内壁组织，幼虫发育至 2 龄后，开始蛀食稻茎，再形成枯心、枯孕穗、白穗和虫伤株。在稻株茎秆内或叶鞘内侧化蛹。

大螟 3 龄以上幼虫在水稻、茭白、芦苇的根部或三棱草的球茎内越冬。在我国 1 年发生 3～7 代。4 月中旬至 11 月上旬均可发生。成虫有强趋光性，白天静伏在田边禾本科杂草和稻丛中，黄昏活动。产卵前期 2～3 d，卵主要产在水稻叶鞘内侧，多数产在距叶枕 3 cm 以内；分蘖期多产在剑叶自下而上第 1～4 片叶鞘内侧，其中以第 2 叶鞘内最多，其次是第 3 叶鞘；趋边和趋稗草产卵，水稻圆秆到孕穗期，卵多产于田边，穗期向田中心扩散。成虫寿命2～6 d，幼虫龄数 6 龄，少数 7 龄。幼虫历期 7～22 d。初孵幼虫先群集在叶鞘内取食，3～5 d 造成枯鞘，发育至 2～3 龄开始分散蛀入稻茎，出现大量枯心，以后幼虫频繁转株为害。稻株下部叶鞘内或稻丛间化蛹，少数化蛹在枯孕穗或稻茎内。

台湾稻螟老熟幼虫在稻桩内、甘蔗残茆中越冬。在我国 1 年发生 3～6 代。成虫具趋光性，赴嫩绿的稻苗上产卵，白天静伏在稻丛中，黄昏活动。产卵前期 1～2 d，卵多产于稻叶正面，也有产于叶背面，趋浓绿的稻苗上产卵。成虫寿命 2～5 d，幼虫龄数 4～5 龄。幼虫历期 23～32 d。初孵幼虫先集中为害叶鞘组织，然后转至心叶或拔节后的茎秆内，在其内取食内壁组织，在孕穗期也取食嫩穗。老熟幼虫在稻茎内化蛹，也有在叶鞘内化蛹。

水稻螟虫发生与环境的关系：水稻螟虫中只有三化螟为单食性害虫，以幼虫在稻桩内越冬，越冬期间遇到危险不能转移。其他螟虫除在稻茎内越冬外，还可在杂草、玉米秆、茭白等处越冬，越冬期间遇到危险可以转移。

(1)温度　三化螟各虫期的适宜温度 20～27.5 ℃。越冬幼虫当气温上升到 16 ℃时开始化蛹。春季温暖干燥，气温回升到 16 ℃以上的日期越早，当年发生就越早，发生量加重，世代数相应增多。温暖高湿对蚁螟的孵化和侵入有利。

(2)湿度　越冬期间湿度低时，幼虫容易干死。湿度太高或下毛毛雨，容易引起稻桩腐烂导致幼虫死亡。特别是越冬幼虫化蛹阶段，田间积水，死亡率达 95%以上。其他世代化蛹阶段受湿度影响不大。

在蚁螟分散为害阶段遇暴雨或稻田淹水，能增加蚁螟死亡率和减少侵入率，遇小雨或有露水，则有利于侵入。螟卵在 42 ℃以上和 17 ℃以下超过 3 h 都不能孵化，相对湿度 60%以下也不能孵化。

(3)食料　水稻分蘖期、孕穗期、抽穗期和螟卵盛孵期相遇，螟害发生重，相遇时间越长，发生越严重。秧苗期对螟虫入侵为害有明显的抑制作用。移栽返青期幼虫死亡率高。早、中、晚熟稻混栽利于螟害的发生。肥水管理得当，水稻生长健壮整齐，螟害轻；施氮肥多，生长茂密，叶片宽大的产卵多，水秧多于旱秧，杂交水稻受害较常规稻重。双季早稻及时收割，随即翻耕灭茬，可减少次代螟虫的发生量并缩短其发生期。

(4)天敌　水稻螟虫的捕食性天敌有青蛙、蜻蜓、步行虫、隐翅虫、虎甲、蜘蛛和鸟类等；寄生性天敌有稻螟赤眼蜂、等腹黑卵蜂、长腹黑卵蜂、螟卵啮小峰、中华茧蜂、褐腹瘦姬蜂、白僵菌、线虫等。它们的寄生率可达 40%～50%。

五、稻飞虱和稻叶蝉

(一)为害状识别

稻飞虱是危害水稻的飞虱科害虫的统称，其中对水稻危害较大的主要是褐飞虱[*Nilaparvata lugens* (Stål)]、白背飞虱[*Sogatella furcifera* (Horváth)]和灰飞虱[*Laodelphax striatellus* (Fallèn)] 3 种。褐飞虱是单食性害虫，白背飞虱和灰飞虱的寄主种类多。除危害水稻外，还危害小麦、玉米等(图 3-3-19)。

图 3-3-19　褐飞虱田间为害状

稻飞虱的识别与防治技术

3 种稻飞虱均以成虫、若虫群集稻丛基部，刺吸水稻汁液，产卵时刺伤稻株茎叶组织形成大量伤口，加速稻株水分蒸腾。水稻被害后，生长受抑，下部叶片枯黄，千粒重下降。严重受害时，引起稻株下部变黑，稻田内出现成团成片的死秆瘫倒，俗称"冒穿"或"透顶"，导致严重减产或失收。稻飞虱还会传播和诱发水稻病害，其取食及产卵时，造成大量伤口，有利于稻纹枯病、菌核病的侵染危害，加重这些病害的发生。褐飞虱和灰飞虱都能传播病毒病，灰飞虱能传播水稻条纹叶枯病、水稻黑条矮缩病、小麦丛矮病、玉米粗缩病等，其传毒所造成的损失远大于直接吸食的危害。

黑尾叶蝉[*Nephottix cncticeps* (Uhler)] 属同翅目叶蝉科。以成虫、若虫群集稻丛基部刺吸汁液，造成许多褐色斑点，影响水稻生长。受害严重时稻苗枯死，后期基部发黑，甚至倒伏。除刺吸危害外，还能传播多种水稻病毒病。

(二)形态识别

稻飞虱雌雄成虫有长翅型和短翅型之分，其主要形态特征见表 3-3-2 和图 3-3-20、图 3-3-21。黑尾叶蝉成虫体长 4.5～6.0 mm，黄绿色，头顶部近前缘有 1 条黑色横带纹。前翅端部 1/3 处雄虫黑色、雌虫淡黄褐色；胸部腹面雄虫黑色、雌虫淡黄色。卵长椭圆形，中间微弯曲，初产时卵乳白色半透明，后转为淡黄色至灰黄色，接近孵化时，眼点变为红褐色。若虫共 5 龄，头大尾尖，呈锥形，黄白色至黄绿色，3 龄前虫体两侧褐色，3 龄后褪去，雄虫腹背渐变黑色，雌虫淡褐色(图 3-2-22)。

表 3-3-2　3 种稻飞虱的形态特征

虫态	褐飞虱	白背飞虱	灰飞虱
成虫	雄虫 4.0 mm，雌虫 4.5～5.0 mm，短翅雌虫 3.8 mm；体褐色、茶褐色或黑褐色，头顶较宽，褐色，小盾片褐色，有 3 条隆起线，翅浅褐色	雄虫 3.8 mm，雌虫 4.5 mm，短翅雌虫 3.5 mm。雄虫灰黑色；雌虫和短翅雌虫体灰黄色；头顶突出，小盾片两侧黑色，雄虫小盾片中间淡黄色，翅末端茶色；雌虫小盾片中间姜黄色	雄虫 3.5 mm，雌虫 4.0 mm，短翅雌虫 2.6 mm。雄虫灰黑色；雌虫黄褐色或黄色；短翅雌虫淡黄色，雄虫小盾片黑色，雌虫小盾片淡黄色或土黄色，两侧有半月形的褐色或黑褐色斑
卵	香蕉形，10～20 粒，呈行排列，前部单行，后部挤成双行，卵帽稍露出	尖辣椒形，5～10 粒，前后呈单行排列，卵帽不露出	茄子形，2～5 粒，前部单行，后部挤成双行，卵帽稍露出

续表 3-3-2

虫态	褐飞虱	白背飞虱	灰飞虱
若虫	1～2 龄体灰褐色，腹面有一明显的乳白色字“T”形纹，2 龄时腹背 3、4 节两侧各有 1 对乳白色斑纹，3～5 龄体黄褐色，腹背第 3、4 节白斑纹扩大，第 5～7 节各有几个“山”字形浓色斑纹，翅芽明显	1 龄浅蓝色，2 龄灰白色，腹部各节分界明显，2 龄若虫体背现不规则的云斑纹，3～5 龄体石灰色，胸、腹部背面有云纹状斑纹，腹末较尖，翅芽明显	体乳黄、橙黄色，胸部中间有 1 条浅色的纵带；3～5 龄体乳白、淡黄等色，胸部中间的纵带变成乳黄色，两侧显褐色花纹，第 3、4 腹节背面有“八”字形淡色纹，腹末较钝圆，翅芽明显

（蔡银杰. 2006. 植物保护学）

图 3-3-20　田间褐飞虱和白背飞虱若虫

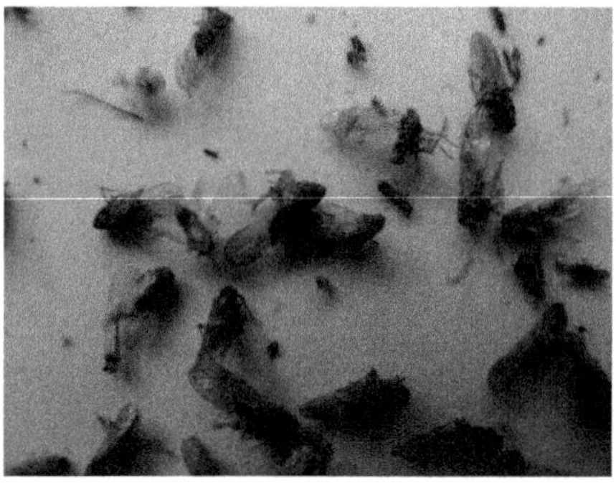

图 3-3-21　灯诱稻飞虱成虫

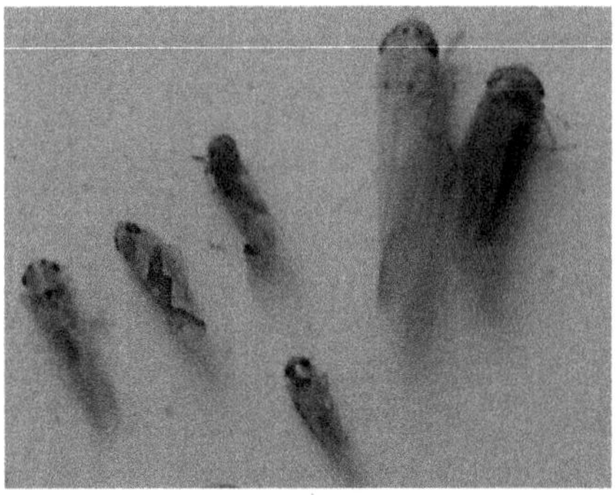

图 3-3-22　灯诱多种稻叶蝉成虫

（三）发生规律

稻飞虱在各地每年发生的世代数差异很大，褐飞虱 1～13 代/年，白背飞虱 1～11 代/年，灰飞虱 4～8 代/年。褐飞虱在 21°N 以南、白背飞虱在 26°N 以南地区越冬，灰飞虱抗寒力强，在各发生区以卵在杂草组织中或以若虫在田边杂草丛中越冬。前两者属迁飞性害虫，由南方稻区迁飞而至。以稻褐飞虱和白背飞虱危害较重，白背飞虱在水稻生长前中期发生，与二代稻纵卷叶螟发生的时间接近，在防治稻纵卷叶螟的同时可得到控制。而有些年份在水稻生长中后期造成危害最重的是褐飞虱，该虫有群集为害的习性，危害时群集在稻株的下部取食，用刺吸式口器刺进稻株组织吸食汁液，虫量大时引起稻株下部变黑，瘫痪倒伏，叶片发黄干枯，能传播水稻病毒病。成虫趋光性强，喜在嫩绿且湿的稗草上和稻丛下部叶鞘及嫩茎组织内产卵，一头雌虫能产卵 200～300 粒。长翅型与短翅型成虫的比例主要受温度及营养条件的影响，短翅型繁殖力较强，大量出现时说明环境条件对其有利，是大发生的预兆。水稻在孕穗期到乳熟期，温度 25～30 ℃时，相对湿度 80%～85%，是飞虱发生的有利条件。虫害发生时多呈点片状现象，先在下部为害，很快暴发成灾，导致严重减产或失收。在亚洲已发现褐飞虱有 5 种生物型。水稻田间管理措施也与褐飞虱的发生有关。凡偏施氮肥和长期浸水的稻田，较易暴发。褐飞虱的天敌已知 150 种以上，卵期主要有缨小蜂、褐腰赤眼蜂和黑肩绿盲蝽等，若虫和成虫期的捕食性天敌有草间小黑蛛、拟水狼蛛、拟环纹狼蛛、黑肩绿盲蝽、宽黾蝽、步行虫、隐翅虫和瓢虫等；寄生性天敌有稻飞虱螯蜂、线虫、稻虱虫生菌和白僵菌等。

图 3-3-23　稻纵卷叶螟为害状

六、稻纵卷叶螟

(一)为害状识别

稻纵卷叶螟[*Cnaphalocrocis medinalis* (Guenèe)]属鳞翅目螟蛾科。田间虫苞累累，其以幼虫吐丝将稻白叶叶纵缀成苞，在苞内取食上表皮和叶肉，仅留白色下表皮。大发生时，满田，严重影响水稻的生长发育和产量(图 3-3-23)。

(二)形态识别

稻纵卷叶螟的识别与防治技术

1. 成虫　淡褐色，体长 8～9 mm，翅展约 18 mm，前翅近三角形，外缘有暗褐色带。有黑褐色的内横线和外横线，两线之间有 1 条接于前缘的黑褐色短横线，雄蛾在此短横线的近前缘有 1 丛暗褐色毛。后翅内横线短，外横线达后缘，外缘暗褐色带与前翅相同。休息时，雄蛾尾部常向上翘起，雌蛾则尾部平直(图 3-3-24)。

2. 卵　椭圆形，扁平。初产时白色，后变淡黄色，即将孵化时可见黑点。

3. 幼虫　成熟幼虫体长 14～19 mm，一般有 5 龄，少数 6 龄。体色由淡黄绿色到黄绿色，将老熟时变为橘红色。1 龄头部黑色，体细，长 1～2 mm；2 龄以后，头部由黄褐色到褐色，前胸背板上褐色纹和中后胸背面的片渐渐清晰可见；到 4 龄时，前胸背板褐色纹和中、后胸背面毛片周围的黑色纹最深(图 3-3-25)。

图 3-3-24　稻纵卷叶螟成虫

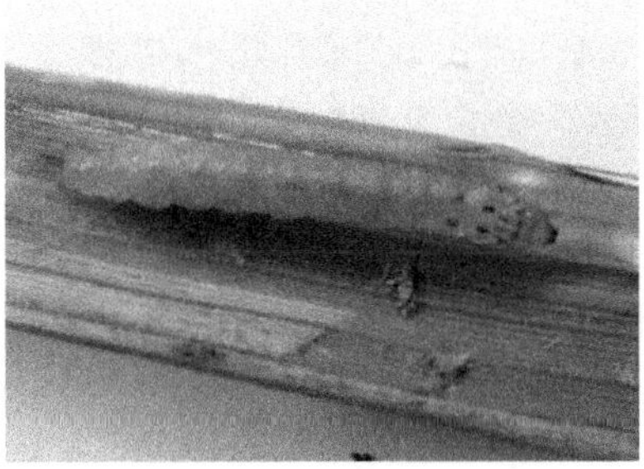
图 3-3-25　稻纵卷叶螟幼虫

4. 蛹　长 7～10 mm 长圆筒形，末端较尖细，初为黄色，渐变为黄褐色至金黄色。臀棘明显突出，上有 8 根钩刺。蛹外常裹有白色的薄茧。

(三)发生规律

稻纵卷叶螟是一种迁飞性害虫，自北向南每年发生 1～11 代；南岭山脉一线以南，常年有一定数量的蛹和少量幼虫越冬，北纬 30°以北稻区不能越冬，所以广大稻区初次虫源均自南方迁来。成虫有趋光性，栖息趋隐蔽性和产卵趋嫩性，适温高湿产卵量大，一般每雌产卵 40～70 粒；卵多单产，也有 2～5 粒产在一起，气温 22～28 ℃、相对湿度 80% 以上，卵孵化率可达

80%～90%及以上。初孵幼虫大部分钻入心叶为害，进入2龄后，则在叶上结苞，在虫苞里取食，啃食叶片上表皮和叶肉，使被害叶片看上去是长短不一的条状白斑。随着虫体长大，幼虫不断将虫苞向前延长。虫苞一般是叶片向正面纵卷成筒状，也有少数将叶尖折向正面或只卷一叶缘的。孕穗后期可钻入穗苞取食。幼虫一生食叶5～6片，多达9～10片，食量随着虫龄增加而增大，1～3龄食叶量仅在10%以内，幼虫老熟多数离开老虫苞，在稻丛基部黄叶及无效分蘖嫩叶上结茧化蛹。稻纵卷叶螟发生轻重与气候条件密切相关，适温高湿情况下，有利于成虫产卵、孵化和幼虫成活，因此，多雨日及多露水的高湿天气，虫害发生猖獗。

七、水稻其他病虫害简介

(一)水稻其他病害

水稻其他病害发生及防治见表3-3-3。

表3-3-3　水稻其他病害发生与防治简表

病害名称	病害症状	发生规律	防治方法
稻曲病	该病只在谷粒上发生。病菌初在谷粒的颖壳基部内形成浅黄绿色菌丝小块，菌丝块增大后，使谷壳从内外颖合缝处裂开，露出灰白色块状物，外包薄膜，表面光滑。灰白色包膜破裂后，散露出黄色或墨绿色带黏性的粉状厚壁分生孢子，不易随风飞散。老熟稻曲球表面龟裂，有的稻曲球带有1～4个菌核，菌核松散附于稻曲球外表，成熟后易脱落(图3-3-26)	主要以菌核在土壤中越冬，其次也可借厚垣孢子在被害谷粒内或健谷颖壳上越冬。次年7—8月，当菌核和厚垣孢子遇到适宜条件时，即可萌发产生子囊孢子和分生孢子，借气流传播，侵染花器和幼颖。厚垣孢子萌发后也能直接侵染水稻幼芽、幼根，引起系统性发病	1. 用10%盐水选种 2. 用15%三唑酮可湿性粉剂或70%甲基硫菌灵可湿性粉剂进行种子消毒 3. 在孕穗至抽穗期如遇阴雨多湿，采用0.5∶1∶100波尔多液或167 mg/L井冈霉素喷雾 4. 抽穗扬花期，用18.7%多菌灵与烯唑醇可湿性粉剂1 000～1 300倍液喷雾，天气晴朗可不防治
恶苗病	病谷粒播后常不发芽或不能出土。苗期发病，病苗比健苗细高，叶片叶鞘细长，叶色淡黄，根系发育不良，部分病苗在移栽前死亡。在枯死苗上有淡红色或白色霉粉状物，即病原菌的分生孢子。节间明显伸长，节部常有弯曲露于叶鞘外，下部茎节倒生不定须根，分蘖少或不分蘖。剥开叶鞘，茎秆上有暗褐色条斑，剖开病茎可见白色蛛丝状菌丝，以后植株逐渐枯死	土温30～50 ℃时易发病，伤口有利于病菌侵入；旱育秧较水育秧发病重；增施氮肥刺激病害发展；施用未腐熟有机肥发病重；一般籼稻较粳稻发病重；糯稻发病轻；晚稻发病重于早稻	1. 选用无病种子 2. 严格消毒种子。用50%的多菌灵100 g，或35%的恶苗灵120 g，加水50 kg浸种；或3%的生石灰水浸种48 h。液面高出种子层面15～20 cm，中途不能搅拌 3. 发现病株应及时拔掉 4. 妥善处理病稻草，不作种子催芽覆盖物，不用来捆秧把，可高温堆沤或火烧

续表 3-3-3

病害名称	病害症状	发生规律	防治方法
细菌条斑病	病斑初为暗绿色水浸状小斑，后在叶脉间扩展为暗绿至黄褐色的细条斑，大小约 1 mm×10 mm，病斑两端呈浸润型绿色。病斑上常溢出大量串珠状黄色菌脓，干后呈胶状小粒。发病严重时条斑融合成不规则黄褐色至枯白色大斑，与白叶枯类似，但对光看，可见许多半透明条斑	病菌主要由稻种、稻草和自生稻带菌传染，成为初侵染源，也不排除野生稻、李氏禾的交叉传染。病菌主要从伤口侵入，菌脓可借风、雨、露等传播后进行再侵染。高温、高湿有利于病害发生；台风暴雨造成伤口，病害容易流行；偏施氮肥，灌水过深加重发病	1. 严格检疫，不从病区调入稻种，带菌种子不得外运 2. 培育无病状秧，科学管理肥水 3. 种子消毒及秧田期、本田期药剂防治等参照稻白叶枯病

图 3-3-26　稻曲病

(二)水稻其他害虫

水稻其他害虫发生与防治见表 3-3-4。

表 3-3-4　水稻其他害虫发生与防治简表

害虫名称	形态特征	发生规律	防治方法
稻弄蝶	成虫：为中型蛾子。体及翅均为黑褐色，并有金黄色光泽。翅上有多个大小不等的白斑。卵：半圆球形，散产在稻叶上。幼虫：两端较小，中间粗大，似纺锤形。老熟幼虫腹部两侧有白色粉状分泌物。蛹：近圆筒形，体表常有白粉，外有白色薄茧(图 3-3-27、图 3-3-28)	我国每年发生 2～8 代，同一地区，海拔高度不同，发生代数也不同	生物防治：利用天敌防治弄蝶绒茧蜂、螟蛉绒茧蜂、广大腿小蜂及步甲、猎蝽等 其他防治方法参照水稻螟虫

续表 3-3-4

害虫名称	形态特征	发生规律	防治方法
稻眼蝶	成虫体长约16.5 mm，翅展41～52 mm，翅面暗褐至黑褐色，背面灰黄色。前翅正反面第3、6室各具1大1小的黑色蛇眼状圆斑，前小后大；后翅反面具2组各3个蛇眼圆斑。卵馒头形，大小0.8～0.9 mm，米黄色，表面有微细网纹，孵化前转为褐色。幼虫初孵时2～3 mm，浅白色，后体长约32 mm，老熟幼虫草绿色，纺锤形，头部具角状突起1对，腹末具尾角1对。蛹长约15 mm，初绿色，后变灰褐色，腹背隆起呈弓状	华南地区5～6代，世代重叠，以蛹或末龄幼虫在稻田、河边、沟边及山间杂草上越冬。成虫白天飞舞在花丛或竹园四周，晚间静伏在杂草丛中，经5～10 d补充营养交尾后次日把卵散产在叶背或叶面，产卵期30多d，每雌可产卵96～166粒，初孵幼虫先吃卵壳，后取食叶缘，3龄后食量大增。老熟幼虫经1～3 d不食不动，便吐丝黏着叶背倒挂半空化蛹	同稻弄蝶
黑尾叶蝉	后足细长的胫节生有两排短刺，体连翅长4～4.5 mm。全身黄绿色。头部背面近前缘处有一黑色横带。前翅淡蓝绿色。雄虫的前翅端部黑色，当翅覆于体背时，黑色部分在尾端，因此得名	分布在长江中上游和西南各省。江、浙一带每年发生5～6代，以3～4龄若虫及少量成虫在绿肥田边、塘边、河边的杂草上越冬	参照稻飞虱
稻负泥虫	成虫体长4～5 mm，前胸背板黄褐色，鞘翅青蓝色，有金属光泽，每个翅鞘上有10条纵列刻点，足黄褐色。卵长椭圆形，长约0.7 mm，初产时淡黄色，后变黑褐色。幼虫有4龄。初孵幼虫头红色，体淡黄色，老熟幼虫体长4～6 mm，头小，黑褐色；体背呈球形隆起，全身各节具有6～22个黑色瘤状突起，肛门向上开口，粪便排体背上，幼虫盖于虫粪之下，故称背屎虫、负泥虫。蛹长约4.5 mm，鲜黄色，裸蛹，外有灰白色棉絮状茧(图3-3-29)	每年发生1代，越冬成虫在3—4月出现，4—5月幼虫盛发，为害旱稻本田，6—7月成虫大量羽化，新羽化的成虫当年不交尾，取食一段时间，入秋后迁飞到越冬场所	本田期施药则掌握在幼虫盛孵期。主要的药剂有：3%甲氨基阿维菌素苯甲酸盐水分散性粒剂1 500倍液+47%毒死蜱2 000倍液；20%氯虫苯甲酰胺悬浮剂1 500倍液；25%棉铃虫核多角体病毒水剂1 500倍液；25%苏云金芽孢杆菌1 200倍液；0.3%印楝素水剂1 000倍液

续表 3-3-4

害虫名称	形态特征	发生规律	防治方法
稻水象甲	成虫体长 2.6～3.8 mm。喙与前胸背板几等长，稍弯，扁圆筒形。前胸背板宽。鞘翅侧缘平行，比前胸背板宽，肩斜，鞘翅端半部行间上有瘤突。雌虫后足胫节有前锐突和锐突，锐突长而尖，雄虫仅具短粗的两叉形锐突。蛹长约 3 mm，白色。幼虫体白色，头黄褐色。卵圆柱形，两端圆	每年发生 1～2 代，一般在单季稻区发生 1 代，双季稻或单、双季混栽区发生 2 代。该虫是半水生昆虫，成虫在地面枯草上越冬，3 月下旬交配产卵。卵多产于浸水的叶鞘内。初孵幼虫仅在叶鞘内取食，后进入根部取食。羽化成虫从附着在根部上面的蛹室爬出，取食	土壤处理：成虫出土前在树干周围利用 40%毒死蜱乳油 800 倍进行地面封闭，喷药后浅翻土壤，以防光解。树冠喷药：在成虫发生盛期(4 月中下旬)，采用 50%辛硫磷 1 000 倍、40%氯虫苯甲酰胺水分散性粒剂 1 000～1 500 倍树冠喷雾，均有较好防效
稻瘿蚊	成虫体长 3.5～4.8 mm，形状似蚊，浅红色。卵长 0.5 mm 左右，长椭圆形，初白色，后变橙红色或紫红色。末龄幼虫体长 4～4.5 mm，纺锤形；蛆状。幼虫共 3 龄，1 龄蛆形，长约 0.78 mm；2 龄纺锤形长约 1.3 mm；3 龄体形与 2 龄虫相似，体长约 3.3 mm。蛹椭圆形，浅红色至红褐色，长 3.5～4.5 mm(图 3-3-30、图 3-3-31)	分布在我国部分稻区，在我国每年发生 6～13 代，世代重叠。以幼虫蛀食生长点，形成“标葱”。冬代成虫于 3 月下旬至 4 月上旬出现，一般 1、2 代数量少，3 代后数量增加，7—10 月，中稻、单季晚稻、双季晚稻的秧田和本田极易遭到严重危害。水稻的栽培制度对稻瘿蚊发生有重要的影响(图 3-3-32)	防治稻瘿蚊的策略是“抓秧田，保本田，控为害，把三关，重点防住主害代”。秧田用药防治主要采用毒土畦面撒施方法。于秧苗起针到 2 叶 1 针期或移栽前 5～7 d，每 667 m^2 用 3%毒死蜱颗粒剂 1.25～1.5 kg，也可用氯虫苯甲酰胺水分散性粒剂 35～40 g 兑水 50 kg 均匀洒施

图 3-3-27　稻苞虫成虫

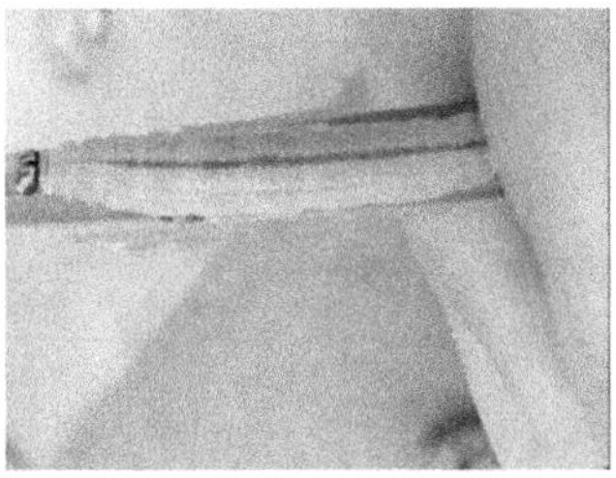

图 3-3-28　稻苞虫幼虫

图 3-3-29　水稻负泥虫成虫

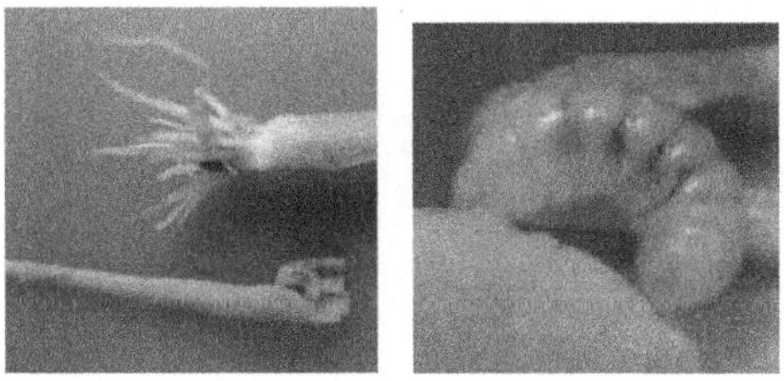

图 3-3-30　稻瘿蚊幼虫为害状

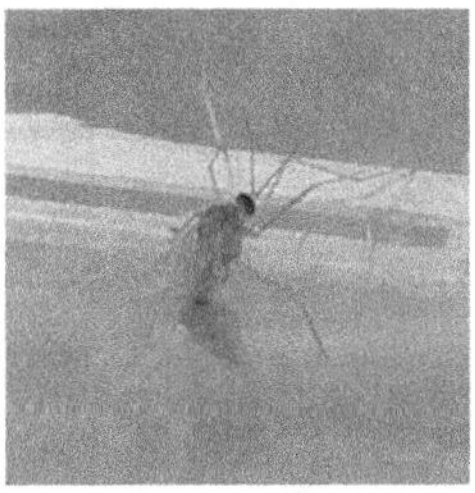

图 3-3-31　稻瘿蚊成虫

图 3-3-32　稻瘿蚊田间为害状标葱

【工作步骤】

1. 水稻螟虫、稻飞虱的形态观察与比较。包括各虫态比较，为害状观察。

2. 稻纵卷叶螟、稻蓟马各虫态形态观察与比较。为害状识别比较。

3. 水稻害虫形态识别。当地发生较普遍的水稻害虫形态识别及为害状鉴别。

4. 病害症状观察。观察稻瘟病、水稻纹枯病、水稻白叶枯病、稻曲病、水稻恶苗病、稻粒黑粉病和水稻黑条矮缩病等的发病部位和病部表现的主要症状特征，如病株徒长或矮化、丛生、病斑形状大小、颜色、数量及病征表现等。比较当地常见病毒病、细菌性病害和真菌叶斑病类症状的主要区别。

5. 病原观察。

(1)用挑针分别挑取稻瘟病、稻曲病、稻粒黑粉病等当地几种真菌病害的病原菌，制成临时玻片镜检，观察比较它们的孢子在形态、色泽、大小、表面特征（光滑、微刺、突起）上有何区别。

(2)剪取新鲜水稻白叶枯病叶病健交界处一小块，放在载玻片上的水滴中，加盖玻片或夹在两张载玻片之间，于低倍镜下观察，注意有无细菌从病组织中呈云雾状溢出。

(3)分别挑取稻纹枯病和稻菌核病的菌核，用放大镜观察比较上述两种菌核在形态特征、色泽、大小上有何不同？它们在稻株上的着生部位有何差别？

【巩固训练】

植保技能考核15：识别并写出当地水稻主要害虫（或为害状）、病害的名称。

作业

1. 绘水稻螟虫和稻纵卷叶螟幼虫形态图。

2. 绘稻瘟病、稻粒黑粉病和纹枯病等病原菌形态图。

3. 列表阐述当地水稻主要害虫为害虫态及为害状，主要病害病原类型及病状、病征。

思考题

1. 简述当地水稻主要病虫害发生概况。

2. 叶稻瘟有哪几种类型的症状？如何区别稻瘟病与稻胡麻斑病？

3. 潮湿时，稻纹枯病病部产生哪些病征？

4. 如何诊断稻白叶枯病？其与稻细菌性条斑病有何区别？

5. 三化螟、二化螟、大螟在危害状上有何异同点？

6. 稻纵卷叶螟和稻苞虫的危害状有何异同？

7. 如何区别褐飞虱、白背飞虱、灰飞虱的成虫与若虫？

任务二　水稻病虫害综合防控技术

【材料、用具与场所】记录本、铅笔、皮卷尺或米尺、农药及施药器械等，病虫害发生严重的地块。

【基础知识】

一、水稻主要病害防治措施

(一)植物检疫

加强调运检疫，避免带有水稻细菌性条斑病等检疫性病害的种子进入非疫区。

(二)农业防治

彻底清除稻田周围杂草，以消灭野生寄主；选用抗病品种，适时播种，抢寒流尾暖头播种，播种要均，覆土以草木灰最好，保温保湿；处理病稻草，将病稻草作燃料或沤肥(充分腐熟)，切不可直接还田或扎秧等用；打捞菌核，减少菌源，春季灌水，耙地后，打捞浮渣深埋；施足底肥，多施磷、钾肥，不要过量过迟追施氮肥；培育无病壮秧，选好秧田位置，加强灌溉水管理，防止淹苗；做到科学排灌，防止串灌，浅水勤灌，平整稻田，适时适度晒田，以降低田间湿度，湿润壮秆，干干湿湿到成熟。

(三)药剂防治

种子消毒，种子用清水预浸 24 h，捞起滴干水，后用 40%三氯异氰尿酸可湿性粉剂 200 倍液浸种 24 h，清水洗净后催芽。在三叶一心期和移栽前施药预防，每 667 m^2 用 25%叶枯宁可湿性粉剂 100 g 兑水喷雾。大田施药保护，水稻拔节后，对感病品种要及早检查，如发现发病中心，应立即施药防治；感病品种稻田在大风雨后要施药。

1. 水稻纹枯病　在水稻分蘖期和破口期各喷一次药进行防治。可选用的药剂有：20%氟酰胺可湿性粉剂 100～125 g/667 m^2，或 5%井冈霉素 A 可溶粉剂 100 g/667 m^2，兑水 50 kg 喷雾或加水 400 kg 泼浇。注意喷雾时重点喷在水稻基部。

2. 稻瘟病　对于生长嫩绿，叶瘟发生普遍而又感病的品种，分别在破口和齐穗期各治一次；叶瘟发生轻，生长较差的，或抽穗期气候干旱的，一般可不治，但如天阴多雨可在破口期防治一次。可选用春雷霉素可湿性粉剂或苯醚甲环唑、烯肟菌酯 1 500 倍液；20%三环唑可湿性粉剂或 50%甲基硫菌灵可湿性粉剂、50%稻瘟肽可湿性粉剂、40%克瘟散乳剂 1 000 倍液。需掌握在病菌侵染前施用，可兼治穗枯病。40%稻瘟灵乳油 1 000 倍液，需在发病前施用，能兼治小球菌核病、小黑菌核病和云形病。50%多菌灵可湿性粉剂 1 000 倍液，可兼治纹枯病、小球菌核病和稻细菌条斑病，或 20%苯甲・嘧菌酯可湿性粉剂 35 g，兑水 60 L 喷雾防治。

3. 白叶枯病　25%叶枯宁可湿性粉剂、50%代森铵(此药抽穗后不得使用)任一种，均 100 mL/667 m^2 或 20%噻菌铜悬浮剂 80 mL/667 m^2。以上药剂兑 50～75 kg 清水叶面喷雾，如无以上药剂时,可用草木灰和石灰粉按 1∶1 比例配制成黑白粉 15 kg/667 m^2,在有露水时撒施,也有一定的控制效果。

二、水稻主要害虫防治措施

(一)农业防治

选用抗虫品种;铲除田边杂草,消灭越冬害虫;把单、双季稻混栽区因地制宜改为纯双季稻区,调整播种期和栽插期,避开成虫产卵高峰期;合理搭配种植中、早熟杂交稻;栽培管理上实行同品种连片种植,对不同的品种或作物进行合理布局,避免害虫辗转为害;同时要加强肥水管理,适时适量施肥和适时露田,避免长期浸水;进行人工采苞灭幼虫;夏收夏种季节,及时耙沤已收早稻田块,铲除田基、沟边杂草,用烂泥糊田埂等,可消灭蓉草、稻根腋芽及再生稻上的虫源,减少虫口基数。

(二)生物防治

1.利用赤眼蜂防治水稻纵卷叶螟　稻螟赤眼蜂是稻纵卷叶螟的天敌。一般可采用人工繁殖赤眼蜂,在 26~28 ℃温度下,6~8 d 即可完成一代。在害虫产卵始盛期开始放蜂,每隔 2~3 d 放 1 次,连续放 3 次。放蜂量要根据害虫卵的密度大小而定,一般放蜂 1 万~3 万头。一般每 667 m^2 为 3~5 处。放蜂的方法,多采用即将羽化出蜂的卵卡放入竹筒或用大而厚的植物叶片制成的放蜂筒内,并用小棍连接成"T"字形,插于田间,略高于作物。放蜂 10 d 后,即可根据卵色变化检查寄生情况。注意寄生卵呈黑色,大面积防治效果一般应达 70%以上。

2.利用蜘蛛防治水稻害虫　农田蜘蛛是水稻害虫的主要捕食天敌。主要有草间小黑蛛、拟水狼蛛、拟环纹狼蛛等,占蜘蛛总量的 70%~80%。稻田蜘蛛捕食稻飞虱、稻叶蝉、稻螟、稻纵卷叶螟、稻苞虫、稻螟蛉和蚜虫等。1 头拟环纹狼蛛可捕食 4~6 头/d;1 头草间小黑蛛可捕食 2~3 头/d。据观察,稻田蜘蛛与稻飞虱、稻叶蝉之比为 1∶4 的情况,可以起到控制作用。对稻田蜘蛛的利用,主要采取保护自然资源,加以必要的人工助迁,并尽可能在田埂种植大豆作物,以便在春耕时作蜘蛛的暂避场所。农田施用化学农药应尽量选用高效、低毒,具有选择性的农药,并改进施药方法,减少施药面积和次数。如防治稻螟每 667 m^2 可用 50%杀螟丹可溶性粉 75~100 g,既可防治害虫,又可保护蜘蛛及其他天敌少受杀伤。

3.利用食虫脊椎动物防治水稻害虫　养鸭防治水稻害虫。鸭能捕食稻田的稻飞虱、稻叶蝉、螟蛾、黏虫、稻苞虫、叶甲等。宜放小鸭下田,养鸭数量,按每 667 m^2 2~3 只小鸭即可。放鸭前稻田应放 7~8 cm 深的水,以利于鸭的浮动而震动害虫落水。值得注意的是,稻白叶枯病流行区及保护利用蜘蛛和蛙类治虫的田,则不宜放鸭;保护蛙类防治水稻害虫。如 1 只黑斑蛙能吃 70~90 头/d 稻叶蝉和稻飞虱,泽蛙最多可吃稻叶蝉 266 头/d。

(三)物理防治

稻田安装频振式杀虫灯,诱杀二化螟、三化螟,兼治稻纵卷叶螟、稻飞虱、稻黑蝽等害虫。

(四)药剂防治

1.水稻螟虫防治　防治指标:667 m^2 二化螟卵块达 150 块时,三化螟卵块达 100 块(7—8 月第 3 代达 1 000 块)。治枯心苗和枯鞘:一般在卵孵化前 1~2 d 防治 1 次,大发生年份,在孵化高峰前 3 d 用药 1 次,7~10 d 后再用药 1 次。治白穗:在孵化盛期内应掌握在水稻破口期

(5%～10%的水稻破口露穗时)用药防治。水稻抽穗后,三化螟一般不易侵入危害,但如稻穗尚未抽齐,又遇上盛孵期,要防治 1 次。防治二化螟危害的虫伤株,在水稻灌浆后仍要在盛孵期施药。可选用的药剂有:3%甲氨基阿维菌素苯甲酸盐 1 500 倍液+47%毒死蜱液;氯虫苯甲酰胺 1 500 倍液;20%棉铃虫核多角体病毒水剂 1 500 倍液;25%苏云金芽孢杆菌粉剂 1 200 倍液;0.3%印楝素水剂或 0.3%苦参碱水剂 1 000 倍液;10%吡虫啉 1 500 倍液+杀虫单 1 500 倍液;25%杀虫双水剂 200 g/667 m^2。以上药剂每 667 m^2 用药液量或加水 50～75 kg 喷雾防治。50%吡虫啉·杀虫单可湿性粉剂 50 g/667 m^2,加水 50 kg 喷雾;50%杀虫双可溶性粉剂施药 1 次即可,后两种农药用药 7 d 后,还须第二次用药。施药时田内要保持 3～5 cm 水层,维持 5～7 d。

2. 稻纵卷叶螟防治　防治指标:2～3 龄幼虫密度:分蘖期 50 头/百丛;孕穗期 30 头/百丛,施药适期为 2～3 龄幼虫盛发期。一般在水稻孕穗期或抽穗期只需施药 1 次,即可达到防治的目的。药剂同水稻螟虫。

3. 稻飞虱防治　孕穗、抽穗期,每丛有虫 10 头左右,或灌浆乳熟期,每丛有虫 10～15 头,或蜡熟期,每丛有虫 15～20 头时进行防治。在低龄若虫盛期可选用的药剂种类有:0.3%苦参碱水剂、28%烯啶虫胺水乳剂或 3%啶虫脒水分散性粒剂、30%吡虫啉水分散性粒剂任一种,均为 1 000 倍液;25%噻嗪酮 30～50 g/667 m^2;80%敌敌畏 100 g/667 m^2;25%吡蚜酮可湿性粉剂、10%吡虫啉可湿性粉剂等。若用 10%吡虫啉可湿性粉剂用 20 g/667 m^2,加水 50～60 kg,将喷头对准水稻基部进行喷雾。喷药时,田间一定要保持 3 cm 左右的水层,防治效果可达 95%以上,药效时间长达 30 d 左右。所以,用此类农药,施药1 次,基本上可以控制 1 代的危害。

【工作步骤】

1. 以小组为单位,制订水稻病虫害调查方案并实施调查。
2. 以小组为单位,根据调查结果查对防治指标,进行防治决策,制订综合防治方案。
3. 采取相应措施实施水稻病虫害综合防治,调查防治效果,写出调查报告。

【巩固训练】

作业

1. 列表表示当地水稻主要害虫的为害虫态、典型为害状、防治对口农药及施用方法。
2. 列表表示当地水稻主要病害病原类型、病状、病征、防治对口农药及施用方法。

【课程思政】

1. 了解国情

联合国宣布,世界人口在 2022 年 11 月 15 日这天达到 80 亿人。中国以 14.26 亿居全球第一,占全球人口总数的 17.825%。第二至第十名分别是印度、美国、印度尼西亚、巴基斯坦、尼日利亚、巴西、孟加拉国、俄罗斯和墨西哥。我国的陆地面积约 960 多万 km^2，位居世界第三，另外中国还有 470 万 km^2 水域面积。中国的陆地面积约占世界陆地面积的 6.44%，需要养活全世界近 1/5 的人口。

2.袁隆平院士先进事迹

袁隆平(1930.9.7—2021.5.22)，是我国著名的育种专家，一生都在为解决全体人民的吃饱饭问题而努力工作。对人类的最大贡献一是发明“三系法”籼型杂交水稻和“两系法”超级杂交稻技术体系，大幅度提高了水稻单产，二是把杂交水稻推向全世界，帮助解决了世界人民的吃饱饭问题。被称为“杂交水稻之父”“当代神农”。

袁隆平 1953 年毕业于西南农学院。1964 年开始研究杂交水稻，1973 年实现三系配套，1974 年育成第一个杂交水稻强优组合南优 2 号，1975 年研制成功“三系法”籼型杂交水稻种植技术，此后成功研究出“两系法”超级杂交稻技术体系，大幅度提高了水稻单产，短短几十年，就将我国水稻产量从平均亩产 300 kg 左右先后提高到 500 kg、900 kg、1 200 kg。让我国用不到 9%的世界耕地面积，养活了近 20%的世界人口。

袁隆平 1995 年被选为中国工程院院士，2000 年获得国家最高科学技术奖，2004 年获得农业领域国际上的最高荣誉“世界粮食奖”。2013 年获得第四届中国消除贫困奖终身成就奖，2018 年 12 月 18 日，党中央、国务院授予袁隆平改革先锋称号。2019 年 9 月 17 日，国家主席习近平签署主席令，授予袁隆平“共和国勋章”。

3.粮食安全与 18 亿亩耕地红线

我国粮食安全关系到国家安全，“确保粮食安全，坚守 18 亿亩耕地红线”是 2013 年 12 月 23 日至 24 日在北京举行的中央农村工作会议上提出的国策。会议提出要用最严谨的标准、最严格的监管、最严厉的处罚、最严肃的问责，确保广大人民群众“舌尖上的安全”，确保粮食安全，坚守 18 亿亩耕地红线。要坚持以我为主、立足国内、确保产能、适度进口、科技支撑的国家粮食安全战略。中国人的饭碗任何时候都要牢牢端在自己手上，我们的饭碗应该主要装中国粮。

【学习评价】

表 3-3-5 水稻病虫害综合防治考核评价表

序号	考核项目	考核内容	考核标准	考核方式	分值
1	水稻病虫害识别	水稻病害症状及病原识别	能准确描述水稻主要病害的症状特点，对田间采集(或实验室提供)的水稻病害标本，能够熟练制作病原临时玻片，在显微镜下观察并鉴定病原	实验室或现场识别考核	2
		水稻害虫形态及危害状识别	能仔细观察、准确描述水稻主要害虫的形态识别要点及为害状特点，并能指出其所属目科种名称	实验室或现场识别考核	2

续表 3-3-5

序号	考核项目	考核内容	考核标准	考核方式	分值
2	田间调查	水稻病虫害田间调查方法	能现场区分类型田，并选择其中之一进行调查，采取正确的调查方法实地调查，数据记录正确、完整	现场考核	6
3	制订综合防治方案	能针对水稻有害生物发生规律制订调查方案	能结合实际对水稻主要病虫害发生规律制订出综防计划，防治方案制订科学、可行性强	学生自评、小组互评和教师评价相结合	5
4	组织实施综合防治	能组织实施防治方案	了解水稻病虫综防技术规程，能组织落实综防技术措施	现场操作考核	10
5	知识点考核		水稻病虫害发生种类、害虫为害状、病害症状、发生特点及综合防治方法	闭卷笔试	50
6	实验报告		报告完成认真、规范，内容真实；绘制的病原物和害虫形态特征典型，标注正确	评阅考核	10
7	学习纪律及态度		对老师提前布置的任务准备充分，发言积极，观察认真；遵纪守时，爱护公物	学生自评、小组互评和教师评价相结合	15

子项目四　玉米病虫害识别与防控技术

【学习目标】

识别出玉米主要病虫害，了解玉米病虫害发生概况，掌握发生规律及防治技术。

任务一　玉米病害虫识别

【材料与用具】玉米螟、黏虫、玉米铁甲虫、玉米蚜虫、玉米黑毛虫、棉铃虫、玉米大、小斑病、玉米瘤黑粉病、玉米丝黑穗病、玉米纹枯病及当地其他常见玉米病虫害的标本及病原玻片。体视显微镜、放大镜、镊子、培养皿、挂图。

【基础知识】

玉米是主要粮食作物，栽培面积仅次于水稻。玉米也可作为饲用作物及特用蔬菜。在广西为害玉米的主要害虫有 10 多种，如在播种期和苗期为害的主要地下害虫有地老虎、蛴螬、蝼蛄、蟋蟀及大螟、玉米黑毛虫、棉铃虫等尤以春玉米受害重。生长中后期有玉米螟、黏虫、玉米蚜虫、东亚飞蝗及土蝗，局部地区苗期和中后期玉米铁甲虫都为害严重。贮藏期有玉米象等仓储害虫。主要病害有：在苗期为害的主要有根腐病，生长中后期有玉米大斑病、玉米小斑病、玉米瘤黑粉病、玉米丝黑穗病、玉米纹枯病、玉米青枯病（即玉米茎基腐病）、玉米锈病，局部地区有玉米霜霉病等。本章仅介绍在广西发生严重的病虫害。

一、亚洲玉米螟

亚洲玉米螟[*Ostrinia furnacalis* (Guenée)]俗称钻心虫，属鳞翅目螟蛾科。玉米螟是多食性昆虫，主要寄主有玉米、高粱、谷子、黍、棉花、大麻、甘蔗、向日葵、甜菜、甘薯等作物和大丽花等。

玉米螟与黏虫识别与防治技术

（一）为害状识别

主要以幼虫蛀茎为害，破坏茎秆组织，影响养分输送，使植株受损，严重时茎秆遇风折断。1～2 龄幼虫取食心叶，形成"花叶"，3～4 龄后蛀入心叶内为害。被害叶长出喇叭口后，呈现出横排孔，或蛀入雄穗、雌穗、茎秆，或集中在花丝内为害，造成茎秆折断（图 3-4-1、图 3-4-2）。

图 3-4-1　亚洲玉米螟典型为害状横排孔

图 3-4-2　亚洲玉米螟蛀茎为害状

（二）形态识别

1. 成虫　雄蛾体长 10～14 mm，翅展 20～26 mm，褐黄色。前翅内横线为暗褐色波状纹，外横线为暗褐色锯齿状纹，两线之间有 2 个褐色斑。外缘线与外横线间有 1 条宽大的褐色带。后翅淡褐色，也有褐色横线，当翅展开时，与前翅内外横线正好相接。雌蛾体长 13～15 mm，翅展 25～34 mm，前翅淡黄色，不及雄蛾鲜艳，内、外横线及斑纹不明显，后翅黄白色，腹部较肥大（图 3-4-3）。

2. 卵　扁椭圆形，长约 1 mm，宽 0.8 mm。一般 20～60 粒黏在一起，排列成鱼鳞状，边缘不整齐。初产时乳白色，后变为黄白色，半透明，临孵化前颜色灰黄。

3. 幼虫　老熟幼虫体长 20～30 mm，淡褐色。头壳及前胸背板深褐色，有光泽，体背灰黄或微褐色，背线明显，暗褐色。中、后胸毛片每节 4 个，腹部 1～8 节每节 6 个，前排 4 个较大，后排 2 个较小。腹足趾钩 3 序缺环（图 3-4-4）。

4. 蛹　体长 15～18 mm，纺锤形，红褐色或黄褐色。腹部背面 1～7 节有横皱纹，3～7 节具褐色小齿。尾端臀棘黑褐色，尖端有 5～8 根钩刺（图 3-4-4）。

图 3-4-3　亚洲玉米螟成虫(上雄虫、下雌虫)

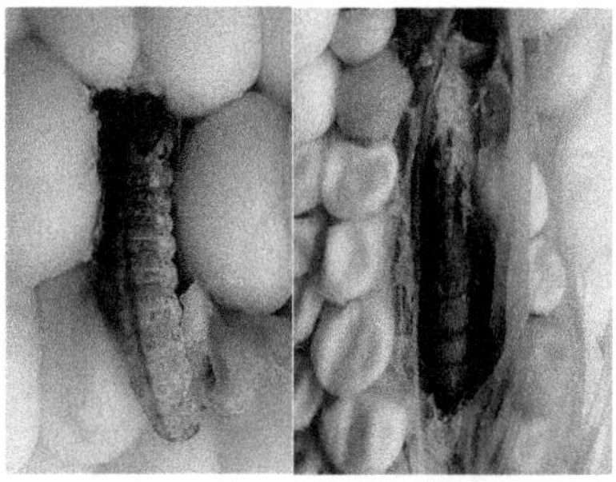

图 3-4-4　亚洲玉米螟幼虫和蛹

(三)发生规律

玉米螟在我国每年发生 1～6 代,在广西桂北 1 年发生 4 代,桂西、桂中和桂南地区 1 年发生 6 代,世代重叠。以幼虫在玉米、高粱等秸秆、穗轴或根茬中越冬。成虫有弱趋光性。成虫羽化后当天即可交配,1～2 d 后开始产卵,前 1～2 d 产卵量最多,3～4 d 后逐渐减少。雌蛾产卵对寄主植物的高度有选择性,在高度低于 45 cm 的玉米植株上很少产卵。卵聚产于玉米叶背,以中脉附近较多。单雌产卵 10～20 块,每个卵块有卵 20～60 粒。成虫寿命 3～21 d,一般 8～10 d。卵多在上午孵化,卵期一般 3～5 d,低温可使卵期延长至 6～7 d。

幼虫孵化后先群集在卵壳附近,约 1 h 后开始分散,有的则吐丝下垂随风飘移到临近植株上为害。幼虫共 5 龄,有趋糖、趋触、趋湿和负趋光性,喜欢潜藏为害。3 龄以下多集中在心叶内取食,抽出的叶片成花叶和排孔。抽雄时幼虫常吐丝连接小穗,在内咬断小穗。抽穗后幼虫可潜藏在上部叶腋间取食积存的花粉和叶腋组织,继而集中到雌穗顶端花丝基部取食花丝和未成熟的嫩粒,4 龄后由雌穗顶端和基部蛀入穗轴或雌穗附近的茎秆,可转株为害。幼虫期除越冬代外,各代大多为 26～28 d,幼虫老熟后多在其为害处化蛹,少数幼虫爬出茎秆化蛹。蛹期一般 8～10 d。

玉米螟的发生与越冬基数、温度、湿度、寄主品种及生育期、栽培制度和天敌等密切相关。

越冬基数的多少决定一年中玉米螟为害的程度。冬季温暖,越冬死亡率低,越冬基数大,田间第一代卵量和被害株率就高。玉米螟喜中温高湿,发育适温为 16～30 ℃,相对湿度 60%以上,成虫产卵及卵的孵化最适湿度为 80%以上。一般早春气候温暖,6—8 月降雨均匀,相对湿度达 70%以上,有利于它的繁殖为害。

玉米心叶期植株中含有甲、乙、丙 3 种抗虫素,其中以抗虫素甲和丙最重要,抗虫素丙简称丁布(DIMBOA)。不同玉米品种抗虫素的含量不同,所以不同品种的抗螟性不同,超甜玉米受害最重,其次是糯玉米,普通玉米受害最轻。玉米苗期抗虫素的含量最高,故玉米苗期对玉米螟有抗性,玉米生长中期对雌蛾的引诱能力最强。

玉米、高粱、谷子的春、夏播混种区,玉米螟的发生和为害最严重。玉米生长嫩绿茂密,可引诱成虫集中产卵,受害加重。天敌主要有玉米螟赤眼蜂、茧蜂、玉米螟厉寄蝇、白僵菌、苏云金杆菌及瓢虫、步甲、草蛉、食虫虻和蜘蛛等。

二、黏虫

黏虫[*Mythimna separata* (Walker)],又称剃枝虫、行军虫、五色虫等,属鳞翅目夜蛾科,广西各地区都有发生。黏虫是一种迁飞性、暴食性、多食性害虫。幼虫有群迁性。主要为害麦类、谷子、水稻、玉米、高粱、甘蔗、芦苇及禾本科牧草，大发生时也为害豆类、白菜、甜菜、麻类和棉花等。

(一)为害状识别

以幼虫取食叶片，1～2 龄时仅食叶肉，将叶片食成小孔，3 龄后蚕食叶片形成缺刻，5～6 龄为暴食期。大发生时，常将作物叶片全部食光，穗部咬断，造成严重减产甚至绝收。黏虫在桂南冬天仍可为害冬种作物。3—4 月为害玉米，食叶成缺刻，9—10 月为害水稻，咬断小穗梗。

(二)形态识别

1.成虫　体长 15～17 mm，翅展 36～40 mm。头部和胸部灰褐色，腹部暗褐色，前翅灰黄褐色、黄色或橙色。内横线往往只现几个黑点，环纹与肾纹呈两个淡黄色圆斑，界限不显著，肾纹后端有 1 个白点，其两侧各有 1 个黑点；外横线为 1 列黑点；亚缘线自顶角内斜至 M_2，为 1 条暗黑色条纹；外缘线为 1 列黑点。后翅暗褐色，向基部色渐淡。雄蛾体稍小，体色较深。

2.卵　呈馒头形，稍带光泽，直径约 0.5 mm，表面具六角形有规则的网状脊纹。初产时白色，孵化前呈黄褐色至黑褐色。卵粒单层排列成行，常产于叶鞘缝内，或枯卷叶内。在水稻叶片尖端产卵时，则常常成卵棒。

图 3-4-5　黏虫(上雄成虫，下幼虫)

3.幼虫　成长幼虫体长可达 38 mm，体色多变，有各种色彩。发生量小时，体色较浅，大发生时体呈浓黑色。头部中央沿蜕裂线有一“八”字形黑褐色纹。幼虫体表有许多纵行条纹，背中线白色，边缘有细黑线，两侧有两条红褐色纵线条，两纵线间均有白色纵行细纹。腹面污黄色，腹足外侧有黑褐色斑(图 3-4-5)。

4.蛹　红褐色，体长 19～23 mm。腹部第 5、6、7 节背面近前缘处有横列的马蹄形刻点，中央刻点大而密，两侧渐稀。尾端有 1 对粗大的刺，刺的两旁各有短而弯曲的细刺 2 对。

(三)发生规律

在我国东部的 1 月 8 ℃等温线以南地区，黏虫可终年繁殖为害；3～8 ℃等温线之间无冬眠，黏虫冬季虽能取食，但数量少；0～3 ℃等温线之间，以蛹和幼虫在稻草堆下、根茬、田埂草地越冬；0 ℃等温线以北的地区，越冬代成虫是从南方远距离随气流迁飞而来，黏虫在我国各地由北到南 1 年发生 1～8 代。广西南部一年发生 7～8 代，无明显的越冬虫态，在桂南冬天仍可为害冬种作物。3—4 月为害玉米，取食叶片成缺刻状，迁飞到北方越夏，9—10 月由北方迁回，为害水稻，咬断小穗梗。冬种作物多，早春蜜源植物多，第一代数量就多，为害就重。

成虫对普通灯光的趋性不强，但对黑光灯有较强的趋性。趋化性强，成虫需取食花蜜作补充营养，也取食蚜虫、介壳虫等昆虫分泌的蜜露、腐烂水果的汁液、发酵的粉浆、胡萝卜和甘薯的汁液、酒糟等。对糖醋酒混合液有很强的趋性。成虫昼伏夜出。繁殖力强，单雌产卵1 000～2 000 粒，最多可产 3 000 粒。卵多块产于玉米枯叶尖上，也产在穗部苞叶或花丝上。卵粒一般排列成行，由分泌的胶质互相黏成块，随胶质干涸而使叶纵卷成棒状。每块卵粒数不等，多的可达 200～300 粒。

初孵幼虫取食卵壳，1、2 龄幼虫取食叶肉，形成小条斑(不咬穿下表皮，称为“花叶”)，3 龄以后将叶缘咬成缺刻，此时有假死和潜入土中的习性。3 龄以上幼虫被惊动时，立即落地，身体蜷曲不动，安静后再爬上作物，或就近钻到松土里。大发生时，4 龄以上幼虫常由于虫口密度过大或环境不适，群集向外迁移。6 龄幼虫老熟后，钻到作物根际深 1～2 cm 的松土中，结土茧化蛹。玉米生育前期，幼虫藏于心叶中，晚上爬出咬食叶片；玉米生育后期，幼虫藏于玉米苞的顶端苞叶内，晚间咬食花丝。食料缺乏时，幼虫常成群迁移为害。老熟后在土中结一土茧化蛹。

黏虫的发生受虫源基数、气候条件、蜜源植物和天敌等因素的综合影响。黏虫喜温暖高湿，高温、干旱则不利于发生。各虫态适宜温度 10～25 ℃，适宜的相对湿度 85%以上，0 ℃以下和 35 ℃以上的温度不利于黏虫繁殖发育，故南方夏季高温不利于黏虫的存活。

一般降雨有利于黏虫发生，但在成虫发生期和产卵期，暴雨对黏虫种群数量的影响则较大。寄主植物丰富时对其生长发育有利。在成虫发生期蜜源植物多利于产卵繁殖。一般水肥条件好，作物长势茂密的农田，黏虫发生则重。增施肥料，加大作物密度，扩大灌溉面积、扩大间作、套种面积等，可使田间覆盖度增大，适合于黏虫发生。

黏虫的天敌主要有黑卵蜂、赤眼蜂、中国曲胫步甲、赤背步甲、寄生蝇、蜘蛛、瓢虫、寄生菌、线虫等。这些天敌对黏虫的发生有一定的抑制作用。

三、草地贪夜蛾

草地贪夜蛾[*Spodoptera frugiperda* (Smith)]俗称秋黏虫，属鳞翅目夜蛾科灰翅夜蛾属，原产于美洲热带和亚热带地区，在巴西有 76 科 353 种寄主植物。嗜好禾本科，也为害十字花科、葫芦科、锦葵科、豆科、茄科、菊科等植物，以危害禾本科玉米最为严重。该虫具有强大的迁徙能力和繁殖力，是联合国粮食及农业组织全球预警的重大迁飞性农业害虫。2016—2018 年先后入侵非洲和亚洲多个国家。2019 年 1 月草地贪夜蛾首次入侵我国云南并进入广西，据调查，2019 年 3 月中旬在广西农业职业技术学院的玉米苗已发现该虫为害，随后全国 26 个省(区)陆续报道发现该虫为害玉米、水稻、甘蔗和香蕉事件。2020 年 3 月在广西发现为害十字花科蔬菜。3—10 月均可为害玉米。

(一)为害状识别

以幼虫为害，主要危害生长点，破坏性极强，可取食叶片，钻蛀心叶、茎秆、雄穗、花丝、雌穗、茎基部，造成半透明斑、孔洞和缺刻等为害状。

草地贪夜蛾识别与防治技术

(二)形态识别

1. 成虫　体长 16～20 mm，翅展 32～40 mm。前翅深棕色，后翅灰白色，边缘有窄褐色带。前翅中部各一黄色不规则环状纹，其后为肾状纹。雌蛾前翅呈灰褐色或灰色、棕色杂色；环状纹和肾状纹灰褐色，轮廓线黄褐色；雄蛾前翅灰棕色，翅顶角向内有一近三角形大白斑，环状纹黄褐色，后侧各有一条浅色带自翅外缘至中室，肾状纹内侧有一条白色楔形纹(图 3-4-6)。

2. 卵　卵呈圆顶形，直径 0.4 mm，高为 0.3 mm，通常 100～200 粒卵堆积成单层或多层的块状，卵上有鳞毛覆盖，初产时为浅绿或白色，孵化前渐变为棕色。

3. 幼虫　一般 6 龄，少数 5 龄。体色和体长随龄期而变化。初孵幼虫全身绿色，具黑线和斑点。生长时，仍保持绿色或成为浅黄色，头呈黑或橙色，并具黑色背中线和气门线。1 龄幼虫体长 3 mm 左右；2 龄幼虫体长 3.4～6.4 mm；3 龄幼虫体长 6.4～9.4 mm，头部可见的倒"Y"形纹；4 龄幼虫体长 9.4～20 mm。1～4 龄幼虫体色呈绿色或黄色，头呈黑或橙色。5 龄幼虫体长 20～30 mm；6 龄幼虫体长 30～45 mm。5～6 龄幼虫多呈棕色，也有呈黑色或黄色、绿色的个体，头部呈黑、棕或者橙色，具白色或黄色倒"Y"形斑，每节背中线两侧有 2 根刚毛。最为典型的识别特征是末端腹节背面有 4 个呈正方形排列的黑斑。种群密度大或食物短缺时，末龄幼虫在迁移期几乎为黑色(图 3-4-7)。

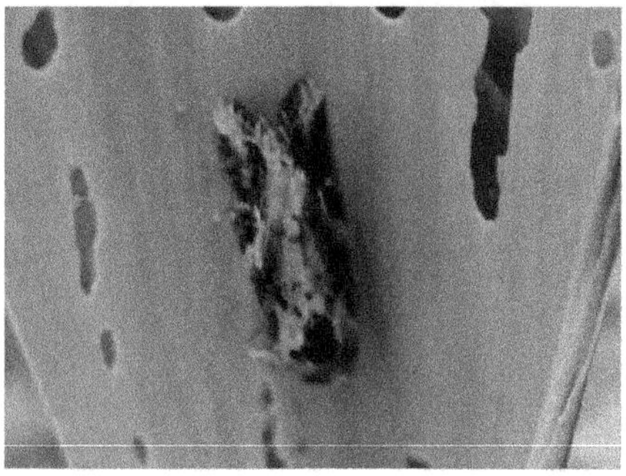

图 3-4-6　草地贪夜蛾成虫

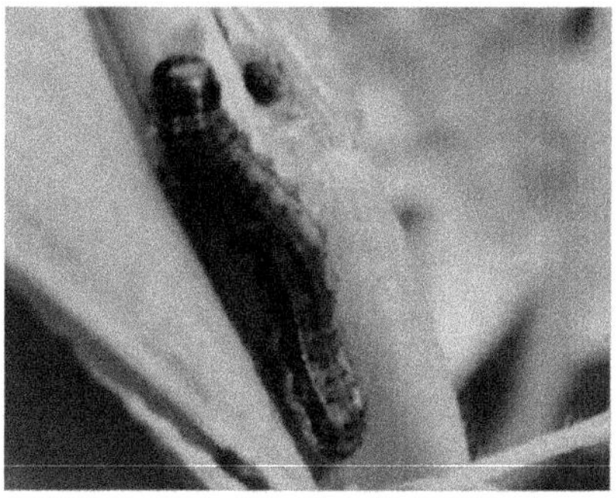

图 3-4-7　草地贪夜蛾幼虫

4. 蛹　蛹呈椭圆形，红棕色，长 14～18 mm，宽 4.5 mm。老熟幼虫常在 2～8 cm 的土壤中做一个蛹室，土沙粒包裹的蛹茧在其中化蛹。也可在为害寄主植物如玉米果穗或叶腋处化蛹。

(三)发生规律

生活史和习性

(1)一头雌蛾一生可产卵 900～1 000 粒，每个卵只要 2～3 周的时间又可繁殖。成虫迁飞能力强，产卵前可在几百米的高空中借助风力进行远距离定向迁飞，每晚可飞行 100 km。如果风向风速适宜，迁飞距离会更长。幼虫有群迁性，俗称"行军虫"，暴发时一夜之间能吃光一块农作物地，啃完一片地后可以迅速迁移到下一片地。高龄幼虫取食量特别大，玉米被害减产达 20%～72%甚至毁种绝收。

(2)生态多型性。草地贪夜蛾分为玉米品系和水稻品系两种单倍型，前者主要危害玉米、棉花和高粱，后者主要危害水稻和各种牧草。两种单倍型的外部形态基本相同，但在性信息素组成、交配行为、寄主植物范围等方面存在显著差异。草地贪夜蛾完成一个世代要经历卵、幼虫、蛹和成虫 4 个虫态，其世代长短与所处的环境温度及寄主植物有关。

(2)适宜发育温度为 11～30 ℃，在 28 ℃条件下，30 h 左右即可完成一个世代，而在低温条件下，需要 60～90 h，没有滞育现象。

(3)较少天敌。面对其虫害迁飞性，我们要做到及时发现，及时管控，可以通过运行一些应急防控，将其控制在相对低的虫口密度，做到不成灾，不成害。

防治指标：玉米田虫口密度达到 10 头/百株。防治适期：幼虫 3 龄前。

四、玉米铁甲虫

玉米铁甲虫[*Dactylispa setifera* (Chapuis)]，属鞘翅目铁甲科。是广西西南部和贵州南部等地春玉米的大害虫，近年来在广西有逐渐向东南部扩展的趋势。主要为害玉米，也能为害小麦、高粱、甘蔗和谷子。

(一)为害状识别

成虫和幼虫均能取食玉米叶片。成虫食量少,啮食叶片留下一层表皮,剩下的上表皮或下表皮成白色线状斑痕,为害较轻,幼虫潜入叶片表皮内取食叶肉,剩下两层表皮成白色枯斑,以苞叶附近的叶片受害最重,严重影响玉米生长。

(二)形态识别

1. 成虫　黄褐色,体长 5～6 mm,触角黑色 11 节,长达体长的 2/3,两触角基部靠近。前胸背板中央有光滑的横突区,区正中有 1 浅横纹,背板前缘有刺 2 对,向前后伸出,后刺比前刺长,左右侧缘各有 3 根刺,前 2 根基部相连,后刺短小单生。鞘翅蓝黑色,表面有纵列粗大刻点,鞘翅上还长有粗刺(图 3-4-8)。

图 3-4-8　玉米铁甲虫

2. 幼虫　成熟时体长约 7.5 mm,头黑褐色,胸足 3 对,短而小,向两侧伸展。各腹节背面有 1 横凹纹,两侧各有 1 个乳状突,腹末有 1 对褐色刺状突。

(三)发生规律

玉米铁甲虫在广西 1 年发生 1 代,少数 2 代。以成虫在玉米地附近山腰、荒坡上的禾本科杂草或甘蔗田越冬。越冬成虫无明显的休眠现象,气温达 17 ℃时,仍可取食。3 月上中旬越冬成虫先取食禾本科杂草,然后转移为害甘蔗,冬小麦、春玉米长出 4～5 叶时,便群集到其幼苗上取食。成虫有假死性,清晨活动迟钝,10 时后较为活跃,对嫩绿、长势旺盛的玉米苗有群集为害的习性。因此播种早,苗情好的玉米田受害重。雌虫产卵盛期在 4 月上中旬,卵散产在幼嫩的玉米心叶上,产卵时先咬破叶面组织成凹穴,每穴产 1 卵,并分泌胶状物将卵封盖。平均每雌产卵 80 余粒。4 月中下旬为卵盛孵期。5 月化蛹,当第 1 代成虫大量羽化时,春玉米逐渐成熟,叶片老化枯黄,成虫相继迁飞到甘蔗田或山边野生寄主上越夏,少部分成虫在秋玉米出苗后,飞至其上繁殖第 2 代,但因气温高,天敌多,发生量很少,所以秋玉米受害极轻。越冬幼虫所繁殖的后代,是为害春玉米苗的虫源,每年 3—4 月若降雨天数比常年少,雨量在 100 mm 以下,有利于成虫活动、产卵。如 3—4 月雨日超过 25 d,降雨量在 165 mm 以上,则不利于成虫繁殖后代,当年春玉米受害则轻。

五、玉米大、小斑病

玉米大、小斑病是广西玉米的主要病害,每年因玉米大、小斑病为害,损失玉米 7 万～8 万 t,严重的地方减产 30%～40%。

(一)症状识别

玉米大斑病多在玉米生长后期发生,在具有抗性基因的品种上产生椭圆形小斑,病斑沿叶脉扩展后,形成褐色坏死条纹,周围呈黄色或淡褐色的褪绿斑;在不具有抗性基因 Ht 的品种上产生萎蔫型病斑,初为椭圆形,黄色或青灰色水渍状小斑点,逐渐沿叶脉扩大形成长梭形、大小不等的萎蔫斑,病斑大而少,一般长 5～10 cm,宽 1～2 cm,有的长达 15～20 cm,宽 2～3 cm,后期变为青色或黄褐色。病斑常相互连合成不规则大斑,引起叶片早枯。田间湿度较大时,病斑表面密生黑色霉状物(分生孢子梗及分生孢子)。叶鞘和苞叶上有时也产生不规则形暗褐色病斑。

一般下部叶片先发病，由下向上发展，干旱年份，有时先从中、上部叶片发病(图 3-4-9)。

玉米小斑病在整个玉米生长期间都可发生，但以后期为多。初期叶片上产生黑褐色水渍状小斑，逐渐扩大成边缘有紫色或红色晕纹的椭圆形病斑。病斑小而多，15 mm×(2～3) mm。后期病斑中部颜色变淡，出现赤褐色同心轮纹，潮湿时长灰黑色绒毛状物的分生孢子。在抗性品种上表现为黄褐色坏死小斑点，周围有黄褐色晕圈，病斑不扩大(图 3-4-10)。

图 3-4-9　玉米大斑病

图 3-4-10　玉米小斑病

(二)病原识别

玉米大斑病病原无性态为大斑病凸脐蠕孢菌[*Exserohilum turcicum* (Pass.) Leonard & Suggs]，属子囊菌无性型凸脐蠕孢属；有性态为大斑刚毛座腔菌[*Setosphaeria turcica* (Luttrell) Leonard et Suggs]，属子囊菌门毛球腔菌属。玉米小斑病无性态为玉蜀黍平脐蠕孢[*Bipolaris maydis* (Nisikado et Miyake) Shoem.]，属半知菌类真菌平脐蠕孢属；有性态为异旋孢腔菌[*Cochliobolus heterostrophus* Drechs. l]，属子囊菌门真菌旋孢腔菌属。

玉米大斑病菌分生孢子梗单生或 2～6 根丛生从气孔中伸出，有 2～8 个隔膜；玉米小斑病菌分生孢子梗 2～3 根，从气孔中伸出，褐色，具 3～15 个隔膜；两者均直立或上部呈膝状弯曲。玉米大斑病菌分生孢子呈梭形，灰橄榄色，直或略向一方弯曲，两端渐细，中间宽，多数有 4～7 个隔膜。分生孢子脐点明显且突出于基细胞之外。玉米小斑病菌的分生孢子长椭圆形，褐色，多向一端弯曲，中间粗两端细而钝圆，具 3～13 个隔膜，分生孢子脐点凹陷于基细胞之内。

大斑病菌丝体发育最适温度为 28～30 ℃。分生孢子形成的适温为 20 ℃。孢子萌发和侵入的适温为 23～25 ℃，致死温度为 52 ℃(10 min)。小斑病菌丝发育的适宜温度范围为 10～35 ℃，最适温度为 28～30 ℃。分生孢子形成的最适温度为 25 ℃。分生孢子萌发适温为 26～32 ℃，5 ℃以下或 42 ℃以上很难萌发。大小斑病的分生孢子的形成、萌发、侵入都需要高湿条件。但分生孢子的抗干旱能力较强，在玉米种子上能存活 1 年。

玉米大、小斑病菌均具有生理分化现象。玉米大斑病根据病菌对不同植物的致病性分为高粱专化型和玉米专化型。在玉米专化型中，还依其对单基因抗病玉米品种的毒力差异分为不同的生理小种。

玉米大斑病、小斑病、纹枯病病害诊断与防治

(三)发生规律

玉米大、小斑病都以分生孢子或菌丝体在病残株中越冬。玉米生长季节高温多雨，尤其是灌浆期时晴时雨，可在短期内发生大流行。大斑病通常在夏玉米生长后期引起流行。

不同品种对玉米大、小斑病的抗性有明显差异，其抗性为普通玉米＞糯玉米＞甜玉米。

连作地和村屯附近地块、春玉米迟播、土壤贫瘠、施肥不足、漏肥严重、后期缺水导致植株脱肥早衰的田块发病早而重；秋翻、间作、轮作、肥沃地、合理密植地、追肥的地发病较轻；春玉米与夏玉米套种，可加重病害。

地势低洼、排水不良、土壤潮湿、土质黏重、种植密度大、通风透光不良等凡使田间湿度增大、植株生长不良的因素都有利于发病。一般坡地比平地发病重。

中温高湿(温度在 20～25 ℃，雨量大雨日多)是利于大斑病发生和流行的主要气象因素。稍高温高湿(温度大于 25 ℃，雨量大雨日多)则利于小斑病发生和流行。

六、玉米瘤黑粉病和丝黑穗病

(一)症状识别

玉米瘤黑粉病也称玉米黑粉病，受害部位形成各种形状和大小不一的肿瘤，外包一层灰白色薄膜，后期瘤内充满黑粉状的厚垣孢子，薄膜破裂后散出黑粉。叶片上的病瘤如豆粒或花生粒状，成串突起。茎秆和果穗上的病瘤直径可达 15 cm。受害果穗部分或全部籽粒变成黑粉。幼苗发病，肿瘤常见于茎基部(图 3-4-11)。

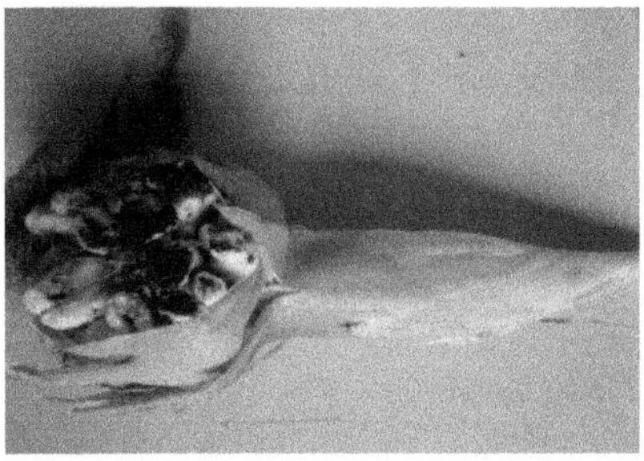

图 3-4-11 玉米瘤黑粉病

(二)病原识别

病原物为玉米瘤黑粉菌[*Ustilago maydis* (DC) Corda]，担子菌门黑粉菌属。冬孢子球形或椭圆形，暗褐色，厚壁，表面有细刺，冬孢子没有休眠期，在潮湿条件下即可萌发，过湿时，孢子会丧失活力。在室内干燥条件下，经 4 年后，仍有 24%的冬孢子可萌发，在自然条件下，分散的冬孢子不能长久存活，但在地表或土壤内集结成块的冬孢子存活期较长。担孢子和次生担孢子对不良环境的抵抗力也较强，在干燥条件下经 5 周才死亡，这对病害的传播有重要作用。适宜冬孢子萌发的温度范围为 5～38 ℃，最适温度为 26～30 ℃。担孢子和次生担孢子萌发适温为 20～26 ℃，最高为 40 ℃。病菌侵入适温为 26～35 ℃。病菌有生理分化现象，存在多个生理小种。

(三)发生规律

病菌主要以冬孢子在土壤、寄主残体、土杂肥及种子上越冬，成为翌年初侵染源。黏附种子上的冬孢子对本病的远距离传播有一定作用。春季温湿度适宜时，越冬冬孢子萌发产生担孢子和次生担孢子，靠风雨传播，产生芽管从寄主表皮或从伤口直接侵入叶片、茎秆、节部、腋芽、雄性花序和雌穗等幼嫩分生组织。侵入的菌丝只在侵染点附近扩展，并在生长繁殖过程中分泌类似生长素的吲哚乙酸，刺激玉米细胞逐渐膨大，形成病瘤，最后在病瘤内产生大量黑粉状的冬孢子。散出的黑粉随风传播，进行再侵染。春、夏玉米混播区，再侵染更频繁。玉米生长期间高温多雨，尤其是暴风雨和冰雹天气；农事操作造成玉米机械损伤；山区云雾多，湿度大；偏施氮肥；种植感病品种，发病重。

多年连作田块，积累有大量病菌，发病严重。干旱少雨地区，残留在田间的病菌冬孢子在缺乏有机质的沙性土壤中易存活，来年引起初侵染的菌量大，发病常较重，而在多雨地区或灌溉地区，在潮湿而富含有机质的土壤中，病菌冬孢子易萌发或易受其他微生物作用而死亡，发病常轻。品种间抗病性有差异。通常,杂交品种,硬粒玉米品种,果穗苞叶厚、长、紧密的品种以及耐旱品种较抗病;甜玉米和马齿型玉米品种较感病。

玉米丝黑穗病:在广西主要发生于南宁、百色、柳州、河池地区的山区县。一般发病率为10%,重的达20%～30%。病原为丝轴黑粉菌[*Sphacelotheca reiliana* (Kühn) Clint.],属担子菌门轴黑粉菌属。果穗散出的黑粉为冬孢子,冬孢子球形或近球形,黑褐色或赤褐色,直径9～14 μm,表面有细刺。玉米播种后,病原菌的孢子与玉米种子同时萌发而侵入玉米幼芽。一般在玉米4～5叶期表现症状。病叶上出现1～4条黄白色条纹,植株矮化,叶片较密集,叶色暗绿,全株外形如笋状。雌穗发病,果穗变成一团黑褐色粉末,黑粉散落后,果穗剩下的残余物成乱发状。雄穗偶有发病,花器变形,呈叶片状,充满黑粉。

病菌的厚垣孢子散落在田间表土,或黏附于种子上,或混在粪肥中越冬。播种时,土壤低温干燥,玉米萌发生长缓慢,易受病菌侵染而发病率高。因此,春玉米早播后受低温阴雨影响,或遇天气干旱时,发病重。

七、玉米纹枯病

玉米纹枯病属世界性土传病害,在广西各玉米产区普遍发生。一般田块发病率为10%～30%,重病田块达50%以上。随着玉米种植面积的迅速扩大和高产栽培技术的推广,纹枯病发展蔓延迅速,已成为制约玉米持续增产的主要障碍。

图 3-4-12 玉米纹枯病病茎

(一)症状识别

纹枯病主要发生在玉米籽粒形成至灌浆期,苗期和生长后期很少发生。该病主要危害叶鞘和果穗,也侵害茎秆和叶片。近地面的1～2节叶鞘先发病,逐渐向上扩展。病斑开始时呈水渍状,椭圆形或不规则形,中央灰白色,边缘褐色,病斑扩大后常多个连合成云纹状大斑,包围整个叶鞘,致叶鞘腐败,叶片枯死。受害果穗苞叶上也产生云纹状大斑,其内籽粒和穗轴腐烂。被害茎秆上的病斑褐色,不规则形,后期露出纤维状的维管束,植株易倒伏。病害发展后期,潮湿时,病斑上可见白色菌丝体,并在叶鞘和果穗等部位产生褐色菌核。菌核极易脱落,遗留土壤中(图3-4-12、图3-4-13、图3-4-14)。

图 3-4-13 玉米纹枯病果穗受害

图 3-4-14 玉米纹枯病菌核

(二)病原识别

玉米纹枯病致病菌主要为立枯丝核菌[*Rhizoctonia solani* Kühn],其次还有玉蜀黍丝核菌[*R. zeae* Voorhees]和禾谷丝核菌[*R. cerealis* E. P. Hoeven],均属担子菌无性型丝核菌属,有性阶段为瓜亡革菌[*Thanatephorus cucumeris* (Frank) Donk],担子菌门亡革菌属,在自然界不常见。

菌丝生长温度范围为 7～40 ℃,最适温度为 26～32 ℃,低于 7 ℃或高于 40 ℃时停止生长。菌核形成的适宜温度范围为 11～37 ℃,最适温度为 22 ℃,在 12～34 ℃范围内,温度越高,菌核形成越快。菌丝只有在相对湿度 85%以上时,才能侵染致病。菌核在 26～32 ℃和相对湿度(RH)达 95%以上时,10～12 h 就可萌发产生菌丝。日光明显抑制菌丝生长,但刺激菌核的形成。菌核对紫外线有极强的抗性。

(三)发生规律

病菌寄主范围广,在自然情况下可侵害玉米、水稻、大豆、大麦、小麦和棉花等 43 科 263 种植物。但不同寄主上的病菌在菌落形态和菌核形成等性状上均有明显差异。

病菌主要以遗落田间的菌核越冬,玉米田土表和浅土层菌核是玉米纹枯病的主要初侵染源。翌年,当温度、湿度条件适宜时,越冬菌核萌发出菌丝,在基部叶鞘上延伸,并从叶鞘缝隙进入叶鞘内侧,侵入寄主引起发病。病部长出的气生菌丝,向病组织附近继续扩展或通过病健叶片接触向邻近植株扩展蔓延,进行再侵染。病部形成的菌核落入土壤,通过雨水反溅也可引起再侵染,一般拔节期始病,抽雄期为发病始盛期,乳熟期为发病高峰期,灌浆中期后病情基本稳定。玉米收获时,菌核落入土表,成为翌年的初侵染源。

一般气温低于 20 ℃或高于 30 ℃、少雨不利于发病。病害发生期内,雨日多、雨量大、湿度高,病情发展快。6 月下旬至 7 月上旬的湿度与病害的关系尤为密切,6 月下旬雨日越多,湿度越高,病株率越高,7 月上旬雨日多、湿度大,严重度上升。

品种间抗病性差异明显。一般而言,生育期长的中晚熟品种病害发生时间长,病情相应较重。连作田造成菌量积累而发病重;玉米单作比间作发病重;过量施用氮肥,植株长势过旺,有利于发病;病害随玉米种植密度增加而趋严重;地势低洼、排水不良、土壤湿度大的田块发病重;植株倒伏易造成病健株接触,有利于病菌再侵染,加重发病。

八、玉米其他病虫害

(一)玉米蚜虫

玉米蚜虫属同翅目蚜科。一年发生 20 代以上,冬季多以无翅孤雌胎生成若蚜在禾本科杂草上越冬。早春,越冬蚜繁殖有翅孤雌胎生蚜,迁入玉米地,在玉米心叶里繁殖,刺吸为害。玉米抽雄后为害严重。防治要点:清除杂草;在抽雄后数量增多时,选用 50%辟蚜雾 3 000～4 000 倍液,或 25%吡虫啉4 000～6 000 倍液,或用速灭杀丁、敌杀死、功夫喷雾防治(图 3-4-15)。

图 3-4-15　玉米蚜虫

(二)玉米黑毛虫

玉米黑毛虫是毒蛾、灯蛾、枯叶蛾等幼虫的统称。在广西一年发生 2～4 代,以幼虫在玉米、蔬菜等冬作物的地边或石缝、土隙、泥块下或杂草根际处越冬，或以蛹在土中越冬。2月中旬至3月上旬，越冬幼虫大量在玉米地为害，被害玉米苗轻则叶片残缺，重则断株缺苗。成虫有趋光性，卵产于叶片或土块上。4月下旬，第一代幼虫开始出现，1、2龄群集，3龄后分散，昼伏夜出，以上半夜活动较盛，玉米叶片被咬成缺刻或仅剩下中脉或雌穗被咬断。幼虫临老熟，即爬至附近的旱沟、路边、泥墙等处的缝隙中吐丝作茧化蛹。防治要点：①早晚人工捕捉幼虫，摘除卵块。②铲除田间杂草，堆草诱杀幼虫。③药剂喷杀，在傍晚进行，选用80%敌百虫800倍液或敌杀死、功夫、速灭杀丁等喷雾防治。

(三)玉米锈病

广西的玉米锈病病原主要是玉米多堆柄锈菌(*Puccinia polysora* Underw)。在海南和台湾地区的玉米锈病病原还有玉米多堆柄锈菌。病害主要发生在叶片上，严重时果穗、苞叶及雄穗也会受害。叶片两面初生淡黄白色小斑，后变成黄褐色或褐色突起，散生或聚生，圆形或长圆形，表皮破裂后散出铁锈色粉末状的夏孢子。后期病斑上产生黑色突起，长圆形，表皮破裂后散出黑褐色粉末状的冬孢子。病菌以夏孢子或冬孢子在病残株上越冬。春天，越冬孢子在适宜的温湿度条件下萌发，从玉米叶片的气孔侵入，引起玉米初次发病。随后反复侵染，蔓延扩大。春玉米生育中后期，气候温暖多雨，发病严重；偏施氮肥，大面积种植感病品种会导致病害大面积发生流行。防治上主要是种植抗病品种，合理施肥，氮、磷、钾肥配合施用。发病初期，每667 m^2用20%萎锈灵乳油175 g，或50%代森铵100 g，或65%代森锌200 g兑水100 kg，或用0.2 °Bé石硫合剂喷雾，每隔7 d喷1次，连续喷2～3次，有保护作用(图3-4-16、图3-4-17)。

图3-4-16 玉米锈病

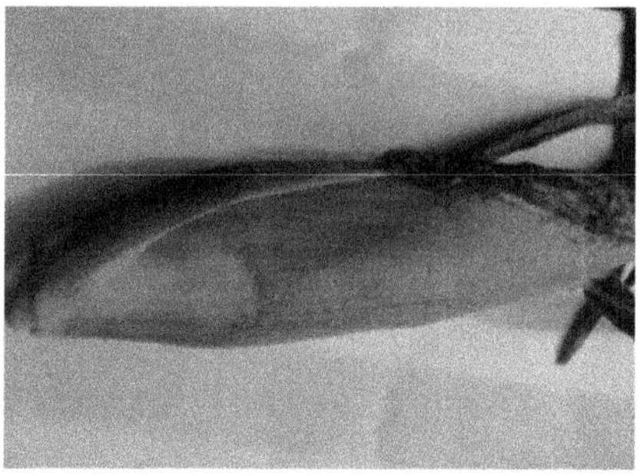

图3-4-17 玉米锈病雌穗

(四)玉米青枯病

病原菌有多种，多属无性型真菌类镰刀菌属[*Fusarium* sp.]。发病初期，叶片局部失绿，呈烫伤状，后迅速发展到全叶，呈失水状青枯。病叶多由下部向上部发展，以至于整株呈青枯凋萎，随后叶片逐渐变褐色干枯。病株茎秆褪绿，严重的髓部收缩干枯，轻捏茎基部有松软感。发病后期，病株果穗下垂，籽粒不饱满，重病株易从基部折断。病根褐黄色，根毛少，皮层极易剥离。玉米早播，温度低，种子萌发缓慢，生活力弱，有利于病菌入侵。连作地玉米，种植密度过大，种植感病品种多，灌浆至乳熟期高温多雨时，发病重。防治上主要实行轮作、选用抗病品种、增施锌肥的防治方法。每667 m^2用硫酸锌1.5～2 kg作种肥，玉米收获后，收集病残株烧毁，减少越冬菌源。

(五)玉米细菌性茎腐病

此病为细菌性病害，有两种病原菌(*Erwinia carotovora* f. sp. *zeae Sabat*)和(*Pseudomrnas zeae* Hsia. et Fang)，分别属欧文氏菌属和假单胞菌属，细菌病菌在土壤中的病残体上越冬。

次年，春玉米出土后，病菌从植株气孔或伤口侵入，多在玉米长到高 60 cm 左右时发生。开始在植株中部或基部的叶鞘上出现淡黄色水渍状梭形或不规则形病斑，以后病菌通过叶鞘侵入茎秆，茎壁呈水渍状褐色病斑，病部黄褐色或黑褐色，软化溃烂，发黏，有腥臭味，重的病部凹陷，茎下垂甚至折倒。高温高湿的条件有利于发病。平均温度在 30 ℃左右、相对湿度 70%以上时开始发病。玉米生长中期最易感病。雨后渍水，地势低洼，排水不良地，种植过密，田间郁闭，施氮肥过多，植株受机械损伤都会加重发病。防治技术上采用及时清除田间病残株、加强栽培管理，适当密植，合理灌溉，雨后及时排除渍水，及时中耕除草。发病初期，剥除病叶鞘，在病伤部涂刷石灰水(熟石灰 1 kg 兑水 5 kg)，及时拔除重病倒折植株。

【工作步骤】

1. 观察玉米螟、玉米铁甲虫、黏虫及其他玉米害虫的各虫态形态和为害状。

2. 观察当地玉米主要病害的病状和病征特点，重点观察玉米大、小斑病的病斑大、小、形状、色泽、边缘以及数量等有何不同；病斑上有无松散的黑色霉状物；仔细观察玉米黑粉病的症状特征。观察玉米纹枯病在叶片、叶鞘及苞叶上的病状，其病斑的形状、大小、色泽以及菌核外部特征，与水稻纹枯病有何异同？

【巩固训练】

植保技能考核 16：识别并写出当地玉米主要害虫(或为害状)、病害的名称。

作业

1. 绘玉米螟、黏虫幼虫形态图。
2. 绘玉米大、小斑病菌、玉米黑粉病菌形态图。

思考题

1. 简述当地玉米病虫害的发生概况及主要病虫害综合防控技术。
2. 列表表示当地玉米主要害虫的分类地位、为害虫态、典型为害状、防治对口农药及施用方法。
3. 列表表示当地玉米主要病害病原类型、病状、病征、防治对口农药及施用方法。

任务二　玉米病虫害综合防控技术

【材料、用具与场地】记录本、铅笔、皮卷尺或米尺、农药及施药器械等，玉米病虫害发生严重的地块。

【基础知识】

(一)实行检疫

防止玉米细菌性枯萎病、霜霉病等检疫性病害传入。

(二)农业防治

注意选用抗病虫品种,减少越冬病虫,铲除田边杂草、清除病残体,实行轮作、合理布局、播种前拌种衣剂或用多菌灵、三唑酮等进行种子消毒可预防玉米瘤黑粉病、丝黑穗病等。适时播种,早春最好实行地膜栽培。加强栽培管理,及时中耕培土、增施有机肥、适时灌水,及时拔除丝黑穗病和瘤黑粉病病株。

(三)物理防治

采用频振式诱虫灯、敌百虫毒饵、草把、糖醋液等诱杀地老虎、玉米螟、黏虫等多种害虫。

(四)保护利用天敌

卵期释放赤眼蜂和幼虫期施用苏云金杆菌微生物农药。

(五)化学防治

苗期注意防治地下害虫、黑毛虫和根腐病;中后期注意防治玉米螟、黏虫、蚜虫及大小斑病、纹枯病。

1.播种至苗期　播种至3叶期防治地老虎、蛄蝼等地下害虫的方法:用21%戊唑·吡虫啉悬浮种衣剂,按10 kg玉米种子40～80 mL,加水150～200 mL稀释后拌种或每667 m^2用1.5%辛硫磷颗粒剂3～5 kg混沙或细土随种子撒施。3～7叶期防治棉铃虫、黏虫、草地贪夜蛾等,667 m^2用5%甲氨基阿维菌素苯甲酸盐微乳剂2 000～3 000倍稀释液50 kg,或20%氯虫苯甲酰胺悬浮剂10～15 mL兑水50 kg,喷雾。或选用虱螨脲、苏云金杆菌、金龟子绿僵菌、球孢白僵菌等单剂或复配剂,在幼虫3龄前,在清晨或者傍晚施药,注意喷洒在玉米心叶、雄穗和雌穗等部位。零星发生区,可带药侦查、点杀点治。在虫情集中连片发生区,要开展统防统治和群防群治工作。播后苗前喷施40%"莠去津20%+异丙草胺20%"悬浮剂、42%"乙草胺25%+甲草胺2%+莠去津15%"悬浮剂等除草剂除草,用敌鼠钠盐毒杀老鼠;用茶麸浸出液等灭螺。

2.拔节、成穗期　玉米螟的防治:喇叭口期发现植株心叶有虫眼,叶肉有咀嚼状时即施药(3龄幼虫前),每667 m^2用3%辛硫磷颗粒剂250～300 g或苏云金杆菌乳剂(100亿孢子/mL)100～300 mL或白僵菌+适量水+7.5～10.5 kg细沙制成毒土撒在心叶内。或兑水50 kg喷雾或灌心叶,每隔7～10 d施1次,连续2～3次,直至抽雄期。抽雄后仍有发生,可用溴氰菊酯、杀虫双等喷雾或灌雌苞上下共4节的叶腋。选用"杀虫双+甲氨基阿维菌素苯甲酸盐"防治玉米铁甲虫,用吡虫啉防治玉米蚜虫。棉铃虫、黏虫、草地贪夜蛾防治用药同苗期。

纹枯病发生时,667 m^2用40%苯醚甲环唑悬浮剂15 mL,或5%井冈霉素A可溶粉剂100 g,兑水50～60 kg,从拔节期开始结合防虫连喷3～4次。玉米大、小斑病多发生在高温高湿季节,在病情扩展前用枯草芽孢杆菌、苯醚甲环唑、吡唑醚菌酯、丙环·嘧菌酯、唑醚·戊唑醇、唑醚·氟环唑任一种喷雾防治,每隔7 d左右喷1次,交替用药,共喷2～3次。

3.果穗成熟期　蚜虫的防治:散粉后即有蚜虫危害,应在其迁移扩散前喷施,667 m^2用20%吡蚜酮或10%吡虫啉可湿性粉剂2 000～2 500倍液喷雾防治。黏虫、斜纹夜蛾、草地贪夜蛾的防治:在吐丝后7 d左右用20%氯虫苯甲酰胺悬浮剂5～10 mL,或20%"高效氯氰菊酯+毒死蜱"乳油(分别占18%:2%)40～60 mL或6%乙基多杀菌素悬浮液20～40 mL兑水50 kg喷施青苞顶端附近,或施于花丝吐出处。用敌鼠钠盐等毒杀害鼠。

【工作步骤】

1. 以小组为单位，制订玉米病虫害调查方案并实施调查。
2. 以小组为单位，根据调查结果查对防治指标，进行防治决策，制订综合防治方案。
3. 采取相应措施实施玉米病虫害综合防治，调查防治效果，写出调查报告。

【巩固训练】

思考题

当地玉米病虫害发生有何特点？

【课程思政】

1. 践行习近平总书记的绿色生态理念

实施绿色植保战略的重要举措就是推进绿色防控，贯彻的是“预防为主、综合防治”的植保方针。病虫害绿色防控技术属于资源节约型和环境友好型技术，推广应用农业防治、生态控制、生物防治、物理防治等绿色防控技术，不仅能有效替代高毒、高残留农药的使用，还能降低生产过程中的病虫害防控作业风险，避免人、畜中毒事故。还可以显著减少农药及其废弃物造成的面源污染，有助于保护农业生态环境，践行习近平总书记的绿色生态理念。

2. 践行以人民为中心的食品安全观

绿色防控是促进标准化生产，大规模推广农作物病虫害绿色防控技术，可以有效解决农作物标准化生产过程中的病虫害防治难题，显著降低化学农药的使用量，避免农产品中的农药残留超标，提升农产品质量安全水平，保证人民群众“舌尖上的安全”。

【学习评价】

表 3-4-1　玉米病虫害综合防治考核评价表

序号	考核项目	考核内容	考核标准	考核方式	分值
1	玉米病虫害识别	玉米病害及病原物识别	能识别出玉米主要病害，并能初步诊断其病原类型，能熟练制作病原临时玻片，在显微镜下观察病原物形态并准确鉴定	现场或实验室识别考核	2
		玉米害虫形态及为害状识别	能识别玉米主要害虫及为害状，并能指出其所属目和科的名称	现场或实验室识别考核	2

续表 3-4-1

序号	考核项目	考核内容	考核标准	考核方式	分值
2	田间调查	玉米病虫害田间调查方法	能现场区分类型田，并选择其中之一进行调查，采取正确的调查方法实地调查，数据记录正确、完整	现场考核	6
	制订综合防治方案	能针对玉米有害生物发生规律制订调查方案	能根据当地玉米主要病虫害发生规律制订综合防治方案，防治方案制订科学，应急措施可行性强	个人表述、小组讨论和教师评分相结合	5
3	组织实施综合防治	能组织实施防治方案	能按要求做好各项防治措施的组织和实施，操作规范、熟练，防治效果好	现场操作考核	10
4	知识点考核		玉米病虫害发生种类，害虫为害状和病害症状、发生特点，综合防治方法	闭卷笔试	50
5	作业、实验报告		报告完成认真、规范，内容真实；绘制病原物和害虫形态特征典型，标注正确	教师评分	10
6	学习纪律及态度		对老师提前布置的任务准备充分，发言积极，观察认真；遵纪守时，爱护公物	学生自评、小组互评和教师评价相结合	15

子项目五　甘蔗病虫害识别与防控技术

【学习目标】

学习掌握甘蔗主要病虫害种类、发生概况、发生规律及防治技术。

任务一　甘蔗病虫害识别

【材料与用具】甘蔗黄螟、二点螟、条螟、甘蔗棉蚜、光背蔗龟、突背蔗龟、异岐蔗蝗、斑角蔗蝗、白蚁、蔗褐蓟马、蔗茎红粉蚧、蔗茎灰粉蚧、甘蔗凤梨病、甘蔗赤腐病、甘蔗黑穗病以及当地其他甘蔗病虫害标本及病原玻片。体视显微镜、放大镜、镊子、培养皿、挂图等。

【基础知识】

一、甘蔗螟虫

为害甘蔗的螟虫主要有：二点螟、条螟、黄螟、大螟、红尾白螟、玉米螟、台湾稻螟，都属鳞翅目，除大螟属夜蛾科、黄螟属小卷蛾科外，其余均属螟蛾科。但甘蔗螟虫一般特指二点螟、条螟和黄螟。二点螟(*Chilo infuscatellus* Snellen)，在北方叫粟灰螟，主要为害粟、黍、糜、玉米、高粱，旱地蔗发生较重。条螟[*Chilo sacchariphagus* (Bojer)]，在北方主要为害高粱、玉米，也称高粱条螟，在广东、台湾、广西等甘蔗种植区主要为害甘蔗。黄螟[*Argyroploce schistaceana* (Snellen)]在水田种蔗为害重。大螟[*Sesamia inferens* (Walker)]，发生于蔗稻混作区。红尾白螟[*Tryporyza intacta* (Snellen)]，在广西仅在钦州地区为害严重，其他地方较少。玉米螟、台湾稻螟零星发生。

图 3-5-1 甘蔗螟虫为害状枯心苗

(一)为害状识别

甘蔗螟虫均以幼虫钻蛀茎秆，分别造成枯心苗、螟害节及死尾蔗等为害状，条螟初龄幼虫群集心叶取食，还可形成花叶。蔗螟为害妨碍甘蔗生长，降低糖分，并易遭风折。由于蔗螟为害，还常诱致赤腐病菌的侵入为害。现以二点螟、条螟和黄螟为代表详细介绍(图 3-5-1)。

(二)形态识别

甘蔗螟虫的形态识别见表 3-5-1、图 3-5-2 至图 3-5-8 所示。

表 3-5-1 3 种甘蔗螟虫的形态特征

虫态	二点螟	条螟	黄螟
成虫	体长 10～13 mm，翅展 21～28 mm。雌蛾灰黄色；雄蛾灰褐色。前翅中室暗灰色，中室顶端及中脉下方各有 1 暗灰色斑点，外缘有成列的黑色小点 7 个。后翅色白	体长 10～14 mm，翅展 25～34 mm。头、胸部背面淡黄色，复眼暗黑色。前翅灰黄色，翅面有 20 多条暗色纵斑纹，中央有 1 个小黑点，外缘略成直线，有 7 个小黑点，翅尖下部略向内凹；后翅颜色较淡；腹部及足黄白色	体长 5～9 mm，翅长 5～8 mm。体暗灰黄色，前翅深褐色，斑纹复杂，翅中央有“Y”形黑色斑纹；后翅暗灰色。雄蛾体较小，色较深
卵	卵扁椭圆形，长 1.21 mm，宽约 0.87 mm，初为乳白色，渐变淡黄色，最后变紫黑色。卵块产，2～4 行排列呈鱼鳞状	卵长径 1.5 mm，短径 0.9 mm，扁平椭圆形，表面有龟甲状纹，数粒或数十粒卵排成“人”字形双行重叠的卵块。初产时乳白色，后变为深黄色	卵椭圆形扁平，长 1.2 mm，宽 0.8 mm，初产时乳白色，后渐变黄色
幼虫	幼虫成熟时体长 25～30 mm。头部棕褐色，胴部淡黄色，体背有深色纵线 5 条，腹部每节背面有 4 个淡褐色毛瘤，排列成梯形	幼虫成熟时体长 20～30 mm，乳白至淡黄色，具紫褐色纵纹 4 条，头部黄褐色至黑褐色。腹部各节背面有 4 个黑褐色斑点，上生刚毛，排列成正方形	幼虫成熟体长约 20 mm，体淡黄色，无斑纹。有时因内脏物呈现使体色变灰黄或灰黑色

续表 3-5-1

虫态	二点螟	条螟	黄螟
蛹	体长 12～15 mm，淡黄色，后变黄褐色。腹部背面有深褐色纵线 5 条，第 7 腹节背面的前缘有显著的黑褐色波状隆起线	体长 12～16 mm，红褐色或黑褐色。腹部第 5 至第 7 节背面前缘有深色网纹，腹末有 2 对尖锐小突起。尾部较钝，无尾刺	蛹体长 8～12 mm，黄褐色。腹部第 2 节的后缘，第 3～6 节的前后缘，第 7 节的前缘，第 8 节及尾节背面都有锯齿状突起

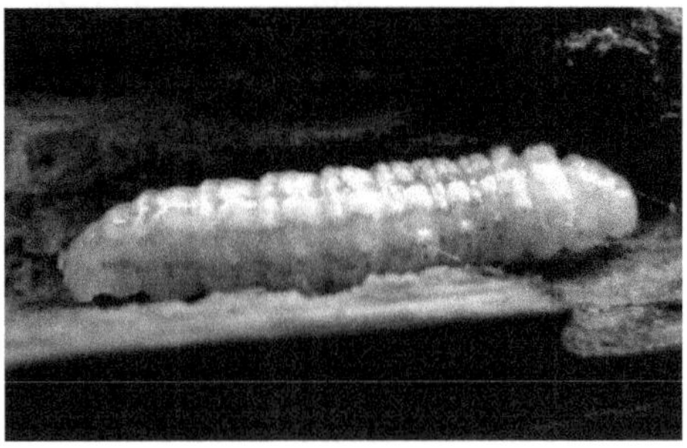

图 3-5-2　二点螟越冬幼虫

图 3-5-3　灯诱条螟成虫

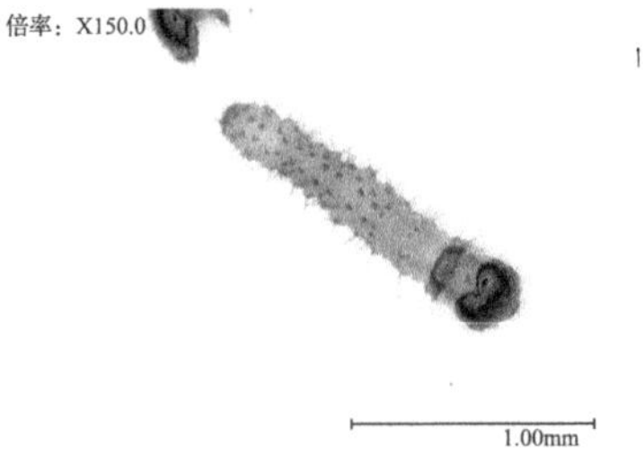

图 3-5-4　条螟 1 龄幼虫

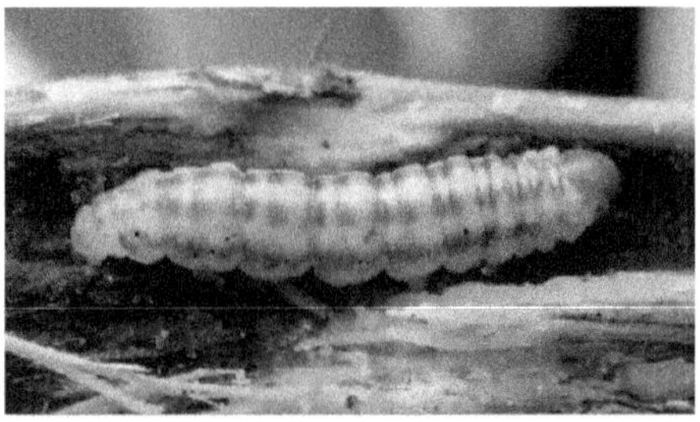

图 3-5-5　条螟越冬幼虫

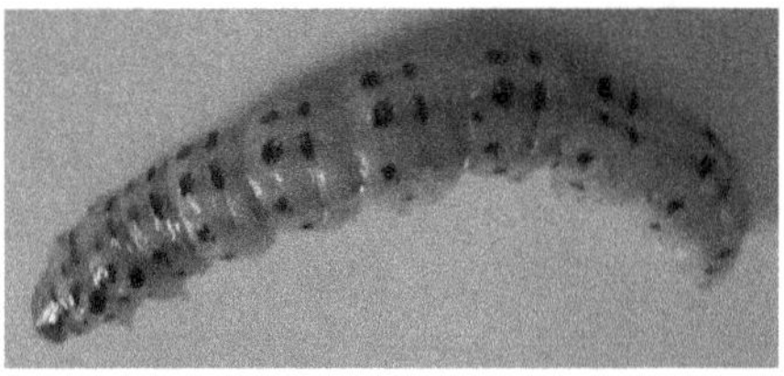

图 3-5-6　条螟幼虫

图 3-5-7　黄螟雌成虫

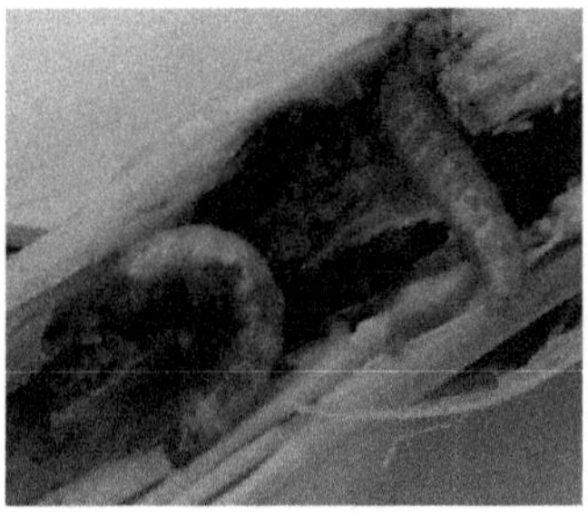

图 3-5-8　黄螟幼虫

(三)发生规律

二点螟在广西1年可发生5个重叠世代,以幼虫在蔗头、蔗笋和残茎内越冬。翌年春暖即陆续化蛹,并相继羽化成虫。一般2月中旬开始化蛹,3月上旬羽化成虫。各世代的时间大致为:第1代3月上旬至6月下旬,第2代5月中旬至8月上旬,第3代6月至9月上旬,第4代8月上旬至10月中旬,第5代9月中旬至翌年4月下旬。第5代为越冬代。各地区由于气温不同,各代出现的时间迟早有差异。

成虫趋光性较强。卵一般产块在蔗下部第1~5叶片背面或叶鞘上,每雌蛾可产卵250~300粒。第1代幼虫孵化后爬行分散,或吐丝下垂,随风飘至邻株,侵入叶鞘。初在叶鞘间取食,后蛀入心叶为害生长点,造成枯心苗。以后各代幼虫主要为害蔗茎,造成螟害节。老熟幼虫在枯心苗或蔗茎虫道内作薄茧化蛹。

条螟在广西地区1年发生4代,以幼虫在叶鞘内侧或在蔗茎内结茧越冬,翌年3月中旬开始有蛾羽化。第1代、第2代发生量不大,主要为害蔗苗;第3代、第4代发生量较大,各代的发生呈叠置状态。7月中旬后甘蔗生长中后期为害重。成虫有弱趋光性,卵块产在蔗叶表面的中脉两旁,初孵幼虫有群集性,先食害心叶组织,成花叶状。虫龄较大时开始分散为害,大多蛀食生长点,造成死尾蔗,也可造成枯心苗及螟害节。幼虫老熟在干枯叶鞘内侧结薄茧化蛹。

黄螟在广西南宁1年发生7个重叠世代,无明显的越冬现象。成虫有弱趋光性,卵散产,多产于叶鞘内。第1代在3月上旬产卵,4月中下旬盛孵;第2代在4月下旬产卵,5月下旬盛孵;主要于3—6月由第1代、第2代为害宿根和春植蔗苗形成枯心。第3代以后就逐渐转移到蔗茎为害造成螟害节。

3种螟虫的雌虫均有可释放性外激素吸引雄蛾前来交尾的特性。

蔗螟的发生与虫源基数、蔗田环境、种植期、品种、天敌等因素关系密切。冬季温暖干燥,利于各种螟虫越冬,越冬蔗螟死亡率低,第2年虫源基数大。二点螟喜高燥的环境,一般是地势较高干燥的旱地和沙土地比水田蔗地发生多、受害重;黄螟适于潮湿环境,在围田区和水坝的蔗田,发生和为害特别严重。甘蔗种植期迟、早为害也不同。一般以宿根蔗受螟害最重,秋植蔗次之,春植蔗为害最轻。甘蔗品种不同,其抗螟性差异很大。一般叶宽下垂、蔗茎较软纤维少的品种受害重,而叶窄、蔗茎坚硬纤维多的品种受害轻。蔗螟天敌主要是寄生螟卵的螟黄赤眼蜂,其寄生率较高。福建还利用红蚂蚁捕食蔗螟,有一定的抑制作用。

二、甘蔗绵蚜

甘蔗绵蚜又名甘蔗粉角蚜(*Ceratovacuna Lanigera* Zehntner),属同翅目绵蚜科。我区各地有分布,国内分布于广东、四川、福建、江西、浙江、云南、贵州、台湾等省(区)。甘蔗绵蚜为害甘蔗,也取食一些禾本科杂草。通常在杂草大芒草上越冬。

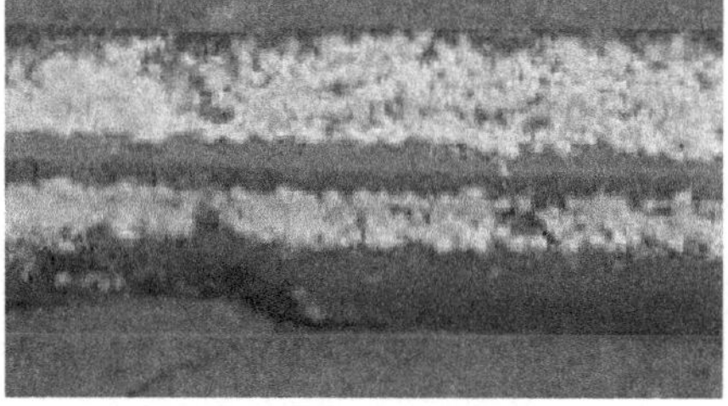

图 3-5-9 甘蔗绵蚜

(一)为害状识别

成虫、若虫群集叶背中脉两侧吸食甘蔗汁液,叶变枯黄。轻者,生长停滞,糖分降低,品质变劣,减少产量;重者,成片枯死。因其分泌蜜露,故常诱致烟煤病发生(图 3-5-9)。

(二)形态识别

1. 无翅胎生雌蚜　体长2～2.5 mm,体色不一,常呈黄褐、灰褐、橙黄及暗绿色,背面覆盖有大量白色棉毛状蜡质物,第8节背面有明显蜡孔1对,腹管退化,触角短,由5节组成。

2. 有翅胎生雌蚜　体长2～2.5 mm,翅展约7 mm,静止时,平覆体上,盖过腹部末端。头、胸部黑褐色,腹部为黄褐色或暗绿色,触角5节,第3～5节上有许多环状感觉器,腹部蜡孔退化。

3. 无翅若蚜　体黄色或淡黄略带灰绿色,初龄时,背面蜡质物很少。

4. 有翅若蚜　初生时,淡黄略带灰绿色,有翅芽1对,第3～4次蜕皮后变成深褐或黄色。腹部背面被有许多蜡质物。

(三)发生规律

广西地区1年可发生约20代,世代重叠。以有翅胎生雌蚜在秋、冬植蔗株或在一些禾本科植物上越冬。成虫、若虫都群集蔗叶背面,吸食蔗液。甘蔗绵蚜是孤雌胎生繁殖的,每1无翅胎生雌蚜一生能产若蚜50～130头,寿命长达32～90 d。越冬有翅胎生雌蚜在3月以后向蔗田迁飞为害、繁殖,5—6月繁殖加快,形成较多的为害群,6月后迅猛繁殖,至7—8月蔓延成片。若遇干旱,其大发生期还可延至收获时。11月开始有翅绵蚜增多,即成群飞到秋冬植蔗和蔗区附近的大芒草上越冬。第2年春暖,便陆续迁飞到宿根蔗和春植蔗上,繁殖无翅幼蚜,开始为害,其为害一般在8—9月最严重。干旱年份易引起甘蔗黄蚜大发生。

甘蔗绵蚜发育最适温度为20～25 ℃,28 ℃以上或15 ℃以下均不适宜。绵蚜雨季发展缓慢,而旱季则为害猖獗。一般干旱少雨的年份严重危害,而暴雨较多的年份则危害较轻。甘蔗种植期不同,为害也不同。一般秋植蔗受害最重,宿根、春植蔗次之。绵蚜天敌种类很多,有十三星瓢虫、双星瓢虫、食蚜蝇、草蛉等,对其发生有很大的抑制作用。

三、甘蔗凤梨病

甘蔗凤梨病是我国以至世界大多数植蔗国家和地区都普遍发生的甘蔗种苗的毁灭性大病害,受害蔗苗发生凤梨(菠萝)香味而得名,普遍发生于我国华南、华中和西南等蔗区,常使贮藏蔗种或催芽蔗种腐烂,种植后不易萌发或萌发生长不良,造成大量缺株,严重的可达50%～90%。损失惨重。除危害甘蔗外,尚可侵染椰子、椰枣、油棕、可可、香蕉、槟榔子、番木瓜、芒果、龙眼、柿、槐、咖啡、菠萝、桃等植物。人工接种的寄主还有玉米和高粱等。

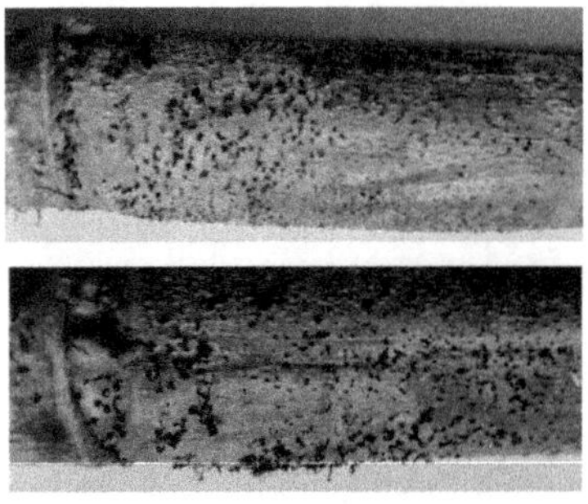

图3-5-10　甘蔗凤梨病

(一)症状识别

感病蔗种或宿根甘蔗初期常发出凤梨(菠萝)香味,两端切口初变红色,随后切口上产生粉状黑霉,种苗腐败,髓部干枯,仅剩丝状纤维。染病蔗种上的芽可在萌发前腐烂,或虽萌发出土,但蔗苗生长纤弱,叶片细弱缺乏光泽呈黄绿色,终致枯死;若蔗苗已长新根,早期生长显著受抑制,但后来尚能继续生长。受伤蔗茎有时也会染病,初期病茎外观和健蔗无异,内部症状与有病蔗种相同。病情继续发展,叶片枯萎,内部组织败坏,外皮皱缩变黑,蔗株死亡(图3-5-10)。

(二)病原识别

病原为奇异长喙壳菌[*Ceratocystis paradoxa* (Dode) Moreau],属子囊菌门核菌纲球壳菌目长喙壳属。无性阶段为奇异根串珠霉菌(*Thielaviopsis paradoxa*),属子囊菌门根串珠霉属。有性阶段病部的黑色针刺状物,即为病菌的子囊壳。子囊壳近球形,喙长而细,黑色,具光泽;子囊卵形或近棍棒状,内含 8 个单细胞椭圆形的子囊孢子。病部的黑色霉状物,为病菌的厚垣孢子。厚垣孢子球形至椭圆形,壁厚,黄棕色至黑褐色,四周具刺状突起,串生于菌丝顶端的孢子梗上。小型分生孢子圆筒形至长方形,薄壁,后变黑褐色,内生于分生孢子梗中,10 个左右排列成串。分生孢子梗基部细胞短,末端一个细胞长。

病菌寄生性很弱,能在土壤中腐生,只可从伤口侵入寄主。主要为害蔗种、宿根和受伤的蔗茎。在甘蔗上生长的温度范围为 12~36 ℃,生长适温为 28~32 ℃,在 8 ℃以下或 40 ℃以上不能生长,其孢子也不能萌发。在低湿的土壤里,当温度在 32 ℃时对甘蔗的侵染率最高。对酸碱度的适应范围为 pH 1.7~11,以 pH 5.5~6.3 为最适宜。

(三)发生规律

蔗种在堆藏期间或种植后,均可受感染而发病。此病的初次侵染源,主要是土壤和带菌的蔗种,以及蔗田附近其他的感病寄主。病菌以菌丝体或大型分生孢子潜伏在土壤里或病组织中越冬。菌丝体在蔗田腐烂叶片上,可存活 3~4 个月,在蔗渣内可存活 7 个月,大型分生孢子在土壤里可以存活达 4 年之久。经过休眠期后,在适宜的条件下遇适当的寄主,大型分生孢子便萌发从伤口侵入,在窖藏期或堆贮期通过接触传染。小型分生孢子容易发芽,在蔗种表面可存活 12 d。是当年再侵染的接种体。气流、灌溉水、切蔗种的刀、老鼠和昆虫(甲虫、蔗螟,尤其是蝇类)都可以传病。病菌侵入后,经 2~3 d 甘蔗即开始表现症状,10~14 d 后,又产生分生孢子进行再侵染。

土壤低温高湿发病严重。土壤干旱,种茎蔗芽萌发缓慢,延长病菌侵染的时间,有利于发病。土壤黏重,排水不良,透气性差,则发病重。种茎长途运输,堆放时间长,发病也较多。抗病品种或萌芽迅速的甘蔗品种发病轻,反之则发病重。

四、甘蔗赤腐病

赤腐病为甘蔗最常见的病害之一,各蔗区均普遍发生。种苗染病发芽率低;幼苗被害生长不良或腐烂死亡,造成生长不整齐和缺株;生长中后期中脉、蔗茎受害使糖分减少,蔗汁纯度低,影响蔗糖结晶,造成产量损失。贮藏期发病使整个蔗茎腐烂。

(一)症状识别

主要侵害叶片中脉和蔗茎,也可侵染叶鞘。被害中脉初生红色小点,向两端扩展成纺锤形或长条形斑,其长度可达叶脉长度一半以上。病斑边缘红褐色,中央渐枯白,上生黑色小粒点,被害茎节初期外表症状不明显,茎内组织变红褐色,常夹有长短不一的横向白色斑块,白斑中有大量菌丝。抗病性强的品种白斑小或没有,虫伤或机械伤的组织变红,无白斑。赤腐病的赤斑可延至多节或整株.蔗茎受害重时表皮皱缩,无光泽,有赤色病痕,并长出黑色小粒点,茎内组织腐败干枯具酒醋味,病茎上部叶片失水凋萎,似旱害。叶鞘病斑初呈赤色小点,扩大愈合成不规则形斑块,中央枯黄色,边缘赤色,上生黑色小粒点(图 3-5-11)。

图 3-5-11 甘蔗赤腐病

(二)病原识别

甘蔗赤腐病菌(*Colletotrichum fulleatum* Went),子囊菌门无性型炭疽菌属真菌;有性型为塔地小丛壳[*Glomerella tucumanensis*(Speg.)],属子囊菌门小丛壳属。病部的黑色小粒点为病菌的分生孢子盘,其上生有暗绿色刚毛和分生孢子梗。分生孢子无色,单胞,通常半月形,内有油球。有时菌丝顶端或中间还产生暗褐色厚垣孢子。病菌常变异,有生理分化现象。病菌最适发育温度为 30～32 ℃,适宜生长酸碱度为 pH 5～6.5。

(三)发生规律

蔗种和病株上越冬的菌丝、分生孢子和厚垣孢子是主要初侵染源。土壤中的病菌至少可存活 3～4 个月,糖厂的蔗渣或病田枯叶上病菌可存活 6～7 个月,均可成为初侵染源。分生孢子借气流、雨水和灌溉水、昆虫等传病,主要通过伤口、螟害孔、生长裂缝、受伤的叶痕、机械伤等侵入叶片或蔗茎;也可随雨露水流入叶鞘蔗茎间引起发病。低温发芽生根快、幼苗长势旺盛、蔗茎外皮坚硬等品种发病少;蔗茎上生长裂痕多的品种较感病。土壤过湿过酸、虫伤风害有利于病害流行。

五、 甘蔗黑穗病

甘蔗黑穗病又称甘蔗鞭黑穗病,俗称黑粉病,世界上许多植蔗国家和地区都普遍发生该病,是重要的甘蔗病害之一。我国一些蔗区的感病品种发病率高达 70%。

(一)症状识别

本病最主要的症状是感病甘蔗植株梢头长出一条黑色鞭状物,称为黑穗,长达数厘米至几十厘米。黑穗中间有一条心柱,初期白色,软脆,后期变成褐色,坚韧,周围包着一层黑色的厚膜(垣)孢子,外披银白色薄膜(寄主的表皮组织)。随着孢子的成熟,薄膜破裂成网络状,大量厚膜孢子随气流飞散,最后只剩下褐色的心柱(图 3-5-12)。

图 3-5-12 甘蔗黑穗病

(二)病原识别

病原菌是担子菌门堆孢黑粉菌属中的甘蔗鞭孢堆黑粉菌[*Sporisorium scitamineum* (Syd.) M. Piepenbr. M. Stoll et Oberw]真菌。菌丝无色,具分隔分枝,在甘蔗的分生组织细胞间生长,菌丝成熟后,形成厚膜孢子堆。厚膜孢子棕色,近圆形,表面密生细刺。厚膜孢子在相对湿度饱和、温度为25～30 ℃时萌发最好,相对湿度低于 80%时,在任何温度下都不萌发。在干燥条件下可存活 1 年,在潮湿条件下,经过半个月便失去萌发能力。病菌发育适宜酸碱度为 pH 6.5 左右。

(三)发生规律

土壤干旱利于厚膜孢子的积累,夏、秋季高温多雨常造成病害的暴发和流行。不同的甘蔗品种,抗病性差异很大。大多数热带种免疫或高度抗病,印度种和中国种属于高度感染品系。宿根蔗比新植蔗发病重,宿根年限越长则病害越严重。甘蔗芽受伤利于病菌入侵。土壤贫瘠、干旱，管理差，甘蔗生长不良，则发病多。

用挑针从甘蔗凤梨病病组织上挑取少量黑色霉状物和针刺状物制片或取已制好的玻片，在显微镜下观察子囊壳及子囊、子囊孢子，分生孢子梗及分生孢子和厚垣孢子的形状、大小、颜色。用挑针从甘蔗黑穗病黑鞭上挑取少量黑色制片或取已制好的玻片，在显微镜下观察冬孢子的形状、大小、颜色。

六、甘蔗其他病虫害简介

1. 突背蔗龟、光背蔗龟　在广西地区 1 年发生 1 代，以幼虫在蔗根土中越冬。成虫发生于 4—11 月。成虫、幼虫主要在土中活动咬食蔗苗地下茎基部，形成半球形缺口，地上部的一两张叶片干枯，如咬食更深，则心叶也枯萎。5—6 月活动最盛，7 月温度过高则进入夏蛰，不食不动，8 月底复苏继续取食，并交尾产卵。

突背蔗龟：成虫体长 13.5～17.5 mm，黑色，有光泽，头部正三角形，头顶和唇基上各有 1 对小瘤状突起，雄成虫前胸背板有突起；卵椭圆形，灰白色，表面有细网纹，长约 2.3 mm；近老熟幼虫体长约 26 mm，黄白色，头黄褐色；蛹体长约 15 mm。光背蔗龟：形态特征与突背蔗龟相似，但前胸背板无突起。

2. 蔗根锯天牛　又名锯胸天牛、蔗根天牛，属鞘翅目天牛科。以幼虫蛀害蔗根造成死苗缺株，为害很大，广西地区各地均有分布，除为害甘蔗外，也为害椰子、油棕和多种林木(图 3-5-13)。

图 3-5-13　蔗根锯天牛

成虫体长 24～63 mm，棕红色，前胸背板侧面各有 3 个齿；卵长圆形，乳黄色，表面具纵纹，长约 3 mm；老熟幼虫体长约 80 mm，先为乳黄色，后转为铬黄色，头棕红色，上颚巨大呈黑色；蛹体长 33～70 mm，淡黄白色。我国南方地区 2 年 1 代，以老熟幼虫在蔗蔸内或在蔗蔸附近的土中缀纤维、植物碎屑与泥土结茧过冬。成虫有趋光性，夜间活动，卵产于土表 1～3 cm 处。幼虫孵化后，先取食邻近蔗根、嫩梢和种茎，后钻入宿根蔗兜或新植种茎，蛀成隧道；可沿茎基部向上咬食达 30～60 cm。翌年 3—5 月，老熟幼虫则转出蔗兜，在附近土中作茧化蛹。一般坡地沙质土的新植蔗受害较多，宿根蔗受害较严重。

3. 异岐蔗蝗、斑角蔗蝗　以成虫、若虫咬食叶片成缺刻甚至光秆。两种蝗虫均为 1 年 1 代，以卵块在田埂、荒地越冬。翌年 5 月孵化，跳蝻(若虫)6—7 月逐渐进入作物地为害，且陆续羽化为成虫。10 月至翌年 1 月间，成虫产卵越冬。

两种蔗蝗的前胸背板均有 3 条黑色凹陷的横沟。①异岐蔗蝗：雄成虫体长31～38 mm，雌成虫体长 45～48 mm，黄绿色或淡青绿色，有光泽。后足胫节蓝色。雄成虫尾须分 2 叉，上短下长。②斑角蔗蝗：成虫蛹角颜色深浅不一，环状相隔。成虫体长 33～65 mm，雌大雄小，全体黄绿色或淡青蓝色，有光泽。

4. 白蚁　为害甘蔗的白蚁主要有黑翅土白蚁、海南土白蚁和家白蚁 3 种，均属等翅目昆虫。无翅蚁有畏光性，有翅蚁有趋光性(图 3-5-14)。

黑翅土白蚁：有翅成虫体长 12～14 mm，翅长 24～25 mm，全体背面黑褐色，腹面棕黄色，头圆形，触角念珠状；兵蚁体长 5.4～6 mm，头橙黄色，卵形；工蚁体长 4.6～4.9 mm，头黄色，近圆形；卵乳白色，椭圆形。白蚁巢筑于地下，深达 1～2 m。工蚁在土中咬食林木或甘蔗的

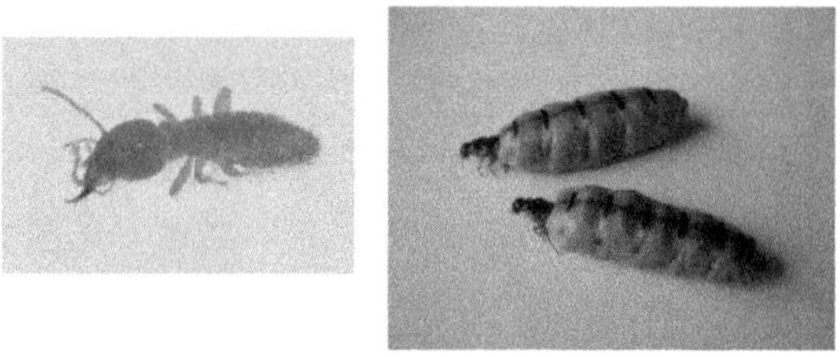

图 3-5-14　白蚁(左兵蚁,右蚁后)

根、茎,受害蔗茎被蛀成许多不规则的孔道,遂致枯萎。每年 3—4 月白蚁开始活动,11—12 月气温下降,乃集中主巢内越冬。4—6 月,有翅成虫在巢的土表做成圆锥形的羽化孔,在气温闷热、雷雨前后的傍晚,便成群飞出寻找配偶,稍做飞翔便落地配对,然后脱翅钻入地下 0.3～1.5 m 深处建造新巢,繁殖兵蚁、工蚁。有翅蚁有较强的趋光性。

5. 蔗褐蓟马　以成虫、若虫栖居于甘蔗包卷的心叶内锉吸蔗叶汁液,使叶尖卷缩干枯呈黄褐色。

成虫体微小细长,约 1.3 mm,黑褐色;若虫大小形似成虫,黄白色;1～2 龄无翅,3～4 龄具翅芽;腹部可见青黄色内容物。1 年多代数,世代历期短而重叠。成虫体轻,有翅,可飞翔,常借风吹广为传播。一般 5—8 月是发生期,5 月中下旬天气干旱炎热则盛发为害。或雨天积水,栽培管理不良,甘蔗前期生长缓慢的品种,受害严重。

6. 蔗茎红粉蚧、蔗茎灰粉蚧　以成虫、若虫都匿居于叶鞘内的蔗节,尤其多聚居于蜡粉带、根带和生长带上,吸食蔗液,大大影响蔗株生长,使糖分降低,其排出的蜜露滴于蔗叶上还可诱发煤烟病(图 3-5-15、图 3-5-16)。

图 3-5-15　甘蔗红粉蚧

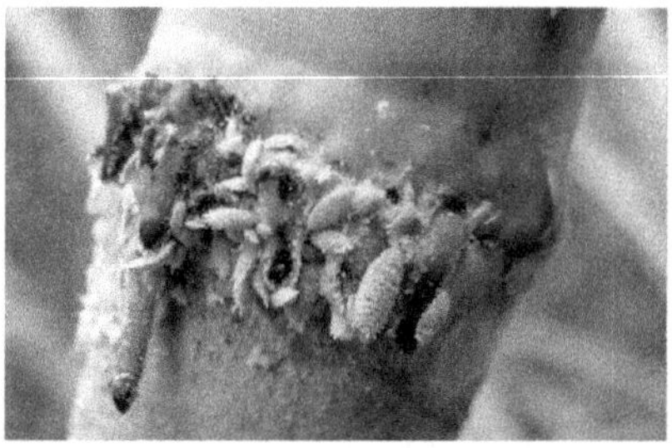

图 3-5-16　甘蔗灰粉蚧

蔗茎红粉蚧:抱卵雌成虫体长约 5 mm,扁椭圆形,暗桃红色,体表被有白色蜡粉;雄成虫体很小,长约 0.8 mm,褐红色。

蔗茎灰粉蚧:体色灰紫色,大小形态与蔗茎红粉蚧相似。

蔗茎红粉蚧 1 年可发生 8～10 个重叠世代。甘蔗收获后,以若虫在秋植蔗、宿根蔗、零星蔗株的叶鞘内和蔗根裂隙以及田间杂草内越冬。蔗茎灰粉蚧和菠萝粉蚧群集性很强。蔗蜡蚧虫体在紧贴于叶鞘包着的蔗茎处为害,每年 4—5 月和 10 月为发生盛期。

7. 甘蔗梢腐病　甘蔗梢腐病病原菌是一种真菌,主要为害甘蔗梢部。轻度发病,心叶基部感病后,受害心叶继续伸长,病部叶片腐烂,中脉完好,大部分植株可以恢复正常生长。中度发病,病叶基部的病菌向下侵入蔗茎生长点,受害部停止生长;病菌向上扩展,未伸出三叉口的心叶完全腐烂,没有心叶长出,形成“死尾蔗”。重度发病,发展到最后梢部坏死,生长点的病菌从蔗梢一边向下侵害,被害蔗茎的组织大部分变黑褐色腐烂,没有受害的一边继续生长,致使节间弯曲变形，受害的一边出现楔形裂口，形成梯级状。没有受害的组织，侧芽萌发生长，形成“扫帚蔗”。

高温高湿天气，种植过密，过量施氮肥，生长过旺，组织柔嫩等，有利于病害流行。久旱遇雨或干旱后灌水，往往病害易发生。不同品种的抗病性不同，蔗梢上可见最高肥厚带至生长点的距离大的品种，抗病性强；反之，则抗病性弱。适当剥叶的蔗田比不剥叶的发病轻。防治要点：种植抗病品种，合理施肥。砍除病株，减少病菌传播。在高温多雨季节，对生长旺盛的蔗地，在发病初期喷药防治。可选用恶霉灵、多菌灵或 1∶1∶100 的波尔多液心叶喷雾。

8. 甘蔗虎斑病　又名纹枯病，主要为害蔗株中下部叶鞘。虎斑病是一种真菌性病害。在适宜的环境条件下，受害蔗株先在尚存绿色的下部叶鞘上呈现污绿色带状或云状斑纹，随后病斑呈淡褐色或褐红色地图状，边缘呈红色。后期叶鞘外侧病斑呈深褐色圈状云纹环斑，形似虎皮上的斑纹。叶鞘内侧的病斑与青色叶鞘上的病斑相似，呈红色或赭红色，并有大量白色菌丝充满叶鞘或叶鞘与蔗茎之间。蔗茎被害，表面坏死呈现深褐色病斑，并产生粒状黑褐色菌核。在多雨季节，蔗田积水，杂草丛生，种植密度过大，通风透光差，偏施氮肥等，容易发病。某些品种叶鞘包茎紧密，被害叶鞘对应部位的蔗茎受病菌侵染后，表皮出现溃疡和褐色病斑。发生严重时，叶鞘、叶片、蔗茎布满病斑，致使叶片干枯，植株枯萎。防治要点：铲除田边和蔗地行间杂草，剥除枯老蔗叶。及时中耕施肥，避免偏施氮肥，增施磷、钾肥，注意排涝防渍。发病初期可用多菌灵、甲基硫菌灵、三唑酮、井冈霉素 A 喷雾，着重喷叶鞘部位。

9. 宿根矮化病　是一种世界性的重要甘蔗病害。病原菌是一种棒杆属菌细菌。宿根矮化病无典型的外部症状，一般表现为蔗株发育受阻，宿根发株少，蔗株矮化，蔗茎纤弱，生长不良。用利刀纵剖幼嫩蔗茎，梢头部生长点之下 1 cm 左右的节部组织变成橙红色；成熟蔗茎的节部维管束变色，从黄色变为橙红色以至红褐色，呈逗点状或短线状。节部的维管束变色绝不会延伸至节间，变色的深浅常因品种而异。有的蔗株虽染病，却不呈现节部维管束变色症状。干旱天气有利于病害的发生。植株生长在干旱的土壤或缺少一种至多种元素的土壤里，此病发生严重，灌溉区比非灌溉区发病轻。防治要点：选用无病种苗作种，用 50 ℃热水浸种 2 h。建立无病新品种群体和无病苗圃。施足基肥，及早追肥。宿根矮化病严重的蔗区，减少宿根蔗的栽培年限和栽培面积。一切器具如砍蔗刀、播种机等使用前必须用沸水、蒸汽或火进行消毒。消灭田鼠和啮齿类有害动物，防止病菌传播。在发病初期，可用农用连霉素防治。

【工作步骤】

1. 观察甘蔗黄螟、二点螟、条螟成虫、幼虫，甘蔗棉蚜成虫、若虫及其他甘蔗害虫为害虫态形态特征及为害状。

2. 观察甘蔗赤腐病、甘蔗凤梨、甘蔗黑穗病及其他甘蔗病害的症状特点，用显微镜观察病害病原形态。

【巩固训练】

植保技能考核 17：识别并写出当地甘蔗主要害虫（或为害状）、病害的名称。

作业

1. 绘黄螟、二点螟、条螟幼虫形态图。

2. 绘甘蔗风梨病和黑穗病病原菌形态图。

任务二　甘蔗病虫害综合防控技术

【材料、用具与场所】记录本、放大镜、铅笔、皮卷尺或米尺、黏虫胶等，甘蔗病虫害发生严重的地块，农药及施药器械。

【基础知识】

一、农业防治

1. 清洁蔗田　消灭越冬病虫源，甘蔗收获时，应低斩收割，及时处理或烧毁蔗头、残茎及枯叶，减少病虫源。病虫严重的蔗田不留宿根蔗并及早犁翻不用的宿根，有条件的放水泡 3～5 d，可防治多种害虫。早春去掉秋笋。

2. 选用抗病虫高糖品种　因地制宜选用抗、耐、避虫良种。

3. 合理轮作和布局　甘蔗按种植期分片种植，避免冬、春植蔗与秋植蔗相邻种植，避免与玉米、小麦等禾本科作物插花种植。推广甘蔗与豆科绿肥间作套种，以增加田间郁闭，使有利于蔗螟寄生性天敌的生存和繁殖，提高其寄生效能。有条件的实行 1～2 年水旱轮作。在凤梨病常发病的地区，每 667 m^2 沟施石灰约 75 kg，以调节土壤酸碱度至中性或微酸性，可减少病害发生。

4. 选种及种茎消毒　种苗要经过“株选、段选、芽选”三选关，选择蔗茎中等大、芽眼饱满的梢头苗作种茎，萌发率较高。剔除病虫种茎，用 2%～3%石灰水(或 3%的蚝壳灰水)浸种消毒 12～24 h，再用 50%多菌灵可湿性粉剂 1 000 倍液浸种苗 10 min，或用蔗菌灵 300～400 倍稀释液浸种 5～7 min。也可用生石灰 1 份、清水 2 份配成石灰浆或用草木灰、波尔多液涂封种苗两端切口后种植，可消灭螟虫、减少糖分，减少白蚁为害和减少凤梨病、赤腐病的发生。

5. 改进栽培管理措施　因地制宜地提早播期或推行冬植，可减轻为害。种植前深耕细耙，施足基肥，增施磷钾肥。适时下种，提高播种质量，采用地膜覆盖栽培。下种后合理排灌，防止土壤过旱过湿。甘蔗生长期间防治蔗螟，减少病菌入侵伤口。苗期(4—5 月)发现条螟、二点螟的卵块可摘除卵块，捻杀初孵幼虫。发现枯心后先割(拔)除枯心后用铁丝刺杀其内幼虫。发现黑穗病株应及时拔除，此时如黑穗病病株节间已伸长，尚未长出鞭状物的直接拔除病株，如果黑穗已形成，应用塑料袋套在病株上后再拔除并集中烧毁。生长中期(7—8 月)注意剥除老叶，可防螟虫、蚧壳虫、棉蚜等。割除白螟枯鞘。

二、生物防治

保护利用天敌。利用螟虫天敌如螟黄赤眼蜂、红蚂蚁等防治螟虫。利用性诱剂诱杀螟虫。4—6 月二点螟或黄螟羽化产卵时，在螟虫产卵盛期，每 667 m^2 每次放赤眼蜂 1 万头以上，一般放蜂3次左右，即可基本控制螟害。此外，在蛾发盛期应用性诱剂，或用蔗螟活雌蛾或用蔗螟雌蛾的性外激素的粗提物来诱杀雄蛾。

三、物理机械防治

利用黑光灯诱杀甘蔗螟虫、白蚁、蔗龟及部分地下害虫等多种害虫的成虫。

四、化学防治

1. 下种期　下种时或在种植沟内或宿根蔗开垄护蔸时，每667 m^2用5%“毒死蜱2%+辛硫磷3%”颗粒剂3～4 kg，或3%辛硫磷颗粒剂3～5 kg，混细沙15～20 kg，沟施于离蔗种10～15 cm处，施后盖土，或在中培土、大培土时施于蔗根附近，然后覆土，可防治甘蔗螟虫、白蚁、蔗龟、蔗天牛及其他多种地下害虫。

2. 甘蔗苗期　在第一代、第二代螟虫达到防治指标的田块(每667 m^2有卵块50块)，在幼虫孵化盛期，进行叶面喷雾，10～15 d喷1次，共2次。每667 m^2用20%氯虫苯甲酰胺悬浮剂15～20 mL，兑水50～75 kg，喷雾，或用29%杀虫双水剂300倍稀释液喷雾，每667 m^2用药液量50 kg。均匀喷雾心叶、叶鞘和蔗苗基部。或选用氯虫·噻虫嗪、杀单·噻虫嗪防治。蓟马发生时或绵蚜回迁时，选用25%噻虫嗪水分散粒剂3 000～4 000倍稀释液、或10%吡虫啉可湿性粉剂2 000～3 000倍稀释液，均匀喷雾心叶、叶鞘和蔗苗基部。

3. 生长中后期　生长中期甘蔗棉蚜快速繁殖，故在夏收大忙前棉蚜点片发生阶段要全面防治1次；夏种以后补治1次，尽量做到彻底扑灭。每667 m^2用25%噻虫嗪水分散粒剂3 000～4 000倍稀释液，或10%吡虫啉2 000～3 000倍稀释液喷雾。赤腐病等叶斑病严重时可喷苯醚甲环唑、苯甲·嘧菌酯防治。

生长后期一般不喷药。但条螟发生严重时，在花叶期喷1次药，棉蚜严重时可喷药防治。药剂同生长中后期。在大培土时，若金龟子、天牛、白蚁严重时，每667 m^2用10%毒死蜱颗粒剂1 200～1 500 g拌细沙沟施后覆土。

在甘蔗生长期间如发现甘蔗下鼻瘿螨和真梶小爪螨为害，应该尽量少用有机磷杀虫剂及铜素杀菌剂，以保护捕食性螨类和多毛菌。在宿根蔗培土或新植蔗下种施基肥后选用氯虫·噻虫胺颗粒剂或杀单·噻虫嗪颗粒剂混细沙后均匀撒于植蔗沟内覆土，可兼治螟虫和地下害虫。

如发现高突足蛞蝓、褐云玛瑙螺、同型巴蜗牛等软体动物为害时，可采用人工捕杀成、幼体，在发生区域周围撒石灰粉或用1∶15倍茶籽饼浸出液，于夜间喷洒，可毒杀成、幼体。

【拓展知识】

甘蔗是我国重要的糖料作物，自1993年以来我国蔗糖业的重心从台湾不断西移后，广西已成为我国糖料蔗种植面积和产糖量最大的省份，已连续20多年居全国之首，年均产糖量占全国的60%以上。甘蔗有害生物的发生是影响甘蔗产量和糖分的重要因素之一。甘蔗的不同生长期均受不同有害生物的威胁。为害甘蔗的有害生物有害虫、病害、杂草、害鼠、有害软体动物等。

我国甘蔗害虫已记载的有360多种。其中以蔗螟类、蔗龟类、甘蔗棉蚜、甘蔗蓟马、粉蚧和象甲类等发生比较普遍，引起损失较大。近年来，一些外来入侵害虫如蔗扁蛾、褐纹甘蔗象对甘蔗潜在为害性大。主要害虫有甘蔗螟虫、蔗龟、蔗根锯天牛、蔗茎粉蚧、蔗蝗、白蚁、甘蔗蓟马、真棍小爪螨及地下害虫等，局部地区发生的有甘蔗扁飞虱、条纹平冠沫蝉。

甘蔗害虫依其为害特性可以分为3类：①为害蔗根和甘蔗地下部分，如蔗龟类、蔗根锯天牛、蔗根蚜、蝼蛄和白蚁等。这类害虫为害蔗根、蔗芽和蔗茎的基部，造成蔗根卷曲和枯心苗。②蛀食茎部和幼苗心叶基部，如蔗螟类、蔗木蠹蛾等。在甘蔗苗期造成枯心苗，在甘蔗生长期造成螟害节、死尾蔗等，植株遇风易折。③为害叶片，如黏虫、蔗龟类成虫、蝗虫类等咬食叶片及侧芽成缺刻；而甘蔗棉蚜、甘蔗蓟马、蔗粉蚧和甘蔗扁飞虱等则群集叶背刺吸汁液，使叶片皱缩和枯萎。

甘蔗病害种类也很多，世界上已知的甘蔗病害有130种左右，我国已证实的有60多种，其中属于侵染性病害的有50多种。真菌性病害29种，细菌性病害5种，病毒及植原体病害8种，寄生性线虫8类，寄生性种子植物2类，如独脚金，蔗寄生。为害普遍而且严重的有甘蔗凤梨病、黑穗病、赤腐病、梢腐病、虎斑病(纹枯病)、叶斑病(轮斑、黄斑、褐条)、眼斑病(眼点病)、叶焦病、病毒病、线虫病等。

甘蔗病害虫依其为害部位可以分为6类：①茎部病害：如凤梨病；②全株性病害，如黑穗病、缩根矮化病；③叶部病害：轮斑病、黄斑病、褐条病、眼斑病、病毒病(花叶病、嵌纹病)；④叶鞘病害：梢腐病；⑤蔗茎病害：赤腐病，镰刀菌茎腐病；⑥根部病害：根腐病、线虫病等。

我国的蔗田杂草种类超过100科，常见的则有24科共89种。据广西农科院甘蔗研究所资料显示，广西蔗地杂草主要有20种，其中单子叶杂草马唐、香附子、狗牙根、光头稗、圆果雀稗、牛筋草、千金子、白茅、筒轴茅、铺地黍、两耳草、龙爪茅12种，双子叶杂草小飞蓬、莲子草、凹头苋、胜红蓟、鱼黄草、龙葵、一点红和梁子菜8种。

鼠害在甘蔗的整个生长期间都有发生，尤其是接近收获的时候，更加严重。蔗茎被啃食后，易感染赤腐病，同时蔗茎干枯、倒伏，宿根蔗头被刨空，造成严重损失。蔗田中常见的鼠类有板齿鼠、黄胸鼠、小家鼠、褐家鼠和黄毛鼠5种。

为害甘蔗的其他有害生物还有螨类(甘蔗下鼻瘿螨、真尾小爪螨)、鼻涕蛆(高突足蛞蝓)、褐云玛瑙螺、同型巴蜗牛等。

甘蔗生长期长，植株高大，食料丰富，有害生物种类多。从其播种出苗到成熟收获，都有各种有害生物发生。因此，甘蔗害虫的防治必须贯彻“预防为主，综合防治”的植保方针。采取以农业防治为基础，协调运用各种有效措施，充分发挥自然天敌的作用，因地、因时制宜地把有害生物控制在经济损失允许水平之下，确保甘蔗稳产高产。

【工作步骤】

1. 以小组为单位，制订甘蔗病虫害调查方案并实施调查。
2. 以小组为单位，根据调查结果查对防治指标，进行防治决策，制订综合防治方案。
3. 采取相应措施实施甘蔗病虫害综合防治，调查防治效果，写出调查报告。

【巩固训练】

作业

1. 列表表示当地甘蔗主要害虫的为害虫态、典型为害状、防治对口农药及施用方法。
2. 列表表示当地甘蔗主要病害病原类型、病状、病征、防治对口农药及施用方法。
3. 试述当地甘蔗螟虫的发生概况及综合防治技术。
4. 试述甘蔗风梨病综合防治技术。

思考题

当地甘蔗病虫害发有何特点?

【课程思政】

1. 加快实施创新驱动发展战略

坚持面向世界科技前沿、面向经济主战场、面向国家重大需求、面向人民生命健康,加快实现高水平科技自立自强。以国家战略需求为导向,集聚力量进行原创性引领性科技攻关,坚决打赢关键核心技术攻坚战。加快实施一批具有战略性全局性前瞻性的国家重大科技项目,增强自主创新能力。

2. 创业创新,广西南宁合一生物防治技术有限公司事例

目前,广西已在水稻、玉米、甘蔗上利用天敌昆虫螟黄赤眼蜂防治害虫。所用螟黄赤眼蜂由广西南宁合一生物防治技术有限公司生产,该公司成立于2010年,是广西专业从事生物防治应用技术研发、天敌昆虫工厂化生产及大面积推广应用的企业,国家天敌昆虫科技创新联盟理事单位,广西南宁市国家生防天敌扩繁基地。其产品符合国家绿色植保及"双减增收"政策。公司联合广西农业厅植保总站等单位共同完成的南宁市农业重大科技专项"螟黄赤眼蜂规模化生产和甘蔗螟虫大面积绿色防控技术联合攻关示范推广"2015年获南宁市科学技术进步奖一等奖。2014年起广西连续多年由财政支持对其产品"螟黄赤眼蜂蜂卡"实行单一来源招标采购,免费或减免部分费用提供给种植户用于水稻、玉米、甘蔗害虫绿色防治,公司已实现植保无人机放蜂技术。公司是广西农业职业技术大学签约的校外实训基地,我校近10年已有100多名学生到该公司进行跟岗实习和顶岗实习,部分学生扎根公司工作,成为公司的优秀员工甚至高层管理人员。

3. 广西绿色植保走在世界前列

"桂林山水甲天下"是世人的共识,广西山清水秀却与农业有害生物防控中的农药使用存在矛盾。为迎接首届中国东盟博览会2004年在南宁举办,广西植保系统早在2003年前就开展农药"禁高"行动,招聘专业人员进行培训,在超市和农贸市场开展农产品农药残留检测工作,并在全国率先倡议"绿色植保、公共植保"理论,随后更提出"科技植保"理念。近年来,在广西实施"农药使用量零增长行动",大力推进放蜂治螟、高效植保机械精准施药等,开展绿色防控示范样板建设,带动全区推广应用绿色植保技术。利用"天敌"开展生物防治,不仅减少农药

施放量，农作物也实现增产，广西果菜茶绿色发展得到保障。习近平总书记在广西视察时强调："广西生态优势金不换"。2018年9月28日，联合国粮农组织国际植保公约秘书处秘书长夏敬源更是在广西南宁合一生物防治技术有限公司天敌扩繁基地，观摩绿色植保现场后称赞："广西的植保技术特别是绿色植保防控技术非常好，不仅在全国是前列，在世界也属前列，这是广西多年来努力推广公共植保、绿色植保防控技术的成果。"

【学习评价】

表 3-5-2　甘蔗病虫害综合防治考核评价表

序号	考核项目	考核内容	考核标准	考核方式	分值
1	甘蔗病虫害识别	甘蔗病害症状观察识别及病原物室内镜检	能仔细观察，准确描述甘蔗主要病害的症状特点，并能初步诊断其病原类型，能够熟练地制作病原临时玻片，在显微镜下观察病原物形态，并能准确鉴定	现场或实验室识别考核	2
		甘蔗害虫形态及为害状观察识别	能仔细观察，准确描述甘蔗主要害虫的识别要点及为害状特点，并能指出其所属目和科的名称	现场或实验室识别考核	2
2	田间调查	甘蔗病虫害田间调查方法	能现场区分类型田，并选择其中之一进行调查，采取正确的调查方法实地调查，数据记录正确、完整	现场考核	6
3	制订综合防治方案	能针对甘蔗有害生物发生规律制订调查方案	能根据当地甘蔗主要病虫害发生规律制订综合防治方案，防治方案制订科学，应急措施可行性强	个人表述、小组讨论和教师对方案评分相结合	5
4	组织实施综合防治	能组织实施防治方案	能按照实训要求做好各项防治措施的组织和实施，操作规范、熟练，防治效果好	现场操作考核	10
5	知识点考核		甘蔗病虫害发生种类，害虫为害状和病害症状、发生特点，综合防治方法	闭卷笔试	50
6	作业、实验报告		报告完成认真、规范，内容真实；绘制的病原物和害虫形态特征典型，标注正确	教师评分	10
7	学习纪律及态度		对老师提前布置的任务准备充分，发言积极，观察认真，遵纪守时，爱护公物	学生自评、小组互评和教师评价相结合	15

子项目六　薯类、豆类、花生病虫害识别与防控技术

【学习目标】

学习掌握薯类、豆类、花生病虫害发生概况及防治技术。

任务一　薯类、豆类、花生病虫害识别

【材料及用具】甘薯锥象甲、甘薯茎螟、甘薯天蛾、甘薯麦蛾、马铃薯二十八星瓢虫，豆荚螟、大豆食心虫、豇豆荚螟、豆天蛾、豆芫菁、花生蚜虫及当地其他薯类、豆类、花生害虫标本及为害状；甘薯黑斑病、甘薯软腐病、甘薯瘟、蔓割病、马铃薯晚疫病、马铃薯环腐病、大豆病毒病、霜霉病、大豆炭疽病、豇豆煤霉病、花生青枯病、花生黑斑病、花生褐斑病、花生锈病、花生根结线虫病及当地其他薯类、豆类、花生病害标本及病原玻片；生物显微镜、体视显微镜、放大镜、镊子、培养皿、挂图等。

【基础知识】

薯类害虫有甘薯锥象甲、甘薯茎螟、甘薯天蛾、甘薯麦蛾、马铃薯二十八星瓢虫，病害主要有甘薯黑斑病、甘薯软腐病、甘薯瘟、马铃薯晚疫病、马铃薯环腐病。豆类害虫主要有豆荚螟、大豆卷叶蛾、豆秆蝇、豆芫菁、豆天蛾、豆圆蝽等，大豆病害有病毒病、锈病、炭疽病、霜霉病、胞囊线虫病等，花生害虫有花生蚜、病害有花生褐斑病、花生黑斑病、焦斑病、青枯病、白绢病、根结线虫病等。地下害虫为害薯类、豆类和花生也较严重。本章仅介绍在广西为害较重的主要病虫害。

一、甘薯锥象甲

甘薯锥象甲（*Cylas formicarius* Fabricius）也称甘薯小象甲、甘薯蚁象，属鞘翅目锥象甲科。国内分布于浙江、江西、湖南、福建、台湾、广东、广西、贵州、四川及云南等省（区）。主要为害甘薯、蕹菜、砂藤、牵牛花、月光花等旋花科植物。

（一）为害状识别

成虫、幼虫均能为害，以幼虫为害为主，蛀食薯块和薯蔓形成隧道，隧道内充满虫粪，常引起黑斑病、软腐病等病菌侵染，而腐烂、发臭、味苦，不能食用、饲用等。成虫取食外露薯块及幼芽、嫩叶、嫩茎和薯蔓的表皮。

（二）形态识别

甘薯锥象甲成虫体长 5～8 mm，状如蚁，体大部分呈蓝黑色，具金属光泽。触角末节，前胸和足为橘红色。头部延伸成细长的喙，状似象鼻。触角 10 节，雌虫较短，雄虫较长，末节长度约为

雌虫的2倍。卵椭圆形,长约0.55 mm,初产时乳白色渐变淡黄色,表面散生许多小凹点。幼虫成熟时体长6～8.5 mm,圆筒形,两端略小,稍向腹面弯曲。头部淡褐色,胴部乳白色,胸足退化成革质小突起。蛹体长4.7～5.8 mm,蛹初乳白色,后淡黄色,复眼褐色(图3-6-1、图3-6-2)。

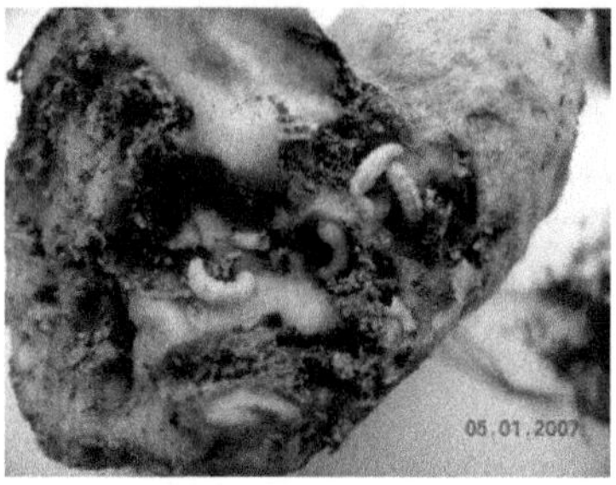

图3-6-1 甘薯锥象甲幼虫、蛹及为害状

图3-6-2 甘薯锥象甲成虫

(三)发生规律

甘薯锥象甲各地发生世代数不同,1年2～7代,在广西1年发生4～6代,有明显的世代重叠现象。各地全年均以7—10月为害最严重。成虫、幼虫、蛹均可越冬。成虫在薯田或附近的岩石、砖瓦下、土缝、枯叶、杂草以及被害的薯块和藤蔓中越冬;幼虫和蛹在薯块中越冬。在桂南,冬季成虫能继续产卵繁殖。当春季气温达17～18 ℃及以上时,越冬的幼虫和蛹逐渐发育羽化为成虫。

成虫有假死性,耐饥力强,30～40 d未取食仍能存活。趋光性弱。成虫卵多产在藤头和薯块表皮下。一般1孔1卵,个别1孔2卵,产后分泌黄褐色胶质物封住产卵孔。成虫取食露出地面或因土壤龟裂而外露的薯块,咬成许多小孔,还可取食幼芽、嫩叶、嫩茎和薯蔓的表皮,妨碍薯株正常生长发育。成虫寿命很长,雄虫一般达30～51 d,最长达82 d;雌虫一般达30～50 d,最长达123 d。

卵期长短与温度关系密切。气温31 ℃时5～7 d,22 ℃时13 d,20.4 ℃时18～19 d。幼虫共5龄。幼虫孵化后即在卵粒附着处蛀入,整个幼虫期都在薯块或藤头内生活。蛀食薯块的形成弯曲无定形的隧道,隧道内充满虫粪;蛀食藤头的形成较直的隧道,隧道中也有虫粪。幼虫发生量大时,被害茎逐渐肿大呈不规则的膨胀。幼虫期20～33 d,幼虫老熟后在原蛀的隧道内化蛹,化蛹前向外蛀食,到达薯块或藤头皮层处咬1近圆形羽化孔,然后在羽化孔内侧附近化蛹,蛹期7～17 d。

干旱少雨是甘薯锥象甲大发生的主导因素,尤其7—8月连续干旱有利于其发育繁殖。在土质黏重、有机质缺乏、保水力差的土壤容易龟裂,或土层薄易被冲刷的田块,薯块外露,有利于成虫产卵为害,常发生较重。地形高燥向阳的薯田比低洼阴湿的水田受害重。同一块薯田,四周接近杂草,虫源多,土壤易受冲刷,薯块外露多,比田块中部受害重。此外,种植感虫品种、连作的薯田往往受害严重。

(四)防治技术

1. 检验检疫　甘薯锥象甲成虫飞行能力有限,种薯和薯苗是其远距离传播的主要途径。严禁从虫害区调运种薯、苗和薯蔓。

2. 农业防治　清洁田园:彻底清除臭薯坏蔓沤肥或堆肥,以减少虫源,减轻为害。轮作:甘薯与花生、甘蔗、黄麻、烟草、玉米、大豆等轮作,有条件的地区水旱轮作,效果更好。改良土壤:

黏重土加沙或畦面盖沙，缺乏有机质的土壤，增施有机肥；酸性土壤，多施草木灰或消石灰。适时中耕培土：可减少土壤水分散失，防止畦面龟裂，薯块外露。

3.诱杀成虫　冬诱：甘薯收获时，用长约 20 cm 的鲜薯蔓 8～10 根束成 1 团，浸入 50%杀螟硫磺乳油 300～500 倍液，3～6 h，捞起晾干，在受害薯田收获后，每 667 m^2 放置 50～60 团，诱杀成虫，可减少越冬虫源。春诱：用 25%马拉硫磺乳油 500 倍液浸泡小薯块 24 h，取出晾干制成毒薯诱饵，在薯田四周每 667 m^2 挖 50～60 个深 8 cm，宽 15 cm 的小穴，每穴放一毒薯，穴口盖杂草、土块等诱杀成虫，隔一周换毒薯 1 次，连续诱杀 2～3 次，防治效果好。

4.药剂防治　药液浸苗：扦插时把薯苗浸在 50%杀螟硫磷乳油 500 倍稀释液中 10 min，取出晾干扦插，有较好的杀虫保苗效果。田间喷药：当越冬成虫开始活动时，及时用 50%杀螟硫磷乳油 1 000 倍液喷雾，每 667 m^2 用药液 50～75 kg，可兼治其他害虫。安全储存：每 m^3 薯窖用 45%硫磺 200 g，点燃后密封熏蒸 24 h，开窗通风 3 h 后再进薯。

二、豆荚螟

豆荚螟[*Etiella zinckenella*(Treitschke)]，又名豆蛀虫、豆荚斑螟，属鳞翅目螟蛾科，是豆类作物的主要害虫，主要取食槐、苦参等。

(一)为害状识别

以幼虫蛀食豆荚内籽粒，轻者造成缺刻，重则蛀孔。虫荚率一般为 10%～30%，造成减产。广西各地普遍发生。

(二)形态识别

豆荚螟成虫体长 10～12 mm，翅展 20～40 mm，灰褐色。前翅狭长，淡褐色，前缘有 1 条白色纵带，近翅基 1/3 处，有 1 条金黄色宽横带，后翅黄白色。卵椭圆形，长约 6 mm，初产白色，后变浅红色。成熟幼虫体长 14 mm，腹面灰绿色，背线，亚背线，气门线，气门下线明显。前胸背板有“人”字形黑斑，两侧各有一个黑斑，后缘中央有两个小黑斑。蛹长约 10 mm，黄褐色，端部有钩刺 6 根。

(三)发生规律

豆荚螟在广西一年发生 7～8 代。多以老热幼虫在寄主植物附近土表下 5～6 cm 深处结茧越冬，也有的以蛹越冬，越冬幼虫于翌年 3 月上旬开始化蛹。

成虫于傍晚活动，飞翔力不强，有弱趋光性，羽化后隔日即可产卵。卵散产在豆荚上，也有产在幼嫩的叶柄、花柄、嫩叶背面。尤喜在有毛豆荚的品种上产卵，大都每荚 1 粒，少数 2 粒以上，每雌蛾平均产卵 88 粒。初孵幼虫爬行荚面，再吐丝作白色丝囊状薄茧，藏在其中，经 6～8 h 蛀入荚内，蛀食豆粒。食料不足时，可转荚为害 1～3 次，初龄幼虫多在植株上部为害，后渐及下部。老熟后，在荚上咬一圆孔钻出豆荚，入土作茧化蛹，也有的幼虫直接在豆荚间吐丝作茧化蛹。夏季卵期 4～6 d，幼虫有 5 龄共 11～15 d，蛹期 9～20 d。一世代 25～29 d。越冬幼虫历期 165 d 左右。

在适宜温度下，湿度对其发生影响很大，雨量多，湿度大的年份，发生轻。提早春播的早熟种被害较轻，夏播和秋播的被害较重。壤土，高坡地，荚毛多，结荚期长的品种，受害重，而黏土，低湿地，豆荚毛少，结荚期短的品种则发生少，为害较轻。

豆荚螟的天敌有赤眼蜂、茧蜂、姬蜂等。幼虫、蛹还常受细菌、真菌等病原微生物侵染而引起死亡。

(四)防控技术

1. 农业防治　选育抗虫品种,在豆荚螟严重的地区,有目的选种结荚期短,豆荚毛少或无毛品种。合理轮作,避免大豆与紫云英、苕子等豆科植物连作或邻作,采用大豆与水稻等水生作物轮作,或与玉米间作。灌溉灭虫,水旱轮作和水源方便的地方,可增加秋、冬灌水次数,促使越冬幼虫大量死亡。夏大豆开花结荚期,灌溉1～2次,可增加入土幼虫死亡率。调整播期,使大豆的结荚期与豆荚斑螟的产卵期错开。适时收割,在豆科绿肥结荚前翻耕沤肥,及时收割大豆,及早运出本田,可有效减少本田越冬幼虫数量。

2. 生物防治　老熟幼虫入土前,若田间湿度较高,可在土表喷施白僵菌粉剂;在成虫产卵始盛期释放赤眼蜂效果也很好,可参照大豆食心虫的防治技术。

3. 药剂防治　药杀成虫或初孵幼虫:可用90%晶体敌百虫1 000倍,或45%马拉硫磷乳油1 000倍稀释液喷雾。幼虫脱荚期土壤处理:老熟幼虫脱荚入土前可在地表喷药,毒杀幼虫。常用的药剂有苏云金杆菌乳剂(100亿孢子/mL)300～1 000倍稀释液,200 g/L氯虫苯甲酰胺悬浮剂3 000倍稀释液,45%马拉硫磷乳油1 000倍稀释液任一种喷雾,每667 m^2 用药量50～75 kg。药剂处理晒场:在大豆堆朵地及其周围撒施辛硫磷药带,以杀死从荚内爬出的幼虫。

三、大豆食心虫

大豆食心虫[*Leguminivora glycinivorella*(Matsumura)]又名大豆蛀荚蛾、豆荚虫、小红虫等,属鳞翅目小卷蛾科。

(一)为害状识别

大豆食心虫以幼虫蛀入豆荚食害豆粒,形成破瓣豆,对产量、品质影响较大。大豆食心虫与豆荚螟的为害状相似,前者的蛀入孔和脱荚孔多在豆荚的侧面靠近合缝处,脱荚孔椭圆形,且小,后者的蛀入孔和脱荚孔多在豆荚中部,脱荚孔圆形而大。

(二)形态识别

大豆食心虫成虫暗褐色或黄褐色,体长5～6 mm。翅展12～14 mm,前翅暗褐色,前缘有大约10条黑紫色短斜纹,外缘内侧有一个银灰色椭圆形斑,斑内有3个紫褐色小斑。雄蛾前翅色较淡,腹部末端有抱握器和显著的毛束,雄蛾腹末较钝。雌成虫体色较深,腹部末端产卵管突出。卵扁椭圆形,长约0.5 mm,初产时卵呈乳白色,后变黄色或橘红色,孵化前变成紫黑色。幼虫分4龄,初孵幼虫淡黄色,入荚后为乳白色至黄白色。老熟幼虫鲜红色,脱荚入土后为杏黄色,体长8～9 mm,略呈圆筒形,趾钩单序全环,靠近腹部中线的趾钩稍长。腹部第7～8节背面有1对紫色小斑者为雄性。蛹体长5～7 mm,腹部第2～7节背面前后缘各有刺1列,在第8～9节仅有1列较大的刺。腹末端背面有8根粗大短刺。土茧,白色丝质,外附有土粒,长椭圆形。

(三)发生规律

大豆食心虫为专性滞育昆虫,在我国各地均为每年1代,以老熟幼虫在大豆田或晒场的土壤中作茧滞育越冬。成虫发生期北部偏早,南部偏晚。成虫多在午前羽化,飞翔力不强,一般不超过6 m。羽化后由越冬场所飞往豆田,上午多潜伏在叶背面或茎秆上,下午5—7时在大豆植株上方0.5 m左右呈波浪形飞行,在田间见到的成虫成团飞舞的现象是成虫盛发期的标志。

成虫有趋光性。雌蛾在交配后的次日开始产卵，绝大多数的卵产在豆荚上，少数产在叶柄、侧枝及主茎上。初孵幼虫在豆荚上爬行数小时后，从豆荚边缘的合缝处附近蛀入，先吐丝结成白色薄丝网，在网中咬破荚皮，蛀入荚内，在豆荚内为害。1头幼虫可取食2个豆粒，将豆粒咬成兔嘴状缺刻。幼虫入荚时，豆荚表皮上的丝网痕迹长期留存，可作为调查幼虫入荚数的依据。幼虫4龄，一般为害20～30 d后老熟，然后在豆荚的边缘咬孔脱出，幼虫脱荚后入土3～8 cm作茧越冬，脱荚时间以10～14 h最多。大豆收割前是幼虫脱荚的高峰期，有少数幼虫尚未脱荚，收割后如果在田间放置可继续脱荚，运至晒场也可继续脱荚，爬至附近土内越冬，成为次年虫源之一。

温湿度和降水量：7—9月雨量多，土壤湿度大，有利于化蛹和成虫出土，也有利于幼虫脱荚入土。少雨干旱则对其不利。种植制度及品种选用：大豆连作比轮作受害重，轮作可使虫食率降低10%～14%。寄生于卵的有澳洲赤眼蜂；寄生幼虫的有多种茧蜂和姬蜂，寄生率可达17%～65%，幼虫被寄生是次年化蛹前后引起死亡的原因之一。捕食性天敌有步甲等。白僵菌侵染寄生幼虫可达5%～10%。

（四）防治方法

1. 农业防治　选用抗虫或耐虫品种；合理轮作：有条件的地区实行大豆远距离的合理轮作，如采取水旱轮作，豆茬和豆后麦茬地及时翻耙，可提高越冬幼虫死亡率。

2. 物理防治　利用黑光灯诱杀大豆食心虫成虫。

3. 生物防治　人工释放赤眼蜂灭卵。在大豆食心虫成虫产卵盛期按30万～45万头/hm^2的放蜂量放蜂，放1次蜂可降低虫食率达43%左右，如增加放蜂次数，可提高防治效果。在幼虫脱荚之前，按22.5 kg/hm^2的白僵菌粉用量，兑细土或草木灰200 kg，均匀撒在成熟的大豆田垄台上，落地幼虫接触白僵菌孢子后，温湿度条件适合时便发病死亡。

4. 药剂防治　①在成虫产卵盛期至卵孵盛期，选用20%氯虫苯甲酰胺悬浮剂3 000倍稀释液或2.5%高效氯氟氰菊酯乳油1 500～2 000倍稀释液，或20%辛硫磷乳油500～1 000倍稀释液喷雾，喷雾要均匀，特别是结荚部位都要着药，把幼虫控制在蛀荚为害之前。②大豆收获后，用90%晶体敌百虫800倍液浇湿垛底土，湿土层厚3 cm，然后用磙压实，再将收回的大豆垛在上面，杀死入土幼虫。

四、甘薯黑斑病

甘薯黑斑病又名甘薯黑疤病，是一种主要危害甘薯根系及茎基部的重要真菌病害。黑斑病菌侵染薯块后，在病斑及其周围组织中可产生甘薯黑疱霉酮等呋喃萜类有毒物质，人食病薯后出现头昏症状，家畜食用后，常引起中毒死亡；用病薯作发酵原料时，病菌的代谢产物能抑制酵母菌和糖化霉菌的活性，延缓发酵，降低酒精的产量和质量。

图3-6-3　甘薯黑斑病（人工诱发）

（一）症状识别

甘薯在苗床、大田和贮藏期均可受害，引起死苗和薯块腐烂（图3-6-3）。

受害薯块的病斑多发生于虫伤、鼠咬、裂口处，黑褐色，圆形或不规则形，中央稍凹陷，轮廓清楚，直径1～5 cm，病斑上往往产生灰色霉层（菌丝体和分生孢子）和黑色刺状物(子囊壳)。黑色刺状物顶端常出现黄白色蜡状小粒(子囊孢子)。切开病薯,可见病斑下层组织呈黑色或墨绿色,薯肉有苦味。贮藏期薯块受害后期,病斑可深入薯肉达 2～3 cm,与其他真菌和细菌并发,引起腐烂。

甘薯幼苗基部受病菌侵染后,产生凹陷的圆形或梭形小黑斑,后逐渐扩大,环绕薯苗基部呈黑脚状,地上部叶片发黄或使幼苗基部变黑腐烂。温、湿度适宜时,病部也可产生灰色霉状物。带病薯苗移栽大田 1～2 周后,基部叶片发黄脱落,病重时,根部腐烂,仅残存纤维状的维管束,薯苗枯死。

(二)病原识别

病原物为甘薯长喙壳菌(*Ceratocystis fimbriata* Ellis et Halsted),属子囊菌门长喙壳属。菌丝体初无色透明,老熟后深褐色或黑褐色,寄生于寄主细胞间或细胞内。无性繁殖产生内生分生孢子和内生厚垣孢子。分生孢子无色,单胞,棍棒形或圆筒形。厚垣孢子暗褐色,球形或椭圆形,具厚壁。有性生殖产生子囊壳,子囊壳呈长颈烧瓶状,基部球形;颈部极长,称壳喙。子囊梨形或卵形,内含 8 个子囊孢子。子囊孢子无色,单胞。子囊孢子形成后不经休眠即可萌发,在病害的传播中起重要作用。

菌丝体生长的适宜温度范围为 9～36 ℃,最适温度为 23～28.5 ℃。菌丝及 3 种孢子的致死温度均为 51～53 ℃10 min。病菌在 pH 3.7～9.2 均可生长,最适 pH 为 6.6。病菌分生孢子寿命极短,在室温干燥条件下存活约 2 个月,而厚垣孢子和子囊孢子的寿命较长,在室温 25 ℃以上干燥条件下能存活 5 个月。在自然条件下,埋在土壤表层的病菌,经过 1 年后大多死亡,埋在土层 7～9 cm 处的病菌则可存活 34 个月。

病菌有生理分化现象,在致病力上存在强致病株系及弱致病株系的差异。

(三)发生规律

甘薯黑斑病菌主要以厚垣孢子、子囊孢子和菌丝体等在贮藏病薯及大田和苗床土壤、粪肥中越冬,成为翌年发病的主要侵染源。病薯病苗是病害近距离及远距离传播的主要途径,带菌土壤、肥料、流水、农具及鼠类、昆虫等都可传病。

病菌主要从伤口侵入,也可从芽眼和皮孔等自然孔口及幼苗根基部的自然裂伤等处侵入。育苗时,病薯或苗床土中的病菌直接从幼苗基部侵染,形成发病中心,病苗上产生的分生孢子随喷淋水而向四周扩展,加重秧苗发病。栽植后,病苗病情持续发展,重病苗短期内即可死亡,轻病苗上的病菌可蔓延并侵染新结薯块,形成病薯。收刨过程中,病、健种薯间相互接触摩擦也可传播病菌,运输过程中造成的大量伤口有利于薯块发病,贮藏期间温度、湿度条件适宜时造成烂窖。

甘薯受病菌侵染后,土温在 15～30 ℃均可发病,最适温度为 25 ℃。甘薯贮藏期间,最适发病温度为 23～27 ℃,10～14 ℃时发病较轻,15 ℃以上有利于发病,35 ℃以上病情受抑制。土壤含水量在 14%～60%,病害随湿度的增加而加重,超过 60%,又随湿度的增加而发病减轻。一般高温多雨年份发病重。地势低洼,土质黏重的地块、连作甘薯发病较重,春薯发病比夏、秋薯重,薯块裂口多或有虫、鼠伤口的薯块,病害也相应加重。薯块易发生裂口的或薯皮较薄易破损、伤口愈合速度较慢的品种,发病较重。甘薯对黑斑病尚无免疫品种,但品种间抗病性有差异。愈伤木栓层厚且细胞层数多的品种抗病。

(四)防治技术

1.限制初侵染源的传播　黑斑病的主要传播途径是病薯和病苗,严格控制病薯病苗的传入或传出是防止黑斑病蔓延的重要环节。在病区，要彻底清除病残体，并集中深埋。不用病薯块喂牲口，不用病土、旧苗床土垫圈或积肥。

2. 选用抗病品种　注意品种的多抗生性，即对根腐病、线虫病、甘薯瘟兼抗的品种。

3. 安全贮藏种薯　做好安全贮藏是防止种薯传病的关键措施。要适时收获，务必在霜冻前选晴天进行，并尽可能避免薯块受伤，减少感染机会。薯块在入窖前应严格剔除病、伤薯。种薯入窖前，可对窖按 30～40 mL/m^3 的用量喷施 1%福尔马林液或抗菌剂 402 液，并密闭 3～4 d。贮存期间窖温不能超过 40 ℃。否则会因高温发生烂薯事故。因此，尽量争取在薯块进窖后 15～20 h 内将窖温升到 34～37 ℃，并保持 4 d。高温处理之后应尽快使窖温迅速降至 12～15 ℃，窖温不能低于 9 ℃，否则易造成冻害。

4. 建立无病留种地、培育无病壮苗

(1)精选种薯：育苗时，做到种薯 3 选，即出窖时选、浸种时选、苗床排种时选，严格剔除病、虫、伤以及受冻薯块。

(2)种薯消毒：在精选种薯的基础上实行种薯消毒处理。种薯消毒可采用温汤浸种和药剂浸种：温汤浸种：51～54 ℃温水中浸种薯 10 min，可杀死附着在薯块表面及潜伏在种皮下的病菌；药剂浸种：可用 50%甲基硫菌灵 800 倍液浸种 10 min、80%402 乳油 1 500 倍液浸种 10 min 或 50%代森铵 200～300 倍液浸种 10 min。

(3)加强苗床管理：育苗时尽量采用新苗床，如用旧苗床应将旧床土全部清除，并喷药消毒或更换新土，施用无病菌肥料。采用高温育苗时，在种薯上苗床后立即把床温升到 35～38 ℃，保持 4 d，以促进伤口愈合，控制病菌的侵入。此后苗床温度降至 28～32 ℃，出苗后保持床温在 25～28 ℃。

5. 药剂浸苗　将苗捆成小把，在下列药液中浸苗基部 6～8 cm，具有消毒防病作用：70%甲基硫菌灵可湿性粉 800～1 000 倍液浸苗 5 min；50%多菌灵 2 500～3 000 倍液浸苗 2～3 min。

五、马铃薯晚疫病

晚疫病是马铃薯的毁灭性病害，我国马铃薯栽培区均有不同程度的发生，在多雨潮湿年份危害严重。

(一)症状识别

马铃薯的叶片、叶柄、茎及块茎均可发病。叶片感病多从叶尖或叶缘开始产生水渍状小斑，逐渐扩大呈圆形或半圆形暗褐色大斑，病斑边缘不明显。天气潮湿时病斑背面边缘常产生一圈白色霉层，即为病菌的孢囊梗及孢子囊。病害严重时病斑可通过主脉扩展到叶柄，并顺着叶柄向茎部蔓延，形成褐色稍凹陷的条斑，在潮湿条件下也产生稀疏白霉。薯块感病时常产生淡褐色至淡紫色不规则形的凹陷性病斑，切开可见 0.5～1 cm 深的褐色坏死组织，一般呈干腐状；潮湿时也有白色薄霉层产生，当杂菌侵入后常呈软腐溃烂(图 3-6-4、图 3-6-5、图 3-6-6)。

图 3-6-4　马铃薯晚疫病病叶

图 3-6-5　马铃薯晚疫病病叶示霉层

图 3-6-6　马铃薯晚疫病病茎

(二)病原识别

马铃薯晚疫病病原为[*Phytophthora infestans*（Mont.）de Bary]属藻物界卵菌门疫霉属。产生孢子囊的温度为7～25 ℃,10～13 ℃对游动孢子形成最有利,孢子囊直接萌发温度为4～30 ℃,菌丝生长适温为20～23 ℃。晚疫菌的寄生性较强,一般要求活寄主,但在特定培养基上也可生长。寄主范围较窄,只能侵染马铃薯和番茄。

(三)发生规律

马铃薯晚疫病菌主要以菌丝体在薯块内越冬。当病薯萌发时,菌丝也开始活动侵染薯芽,并在茎上形成褐色条斑,潮湿时即可产生孢子囊,成为田间的中心病株。在适宜条件下向周围扩展,由气孔或表皮侵入,2～7 d即可表现症状,并不断进行多次再侵染,造成病害流行。以后孢子囊随雨水进入土壤,通过伤口、皮孔或芽眼侵入块茎。贮藏期间仍可继续危害。

病害流行与气候条件、品种抗病性及生育阶段都有关系。马铃薯的感病阶段主要在现蕾开花期,所以一般在开花前后如遇阴雨多湿,48 h内气温在10 ℃以上,相对湿度在75%以上,经15～22 d后就会出现中心病株。在种植感病品种及适宜条件下,经10～14 d就会扩展蔓延到全田。马铃薯品种间抗病性有显著差异,一般匍匐型、叶片平滑的品种易感病。

(四)防治技术

1.选用高抗病品种　同时可结合茎尖培养种薯脱毒法,培育无毒、抗病、丰产、优质良种,确保丰产丰收。

2.选用无病种薯　要求做到种薯过5关,即收获时仔细挑选,汰除病薯;经日晒数日后于入窖时再挑选1次,第2年出窖仍再挑选,出窖种薯晾晒4～5 d,春化处理后再行剔除病薯;到切薯时,发现病薯再汰除。病薯集中销毁,将初侵染源减少到最低限度。

3.消灭中心病株,喷药保护　发现中心病株后,就地割秧或摘掉病叶深埋,并用1%～2%硫酸铜液喷洒地面消毒,全田植株可根据病害发展情况喷洒1∶1∶200波尔多液、25%甲霜灵可湿性粉剂1 000～1 500倍、50%敌菌灵可湿性粉剂500倍、75%百菌清可湿性粉剂600～800倍或40%乙磷铝可湿性粉剂300倍液,每667 m^2用药液75 kg。

4.加强栽培管理　避免低洼、黏土地种植,及时中耕培土,合理排灌,适时早播,及时施肥。收获前先割茎蔓沤肥,地面晒1～2 d再挖薯,刨出的薯块最好在背阴处风干表皮,可减少病菌侵染薯块。

六、薯类、豆类、花生其他病虫害

1. 甘薯麦蛾　鳞翅目麦蛾科。以幼虫啃食山药、甘薯、蕹菜等旋花科植物的新叶、幼芽成网状，幼虫钻入芽中，虫体长大后啃食叶肉，仅剩下表皮，致被害部变白，后变褐枯萎。发生严重时仅残留叶脉。长大后把叶卷起咬成孔洞。成虫趋光性强，行动活泼，白天潜伏，夜间在嫩叶背面产卵。幼虫行动活泼，有转移危害的习性，在卷叶或土缝中化蛹。以蛹在叶中结茧越冬。翌年山药长出新芽时为害，7—8 月发生最多(图 3-6-7)。

2. 豆芫菁　鞘翅目芫菁科。主要以成虫为害大豆及其他豆科植物的叶片及花瓣，尤喜食幼嫩部位。将叶片咬成孔洞或缺刻，甚至吃光，只剩网状叶脉，有的还吃豆粒，使受害株不能结实。此外尚能为害花生、苜蓿、棉花、马铃薯、甜菜、麻及番茄、苋菜、蕹菜等蔬菜。幼虫以蝗卵为食，是蝗虫的天敌(图 3-6-8)。

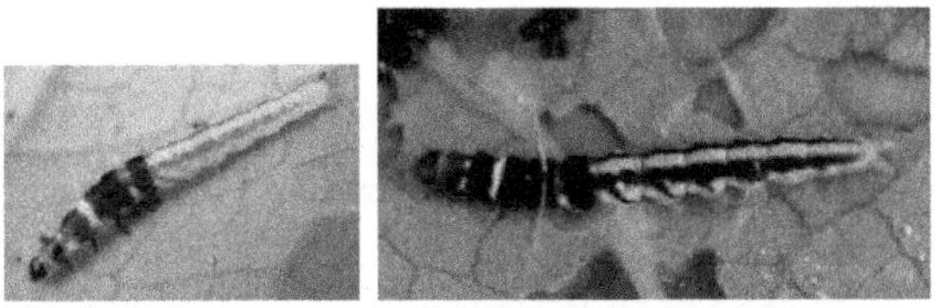

图 3-6-7　甘薯麦蛾幼虫

图 3-6-8　虎斑芫菁成虫

3. 豆秆黑潜蝇　又名豆秆蝇，属双翅目潜蝇科。以幼虫蛀食大豆主茎，侧枝和叶柄。受害植株叶发黄，矮小，分枝少，严重者造成枯心苗。豆秆黑潜蝇在广西柳州发生 10 代。早中晚黄豆和冬季豆科绿肥都可遭到为害。成虫白天活动，卵散产在叶片背面表皮下，幼虫孵化后，先潜食叶肉，形成极细潜道，以后沿叶脉蛀入叶柄，再蛀食侧枝或主枝茎髓部，以离地面 20～30 cm 的主茎受害较重。受害部呈红褐色。老熟幼虫在茬秆内化蛹。

防治要点：选用抗虫品种，在成虫发生盛期至产卵盛期前，用 50%杀螟松乳油 1 000 倍液喷雾。

4. 马铃薯瓢甲　在我国为害薯类的瓢虫主要有马铃薯瓢虫和酸浆瓢虫两种，前者又名马铃薯二十八星瓢虫、大二十八星瓢虫，后者又名茄二十八星瓢虫、小二十八星瓢虫，属鞘翅目瓢虫科。成虫、幼虫取食叶片，残留表皮，形成许多平行的筛网状牙痕。大发生时，全田植株干枯而死，严重影响产量。以成虫多在背风、向阳的石缝、杂草、灌木、树洞、树根和屋檐等缝隙处越冬。成虫有假死性，受惊假死坠地，并分泌特殊臭味的黄色液体。有自相残杀习性，常取食卵块或幼虫。成虫于叶背为害，食叶肉，留表皮，被害叶片呈筛网状，成虫必须取食马铃薯叶片才能正常产卵(图 3-6-9)。

防治要点：冬季清理越冬场所，结合田间管理，在成虫产卵盛期摘除卵块、捕杀成虫和幼虫。在成虫发生期、第 1 代卵孵化期，用敌百虫、辛硫磷、氯氰菊酯等喷雾防治。

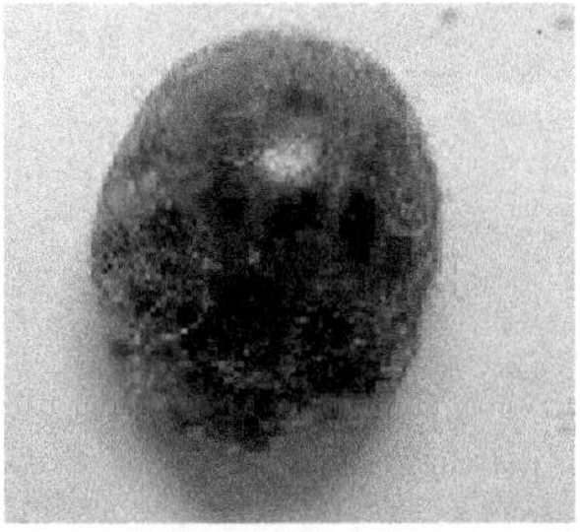

图 3-6-9　马铃薯瓢虫成虫

5. 花生叶斑病　花生叶斑病主要有褐斑病、黑斑病和焦斑病等。

(1)花生褐斑病和黑斑病:叶片受害初期呈现黄褐色小点,扩展后于叶正面形成褐色、圆形或近圆形病斑,其边缘有明显的黄色晕圈。潮湿时病部产生灰褐色霉层。茎秆、叶柄和托叶上病斑为长椭圆形。花生黑斑病病斑较小,颜色较深,呈黑褐色,边缘黄色晕圈极小或不明显。湿度大时在叶背产生黑色小点(子座),排列成同心轮纹状。两病菌均属半知菌类尾孢属。病菌发育温度为10~30 ℃,最适为25~28 ℃。两种病菌仅危害花生,均以子座或菌丝团在土表或场院堆集的病残体上越冬,来年产生分生孢子,经风雨传播,萌发后由气孔或直接侵入引起初侵染。随后田间新病株又产生大量分生孢子,进行多次再侵染,从而导致病害流行(图3-6-10)。

图3-6-10 花生褐斑病

(2)花生焦斑病:又称花生早斑病、叶焦病、枯斑病。先从叶尖或叶缘发病,病斑三角形或半圆形,由黄变褐,边缘深褐色,周围有黄色晕圈,后变灰褐、枯死破裂,状如焦灼,上生许多小黑点即病菌子囊壳。该病常与叶斑病混生,在焦斑病病斑内有黑斑病或褐斑病、锈病斑点。茎及叶柄也可染病,急性发作可造成整叶黑褐色枯死。病原称为落花生小光壳,属子囊菌门真菌。病菌以子囊壳和菌丝体在病残体上越冬或越夏,遇适宜条件释放子囊孢子,借风雨传播,侵入寄主。病斑上产生新的子囊壳,放出子囊孢子进行再侵染。该菌生长温度8~35 ℃,最适宜28 ℃,高温高湿有利于孢子萌发和侵入。田间湿度大、土壤贫瘠、偏施氮肥发病重。

防治要点:选育抗病品种,实行2年以上轮作,清除病残体,施足基肥,增施磷钾肥,适当增施草木灰,雨后及时排水降低田间湿度。适时播种,合理密植及时翻耕。发病初期喷施代森锰锌或代森锌,视病害发展情况喷药2~3次,每隔10~15 d喷1次。

【工作步骤】

1. 观察薯类、豆类、花生主要害虫成虫、幼虫形态特征及为害状。

2. 观察薯类、豆类、花生病害标本的症状特征,用显微镜观察花生黑斑病、褐斑病、大豆炭疽病、豇豆煤霉病的病原特征,重点观察油菜菌核病菌子囊盘,用挑针挑取油菜白锈病菌和霜霉病菌制成临时玻片镜检,观察两病的孢囊梗,孢子囊形状、色泽、大小。

【巩固训练】

植保技能考核18:识别并写出当地薯类、豆类、花生主要害虫(或为害状)、病害的名称。

作业

1. 简述广西地区薯类、豆类、花生病虫害的发生概况。

2. 绘马铃薯晚疫病病原孢囊梗、孢子囊图。

任务二　薯类、豆类、花生病虫害综合防控技术

【材料、用具与场所】记录本、放大镜、铅笔、皮卷尺或米尺、黏虫胶等。薯类、豆类、花生病虫害发生严重的地块，农药及施药器械。

【基础知识】

1. 加强检疫

严禁从疫区调运种薯、种苗和薯蔓，在引种或调运种子时，要加强对种子进行检疫，防止危险性病、虫随种子调运进行传播。如大豆疫霉病菌、马铃薯甲虫等。

2. 农业防治

(1)减少病虫源：收获后及时清除藤蔓、臭薯等，可做沤肥或堆肥，以减少病虫源，减轻为害。

(2)选种抗虫高产品种，如大豆选用结荚期短，豆荚毛少或无毛品种。避免与豆科植物连作或邻作，可与水稻、玉米间作。

(3)轮作、灌溉灭虫，与甘蔗，黄麻，烟草，玉米等轮作，有条件地区水旱轮作，效果更好。水旱轮作和水源方便的地方，可增加秋、冬灌水次数，促使越冬幼虫大量死亡。夏大豆开花结荚期，灌溉 1～2 次，可增加入土幼虫死亡率。

(4)改良土壤、适时中耕培土、合理施肥。黏重土加沙或畦面盖沙，缺乏有机质的土壤，增施有机肥，酸性土壤，多施草木灰或消石灰，不施用未经腐熟的有机肥。适时中耕培土可减少土壤水分散失，防止畦面龟裂，薯块外露。

3. 物理防治

培土时人工捕杀各种地下害虫和其他害虫，如蛴螬、甘薯天蛾、小地老虎的幼虫或蛹。用黑光灯或黑绿双管灯诱杀趋光性害虫，如金龟甲、甘薯天蛾、大豆食心虫等的成虫等。用糖醋液和枯草把诱杀地老虎、斜纹夜蛾等成虫产卵。使用黄板诱杀蚜虫、斑潜蝇、烟粉虱、白粉虱等害虫，使用蓝板诱杀蓟马、斑潜蝇、种蝇等。

4. 生物防治

在生产中保护和利用天敌来控制害虫，如保护步甲、蟾蜍、土蜂等捕食性天敌，薯田释放红蚂蚁，可捕食虫瘿内甘薯茎螟幼虫。

5. 药剂防治

(1)拌种：大豆、花生播种前用 38%多·福·毒死蜱悬浮种衣剂 35%辛硫磷微胶囊缓释剂拌种，马铃薯下种前用 30%吡唑酯·噻虫嗪·中生素或 30%咯菌腈·嘧菌酯·噻虫嗪种子处理可分散粉剂处理种薯。

(2)诱杀甘薯锥象甲成虫：①冬诱，甘薯收获时，用长约 20 cm 的鲜薯蔓 8～10 根束成一团，浸入 45%杀螟硫磷乳油 300～500 倍稀释液中，10 min 后取出，捞起晾干，在受害薯田收获后，每 667 m^2 放置 50～60 团，诱杀成虫，可减少越冬虫源。②春诱，用 45%杀螟硫磷乳油 500 倍稀释液浸泡小薯块 24 小时，取出晾干制成毒薯诱饵，在薯田四周每 667 m^2 挖 50～60 个深 8 cm，宽 15 cm 的小穴，每穴放一毒薯，穴口盖杂草，土块等诱杀成虫，隔一周换毒薯 1 次，连续

诱杀 2～3 次，防治效果好。

(3)田间喷药：甘薯锥象甲、甘薯天蛾、大豆食心虫、豆荚螟发生，且达到防治指标时，在低龄幼虫期选用 20%氯虫苯甲酰胺悬浮剂 3 000 倍稀释液或苏云金杆菌乳剂(100 亿孢子/mL) 300～1 000 倍稀释液，在下午 4～5 时喷雾防治，每 667 m^2 药液量 50～75 kg。

马铃薯晚疫病发生初期，选用甲霜・锰锌，25%多菌灵可湿性粉剂、70%甲基硫菌灵可湿性粉剂、45%代森铵水剂 1 000 倍稀释液；花生叶斑病发生初期，选用吡唑醚菌酯、苯甲・丙环唑、戊唑・嘧菌酯、代森锰锌、戊唑醇等防治；马铃薯病毒病发生时可用氨基寡糖素、毒氟磷、几丁聚糖防治，花生病毒病发生时可用寡糖素・联苯・噻虫胺防治。

地下害虫发生时可用辛硫磷土壤处理或药液灌根。薯类、豆类、花生田杂草发生时可喷灭草松除草。

【工作步骤】

1. 以小组为单位，制订薯类、豆类、花生病虫害调查方案并实施调查。
2. 以小组为单位，根据调查结果查对防治指标，进行防治决策，制订综合防治方案。
3. 采取相应措施实施薯类、豆类、花生病虫害综合防治，调查防治效果，写出调查报告。

【巩固训练】

思考题

1. 列表表示广西地区薯类、豆类、花生主要害虫的为害虫态、典型为害状、防治对口农药及施用方法。
2. 列表表示广西地区薯类、豆类、花生主要病害病原类型、病状、病征、防治对口农药及施用方法。

【课程思政】

1. 2008 年四川广元柑橘大实蝇事件

2008 年四川广元发生柑橘大实蝇虫害，有人通过网络夸大传播，引发了部分消费者恐慌，造成多个主产区和主销区柑橘销售受阻，柑橘收购价较往年暴跌，而且收购商对柑橘的大小、品相等要求严格，导致大量柑橘被当成垃圾倒掉，经济损失惨重，广大果农蒙受巨大损失。近年来，广大植保科技工作者加强柑橘大实蝇防控新技术的研究，取得了重要进展，保证果农丰产丰收。通过此事件，我们认识到了植保工作的重要价值，感到了我们农科院校的大学生重任在肩，大有可为。

2. 民族要复兴，乡村必振兴

乡村要振兴，关键在科技、在人才。在我国正向第二个百年奋斗目标迈进的关键时期，全面推进乡村振兴、加快农业农村现代化，迫切需要大批下得去、留得住、用得好的懂农业、爱农村、爱农民的“三农”人才。通过害虫的识别和绿色防控技术社会实践，引导学生在社会大课堂中增长知识和见识，把学生培养成为新时代具有“大国三农”情怀的“一懂两爱”新型农业人才，为全面推进地方乡村振兴和加快农业农村现代化提供强有力的人才支撑。

【学习评价】

表 3-6-1 薯类、豆类、花生病虫害综合防治考核评价表

序号	考核项目	考核内容	考核标准	考核方式	分值
1	薯类、豆类、花生病虫害识别	薯类、豆类、花生病害症状及病原物识别	能仔细观察、准确描述薯类、豆类、花生主要病害的症状特点，并能初步诊断其病原类型，能够熟练地制作病原临时玻片，在显微镜下观察病原物形态，并能准确鉴定	现场或实验室识别考核	2
		薯类、豆类、花生害虫形态及为害状识别	能仔细观察、准确描述薯类、豆类、花生主要害虫的识别要点及为害状特点，并能指出其所属目和科的名称	现场或实验室识别考核	2
2	田间调查	薯类、豆类、花生病虫害田间调查方法	能现场区分类型田，并选择其中之一进行调查，采取正确的调查方法实地调查，数据记录正确、完整	现场考核	6
3	制订综合防治方案	能针对玉米有害生物发生规律制订调查方案	能根据当地薯类、豆类、花生主要病虫害发生规律制订综合防治方案，防治方案制订科学，应急措施可行性强	个人表述、小组讨论和教师对方案评分相结合	5
4	组织实施综合防治	能组织实施防治方案	能按照实训要求做好各项防治措施的组织和实施，操作规范、熟练，防治效果好	现场操作考核	10
5	知识点考核		玉米病虫害发生种类，害虫为害状和病害症状、发生特点，综合防治方法	闭卷笔试	50
6	作业、实验报告		报告完成认真、规范，内容真实；绘制的病原物和害虫形态特征典型，标注正确	教师评分	10
7	学习纪律及态度		对老师提前布置的任务准备充分，发言积极，观察认真，遵纪守时，爱护公物	课堂考勤	15

子项目七　蔬菜病虫害识别与防控技术

【学习目标】

识别出蔬菜主要病虫害，了解蔬菜病虫害发生概况、掌握发生规律及防治技术。

任务一　蔬菜病虫害识别

【材料与用具】菜粉蝶、小菜蛾、黄曲条跳甲、温室白粉虱、侧多食跗线螨、黄瓜或白菜霜霉病、白菜软腐病、番茄病毒病、瓜类枯萎病、瓜类白粉病、瓜类、香菜或其他蔬菜根结线虫病、番茄青枯病以及当地其他蔬菜病虫害标本。体视显微镜、放大镜、镊子、培养皿、挂图等。

【基础知识】

一、菜粉蝶

菜粉蝶[*Pieris rapae* (Linnaeus)]属鳞翅目粉蝶科，成虫称菜粉蝶，幼虫称菜青虫。菜粉蝶为世界性害虫。我国全国各省(区)均有分布。尤以华北、华东、华中、华南、西南及西北地区受害较重。以油菜、白菜、甘蓝、萝卜、芥菜、花椰菜等十字花科蔬菜受害最重，尤其偏好含有芥子油糖苷、表面光滑无毛的甘蓝和花椰菜。

(一)为害状识别

菜粉蝶初龄幼虫在叶背啃食叶肉，残留表皮，呈小形四斑。影响叶面和包心。3 龄以上幼虫把叶片吃成缺刻和孔洞，严重时只残留叶柄和叶脉，并容易引起腐烂和造成粪便污染，破坏蔬菜品质，降低蔬菜的产量和质量。幼虫取食造成的伤口，为软腐病菌的侵入创造了条件(图 3-7-1、图 3-7-2)。

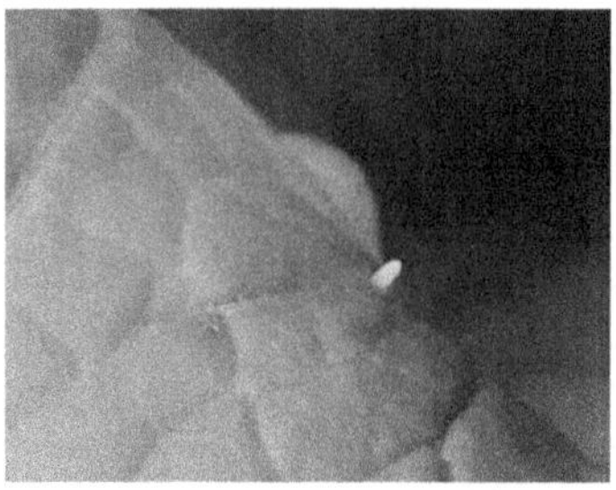

图 3-7-1　菜粉蝶卵

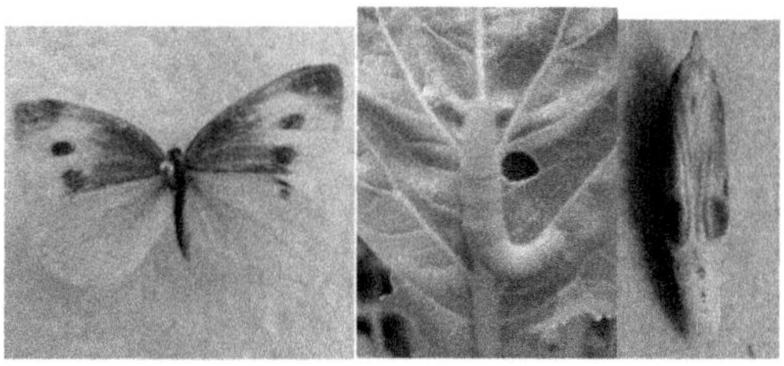

图 3-7-2　菜粉蝶成虫、幼虫和蛹

(二)形态识别

1. 成虫　体长 12～20 mm，翅展 45～55 mm。体黑色，前后翅均为粉白色。雌蝶前翅前缘和基部大部分灰黑色，顶角有 1 个大三角形黑斑，在翅的中外方有 2 个黑圆斑，一前一后。后翅基部灰黑色，前缘也有 1 黑色斑，当翅展开时，前后翅 3 个圆斑在一直线上。雄蝶体略小，翅色较白，前翅的 2 个黑斑仅前面的 1 个明显。

2. 卵　长约 1 mm，宽约 0.4 mm。竖立呈瓶状，顶端稍尖，基部较钝。初产时淡黄色，后变橙黄色，孵化前变淡紫灰色。卵壳表面有许多纵行隆起线，各线间有横列的脊纹，相互交叉成长方形的网状小格。卵单产，直立在叶片上。

3. 幼虫　老熟幼虫体长 28～35 mm。虫体青绿色，背线淡黄色。体密被黑色细小毛瘤，上生细毛，沿气门线各有1列黄色斑点，每个体节有4～5条横皱纹。

4.蛹　长18～21 mm。体色随化蛹时的附着物而异。有绿色、黄绿色、淡褐、灰黄、灰绿色等。蛹体呈纺锤形，两端尖细，中间膨大而有棱角状突起。

(三)发生规律

菜粉蝶为一年多代害虫，一年发生的代数由北向南逐渐增加。如在东北和华北地区，一年发生4～5代，南京7代，上海7～8代，杭州、武汉、成都8代，华中、华南地区一年发生7～9代。除在南方地区无越冬现象外，各地均以滞育蛹在菜地附近的篱笆、屋墙、风障、树干上以及杂草或残枝落叶间等较干燥而阳光不直接照射的环境里越冬。

菜粉蝶在各地各世代发生期不同，一年内为害盛期也因地而异，在南方地区以春末夏初(4—6月)和秋末冬初(9—11月)两次盛发；东北地区则在8—9月盛发。由于越冬的环境复杂，越冬蛹羽化时间拖得很长，这是造成世代重叠的原因之一。同一时期各虫态都存在，给药剂防治造成一定困难。

成虫白天活动，夜间、阴天和风雨天气则在生长茂密的植物上栖息，常在早晨露水干后开始活动，尤以晴天中午活动最盛。成虫羽化后6～7 h即可交配，交配后2～3 d开始产卵。成虫喜产卵在十字花科厚叶片的蔬菜上如甘蓝、花椰菜，因此类蔬菜含有芥子油，成虫产卵对芥子油有趋性。雌成虫在菜园内飞翔时，每在菜上停留一次，即产下1粒卵。卵散产于叶片正面或背面，少数产在叶柄上，以叶背为多，竖立于叶上。在15 ℃以下不能产卵，25～28 ℃为产卵最适温度。每头雌蝶平均产卵120粒左右。产卵量多少与气候条件及补充营养有关，以越冬代和第1代成虫产卵量多。

幼虫共5龄。初孵幼虫先吃去卵壳，然后啃食叶肉，残留表皮。2龄后在叶背或菜心内为害，叶片被吃成缺刻或孔洞；3龄后蚕食叶片为害；4～5龄食量最大，分别占整个幼虫期食量的12.89%和84.19%。幼虫的活动受气温影响较大。在夏季，白天多栖于叶背，仅在夜间和凌晨取食；秋霜后，活动逐渐缓慢，并多栖息于叶面。受惊时，1、2龄幼虫有吐丝下坠习性，大龄幼虫则有卷缩虫体坠落地面的习性。幼虫行动迟缓，但老熟幼虫能爬行很远寻找化蛹场所。常在老叶背面或正面化蛹。化蛹前老熟幼虫以腹部末端黏在附着物上，并吐丝带将腹部第1节缚住，后体躯缩短，蜕皮化蛹。卵期4～8 d。卵的发育起点温度为8.4 ℃，有效积温为56.4日度。幼虫期11～22 d。幼虫发育起点温度为6 ℃，有效积温为217日度。蛹期除越冬蛹长达数月外，般为5～16 d。蛹的发育起点温度为7 ℃，有效积温为150.1日度。

菜粉蝶的发生受气候、天敌和食料等因子的综合影响，虫口数量经常出现季节性的规律性消长。

①气候：菜粉蝶喜温暖少雨，不耐高温，田间虫口密度春季随着天气转暖逐渐上升，虫口逐渐增多，春夏之交达最高峰。夏季气温高、雨水多，特别是暴雨，卵和初孵幼虫常因高温和雨水的机械冲刷作用而大量死亡。秋季气温逐渐下降时又逐渐回升，秋冬之间再度下降。

②天敌：菜粉蝶的天敌很多，卵期寄生性天敌有广赤眼蜂，捕食性天敌有花蝽。幼虫期寄生性天敌有黄绒茧蜂。蛹期寄生性天敌有蝶蛹金小蜂。此外，还有寄生于幼虫的寄生菌。天敌对菜粉蝶种群有较明显的抑制作用。

③食料：菜粉蝶属寡食性害虫，主要取食十字花科蔬菜。因此一个地区的十字花科蔬菜种植面积的大小，与其发生关系密切。在菜粉蝶发生高峰期4—6月和9—11月，即十字花科蔬菜大量栽培的适宜季节，由于气候适宜，食料丰富，为菜粉蝶的大发生创造了条件。夏季十字

花科蔬菜栽培少，菜粉蝶发生也少。

二、小菜蛾

小菜蛾[*Plutella xylostella* (Linnaeus)]属鳞翅目菜蛾科，别名菜蛾、小青虫、两头尖、吊死鬼、吊丝虫等。分布于全世界，我国各省区均有发生，以南方省区发生较重。繁殖力强，世代周期短，易产生抗药性，为十字花科蔬菜的主要害虫之一。其中以甘蓝、花椰菜、芥菜、白菜、油菜、萝卜受害最重；也可为害生姜、马铃薯、番茄等。

(一)为害状识别

初龄幼虫取食叶肉，留下表皮，形成透明的斑块，称为"开天窗"，3～4 龄幼虫可将菜叶食成缺刻和孔洞，严重时全叶被吃成网状。幼虫常集中心叶为害，影响包心。幼虫行动活泼，受惊后激烈迅速扭曲跳动着倒退，或吐丝下垂，故有"吊丝虫"之称(图 3-7-3)。

(二)形态识别

1. 成虫　翅展 12～16 mm，翅狭长，缘毛很长，前后翅缘呈黄白色三度曲折的波浪纹。停息时两翅覆盖于体背呈屋脊状，两翅结合处由三度曲折的波浪纹组成 3 个接连的菱形斑(图 3-7-4)。

图 3-7-3　菜蛾为害状

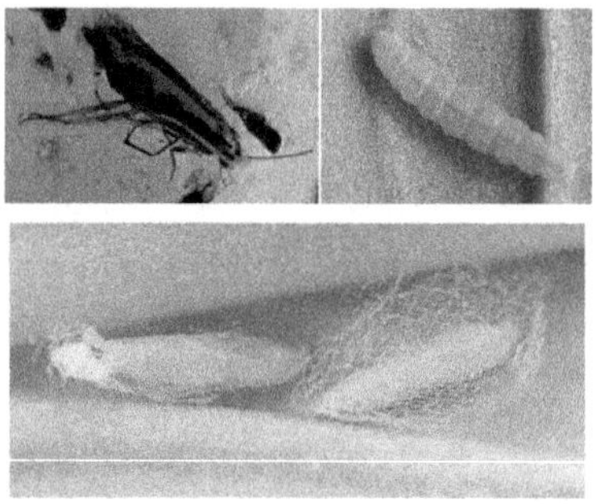

图 3-7-4　菜蛾成虫、幼虫和蛹

2. 卵　椭圆形，稍扁平，长约 0.5 mm。初产时乳白色，后变为黄绿色，具光泽。

3. 幼虫　共 4 龄，初孵幼虫深褐色，后变为黄绿色至绿色。老熟幼虫体长约10 mm，两头尖细，纺锤形。前胸背板上有淡褐色小点组成的 2 个"U"字形纹，体上着生有稀疏的长而黑的刚毛。臀足向后延长超过腹部末端。

4. 蛹　长 5～8 mm，茧纺锤形，薄如网，可见蛹体。

(三)发生规律

从我国北方向南方，年发生世代 3～20 代。全年种群消长呈双峰型，每年上、下半年各有一个危害高峰期。南方以 5—6 月及 9—10 月为 2 次为害高峰，秋季为害较春季重。北方以春季为害为主，每年 5—6 月早甘蓝和留种菜常受到严重为害。

成虫昼伏夜出，有趋光性。飞行力不强，仅在株间作短距离飞行。雌成虫羽化后即可交尾，有多次交尾习性，交尾后当晚就能产卵。卵多在夜间产于叶背近叶脉的凹陷处，散产或 3～5 粒聚集在一起平均每雌产卵 100～200 粒。产卵对寄主有选择性，特别是芥菜含有异硫氰酸酯类化合物更能吸引成虫产卵。

幼虫活泼、动作敏捷，受惊时向后剧烈扭动着倒退，或吐丝下垂，故称"吊丝虫"或"吊死鬼"。1 龄幼虫常咬破叶片表皮，潜食叶肉，1 龄末、2 龄初才从隧道中退出来。2 龄幼虫啃食叶肉，残留表皮，形成透明斑。由于1～2龄幼虫潜叶、取食量少，难以发现，3～4龄多在叶背或心叶为害，防治难度大。幼虫在高温时一般早晚活动，中午于阴凉处躲藏。天气寒冷时早晚贴在地面的叶背面或躲在菜心里，中午气温高时活动取食。幼虫对食物质量要求非常低，老、黄叶都能取食并完成发育。因此，清除菜园残枝落叶是综合防治小菜蛾的一个重要环节。幼虫共4龄，幼虫期6～34 d。幼虫老熟后，在叶脉附近或落叶上结茧化蛹。蛹期8～14 d。

小菜蛾种群消长及为害程度主要与气候条件、食料、天敌及其抗药性等因子密切相关。

①温度：菜蛾对温度的适应性极广，既耐高温又耐寒冷，各虫态发育与繁殖的适温为20～28 ℃，最适温度为25 ℃左右，因此春、秋两季的气温对菜蛾最适合，在这两季往往发生严重。温度影响成虫的寿命和产卵量，低于20 ℃或高于29 ℃，产卵量均急剧下降。长江流域以南，夏季日平均温度高于30 ℃，因此，成虫寿命缩短，产卵量少，孵化率和初孵幼虫存活率降低。加之蜜源植物少，故夏季虫口密度小，为害轻。

②雨水：空气相对湿度对菜蛾生长发育的影响并不很显著，但低龄幼虫对雨水十分敏感，暴雨冲刷对卵及幼虫均不利，因此夏季发生少。相反在干旱年份，夏季菜蛾对小白菜、黑叶平顶甘蓝可严重为害。

③食料：菜蛾为害十字花科植物，并偏嗜甘蓝型蔬菜。十字花科蔬菜周年不断，种植面积大、复种指数高，小菜蛾的发生为害就重。

④天敌：菜蛾的天敌种类较丰富。捕食性天敌昆虫至少有15种，寄生性天敌昆虫至少有18种。其中幼虫期的寄生蜂菜蛾盘绒茧蜂，幼虫—蛹期寄生蜂菜蛾啮小蜂和蛹期寄生蜂颈双缘姬蜂等。此外，还有菜蛾幼虫颗粒体病毒、青蛙、蟾蜍等。这些天敌对小菜蛾数量的消长，起到一定的抑制作用。

⑤抗药性：据报道，小菜蛾对化学农药容易产生抗性。因此，在药剂防治时，应避免长期使用单一农药和随意加大用药量。不同农药品种的应交替使用。生物农药与化学农药交替、合理混用。同时还要注意掌握用药时机，在卵孵化盛期到2龄幼虫发生期用药，因高龄幼虫抗药性很强。

三、黄曲条跳甲

黄曲条跳甲[*Phyllotreta striolata* (Fabricius)]属鞘翅目叶甲科。为世界性害虫，在国内各省区均有发生。主要为害叶菜类蔬菜，以十字花科蔬菜如萝卜、油菜、芥菜受害最重。也为害茄子、瓜类和豆类蔬菜。

(一)为害状识别

成虫和幼虫均能为害。成虫食叶，在叶面啃食叶肉，把叶片吃成许多细密的小孔洞，被害叶片老而带苦味。幼虫咬食寄主的根和皮，形成许多弯曲的虫道，可把须根咬断，致幼苗地上部分萎蔫死亡。萝卜被害后，表面形成许多黑色蛀斑，最后变黑腐烂。

图 3-7-5 黄曲条跳甲成虫

(二)形态识别

1. 成虫　成虫体长约2 mm，黑色有光泽。前胸及鞘翅上有许多刻点，排成纵行。鞘翅上各有1条黄色纵斑，中部狭而弯曲(图3-7-5)。

2. 卵　长约 0.3 mm，椭圆形。初产时淡黄色，半透明，接近孵化时姜黄色。

3. 幼虫　幼虫多为 3 龄。老熟幼虫体长 4 mm 左右，长圆筒形，黄白色。胸部及腹部均为乳白色，头部、前胸盾及腹末臀板淡褐色。各节都有不显著的肉瘤，其上生细毛。

4. 蛹　纺锤形，长约 2 mm。初化蛹时为乳白色，接近羽化时变为淡褐色。头部隐于前胸下面，翅芽和足达第 5 腹节，腹末端有 1 叉状突起。

(三)发生规律

黄曲条跳甲在我国一年发生 4～8 代，均以春、秋两季发生严重，但春季为害重于秋季。盛夏高温季节发生为害较少。

成虫善跳跃，遇惊动即跳走，高温时还能飞翔。中午前后活动最盛。有趋光性，对黑光敏感。有趋黄色和趋嫩绿习性，偏好取食叶色深绿的十字花科蔬菜，在同一田块内的同品种青菜，叶色深的比叶色浅的虫量多、受害重。成虫抗低温能力强，耐饥力弱，饿几天即死，在有水的条件下可活 6～7 d。

成虫寿命长，可长达一年多，产卵期长达 30～45 d，因此发生不整齐，世代重叠。卵散产于植株周围湿润的土隙中，每头雌虫平均产卵 200 粒左右。卵孵化需较高的湿度，相对湿度低于 100%时，许多卵不能孵化。因此。湿度高的田块重于湿度低的田块，近畦沟的菜地幼虫较严重，南方春季湿度高，受害较春季干旱的北方严重。

黄曲条跳甲发生与环境的关系：

①温度：黄曲条跳甲的适温范围为 21～30 ℃。高于 30 ℃或低于 20 ℃，成虫活动均显著减少，特别是高温的夏季，食量剧减，繁殖率下降，并有蛰伏现象，因而发生较轻。

②湿度：湿度对黄曲条跳甲的发生数量关系非常大，特别是产卵期和卵期。成虫产卵喜潮湿土壤，含水量低时极少产卵。卵孵化需较高的湿度，相对湿度低于 90%时，卵孵化极少。春、秋季雨水偏多，有利该虫发生。

③食料：黄曲条跳甲属寡食性害虫，偏嗜十字花科蔬菜，在十字花科蔬菜连作地区，食料终年不断，有利该虫大量繁殖，受害就重。若与其他蔬菜轮作，则发生为害就轻。

四、温室白粉虱

温室白粉虱[*Trialeurodes vaporariorum* (Westwood)]属同翅目粉虱科蜡粉虱属，又称小白蛾子。原产于南美的巴西和墨西哥一带，属多食性的世界性害虫。

温室白粉虱除为害温室、大棚等保护地蔬菜外，还严重为害露地果菜类蔬菜，成为目前蔬菜生产上的主要害虫之一。波及的寄主植物十分广泛，目前已知 121 科 900 多种，包括蔬菜、果树、花卉、观赏植物、中药材和大田经济作物等。主要为害黄瓜、菜豆、茄子、番茄、辣椒等。

(一)为害状识别

温室白粉虱以成虫、若虫集中在寄主叶片背面刺吸汁液，使被害叶片褪色、变黄、萎蔫、甚至死亡。由于成虫和若虫能分泌大量蜜露，堆积于叶面和果实上，往往引起煤污病的发生，污染叶片和果实，影响叶片正常的光合作用，造成叶片萎靡，植株枯死。此外，粉虱还能传播病毒病，造成间接为害。

(二)形态识别

图 3-7-6 温室白粉虱成虫

1. 成虫　雄虫体长约 1.3 mm,雌虫约1.5 mm,淡黄色。翅面覆盖白色蜡粉,停息时左右翅合拢平覆于腹部上,不呈明显的屋脊状,翅端半圆状通常遮住整个腹部。前翅纵脉 2 条,1 长 1 短,后翅 1 条,前翅较长的一条脉在中部有一个极短的分叉(图 3-7-6)。

2. 卵　长椭圆形,长 0.2～0.26 mm,散产,初产时淡黄白色。表面覆盖较明显的蜡粉,基部有卵柄。孵化前变为黑褐色,在孵化前呈琥珀色,不变黑。

3. 若虫　共 4 龄。长椭圆形,扁平。体缘有许多长短不一的蜡丝,蜡丝的长度可以达体宽。

4. 伪蛹　即 4 龄若虫,椭圆形,乳白或淡黄色,半透明。体背有长短不一的蜡丝,体侧有刺。

(三)发生规律

温室白粉虱一年发生 10 多代,世代重叠。冬季在农膜温室大棚内繁殖为害,无滞育、休眠现象,春季通过种苗移栽或通风口向露地迁移扩散,露地温室白粉虱于春末夏初时种群数量大,7—8 月达到高峰,10 月中旬天气开始下降,成虫又由露地向温室迁移。由于其个体小,易随种苗、花卉、运输远距离传播,还可进行孤雌生殖,使得防治难度较大。

成虫有趋嫩性,通常栖息在被害寄主的叶背面,具强烈的集中性,不善于飞翔,一般不向远处移动或飞迁,但在受惊扰时可引起扩散。成虫对黄色有强烈趋性,但忌白色、银白色,雌虫在羽化后 1～3 d 即可产卵,每雌可产卵约 150 粒。卵散产或排列成环状。产卵时卵柄插入叶背组织中。

成虫活动最适温度为 25～30 ℃,温度高于 40.5 ℃时,成虫活动能力下降。适宜繁殖的温度为 18～21 ℃。因此,棚内蔬菜可通过控制温度来压低虫口密度。

烟粉虱简介:成虫体长 1 mm 左右,翅淡黄白至白色无斑点,腹部黄色。前翅纵脉 2 条,1 长 1 短,较长的一条脉不分叉,停息时左右翅在体上合拢呈屋脊状,通常两翅间可见黄色的腹部。主要为害茄科、葫芦科、十字花科、豆科等作物。以成虫、若虫直接刺吸植物汁液为害。导致植株长势衰弱、生长缓慢、甚至萎缩。叶片变薄,叶脉、叶柄变白发亮,呈半透明状。幼瓜、幼果受害后变硬,严重时脱落。同时成虫及若虫还分泌蜜露,诱发煤污病,严重时,叶片呈黑色,严重影响植株光合作用和花卉观赏价值,甚至整株死亡。除此之外,还会通过病毒的传播造成间接为害。为世界性害虫。有较强的趋黄习性,可利用黄板进行诱杀。

五、侧多食跗线螨

侧多食跗线螨[*Polyphagotarsonemus latus* (Banks)]又称茶黄螨、茶半跗线螨等。属真螨目,跗线螨科。遍布世界各地,是世界性的主要害虫之一。国内分布于北京、天津、江苏、四川、浙江、湖南、湖北、广东、贵州、四川、台湾等省(区)。寄主非常广,涉及 30 多个科 70 多种植物。主要有辣椒、番茄、茄子、马铃薯、菜豆、豇豆、苦瓜、黄瓜、丝瓜、萝卜、甜菜、芥菜、蕹菜、芹菜、叶用木耳菜等。此外,还有柑橘、烟草、茶树、棉花及菊属的多种观赏植物。近年来,在黄瓜、辣椒、茄子等作物上发生普遍，已成为蔬菜上的主要害虫之一。

（一）为害状识别

以成螨和幼螨集中在叶、幼芽、花、幼果等较幼嫩部位刺吸为害，尤其是嫩叶背面，有明显的趋绿性。受害叶片变脆、变硬，呈油渍状。为害重时，叶背变黄褐或灰褐色，边缘向下卷曲；嫩枝、嫩茎、花、蕾变为黄褐色、木质化、顶部干枯。由于虫体小，肉眼难以观察识别，上述的为害特征常被误为病毒病或生理病害。所以，生产上必须根据其为害习性和为害症状加以准确判别。

（二）形态识别

1. 雌成螨　体椭圆形，较宽阔，长 0.21 mm，宽 0.12 mm。初孵时淡黄色，后渐变为黄色半透明。腹面后足体有 4 对刚毛。

2. 雄成螨　体近六角形，扁平，体长 0.12～0.20 mm，宽 0.10～0.12 mm，淡黄色或橙黄色，半透明，末端有一锥台形尾吸盘。

3. 卵　椭圆形，灰白色，长 0.10～0.13 mm，宽 0.05～0.09 mm，背面有 6 排白色突出刻点，底面平坦光滑。

4. 幼螨　足 3 对，初孵时乳白色，近椭圆形，腹末尖，具 1 对刚毛。

5. 蛹　淡绿色，梭形，半透明，体长 0.12～0.25 mm，宽 0.06～0.10 mm。

（三）发生规律

侧多食跗线螨在南方一年可发生 25～30 代，世代重叠严重，终年均可发生为害。侧多食跗线螨完成 1 个世代通常只需 5～7 d。其中，卵期 2～3 d，幼螨期 1～2 d。幼螨期一般只有 0.5～1 d。生长繁殖的适宜温度为 20～25 ℃，湿度 80%～90%。

该螨在田间短距离扩散主要靠风雨及雄成螨携雌螨爬行；种苗调运是其远距离传播的媒介。成螨具有强烈的趋嫩性，尤其喜在嫩叶背面栖息取食。卵多散产于叶背、幼果凹陷处或幼芽上，附着牢固。1 d 可产卵 4～9 粒，产卵历期 3～5 d，平均每雌产卵 17 粒，多的可达 56 粒。

侧多食跗线螨发生与环境的关系：

①温度、湿度：温度和湿度是影响侧多食跗线螨种群消长的主要因素。高温、高湿有利其生长发育。适宜发育温度为 28～30 ℃，相对湿度为 80%～90%。在15～30 ℃下发育速度随温度的升高而加快。该虫喜湿，卵孵化要求相对湿度在 80%以上。同时，高湿对幼螨的生存较有利。

②食料：不同的食料对该螨的增殖影响很大。据日本报道，茄子叶片的老嫩程度及其上毛的数量影响其增殖率。幼嫩且多毛的叶上产卵多，增殖力显著提高；毛稀而老的叶片上产卵少，增殖率低。

③天敌：目前已知冲绳钝绥螨、畸螯螨对侧多食跗线螨的抑制作用明显。此外，蜘蛛、蚂蚁等天敌也有一定的控制作用。

六、蔬菜主要苗期病害

（一）症状识别

猝倒病　猝倒病从种子发芽到幼苗出土前染病，造成烂种、烂芽。出土不久的幼苗最易发病，死苗迅速。多是幼苗茎基部出现水浸状黄褐色病斑，迅速扩展后病部缢缩成线状，子叶尚未凋萎之前幼苗便倒伏贴地不能挺立，因刚刚倒折的幼苗依然绿色，故称之为猝倒病。苗床最初只是零星发病，数日内即可以此为中心迅速向四周扩展蔓延，引起成片死苗。在苗床湿度高时，病苗残体表面及附近床面长出一层白色棉絮状霉。最后病苗多腐烂或干枯。

立枯病　立枯病多在出苗一段时期后发病，死苗较慢。在幼苗茎基部产生椭圆形暗褐色病斑，以后逐渐扩展、凹陷、绕茎一周，使茎基收缩，病苗萎蔫，最后枯死。枯死病苗多直立而不倒伏，故称之为立枯病。苗床湿度高时，病苗附近床面上常有稀疏的淡褐色蛛丝状霉。

沤根　沤根从刚出土幼苗到较大苗均能发病。发生沤根时，幼苗茎叶生长受抑制，叶片逐渐发黄，不生新叶，病苗易从土中拔出，可见根部不发新根和不定根，根皮呈锈褐色，逐渐腐烂，干朽。重时幼苗萎蔫，最后枯死。

（二）病原识别

多种腐霉、部分疫霉和丝核菌可引发蔬菜苗期猝倒病。主要病原是藻物界卵菌门腐霉属的瓜果腐霉菌[*pythium aphanidermatum*（Eds.）Fitzp]。菌丝体繁茂，呈白色棉絮状。菌丝与孢子囊梗区别不明显。孢子囊生于菌丝顶端或中间，丝状或分枝裂瓣状或不规则膨大。孢子囊萌发时形成球状泡囊，释放出几个至几十个游动孢子。游动孢子肾形，有 2 根鞭毛，可在水中游动。卵孢子球形，厚壁，表面光滑，淡黄褐色。

立枯病病原为担子菌门无性型丝核菌属的立枯丝核菌（*Rhizoctonia* solani Kilhn）。菌丝粗壮，初时无色，老熟时淡褐色，分枝呈直角，分枝处缢缩。老熟菌丝常集结成不定形淡褐至黑褐色菌核，菌核之间常有菌丝相连。

沤根是一种生理病害。原因是苗床长时间低温、高湿和光照不足，使幼苗根系在缺氧状态下，呼吸作用受阻，不能正常发育，根系吸水能力降低且生理机能破坏造成的。

（三）发生规律

病菌主要在土壤中越冬。腐霉菌以卵孢子，丝核菌以菌核和菌丝体随病残体在土壤中越冬。两种菌腐生性都很强，均能以菌丝体在土壤腐殖质上营腐生生活，在土壤中可存活 2～3 年。条件适宜时，腐霉菌卵孢子萌发产生游动孢子或直接长出芽管侵入寄主，菌丝体上形成孢子囊，并释放出游动孢子直接侵染幼苗，引起猝倒病发生。丝核菌可以菌丝直接侵入寄主，引起立枯病发生。病菌主要借雨水、灌溉水，或苗床土壤中水分的流（移）动传播。此外，带菌粪肥、农具也能传播。

种子质量、发芽势及幼苗长势强弱与发病有很大关系。土壤温、湿度对发病影响更大。病菌虽适温较高，但温度范围较宽，腐霉菌 10～30 ℃、丝核菌 13～42 ℃均能活动。但苗床发病均发生在对该种蔬菜幼苗发育不利的温度条件下。茄子、番茄、辣椒、黄瓜等喜高温菜苗，多在苗床温度较低时发病；洋葱、芹菜、甘蓝等喜低温菜苗，多在苗床温度较高时发病。病菌耐旱能力不同，丝核菌耐旱力较腐霉菌高，但两种菌都喜高湿。苗床土壤高湿极易诱致发病。灌水后积水窝或苗床棚顶滴水处，往往最先出现发病中心。幼苗子叶中养分快耗尽而新根尚未扎根之前，正是幼苗营养危急期，抗病力最弱，也是幼苗最易感病的时期，此时遇寒流侵袭或连续低温、阴雨（雪）天气，床温在 15 ℃以下，猝倒病就会暴发，损失惨重。就是稍大些的苗子，如温度变化大，光照不足，幼苗纤细瘦弱抗病力下降，立枯病也易发生。另外，播种过密，间苗不及时，苗床浇水过多及通风不良等，会加重苗病发生和蔓延发展。幼苗子叶养分耗尽，新根未扎实和幼茎木栓化前，为易感病阶段，容易造成病害严重发生。

(四)防治措施

防治蔬菜苗期病害应采取改进育苗技术、加强栽培管理、控制发病条件、培育抗病壮苗，同时配合床土消毒、消灭病原等措施进行综合防治。

1. 苗床设置　应选择地势较高、背风向阳、排水良好、土质肥沃地块作苗床。选用无菌新土作床土。沿用旧床土要进行药剂处理。播前床土要充分翻晒，粪肥应充分腐熟并撒施均匀。

2. 床土消毒　旧床育苗时，床土必须用药剂处理。

(1)浇药液：播前用福尔马林 100～150 倍液浇湿床土，覆膜盖严，闷 4～5 d 后揭膜耙土，经 14 d 药液充分挥发后再播种。

(2)施药土：苗床可选用 50%多菌灵可湿性粉剂、或 70%敌克松可湿性粉剂、或 40%拌种双可湿性粉剂 8～10 g/m^2 加拌 5～10 kg 干细土制成药土，播种前取 1/3 撒在床面作垫土，播种后用其余 2/3 作盖土，然后加盖塑膜保持床土湿润以防药害。

3. 种子处理　播种前用 50 ℃温水浸种 15 min，也可选用 50%多菌灵可湿性粉剂或 50%福美双可湿性粉剂拌种，用药量为种子重量的 0.2%～0.3%。

4. 苗床管理　播前浇足底水。适量播种，及时分苗。果菜类要搞好苗床保温工作，白天床温不低于 20 ℃，北方寒冷地区可采用电热温床育苗，以防止冷风或低温侵袭。出苗后抓紧无风晴天早揭床盖，增加光照，适当换气炼苗。遇寒流降温天气则应晚揭早盖，注意防寒保温。芹菜、甘蓝等要防止 23 ℃以上的高温，床温较高时，可在午间用席遮阴。苗床洒水不宜过多过勤，以防床内湿度过大。发现病苗，立即拔除，并撒上草木灰或干细土。

5. 药剂防治　如苗床已发现少数病苗，应及时拔除，并施药保护，以防止病害蔓延。猝倒病常用药剂有 722 g/L 霜霉威盐酸盐水剂 5～8 mL/m^2(黄瓜苗床浇灌)、34%春雷·霜霉威水 12.5～158 mL/m^2(黄瓜苗床浇灌)、2 亿孢子/g 木霉菌 4～6 g/m^2(番茄苗床喷淋)、3 亿孢子/g 哈次木霉菌 4～6 g/m^2(番茄灌根)、20%乙酸铜可湿性粉剂 1.5～2.4 g/m^2(黄瓜灌根)；立枯病防治常用药剂有 50%异菌脲可湿性粉剂 2～4 g/m^2(辣椒泼浇)、15%噁霉灵水剂 5～7 g/m^2(辣椒泼浇)、1 亿 CFU/g 枯草芽孢杆菌微囊粒剂 0.15～0.25 g/m^2(番茄喷雾)、3 亿孢子哈次木霉菌 4～6 g/m^2(番茄灌根)、70%敌磺钠可溶性粉剂 0.37～0.74 g/m^2(黄瓜泼浇或喷雾)、30%甲霜灵·噁霉灵水剂 1.5～2 g/m^2(黄瓜苗床喷雾)、70%噁霉灵可湿性粉剂 1.25～1.75 g/m^2(黄瓜苗床喷雾).苗床施药后，往往造成湿度过大，可撒草木灰。

七、蔬菜霜霉病

蔬菜霜霉病主要有黄瓜霜霉病、十字花科蔬菜霜霉病，是世界性病害，我国各地都有发生，露地和保护地栽培的黄瓜和十字花科蔬菜常因此病为害而遭受很大损失。在适宜的发病条件下，流行速度快，一两周内即可使叶片枯死，减产高达 30%～50%，有的地块因此病为害只采 1～2 次瓜后就提早拉秧，菜农称之为“跑马干”。现主要介绍黄瓜霜霉病。

(一)症状识别

黄瓜霜霉病初期主要危害子叶。子叶被害初呈褪绿色黄斑，扩大后变黄褐色。真叶染病，叶缘或叶背面出现水浸状病斑，病斑逐渐扩大，受叶脉限制，呈多角形淡褐色或黄褐色斑块，湿度大时叶背面或叶面长出灰黑色霉层。后期病斑连片，致叶缘卷缩干枯，严重的田块一片枯黄

(图 3-7-7、图 3-7-8)。

图 3-7-7　黄瓜霜霉病

图 3-7-8　黄瓜霜霉病叶背霉层

(二)病原识别

黄瓜霜霉病病原为古巴假霜霉菌[*Pseudoperonospora cubensis*(Berk. et Cert.)Rodtr],属卵菌门假霜霉菌属,是一种专性寄生菌。孢囊梗从气孔伸出,单生或 2～5 根从生,锐角状分枝 3～5 次,末端小梗直或稍弯曲。孢子囊卵形或椭圆形,有乳头状突起,淡褐色或紫褐色,在水中可产生 6～8 个游动孢子。游动孢子椭圆形,侧生 2 根鞭毛,在水中游动片刻后鞭毛收缩,变成圆形的休止孢子。休止孢子萌发产生芽管,侵入寄主。

(三)发生规律

我国北方地区,冬季霜霉病菌在温室,塑料大棚的黄瓜上越冬,病部产生的孢子囊借气流传播到阳畦和露地黄瓜上,依次引起夏黄瓜、秋黄瓜发病,最后又在棚室黄瓜上越冬。只要条件适宜,各茬黄瓜上可多次发生再侵染。田间孢子囊借气流和雨水传播,从寄主的气孔或表皮侵入。冬季严寒的东北北部地区,每年初侵染的菌源,一般认为是孢子囊随季风由外地传入的。

黄瓜霜霉病的流行要求多雨、多露、多雾、昼夜温差大及阴雨与晴天交替的气象条件。适宜病害流行的气温为 20～24 ℃。当气温 16 ℃以上,如遇降雨,空气湿度大,田间便可出现发病中心。此后若雨日多,晴雨交替,相对湿度 80%以上,病害就会流行。一般山东、河南 5 月上旬开始发生,5 月中下旬至 6 月上旬为发病盛期;辽宁的发病盛期在 6 月下旬至 7 月上旬;黑龙江于 7 月上中旬流行。此外,地势低洼,栽植过密、浇水过多也会加重病害。棚室黄瓜若管理不善,造成高湿的小气候,昼夜温差大,叶片上长时间保持水滴和露珠时,就会导致病害的严重发生,尤其是遇连阴天光照不足时病害更重。品种间抗病性也有差异。

十字花科蔬菜霜霉病简介

十字花科蔬菜霜霉病病原为寄生霜霉[*Hyaloperonospora parasitica*(Pers. Ex Fr.) Fries],属卵菌霜霉属。主要危害叶片,其次为留种株茎秆,花梗和果荚。成株期多从下部或外部叶片开始,发病初期叶面出现淡绿或黄色斑点,病斑扩大后为黄色或黄褐色,枯死后变为褐色。病斑扩展受叶脉限制而呈多角形或不规则形。空气潮湿时,在相应的叶背面布满白色至灰白色霜状霉层。气温在 16～20 ℃,相对湿度高于 70%,昼夜温差大或忽冷忽热的天气有利于病害发生。田间湿度大,夜间结露或多雾,即使雨量少,病害也会发生较快。一般以气温较低、湿度较大的早春和晚秋发病较重(图 3-7-9、图 3-7-10)。

图 3-7-9　十字花蔬菜软腐病病叶

图 3-7-10　白菜霜霉病叶背霉层

八、十字花科蔬菜软腐病

十字花科蔬菜软腐病又称水烂、烂疙瘩，全国各地都有发生。为白菜和甘蓝包心后期的主要病害之一。北方地区个别年份可造成大白菜减产50%以上，甚至绝收。而且在运输、销售、贮藏过程中，均可发生腐烂，损失极大。除为害十字花科蔬菜外，还可危害马铃薯、番茄、莴苣、黄瓜、胡萝卜等蔬菜，引起不同程度的损失。

(一)症状识别

软腐病的症状因不同寄主植物，不同器官，不同环境条件略有差异，其共同特点是：发生部位从伤口处开始，初期呈浸润状半透明，以后病部扩大而发展成明显的水渍状，表皮下陷，上面有污白色细菌溢脓。病部内部组织除维管束外，全部腐烂呈黏滑软腐状，并发出恶臭。这种恶臭是软腐细菌分解细胞组织后由再次侵入的其他腐败细菌分解蛋白胨所产生吲哚类的物质所致(图 3-7-11、图 3-7-12)。

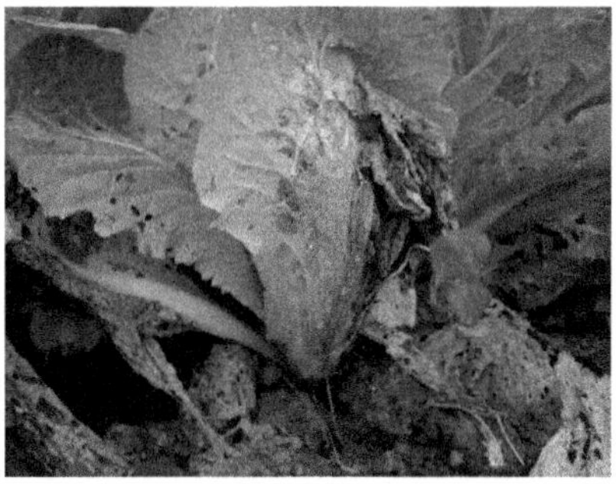

图 3-7-11　十字花蔬菜软腐病

图 3-7-12　十字花蔬菜软腐病田间症状

白菜和甘蓝多在包心后开始表现症状。初期植株外围叶片萎蔫，早晚能恢复，随着病情加重，萎蔫不再恢复。重病株结球小，叶柄基部和根茎处心髓组织完全腐烂，充满灰黄色黏稠物，臭气四溢，病株一踢即倒，一拎即起。有的从外叶边缘或心叶顶端向下扩展，或从叶片虫伤处向四周蔓延，最后造成整个菜头腐烂。腐烂病叶在晴暖干燥环境下失水变成透明薄纸状。

(二)病原识别

十字软腐病由细菌果胶杆菌属胡萝卜果胶杆菌胡萝卜亚种(*Pectobacterium carotorum* subsp. *Carotovrrum*)侵染引起。菌体为短杆状，周生鞭毛2～8根，无荚膜，不产生芽孢，革兰氏染色阴性反应。培养基上菌落为灰色圆形或不定形，稍带萤光性，边缘明晰。

生理生长的温度范围为 9～40 ℃，以 25～30 ℃为最适，对氧气要求不严格，因而在缺氧情况下，也能生长发育，pH 在 5.3～9.3 都能生长，但以 pH 7.2 为最适，要求高湿度，不耐干旱和日晒。致死温度为 50 ℃，10 min。在培养基上，其致病力可以保持经久不变，在土壤中未腐烂寄主组织中可以存活较长时间，但当寄主腐烂后，一般只能存活两个星期左右。

(三)发生规律

在北方地区，病菌主要在带病采种株和病残体中越冬。田间发病的植株，春天栽于田间的带病采种株，土壤、粪肥以及贮窖周围的病残体上均带有大量病菌，为重要的初侵染来源。春季病菌经雨水、灌溉水、施肥和昆虫等传播。从自然裂口或伤口侵入寄主。此外土壤中残留的病菌还可从幼芽和整个生育期的根毛区侵入，通过维管束向地上部运转；或潜伏在维管束中，成为生长后期和贮藏期腐烂的主要菌源。由于病菌寄主范围广，经潜伏侵染后，从春到秋在田间辗转危害，引起生育期和贮藏期发病。

九、蔬菜病毒病

茄科蔬菜、十字花科蔬菜、瓜类等都会发生病毒病。

番茄病毒病是番茄生产上的重要病害之一，在我国分布十分广泛，几乎遍布所有番茄产区。春番茄每年因此病减产 30%左右，夏、秋番茄损失更为严重，有的年份或有的地块几乎绝收，严重影响番茄生产。

(一)症状识别

花叶型：多发生在顶部嫩叶，田间症状有两种。轻花叶：仅叶片上出现黄绿相间，植株不矮化，叶片不变小，对产量影响不大。重花叶：叶片明显花叶，叶片凸凹不平，叶变小扭曲，明脉或叶脉呈紫色。落花落果，果实变小，质量差，多呈花脸状，对产量影响较大。

蕨叶型：顶部幼细长，不易展开，严重时螺旋状下卷。新生叶狭小，厚而硬，叶脉紫色。由于小叶的叶肉组织退化，而形成极为纤细且扭曲的线状叶片，同时植株不同程度矮化，下部时片的叶缘向上卷呈筒状。病株一般不开花或花冠加厚形成巨形花，病果畸形，果心呈褐色。

条斑型：病株茎及叶柄上产生大小不等的坏死条斑。发病初期在植株顶部茎及叶柄产生，暗绿色至深褐色，长短不等的短条斑，并逐渐向下蔓延。后期病斑稍凹陷，质脆易折断。叶片上病斑呈深褐色斑点或云纹状斑块，叶片卷曲，叶背面叶脉枯褐色。病株果实变硬而畸形，果面上产生圆形或不规则褐色下陷的油渍状坏死斑。

(二)病原识别

此病由多种病毒引起，主要有烟草花叶病毒(TMV)、黄瓜花叶病毒(CMV)、马铃薯 X 病毒(PVX)，马铃薯 Y 病毒(PVY)、烟草蚀纹病毒(TEV)和苜蓿花叶病毒(AMV)，也可能是多种病毒复合侵染。

TMV 性状：寄主范围广，钝化温度为 92～96 ℃，稀释限点 10-6～10-7，体外保毒期 60 d 左右，在干燥病组织上可存活 30 年以上。传播方式为汁液传播，蚜虫不传毒。

CMV 性状：寄主范围广，钝化温度 50～60 ℃，稀释限点 10-2～10-4，体外保毒期 3～4 d，不耐干燥。病毒粒体球形，直径 28～38 nm。传毒方式为汁液传播和蚜虫传播，我国传播蚜虫种类是桃蚜、萝卜蚜、棉蚜和甘蓝蚜等。

(三)发生规律

由于 TMV 寄主范围很广，可以在多种多年生的植物和宿根杂草上越冬，病毒还可附着于番茄种子表面果肉残屑上,少量可侵入种皮内和胚乳中越冬。此外,还可在多种植物病残体中存活相当长的时间,如番茄病株的根,在深达 75～95 cm 的土中,22 个月后还有活的 TMV,甚至可在干燥的烟叶和卷烟叶中越冬。TMV 具有高度的传染性,可接触传染,如移栽、整枝、打杈、中耕、锄草等农事操作人为传播,蚜虫不传染。CMV 由蚜虫传播,如桃蚜、棉蚜等多种蚜虫,但以桃蚜为主,种子和土壤均未发现有传毒现象。CMV 在多年生的植物和宿根杂草上越冬,这些植物在春季发芽后蚜虫随即发生,通过蚜虫取食与迁飞,将病毒传播到附近的番茄地里,引起番茄发病。

近年来,烟粉虱发生重是导致番茄黄化曲叶病毒病流行的主要原因。高温干燥条件不仅有利于烟粉虱传毒,也有利于病毒在寄主体内迅速增殖。高温季节栽培的夏、秋番茄发病重,低温季节的越冬番茄发病轻。番茄播种过早、晚秋不凉、暖冬、春天气温回升早,均有利于烟粉虱越冬、繁殖及传毒危害。

十、瓜类枯萎病

(一)症状识别

瓜类枯萎病一般多在植株开花结果后陆续发病。初时中午可见病株中下部叶片似缺水状萎蔫,早晚可恢复正常,翌日中午再次萎蔫,并且萎蔫叶片不断增多,逐渐遍及全株叶片。叶片萎蔫、恢复,如此反复,少则 2～3 d,多则 5～7 d 萎蔫叶片便不能恢复。此时,在植株茎蔓基部邻近地面处变褐色,水浸状,随之病部表面生出白色和略带粉红色霉状物,有时病部还能溢出少许琥珀色胶质物。最后病部干缩,表皮纵裂如麻,整个植株枯萎而死。番茄等茄果类枯萎病和菜豆枯萎病与之相似,只是茎部稍见湿渍状,上面有少许淡粉红色霉或无特殊表现。但纵剖枯萎病病株,均可见植株维管束变褐色至暗褐色(图 3-7-13)。

图 3-7-13　瓜类枯萎病病茎及田间症状

(二)病原识别

病原菌为真菌子囊菌无性型门镰孢属的尖镰孢菌孢[*Fusarium oxysporum* Schltdl. ex Snyder et Hansen.]。病菌区分为许多专化型,黄瓜、番茄、菜豆枯萎病菌分别为不同专化型。病菌可产生大小两种分生孢子。大分生孢子镰刀形或梭形,顶胞圆锥形,底胞有足胞,无色,具 1～5 个隔膜(多数3～4 个隔膜)。小分生孢子椭圆形或卵形,无色,单胞。菌丝中段或顶部细胞能形成厚垣孢子。老熟菌丝可聚成拟菌核。

(三)发生规律

枯萎病菌主要以菌丝、厚垣孢子和菌核在土壤及肥料中越冬,病菌在土壤中可存活 5～6 年;厚垣孢子和菌核还可通过牲畜排出的粪便传播;另外,种子也可少量带菌。病菌由寄主根部的伤口或根毛顶端的细胞间侵入,而后进入维管束,在导管内发育,能阻塞导管,影响水分运输,引起植株萎蔫。病菌还能分泌毒素,使寄主中毒死亡。

枯萎病属土传病害,其发病程度决定于当年土壤中的菌量。连作是发病的重要因素,连作年限越长病害越重。一般新病区从零星发生到普遍发病只需 5～6 年。地势低洼、土壤黏重、排水不良的地块，对瓜类根系发育不利，病害也较重。浇水次数过多，水量过大，对发病有利。土壤温度在24～28 ℃时最适合病菌的侵染，病害潜育期随温度升高而缩短。酸性土壤不适合瓜类生长，但对病菌活动有利，因而发病重。瓜类不同品种对枯萎病的抗性有差异，但高抗品种不多。据报道，黄守瓜幼虫食害瓜根造成的伤口可使病菌趁机而入，也会加重黄瓜枯萎病的发生。

十一、瓜类白粉病

白粉病是蔬菜上发生普遍的一类病害，多种蔬菜均有发生，尤以黄瓜、西葫芦、豌豆、豆类白粉病为害较重。近年来，辣椒、番茄、茄子等茄果类白粉病，在一些地区发生，并有扩大蔓延之势。

图 3-7-14　瓜类白粉病

(一)症状识别

主要为害叶片，偶尔也为害叶柄、茎梢。初时在叶片正面出现白色小粉点或白色丝状物，逐渐扩展呈大小不等的白色圆形粉斑，后向四周扩展成边缘不明显的连片白粉，严重时整个叶片布满白粉。茄果类白粉病叶面白粉层稀薄，隐约可见；瓜类、豆类白粉病叶面白粉层较密，明显。白粉初期鲜白，逐渐转为灰白色。抹去白粉可见叶面褪绿，枯黄变脆。重时病叶枯死(图 3-7-14)。

(二)病原识别

为子囊菌亚门白粉菌目真菌。黄瓜白粉病菌主要为叉丝单囊壳属的苍耳叉丝单囊壳菌[*Podosphaera xanthii* (Gastagne) U. Braun et Shishkoff]，番茄、茄子、豇豆、豌豆白粉菌为白粉菌属的蓼白粉菌(*Erysiphe polygoni* DC)，辣椒白粉病为内丝白粉菌属的鞑靼内丝白粉菌[*Leveillula taurica* (lev.) Arn]。病部的白粉层为病菌无性阶段的分生孢子梗和分生孢子。分生孢子梗短圆柱形。分生孢子单胞椭圆形，辣椒白粉菌为单生，余者皆为串生。有性阶段的闭囊壳在田间极少发生。

(三)发生规律

白粉病菌均为专性寄生菌。以菌丝体及分生孢子随在田间或温室内生长的黄瓜、番茄、辣椒等寄主植株活体越冬，也可随凤仙花、月季等花卉越冬。病菌有时也可产生有性阶段闭囊壳随病株残体在土壤中越冬。越冬病菌翌年侵染寄主使之发病。病部产生大量分生孢子，借风、雨传播。分生孢子接触寄主叶片后，只要条件适宜便会迅速发芽，20 h左右即可完成从叶片表皮侵入。鞑靼内丝白粉菌菌丝为内外兼生；瓜单丝壳菌、蓼白粉菌菌丝附生于叶片表面。以吸器伸入细胞内吸取养分。病菌侵入后，几天内便在侵染处形成白色菌丝状粉斑，不断延伸蔓延并形成分生孢子，飞散传播进行再侵染。病害潜育期 5 d左右。因此，在整个生长季可反复侵染多次，遇条件适宜病害往往在短时期内造成流行。

几种白粉病菌均喜高温、高湿，但耐干燥。分生孢子 10～30 ℃范围内均可萌发，但最适温度为 20～25 ℃。对湿度适应范围较大，相对湿度 70%～85%最利于发病。但因白粉病菌分生孢子内许多含水的液胞可保护孢子萌发所需的水分，故在相对湿度低至 25%时也能萌发。因此表现为田间荫蔽，昼暖夜凉和多露潮湿情况下病重，较干旱时也能发病。植株生长不良，抗病力下降，病情加重。

十二、蔬菜根结线虫病

根结线虫可为害几十种蔬菜，尤其在黄瓜、番茄、茄子、胡萝卜等蔬菜上是一个毁灭性病害。根结线虫病目前在局部地区发生，并处于日益发展加重趋势，值得注意。

(一)症状识别

图 3-7-15　蔬菜根结线虫病

蔬菜根结线虫病发病轻微时，菜株仅有些叶片发黄，中午或天热时叶片略显萎蔫。发病较重时，菜株矮化，瘦弱，长势差，叶片黄萎。发病重时，菜株提早枯死。症状表现最明显的是菜株的根部。把菜株连根挖出，在水中涮去泥土后可见主根朽弱，侧根和须根增多，并在侧根和须根上形成许多根结，俗称"瘤子"。根结大小不一，形状不正，初时白色，后变淡灰褐色，表面有时龟裂。较大根结上，一般又可长出许多纤弱的新根。其上再形成许多小根结，致使整个根系成为一个"须根团"。剖视较大根结，可见在病部组织里埋生许多鸭梨形的极小的乳白色虫体(图 3-7-15)。

(二)病原识别

根结线虫为根结线虫属线虫，主要种类为南方根结线虫[*Meloidogyne incognita* Kofoid & White]，还有爪哇根结线虫[*M. javanica* (Treub) Chitwood]。病原线虫幼虫呈线状，雄成虫呈线状，雌成虫呈鸭梨形。虫体无色透明或稍具乳白色。雌虫卵产在阴门分泌胶质所形成的卵囊(袋)内。每头雌虫可产卵300～800 粒。成熟雌虫埋生在病部(根结)组织内部，不再移动。

(三)发生规律

病原线虫常以卵或 2 龄幼虫随病残体在土壤中越冬。翌年春环境条件适宜时，越冬卵孵化出幼虫或越冬幼虫继续发育。传播途径主要是病土和灌溉水，病苗使用和人、畜、农具等也可携带传播。线虫借自身蠕动在土粒间可移行 30～50 cm 短距离。2 龄幼虫为侵染幼虫，接触寄主根后多由根尖部分侵入，定居在根生长锥内。线虫在病部组织内取食，生长发育，并能分泌吲哚乙酸等生长素刺激虫体附近细胞，使之形成巨形细胞，致使根系病部产生根结。幼虫在根结内发育为成虫，并且雌雄虫开始交尾产卵。在一个生长季里根结线虫可繁殖 1 代，繁殖数量很大。一旦根结线虫传(带)入，很快就会大量繁殖，积累起来造成严重为害。

根结线虫多分布在 20 cm 深土层内，以土层 3～10 cm 范围内数量最多。土温 20～30 ℃，土壤湿度 40%～70%，适合线虫繁殖。土温超过 40 ℃大量死亡。致死温度 55 ℃，10 min。一般土质疏松，湿度适宜(不过干、不过湿)，盐分低的地块适于线虫存活。重茬地病重。一旦进入保护地往往重于露地。

十三、茄科植物细菌性青枯病

细菌性青枯病是我国南方茄果类蔬菜的重要病害，番茄、辣椒、茄子、马铃薯青枯病，都是生产中的毁灭性病害。

(一)症状识别

青枯病是一种维管束病害,一般多在植株开花期、坐果期发生。先是顶端叶片萎蔫,继而下部叶片萎蔫,中部叶片最后萎蔫。有些只是一侧叶片萎蔫,多数是整株叶片同时萎蔫。开始只是病株白天萎蔫,傍晚时可以恢复。在晴天高温时病株在 2～3 d 内便垂萎枯死,遇阴雨天则可延迟到7～8 d 才枯死。此病的特点是病株垂萎枯死叶片仍保持绿色或浅绿色,故称青枯病。在番茄上,病株的茎中下部皮层粗糙,长出突起的不定根。潮湿时常在茎上出现水渍状条斑,后变褐色至暗褐色,纵切病茎可见维管束变褐色。在横切的番茄和马铃薯病茎的切面上,用手挤压切口处可渗出污白色菌溢,后期番茄、茄子茎内形成空洞。马铃薯块茎被害,维管束组织变褐,导管与皮层不易剥离(图 3-7-16)。

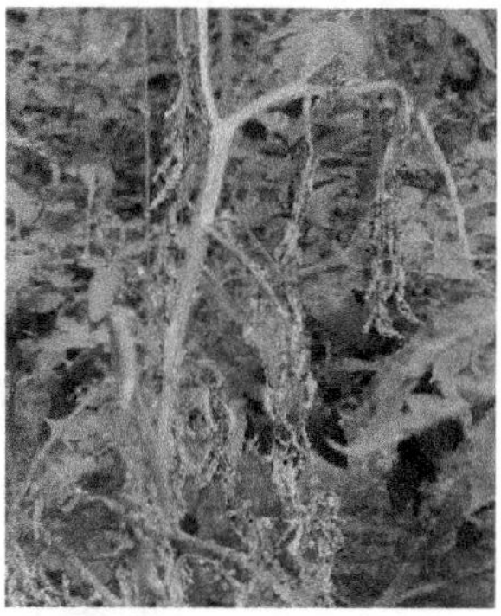

图 3-7-16　番茄青枯病

(二)病原识别

病原菌为茄科植物青枯病病原薄壁菌门茄劳尔氏菌[*Ralstonia solanacearum*(Smith)Yabu uchi et al]。菌体短杆状,两端钝圆,单生或双生,极生 1～3 根鞭毛,不产生荚膜,革兰氏染色反应阴性。

(三)发生规律

病菌主要随病残体留在田间或在马铃薯种薯内越冬,粪肥也可带菌。病残体分解后无寄主存在时病菌可在土壤中营腐生生活。在土壤中则可以存活 1～6 d 之久,而且还可以进行少量的繁殖。病菌主要借雨水和灌溉水传播,病薯和带菌粪肥也可传播,工具、人、畜也有一定的传播作用。病菌从根部或茎基部伤口侵入,进入菜株维管束内,繁殖、扩展,造成导管堵塞和分泌毒质使寄主细胞中毒,失去吸水机能而使菜株萎蔫。病株也可从维管束向四周扩展,侵入皮层和髓部薄壁组织的细胞间隙,并分泌果胶酶使寄主细胞的中胶层溶解,随后寄主病组织变褐腐烂。

病菌喜高温、高湿、偏酸条件。病菌 10～40 ℃均能发育,30～37 ℃为最适宜温度。土壤含水量超过 25%时有利于病菌传播,同时也使菜株生长不良,特别是能使根的正常吸收作用受到抑制而引起烂根,造成伤口从而有利于病菌的侵入。所以久雨或雨后的转晴,土壤温、湿度均较高,往往发病更重。pH 6～8,最适 pH 6.6,微酸性土壤发病重。

十四、蔬菜其他病虫害简介

1. 斜纹夜蛾　杂食性、暴食性害虫,可为害多种蔬菜和农作物。初孵幼虫群集为害,取食叶肉留下表皮。2 龄、3 龄分散,4 龄后食量骤增,将叶片吃成缺刻,甚至全叶吃光。成虫体长 14～20 mm,翅展 35～40 mm,体深褐色,前翅灰褐色。内、外横线灰白色波浪形,中间有 3 条白色斜纹。老熟幼虫体长 35～50 mm,体色多变,全体遍布不太明显的白色斑点,亚背线上缘每节两侧常各有 1 半月形或三角形黑斑(图 3-7-17)。

图 3-7-17　斜纹夜蛾成虫(灯诱)和幼虫

成虫昼伏夜出，有强趋光性和趋化性，喜食糖酒醋等发酵物及取食花蜜作为补充营养。幼虫畏光，有成群迁移习性、假死性，傍晚取食为害。老熟幼虫入土做土室化蛹。

2. 黄守瓜和黑守瓜　发生较普遍的有黄足黄守瓜及黄足黑守瓜。黄足黄守瓜食性杂，各种瓜类几乎均可为害，且成虫、幼虫均可为害。成虫喜食瓜叶和花瓣，为害瓜叶时常以身体为半径旋转咬食1圈，然后在圈内取食，形成干枯环形或半环形食痕或圆形孔洞。黄足黑守瓜危害的作物较少，以丝瓜、瓠瓜、苦瓜受害较重。成虫咬食叶片成环形或半环形缺刻，也可蛀食贴地生长的瓜果。幼虫为害根部，是苗期毁灭性害虫(图 3-7-18、图 3-7-19)。

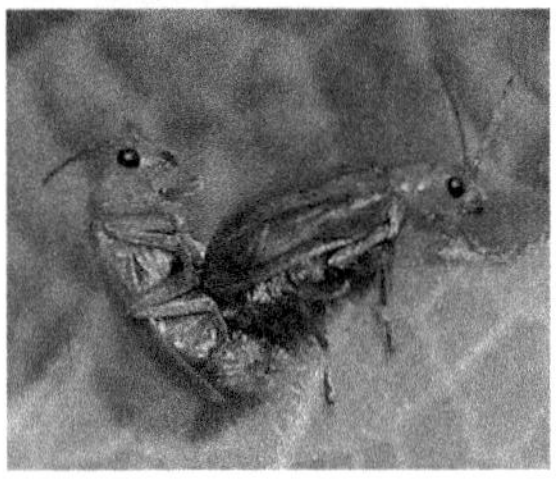

图 3-7-18　黄守瓜成虫

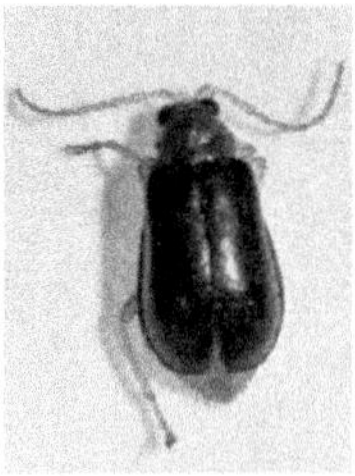

图 3-7-19　黑守瓜成虫

黄守瓜成虫体长 8～9 mm，除前、中、后胸及腹部腹面为黑色外，其他部位为黄色至橙黄色。黑守瓜成虫略小于黄守瓜，体长 5.5～7 mm，宽 3～4 mm，全身除鞘翅、复眼和上颚顶端黑色外，其余部分均呈橙黄色或橙红色。

黄守瓜在广西一年发生 2～4 代。成虫有趋黄性。中午活动最盛，有假死性，但不易捕捉。雨后天晴时往往活动增强，为害重。黑守瓜为害的作物种类较黄守瓜少，喜食丝瓜。其他生活习性与黄守瓜相似。

3. 美洲斑潜蝇　是一种危险性检疫害虫。扩展快、暴发为害重。对瓜、豆类蔬菜严重危害。成虫、幼虫均可为害，但以幼虫为害严重。雌成虫刺伤叶片取食和产卵，幼虫潜在叶片内取食叶肉，残留上、下表皮，使叶片布满不规则蛇形白色虫道，并在虫道内残留虫粪。片叶内常常有多头幼虫为害，因此，叶面上呈现紧密盘绕的虫道。受害后叶片组织受到破坏，光合面积减少，植株生长受到抑制，逐渐萎蔫，上下表皮分离最后全株死亡。在我国南方周年均可发生，世代重叠。有两个发生为害高峰，分别为 5—7 月和 9—11 月，1—2 月发生量最小(图 3-7-20)。

图 3-7-20　美洲斑潜蝇为害状

4. 菜螟　俗称菜心野螟。我国各省区均有分布，主要为害油菜、白菜、萝卜、甘蓝、花椰菜、芥菜等十字花科蔬菜，尤以秋播萝卜受害最重。高温干燥天气利于菜螟的发生，发生高峰期在 8—9 月。成虫昼伏夜出，稍有趋光性。卵散产在嫩叶上，幼虫取食幼苗心叶，破坏生长点，致植物停止生长，或者枯萎死亡，造成幼苗断垄。高龄幼虫从心叶或叶柄蛀入茎髓或根部，使受害菜株枯死或感染软腐病。幼虫还有转株为害习性。

5. 烟青虫　俗称烟夜蛾，在我国北起黑龙江、内蒙古，南至广东、海南等省(区)均有分布，尤以各烟区为重。华北、东北地区年发生 2 代，华南地区年发生 4～6 代。食性杂，主要寄主有烟草、玉米、高粱、辣椒等，在蔬菜区以辣椒受害最重。以幼虫蛀食花(蕾)、果实为主。初孵幼虫先取食卵壳，后分散为害。有转株、转果为害习性，为害辣椒时，全身钻入果内，啃食果皮和胎座，遗下粪便引起果实腐烂，1 头幼虫一生可为害 3～5 个果实。

6. 棉铃虫　我国各省区均有分布，以华北、新疆、云南等省(区)发生量大、为害重。年发生 3～6 代。食性杂，但以棉花、高粱、玉米、小麦、烟草等作物为主，在蔬菜区以番茄受害最重。初孵幼虫先取食卵壳，后取食嫩叶和嫩蕾，被害部分残留表皮形成小凹点。嫩蕾被害后苞叶发黄，向外张开，2～3 d 后即脱落，幼果常被吃空或引起腐烂而脱落。成果则从蒂部蛀食，通常只咬食部分果肉即转至他果为害。幼虫具自残和假死性，3 龄以上幼虫表现更为明显。

7. 番茄早疫病　番茄早疫病由[*Alernaria solani* (Ellis et martin) Sorauer]引起。其在茎秆及叶片上产生 1～2 cm 的病斑，边缘深褐色，中央灰褐色，圆形或椭圆形，上有同心轮纹。潮湿时病斑上长出黑霉。病菌随病残体在土壤中越冬。田间借气流和流水传播，由寄主的气孔、伤口和表皮侵入，分生孢子可多次进行再侵染。高温高湿利于发病。

8. 番茄晚疫病　番茄晚疫病由[*Phytophthora infestans* (Mont.) de Bary]引起。发病时叶片上产生圆形或不规则形暗绿色水渍状病斑，迅速扩展成边缘不明显的淡绿色，后转为褐色之大病斑，湿时，在病健交界处长出一圈白色霉层，俗称“霉轮”。果实发病，果面上产生大型云纹状暗褐色斑块，初时病部质地硬实，后期软化、腐烂。病菌随病残体在土壤或马铃薯薯块中越冬，由雨水冲溅传到植株下部茎叶、果实上引起发病，在田间形成中心病株，往往 10 d 内全田就会普遍发病。

9. 茄子褐纹病　茄子褐纹病由[*Phomopsis vexans* (Sace. et Syd) Harter]引起。果实发病形成凹陷的褐色湿腐型大病斑，并在病部轮生稍大的小黑点。叶片发病形成大小不等的圆形或不规则形病斑，上面生细微的小黑点，病斑组织变薄变脆，易破裂并脱落成穿孔。病菌随病残体在土壤中越冬，借风、雨、昆虫及农事操作传播，7、8 月高温季节，遇多雨或潮湿气候病害就易流行。

10. 辣椒炭疽病　辣椒炭疽病主要由子囊菌无性型辣椒炭疽菌[*Colletorichum capsici* (Syd. E. J. Butler et Bisby]和胶孢炭疽菌[*C. gloeosporioides* (Penz.) Penz.]引起。多在老叶上产生大小不等的近圆形或不规则形、中间灰褐色边缘深褐色的病斑，其上轮生小黑点。果实发病形成圆形、黑褐色、稍凹陷的病斑，有稍隆起的同心轮纹，其上轮生许多稍大的小黑点，湿度大时病斑表面溢出红色黏质物。病菌在种子表皮或土壤中越冬，借气流、雨水等传播，菜地潮湿、种植密度过大或因落叶而造成的果实日灼等均易加重病害的发生(图 3-7-21)。

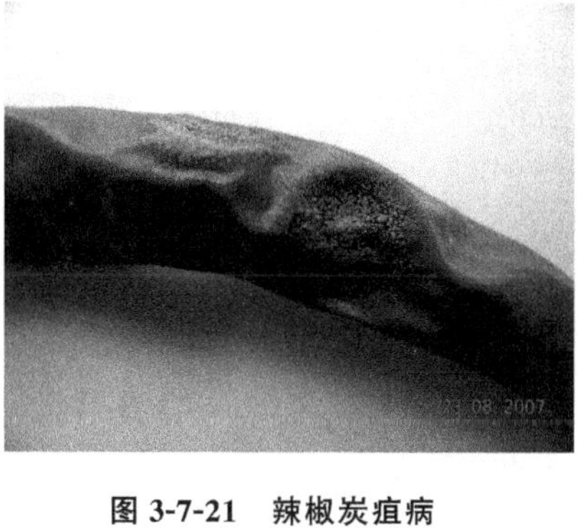

图 3-7-21　辣椒炭疽病

【工作步骤】

观察蔬菜主要害虫各虫态形态特征和为害状；观察蔬菜主要病害症状和病原菌形态特征。

【巩固训练】

植保技能考核:识别蔬菜主要病虫害。

作业

1.绘烟粉虱与温室白粉虱前翅特征图。

2.简述小菜蛾的防治方法。

3.简述美洲斑潜蝇的防治方法。

4.简述蔬菜病虫害的发生概况及主要病虫害综合防控技术。

5.列表表示蔬菜主要害虫的分类地位、为害虫态、典型为害状、防治对口农药及施用方法。

6.列表表示蔬菜主要病害病原类型、症状特点、防治对口农药及施用方法。

任务二　蔬菜病虫害综合防控技术

【材料、用具与场所】记录本、扩大镜、铅笔、皮卷尺或米尺、黏虫胶等,蔬菜害虫发生严重的地块,农药及施药器械。

【基础知识】

蔬菜是一类生长周期短、换茬快、食用和加工工艺简单的作物,所以蔬菜产品更容易受农药污染,对人类的健康产生较大危害。因此,在蔬菜病虫害的防治上,更应强调协调运用以农业和生物防治为主的多种防治措施,严格控制化学农药,特别是高毒、高残留农药的使用。

(一)实行检疫

加强蔬菜种苗的检疫,严格把关,防止美洲斑潜蝇等检疫性害虫的传播扩散。

(二)农业防治

1.选用抗(耐)病虫品种,培育无病虫壮苗　充分应用蔬菜自身良好的抗病性、抗逆性抑制病虫为害。

2.加强田间管理　适时间苗定苗、起垄培土、中耕除草、整枝打蔓、搭架吊蔓、疏花疏果、灌溉排水、通风补光、调温控湿,促进蔬菜健壮生长,提高抗(耐)病虫能力。

3.清洁田园,轮作倒茬　播种、定植前彻底清除前茬作物的残枝败叶及田埂、沟渠、地边杂草,减少菜青虫、小菜蛾等多种害虫虫源。通过不同科作物的轮作,改变害虫生存环境,破坏害虫与蔬菜的伴生关系。

4.调节播期　通过提早或延后播期,使蔬菜避开害虫为害高峰期,从而避免或减轻病虫为害。

5.人工防治　人工防治蜗牛和蛞蝓等软体动物。

(三)物理防治

1.防虫网 设置防虫网,可有效防止多种害虫侵入。

2.杀虫灯诱杀 利用害虫的趋光性,在成虫发生期,采用频振式杀虫灯诱杀鳞翅目、鞘翅目、直翅目、同翅目等蔬菜害虫成虫,诱杀的靶标害虫有小菜蛾、甜菜夜蛾、斜纹夜蛾、棉铃虫、烟青虫、小地老虎、金龟子等。

3.色板诱杀 利用害虫对不同颜色的趋避特性防治害虫,如利用蚜虫、黄曲条跳甲、美洲斑潜、有翅蚜、白粉虱的喜黄色,蓟马喜蓝色,蚜虫忌避银灰色的特性,悬挂生态黏虫板黄板诱杀蚜虫、美洲斑潜蝇、黄曲条跳甲、有翅蚜、白粉虱,悬挂蓝板诱杀节瓜蓟马,田间铺银灰膜或悬挂银灰膜驱避蚜虫,诱杀如粉虱、蓟马等小型昆虫。一般是每 667 m^2 生态控制插 20～40 张。

4.信息素诱杀 根据作物种植种类、靶标害虫在当地的发生规律,确定和调整性诱剂应用时间,在害虫发生早期,虫口密度较低时开始使用。常用的害虫诱芯包括:小菜蛾、斜纹夜蛾、甜菜夜蛾、棉铃虫、瓜实蝇、豆荚螟、豆野螟、小地老虎等。

5.糖醋液 利用糖醋液诱杀小菜蛾、斜纹夜蛾、瓜实蝇等害虫。

6.物理生态防控 积极推广应用大棚滴灌、双膜保温、高垄嫁接栽培、地膜全覆盖、高温闷棚和冬季火炉或火墙增温保温等设施蔬菜生产关键技术。改善设施环境,最大限度地创造适合蔬菜植株生长而不利于病虫害发生的环境条件,将病虫危害降到最低。人为调控保护地小生境的温湿度,抑制某些病菌的生长。如充分利用夏、秋季节设施蔬菜休闲期,深翻土壤,耙平地面浇透水,铺上地膜,选晴天盖棚膜,密闭棚室 7～10 d,使棚内最高温度达 50～70 ℃,可有效杀死设施内土壤中的病原菌和害虫。冬季设施蔬菜生产中,通过双膜覆盖、加厚草帘、增温补光、棚前沿挖防寒沟、后墙体挂反光膜、应用 EVA(乙烯醋酸乙烯共聚物)无滴膜等措施,可提高棚温,改善光照条件,有效减轻冻害和各类病害的发生。

(四)生物防治

1.保护和利用天敌:如利用瓢虫、草蛉、捕食螨、小花蝽等捕食性天敌防治害虫。蔬菜地周边种植蜜源植物,为天敌提供庇护场所和食料,提高天敌的自然控制作用。

2.释放天敌:有条件的可在菜田释放广赤眼蜂以控制菜粉蝶、甘蓝夜蛾;释放绒茧蜂、姬蜂、叉角厉蝽控制田间小菜蛾、斜纹夜蛾等鳞翅目害虫;释放异色瓢虫和草蛉防治螨、粉虱、蚜虫;释放丽蚜小蜂防治温室白粉虱;采用"以螨治螨"技术,释放捕食螨控制侧多食跗线螨等害螨。

3.推广应用植物源农药,如利用艾叶、南瓜叶、黄瓜蔓、苦瓜叶等浸出液对水喷雾,可防治多种蔬菜害虫;利用辣椒、烟草浸出液对水喷雾,可有效防治蚜虫、白粉虱、叶螨等害虫。

(五)药剂防治

当使用综合措施后,害虫发生仍超过防治指标时,合理选用高效低毒低残留化学农药进行应急防治。

在蔬菜上需要使用药剂防治时,优先选用生物农药,尽量避免使用化学农药,必须使用化学农药时,应按照菜田常用农药安全合理使用标准,选用高效、低毒、低残留农药品种,做到科学用药,掌握适期用药,严格控制使用浓度、用量和次数,并注意农药的安全间隔期。交替用药,防止病虫产生抗药性;多种病虫害同时发生时,采取混合用药,达到一次用药防治多种病虫害的目的；根据天气变化灵活选用农药剂型和施药方法。如阴雨天气宜采用烟剂或粉剂防治，可有效降低设施内湿度，减轻病虫害的危害。推广应用农药残留降解技术，利用高效农药残留降解菌消除土壤、水体、蔬菜植株及其产品中的农药残留。

1.种子和土壤药剂处理

播种时用高效低毒的药剂处理种子或土壤，可防治各种地下害虫和根结线虫病、枯萎病及苗期立枯病、猝倒病等土传病害。对于各种细菌性病害，病穴土壤的药剂处理是减轻其传播蔓延的重要措施。控制细菌性病害时，可采用甲醛浸种进行种子消毒；预防真菌性病害时，可用多菌灵拌种。种子消毒的药剂剂量和处理时间视蔬菜品种而定。

2.施药防治

(1)使用天然除虫菊、球孢白僵菌、苏云金芽孢杆菌和核型多角体病毒等生物制剂防治害虫。

(2)使用甲氨基阿维菌素苯甲酸盐、高效氯氰菊酯、辛硫磷等防治菜粉蝶、小菜蛾等咀嚼式口器害虫。

(3)使用吡虫啉、啶虫脒、噻虫嗪防治美洲斑潜蝇、温室白粉虱等吸收式口器害虫。

(4)选用浏阳霉素、虫螨腈防治豆类、瓜类、茄子等叶螨。

(5)使用乙蒜素、氨基寡糖素防治黄瓜、辣椒上多种细菌性、真菌性、病毒性病害。

(6)使用木霉菌防治猝倒、立枯、根腐、白绢、疫病、叶霉、灰霉、霜霉等多种病害。

(7)使用苯醚甲环唑防治蔬菜叶斑病、炭疽病、早疫病、白粉病、锈病等。

(8)使用中生菌素防治白菜软腐病、黄瓜细菌性角斑病、茄科植物青枯病等细菌性病害。

(9)使用多抗霉素、嘧啶核苷类抗菌素防治霜霉病、白粉病等。

(10)使用宁南霉素、香菇多糖防治大豆、番茄、黄瓜、辣椒病毒性病害。

(11)使用春雷霉素防治黄瓜枯萎病，兼治黄瓜角斑病、番茄叶霉病。

(12)使用丙环唑防治白粉病、锈病、叶斑病、白绢病等病害。

(13)使用淡紫拟青霉防治番茄、黄瓜根结线虫病。

【工作步骤】

1.以小组为单位，制订蔬菜病虫害调查方案并实施调查。

2.以小组为单位，根据调查结果查对防治指标，进行防治决策，制订综合防治方案。

3.采取相应措施实施蔬菜病虫害综合防治，调查防治效果，写出调查报告。

【巩固训练】

思考题

列表表示蔬菜主要害虫的为害虫态、典型为害状、防治对口农药及施用方法。

【课程思政】

1. 绿色食品产业"十四五"发展规划纲要

为贯彻落实党中央、国务院决策部署和农业农村部工作要求，依据《中华人民共和国国民经济和社会发展第十四个五年规划和2035年远景目标纲要》《国家质量兴农战略规划(2018—2022年)》《"十四五"全国农业绿色发展规划》等，中国绿色食品发展中心组织编制了《绿色食品产业"十四五"发展规划纲要(2021—2025年)》。发展绿色食品对于保护生态环境，提高农产品质量水平，满足人民美好生活期待，促进农业提质增效和农民增收，具有现实意义和深远影响。绿色食品是一项开创性事业，30多年来，全国绿色食品工作系统认真贯彻落实党中央、国务院的决策部署，在农业农村部的正确领导下，秉承生态环保、安全优质的发展理念，坚持推进绿色生产，积极引领绿色消费，成功打造出了一个安全优质、美誉度高的精品品牌，创建了一项蓬勃发展的新兴产业，为保障绿色优质农产品有效供给，助推农业高质量发展，满足人民对美好生活向往做出了重要贡献。"十四五"时期是全面推进农业绿色转型和高质量发展的关键时期，绿色食品应该担负起更多任务、发挥更大作用。

2. 建设生态文明，保护生态环境

建设生态文明是中华民族永续发展的千年大计，保护环境，守护家园是每个人的义务和责任。

近日，宁安市人民法院成功审理3起检察院支持起诉的农药废弃物回收的民事案件，3起案件审结，对提升百姓环保意识，提高环境法治思维，起到积极的教育及引导作用。

2020年5月，贺某从某服务部购买农药，可当贺某用完所有的农药后，如何处理废弃的农药空瓶成了他的烦恼。这农药是打完了，但剩下的空药瓶应该怎么办，万一随意丢弃便会造成污染，自己真没办法处理，贺某思来想去，解铃还须系铃人，还是要和销售者取得联系，共同解决此事。于是贺某和遇到同样困扰的王某、张某向宁安市人民检察院提出申请，要求某服务部协助他对农药废弃物进行回收处理。宁安市人民检察院接到3份申请书后，向宁安市人民法院提起3件分别支持原告贺某、王某、张某起诉的案件。

宁安市人民法院民二庭法官赵娜在接到案件后，迅速联系3个销售单位，说明农药废弃物对大气、水质、土壤的污染，更有甚者直接对人、畜安全留下隐患，使生态环境恶化的危害，同时引用并阐释《中华人民共和国合同法》《农药管理条例》《农药管理条例实施办法》等法律法规的相关规定，对各方进行普法引导，通过以案释法、答疑解惑，以及耐心细致的调解，3起案件当事人均达成和解协议，3个销售单位均同意回收各农户的农药空瓶及空袋，并当庭回收完毕，至此3起检察院支持起诉案件以各方达成调解协议并当庭履行完毕而圆满解决。

案件虽然事小，但意义重大，保护生态环境、建设生态文明是发展的需要，提高保护环境意识，发展绿色农业生产，严格落实环境保护的法律法规，做到有法可依、有法必依，响应习近平总书记的号召"我们既要绿水青山，也要金山银山。宁要绿水青山，不要金山银山，而且绿水青山就是金山银山"。

【学习评价】

表 3-7-1　蔬菜病虫害综合防治考核评价表

序号	考核项目	考核内容	考核标准	考核方式	分值
1	蔬菜病虫害识别	蔬菜病害症状及病原物识别	能仔细观察、准确描述蔬菜主要病害的症状特点，并能初步诊断其病原类型，能够熟练地制作病原临时玻片，在显微镜下观察病原物形态，并能准确鉴定	现场或实验室识别考核	2
		蔬菜害虫形态及为害状识别	能仔细观察、准确描述蔬菜主要害虫的识别要点及为害状特点，并能指出其所属目和科的名称	现场或实验室识别考核	2
2	田间调查	蔬菜病虫害田间调查方法	能现场区分类型田，并选择其中之一进行调查，采取正确的调查方法实地调查，数据记录正确、完整	现场考核	6
3	制订综合防治方案	能针对蔬菜有害生物发生规律制订调查方案	能根据当地蔬菜主要病虫害发生规律制订综合防治方案，防治方案制订科学，应急措施可行性强	个人表述、小组讨论和教师对方案评分相结合	5
4	组织实施综合防治	能组织实施防治方案	能按照实训要求做好各项防治措施的组织和实施，操作规范、熟练，防治效果好	现场操作考核	10
5	知识点考核		蔬菜病虫害发生种类，害虫为害状和病害症状、发生特点，综合防治方法	闭卷笔试	50
6	作业、实验报告		报告完成认真、规范，内容真实；绘制的病原物和害虫形态特征典型，标注正确	教师评分	10
7	学习纪律及态度		对老师提前布置的任务准备充分，发言积极，观察认真，遵纪守时，爱护公物	课堂考勤	15

子项目八　农田杂草识别与防控技术

【学习目标】

识别出当地农田为害较重的杂草，掌握水稻、玉米、甘蔗、果园等大田杂草的化学防除技术。

【材料、用具与场地】稗、狗尾草、马唐、野燕麦、牛筋草、鸭跖草、反枝苋、马齿苋、藜、鸭舌草、看麦娘、异型莎草、香附子等杂草的新鲜标本或干制标本；多媒体教学设备及课件、挂图等。水稻、玉米、甘蔗等杂草发生为害较重的田块，根据防治操作内容选定需要的除草剂及器械、材料等。

【基础知识】

一、杂草识别

我国幅员辽阔，杂草种类很多，在南方为害严重的主要农田杂草有以下种类：

1. 稗[*Echinochloa crusgalli* (L.)Beauv]　又叫稗草、稗子、野稗。一年生草本，高 40～130 cm，直立或基部膝曲，叶鞘光滑，无叶耳、叶舌。圆锥形总状花序，小穗含 2 花，其一发育外稃有芒；另一不育，仅存内外稃。颖果卵形，米黄色。第一片叶条形，长 1～2 cm，自第二片叶始渐长，全体光滑无毛。幼苗：第一片真叶带状披针形，有 15 条直出平行叶脉，无叶耳、叶舌，第二片叶与第一片叶相似。

2. 狗尾草 [*Setaria viridis*(L.)Beauv]　又叫绿狗尾草、莠。一年生草本。成株高 20～100 cm。秆疏丛生，直立或基部膝曲上升。叶鞘圆筒形，叶鞘与叶片交界处有 1 圈紫色带。穗状花序狭窄呈圆柱状形似“狗尾”，常直立或稍向一方弯曲。小穗 2 至多枚簇生于缩短的分枝上，基部有刚毛，刚毛绿色或略带紫色。颖果长圆形，扁平。幼苗：胚芽鞘紫红色，第一片真叶长椭圆形，具 21 条直出平行脉，叶舌呈纤毛状，叶鞘边缘疏生柔毛。叶耳两侧各有 1 紫红色斑。

3. 马唐[*Digitaria sanguinalis*(L.)Scop]　又叫抓地草、须草。一年生草本。成株高 40～100 cm，茎基部展开或倾斜丛生，着地后节部易生根，或具分枝，光滑无毛。叶鞘松弛包茎，大都短于节间，疏生疣基软毛。叶舌膜质，先端钝圆，叶片条状披针形，两面疏生软毛或无毛。幼苗：第一片真叶卵形披针形，具 19 条平行叶脉，叶缘具睫毛。叶舌微小，顶端齿裂，叶鞘密被长柔毛。第二片叶带状披针形，叶舌三角形，顶端齿裂。

4. 野燕麦(*Avena fatua* L.)　又叫燕麦草、乌麦、香麦、马麦。一年生或越年生草本植物，成株高 30～150 cm。茎直立，光滑，具 2～4 节，叶鞘松弛，光滑或基部被有柔毛。叶舌透明膜质，叶片宽条形。花序圆锥状开展呈塔形，分枝轮生，小穗含 2～3 朵花，疏生，柄细长而弯曲下垂，两颖近等长。颖果长圆形。幼苗：初生叶片卷成筒状。叶片细长，扁平，略扭曲，两面均疏生柔毛。叶舌较短，透明膜质，先端具不规则齿痕。叶鞘具短柔毛及稀疏长纤毛。

5. 牛筋草[*Eleusine indica*（L.）Gaertn]　又叫蟋蟀草，一年生草本，成株高15～90 cm。植株丛生，基部倾斜向四周开展。须根较细而稠密，为深根性，不易整株拔起。叶鞘压扁而具脊，鞘口具柔毛；叶舌短，叶片条形。穗状花序，小穗含3～6朵花，颖果长卵形。幼苗：第一片真叶呈带状披针形，具3条平行叶脉，第二、三片真叶与第一片真叶相似，叶耳缺。全株无毛。

6. 鸭跖草（*Commelina communis* L.）　又叫蓝花草、竹叶草，一年生草本，成株高30～50 cm。茎披散，多分枝，基部枝匍匐，节上生根，上部枝直立或斜生。叶互生，披针形或卵状披针形。总苞片佛焰苞状，有长柄，与叶对生。聚伞形花序，花瓣3枚。蒴果椭圆形，2室，有种子4粒。幼苗：子叶1片，子叶鞘与种子之间有1条白色子叶连接，第一片叶椭圆形，有光泽，先端锐尖，基部有鞘抱茎，叶鞘口有毛。第二至四片叶为披针形，后生叶长圆状披针形。

7. 反枝苋（*Amaranthus retroflexus* L.）　又叫野苋菜、苋菜、西风谷，一年生草本，成株高20～120 cm。茎直立，粗壮，上部分枝绿色。叶具长柄，互生，叶片菱状卵形，叶脉突出，两面和边缘具有柔毛，叶片灰绿色。圆锥状花序顶生或腋生，花簇多刺毛；苞叶和小苞叶膜质；花被白色。幼苗：叶长椭圆形，先端钝，基部楔形，具柄，子叶腹面成灰绿色，背面紫红色，初生叶互生全缘，卵形，先端微凹，叶背面也呈紫红色；后生叶有毛，柄长。

8. 马齿苋（*Portulaca oleracea* L.）　又叫马齿菜、马蛇子菜、马菜，一年生肉质草本，全体光滑无毛。茎自基部分枝，平卧或先端斜生。叶互生或假对生，柄极短或近无柄；叶片倒卵形或楔状长圆形，全缘。花瓣黄色，蒴果圆锥形，盖裂。幼苗：紫红色，下胚轴较发达；子叶长圆形；初生叶2片，倒卵形，全缘。

9. 藜（*Chenopodium album* L.）　又叫灰菜、落藜，一年生草本，成株高30～120 cm，茎直立粗壮，有棱和纵条纹，多分枝，上升或开展。叶互生，有长柄；基部叶片较大，上部叶片较窄，全缘或有微齿，叶背均有灰绿色粉粒。圆锥状花序，有多数花簇聚合而成；花两性，花被黄绿色或绿色。胞果完全包于花被内或顶端稍露。幼苗：子叶近线形，或披针形，长0.6～0.8 cm，先端钝，肉质，略带紫色，叶片下面有白粉，具柄。初生叶2片，长卵形，先端钝，边缘略成波状，主脉明显，叶片下面多呈紫红色。后生叶互生，卵形，全缘或有钝齿。

10. 鸭舌草[*Monochoria vaginalis*（Burm. f.）Presl ex Kunth]　又叫鸭仔菜，株高10～30 cm，全株光滑无毛。茎短，有分枝。叶从基部长出，具长柄，披针形或卵形，弧状脉；叶柄中部常有一个纺锤形的膨大部分，基部有紫红色膜质鞘。总状花序于叶鞘中抽出，有花3～8朵，花呈钟状，淡蓝色。蒴果卵形。幼苗：初生叶1片，后生叶互生，披针形，基部两侧有膜质的鞘边，有3条直出平行脉，第一片互生叶与初生叶相似。

11. 看麦娘（*Alopecurus aequalis* Sobol）　又叫麦娘娘、棒槌草。须根细软，秆高15～40 cm，丛生，软弱光滑。叶鞘光滑，常短于节间；叶片扁平质薄，长3～10 cm；叶舌薄膜质。圆锥花序圆柱状，灰绿色；小穗椭圆形或卵状长圆形；花药橙黄色。颖果长椭圆形，暗灰色。幼苗：第一片真叶带状，先端钝，长10～15 mm，宽0.4～0.6 mm，绿色，无毛；第二、三片叶线形，先端尖锐，长18～22 mm，宽0.8～1 mm，叶舌薄膜质。

12. 异型莎草（*Cyperus difformis* L.）　又叫球穗莎草、球花碱草、咸草。一年生草本，高20～65 cm，秆丛生，扁三棱形。叶基生，条形，短于秆。叶鞘稍长，淡褐色，有时带紫色。苞片叶状2～3枚，长于花序，花序长侧枝聚伞形简单。小穗多数集成球形，具8～28朵花。小坚果倒卵状，椭圆形，淡黄色。幼苗：淡绿色至黄绿色，基部略带紫色，全体光滑无毛；1～3片叶条形，略带波状曲折，长 5～20 mm；4 叶以后，开始分蘖。叶鞘闭合。

13. 香附子（*Cyperus rotundus* L.） 又叫莎草、香头草、旱三棱、回头青。多年生草本。具地下横走根茎，顶端膨成块茎，有香味，高 20～95 cm。秆散生，直立，锐三棱形。叶基生，短于秆。叶鞘基部棕色。苞片叶状，3～5 枚，下 2～3 枚长于花序，小穗条形，具 6～26 朵花，果三棱状长圆形，暗褐色，具细点。幼苗：第一片真叶线状披针形，有 5 条明显的平行脉，叶片横剖面呈"V"字形。第三片真叶具 10 条明显平行脉。

二、杂草的化学防除

（一）水稻田杂草防除

1. 水稻秧田杂草化学防除

（1）播前土壤处理。在苗床整好后，以喷雾或撒施法施于床面，间隔适当时间后，再润水播种。可选用的除草剂有：60％丁草胺乳油 1.2～1.5 L/hm^2，于施药后 2～3 d 播种；50％哌草丹乳油 2.25～3.75 L/hm^2，施药后即可播种。

（2）播后苗前土壤处理。可选用的除草剂有：60％丁草胺乳油 1.0～1.2 L/hm^2，应严格用量，以免发生药害；30％丙草胺乳油 1.1～1.9 L/hm^2，50％哌草丹乳油 2.25～3.0 L/hm^2，96％禾草敌乳油 2.25～2.65 L/hm^2，需保持一定的水层。

（3）苗期防治。在有水层的秧田可用撒毒土或颗粒剂方式用药，旱育秧或湿润育秧的秧田应喷雾施药。常用的除草剂有：10％苄嘧磺隆可湿性粉剂 0.23～0.38 kg/hm^2，药后保持水层 5～7 d；96％禾草敌乳油 2.25～3.0 L/hm^2，30％丙草胺乳油 1.1～1.9 L/hm^2，药后保持水层 5～7 d；主要防除莎草科和阔叶杂草；50％快杀稗可湿性粉剂 0.6～0.9 kg/hm^2，在稗草 3～5 叶期施药，也可在秧苗期稗草为 2 叶 1 针期，直接撒施 0.2％苄嘧磺隆 · 丙草胺颗粒剂（乐土金稻龙^R）10～12 kg/hm^2，施后保水 2～3 cm，保水 5～7 d。

2. 水稻移栽田杂草化学防除 即移栽前或移栽后 10 d 内，以防除稗草、一年阔叶杂草及莎草科杂草为主；及时进行中后期防除，即在移栽后 10～25 d，以防除眼子菜和多年生阔叶杂草及莎草科杂草为主；以土壤处理为主的除草剂应严格保水深度 3～5 cm 和时间 5～7 d，茎叶处理剂需排水后施药。

（1）移栽前处理。在整地和耙平后，将药剂以泼浇、撒毒土等方式施于田间，使除草剂同泥浆一起沉积到土壤表层。移栽前 1～2 d 可选用 60％丁草胺乳油 1.5～2.25 L/hm^2 主要防除莎草科杂草。移栽前 2～3 d 可选用 25％恶草灵乳油 0.75～1.1 L/hm^2，60％丁草胺乳油与 25％恶草灵乳油用量分别为 1.2 L/hm^2 和 0.6 L/hm^2，50％杀草丹乳油 3.0～6.0 L/hm^2。

（2）移栽后前期处理。于移栽后 5～7 d，对禾本科杂草、阔叶杂草和莎草科杂草混生田，可采用以下除草剂混剂：20％丁 · 苄可湿性粉剂 3.0～4.5 kg/hm^2，18％乙 · 苄 · 甲可湿性粉剂 0.3～0.45 kg/hm^2（仅用于大田移栽田），20％乙 · 苄可湿性粉剂 0.42～0.84 kg/hm^2（在北方寒冷地区不宜应用），36％二氯 · 苄可湿性粉剂 0.6～0.75 kg/hm^2，也直接撒施 0.101％苄嘧磺隆 · 丁草胺颗粒剂（乐土肥地龙^R）30～40 kg/hm^2，施后保水 3～5 cm，保水 5～7 d，施肥返青除草一举多得，省工、省时、省力。

（3）移栽后的中后期处理。水稻移栽后 10～25 d，稗草、莎草科杂草已进入大龄阶段，也正值其他多种杂草的防治适期。可选用的除草剂有：50％二氯喹啉酸可湿性粉剂 0.6 kg/hm^2，拌毒土撒施；48％灭草松水剂 2.25～3.75 L/hm^2，排干水后喷雾；20％ 2 甲 4

氯钠盐水剂 2.1～4.2 L/hm^2，排干水后，第二天喷雾；50%扑草净可湿性粉剂 0.76～1.5 kg/hm^2，拌毒土撒施。

3.水稻抛栽田杂草化学防除　以稗草、莎草及阔叶杂草混生的抛栽田，可用如下药剂：30%丁·苄可湿性粉剂 1.5～1.875 kg/hm^2 于水稻立苗后拌 200～300 kg 湿细土撒施，36%二氯·苄可湿性粉剂 4.50～5.25 kg/hm^2 于抛后 7～10 d 拌200～300 kg湿细土撒施，也直接撒施 0.32%苄嘧磺隆·丁草胺颗粒剂(乐土金稻龙[R])10～12 kg/hm^2，施后保水 3～5 cm，保水 5～7 d，施肥返青除草一举多得，省工、省时、省力。

4.直播稻田杂草化学防除

(1)播前土壤处理。主要适用于播种后幼苗期旱长的水稻田。具体方法是将药剂喷于土表，然后混土 7 cm 深。常用的除草剂有：96%禾草敌乳油 2.25～3.0 L/hm^2、60%丁草胺乳油 1～1.5 L/hm^2。

(2)播后苗前处理。通常采用的方法是在水稻播种后、出苗前将除草剂喷洒于土壤表层。可选用的除草剂有：50%哌草丹乳油 2.25～3.75 L/hm^2，96%禾草敌乳油 2.25～2.7 L/hm^2，30%丙草胺乳油 1.5～2.25 L/hm^2。

(3)苗后处理。苗后处理应根据杂草的发生期和草龄确定施药时期。可选用的除草剂有 30%丙草胺乳油 0.15～0.27 kg/hm^2，拌药土撒施，适用于稗草发生少的地块；96%禾草敌乳油 1.5 L/hm^2 与 10%苄嘧磺隆可湿性粉剂 0.23～0.3 kg/hm^2，于水稻立针期及稗草 1～2 叶期拌药土撒施，保水 5～7 d；也可在秧苗期稗草为 2 叶 1 针期，直接撒施 0.2%苄嘧磺隆·丙草胺颗粒剂(乐土金稻龙[R])10～12 kg/hm^2，施后保水 2～3 cm，保水 5～7 d。

(二)玉米田杂草的化学防除

华南玉米田草害区包括广东、福建、江西、湖北、湖南等省。该区是我国水稻产区，玉米种植面积较少，可以种春、秋两季。主要杂草有马唐、牛筋草、稗草、青葙、胜红蓟、绿狗尾、香附子、碎米莎草、臭矢菜、野花生等。主要防控措施有：播后苗前土壤处理，苗后茎叶处理等(表 3-8-1)。

表 3-8-1　玉米田常用除草剂使用时间和方法

除草剂(商品名称)	用量/667 m^2(有效或建议制剂量)	防除杂草种类	施用时期和方法	备注
90%乙草胺乳油	75～150 g/有效成分 春玉米：120～150 mL/制剂用量 夏玉米：60～90 mL/制剂用量	对马唐等一年生禾本科为主杂草有高活性	播后苗前土壤处理(喷雾法)	封闭除草
80%莠去津可湿性粉	70～150 g/有效成分 春玉米：150～190 mL/制剂用量 夏玉米：85～125 mL/制剂用量	对禾本科杂草、阔叶杂草有高活性	播后苗前土壤处理(喷雾法)	内吸除草
75%噻吩磺隆可分散粒剂	15～25 g/有效成分 春玉米：25～35 g/制剂用量 夏玉米：20～35 g/制剂用量	对阔叶科为主一年生杂草有高活性	移栽后土壤处理(直接撒施)	内吸除草

续表 3-8-1

除草剂（商品名称）	用量/667 m²（有效或建议制剂量）	防除杂草种类	施用时期和方法	备注
80%烟嘧磺隆·莠去津可湿性粉	30～45 g/制剂用量	对一年生的杂草有效	玉米 4 叶期茎叶处理（茎叶喷雾）	内吸除草
80%甲基磺草酮·莠去津油悬剂	90～120 g/制剂用量	对一年生的杂草有效	玉米 4 叶期茎叶处理（茎叶喷雾）	内吸除草

（三）甘蔗草害防控技术

甘蔗是我国最重要的糖料作物之一，占我国食糖总产量的 90%左右，广西地处低纬度地区，属亚热带气候，极为适宜种植甘蔗，甘蔗也就成为广西经济的支柱产业，种植面积稳居全国第一，但甘蔗田受杂草危害也极为严重，甘蔗田主要杂草有马唐、牛筋草、狗牙根、狗尾草、蟋蟀草、藜、苋、日本草、香附子、胜红蓟、苍耳、小旋花等。主要防控措施有：播后苗前土壤处理，出苗后到生长中期茎叶处理，生长后期茎叶处理等（表 3-8-2）。

表 3-8-2 甘蔗田常用除草剂使用时间和方法

除草剂（商品名称）	用量/667 m²（有效或建议制剂量）	防除杂草种类	施用时期和方法	备注
90%乙草胺乳油	100～135 g/有效成分 120～150 mL/制剂用量	对马唐等一年生禾本科为主杂草高活性	播后苗前土壤处理（喷雾法）	封闭除草
80%莠灭净可湿性粉	80～130 g/有效成分 100～160 g/制剂用量	对禾本科杂草、阔叶杂草有高活性	出苗后到生长中期茎叶喷雾处理	内吸除草
30%草甘膦水剂	50～100 g/有效成分 150～300 g/制剂用量	对禾本科杂草、阔叶杂草有高活性	生长后期茎叶处理（茎叶喷雾）	内吸除草
20%二甲四氯·莠去津·敌草隆可湿性粉	400～600 g/制剂用量	对一年生的杂草有效	出苗后到生长中期茎叶喷雾处埋	内吸除草
30%二甲四氯·莠灭净·敌草隆可湿性粉（乐土蔗龙乐）	300～400 g/制剂用量	对一年生的杂草有效	出苗后到生长中期茎叶喷雾处理	内吸除草

此外，防除杂草还可采用农业防除法和生物防除法，如精选种子，合理轮作，尤其是水旱轮作、及时耕翻、施用经高温堆肥腐熟的有机肥，果园树盘覆盖，加强植物检疫可防止检疫性杂草进入非疫区；利用真菌、细菌、病毒、昆虫、动物、线虫、家畜家禽，以及利用草克草、异株作用除草等生物防除方法防除杂草，如用鲁保一号防治大豆菟丝子，用 F793 病菌（1 种镰刀菌）防除

瓜类列当、尖翅小卷蛾取食香附子，斑水螟取食眼子菜，稻田放鸭，向日葵田烟草田放鹅、果园养鸡均可吃掉部分杂草。

【拓展知识】

杂草基本知识

杂草是能够在人工生境中自然繁衍其种族的植物。通俗地说，农田杂草是指人类栽培目的植物以外的田间自生植物。它们的存活是长期适应气候、土壤、耕作制度及社会因素，并与栽培作物竞争的结果。

一、杂草的一般性状

杂草在与栽培植物的相互竞争条件下，形成了许多栽培植物所不具备的特殊的生物学特性和生长发育规律。因此，了解杂草的生物学特性，就可以掌握杂草发生和为害规律，从而采取有效的防除措施，减少杂草对农业的为害。

杂草一般比农作物吸收水分和养分的能力强，生长快且旺盛。杂草种子的成熟期和出苗期参差不齐，农田杂草种子的成熟期比栽培作物早，成熟期也不一致。杂草的繁殖方式一般有种子繁殖、根茎繁殖、匍匐茎繁殖和块根、块茎繁殖。杂草有很强的生态适应性和抗逆性，能忍耐干旱、低温、盐碱和贫瘠土壤。杂草的传播方式多种多样，其中人的活动对杂草的远距离传播起主要作用。人类的引种、播种、灌溉、施肥、耕作、整地、搬运等活动，均可直接或间接地将杂草从一地传到另一地，如我国广泛为害的豚草就是从美洲传播而来的。很多杂草种子小而轻，风和水都可以传播。常见的有蒲公英、苦苣菜的种子顶端有降落伞状的冠和绒毛，可借风力飘移很远距离。

二、杂草的分类

农田杂草种类繁多，分布极广，形态特征、生活习性各异。对杂草进行分类是识别杂草的基础，而杂草的识别又是杂草的生物学、生态学研究，特别是防除和控制的重要基础。杂草的分类通常有以下几种方法：

1.按亲缘关系分类　在植物学上也叫自然分类法，将杂草按门、纲、目、科、属、种进行分类。

2.按生物学特性分类

(1)一年生杂草：指春、夏季发芽出苗，到夏、秋季开花结实后死亡，整个生命周期在1年内完成的杂草。以种子繁殖为主。它们多发生危害于秋熟旱作物及水稻等作物田，是农田的主要杂草类群。

(2)二年生或越年生杂草：这类杂草一般在夏、秋季发芽，以幼苗或根芽越冬，次年夏、秋季开花结实后死亡。整个生命周期需跨越两个年度，故又称越年生杂草，以种子繁殖为主。如看麦娘。

(3)多年生杂草：生命周期在3年以上，即指可连续生存3年以上的杂草。这类杂草一次出苗，可在多个生长季节内生长并开花结实，既能种子繁殖，又能利用地下营养器官进行繁殖。每年地上部分于结实后或于冬季死亡，而依靠地下器官越冬。次年长出新的植株，继续开花结实。如香附子、芦苇等。这类杂草对各类作物、蔬菜、果树都有危害，一旦蔓延起来，很难迅速根除。

3.按生态类型分类

(1)水生杂草：适应于水中生活的杂草。如鸭舌草、泽泻、野慈姑，菹草、黑藻等。

(2)湿生杂草：适于在水分经常饱和的土壤上生活的杂草。主要生长于稻田中，也能生长于旱作物田中，如稗、异型莎草等。

(3)中生杂草：适于在水分适中的土壤上生活的杂草。如牛筋草、狗牙根、马齿苋等很多旱田杂草都属于这一类，主要为害旱田作物。

(4)旱生杂草：能在水分较为缺乏的环境中生活的杂草。如狗尾草、猪毛蒿等，对沙地和干旱山坡的作物危害严重。

4.按形态学分类

(1)禾草类：主要包括禾本科杂草。如野燕麦、早熟禾、稗等。其主要形态特征有：茎圆或略扁，节和节间有区别，节间中空。叶鞘开张，常有叶舌。胚具1片子叶，叶片狭窄而长，平行叶脉，叶无柄。

(2)莎草类：主要包括莎草科杂草。如香附子等。茎三棱形或扁三棱形，无节与节间的区别，茎常实心。叶鞘不开张，无叶舌。胚具1片子叶，叶片狭窄而长，平行叶脉，叶无柄。

(3)阔叶草类：一般指双子叶植物杂草。茎圆形或四棱形。叶片宽阔，叶着生角度大而平展，网状叶脉，叶有柄。胚常具2片子叶。

也有按叶形来分类：分为单子叶杂草和阔叶杂草。单子叶杂草即指上述的禾本科和莎草科杂草。阔叶杂草即上述第3类阔叶草类，也称为双子叶杂草。

该分类方法虽然粗糙，但在杂草的化学防治中有其实际意义。许多除草剂就是由于杂草的形态特征获得选择性的。

【工作步骤】

1.识别各类农田杂草。

2.田间调查农田杂草的发生情况，并进行数据统计。

3.根据田间调查结果，查对防治指标，进行防治决策，制订综合防治方案。

4.采取相应措施实施农田杂草综合防治。

【巩固训练】

作业

根据当地水稻、玉米和甘蔗杂草发生为害情况，制订其杂草化学防除方案。

思考题

1.目前甘蔗田除草剂残留严重，如何解决除草剂残留问题？

2.为什么蔬菜地一般不提倡化学除草？

【课程思政】

1. 绿水青山就是金山银山

2005 年 8 月时任浙江省委书记习近平在浙江湖州安吉考察时提出了“绿水青山就是金山银山”的科学论断，也称“两山论”。我们坚持绿水青山就是金山银山的理念，坚持山水林田湖草沙一体化保护和系统治理，全方位、全地域、全过程加强生态环境保护，生态文明制度体系更加健全，污染防治攻坚向纵深推进，绿色、循环、低碳发展迈出坚实步伐，生态环境保护发生历史性、转折性、全局性变化，我们的祖国天更蓝、山更绿、水更清。

2. 建设高标准农田

高标准农田是指土地平整、集中连片、设施完善、农田配套、土壤肥沃、生态良好、抗灾能力强，与现代农业生产和经营方式相适应的旱涝保收、高产稳产，划定为永久基本农田的耕地。

广西壮族自治区高标准农田建设规划(2021—2030)以提升粮食产能为首要目标，以永久基本农田保护区、粮食生产功能区和糖料蔗生产保护区为重点区域，深入实施“藏粮于地、藏粮于技”战略，将全区高标准农田建设分为桂中盆地平原区、桂东南丘陵平原区、桂西岩溶山地区、桂东北丘陵山地区、桂南沿海平地区五大区域，将高标准农田建设规模较大和潜力较高的县(市、区)划分为浔郁平原粮食、湘桂走廊粮食、玉林盆地稻菜轮作、贺江流域粮菜轮作、右江流域粮菜轮作、左江流域糖料蔗、柳江流域糖料蔗、西北部山地玉米旱作、沿海糖菜 9 个重点建设区域，以永久基本农田保护区、粮食生产功能区和糖料蔗生产保护区为重点区域，突出抓好耕地保护和地力提升，切实补上农业基础设施短板，确保高标准农田年粮食生产能力每 667 m^2 达到 850 kg 以上。

【学习评价】

表 3-8-3 农田杂草综合防治考核评价表

序号	考核项目	考核内容	考核标准	考核方式	分值
1	农田杂草识别	农田杂草识别	能正确识别出当地各类作物农田杂草	标本考核	4
2	田间调查	能正确调查当地农田害鼠田间发生情况	能采取正确方法实地调查，数据记录正确、完整	现场考核	6
3	制订综合防治方案	能根据当地农田杂草的发生规律制订综合防治方案	防治方案制订科学、可行性强	小组评分	5
4	实施防治	能根据实际情况按照操作程序进行当地农田杂草各项防治操作，并进行防治效果调查，撰写防治总结	防治操作规范、熟练；防治总结完成认真，内容真实，有参考价值	操作考核	10

续表 3-8-3

序号	考核项目	考核内容	考核标准	考核方式	分值
5	知识点考核		农田杂草发生种类，为害状、发生特点，综合防治方法	闭卷笔试	50
6	作业、实验报告		完成认真，内容正确；调查方法正确，数据记录清楚，统计，防治决策正确	教师评分	10
7	学习纪律及态度		遵守纪律，服从安排，积极思考，能综合应用所掌握的基本知识，分析问题和解决问题	课堂考勤	15

子项目九　农田害鼠识别与治理

【学习目标】

识别农田主要害鼠，了解常用的杀鼠剂种类，学习掌握农田鼠类的主要治理方法。

【材料、用具与场地】黄毛鼠、板齿鼠、小家鼠、褐家鼠、黄胸鼠等害鼠新鲜标本或浸渍、干制标本；多媒体教学设备及课件、挂图等；鼠类发生严重的农田，市售杀鼠剂，市售灭鼠器械。

【基础知识】

一、农田害鼠识别

鼠类的主要识别依据包括体长、体重、吻、尾、耳等的形状和大小，以及毛的颜色等特征，南方农田常见鼠类的特征如下：

1. 黄毛鼠(*Rattus losea* Swinhoe)　又称罗赛鼠，属于啮齿目鼠科。主要分布在长江以南地区。杂食性，喜食多种种子、杂草根茎、蔬菜及各种小动物等。

成年鼠体长 140～165 mm，体重 100～200 g。体型中等，吻粗短，尾细长，略大于或等于体长。耳壳小而薄，向前折不到眼部，后足短。背部毛色为黄褐色或棕褐色，腹部毛色灰白，背部和腹部毛色无明显界限。尾覆有浓密的黑褐色短毛，因而尾部环状鳞不甚清晰，前后足的背面毛为白色。

2. 板齿鼠(*Bandicota indica* Bechstein)　又称大柜鼠、小拟袋鼠，属于啮齿目鼠科。我国分布在广西、广东、福建、海南、台湾、云南等省(区)。食性杂，但以植物性食物为主，如甘蔗、香蕉、水稻等，也食少量动物性食物。

成年鼠体长 220～280 mm，体重 500～750 g。体型较大，吻部短而宽，门齿粗大，略向前倾斜。耳壳较短，圆形，向前折不到眼部。头部和背部的毛长而硬，呈暗褐色，毛基灰褐色，毛尖棕黄色。腹部毛色较背部浅，尾毛短而稀疏，上下均为黑色，可见明显的环状鳞片。

3. 褐家鼠(*Ruttus norvegics* Berkenhout)　又称沟鼠、大家鼠或挪威鼠，属于啮齿目鼠科。属世界性分布的鼠类，是最常见和为害最大的一种家鼠。食性很杂，在住宅区主要盗食粮食和各种食品，在野外主要以各种成熟的作物为食。(图 3-9-1)

成年鼠一般体长 120～250 mm，体重 200～300 g。吻短，耳短厚，向前折不到眼部。尾长略短于体长，尾上鳞环比较清楚。背部毛棕褐色或灰褐色，头部和背部毛色较深，体侧毛色较浅，但背腹毛无明显界限，腹部毛灰白色，足背俱为白色。

4. 小家鼠(*Mus musculus* Linnaeus)　又叫小鼠、鼷鼠或小耗子，属于啮齿目鼠科。在我国各省、市、自治区城乡均有分布。为害农林业、食品和衣物等十分严重，食性杂，较喜食各种种子，尤其喜吃小粒谷物种子。

成年鼠一般体长 60～90 mm，体重 7～20 g。吻尖而短，耳壳圆形，耳向前折不到眼部。上颌门齿，从侧面看，有一明显缺刻。背毛呈灰褐色或黑灰色，腹毛灰黄色或灰白色，也间有棕色、纯白色背毛出现。

5. 黄胸鼠(*Rattus tanezumi* Temminck)　又称黄腹鼠、长毛鼠，属于啮齿目鼠科。主要分布在华南各省及其沿海地区，江苏、淮河以南和山东鲁南等省(区)也有发现。较喜食植物性食料和含水分较多的食物，在住宅区主要吃粮食和各种食品，在野外为害谷类、蔬菜、花生等农作物(图 3-9-2)。

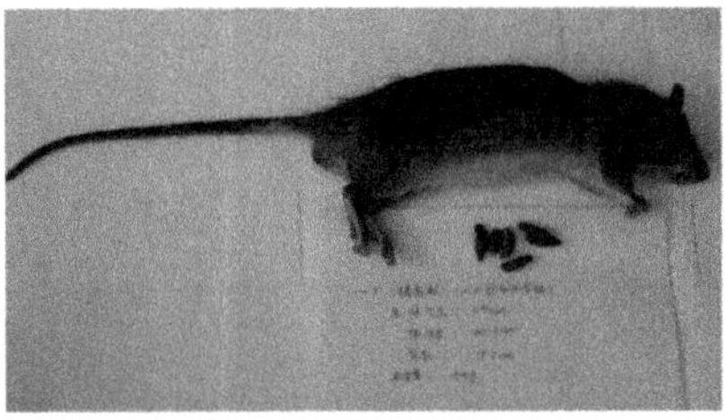

图 3-9-1　褐家鼠

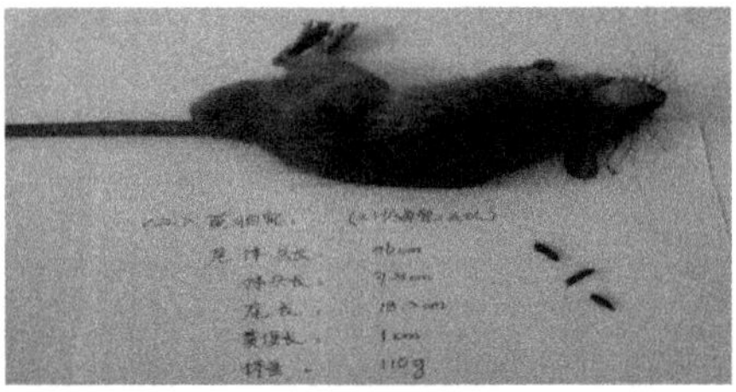

图 3-9-2　黄胸鼠

成年鼠一般体长 130～190 mm，体重 200～250 g。吻较尖，耳大而薄且长，向前折可达到眼部。背毛棕褐色，脊背杂有较多全黑色的长毛，喉部和胸部中间具有棕黄色斑，尾毛稀疏，环状鳞裸露。

农田鼠类根据其生活习性、种植结构、环境、人类活动等因素影响，各地优势鼠种存在差异，也可能存在不同时期优势鼠种不同，因此准确识别害鼠种类，可有效提高防治效率，降低损失。

二、杀鼠剂简介和施用方法

(一)常用杀鼠剂及其分类

杀鼠剂已有很长的历史。最早使用的是矿物(如白砒)和植物(如乌头)，继之是碳酸钡、黄磷、磷化锌、硫酸亚铊等天然或合成的无机化合物，以及从植物中提取的有毒成分，如士的宁、海葱素等；20 世纪 40 年代后，大量的有机合成杀鼠剂问世，如安妥、氯乙酸钠、毒鼠磷、杀鼠灵、溴敌隆等。

杀鼠剂按照作用途径分为经口毒物、熏蒸毒物和接触毒物，常用杀鼠剂以经口毒物为主，熏蒸毒物为辅，接触毒物较为少见。

杀鼠剂按照作用机制分为抗凝血剂和急性杀鼠剂。抗凝血剂包括杀鼠灵、杀鼠迷、敌鼠和敌鼠钠盐、氯敌鼠、大隆、溴敌隆、溴鼠灵、氟鼠灵等；急性杀鼠剂包括溴甲灵和敌溴灵、磷化锌、灭鼠优、胆钙化醇等。迄今为止，抗凝血剂由于效果好，对非靶标生物相对安全等是世界范围内的常用杀鼠剂，近年来，随着人们对环境的重视，胆钙化醇等新兴的安全环保杀鼠剂也逐年受到重视。

（二）杀鼠剂的评价标准

常用的杀鼠剂以毒饵形式使用，主要包括诱饵（稻谷、麦粒、混合饵料），添加剂（引诱剂、警戒色、催吐剂）和杀鼠成分组成。杀鼠剂的主要评价指标包括：毒力、适口性、耐药性和抗药性、稳定性以及解毒剂等条件。不同有效成分的杀鼠剂毒力、稳定性和解毒剂相对固定，可根据实际需求、耐药性和抗药性选择不同有效成分的杀鼠剂，相同有效成分的杀鼠剂优劣的主要评价标准是适口性的差异。

（三）杀鼠剂的施用方法

杀鼠剂的选择。灭鼠可根据鼠害密度选择不同的杀鼠剂。如鼠害密度高，可选用急性毒饵，因种群数量多，食料相对缺乏，害鼠往往饥不择食，可一次性杀死大量害鼠，降低密度。若鼠害密度低，多选用慢性毒饵，目前常用的投饵方法有按洞投毒，按洞群投毒，等距离条撒或条投等，根据不同的鼠种和密度选择不同的方法。

如鼠洞明显易找，则采用按洞投毒，即将毒饵投放在鼠洞两旁 10～20 cm 处，或跑道两侧。对于群居鼠类，采用洞群投毒，即以洞群中央为中心，将毒饵向四周撒开。

鼠洞不易寻找的田块采用等距离条撒或条投方式。即将毒饵投在田埂、地边等特殊环境内侧，围地 1 周，每隔 5 m 投 1 堆，每堆 15～20 g。田块宽度每超过 30 m 需多投 1 行毒饵，每 5 m 投 1 堆，每堆 15～20 g。

毒饵应尽量投放在田鼠易取食的地方。投饵重点位置可以概括为“四边、四角、加两口”。“四边”指庭院房屋边，沟渠、塘、溪边，桥头、道路边，坡坎、荒丘边；“四角”指每丘水田和旱地的各个拐角；“两口”指鼠洞口和田埂豁口（进出水口）。鼠在这些位置活动频率高，可以重点投饵。

投饵方法包括饱和投饵法、间断投饵法和长期放置毒饵盒法。慢性杀鼠剂如第 1 代抗凝血剂杀鼠灵、敌鼠钠等通常采用饱和投饵法，即第 1 d 投饵，第 2 d 检查，每饵点被吃掉多少即补多少，全部被吃光则加倍补投，每天检查至不吃为止，连续投放 7～10 d，如超过 20 d 仍有取食则换用急性杀鼠剂。第 2 代抗凝血剂如大隆、溴敌隆等通常采用间断投饵法，即第 1 d 投 1 次，然后每隔 7 d 投 1 次，共投 3～4 次。

长期灭鼠采用长期放置毒饵盒法。

三、农田害鼠的防治方法

预防为主，综合防治是防治害鼠的方针。要健全害鼠预测预报体系，监控主要害鼠的种群动态力争主动，采取有效措施控制其暴发，压低种群密度。在防治害鼠时，要综合应用各种措施，达到理想的经济效益、社会效益和生态效益。治理鼠害的方法较多，归纳起来有化学法、器械法、生物法、生态法和综合防治。化学法是目前鼠害防治中常用的方法，也称药物灭鼠法，包括毒饵法和毒气法。

(一)农业防治

结合农业生产,努力创造不适宜害鼠栖息、取食、生存、繁殖的环境条件,减轻为害,以达到防鼠的目的。其措施包括耕翻与平整土地,整修田埂、沟渠,清除田间杂草,合理布局农作物,及时收获,精收细打,坚壁清野,改造房舍、仓库等。

耕翻和平整土地,可破坏鼠穴,恶化栖息环境,提高死亡率。结合秋翻、秋灌和冬闲整地,破坏害鼠越冬地。农作物的布局、品种搭配及耕作制度等与鼠类发生程度密切相关,一般在同一时期、同一地区、单一作物连片种植区比多种作物混栽或套种区的鼠害轻,水旱轮作区比旱旱轮作区轻,早、中、晚熟品种同存区比同一品种区重,作物播种期及成熟、结果期比其他时期重。

食物是鼠类赖以生存的基础,设法减少或中断食料来源,可有效控制害鼠种群密度。改善住房条件,采用水泥地板、水泥墙,门、窗坚实无缝,下水道口、厕所坑口加装防鼠网,房顶采用水泥板等坚硬材料,墙壁抹光,防止鼠类攀爬等。

(二)生物防治

诸多鸟类、兽类、蛇类等都是鼠类的天敌。鸟类中的猫头鹰、隼、雕等都大量捕食鼠类,兽类中的貉、豺、貂、獴、狐、鼬、花面狸、原猫、小灵猫、大灵猫、关獾狸、刺猬以鼠类为食物来源之一,人类饲养的猫也是捕鼠能手,绝大多数蛇类都是捕食鼠类的行家,可深入鼠洞进行捕食。在南亚一些产稻国家甚至将蛇看作农作物丰收的保护神而加以保护。体重仅 700 g 的艾虎全年可捕鼠兔约 1 543 只,鼢鼠约 470 只。保护这些鼠类的天敌,为其创造、提供适宜的生活环境,对长期安全、经济控制鼠类为害有十分重要的意义。

利用病原微生物灭鼠,也是生物防治的方法之一。像沙门氏菌中的但尼兹氏菌、密雷日可夫斯基氏菌、依萨琴柯氏菌、5170 菌等细菌及鼠痘病毒、黏液瘤病毒等病毒和文美氏球虫等寄生虫,都曾在实验室及实践中被应用于灭鼠工作。我国利用 C 型肉毒梭菌产生毒素灭鼠,效果较好,但考虑到病原微生物对鼠致病力的变异,对人、畜及其他非靶动物的安全等问题,需十分慎重。

(三)物理防治

物理防治即采用捕鼠器械防治害鼠。灭鼠的器械有:利用力学平衡原理和杠杆作用制成的捕鼠夹、笼、箱、箭、扣、套等,利用电学原理制成的电子捕鼠器等,还有黏鼠胶、压鼠板等。虽费工,成本高,投资大,但无环境污染,灭鼠效果明显,使用方便,可供不同季节、不同环境、不同目的要求捕杀鼠类使用,尤其适用于家庭灭鼠,是控制低密度鼠害的有效措施。

此外,灌洞灭鼠、水淹灭鼠、超声波灭鼠等也属物理灭鼠法。物理防治是综合防治的重要组成部分。

(四)化学防治

化学防治指用有毒药物毒杀或驱逐鼠类的方法,是短期内杀灭大量害鼠的主要方法。化学防治见效快,效果好,使用方便,效率高。但污染环境,易引起非靶动物中毒及造成二次中毒(猫、蛇、鹰等动物误食被毒杀死鼠后引起中毒)。

1. 掌握鼠情,制订防治方案　调查了解当地主要害鼠的数量及分布情况,了解当地受害作物、受害程度、受害面积及达到防治指标面积,再根据气候条件、耕作制度、生态环境条件及自然资源等因素,制订可行的防治方案,包括防治对象、防治适期、药剂种类及施药方法等。

2. 统一行动，大面积连片防治　大面积连片统一防治，可大大减少漏网的可能性，也有利于控制鼠害的流窜迁移，并提高了防治的经济性和高效性。

3. 突击性防治与经常性防治相结合，保持害鼠长期处于低密度水平　化学防治需与其他防治方法配套使用，才能真正达到长期控制鼠类为害的目的。

4. 安全用药，防止二次中毒　选择毒力适中，对标靶动物（鼠类）毒力强而对非靶动物毒力弱的药物。加强对药物的安全管理，专人保管、发放、使用。小心或避免使用无特效解毒药物的杀鼠药物。对死鼠应及时深埋、烧毁。

【拓展知识】

一、鼠类基本知识

鼠是动物界脊索动物门哺乳纲啮齿目鼠科动物的统称。

1. 形态特征　鼠类体形较小，全身披毛，体躯可分为头、颈、躯干、四肢和尾 5 个部分。通常身体细长，四肢粗短，尾巴细长，头部小而圆，耳朵大而直立，上下颌上各长有一对非常强大的门齿，并且终生不断生长（啮咬食物、打穴穿洞）。通常有灰色或棕色的毛皮，但也有其他颜色的品种。

2. 食性及取食习性　老鼠食性广泛，喜欢吃谷物、种子，常盗食农作物，也能够吃昆虫、鸟蛋、腐肉和其他动物的尸体，甚至可以取食肥皂、蜡烛等。在食物种类和数量都丰富时，优先取食适口性好、营养价值高的食物。喜欢啃咬，老鼠的牙齿不断生长，因此需要不断啃咬物体来磨牙，喜欢啃咬各种物质，包括木头、电线、皮革等，有时也会咬人。

3. 鼠类的栖息地　是指鼠类筑窝居住、寻找食物、交配繁殖以及越冬的场所。老鼠能够寻找最佳的栖息地，常栖息于住宅、阴沟、草堆、耕地、菜园、坟地、河堤等处。大多数老鼠善于挖穴打洞，常在墙旮旯里、牲口圈、仓库、伙房处打洞筑窝。洞穴是老鼠贮粮、越冬、休息和繁殖的场所，具有隐藏身体，躲避不良气候和天敌的功能。洞穴结构与鼠的种类及其生活环境、活动季节等有关。洞穴通常由洞口、洞道、窝巢、仓库、粪洞、盲道、暗窗及洞外的抛土和跑道组成。一般有鼠居住的洞穴，洞口光滑、整齐、无蜘蛛网，有鼠的足迹和跑道，洞口周围有新鲜、疏松、堆状的土丘，并有鼠粪和鼠尿。

4. 鼠类活动规律　活动包括觅食、打洞、筑巢、求偶、避敌、迁移等。鼠类活动分为 3 种类型：白昼活动型、夜间活动型和昼夜活动型。夜间活动型鼠类昼伏夜出，午夜活动最活跃。多数鼠类善于攀爬和游泳，能够快速攀爬树木或电线，也能够在水面上游泳。鼠类有“沿边活动”的习性，常在活动时沿着田埂、田边、墙根或固定物边行走，形成鼠路。适应性强，老鼠能够适应不同的气候、食物和环境条件，甚至在极端条件下也能生存。警觉性高，在生长过程中会不断探索周围环境的物体、食源、地形、躲藏场所，不断适应生存繁衍的环境，如尝试环境中的食物时，先少量取食，随后逐渐增加，提防因摄食不当引起中毒死亡。通常出生后 3 个月到 2 年内活动能力最强。幼鼠长大（一般断奶）后要进行分洞。

5. 鼠类的迁移　鼠类的迁移分为季节性迁移和扩散性迁移两种。季节性迁移最明显的种类是家鼠。春、夏季节野外食物丰富，就在野外生活，秋、冬季节又迁入居室。所以通常秋、冬期间的居室内鼠害最为严重。扩散性迁移的原因有幼鼠长大(一般断奶)后要与亲鼠分居,寻觅新的栖息领域,或者是由于原栖息地受到干扰破坏,或食源缺乏,鼠类发生疫病等原因,鼠类大量迁移另觅食源地。

6.性成熟早、繁殖力强　根据鼠类的生长阶段,一般分为幼鼠、亚成体鼠(断奶到性成熟)、成体鼠(性成熟)、老体鼠(衰老阶段)4个年龄组。鼠类的寿命与繁殖和个体大小有关,繁殖力强、个体小的寿命短一般1～2年如小家鼠;繁殖力弱、个体大的寿命长,一般3～5年,如褐家鼠3年。繁殖力能力强,性成熟快,怀孕期短,年繁殖次数多,每胎产仔量大。每年繁殖6～10次,每胎5～14仔或更多。母鼠受孕不到3个月,即可产仔,仔鼠2～3个月成熟,即可繁殖后代。一对老鼠在一年内可以生育多达数百个后代。由于较强的繁殖能力,通常灭鼠达标后半年内,又会恢复到达标前的鼠密度。

7.鼠类的社交行为　老鼠是一种社交动物,它们会通过各种方式进行交流和互动,例如通过气味、声音、肢体语言等。

8.鼠类危害的表现　损坏农作物:老鼠会啃食粮食、蔬菜、水果等各种农作物,对农业生产造成严重的损失。开挖洞穴、破坏农田;取食草根和作物根、破坏牧场和水土保持;污染食物,传播疾病:老鼠在觅食过程中会在食物上留下自己的粪便、尿液等污染食物,其身上可能携带传播鼠疫、流行性出血热、钩端螺旋体等多种疾病,严重威胁人们身心健康。损害财物、引发火灾:老鼠喜欢啃咬各种物品,包括家具、电缆、衣物、食物等,对财物造成严重的破坏,老鼠在电路、电器周围活动时,可能会引发火灾。

二、禁用和限用杀鼠剂

由于毒力、对非靶标生物安全性、解毒剂、环境影响等因素,我国已禁用的杀鼠剂有5种,分别为氟乙酰胺、氟乙酸钠、甘氟、毒鼠强和毒鼠硅。已停止使用的杀鼠剂有亚砷酸(砒霜)、安妥、灭鼠优、灭鼠安、士的宁、红海葱(海葱)、毒鼠碱和鼠立死等。《限制使用农药名录(2023版)》,共23种,其中C型肉毒梭菌毒素、D型肉毒梭菌毒素、氟鼠灵、敌鼠钠盐、杀鼠灵、杀鼠迷、溴敌隆、溴鼠灵等常用杀鼠剂在列,要求此类杀鼠剂定点经营。

【工作步骤】

1.识别主要农田害鼠。

2.制订农田害鼠调查方案,并实施农田害鼠调查,进行数据统计。

3.根据田间调查结果,查对防治指标,进行防治决策,制订综合防治方案。

4.采取相应措施实施农田害鼠综合防治,调查防治效果,写出调查报告。

【巩固训练】

作业

根据当地鼠害的发生情况设计合理的投放方式,做毒饵投放试验。

思考题

1. 如何做到鼠类的综合防治？

2. 常见的杀鼠剂有哪几种？

【课程思政】

1. 青年强，则国家强

当代中国青年生逢其时，施展才干的舞台无比广阔，实现梦想的前景无比光明。全党要把青年工作作为战略性工作来抓，用党的科学理论武装青年，用党的初心使命感召青年，做青年朋友的知心人、青年工作的热心人、青年群众的引路人。广大青年要坚定不移听党话、跟党走，怀抱梦想又脚踏实地，敢想敢为又善作善成，立志做有理想、敢担当、能吃苦、肯奋斗的新时代好青年，让青春在全面建设社会主义现代化国家的火热实践中绽放绚丽之花。

2. 办好人民满意的教育

教育是国之大计、党之大计。培养什么人、怎样培养人、为谁培养人是教育的根本问题。育人的根本在于立德。全面贯彻党的教育方针，落实立德树人根本任务，培养德智体美劳全面发展的社会主义建设者和接班人。坚持以人民为中心发展教育，加快建设高质量教育体系，发展素质教育，促进教育公平。

3. 实施就业优先战略

就业是最基本的民生。强化就业优先政策，健全就业促进机制，促进高质量充分就业。健全就业公共服务体系，完善重点群体就业支持体系，加强困难群体就业兜底帮扶。统筹城乡就业政策体系，破除妨碍劳动力、人才流动的体制和政策弊端，消除影响平等就业的不合理限制和就业歧视，使人人都有通过勤奋劳动实现自身发展的机会。

4. 预防杀鼠剂二次中毒

目前，我国对杀鼠剂实行政府管控，定点经营。有些杀鼠剂毒性较高，易引起二次中毒，而人食用二次中毒而死亡的动物也易引起中毒甚至死亡，所以，禁止食用不明原因死亡的家禽家畜。目前有多种形式的专门用于投放杀鼠剂而避免猫、蛇、鹰等动物误食的毒鼠屋。

【学习评价】

表 3-9-1　农田害鼠综合防治考核评价表

序号	考核项目	考核内容	考核标准	考核方式	分值
1	农田害鼠识别	农田害鼠识别	能正确识别出当地各类作物农田害鼠	标本考核	4
2	田间调查	能正确调查当地农田害鼠田间发生情况	能采取正确方法实地调查，数据记录正确、完整	现场考核	6

续表 3-9-1

序号	考核项目	考核内容	考核标准	考核方式	分值
3	制订综合防治方案	能根据当地农田害鼠的发生规律制订综合防治方案	防治方案制订科学、可行性强	小组评分	5
4	组织实施综合防治	能正确组织实施防治农田害鼠的各项操作，并进行防治效果调查，撰写防治总结	防治操作规范、熟练；防治总结完成认真，内容真实，有参考价值	操作考核	10
5	知识点考核		害鼠发生种类，为害状、发生规律，综合防治方法	闭卷笔试	50
6	作业、实验报告		完成认真，方法正确，数据记录清楚，防治决策正确	教师评分	10
7	学习纪律及态度		遵守纪律，服从安排，积极思考	课堂考勤	15

项目四
农药（械）使用

【学习目标】

1. 掌握农药的稀释计算方法，能进行药液、毒土及其他多种剂型农药的稀释配制。

2. 了解主要农药的性能，能根据有害生物的发生特点，对症选药，采用正确的施药方法，在合适的时间科学用药。

3. 了解农药安全使用常识和农药中毒急救方法。

4. 了解主要药械的结构、性能，能正确使用、保养主要类型的机动药械。

子项目一　农药(械)的准备

【学习目标】

熟悉常用农药剂型的物理性状和应用特点，掌握鉴别常用农药的简易方法，了解农药的分类方法。

任务　常用农药性状和简易鉴别

【材料及用具】当地常用的杀虫剂、杀螨剂、杀菌剂、除草剂等。如80%敌敌畏乳油、1.8%阿维菌素乳油、40%辛硫磷乳油、40%毒死蜱乳油、20%甲氰菊酯乳油、3%啶虫脒乳油、苏云金杆菌乳油、白僵菌粉剂、10%吡虫啉可湿性粉剂、25%噻嗪酮可湿性粉剂、20%达螨酮乳油、20%三环唑可湿性粉剂，50%多菌灵可湿性粉剂、50%敌克松可湿性粉剂、80%敌百虫可溶性粉剂、50%烯啶虫胺可溶性粒剂、10%烯啶虫胺水剂、25%杀虫双水剂、30%草甘膦水剂、50%噻虫嗪水分散粒剂、30%毒死蜱水乳剂、25%灭幼脲胶悬剂、25%辛硫磷微胶囊剂、3%辛硫磷颗粒剂、3%毒死蜱颗粒剂、70%吡虫啉拌种剂、70%噻虫嗪种子处理可分散粒剂、2.5%百菌清烟剂、30%一熏灵Ⅱ号圆柱形块状固体（烟雾剂）磷化铝片剂（可根据当地具体情况自行选择，但剂型要尽量齐全）。天平、牛角匙、试管、量筒、烧杯、玻璃棒等。

【基础知识】

一、农药的定义及分类

农药是指用于预防、控制危害农业、林业的病、虫、草、鼠和其他有害生物以及有目的地调节植物、昆虫生长的化学合成或者来源于生物、其他天然物质的一种物质或者几种物质的混合物及其制剂。农药用于有害生物的防除称为化学防治,用于植物生长发育的调节称为化学调控。

(一)按原料的来源及成分分类

按原料的来源及成分可分为无机农药和有机农药两大类。

1. 无机农药　主要由天然矿物质原料加工、配制而成的农药,故又称矿物性农药。常见的有石灰、硫黄、硫酸铜等。目前使用较多的品种有:硫悬浮剂、石灰硫黄合剂、王铜、氢氧化铜、波尔多液、磷化锌、磷化铝以及石油乳剂。可以用作杀虫剂、杀鼠剂、杀菌剂和除草剂。

2. 有机农药　主要由碳氢元素构成的一类农药,且大多数可用有机化学合成方法制得。有机农药又可根据其来源及性质分为生物源农药和人工化学合成的有机农药两类。

(1)生物源农药:是指利用生物源开发的农药。包括植物源农药、动物源农药和微生物源农药3类:①植物源农药有烟碱、除虫菊素、鱼藤酮、藜芦碱、茴香素、大蒜素、印楝、赤霉素、生长素、脱落素等;②动物源农药有斑蝥素、沙蚕毒素类杀虫剂如杀虫双、保幼激素类似物如烯虫酯、性诱剂,活体天敌动物如赤眼蜂、捕食螨等;③微生物源农药有井冈霉素、春雷霉素、链霉素、土霉素、白僵菌、苏云金杆菌、鲁保一号等;④矿物油农药(石油乳剂等)。

(2)人工化学合成的有机农药:可按其化学结构分为有机磷农药、氨基甲酸酯类农药、拟除虫菊酯类农药等十多类农药。

(二)按防治对象分类

按防治对象可分为杀虫剂、杀螨剂、杀鼠剂、杀软体动物制剂、杀菌剂、杀线虫剂、除草剂、植物生长调节剂等。

(三)按作用方式分类

1. 杀虫剂　是用来防治农、林、卫生及贮粮害虫的农药。可分为以下几类:

(1)胃毒剂:只有被昆虫取食后经肠道吸收进入体内,到达靶标才可起到毒杀作用的药剂。如敌百虫,适合防治咀嚼式口器的昆虫。

(2)触杀剂:接触到昆虫体(常指昆虫表皮)后便可起到毒杀作用的药剂。如拟除虫菊酯类杀虫剂。触杀剂对各种口器的害虫均适用,但对体被蜡质分泌物的介壳虫、木虱、粉虱等效果差。

(3)熏蒸剂:以气体状态通过昆虫呼吸器官进入体内而引起昆虫中毒死亡的药剂。如磷化铝、溴甲烷等。熏蒸剂应在密闭条件下使用,效果才好。目前熏蒸剂不允许用在农业生产,只允许用在检疫性有害生物的防治及物品贮藏。

(4)内吸剂:使用后可以被植物体(包括根、茎、叶及种、苗等)吸收,并可传导运输至其他部位组织,使害虫吸食或接触后中毒死亡的药剂,如吡虫啉、吡蚜酮等。内吸剂对刺吸式口器的昆虫防治效果好，对咀嚼式口器的昆虫也有一定防治效果。

(5)拒食剂：可影响昆虫的味觉器官，使其厌食、拒食，最后因饥饿、失水而逐渐死亡，或因摄取营养不足而不能正常生长发育的药剂，如印楝素、类柠檬苦素等。

(6)驱避剂：施用后可依靠其物理、化学作用(如颜色、气味等)使害虫忌避或发生转移、潜逃，从而达到保护寄主植物或特殊场所的目的，如驱蚊油、樟脑、香茅油。

(7)引诱剂：使用后依靠其物理、化学作用(如光、颜色、气味、微波信号等)可将害虫诱集而利于歼灭的药剂，如糖醋液。

其他还有黏捕剂，如松脂合剂；绝育剂，如噻替派；昆虫生长调节剂，如灭幼脲Ⅲ；增效剂，如芝麻素等。这类杀虫剂本身并无多大毒性，而是以其特殊的性能作用于昆虫。一般将这些药剂称为特异性杀虫剂。

实际上，绝大多数有机合成杀虫剂，它们的杀虫作用往往是多方面的。如杀虫剂对害虫具有触杀、胃毒、内吸和熏蒸作用。凡具两种以上杀虫作用的称综合杀虫剂。但为了使用方便，以主要作用方式归于某类。如辛硫磷具触杀和胃毒作用，但主要起触杀作用，所以将其归于触杀剂。

2.杀螨剂　用来防治植食性螨类的药剂，如克螨特等。按作用方式多归为触杀剂，但也有内吸作用。

3.杀鼠剂　是指毒杀鼠类的药剂，主要是胃毒作用。分为无机杀鼠剂，如磷化锌和有机合成杀鼠剂，如敌鼠等。目前，多趋以化学成分为主，结合防治对象进行农药分类。

4.杀菌剂　用以预防或治疗植物真菌或细菌病害的药剂。按作用原理可分为：

(1)保护性杀菌剂：在病害流行前(即当病原菌接触寄主或侵入寄主之前)施用于植物体可能受害的部位，以保护植物不受侵染的过程，如波尔多液、代森锌等。

(2)治疗性杀菌剂：在植物已经感病以后，可用一些非内吸杀菌剂，如硫黄直接杀死病菌，或用具内渗作用的杀菌剂，可渗入植物组织内部，杀死病菌，或用内吸杀菌剂直接进入植物体内，随着植物体液的运输传导而起治疗作用的杀菌剂，如三唑酮、甲基托布津。

(3)铲除性杀菌剂：对病原菌有直接强烈杀伤作用的药剂。这类药剂常为植物生长期不能忍受，故一般只用于播前土壤处理、植物休眠期或种苗处理。

5.杀线虫剂　是用来防治植物线虫病害的药剂，如淡紫拟青霉、棉隆、威百亩等。

6.除草剂　防除杂草和有害植物的药剂，按对植物作用的性质可分为：

(1)输导型除草剂：施用后通过内吸作用传至杂草的敏感部位或整个植株，使之中毒死亡的药剂。

(2)触杀型除草剂：不能在植物体内传导移动，只能杀死所接触到的植物组织的药剂。在除草剂中，习惯上又常分为选择性和灭生性两大类。①选择性除草剂：即在一定浓度和剂量范围内杀死或抑制部分植物而对另外一些植物安全的药剂，如阔叶宝可防除阔叶杂草，而对禾本科杂草无效等；②灭生性除草剂：在常用剂量下可以杀死所有接触到药剂的绿色物体的药剂，如草甘膦。

二、农药剂型

(一)农药的辅助剂

有机合成农药的生产分两个阶段：第一阶段为工厂合成的原药生产，第二阶段为加工剂型的生产。工厂里生产出来未经加工的农药称之为原药，如为固体状态则称之原粉，若是液体状态则称之原油，原药一般不能直接使用。凡与农药原药混合后，能改善制剂理化性质，增加药效和扩大使用范围的物质称农药辅助剂。农药辅助剂本身无生物活性，但能改善原药及制剂的性能，农药辅助剂的种类有：①溶剂（如苯、甲苯等）；②填料（如黏土、滑石粉、硅藻土等）；③湿润剂（如茶枯、纸浆废液及洗衣粉等）；④乳化剂[如双甘油月桂酸钠，蓖麻油聚氧乙基醚，烷基苯基聚氧乙基醚（浓乳 100 号）]，烷基苯磺酸钙（浓乳 500 号等）；⑤黏着剂（如明胶、乳酪等）。

（二）农药的主要剂型

原药加入辅助剂，经过加工制成便于使用的一定药剂形态，叫作剂型。

在一种农药剂型中按其有效成分含量、用途不同等可生产很多产品，这称为农药制剂。农药名称是它的生物活性即有效成分的称谓。一般来说，一种农药的名称有化学名称、通用名称、商品名称和代号（一个或多个）几种。

1. 化学名称　是按有效成分的化学结构，根据化学命名原则，定出化合物的名称。

2. 通用名称　即农药品种简短的世界通用的“学名”，是标准化机构规定的农药生物活性有效成分的名称，一般是将化学名称中取几个代表化合物生物活性部分的音节来组成，经国际标准化组织（简称 ISO）制定并推荐使用，例如三环唑为 tricylazole。通用名称第一个字母为英文小写。

中华人民共和国国家质量监督检验检疫总局、国家标准化管理委员会 2009 年 4 月发布了最新农药中文通用名称（GB 4839—2009），它规定了在中国国内通用的农药中文通用名称，其他中文名称应停止使用，以免混乱。

3. 商品名称　农药生产厂为其产品在有关管理机关登记注册所用名称，用以满足商品流通时需要。英文商品名称的第一个字母应为大写字母，右上角注 R。商品名称是受法律保护的，某厂生产的某个产品不能以另一厂同一品牌的商品名称上市，即使有效成分、含量、剂型完全相同，也是如此，否则就是侵权。这样，同一种商品化的农药制剂出自不同厂家，就有不同的商品名称。有时同一厂家生产同一有效成分的农药制剂，因有效成分含量不同、用途不同、助剂成分不同或包装及规格不同，就可以有不同的商品名称。

我国规定，农药制剂（单一和混合）通用名称由有效成分在制剂中的百分含量（质量）、有效成分的中文通用名称和剂型名称三部分组成，如 20%吡蚜酮乳油。混合制剂的通用名称可采用各有效成分通用名称的词头或代词组成。

我国实行农药登记制度、生产许可制度，产品须符合农药标准（企业标准或行业标准或国家标准）。生产（包括原药生产、制剂加工和分装）农药和进口农药，农药在进入市场之前，生产厂家（商）须向国家主管农药登记的机构申请登记，经审查批准发证后，才能组织生产，产品符合农药标准，获得农药生产许后才能作为商品进入市场销售。农药“三证”是指农药登记证、农药生产许可证或者农药生产批准文件和农药标准。

我国规定农药包装应当符合国家有关规定，并印制或者贴有标签。农药标签应以中文标注农药的名称、剂型、有效成分及其含量、毒性及其标识、使用范围、使用方法和剂量、使用技术要求和注意事项、生产日期、可追溯电子信息码等内容。剧毒、高毒农药以及使用技术要求严格的其他农药等限制使用农药的标签还应当标注“限制使用”字样，并注明使用的特别限制和特殊要求。用于食用农产品的农药的标签还应当标注安全间隔期。农药包装过小，标签不能标注全部内容的，应当同时附具说明书，说明书的内容应当与经核准的标签内容一致。

在农药包装标签上用不同颜色的标志带表示不同的农药类别(按用途分):除草剂——绿色,杀虫剂——红色,杀菌剂——黑色,杀鼠剂——蓝色,生长调节剂——深黄色。

正确选用农药剂型和相适应的使用方法有着重要意义。在植物化学保护中,当被采用的农药品种确定后,选用适当的农药剂型和相适应的使用方法是非常重要的。这不但能提高防治效果、节省农药有效成分含量、提高施药工效和减轻劳动强度,而且往往能达到防止农药对环境的污染、减轻或避免农药对有益生物的杀伤的效果,还能提高对施药人员和对作物的安全性。

常见的农药剂型有以下几种:

(1)粉剂(dustalble powder,DP):是原药与一定量的惰性粉,如黏土、高岭土、滑石粉等混合、粉碎、过筛而成。粉剂不易被水湿润,不能兑水喷雾。一般高浓度的粉剂用于拌种、制作毒饵或土壤处理,低浓度的粉剂用作喷粉。粉剂加工容易,在缺水地方使用方便,喷粉快。

(2)可湿性粉剂(wettable powders,WP):是农药原粉与一定量的湿润剂、分散剂和填料,经过粉碎加工而成。一般有效成分含量高。可湿性粉剂可兑水喷雾,一般不用作喷粉。因为它分散性能差,浓度高,易产生药害,价格也比粉剂高。

(3)可溶性粉剂(soluble powders,SP):用水溶性固体农药制成的粉末状物。可兑水使用,成本低,但不宜久存,不易附着于植物表面。

(4)水分散颗粒剂(water dispersible granule,WDG):由原药、润湿剂、分散剂、隔离剂、稳定剂、黏结剂、润滑剂、填料或载体组成。具有非常好的药效,具备可湿性粉剂、水悬浮剂的优点且无弊病。水分散颗粒剂产品有效成分含量往往较高,相对节省了不发挥作用的助剂及载体的用量,节省了包装、贮运费用等,是目前我国极有广阔市场前景的剂型之一。如70%吡虫啉水分散颗粒剂、75%嗪草酮水分散颗粒剂等。

(5)颗粒剂(granule,GR):由原药、载体(煤渣或土粒辅助剂)和助剂加工成的颗粒状物。如1%杀虫双颗粒剂,主要用于土壤处理,残效长,用药量少。

(6)水剂(aqueous solution,AS):是利用某些原药能溶解于水中而又不分解的特性,直接用水配制而成的液体。该剂型优点是加工方便,成本较低,药效与浮油相当。但不易在植物体表面湿润展布,黏着性差,长期贮存易分解失效,化学稳定性不如乳油,如25%杀虫双水剂。

(7)超低容量喷雾剂(ULV):原药加入油质溶剂、助剂制成,专门供超低容量喷雾,一般含有效成分是20%~50%的油剂。施用时不用兑水而直接喷雾,单位面积用量少,工效高,适于缺水地区。目前国内使用的有5%敌杀死超低量喷雾剂等。

(8)片剂(DT):原药加入填料、助剂制成的片状物,如磷化铝片剂,该剂型施用方便,剂量准确,污染轻。

(9)悬浮剂(suspension concentrate,SC):是指借助于各种助剂(润湿剂、增黏剂、防冻剂等),通过湿法研磨或高速搅拌,使原药均匀分散于介质(水或有机溶剂)中,形成一种颗粒极细、高悬浮、可流动的液体药剂。悬浮剂颗粒直径一般为0.5~5 μm,原药为不溶于水的固体原药。该剂型的优点是悬浮颗粒小,分布均匀,喷洒后覆盖面积大,黏着力强,因而药效比相同剂量的可湿性粉剂高,与同剂量的乳油相当,生产、使用安全,对环境污染轻,施用方便。如20%灭幼脲三号悬浮剂、48%多杀霉素悬浮剂等。

(10)乳油(emulsifiable concentrate,EC):又称乳剂,由农药原油、溶剂和乳化剂相互溶解而成透明油状液体,如50%辛硫磷乳油等。乳油适于兑水喷雾用,用乳油防治害虫的效果比同种药剂的其他剂型好,残效期长,其最大缺点是耗用大量有机溶剂、污染环境、易燃而不安全。

(11)烟剂(smokes):原药加入燃料、氧化剂、消燃剂和引芯制成。点燃后燃烧均匀,成烟率高,无明火,原药受热气化,再遇冷凝结成微粒飘浮于空间。一般用于防治温室大棚、林地及仓库病虫害。

其他剂型还有:主要有熏蒸剂、浓乳油、油剂、油悬浮剂、水悬浮剂、微囊剂、缓释剂、胶悬剂、毒笔、毒绳、毒纸环、毒签、胶囊剂等。随着农药加工技术的不断进步,各种新的制剂被陆续开发利用。如微乳剂、固体乳油、悬浮乳剂、可流动粉剂、漂浮颗粒剂、微胶囊剂、泡腾片剂等。

【工作步骤】

一、辨识常见农药物理性状

利用给定的上述农药品种,正确地辨识粉剂、可湿性粉剂、水分散颗粒剂、乳油、颗粒剂、水剂、烟剂、悬浮剂等在物理外观上的差异。

二、农药质量的简易鉴别

(一)外观质量鉴别法

在购买农药时,在外观质量上可从以下几方面进行初步鉴别。

1.检查农药包装　看包装是否有渗漏、破损。好的农药外包装坚固,商标色彩鲜明,字迹清晰,封口严密,边缘整齐。

2.查看标签　看标签是否完整,内容、格式是否齐全、规范,成分是否标注清楚。特别注意查看是否标有"三证号"(农药登记证号、农药生产许可证或批准文件号和农药标准号)、生产日期和有效期。按我国规定,农药的有效期一般为2年,过期农药质量很难保证。

3.外观上判断农药质量　质量好的农药外观上表现以下特征:乳油(剂)为透明的液体,无分层或沉淀现象;可湿性粉剂和粉剂无结块和大块颗粒,手感疏松均匀;悬浮剂放置一定时间后可能有分层和沉淀,但经摇晃后能迅速恢复原状,不应有明显沉淀;颗粒剂大小色泽均匀,粉末状物质较少。

(二)物理性状鉴别法

在外观鉴别的基础上,若还不能确定其质量优劣,可进一步做简单的物理性状鉴别。

1.水溶法

(1)简易鉴别粉剂、可湿性粉剂

取少量药粉轻轻撒在水面上,长期浮在水面的为粉剂,在1 min内粉粒吸湿下沉,搅动时可产生大量泡沫的为可湿性粉剂。

(2)测定可湿性粉剂、水分散性粒剂质量

取5 g可湿性粉剂倒入盛有200 mL量筒内,轻轻搅动放置30 min,观察药液的悬浮情况。沉淀越少,药粉质量越高。如有大量粉剂颗粒沉淀,表示可湿性粉剂的质量不高,为不合格产品。

取少许水分散性粒剂倒入盛有水的量筒内,崩解时间短,且溶解迅速,轻摇后溶于水中,无沉淀。不合格产品轻摇后不溶于水。

(3)测定乳油质量

将 2～3 滴油滴入盛有清水的试管中，轻轻振动荡，观察油水融合是否良好；稀释液是否成为半透明或乳白色均匀的乳状液；稀释液中有无油层，漂浮或沉淀。稀释后油水融合良好，呈半透明或乳白色稳定的乳油状液，表明乳油的乳化性能好；若出现少许油层，表明乳化性尚好；出现大量油层、乳油被破坏，则不能使用。

2. 加热法　悬浮剂放置一定时间易沉淀结块，将药瓶放在热水中 1 h，沉淀物缓慢溶化的说明药剂方可以使用；若沉淀物不溶化，则说明药剂失效或过期。

3. 灼烧法　取少许粉剂放在金属匙上在火焰上加热，若有白烟冒出，该药剂可以使用，若迟迟无烟，则说明药剂失效或过期。

【巩固训练】

作业

1. 列表表示所给农药的剂型、物态、气味及在水中的反应，将结果记入表 4-1-1 中。
2. 测定 1～2 种可湿性粉剂和乳油的悬浮性和乳化性，并记录其结果。

表 4-1-1　农药物理性状观察记录表

农药名称	剂型	物态	气味	在水中的反应

子项目二　农药的配制

【学习目标】

熟悉农药用量的表示方法、使用浓度换算和农药制剂用量的计算方法；掌握二次稀释配药技术，能够熟练稀释配制药液和毒土，掌握波尔多液、石硫合剂的配(熬)制及质量鉴定方法；了解手动喷雾器和背负式机动喷雾喷粉机的使用、保养技术。

任务一　配制药液和毒土

【材料及用具】40%辛硫磷乳油、50%多菌灵可湿性粉剂等农药或代用品，手动喷雾器，机动喷雾喷粉机，10 mL、20 mL、100 mL 量筒，400 mL、500 mL、1 000 mL 烧杯和量杯、托盘天平或数码天平、牛角匙、杆秤或台秤、塑料桶、玻璃棒、塑料吸管等。

【工作步骤】

除少数可直接使用的农药制剂外，一般农药在使用前都要经过稀释配制才能使用。农药的稀释配制就是把商品农药稀释配制成可以施用的状态，一般要经过农药和稀释剂取用量的计算、量取和混合几个步骤。

一、计算农药制剂和稀释剂的用量

当某种有害生物的发生达到防治指标需要药剂防治时，首先要对口选药，确定使用哪种农药（包括有效成分的含量、中文通用名称、剂型），然后按需要防治的农作物的面积计算出农药和稀释剂的用量，再进行稀释配制该农药（药液或毒土）的实际操作。

（一）农药用量表示方法

农药的稀释配制常会遇到农药用量或浓度两个问题，农药用量是单位面积农田或果园、林地里防治某种有害生物所需要的药量。农药用量是通过生物测定和药效试验而确定的。农药的使用浓度是指农药制剂的重量（或容积）与稀释剂的重量（或容积）之比，一般用稀释倍数表示。一般农药用量和稀释倍数在农药使用说明书和农药标签中已写明。

1. 百分浓度　其表示符号为“%”，是指100份药剂中含有多少份药剂的有效成分，一般商品农药的有效成分含量采用百分比浓度来表示。如2.5%敌杀死乳油表示100份乳油中含2.5份敌杀死有效成分。

2. 摩尔浓度法（百万分浓度法）　即一百万份药剂中含有农药有效成分的份数，视具体情况用mg/kg、mg/L、g/m^3或直接用10^{-6}来表示。多用于植物生长调节剂等的稀释浓度表示。

3. 稀释倍数法　是指药剂中所兑的水或其他稀释剂为商品农药（制剂）的倍数，并不考虑原商品农药的有效成分的含量。一般不指出单位面积用药液量，应按常量750～1 125 kg/hm^2（或50～75 kg/667 m^2）喷雾施药。生产上往往忽略农药和水的比重差异，即把农药的比重看作1，通常有内比法和外比法2种配法。

内比法是稀释100倍以下（含100倍）时，稀释量要扣除原药所占的1份，如稀释为80倍，即用商品药剂1份，加稀释剂79份；外比法是稀释100倍以上时，稀释量不扣除原药剂的1份，如要求将2.5%敌杀死乳油配成3 000倍液，表示用2.5%敌杀死乳油1 mL，加水3 000 mL。注意不是倍数法时，不能用内比法和外比法。

4. 农药有效成分用量表示法　国际上已普遍采用单位面积有效成分用量，即克有效成分/公顷（a.i. g/hm^2）表示方法，或克有效成分/667 m^2（国内常用）。

5. 农药商品用量表示法　该表示法比较直观易懂，但必须标明制剂浓度，一般表示为克（或毫升）/公顷（g或mL/hm^2）。或每克（或毫升）/667 m^2（g或mL/667 m^2）。

（二）农药使用浓度换算

1. 农药有效成分量与商品量的换算　农药有效成分量＝农药商品用量×农药制剂浓度（%）

2. 百万分浓度与百分浓度（%）换算　百万分浓度（10^{-6}）＝百分浓度（%）×10 000

(三)农药稀释的有关计算

农药除了低浓度粉剂、颗粒剂和超低容量喷雾的油、水剂等可以直接使用外,一般须稀释到一定浓度才能使用。

1.求原药剂用量　原药剂浓度×原药剂重量=稀释后药剂浓度×稀释后药剂重量

即:
$$原药剂重量=\frac{稀释后药剂浓度\times稀释后药剂重量}{原药剂浓度}$$

2.求稀释剂用量　$稀释剂用量=\frac{(原药剂浓度-稀释后药剂浓度)}{稀释后药剂浓度}\times原药剂重量$

3.求稀释剂倍数　$稀释倍数=\frac{稀释后药剂浓度}{原药剂重量}或\frac{原药剂浓度}{稀释后药剂浓度}$

例1.现要将40%辛硫磷乳油稀释成浓度为0.02%的药液40 kg,问需要40%辛硫磷乳油和水各多少?

解:40 kg药液=40×1 000 mL=40 000 mL药液,

根据公式:$原药剂重量=\frac{稀释后药剂浓度\times稀释后药剂重量}{原药剂浓度}=\frac{0.02\%\times40\ 000}{40\%}=20(mL)$

需水量=40×1 000-20=39 980(mL)=39.98(kg)

答:需40%辛硫磷乳油20 mL,需水39.98 kg。

例2.要求用20%吡蚜酮乳油2 000倍防治菜蚜,现有菜地10 hm^2,每667 m^2用药液50 kg,问需用20%吡蚜酮乳油和水各多少?

解:设需20%吡蚜酮乳油X kg,需水Y kg,

需药量计算　$1:2\ 000=X:(10\times15\times50),X=\frac{10\times15\times50}{2\ 000}=3.75(kg)$,

需水$Y=10\times15\times50=7\ 500(kg)$。

答:需20%吡蚜酮乳油3.75 kg,水7 500 kg。

例3.现需用80%敌敌畏乳油10倍液50 kg,用于堵塞洞口防治天牛,问应取80%敌敌畏和水各多少?

解:应用内比法,设应取药为X kg,需水Y kg

需药量计算$1:10=X:50;X=\frac{50}{10}=5(kg)$,应取水量为50-5=45(kg)

答:应取80%敌敌畏乳油5 kg,取水45 kg。

二、准确量取农药制剂和稀释剂

计算出农药制剂的用量和稀释剂用量后,要严格按照计算的量称取或量取。固体农药要用秤称量,液体农药要用有刻度的量具量取。

三、正确配制药液、毒土

(一)固体农药制剂的配制

粉剂一般不用配制可直接喷粉,但用作毒土撒施时需要用土混拌,选择干燥的细土与药剂混合均匀即可使用。可湿性粉剂配制时,应先用小容器加入适量水后再加入药粉,视药量大小用玻璃棒或木棍搅拌调成糊状，然后再倒入装有足量水的药桶（缸或池）中，搅拌均匀即可。不能把药粉直接倒入盛有大量水的药桶（缸或池）中，否则，会降低液体的悬浮率，药液容易沉淀，也不能将已稀释配制好的药液直接倒入未放有水的桶中。

（二）液体农药制剂的配制

乳油、乳剂、水剂、悬浮剂等液体农药制剂，加水配制成喷雾用的药液时，要采用“二次加水法”配制，即先向有刻度的容器内加入少量的水，再加入所需药量，搅拌均匀后倒入装有足量水的药桶（缸或池）中，搅拌均匀即可。如用喷雾器具直接配药，可在其内加 1/2 的水量，再加入所需的药量，最后加足水量，搅拌均匀即可。配制药剂的水，应选用清洁的江、河、湖、溪和沟塘的水，尽量不用井水。

配制农药前，要检查药剂的质量。若发现乳油有分层、沉淀现象，应把药瓶反复摇晃，静置后如能成均匀体，方可配制；如摇晃后还不能成均匀体，就要把药瓶放在温水中浸泡 10～20 min，如分层、沉淀完全化开，兑水后并形成白色乳状液，则该药剂可以使用。

需要用乳油等液体农药制剂配制成毒土使用时，先根据细土的量计算所需用的制剂用量，将药剂配成 50～100 倍的高浓度药液，用喷雾器向细土上喷雾，边喷边用铁锨向一边翻动，喷药液量一般感觉细土潮湿即可，喷完后再向一边翻动一次，等药液充分渗透到土粒后即可使用。

【巩固训练】

植保技能考核 19：农药稀释与配制。操作要求：1. 根据考评员要求配制一定浓度的某种农药，写出配制药液浓度、防治对象名称、列式计算出农药量、水量；2. 进行实际配药操作（只配药，不喷药）；3. 20 min 内完成。

例　现需配制 25%灭幼脲胶悬剂的 1 500 倍液 50 kg，写出药、水用量，并进行实际配药操作。

例　将 40%辛硫磷稀释成 0.03%药液 5 kg，写出药、水用量，并进行实际配药操作。

植保技能考核 20：按每 667 m^2用苏云金杆菌乳剂（100 亿孢子/mL）200 mL 加适量水，混细沙 7.5～10.5 kg 的比例配制毒土防治心叶期玉米螟，现需配制毒土2 kg，写出各原料用量和配药步骤。

任务二　波尔多液的配制和质量鉴定

【材料及用具】硫酸铜、生石灰、风化石灰、水、烧杯、量筒、试管、试管架、天平或数码台秤、玻璃棒、研钵、试管刷、石蕊试纸、铁丝、塑料桶、塑料盆等。

【基础知识】

波尔多液（bordeaux mixture）是用硫酸铜、生石灰和水配成的天蓝色胶状悬液，呈碱性，有效成分是碱式硫酸铜，几乎不溶于水，形成极细小的蓝色颗粒悬浮在药液中。若放置时间过久，悬浮的碱式硫酸铜小颗粒就会沉淀而结晶，药液的性质就会发生改变，降低在植物上的黏附力，应现配现用，不能贮存。对人、畜低毒。波尔多液有多种配比，使用时可根据植物对铜或石灰的忍受力及防治对象选择配制(表 4-2-1)。

表 4-2-1 波尔多液的几种配比(重量)

原料	配合量				
	1%等量式	1%半量式	0.5%倍量式	0.5%等量式	0.5%半量式
硫酸铜	1	1	0.5	0.5	0.5
生石灰	1	0.5	1	0.5	0.25
水	100	100	100	100	100

波尔多液的质量与配制方法有关，最好的方法是在一容器中用 80%的水溶解硫酸铜，在另一容器中放入生石灰，缓慢加入少量的水将生石灰调成浓石灰乳，再加入 20%中剩余的水，搅拌均匀，然后将硫酸铜溶液慢慢倒入浓石灰水中，边倒边搅拌。波尔多液对金属有腐蚀作用，配制的容器最好选用陶瓷或木桶，不要用金属容器。

波尔多液是一种良好的保护剂，应在发病前喷施。防治谱广，可防治多种大田作物、果树、蔬菜、茶树、药材作物等病害。对多数气流传播的真菌有效，特别是喜水性的真菌。如水霉菌、绵霉菌、霜霉菌、腐霉菌和疫霉菌引起的病害效果好，但对白粉病和锈病效果差，常用等量式波尔多液。茄科、瓜类、葡萄、茶树等作物易受石灰的伤害，要用石灰半量式波尔多液，如葡萄上可用 1∶0.5∶(160～200)的配比。桃、李、梅、梨、苹果等作物易受铜的伤害，则要用石灰倍量式波尔多液。药效能维持 10～15 d。桃、梨、梅、杏、白菜、小麦等不宜使用。

不能与肥皂、松脂合剂、石硫合剂、矿油乳剂混用。在植物上使用波尔多液后一般要间隔 20 d 才能使用石硫合剂，喷过石硫合剂的植株，要隔 7～10 d 才能施用波尔多液，喷过矿物油乳剂的植株，一个月内不能施用。对蚕有毒，采桑叶期不能使用，果品、蔬菜采收前 15～20 d 内，停止施用。

【工作步骤】

一、波尔多液的配制

分组用以下方法配制 1%的等量式波尔多液(1∶1∶100)。

波尔多液配制

1. 两液同时注入法　用 1/2 水溶解硫酸铜，另用 1/2 水溶化生石灰，然后同时将两液注入第 3 个容器内，边倒边搅即成。

2. 稀硫酸铜溶液注入浓石灰水法　用 4/5 水溶解硫酸铜，另用 1/5 水溶化生石灰，然后以硫酸铜溶液倒入石灰水中，边倒边搅即成。

3. 石灰水注入浓度相同的硫酸铜溶液法　用 1/2 水溶解硫酸铜，另用 1/2 水溶化生石灰，然后将石灰水注入硫酸铜溶液中，边倒边搅即成(可观察到此法配制的波尔多液效果最差)。

4. 浓硫酸铜溶液注入稀石灰水法　用 1/5 水溶解硫酸铜，另用 4/5 水溶化生石灰，然后将浓硫酸铜溶液倒入稀石灰水中，边倒边搅即成。

5. 风化已久的石灰代替生石灰　配制方法同稀硫酸铜溶液注入浓石灰水法。

注意：少量配制波尔多液时，硫酸铜与生石灰要研细；如用块状石灰加水溶化时，一定要慢慢将水滴入，使石灰逐渐崩解化开。

二、质量检查

药液配好以后，用以下方法鉴别质量。

1. 物态观察　观察比较不同方法配制的波尔多液，其颜色质地是否相同。质量优良的波尔多液应为天蓝色胶态乳状液。

2. 石蕊试纸反应　用石蕊试纸测定其碱性，以红色试纸慢慢变为蓝色（即碱性反应）为好。

3. 铁丝反应　用磨亮的铁丝插入波尔多液片刻，观察铁丝上有无镀铜现象，以不产生镀铜现象为好。

4. 滤液吹气反应　液面产生薄膜为好，或取滤液 10～20 mL 置于三角瓶中，插入玻璃管吹气，滤液变浑浊为好。

5. 沉淀情况　将制成的波尔多液分别计算悬浮率。悬浮率＝[悬浮液柱的容量/波尔多液柱的总容量]×100％，悬浮率越高质量越好。倒入 100 mL 的量筒中静置90 min，按时记载沉淀情况，沉淀越慢越好，过快者不可采用。

将上述鉴定结果记入表 4-2-2。

表 4-2-2　不同配制方法的波尔多液质量鉴定结果观察记录表

配制方法	悬浮率/％			颜色	石蕊试纸反应	铁丝反应	滤液吹气反应
	30 min	60 min	90 min				

悬浮率计算公式：悬浮率＝（悬浮液柱的容量/波尔多液柱的总容量）×100％

【巩固训练】

植保技能考核 21：波尔多液配制。操作要求：单独考核，根据要求每人选做不同配比的波尔多液任一种，写出题目、原料及用量，15 min 内完成配制及清理操作。

作业

写出你所配制波尔多液的原料比例、实际用量、配制方法及 60 min 时的悬浮率。

思考题

1. 简述在生产上最实用、质量又好的波尔多液的配制方法，防治对象，作用方法和注意事项。

2. 简述波尔多液的质量的判别方法。影响波尔多液的质量优劣的因素有哪些？

任务三　石硫合剂的熬制和质量鉴定

【材料及用具】生石灰、硫黄粉、烧杯、量筒、试管、试管架、台秤、玻璃棒、研钵、试管刷、天平、石蕊试纸、铁锅、灶(电炉)、木棒、塑料盆、水桶、波美比重计等。

【基础知识】

石硫合剂(calcium polysulphides)是用生石灰、硫黄和水熬制成的红褐色透明液体,有臭鸡蛋气味,呈强碱性,有效成分为多硫化钙,溶于水,易被空气中的氧气和二氧化碳分解,游离出硫和少量硫化氢。因此,必须贮存在密闭容器中,或在液面上加一层油,以防止氧化。

石硫合剂的理论配比是生石灰、硫黄、水按照 1∶2∶(12～13)的比例,在实际熬制过程中,为了补充蒸发掉的水分,可按 1∶2∶(15～16)的重量配比,一次将水加足,熬煮过程不用加水,使用时直接兑水稀释即可。重量稀释倍数可按下列公式计算:

$$石硫合剂的加水倍数=\frac{原液浓度-目的浓度}{目的浓度}$$

例　某花木基地现需用石硫合剂进行冬季清园工作,该基地占地 20 hm^2,每 667 m^2需用 2 °Bé 的石硫合剂 50 kg,问需用 26 °Bé 的石硫合剂母液和水各多少千克?

$$解:石硫合剂的加水倍数=\frac{原液浓度-目的浓度}{目的浓度}=\frac{26-2}{2}=12\ 倍$$

该花木基地共需原液量$=\frac{50\times20\times15}{13}=1\ 153.85(kg)$;需水量$=(50\times300)-1\ 153.85=13\ 846.15(kg)$

原料配比见表 4-2-3。

表 4-2-3　石硫合剂配制原料常用配比

原　料	重　量　比　例				
硫黄粉	2	2	2	2	1
生石灰	1	1	1	1	1
水	5	8	10	12	10
原液浓度/°Bé	32～34	28～30	26～28	23～25	18～21

石硫合剂是一种良好的杀菌剂,也可杀虫杀螨。一般只用作喷雾,休眠季节可用 3～5 °Bé,植物生长期可用 0.1～0.3 °Bé。石硫合剂现已工厂化生产,常见剂型有 29%水剂、20%膏剂、30%固体、40%固体及 45%结晶。

【工作步骤】

以小组为单位熬制石硫合剂 1 份并进行质量鉴定。

石硫合剂的配制

1. 称量原料　称取生石灰500 g,硫黄粉1 000 g,水8 000 mL。

2. 调制石灰乳　将生石灰放到盆内,加入少量水将生石灰化开,搅拌成糊状,将余下的水倒入铁锅中烧热。

3. 调制硫黄糊　将其放入盆中研细,从铁锅取少量热水加入盆中将硫黄粉搅成糊状。

4. 调制原液　将石灰乳从锅边缓慢倒入铁锅的热水中,搅拌均匀,继续煮至沸腾,后缓慢倒入硫黄糊,边倒边搅拌,加大火力,至沸腾时再继续熬煮45～60 min,直至溶液被熬成暗红褐色(老酱油色)时停火,静置冷却过滤即成原液。观察原液色泽、气味和对石蕊试纸的反应。

熬制过程中应注意用冷水溶解生石灰,用热水调制硫黄糊。熬煮过程火力要强而匀,使药液保持沸腾而不外溢。上述按1∶2∶(15～16)的重量配比熬制过程不需要加水。如生石灰、硫黄、水按照1∶2∶(12～13)的比例或水的比例更低时,熬煮时应事先将药液深度做出标志,然后用热水不断补充所蒸发的水量,切忌加冷水或1次加水过多,以免因降低温度而影响原液的质量。熬制过程中应不停搅拌。也可结合生产实际,用大锅熬煮,并进行喷洒。

5. 原液浓度测定　将冷却的原液倒入量筒,用波美比重计测量其浓度,注意药液的深度应大于比重计之长度,使比重计能漂浮在药液中。观察比重计的刻度时,应以下面的药液面表明的度数为准。测出原液浓度后,根据需要,用公式或石硫合剂浓度稀释表计算稀释加水倍数。

【巩固训练】

作业

1. 简述小组熬制石硫合剂的原料用量、熬制步骤和成品波美度。

2. 设有29 °Bé的石硫合剂,要稀释为0.2 °Bé,防治柑橘红蜘蛛10 hm^2,用药液900 kg/hm^2,问需原液和水各多少?

思考题

1. 石硫合剂的防治对象、使用方法及注意事项有哪些?

2. 什么天气和在寄主哪个生育期不宜施用石硫合剂? 为什么?

【拓展知识】

施药器械、喷雾器(机)和植保无人机的使用

一、施药器械

(一)施药器械的种类

施药器械分为喷雾器、喷雾机(含喷杆喷雾机和风送喷雾机)、喷粉机(含喷雾喷粉机)、烟雾机、火焰灭活机、植保无人驾驶航空器、植保有人驾驶航空器(含固定翼飞机和旋翼飞机)、毒

饵撒布机、草原灭蝗设备和其他植保机械。

其中喷雾机是将液体分散开来的一种机具，是施药机械的一种，分农用、医用和其他用途（如工业用）。一般称人力或小型电瓶机驱动的为喷雾器，发动机驱动的为喷雾机。衡量喷雾机的质量指标：雾滴大小、喷雾量、喷幅和射程。喷雾机的作业质量除与机具有关外，还与使用技术（也称施药技术）有关。

喷雾机按工作原理分液力、气力和离心式喷雾机。按携带方式分手持式、背负式、肩挎式、踏板式、担架式、推车式、自走式、牵引式、悬挂式等，还有航空喷雾机。拖拉机牵引或悬挂的机动喷雾机适用于防治大田作物的病虫害，通常为喷杆式。

（二）介绍几种高工效施药器械

1. 水田施药器械

（1）水田低容量背负式喷雾器　根据人在有泥浆的水田行进比较困难，速度 0.1～0.4 m/s，使用低容量喷雾喷嘴，加长喷杆，减少壶体体积和装量，水田背负式喷雾器特点如下：①轻便：10 L 喷壶，锂电池，满载 10 L 药液整机重量 13.5 kg；②省水：用药液量 3 L/667 m^2；③高工效：左右摇摆喷杆，喷幅可达 7 m，5 min/667 m^2，(30～50)×667 m^2/（人·d）。

（2）水田背负式施肥设备

根据人在有泥浆的水田行进比较困难，使用高速电机与离心转盘，水田背负式撒肥机特点如下：①撒得远：单边最远能撒 5～7 m，左右一摆最远能撒约 14 m。②撒得匀：撒出颗粒由近到远，各距离分布较均匀。③撒得畅：壶体自带斜度及整体颗粒自由下落顺畅设计，撒肥更顺畅。④撒得快：4～5 min 能撒 667 m^2 的地。此设备也可施用毒土或颗粒剂农药。

2. 旱田（玉米、甘蔗、小麦、花生等）设备

（1）旱田低容量背负式喷雾器

根据人在旱地负重行走的重量与行走的稳定性，使用低容量喷头，加长喷幅，旱地背负式喷雾器特点如下：①轻便：16 L 壶体，锂电池，满载 16 L 药液整机重量 23 kg；②省水：4 个喷嘴流量 1.4 L/min，用药液量 5 L/667 m^2；③效率高：有效喷幅 4 m，5 min/667 m^2，(60～80)×667 m^2/（人·d）；④喷杆高度可调：喷杆可升降，离地高度范围是 0.4～2 m。

（2）旱田悬挂式喷雾喷杆机

针对面积较大的旱田，旱地悬挂式喷雾喷杆机特点如下：①安装便捷：拖拉机三点悬挂或农药车装载都可以作业，壶体底座带有四轮，方便移动。②独立系统：独立的电动喷雾系统，不受发动机油门大小影响，载体与喷雾系统可以分离，灵活性好。③省工高效：1 桶水（250 kg）作业面积(50～60)×667 m^2，每天每台设备可以作业(250～300)×667 m^2，施药过程中高度体现出省工、省水、高效、灵活、安全、环保等优点。

3. 经济作物设备

（1）低容量风送式喷雾器

根据经济作物叶子比较密，需施药到叶子背面，使用低容量喷头，风机辅助喷雾，低容量风送式喷雾器特点如下：①穿透性强：摆动风筒，风机风力能将作物叶子吹开，掀开被子，雾滴能打到叶背面，能打到更多的叶子。②雾滴细小：风机辅助喷雾，雾滴更小，药效更好。③省水省工：雾滴颗粒细，喷雾射程 5～7 m 远，每亩地可节约用水 50%以上。

（2）超低容量电动蒸汽雾化施药机

根据细小雾滴可以在密闭空间悬浮运动，针对大棚作物施药，超低容量电动蒸汽雾化施药

机的特点如下:①粒径颗粒小:烟雾粒径集中在 4～6 μm,可实现药液超微粒雾化。②超低量施药:烟雾均匀细致,空间飘浮性好,渗透性强。③烟雾常温化:电子温控系统恒温加热,出口烟雾温度 32 ℃。

4.林地和果园除草设备

为了减少林地和果园除草剂漂移对作物的伤害,使用大雾滴喷嘴,大的防护罩,林地和果园除草设备特点如下:①防漂移:400 μm 左右的粗雾滴粒径,防漂移,分布均匀。②省水:喷雾流量:600 mL/min,比常规除草喷雾省水 50%,有效减少往返加水次数,效率高。

5.树干涂白设备

树干涂白设备特点如下:①喷涂高效:相比人工毛刷涂刷效率提高 5 倍。②省工省力:不用下蹲涂刷,减少人工涂刷的强度和工作量;③适用范围广:倾斜、分杈类树干均可使用。

二、手动喷雾器的使用

手动喷雾器是用手动方式产生压力来喷洒药液的施药机具,具有使用操作方便、适应性广等特点,主要作为常量喷雾防治小面积病、虫、草害等。是目前我国农户及小型生产单位应用最广泛的喷雾器具,目前,我国生产的手动喷雾器主要有背负式喷雾器、压缩喷雾器、单管喷雾器、吹雾器和踏板式喷雾器。现以背负式喷雾器为例加以说明。

(一)施药前的准备

1.观察气象条件　准备喷雾前,风速应小于 3 m/s,当风速≥4 m/s 时不可进行喷洒作业。降雨前后和气温超过 32 ℃时也不宜喷洒农药。

2.机具的调整　喷雾器装药前,应首先检查喷雾器皮碗及摇杆转轴等处是否灵活,开关及各接口处是否漏水,喷头处雾型是否正常。然后根据不同的作业要求,选择合适的喷射部件。

喷头选择:喷除草剂、植物生长调节剂用扇形雾喷头;喷杀虫剂、杀菌剂用空心圆锥雾喷头。单喷头适用于作物生长前期或中、后期进行各种定向针对性喷雾、飘移性喷雾;双喷头适用于作物中、后期株顶定向喷雾;小横杆式三喷头、四喷头适用于蔬菜、花卉及水、旱田进行株顶定向喷雾。

(二)施药中的技术要求

1.作业前先配制好农药　向喷雾器内加药液要用滤网过滤,药液不要超过桶壁上的水位线。加注药液后,必须盖紧桶盖。

2.作业中要保持恒定的压力　作业时,应先压动摇杆数次,使气室内的气压达到工作压力后再打开开关,喷雾时边走边压动摇杆,不能压压停停,要使气室内的药液水位保持一定高度,一般每分钟压动摇杆 18～25 次即可。喷头离植物不能太近,一般保持在 50 cm 左右为宜。

3.施药人员要“眼观六路”　施药人员要机敏灵活,“眼观六路,耳听八方”。上看风向,确定喷药走向,要向下风向喷药;下看地面,不要踩伤作物,同时注意自身安全;前看行进的方向,确定行走的路线;后看喷药后植物上的着药量和均匀度,从而确定行走的速度;左右看喷幅是否衔接重叠,不能重喷或漏喷。

4.对果树、林木上施药　喷药要求先上后下,从里向外,力求叶片均匀湿透,但以不下流水滴为度。

三、背负式机动喷雾喷粉机的使用

背负式机动喷雾喷粉机是指由汽油机作动力，配有离心风机的采用气压输液、气力喷雾和气流输粉原理的植保机具，它具有轻便、灵活、高效率等特点。主要适用于大面积农林作物的病虫害防治、城市卫生防疫、防治家畜体外寄生虫和仓库害虫、喷洒颗粒肥料等。它可以进行低量喷雾、超低量喷雾、喷粉等作业。

（一）施药前的准备

1. 施药的气象条件　作业时气温应在 5～30 ℃，风速大于 2 m/s 及雨天、大雾或露水多时不得施药。大田作物进行超低量喷雾时，不能在晴天中午有上升气流时进行。

2. 机具的调整　使用前要检查各部件安装是否正确、牢固，调整好汽油机的转速。根据作业（喷雾、喷粉、超低量喷雾）的需要，按照使用说明书上的步骤装上对应的喷射部件及附件。先在地面上按使用说明书的要求启动，低速运转 2～3 min，然后背在背上，用清水试喷，检查各处有无渗漏。并按规定的方法测出背负机的流量（Q）及有效射程（B），计算出行走速度（V）。

（二）施药

1. 低容量喷雾　喷雾机作低容量喷雾，宜采用针对性喷雾和飘移喷雾相结合的方式施药。总的来说是对着植物喷雾，但不可近距离对着某株植物。具体操作过程如下：

(1)机器启动前药液开关应停在半闭位置：调整油门开关使汽油机高速稳定运转，开启手把开关后，人立即按预定速度和路线前进。

(2)行走速度要匀速：喷药时行走要匀速，不能忽快忽慢，防止重喷或漏喷。行走路线根据风向而定，操作者应在上风向，喷射部件应在下风向。

(3)采用侧向喷洒：即喷药人员背机前进时，手提喷管向侧喷洒，一个喷幅接一个喷幅，向上风方向移动，使喷幅之间相连接区段的雾滴沉积有一定程度的重叠。操作时还应将喷口稍微向上仰起，并离开作物 20～30 cm 高，2 m 左右远。

(4)调整施液量：除用行进速度来调节外，转动药液开关角度或选用不同的喷量挡位也可调节喷量大小。

2. 超低量喷雾　超低量喷雾要调整好喷量、有效喷幅和步行速度三者之间的关系。其中有效喷幅与药效关系最密切，一般来说，有效喷幅小，喷出来的雾滴重叠累积比较多，分布比较均匀，药效更有保证。有效喷幅的大小要考虑风速的限制，还要考虑害虫的习性和植物结构状态。对钻蛀性害虫如棉铃虫，要求有效喷幅窄一些好。对活动性强的咀嚼口器害虫如蝗虫等，就可在风速许可范围内尽可能加宽有效喷幅。

对大田作物喷药时，操作者手持喷管向下风侧喷雾，弯管向下，使喷管保持水平或有 5°～15°仰角（风速大，仰角小些或呈水平；风速小，仰角大些），喷头离作物顶端高出 0.5 m。行走路线根据风向而定，走向最好与风向垂直，喷向与风向一致或稍有夹角，从下风向的第一个喷幅的一端开始喷洒。第一喷幅喷完时，立即关闭手把开关，降低油门，汽油机低速运转。人向上风方向行走，当快到第二喷幅时，加大油门，使汽油机达到额定转速。到第二喷幅处，将喷头调转 180°，仍指向下风方向，打开开关后立即向前行走喷洒。停机时，先关闭药液开关，再关小油门，让机器低速运转 3～5 min 再关闭油门。切忌突然停机。

四、悬挂式喷杆喷雾机的使用

悬挂式喷杆式喷雾机是一种将喷头装在横向喷杆或竖立喷杆上的机动喷雾机，作业效率高，喷洒质量好，喷液量分布均匀，省时、省力。适用于水田、旱田多种作物，如小麦、水稻、玉米、棉花、烟草、蔬菜等农作物病虫害防止的药液喷洒。在水田作业时，行走轮下陷不能超过40 cm；在坡道行走坡地作业时，其坡度不能超过8.5°。本机使用一般农药水溶液，配制方法和浓度、喷药量按规定操作。禁止使用强酸、强碱、强腐蚀性、剧毒等工作液。使用不同类型喷头时，需调整喷雾机的喷射方向和喷射幅度与原来保持一致，工作压力保持0.5～1.0 MPa的正常压力，注意新更换喷头的流量，防止浪费过多的药液。

(一)施药前的准备

1. 施药的气象条件　作业时气温应在5～30 ℃。风速大于2 m/s及雨天、大雾或露水多时不得施药。大田作物进行超低量喷雾时，不能在晴天中午有上升气流时进行。

2. 操作人员要求　操作人员应穿戴好防护用品。体弱有病的人、哺乳或怀孕的妇女、少年儿童以及身体暴露，部位有未愈合伤口的人，都不能参加作业。操作中严禁吸烟和饮食，以防中毒。操作人员在工作中如发现头痛、头昏、恶心、呕吐等中毒现象，应立即停止作业，请医务人员治疗。避免逆风作业，若逆风时，必须戴防毒面罩。

3. 机具的调整　上机操作前检查润滑油、冷却水是否充足，如不充足请补充。启动前，检查各按钮用各个工作指示表是否在正常状态，如不正常，则需停机检修，如正常则进入工作状态。如气温较低，先怠速运转2 min，然后进入工作状态。

使用自走式大型植保机械和植保无人机防治作物病虫害

(二)施药

1. 配制药液　采用二次稀释法配制药液，将药液加入药箱。

2. 喷雾作业　伸展喷杆，注意周围环境，以免发生危险，打开管路控制开关。踩下离合踏板，拨动喷药泵离合推杆至链接状态，将变速杆推至适当挡位，松开手刹，轻轻踏下油门踏板，缓慢松开离合踏板，车辆开始行走，适当调整喷药泵工作压力，进入田间工作状态进行喷雾。

机车行走方向应与风向垂直或成一定角度，先从下风头开始作业。作业过程中，要严格按照起动、加压、开阀门、停车、卸压、关闭阀门顺序进行操作。作业时农机手要确保机车走直走正，随时观察喷雾质量和喷雾压力的变化，不允许漏喷和重喷，以免降低防治效果或使作物遭受药害。如喷雾质量和压力不稳定，应及时检查排除，发现喷头堵塞，应停止喷雾，清洗喷嘴和滤网，重新装配后方可继续工作。工作时喷雾压力不得超过0.5 MPa，以免压力过高造成喷雾量过大而损坏机具。喷雾宽度小于喷雾机喷幅时应关闭一部分阀门，以免重喷，发生药害。

3. 施药作业结束　踏下离合踏板，将变速杆推至空挡，将手刹拉起，将喷杆闭合，拉出熄火拉钮，将柴油机熄火，将喷药泵离合推杆推至分离状态，把电源开关拉至分开状态，停机。

(三)喷雾机施药后的保养

(1)喷雾机每天使用结束后，应倒出箱内残余药液或粉剂。

(2)清除机器各处的灰尘、油污、药迹，要用清水喷洒几分钟，以清除药液箱、液泵和管道内残存的药液，最后将清水排除干净。

(3)喷粉时，每天要清洗化油器和空气滤清器。

(4)长薄膜管内不得存粉，拆卸之前空机运转1～2 min，将长薄膜管内的残粉吹净。

(5)检查各螺丝、螺母有无松动，工具是否齐全。

(6)保养后的背负式喷雾机应放在干燥通风的室内，切勿靠近火源，避免与农药等腐蚀性物质放在一起。

(四)喷雾机长期存放的保养

喷雾机长期存放要按使用说明书的要求断开电源电极，保养汽油机，对可能锈蚀的零件要涂上防锈黄油，向需要润滑的各个部位注入润滑油。紧固松动部位，更换损坏部件和维修管路的泄漏部位，更换液压油和液压油过滤器，拭除生锈部位，并对碰损和划伤的部位进行补漆。将喷雾机金属零部件表面涂上薄薄的一层防锈油，并在没有完全缩回的液压油缸的活塞杆上涂抹黄油，但要避免将防锈油涂抹到轮胎、胶管及其他橡胶零部件表面上。可将喷雾机用防水油布盖上。将机具存放在阴凉、干燥、通风的机库内。应避免有腐蚀性的化学物品靠近机具，并且机具要远离火源。

五、植保无人机的使用

植保无人机是一种用于农林植物保护作业的无人驾驶飞机。它由飞行平台(固定翼、直升机、多轴飞行器)、导航飞控、喷洒机构三部分组成，通过地面遥控或导航飞控实现喷洒作业，可以喷洒药剂、种子、粉剂等，还可投放赤眼蜂球。植保无人机的使用不仅提高了工作效率，节省了附加成本，还通过精确药物喷洒保护了生态环境。此外，它们还能进行实时植物监测，预防虫灾、旱灾，为农民提供科学种植的参考意见。

(一)作业前准备

1.作业区块要求　作业区块及周边应避免有影响安全飞行的林木、高压线塔、电线、电杆等障碍物。作业区块及周边应有适合农业植保无人机起落的场地和飞行航线。在周围一亩范围无安全降落点的稻田内不能进行作业。

2.操控人员要求　操控人员必须获得相关机构的培训证书。操控人员不能酒后及身体不适状态下操控，对农药过敏情况下不可操控。孕妇、未满 18 周岁人员不允许操作;操作员不能穿容易卷人部件的宽松衣服作业。

3.农药要求　根据作物要求，选择符合相关标准规定，适合农业植保无人机要求的高效低毒农药。

4.气象条件　作业前应查询作业区块的气象信息，包括温度、湿度、风速等气象信息。雷雨天气禁止作业。风力大于 3 级或室外温度超过 30 ℃禁止作业。

5.确定作业方案　根据作业地地理情况，设置农业植保无人机的飞行高度、速度、喷幅流量等参数。根据作业区作物及病虫害情况，农药使用说明或咨询当地农业植保部门，确定药品、药量以及配药标准。制订突发情况的处理预案，确定农业植保无人机如发生故障的紧急迫降点(必须远离人群)。当植保机出现紧急状况时，应将无人机以最快方式飞离人群，并尽快降落或迫降。

6.设备准备　农业植保无人机必须按照标准生产，有企业的产品合格证。根据使用说明书要求检查农业植保无人机的完整性及辅助设备是否齐全。操控人员做好农业植保无人机各项检查，确保农业植保无人机处于正常状态，严禁农业植保无人机带病作业。检查电池电量及飞行信号灯状态。调试对讲机、检查辅助人员在作业区最远处通信信息是否处于正常状态，确保操控人员作业时沟通顺畅。操控人员对农业植保无人机进行不喷农药的模拟飞行，模拟飞行正常后才可以进行作业飞行。

使用植保无人机防治玉米害虫

(二)现场作业

1.安全

(1)作业飞行时要远离人群,不允许田间有人时作业。起降地点要平实,在周围667 m^2 范围无安全降落点的稻田内不能进行作业。

(2)垂直飞行要远离障碍物5 m以上,平行飞行要远离障碍物10 m以上,飞机飞行时要离操控手10 m以上距离,机头不要正对自己或他人。

(3)作业前再次检查作业区块及周边情况,确保没有影响飞行安全因素。

2.关闭电磁干扰设备

作业过程中操控人员必须关闭手机及其他电磁干扰设备。在每次飞行前应对对讲机再次测试,测试信号的强弱和语音的清晰程度,通话简洁、明确,且重复2次以上。

3.操控要点

(1)根据作业情况,观察飞行远端的位置和状态以及农业植保无人机喷洒的宽度、飞行高度、速度、距离、断点等做出相应处理。一定要保持飞机在自己的视线范围内飞行,飞行作业高度应离作物叶尖2 m左右距离,保持直线慢速、匀速飞行,一般作业时应保持在4~6 m/s的匀速飞行,以确保不漏喷、不重喷。随时注意观察喷头喷雾状态,发现有堵塞的情况要及时更换,并将更换下来的喷头浸泡在清水中,以免凝结。

(2)操控人员使用遥控器操纵农业植保无人机,负责记录农业植保无人机作业情况。做好农业植保无人机转场、更换电池、加注药剂等工作。

4.完成作业后的工作

完成作业后应先解除动力电池连接,再解除控制电路连接,关闭遥控器电源,并将遥控器置于工具箱内;将作业记录汇总归档保存。

(三)作业后维护

1.整理装备　作业完成后,做好农业植保无人机以及对讲机、遥控器、充电器、电池等相关附件的整理和归类。

2.清洁检查　排净药箱内的残留药剂,并不得污染环境,清洗喷头和滤网等多有配药器具,保证无残留物附着。农业植保无人机的运动部要涂防锈和润滑油,并检查和紧固螺丝。

3.电池充电与存放　电池的充电柜使用按电池的相关标准执行。作业完成后,应按要求分类整理摆放电池,并在电池防爆箱内标注使用情况。

4.储存　检查完毕后,应将农业植保无人机及辅助设备安全运回存放地存放。

子项目三　农药的使用

【学习目标】

了解常用农药的施用方法和施用原则,了解判断病虫产生抗药性的方法,掌握抗药性的预防和克服措施,理解农药毒性的含义,熟记农药毒性的分级标准,了解农药安全间隔期和农药残留概念，熟悉植物药害产生的原因及药害产生后的补救措施，了解预防农药中毒的措施。掌握常用农药的特性及使用方法。

任务一　施用农药

【材料及用具】常用各种剂型的杀虫剂、杀菌剂若干种，背负式喷雾器、手动喷粉器，背负式机动喷雾喷粉机，喷射式机动喷雾机，手持电动超低容量喷雾器，常温烟雾机，树干注射机和兽用注射器等。

【基础知识】

把农药施用到植物上或目标场所，所采用的施药技术措施称施用方法。农药的施用方法较多，应根据农药的性能、剂型、防治对象的为害部位、为害方式、防治成本以及环境条件等综合因素来选择施药方法。常用的有喷雾、喷粉、撒施、浇洒、种子处理、毒饵（土）、熏蒸、涂抹等。

一、喷雾

喷雾是借助于喷雾器械将药液均匀地喷布于防治对象及被保护的寄主植物上，是目前生产上应用最广泛的一种方法。喷雾时要求均匀周到，使目标物上均匀地有一层雾滴，并且不形成水滴从叶片上滴下为宜。喷雾时最好不要在中午进行，以免发生药害和人体中毒。

二、喷粉

喷粉是利用喷粉器械产生的风力，将粉剂均匀地喷布在目标植物上的施药方法。此法最适于干旱缺水地区使用。喷粉时，宜在早晚叶面有露水或雨后叶面潮湿且无风条件下进行，使粉剂易于在叶面沉积附着，提高防治效果。

三、土壤处理

土壤处理是将药粉用细土、细沙、炉灰等混合均匀，撒施于地面，然后进行犁耙翻耕等。主要用于防治地下害虫或某一时期在地面活动的害虫。如用5%辛硫磷颗粒剂1份与细土50份拌匀，制成毒土。

四、拌种、浸种或浸苗、闷种

拌种是指在播种前用一定量的药粉或药液与种子搅拌均匀，用以防治种子传染的病害和地下害虫。拌种用的药量，一般为种子重量的0.2%～0.5%。

浸种和浸苗是指将种子或幼苗浸泡在一定浓度的药液里，用以消灭种子、幼苗所带的病菌或虫体。

闷种是把种子摊在地上，把稀释好的药液均匀地喷洒在种子上，并搅拌均匀，然后堆起熏闷并用麻袋等物覆盖，经一昼夜后，晾干即可。

五、毒谷、毒饵

毒饵是利用害虫喜食的饵料与农药混合制成，引诱害虫前来取食，产生胃毒作用将害虫毒杀而死。常用的饵料有麦麸、米糠、豆饼、花生饼、玉米芯、菜叶等。饵料与敌百虫、辛硫磷等胃毒剂混合均匀，撒布在害虫活动的场所。主要用于防治蝼蛄、地老虎、蟋蟀等地下害虫。毒谷是用谷子、高粱、玉米等谷物作饵料，煮至半熟有一定的香味时，取出晾干，拌上胃毒剂，然后与种子同播或撒施于地面。

六、熏蒸

熏蒸是利用有毒气体来杀死害虫或病菌的方法。一般应在密闭条件下进行。主要用于防治温室大棚、仓库、蛀干害虫和种苗上的病虫。例如用磷化锌毒签熏杀天牛幼虫。

七、涂抹、毒笔、根区撒施

涂抹是指利用内吸性杀虫剂在植物幼嫩部分直接涂药，或将树干刮去老皮露出韧皮部后涂药，让药液随植物体运输到各个部位，此法又称内吸涂抹法。

毒笔是采用触杀性强的拟除虫菊酯类农药为主剂，与石膏、滑石粉等加工制成的粉笔状毒笔。用于防治具有上、下树习性的幼虫。毒笔的简单制法是用2.5%的溴氰菊酯乳油按1∶99与柴油混合，然后将粉笔在此油液中浸渍，晾干即可。药效可持续20 d左右。

根区施药是利用内吸性药剂埋于植物根系周围。通过根系吸收运输到树体全身，当害虫取食时使其中毒死亡。或利用触杀剂施于植物根系附近，使地下害虫接触到药剂时中毒死亡。如用5%辛磷颗粒剂埋施于根部，可防治地下害虫。

八、注射法、打孔法

用注射机或兽用注射器将内吸性药剂注入树干内部，使其在树体内传导运输而杀死害虫，一般将药剂稀释2～3倍。可用于防治天牛、木蠹蛾等。

打孔法是用木钻、铁钎等利器在树干基部向下打一个45°角的孔，深约5 cm，然后将5～10 mL的药液注入孔内，再用泥封口。药剂浓度一般稀释2～5倍。

总之，农药的使用方法很多，在使用农药时可根据药剂的性能及病虫害的特点灵活运用。一般来说，应根据不同的农药剂型和害虫的习性来选择不同的施药方法。如乳油、可湿性粉剂、水剂，以喷雾、泼浇法为主；颗粒剂以撒施法或深层施药为主；粉剂，采用喷粉、撒毒土法等；触杀性药剂以喷雾法为主。为害上部叶片的害虫，以喷雾和喷粉为主；钻蛀性或为害作物基部的害虫，则以泼浇或撒毒土为主。凡夜出性为害或卷叶为害的害虫，以傍晚施药较好。喷粉喷雾宜在早晨露水干后进行。

任务二　清洗药械和保管农药(械)

【材料及用具】本地常用的杀虫剂、杀螨剂、杀菌剂、除草剂、植物生长调节剂若干种，背负式喷雾器、背负式机动喷雾喷粉机等。

【工作步骤】

一、清洗施药器械

(1)每次施药后,机具应全面清洗。

(2)施药器械不能直接在河边、池塘边洗刷,以防污染水源和毒害水生生物。

(3)若下一个班次更换药剂或作物,要用碱水反复清洗多次,再用清水冲洗。特别是前次喷洒过除草剂的器械,更要彻底冲洗,以防对作物产生药害。

(4)清洗机具的污水,应选择安全地点妥善处理,不准随地泼洒,防止污染环境。

(5)防治季节过后,应将重点部件用热洗涤剂或弱碱水清洗,再用清水清洗干净,晾干后存放。某些施药器械有特殊的维护保养要求,应严格按要求执行。

二、保管农药(械)

健全农药保管制度,主要有:

(1)农药应设立专库贮存,专人负责。农药仓库结构要牢固,门窗要严密,库房内要求阴凉、干燥、通风,并有防火、防盗措施,严防受潮、阳光直晒和高温。农药存放点要有“三铁”,即铁门、铁窗、铁柜,要有双锁,两人分别保管钥匙,存入、领用都需两人在场。每种药剂贴上明显的标签,按药剂性能分门别类存放,注明品名、规格、数量、出厂年限、入库时间,并建立账本。

农药必须单独贮存,与水源、食物严格隔离,不能和日用品混放,也不能与烧碱、石灰、化肥等物品混放在一起,禁止把汽油、煤油、柴油等易燃物放在农药仓库内。农药堆放时,要分品种堆放,严防破损、渗漏。农药堆放高度不宜超过 2 m,防止倒塌和下层药粉受压结块。高毒农药和除草剂要分别专用仓保管,以免引起中毒或药害事故。

(2)健全领发制度,各种农药进出库都要记账入册,并根据农药“先进先出”的原则,防止农药存放时间过长而失效。对挥发性大和性能不太稳定的农药,不能长期贮存,要推陈出新。领用药剂的品种、数量,须经主管人员批准,药库凭证发放;领药人员要根据批准内容及药剂质量进行核验。

(3)农民用户自家贮存时,要注意将农药单放在一间屋里,防止儿童接近。最好将农药锁在一个单独的柜子或箱子里,不要放在容易使人误食或误饮的地方,一定要将农药保存在原包装中,存放在干燥的地方,并要注意远离火种和避免阳光直射。

(4)油剂、乳剂、水剂要注意防冻,液体农药易燃烧、易挥发,在贮存时重点是隔热防晒,避免高温。堆放时应箱口朝上,保持干燥通风。要严格管理火种和电源,防止引起火灾;固体农药吸湿性强,易发生变质,贮存保管重点是防潮隔湿,特别是夏季多雨季节,要经常检查,发现有受潮农药,应移到阴凉通风处摊开晾干,重新包装,不可日晒。微生物农药不耐高温,不耐贮存,容易吸湿霉变,失活失效,宜在低温干燥环境中保存,而且保存时间不宜超过 2 年。

(5)药品领出后,应专人保管,严防丢失。当天剩余药品须全部退还入库,严禁库外存放。

(6)药品的包装材料(瓶、袋、箱等)用完后一律回收,集中处理,不得随意乱丢、乱放或派作他用。

(7)喷雾器每天使用结束后,应倒出桶内残余药液,加入少量清水继续喷洒干净,并用清水清洗各部分,然后打开开关,置于室内通风干燥处存放。喷洒除草剂后,必须将喷雾器彻底清洗干净,以免喷洒其他农药时对作物产生药害。凡活动部件及非塑料接头处应涂黄油防锈。

【拓展知识】

农药基本知识

一、农药的毒力与药效

(1)毒力是指药剂本身对不同生物发生直接毒杀作用的性质和程度。毒力必须在实验室内一定的控制条件下,采用精密的器具和熟练的操作技术,使用标准化饲养或培养出的供试生物进行测定。

(2)药效是药剂在田间条件下对作物的病、虫、草、鼠害产生的实际防治效果。药效是在田间生产条件下或接近田间生产条件下实测得的。

(3)生物测定中所用药剂的浓度(或用量)和处理时间可笼统称为剂量,当处理时间固定时浓度或用量即具有剂量的意义。

二、农药的科学使用和安全使用

(一)科学使用农药

科学地使用农药,就是要以最少的农药量,获得最大的防治效果,并将农药制剂的副作用减少到最低限度。

1.科学用药原则　有以下几点:

(1)对症用药:根据有害生物的特性合理选用农药的种类、剂型。

(2)适时用药:做好病虫草的预测预报工作,适时用药。

(3)适量用药:合理确定用药浓度和用药量。

(4)适法用药:选用适宜的剂型,注意施药方法。

(5)看天气用药:如大风、下雨、高温、高湿等情况下不宜使用农药。

(6)注意农药的合理轮用和混用:长期单一使用某种农药防治某种有害生物,易使有害生物产生抗药性,降低防治效果。

2.农业有害生物抗药性及综合治理　由于在同一地区长期连续使用一种药剂防治农业有害生物(如某种病菌、害虫或杂草),引起农业有害生物对药剂抵抗力的提高,并可遗传给后代,这种现象称为农业有害生物产生了抗药性。防止农业有害生物产生抗药性的措施有以下几点:

(1)综合防治是克服抗药性的有效措施。

(2)轮换使用几种不同类型的药剂,避免长期连续单一的使用某一种药剂。

(3)农药的合理混合使用。

(4)讲究用药技术，提高防治质量。要严格控制用药的数量、浓度和次数，掌握用药时机。

(5)添加增效剂。

(6)尽可能减少对非目标生物(包括天敌和次要病、虫)的影响，避免破坏生态平衡而造成病、虫、草再猖獗。

(二)安全使用农药

农药的安全使用是指防止人、畜中毒，植物不受药害，对有益生物无伤害。

1. 农药毒性　习惯上将农药对高等动物的毒害作用称为毒性。

评定农药毒性的高低，并不是从药剂的颜色、形态或气味等方面来确定的，而是根据药剂对动物(一般为大白鼠等)毒性试验结果来评定的。往往以急性毒性指标的大小，来衡量药剂毒性的高低。

(1)致死中量(LD_{50})：一次供药能使供试动物(如大白兔、小白鼠等)中的个体死亡数达群体中的 50%所需药剂中有效成分的剂量。由于供试动物个体大小有差异，一般折成平均每千克体重的动物产生急性中毒死亡所需剂量毫克数，其单位为毫克/千克体重，即 mg/kg。

(2)致死中浓度(LC_{50})：一次供药能使供试动物(如大白鼠、小白鼠等)中的个体死亡数达群体中的 50%所需药剂有效成分的浓度。由于供试动物个体大小有差异，一般折成平均每千克体重的动物产生急性中毒死亡所需剂量毫升数，其单位为毫升/千克体重，或毫克/立方米，即 mL/kg。

(3)农药进入人、畜体内的途径：农药可以通过呼吸道、皮肤、消化道进入人、畜体内而引起中毒。

(4)农药对人、畜的毒性可分为急性中毒、亚急性中毒和慢性中毒 3 种。

①急性毒性：一些毒性较大的如经误食、皮肤接触及呼吸道进入体内，在短期内(数十分钟或数小时)内可出现不同程度的中毒症状，如头昏、恶心、呕吐、抽搐痉挛、呼吸困难、大小便失禁等。

中国农药急性毒性暂行分级标准见表 4-3-1。

表 4-3-1　中国农药急性毒性暂行分级标准

给药途径	Ⅰ(高毒)	Ⅱ(中毒)	Ⅲ(低毒)
大鼠口服/(mg/kg)	<50	50～500	>500
大鼠经皮/[mg/(kg·d)]	<200	200～1 000	>1 000
大鼠吸入/[g/(m^3·h)]	<2	2～10	>10

②亚急性毒性：长期连续接触一定剂量农药后，表现与急性中毒类似的症状。测定亚急性毒性，一般以微量农药长期饲喂动物，经至少 3 个月以上的时间，观察和鉴定动物所引起的各种形态、行为、生理、生化的变化。

③慢性毒性：有的农药虽然急性毒性不高，但性质稳定，使用后不易分解消失，污染了环境及食物。少量长期被人、畜摄食后，在体内积累，引起内脏机能受损，阻碍正常生理代谢过程。

农药的慢性毒害，式样多种。目前人们较多重视的是农药的“三致性”，即致畸性、致癌性和致突变性。慢性毒性的测定，主要对致癌、致畸、致突变等项做出判断。一般用微量药物长期饲喂，至少 6 个月以上，甚至要观察 2～4 世代存活的个体，来鉴定药剂对后代的影响。除常规病变检查外，对遗传变异、累代繁殖情况及怪胎的形成等都要做详细记录。

2.安全间隔期　是指在作物上最后一次施用农药后距离作物收获的时间，此时收获的作物中药剂的残留量不应超过规定的残留极限，以确保人、畜食用的安全。

3.农药残留　有些农药品种由于理化性质的特点，施入环境后不会很快降解消失，而持留在环境中有较长时间，称为残留。

虽然它们残留在环境中的量不大，但是它们可以通过植物吸收后在生物体内的积累或经过食物链的生物富集，使人、畜得到造成慢性毒害的亚致死剂量，引起有机体内脏机能受损或阻碍正常的生理代谢过程。

农药在土壤中的残留时间长短与农药的理化性质、土壤种类、结构、微生物含量、酸碱度和温度、水分、作物等有关。

不正确地使用农药后，会污染大气、水体和土壤。残留在环境中的农药，会进入作物、水产品、家禽、家畜体内，并通过食品、饮料、呼吸等渠道最终使残留农药进入人体。

农药的不合理使用会杀伤天敌，导致病虫再猖獗，污染环境，造成人、畜中毒。

4.农药对作物的影响

(1)药害：药害是指因用药不当对植物造成的伤害。药害的产生与药剂质量和作物生育期、施药是否均匀及施药时的环境条件有关。一般药剂种类选择不当、制剂杂质多，施药不均匀及作物苗期，开花幼果期，施药时温度高时，植物吸收药剂及蒸腾较快，使药剂很快在叶尖、叶缘集中过多而产生药害；雾重、湿度大时，药滴分布不均匀也易出现药害。

(2)植物药害的症状：药害一般可分为急性药害和慢性药害两种。

急性药害在喷药后短期内即可产生，甚至喷药数小时后即可产生。症状一般是叶面产生各种斑点、穿孔、甚至灼焦枯萎、黄化、落叶等。果实上的药害主要是产生各种斑点或锈斑，影响果实的品质。

慢性药害出现较慢，常要经过较长时间或多次施药后才能出现。症状一般为叶片增厚、硬化发脆、容易穿孔破裂，叶片、果实畸形，植株矮化，根部肥大粗短或有异味等。

(3)药害的防止措施：为防止植物出现药害，除针对上述原因采取相应措施预防发生外，对于已经出现药害的植株，可采用下列方法处理。①根据用药方式如根施或叶面喷施的不同：分别采用清水冲根或叶面淋洗的办法，去除残留毒物；②加强肥水管理：使之尽快恢复健康，消除或减轻药害造成的影响。

(4)农药中毒及预防：农药使用不当，管理不严都有可能经皮肤、消化道和呼吸道进入人体导致生理失调甚至死亡的中毒事故。预防农药中毒，必须严格遵守操作规程，做到：①穿长衫、长裤、鞋袜、戴口罩、戴手套、带肥皂、带阿托品(解毒药)；②顺风喷药、隔行喷药、退走喷药、避开中午喷药、按时换班喷药(每天喷药不超过 6 h，连续喷药 3 d 必须换人)；③喷药时不准吸烟、不准吃东西、不准开玩笑、不准把药带回家；不用老、弱、病、残、幼喷药，不用“三期”妇女(孕期、哺乳期、经期)喷药，不用中毒刚好者喷药；④施药后要用肥皂洗手脸，施药时如感不适要立即停止施药并离开现场；⑤施过药的田地要立有标记，在规定时间内，禁止人、畜入内；⑥适时适量地使用农药，瓜果蔬菜禁用剧毒和高残留农药。

(5)健康食品的有关概念：绿色食品系指遵循可持续发展原则，按照特定的生产方式生产，经专门机构认定，许可使用绿色食品标志的无污染的非转基因安全、优质、营养类食品。绿色食品标志是一种产品质量证明商标，绿色食品标志由三部分构成：即上方的太阳、下方的叶片和中心的蓓蕾，标志为正圆形，意为保护。

绿色食品产品标准现分为A级和AA级绿色食品。

AA级绿色食品系指在生产地的环境质量符合NY/T 391的要求，在生产过程中不使用化学合成的肥料、农药、兽药、饲料添加剂、食品添加剂和其他有害于环境和健康的物质，按有机农业生产方式生产，产品质量符合绿色食品产品标准，经专门机构认定，许可使用AA级绿色食品标志的产品。

A级绿色食品指生产地的环境质量符合NY/T 391的要求，生产过程中严格按照绿色食品生产资料使用准则和生产操作规程要求，限量使用限定的化学合成生产资料，产品质量符合绿色食品产品标准，经专门机构认定，许可使用A级绿色食品标志的产品。

有机食品：有机食品是外来词。是英文Organic Food的直译名，是有机农业的产物。根据国际有机农业联盟(IFOAM)的定义，有机食品是根据有机农业和有机食品生产、加工标准而生产加工出来的，经过授权的有机颁证组织颁发给证书，供人们食用的一切食品。根据美国农业部(USDA)的定义，有机农业是一种完全不用或基本不用人工合成的化肥、农药、生长调节剂和饲料添加剂的生产体系。有机农业在可行范围内尽量依靠作物轮作、秸秆、牲畜粪肥、豆科作物、场外有机废料、含有矿物养分的矿石等维持养分平衡，利用生物、物理措施防治病虫害。

无公害农产品（食品）：根据农业部《无公害农产品管理办法》第二条的定义："无公害农产品，是指产地环境、生产过程和产品质量符合国家有关标准和规范的要求，经认证合格获得认证证书并允许使用无公害农产品标志的未经加工或者初加工的食用农产品。"是新时期农业部为全面提高农产品质量安全水平和市场竞争力，从根本上解决农产品污染问题，采取的一项行动计划。

有机食品、无公害农产品和绿色食品都是以环保、安全、健康为目标的可持续食品，代表着未来食品发展的方向。

（三）常用农药品种简介

1. 杀虫剂

(1)有机磷杀虫剂：是我国使用广泛的一类杀虫剂，品种繁多，剂型多样，这类杀虫剂的特点是：药效较高，杀虫谱广，具有胃毒及触杀两种以上的作用方式，可防治地上、地下、钻蛀、刺吸式等不同类型的害虫。急性毒性高，易造成人、畜中毒，但残留毒性低，在高等动物体内无积累毒性。易使害虫产生抗药性，但抗药性发展较其他杀虫剂类慢，在推荐剂量下使用对植物安全。易碱解，正常条件上贮存较稳定，一般有效贮存期2年。

敌敌畏(dichlorvos)：高效、中等毒性、速效、击倒性强、杀虫广谱的杀虫剂，具有触杀、熏蒸和胃毒作用。持效期短，适用于防治粮、棉、烟草、蔬菜、果树、茶、桑等多种作物的鳞翅目、同翅目、膜翅目、双翅目等多种害虫。还可以用于温室、仓库的熏蒸，也可以防治卫生害虫。加工剂型有50%、80%乳油，一般使用量80%乳油1 075～1 500 mL/hm^2，兑水750～1 075 kg喷雾（或使用浓度80%乳油1 000～1 500倍液）。

注意敌敌畏乳油对高粱、月季花易产生药害，不宜使用。对玉米、豆类、瓜类幼苗及柳树也较敏感，稀释不能低于800倍液，最好先进行试验再用。

敌百虫(trichlorfon)：高效、低毒、低残留、广谱性杀虫剂，具有胃毒、触杀作用。适用于防治蔬菜、果树、麦类、水稻、棉花等作物上的咀嚼式口器害虫，以及家畜寄生虫和卫生害虫，对鳞翅目害虫有较高的防治效果。加工剂型为90%晶体、80%可溶性粉剂，一般使用量90%晶体1 500 g/hm^2，兑水750～1 075 kg喷雾(或使用浓度90%晶体1 000倍液)。

辛硫磷(phoxim、肟硫磷、倍腈松)：高效、低毒、低残留、广谱性杀虫剂，是一优良的地下杀虫剂，具有触杀和胃毒作用，并有一定的杀卵作用。具有击倒速度快、易光解的特点。叶面喷雾持效期仅2～3 d，处理土壤可达1～2个月。可防治果树、桑、茶、农作物及中药材等多种作物上的鳞翅目害虫及地下害虫和卫生害虫，是生产上应用最多、最广的杀虫剂之一。常见剂型有3%、5%颗粒剂，25%微胶囊剂，50%、75%乳油。一般使用量50%乳油750 mL/hm^2，兑水750～1 075 kg喷雾(或使用浓度为50%乳油1 000～1 500倍液喷雾)；5%颗粒剂30～40 kg/hm^{2}防治地下害虫。

注意：高粱、黄瓜、菜豆和甜菜等都对辛硫磷敏感，不慎使用会引起药害。

毒死蜱(chlorpyrifos、乐斯本、氯吡硫磷)：高效、中等毒性的广谱杀虫杀螨剂，具有触杀、胃毒和熏蒸作用，叶面持效期7 d左右。在土壤中持效期1个月，适用于果树、花卉及农作物。对于鳞翅目幼虫、蚜虫、叶蝉及螨类效果好，对地下害虫防效突出，也可用于防治卫生害虫。加工剂型有40.7%乳油，14%颗粒剂，50%可湿性粉剂。一般使用量40.7%乳油1 200～1 800 mL/hm^2，兑水750～1 075 kg喷雾(或使用浓度40.7%乳油1 000～2 000倍液喷雾)，防治地下害虫用14%颗粒剂22.5 kg/hm^2。2016年12月31日起在蔬菜上已禁止使用毒死蜱。

(2)氨基甲酸酯类杀虫剂：氨基甲酸酯类是指具有CH_3NHCOO-R结构的酯类化合物，其中文名称多为××威，该类杀虫剂的特点是：触杀作用强，药效迅速，持效期较短；对害虫选择性强，杀虫范围不如有机磷类广泛，对螨类和介壳虫效果差，对天敌较安全；多数品种对人、畜毒性较低，但也有一些高毒品种如克百威、涕灭威等，已经被禁用。

抗蚜威(pirimicarb、辟蚜雾)：为高效、中等毒性的选择性杀蚜剂，具有触杀、熏蒸和渗透作用。对蚜虫(棉蚜除外)高效，药效迅速，残效期短，对作物安全，对蚜虫天敌毒性低，是综合防治蚜虫较理想的药剂。常用剂型有50%可湿性粉剂、20%水溶剂。一般使用量50%可湿性粉剂150～300 g/hm^2，兑水450～900 kg喷雾(或使用浓度50%可湿性粉剂2 000～3 000倍液喷雾)。

异丙威(isoprocarb、叶蝉散)：中等毒、触杀，对昆虫主要是抑制乙酰胆碱酯酶，致使昆虫麻痹至死亡。对水稻叶蝉和稻飞虱有效。对蚂蟥有强烈的杀伤作用。目前主要应用在水稻上防稻飞虱，常见与吡虫啉、吡蚜酮等复配，可湿性粉剂较多。

速灭威(metolcarb)：中等毒、触杀、内吸，具有触杀和熏蒸作用，击倒力强，持效期短，一般只有3～4 d，对稻飞虱、稻叶蝉和稻蓟马，以及茶小绿叶蝉等有效，对稻田蚂蟥有良好杀伤作用。

仲丁威(fenobucarb、巴沙)：中等毒性，具有触杀、胃毒、熏蒸作用，主要通过抑制乙酰胆碱酯酶使害虫中毒死亡。对飞虱、叶螨类有特效，具有一定的杀卵作用。杀虫迅速，但残效短，只能维持4～5 d。目前主要应用在水稻上防稻飞虱，常见与吡虫啉等复配使用，乳油剂型较多。

(3)拟除虫菊酯类杀虫剂：拟除虫菊酯类杀虫剂是根据天然除虫菊素的化学结构人工合成的一类有机化合物。其主要特点是：杀虫广谱、高效、用药量少，该类杀虫剂的杀虫效力是其他常用杀虫剂的10～100倍，且速效性好，击倒力强；以触杀和胃毒作用为主，无内吸和熏蒸作用；对人、畜毒性一般比有机磷和氨基甲酸酯杀虫剂低，但对鱼、贝类毒性高，对蜜蜂及天敌毒性较大；在自然界易分解，残留低，不污染环境；易使害虫产生抗药性，其抗性发展速度较有机磷快几十至几百倍，且该类药剂不同品种间也较易产生交互抗性；在碱性条件下易分解。

氰戊菊酯（fenvalerate、中西杀灭菊酯、速灭杀丁）：为高效、中等毒性、低残留、广谱性杀虫剂，具强烈的触杀作用，有一定的胃毒和拒食作用。作用迅速，击倒性强。可用于粮食、棉花、果树、蔬菜、园林、花卉等植物，防治鳞翅目、半翅目、双翅目等100多种害虫。常用剂型为20%乳油，一般使用量20%乳油300～600 mL/hm^2，兑水750～1 075 kg喷雾（或使用浓度20%乳油2 000～3 000倍液喷雾）。另外，市场上常见的顺式氰戊菊酯（esfenvalerate、来福灵）、氯氰菊酯（cypermethrin、灭百可、安绿宝、兴棉宝、赛波凯）、顺式氯氰菊酯（alphacypermethrin、高效安绿宝、高效灭百可、奋斗呐）、溴氰菊酯（deltamethrin、敌杀死、凯素灵、凯安保）、氯菊酯（pernethrin、二氯苯醚菊酯、除虫精）等拟除虫菊酯类杀虫剂，其杀虫特性、杀虫作用、防治对象等基本相近。人们称此类药剂为第一代菊酯类农药。

甲氰菊酯（fenpropathrin、灭扫利）：为高效、中等毒性、低残留、广谱性杀虫剂，具强烈的触杀作用，有一定的胃毒及忌避作用。对多种叶螨有良好防效，可虫螨兼治。可用于防治鳞翅目、鞘翅目、同翅目、双翅目、半翅目等害虫及多种害螨。在虫螨混合发生的植物场所应用该剂可起到一药治二害的效果。常见剂型为20%乳油。一般使用量20%乳油300～600 mL/hm^2，兑水750～1 075 kg喷雾（或使用浓度为20%乳油2 000～3 000倍液喷雾）。另外，市场上销售的联苯菊酯（bifenthrin、天王星、虫螨灵）、三氟氯氰菊酯（cyhalothrin、功夫、功夫菊酯）、氟氯氰菊酯（cyfluthrin、百树菊酯、百树得）等，其特性及防治对象与甲氰菊酯基本相近。人们称这类菊酯为第二代菊酯农药，与第一代菊酯的主要区别是兼具杀螨作用。

高效氯氰菊酯（Beta cypermethrin）：低毒，具触杀和胃毒作用。是一种广谱性杀虫剂。可应用于防治果树、蔬菜、粮、棉、油、茶等作物及林木、中药材上的鳞翅目、鞘翅目、同翅目、半翅目、缨翅目害虫，如小菜蛾、斜纹夜蛾、茶尺蠖、蚜虫、斑潜蝇、甲虫、蝽象、木虱、蓟马、食心虫、卷叶蛾及柑橘潜叶蛾、红蜡蚧等。也用于防治公共卫生害虫和畜牧业害虫、蜱、螨。常用剂型有4.5%乳油、5%可湿性粉剂粉和10%乳油。一般使用4.5%乳油或5%可湿性粉剂粉1 500～2 000倍液，10%乳油3 000～4 000倍液，在害虫发生初期均匀喷雾。对蜜蜂、鱼、蚕、鸟均为高毒，使用时应注意避免污染水源地、避免在蜜源作物开花期、避免污染桑园处使用。

(4)沙蚕毒素类杀虫剂：沙蚕毒素是从生活在浅海泥沙中的沙蚕的环节蠕虫体内提炼的一种有杀虫作用的毒素，在明确其化学结构基础上，人工合成的一类新型杀虫剂称沙蚕毒素类杀虫剂。该类杀虫剂的特点是：杀虫谱广，对鳞翅目、鞘翅目、半翅目、双翅目等多种害虫有效；具有多种杀虫作用，既有速效性，又有较长的持效性；作用机制特殊，害虫中毒后没有痉挛或过度兴奋的症状，虫体很快呆滞不动，或麻痹，失去取食能力而死亡，对人、畜、鸟类、鱼类及水生动物低毒，施用后在自然界容易分解，不存在残留毒性和环境污染。常见的品种有杀螟丹、杀虫双、杀虫环等。

杀虫双（bisultap thiosultapdisodium）：为毒性中等、杀虫广谱的沙蚕毒素杀虫剂，具较强的内吸、触杀及胃毒作用，兼有一定的熏蒸和杀卵作用。持效期一般可达10 d左右。可用于防治水稻、蔬菜、果树等作物上的多种鳞翅目幼虫、蓟马等。常见剂型有18%水剂、25%水剂、29%水剂、1%颗粒剂、3%颗粒剂。一般使用量25%水剂3 kg/hm^2，兑水750～1 075 kg喷雾（或使用浓度为25%水剂500～700倍液喷雾）。

杀虫单（monosultap）：中等毒、胃毒、触杀、内吸、熏蒸，是一种人工合成的沙蚕毒素的类似物，进入昆虫体内迅速转化为沙蚕素或二氢沙蚕毒素。该药为乙酰胆碱竞争性抑制剂，具有较强的触杀、胃毒和内吸传导作用，对鳞翅目害虫的幼虫有较好的防治作用，对螟虫有杀卵作用，该药主要用于防治甘蔗、水稻等作物上的害虫。

杀虫单对家蚕有毒，对棉花、烟草和某些豆类易产生药害，马铃薯也较敏感，使用时应特别注意。

(5)苯甲酰脲类杀虫剂：苯甲酰脲类杀虫剂又称几丁质合成酶抑制剂，对鳞翅目幼虫有特效，对蚊蝇幼虫也有高效。其特点主要有：杀虫机制特殊，杀虫剂进入虫体后，抑制幼虫表皮几丁质的合成，使虫体不能长出新皮，造成害虫无法蜕皮而死亡。选择性强，对天敌和鱼虾等水生动物杀伤作用较小，对蜜蜂安全。对人、畜的毒性很低，也无慢性毒性。该类农药在动植物体内、土壤和水中容易分解，因此在农产品中残留量很低，对环境无污染；以害虫主要是胃毒作用，杀虫作用缓慢，一般药后至少需要 3 d 害虫才会死亡。

灭幼脲 (chlorbenzuron、灭幼脲 3 号、苏脲 1 号)：为高效、低毒的苯甲酰脲类杀虫剂，属昆虫几丁质合成抑制剂。以胃毒作用为主，触杀次之。迟效，一般药后 3～4 d 药效明显。持效期 15～20 d。对多种鳞翅目幼虫有特效，常见剂型有 25%胶悬剂。一般使用量 450～750 mL/hm^2，兑水 750～1 075 kg 喷雾(或使用浓度为 1 000～1 500 倍液)，在幼虫 3 龄前用药效果最好。

其他苯甲酰脲类杀虫剂如氟啶脲(chlorfluazuron、抑太保)、氟苯脲(teflubenzuron、伏虫脲、农梦特)、杀铃脲(triflumuron、杀虫隆)、氟铃脲(hexaflumuron、盖虫散、太保、果蔬保)、虱螨脲(Lufenuron)等，杀虫特性及防治对象与灭幼脲相近。

丁醚脲(diafenthiuron、宝路、杀螨脲)：低毒、触杀、胃毒、是一种新型杀虫、杀螨剂，广泛用于棉花、水果、蔬菜和茶叶上。该药是一种选择性杀虫剂，具有内吸和熏蒸作用，可以控制蚜虫的敏感品系及对氨基甲酸酯、有机磷和拟除虫菊酯类产生抗性的蚜虫，大叶蝉和椰粉虱等，还可以控制小菜蛾、菜粉蝶和夜蛾为害。该药可以和大多数杀虫剂和杀菌剂混用。

对蜜蜂、鱼有毒使用时应注意。

噻嗪酮 (buprofezin、扑虱灵、优乐得)：是一种抑制昆虫生长发育的新型选择性杀虫剂，该药虽不属于苯甲酰脲类化合物，但它与苯甲酰脲类杀虫剂的杀虫原理相同，是抑制昆虫几丁质合成和干扰新陈代谢对人、畜低毒。具较强的触杀作用，也有胃毒作用，对同翅目的飞虱、叶蝉、粉虱及介壳虫类害虫高效，对其他害虫效果差，对天敌安全，施药后 3～7 d 才能显效，持效期长达 30 d。常用剂型为 25%可湿性粉剂，一般使用量 300～450 g/hm^2，兑水 450～900 kg 喷雾(或使用浓度 1 500～2 000 倍液喷雾)。该剂是目前害虫综合防治较理想的一个农药品种。

(6)其他有机合成杀虫剂：吡虫啉 (imidacloprid、康福多、蚜虱净、一遍净、比丹、咪蚜胺、扑虱蚜)：为当前生产上应用最为广泛的新型、高效、低毒、杀虫广谱的硝基亚甲基类内吸杀虫剂，是一种结构全新的化合物，对有机磷、氨基甲酸酯、拟除虫菊类等杀虫剂无交互抗药性，具有胃毒和触杀作用，持效期长，对刺吸式口器害虫防效突出。可用于水稻、小麦、棉花、蔬菜、果树、园林、花卉、烟草等植物上的蚜虫、飞虱、叶蝉、粉虱、蓟马等。常见剂型有 10%、25%可湿性粉剂，70%拌种剂。一般使用量 10%可湿性粉剂 375～525 g/hm^2，兑水 900～1 075 kg 喷雾(或使用浓度 10%可湿性粉剂 2 000～3 000 倍液喷雾)。

啶虫脒 (acetaniprid、莫比朗、吡虫清)：属新型、高效、毒性中等、杀虫广谱的氯代烟碱吡啶类化合物，具有触杀、胃毒和渗透作用。杀虫速效，且持效达 20 d 左右。适用于防治果树、蔬菜、烟草、茶等经济作物上同翅目害虫；用颗粒剂做土壤处理，可防治地下害虫。常见剂型为

3%乳油，一般使用量 3%乳油 600～750 mL/hm^2，兑水 900～1 075 kg 喷雾(或使用浓度为 3%乳油 2 000～2 500 倍液喷雾)。

烯啶虫胺(nitenpyram)：继吡虫啉、啶虫脒之后开发的又一种新烟碱类产品，主要作用于昆虫神经系统.对害虫的突触受体具有神经阻断作用，在自发放电后扩大隔膜位差，并最后使突触隔膜刺激下降，结果导致神经的轴突触隔膜电位通道刺激消失，致使害虫麻痹死亡。具有卓越的内吸性、渗透作用、杀虫谱广、安全无药害。是防治刺吸式口器害虫如白粉虱、蚜虫、梨木虱、叶蝉、蓟马的换代产品。对蜜蜂、鱼类、水生物、家蚕有毒，用药时要远离以上生物。主要剂型有 50%可溶性粒剂、10%水剂；以 50%可溶性粒剂为例，蚜虫 4 000 倍喷雾，水稻飞虱 3 000 倍喷雾；目前是防治稻飞虱的优秀品种。

噻虫嗪(thiamethoxam、阿克泰)：第二代烟碱类高效低毒杀虫剂，对害虫具有胃毒、触杀及内吸活性，用于叶面喷雾及土壤灌根处理。其施药后迅速被内吸，并传导到植株各部位，对鞘翅目、双翅目、鳞翅目，尤其是同翅目害虫有高活性，可有效防治各种蚜虫、叶蝉、飞虱类、粉虱、金龟子幼虫、马铃薯甲虫、线虫、地面甲虫、潜叶蛾等害虫及对多种类型化学农药产生抗性的害虫。与吡虫啉、啶虫脒、烯啶虫胺无交互抗性。既可用于茎叶处理、种子处理、也可用于土壤处理。适宜作物为稻类作物、甜菜、油菜、马铃薯、棉花、菜豆、果树、花生、向日葵、大豆、烟草和柑橘等。常见剂型有 25%水分散粒剂，50%水分散粒剂，70%种子处理可分散粒剂；防治稻飞虱每 667 m^2用 25%噻虫嗪水分散粒剂 1.6～3.2 g (有效成分 0.4～0.8 g)，防治苹果蚜虫用 25%噻虫嗪 5 000～10 000 倍液；防治瓜类白粉虱 使用浓度为 2 500～5 000 倍，或每 667 m^2用 10～20 g(有效成分 2.5～5 g)进行喷雾；防治柑橘潜叶蛾用 25%噻虫嗪 3 000～4 000 倍液或每 100 L 水加 25～33 mL(有效浓度 62.5～83.3 mg/L)，或 15 g/667 m^2(有效成分 3.75 g)进行喷雾。噻虫胺(clothianidin)与其性能相似，同属于第二代新烟碱类杀虫剂。

呋虫胺(dinotefuran，护瑞)：第三代烟碱类杀虫剂，低毒，具有触杀、胃毒、和根部内吸性强、速效高、持效期长 4～8 周(理论持效性 43 d)、杀虫谱广等特点，且对刺吸口器害虫有优异防效，并在很低的剂量即显示了很高的杀虫活性。主要用于防治小麦、水稻、棉花、蔬菜、果树、烟叶等多种作物上的蚜虫、叶蝉、飞虱、蓟马、粉虱及其抗性品系，同时对鞘翅目、双翅目和鳞翅目、双翅目、甲虫目和总翅目害虫有高效，并对蜚蠊、白蚁、家蝇等卫生害虫有高效。常见剂型是 20%呋虫胺可溶性粒剂，防治稻飞虱制剂用量为 10～20 g/667 m^2，防治水稻螟虫制剂用量为 20～40 g/667 m^2。

吡蚜酮(pymetrozine、吡嗪酮)：低毒、触杀、内吸，吡啶类或三嗪酮类杀虫剂。在植物体内既能在木质部输导也能在韧皮部输导；因此既可用作叶面喷雾，也可用于土壤处理。由于其良好的输导特性，在茎叶喷雾后新长出的枝叶也可以得到有效保护。可以防治抗有机磷和氨基甲酸酯类杀虫剂的桃蚜等抗性品系害虫。预防蔬菜、小麦、水稻、棉花、果树等作物上蚜虫科、飞虱科、粉虱科、叶蝉科等多种害虫。常见剂型 25%吡蚜酮可湿性粉剂，50%吡蚜酮水分散粒剂，用药量以 50%吡蚜酮水分散粒剂为例：防治蔬菜蚜虫、温室粉虱，每 667 m^2用药 5 g；防治小麦蚜虫，每 667 m^2用 5～10 g；防治水稻飞虱、叶蝉，每 667 m^2用 15～20 g；防治棉花蚜虫，每 667 m^2用 20～30 g；防治果树桃蚜、苹果蚜，可配成 2 500～5 000 倍液喷雾。

虫酰肼(tebufenozide、米满)：是促进鳞翅目幼虫蜕皮的新型仿生杀虫剂，杀虫机理是模拟天然昆虫脱皮激素，导致其产生过早的致命的脱皮，适用于抗性害虫的综合治理。对作物安全，无残留，对人、畜低毒。可有效防治蔬菜、果树、林木上的鳞翅目害虫，对各龄幼虫均有效。

常见剂型为20%悬浮剂，一般使用量600～750 mL/hm²，兑水150～225 kg喷雾(或使用浓度20%悬浮剂1 500～2 000倍喷雾)。

茚虫威(indoxacarb、安打)：低毒最新高效杀虫剂，通过阻断昆虫神经细胞内的钠离子通道，使神经细胞失去功能，导致靶标害虫协调差、麻痹，最终死亡。可有效防治粮、棉、果、蔬等作物上的多种害虫。对各龄期幼虫都有效。药剂通过接触和取食进入昆虫体内，害虫的行为迅速变化，0～4 h内昆虫即停止取食，随即被麻痹，昆虫的协调能力会下降(可导致幼虫从作物上落下)，一般在药后24～60 h内死亡。从而极好地保护了靶标作物。试验表明与其他杀虫剂无交互抗性。适用于防治甘蓝、花椰类、芥蓝、番茄、辣椒、黄瓜、小胡瓜、茄子、莴苣、苹果、梨、桃、杏、棉花、马铃薯、葡萄、茶叶、水稻等作物上的甜菜夜蛾、小菜蛾、菜青虫、斜纹夜蛾、甘蓝夜蛾、棉铃虫、烟青虫、卷叶蛾类、苹果蠹蛾、茶小绿叶蝉、金刚钻、马铃薯甲虫、稻纵卷叶螟等。对哺乳动物、家畜低毒，同时对环境中的非靶生物等有益昆虫非常安全，在作物中残留低，用药后第2 d即可采收。尤其是对多次采收的作物如蔬菜类也很适合。可用于害虫的综合防治和抗性治理。常见剂型是15%悬浮剂，150 g/L乳油；防治夜蛾，在2～3龄幼虫期，每667 m²用15%安打悬浮剂8.8～13.3 mL兑水喷雾。

氯虫苯甲酰胺(chlorantraniliprole、康宽)：全新杀虫原理，高效激活昆虫细胞内的鱼尼丁受体，与之结合，导致该受体通道非正常时间开放，从而过度释放细胞内的钙离子，导致昆虫肌肉麻痹，最后瘫痪死亡。它的主要作用途径是胃毒和触杀，在接触到药物后几分钟内害虫即停止取食，从而迅速保护作物；然后害虫表现出活力丧失，生长受到显著抑制，在3 d内死亡。可用于防治水稻稻纵卷叶螟和三化螟(二化螟)、小菜蛾、斜纹夜蛾、甜菜夜蛾、豆荚螟、玉米螟等几乎所有鳞翅目害虫，对稻瘿蚊、稻象甲、稻水象甲也有很好的防治效果。该农药属微毒级，对施药人员非常安全，对稻田有益昆虫、鱼虾也非常安全。持效期可以达到15 d以上，对农产品无残留影响，同其他农药混合性能好。常见剂型有20%悬浮剂、5%悬浮剂、35%氯虫苯甲酰胺水分散粒剂等，防治水稻稻纵卷叶螟和三化螟(二化螟)，每667 m²使用20%氯虫苯甲酰胺悬浮剂10 mL，可以维持1个月的高药效；防治小菜蛾、斜纹夜蛾、甜菜夜蛾，则可以维持半个月以上的高效；随着这几年的用药，各地抗性开始出现，尤其是在二化螟的重发生区效果已经明显降低。氟虫双酰胺(flubendiamide，垄歌)性能与氯虫苯甲酰胺类似，内吸性上更弱。

(7)微生物杀虫剂：是由害虫的病原微生物，如细菌、真菌、病毒等及其代谢产物加工成的一类杀虫剂。这类杀虫剂具有以下特点：施药后使害虫染病而死，且具有传染性；对人、畜毒性低，不污染环境；一般不易使害虫产生抗药性；选择性强，不伤害天敌；药效受环境条件的影响较大，药效发挥慢，防治暴发性害虫效果差。微生物杀虫剂是生产绿色食品的首选种类，生产上应用较多的品种有苏云金杆菌、青虫菌、金龟子芽孢杆菌、白僵菌、绿僵菌、蜡蚧轮枝菌、棉铃虫核多角体病毒、阿维菌素、多杀菌素、乙基多杀菌素、杀蚜素、虫螨霉素等。

白僵菌(beauvefia)：白僵菌是一种真菌杀虫剂，是由昆虫病原真菌半知菌类丛梗孢目丛梗孢科白僵菌属发酵、加工成的制剂。白僵菌有球孢白僵菌(球形孢子占50%)和卵孢白僵菌(卵形孢子占98%)2个种，白僵菌的分生孢子接触虫体后，在适宜条件下萌发，侵入虫体内，大量繁殖，分泌毒素(白僵菌素)，影响血液循环，干扰新陈代谢，2～3 d后昆虫死亡。死虫体菌丝产生分生孢子，呈白色茸毛状，叫白僵虫。白僵菌对人、畜无毒，对家蚕、柞蚕的染病力强。

白僵菌可寄生鳞翅目、同翅目、膜翅目、直翅目等200多种昆虫和螨类，球孢白僵菌杀虫谱较广，用得较多。卵孢白僵菌对蛴螬等地下害虫有特效。常见剂型有50亿～70亿活孢子/g

白僵菌粉剂。一般使用浓度是每克药液含有孢子1亿个。

金龟子绿僵菌(Metarhizium anisopliae)：属于半知菌亚门绿僵菌属，是一种昆虫内寄生真菌。环保、广谱、高效。寄主范围广，致病力强，对人、畜、农作物无害，无残毒、菌剂易生产，在适宜的温度条件下，能不断繁殖，持续感染并杀灭地下害虫，害虫不会产生任何抗药性，持效期长。能够侵染鳞翅目、鞘翅目、同翅目、半翅目、直翅目和双翅目的20多种害虫，还可有效杀灭蛴螬、蝼蛄、金针虫、地老虎等几乎所有地下害虫。在小麦、玉米、马铃薯、大蒜、生姜、甘薯等作物播种时，用2亿孢子/g金龟子绿僵菌颗粒剂4～6 kg/667 m^2，拌细沙或有机肥10～15 kg，均匀撒施后翻土地，然后播种，可有效控制地下害虫的发生和危害，持效期可达90 d以上。

苏云金杆菌 (bacillus thuringiensis，Bt)：苏云金杆菌是一种细菌杀虫剂，是由昆虫病原细菌苏云金杆菌的发酵产物加工成的制剂，属芽孢杆菌，已知苏云金杆菌有30多个变种。苏云金杆菌进入昆虫消化道后，可产生两大类毒素：内毒素(即伴孢晶体)和外毒素(α、β和γ外毒素)。伴孢晶体是主要的毒素，在昆虫的碱性中肠中，可使肠道在几分钟内麻痹，昆虫停止取食，并很快破坏肠道内膜进入血淋巴，最后昆虫因饥饿和败血症而死亡。外毒素作用缓慢，而在蜕皮和变态时作用明显。苏云金杆菌制剂的速效性较差，对人、畜安全，对作物无药害，不伤害蜜蜂和其他昆虫。

苏云金杆菌制剂具有胃毒作用，是一种广谱生物杀虫剂，能防治上百种害虫，可用于防治鳞翅目、直翅目、鞘翅目、双翅目、膜翅目等害虫。常见剂型有苏云金杆菌乳剂(100亿孢子/mL)、100亿活芽孢/g可湿性粉剂。使用剂量苏云金杆菌乳剂(100亿孢子/mL)100～300 mL/hm^2兑水50 kg喷雾(或苏云金杆菌乳剂300～1 000倍液喷雾)。

阿维菌素 (abamectin、齐墩螨素、爱福丁、害极灭、杀虫菌素、阿巴丁)：是由链霉菌产生的新型大环内酯抗生素类杀虫杀螨剂，具有很高的杀虫、杀螨、杀线虫活性，对昆虫和螨类具有胃毒和触杀作用，对植物叶片具有较强渗透性。在植物表面残留少，对天敌安全。在土壤中易被吸附，易被微生物降解，在环境中无累积作用，与一般杀虫剂无交互抗性。原药高毒，对水生生物和蜜蜂高毒，对眼睛和皮肤有刺激作用。适用于蔬菜、果树、棉花、烟草、花卉、水稻等多种作物，防治鳞翅目、双翅目、同翅目、鞘翅目的害虫以及叶螨、锈螨等。常用剂型有1.8%、0.9%、3.2%、5%乳油，一般使用量1.8%乳油300～750 mL/hm^2，兑水750 kg喷雾(或使用浓度1.8%乳油2 000～3 000倍液喷雾)。该剂是目前生产上应用最为广泛的抗生素类杀虫杀螨剂，现市场上出现了很多阿维菌系混剂。

甲氨基阿维菌素苯甲酸盐 (emamectin benzoate)：具触杀、胃毒作用。本品高效、广谱、残效期长，为优良的杀虫杀螨剂，其作用机理阻碍害虫运动神经信息传递而使身体麻痹死亡。作用方式以胃毒为主触杀作用，对作物无内吸性能，但所有效渗入施用作物表皮组织，因而具有较长残效期。对防治棉铃也生鳞翅瞎，螨类、鞘翅目及同翅目害虫有极高活性，且不与其他农作物产生交叉，在土壤和中易降解无残留，不污染环境，在常规剂量范围内对有益昆虫及天敌、人、畜安全，可与大部分农药混用。以0.5%、1%、2%、5%乳油，2%、5%微乳剂，5%、8%水分散粒剂，5%悬浮剂为主；杀虫谱非常广，5%甲维盐微乳剂防治豇豆豆荚螟，甘蓝甜菜夜蛾、小菜蛾3～4 g/667 m^2；防治豇豆蓟马75～90 mL/667 m^2，兑水30～50 kg喷雾。

多杀菌素 (spinosad、菜喜、催杀)：是从放射菌代谢物提纯的生物源杀虫剂。适用于防治菜蛾、甜菜夜蛾及蓟马等害虫。杀虫速度可与化学农药相当，喷药当天即可见效。杀虫机理独特，与目前使用的各类杀虫剂没有交互抗性。毒性极低，采收安全间隔期仅为1 d，特别适合无公害蔬菜生产应用。常用剂型为48%催杀悬浮剂，2.5%菜喜悬浮剂。一般使用量2.5%乳油500～825 mL/hm^2，兑水300～750 kg喷雾(或使用浓度2.5%乳油1 000～1 500倍液喷雾)。市场上的6%乙基多杀菌素(艾绿士)是多杀菌素的升级版，应用更多。

核多角体病毒(autographa california nuclear polyhedrosis virus)：病毒杀虫剂，具有胃毒作用。对人、畜、鸟、益虫、鱼及环境安全，对作物安全，害虫不易产生抗性，不耐高湿，易被紫外线照射失活，作用较慢。适于防治鳞翅目害虫。常见的剂型有粉剂、可湿性粉剂(10亿个核型多角体病毒/g)。一般使用浓度为每667 m^2用粉剂100 g，兑水50 L喷雾。

(8)植物源杀虫剂：植物源杀虫剂是利用具有杀虫活性的植物有机体的全部或其中一部分作为农药或提取其有效成分制成的杀虫剂。植物源杀虫剂具有以下特点：对人、畜毒性低，对天敌安全，对作物一般不易产生药害；易降解，持效期短，对农产品、食品和环境基本无污染；防治谱较窄，以触杀作用为主；对害虫作用缓慢，多种成分协同发挥作用；害虫不易产生抗药性。当前，植物源杀虫剂成为研究开发的热点，商品化品种有烟碱、除虫菊素、鱼藤酮、印楝素、川楝素、鱼尼丁、苦皮藤素、藜芦碱、苦参碱、辣椒碱、木烟碱、茴蒿素、百部碱、茶皂素等几十种。

天然除虫菊素：是采用人工种植的除虫菊的花经溶剂法提取的浸膏配制而成。属菊科，是一种多年生宿根性植物，除虫菊素(主要存在于花中)是一种典型的神经毒剂，其中主要成分为除虫菊素Ⅰ和Ⅱ，1924年由L.卢齐卡和H.施陶丁格分离得到。具有触杀、胃毒和驱避作用，能对周围神经系统、中枢神经系统及其他器官组织同时起作用。对害虫击倒力强，杀虫谱广，使用浓度低，对人、畜低毒，对植物及环境安全。其配制成卫生喷雾剂可用于家庭卫生杀虫，目前在市场上比较常见。1%除虫菊素水乳剂防治跳蚤、蚊子、苍蝇150～300 mg/m^3，喷雾。5%除虫菊素乳油防治十字花科蔬菜、烟草蚜虫30～50 mL/667 m^2，兑水30～50 kg喷雾。

川楝素(toosendanin、蔬果净)：楝素是由热带地区生长的楝树种子提炼出来的植物源杀虫剂。具有胃毒、触杀和一定的拒食作用。对人、畜安全，在环境中易于分解，不会造成残毒和环境污染，对天敌昆虫安全。用于防治果树、蔬菜、茶树、烟草等作物上的鳞翅目、鞘翅目、同翅目等多种害虫。加工剂型有0.5%乳油，使用量750～1 500 mL/hm^2，兑水750～900 kg均匀喷雾(或使用1 500倍液喷雾)。该剂作用较慢，一般在24 h后见效。

苦参碱(matrine、苦参、蚜螨敌、苦参素)：是由中草药植物苦参的根、茎、果实经乙醇等有机溶剂提取制成的植物杀虫剂，其成分主要是苦参碱、氧化苦参碱等多种生物碱。具触杀和胃毒作用，对各种作物上的菜青虫、蚜虫、红蜘蛛等有明显防治效果，也可防治地下害虫。常见剂型有1%醇溶液，0.2%、0.3%水剂，1.1%粉剂。一般使用量0.2%水剂7 500～12 000 mL/hm^2，兑水750 kg喷雾(或使用浓度0.2%水剂100～300倍液喷雾)。

茴蒿素：该药为一种植物性杀虫剂。具有胃毒作用，对人、畜低毒。可用于防治鳞翅目幼虫。其常见的剂型为0.65%水剂，一般使用浓度为0.65%水剂稀释400～500倍液喷雾。

苦皮藤素：从苦皮藤中提取，具有麻醉、拒食和胃毒、触杀作用，不杀伤天敌、理化性质稳定，作为一种植物源农药，苦皮藤具有对哺乳动物低毒和对非靶标生物安全的特性。用于蔬菜作物驱杀跳甲、菜青虫、小菜蛾、蚜虫等。施药在蔬菜上不含对人、畜有毒性残留物质，供人们食用"放心蔬菜"的用药要求。常见剂型有0.2%、0.3%、1%水乳剂，0.3%苦皮藤水乳剂防治甘蓝跳甲100～120 mL/667 m^2，兑水30～50 kg喷雾；防治韭菜根蛆，90～100 mL/667 m^2，兑水灌根。

2.杀螨剂　是指用于防治蛛形纲中有害螨类的化学药剂，一般是指杀螨不杀虫或以杀螨为主的药剂。一些兼有杀螨作用的杀虫剂，其主要活性是杀虫，因此不列为杀螨剂之列，有时称它们为杀虫剂、杀螨剂。杀螨剂一般对人、畜低毒，对植物安全，没有内吸传导作用，抗性产生较快，但不同类型间的杀螨剂通常无交互抗性。各种杀螨剂对各螨态的毒杀效果有较大差异，有的杀螨剂对成螨高效，有的杀螨剂对卵高效，有的杀螨剂对若螨高效，因此，选用杀螨剂时应注意。

浏阳霉素(polynactin)：属放线菌产生的大四环内酯抗生素，为低毒杀螨剂，对多种叶螨有良好的触杀作用，对螨卵也有一定的抑制作用。主要用于防治瓜类、茄果类、豆类的害螨等，对植物及多种天敌昆虫安全。具触杀和胃毒作用，对于鳞翅目、鞘翅目、同翅目、斑潜蝇及螨类有高效。常见剂型为10%乳油。一般使用浓度为10%乳油稀释1 000～2 000倍液喷雾。

四螨嗪(clofentezine、螨死净、阿波罗)：为有机氮杂环类杀螨剂，为活性很高的杀螨卵药剂，对幼螨、若螨有效，对成螨效果差。具触杀作用，无内吸性。持效期长，可达50～60 d，作用较慢，一般药后1～2周才达到最高杀螨活性。对人、畜低毒，对鸟类、鱼虾、蜜蜂及捕食性天敌安全。适用于果树、棉花、蔬菜、花卉等作物，防治多种害螨。常用剂型有20%、50%悬浮剂，10%可湿性粉剂。使用20%悬浮剂2 000～2 500倍液喷雾，是生产上最常用的杀螨剂之一。

进口杀螨剂噻螨酮(hexythiazox、尼索朗)，其杀螨特性与四螨嗪相近。

哒螨酮(pyridaben、扫螨净、哒螨灵、速螨酮、牵牛星、哒螨净)：为杂环类广谱性杀螨剂。对不同生长期的成螨、若螨、幼螨和卵均有效。以触杀作用为主，对叶螨有特效，对锈螨、瘿螨、跗线螨也有良好防效，速效性好，持效期长，一般可达1个月。中等毒性，对作物、天敌安全。适用于果树、蔬菜、烟草、花卉、棉花等多种作物，防治多种叶螨、跗线螨和瘿螨，对粉虱、叶蝉、飞虱、棉蚜、蓟马、桃蚜、角蜡蚧、矢尖盾蚧等也十分有效。常用剂型有20%可湿性粉剂、15%乳油。一般使用15%乳油3 000～4 000倍液喷雾。

三唑锡(azocyclotin、倍乐霸、三唑环锡)：为有机锡类广谱性杀螨剂，以触杀作用为主，可杀若螨、成螨和夏卵，对冬卵无效。中等毒性，对作物安全，持效期长。可用于果树、蔬菜、棉花等作物，防治多种叶螨、锈螨，对二斑叶螨有效。常见剂型有25%可湿性粉剂、20%胶悬剂。一般使用浓度25%可湿性粉剂1 000～2 000倍液喷雾。

克螨特(propargite、丙炔螨特)：为有机硫杀螨剂，低毒。对幼螨、若螨、成螨效果好，杀卵效果差。具有触杀和胃毒作用，杀螨谱广，持效期长。可用于棉花、蔬菜、果树、花卉等多种作物防治多种害螨。常见剂型为73%乳油。一般使用浓度为73%乳油2 000～3 000倍液喷雾。

氟虫脲(flufenoxuron、卡死克)：低毒。为苯甲酰脲类杀螨杀虫剂，杀幼、若螨效果好，不能直接杀死成螨该药是目前酰基脲类农药中能虫螨兼治、药效好、持效期长的品种，具有触杀和胃毒作用。杀螨、杀虫作用缓慢，须经10 d左右药效才明显上升。对叶螨天敌安全，是较理想的选择性杀螨剂。适用于棉花、果树、蔬菜、烟草、大豆、玉米、观赏植物等，防治各类害螨和鳞翅目、鞘翅目、双翅目、半翅目等害虫。常见剂型有5%乳油。使用1 000～1 500倍液喷雾。

螺螨酯(spirodiclofen、季酮螨酯、螨危)：低毒、触杀、无内吸，具有全新的作用机理，作用机制是抑制有害螨体内的脂肪合成，与现有杀螨剂之间无交互抗性，适用于防治对现有杀螨剂产生抗性的有害螨类，通过触杀对螨的各个发育阶段都有效，包括卵。杀螨谱广、适应性强，对红蜘蛛、黄蜘蛛、锈壁虱、茶黄螨、朱砂叶螨和二斑叶螨等均有很好防效，可用于柑橘、葡萄等果树和茄子、辣椒、番茄等茄科作物的螨害治理。此外，螺螨酯对梨木虱、榆蛎盾蚧以及叶蝉类等害虫有很好的兼治效果；卵幼兼杀，杀卵效果特别优异。虽然不能较快地杀死雌成螨，但对雌成螨有很好的绝育作用。雌成螨触药后所产的卵有96%不能孵化，死于胚胎后期，螺螨酯的持效期长。常见剂型有34%螺螨酯悬浮剂,使用4 000～5 000倍液均匀喷雾。控制红蜘蛛、黄蜘蛛持效期达40～50 d。螺螨酯施到作物叶片上后耐雨水冲刷,喷药2 h后遇中雨不影响药效的正常发挥;无互抗性,可与大部分农药(强碱性农药与铜制剂除外)现混现用。与现有杀螨剂混用,既可提高螺螨酯的速效性,又有利于螨害的抗性治理。这几年在柑橘园区是主打品种,在老园区已经开始产生抗药性。

乙螨唑(etoxazole、来福禄):乙螨唑属于二苯基恶唑啉衍生物,新一代杀螨剂。抑制螨卵的胚胎形成以及从幼螨到成螨的蜕皮过程,对卵及幼螨有效,对成螨无效,但是对雌性成螨具有很好的不育作用。因此其最佳的防治时间是害螨危害初期。耐雨性强,持效期长达50 d。主要防治苹果、柑橘的红蜘蛛,对棉花、花卉、蔬菜等作物的叶螨、始叶螨、全爪螨、二斑叶螨、朱砂叶螨等螨类也有卓越防效。11%的乙螨唑悬浮剂兑水稀释5 000～7 500倍进行喷施。

3. 杀软体动物剂　四聚乙醛(密达、多聚乙醛、蜗牛敌、metaldehyde):中毒,具有胃毒作用。对福寿螺、蜗牛和蛞蝓有一定的引诱作用。植物体不吸收该药,因此不会在植物体内积累。主要用于防治稻田福寿螺、菜地灰巴蜗牛、同型灰巴蜗牛、细钻螺以及蛞蝓等软体动物。常见的剂型为6%颗粒剂、10%颗粒剂、80%可湿性粉剂。一般使用量为6%四聚乙醛颗粒剂500～1 000 g/667 m^2,加细土15 kg均匀撒施。

四聚乙醛不宜在低温(15 ℃以下)或高温(35 ℃以上)进行。稻田施药后当天内禁止在田内操作,以免造成田水混浊,药粒被浮泥掩埋,降低药效。

4. 杀菌剂　杀菌剂是指对植物病原菌具有抑制或毒杀作用的化学物质,防治植物病害一般具有保护作用、治疗作用和铲除作用。

(1)非内吸性杀菌剂。非内吸性杀菌剂喷施到植物体表后,形成一层药膜,以保护植物不受病原菌的侵染,有的药剂虽能就近渗入植物体内,却不能传导至未直接施药的部位。这类药剂一般杀菌谱广,可防治多种病害,多作为预防性施药。非内吸性杀菌剂与内吸性杀菌剂相比,较不易使病菌产生抗药性。前面提到的波尔多液和石硫合剂,均是应用较多、效果较好的非内吸性无机杀菌剂,下面介绍几种非内吸性有机杀菌剂。

代森锰锌(mancozeb、喷克、大生、大生富、新万生、山德生、速克净):为一高效、低毒、广谱的保护性杀菌剂,属二硫代氨基甲酸盐类。对各种叶斑病防效突出,对疫病、霜霉病、灰霉病、炭疽病等也有良好的防效。因无内吸性,需发病初期喷药。常与内吸性杀菌剂混配使用。常见剂型有70%、80%可湿性粉剂,25%悬浮剂。一般使用量80%可湿性粉剂2 250～3 000 g/hm^2,兑水300～750 kg喷雾(或使用浓度为80%可湿性粉剂600～800倍液喷雾)。

百菌清(chlorothalonil、达科宁):为取代苯类广谱保护性杀菌剂,对多种作物真菌病害具有预防作用,有一定的治疗和熏蒸作用。药效稳定,持效期较长,对人、畜低毒。在果树、蔬菜上应用较多,对于霜霉病、疫病、炭疽病、灰霉病、锈病、白粉病及各种叶斑病有较好的防治效果,常见剂型有50%、75%可湿性粉剂,10%油剂,5%、25%颗粒剂,2.5%、10%、30%烟剂,40%达科宁悬浮剂。一般使用量75%可湿性粉剂2 250～3 000 g/hm^2,兑水300～750 kg喷雾(或使用浓度为75%可湿性粉剂稀释500～800倍液喷雾)。

腐霉利(procymidone、速克灵、杀霉利、二甲菌核利、菌核酮、环丙胺酮):为一新型二甲酰亚胺类保护性杀菌剂。具保护、治疗作用,有一定的内吸性,对人、畜低毒,对果树、蔬菜、观赏植物及大田作物的多种病害有效,特别对灰霉病、菌核病等效果好。常见剂型有50%可湿性粉剂、30%熏蒸剂、25%流动性粉剂、25%胶悬剂。一般使用量50%可湿性粉剂450～750 g/

hm^2，兑水 750～1 075 kg 于发病初期喷雾（或使用浓度为 50%可湿性粉剂，稀释 1 000～2 000 倍液喷雾）。

异菌脲（iprodione、扑海因）：为一广谱性接触型保护性杀菌剂，具保护和一定的治疗作用。可防治灰霉病、菌核病及多种叶斑病，对苹果斑点落叶病效果好，对人、畜低毒。常见剂型有 50%可湿性粉剂、25%悬浮剂。一般使用量 50%可湿性粉剂 900～1 500 g/hm^2，兑水 750～1 075 kg 喷雾（或使用浓度为 50%可湿性粉剂，稀释 1 000～1 500 倍液喷雾）。

吡唑醚菌酯（pyraclostrobin、凯润）：为线粒体呼吸抑制剂。即通过在细胞色素合成中阻止电子转移。具有保护、治疗、叶片渗透传导作用。吡唑醚菌酯对黄瓜白粉病、霜霉病和香蕉黑星病、叶斑病、菌核病等有较好的防治效果。防治黄瓜白粉病、霜霉病的用药量为有效成分 75～150 g/hm^2（折成 25%乳油商品量为 20～40 mL/667 m^2）。加水稀释后于发病初期均匀喷雾，一般喷药 3～4 次，间隔 7 d 喷1 次药。防治香蕉黑星病、叶斑病的有效成分浓度为 83.3～250 mg/kg（稀释倍数为 1 000～3 000 倍），于发病初期开始喷雾，一般喷药 3 次，间隔 10 d 喷 1 次药。除杀菌效果外，有植物保健作用。

(2)内吸性杀菌剂：内吸性杀菌剂能渗入植物组织或被植物吸收并在植物体内传导。这类药剂的作用是保护植物使其免受病菌的侵害，抑制已经侵入植物组织的病菌生长。多数内吸杀菌剂进入植物体内后单向向顶传导，少数药剂可以双向传导，因此，对非内吸性杀菌剂防治效果差的病害，改用内吸性杀菌剂防治，会提高防治效果。但内吸性杀菌剂容易使病原菌产生抗药性。

多菌灵（carbendazim、苯并咪唑 44 号、MBC）：为应用广泛的低毒、广谱性苯并咪唑类杀菌剂，具有保护、治疗和内吸性作用。对多种真菌病害有效，一般使用量 50%可湿性粉剂 1 025～1 500 g/hm^2，兑水750～900 kg 喷雾（或使用 50%可湿性粉剂 750～1 000倍液喷雾）。由于各地长期使用该药，很多病害对多菌灵已产生抗性，现多将多菌灵与其他杀菌剂混用。

甲基硫菌灵（thiophanate-methyl、甲基托布津）：是一生产上应用较广泛的高效、低毒、广谱性苯并咪唑类内吸杀菌剂，性质同多菌灵，对多种植物病害有预防和治疗作用。在植物体内及在水中转化为多菌灵，防治效果优于多菌灵。可防治果树、蔬菜、水稻、麦类、玉米、花生等多种作物上的病害。常见剂型有 50%、70%可湿性粉剂，40%胶悬剂。一般使用量 70%可湿性粉剂 750～1 500 g/hm^2，兑水750～1 075 kg 喷雾（或使用浓度 70%可湿性粉剂 1 000～1 500 倍喷雾）。

烯唑醇（diniconazole、速保利）：为新型、广谱性三唑类杀菌剂，具保护、治疗、铲除和内吸向顶部传导作用。对白粉病、锈病、黑粉病、黑星病等有特效。对人、畜毒性中等。常见剂型为 12.5%超微可湿性粉剂，12.5%乳油。一般使用量 12.5%超微可湿性粉剂 450～900 g/hm^2，兑水 1 075～1 500 kg 喷雾（或使用 12.5%超微可湿性粉剂 3 000～4 000 倍液喷雾）。

三唑酮（tradimefon、粉锈宁、百里通）：为高效、低毒的三唑类杀菌剂，具保护、内吸治疗和一定的熏蒸作用，是防治白粉病和锈病的特效药剂。具用药量少、持效期长的特点。主要用于防治果树、蔬菜、农作物上白粉病、锈病、黑穗病等。可喷雾，拌种使用。常见剂型有 15%、25%可湿性粉剂，20%乳油，10%烟雾剂在温室内用。一般使用量 20%乳油 375～750 mL/hm^2，兑水 750～1 075 kg 喷雾（或使用浓度 20%乳油，稀释 2 000～3 000 倍喷雾）。

三环唑（tricyclazole、比艳、克瘟唑）：属三唑类杀菌剂，是一内吸性较强的保护性杀菌剂，能迅速被水稻根、茎、叶吸收，并输送到稻株各部位。主要用于防治稻瘟病，常用剂型有 20%、

75%可湿性粉剂，一般使用75%可湿性粉剂225～300 g/hm^2，兑水750 kg在病害发生初期全田喷施。

甲霜灵(metalaxyl、瑞毒霉、甲霜安、雷多米尔)：是一种高效、安全、低毒的取代苯酰胺类杀菌剂。具有保护和内吸治疗作用，在植物体内能双向传导，可以作茎叶处理、种子处理和土壤处理，对霜霉病、疫霉病、腐霉病有特效，对其他真菌和细菌病害无效。常见剂型有25%可湿性粉剂、40%乳剂、35%粉剂、5%颗粒剂。使用量25%可湿性粉剂450～900 g/hm^2，兑水750 kg喷雾(或使用25%可湿性粉剂500～800倍液喷雾)，用5%颗粒剂20～40 kg/hm^{2}作土壤处理。

精甲霜灵(metalaxyl-M，高效甲霜灵)：是甲霜灵两个异构体中的一个，比甲霜灵高效，具有立体旋光活性。在获得同等防病效果的情况下，只需甲霜灵用量的1/2，在土壤中降解速度比甲霜灵更快，从而增加了对使用者和环境的安全性。常见剂型有20%悬乳剂、35%悬浮种衣剂、90%原药。

氟硅唑(flusilazole、新星、农星、福星)：为一高效、低毒、广谱性新型内吸杀菌剂，具保护，治疗作用。对子囊菌、担子菌、半知菌有效，对卵菌无效。主要用于黑星病、白粉病、锈病、叶斑病等，防治梨黑星病效果突出。对人、畜低毒。常见剂型有10%、40%乳油。一般使用浓度40%乳油稀释6 000～8 000倍液喷雾。

苯醚甲环唑(difenoconazole、世高、敌萎丹)：为一高效、低毒、广谱性新型唑类内吸杀菌剂。具保护和治疗作用，对人、畜低毒，持效期长。常见剂型有10%世高水分散粒剂，用于防治果树、蔬菜、水稻、小麦等的叶斑病、炭疽病、早疫病、白粉病、锈病等，该剂对不同的病原菌有效浓度差异较大，一般使用量300～1 500 g/hm^2，(或稀释1 500～6 000倍液喷雾)。3%敌萎丹悬浮种衣剂，用于防治麦类黑穗病、根腐病、纹枯病、全蚀病、白粉病以及大豆和棉花的立枯病、根腐病等。一般拌种每100 kg种子用400～1 000 mL。丙环唑(propiconazole)、氟环唑(epoxiconazole)与其性能相似，属于三唑类杀菌剂。

噁霉灵(hymexazol、恶霉灵、土菌消、立枯灵)：该品为一新型低毒内吸性土壤消毒剂和种子拌种剂。具有保护作用，对腐霉菌、镰刀菌、丝囊霉菌、伏革菌属、丝核菌等引起的病害有较好的预防效果。因此，可防治树木、观赏植物、蔬菜及水稻的立枯病，常见剂型有4%粉剂，用于混入土壤处理，30%水剂用于灌土，70%可湿性粉剂用于拌种。一般用30%水剂500～1 000倍，按3 kg/667 m^2，苗前苗后施药。

嘧菌酯(azoxystrobin)：该产品是甲氧基丙烯酸酯(strobilurin)类杀菌农药，线粒体呼吸抑制剂，破坏病菌的能量合成，即通过在细胞色素Bc1向细胞色素C的电子转移，从而抑制线粒体的呼吸。具有保护、铲除、渗透、内吸活性。抑制孢子萌发和菌丝生长并抑制产孢。高效、广谱，对几乎所有的真菌界(子囊菌亚门、担子菌亚门、鞭毛菌亚门和半知菌亚门)病害如白粉病、锈病、颖枯病、网斑病、霜霉病、稻瘟病等均有良好的活性。可用于茎叶喷雾、种子处理，也可进行土壤处理，主要用于谷物、水稻、花生、葡萄、马铃薯、果树、蔬菜、咖啡、草坪等。国内主要剂型及含量：25%悬浮剂、50%水分散粒剂、32.5%嘧菌酯苯醚悬浮剂、20%～32%嘧菌酯丙环唑悬浮剂、20%～50%嘧菌酯戊唑醇悬浮剂，10%～50%嘧菌酯烯酰吗啉悬浮剂/水分散粒剂等。使用剂量为25%嘧菌酯悬浮剂25～50 mL/667 m^2。嘧菌酯不能与杀虫剂乳油，尤其是有机磷类乳油混用，也不能与有机硅类增效剂混用，会由于渗透性和展着性过强引起药害。

毒氟磷(dufulin、独翠)：一种具有自主知识产权的抗病毒新化合物，是以绵羊瘤胃中的氨基磷酸酯类化合物为先导仿生合成的化合物，低毒、保护、治疗，是一种广谱病毒防治剂。稀释后的药液喷施到植物叶面后，药剂可通过水气孔进入植物体内，通过激活水杨酸信号分子，进而激活下游PAL、POD、SOD等植物防御因子，提高作物总体系统抗病性，抑制或破坏核酸和脂蛋白的形成，阻止病毒的复制过程，起到防治病毒的作用。主要用于水稻、番茄、烟草、瓜果类等作物上的病毒病。目前主要剂型是30%可湿性粉剂，直接用药量30～45 g/667 m^2。

三氯异氰尿酸（trichloroiso cyanuric acid、强氯精、克菌净）：是一种高效的消毒漂白剂，储存稳定，使用方便、安全，广泛用于食品加工、饮用水消毒，养蚕业和水稻种子的消毒，几乎对所有的真菌、细菌、病毒芽孢都有杀灭作用，使用安全方便。现已在工业片水、游泳池水、清洗剂、医院、餐具等用作杀菌剂：在养蚕及其他养殖中用作灭菌剂。三氯异氰尿酸除了广泛用于消毒剂、杀菌剂外，在工业生产中应用也很广。有36%、40%、42%可湿性粉剂，80%、85%的可溶性粉剂，40%三氯异氰尿酸可湿性粉剂防治果树枝干腐烂病300～400倍液，枝干喷淋；防治水稻细菌性条斑病300～600倍液，浸种。

(3)农用抗生素类杀菌剂：农用抗生素是微生物产生的代谢物质，能抑制植物病原菌的生长和繁殖。这类药剂的特点是：防效高，使用浓度低；多具有内吸或内渗作用，易被植物吸收，具有治疗作用；大多对人、畜毒性低，残留少，不污染环境。目前，已有数十种商品化农用抗生素推向市场，成为防治植物病害的主要药剂。主要品种有井冈霉素、春雷霉素、灭瘟素-S、水合霉素、抗霉菌素120、多抗霉素、公文岭霉素、宁南霉素、中生菌素、武夷菌素、梧宁霉素等。

井冈霉素（jianganmycin，validamycin）：属抗菌素类杀菌剂。是由吸水链霉素井冈变种产生的葡萄糖苷类化合物，有很强的内吸传导性，干扰和抑制菌体细胞正常生长，从而起到治疗作用。毒性为低毒。井冈霉素有A、B、C、D、E、F、G、H 8种成分，以A的活性最高，如今登记的井冈霉素就是以井冈霉素A的成分为标准。因此，不同厂家的井冈霉素因其成分差异，效果差别也很大。主要用于防治由丝核菌引起的多种作物纹枯病、立枯病、根腐病等，对白绢病、小粒菌核病等也有效。常用剂型有井冈霉素A 4%、8%水剂，5%、20%可溶粉剂、60%、64%原药。一般667 m^2 使用量5%可溶粉剂100～150 g，兑水喷雾或泼浇（或使用浓度5%可溶粉剂500倍液喷雾或1 000～2 000倍液泼浇）。

多抗霉素（polyoxin、宝丽安、多效霉素、多氧霉素、保利霉素）：为一种广谱性抗生素类杀菌剂，是含有A至N 14种不同同系物的混合物。我国多抗霉素是金色链霉菌所产生的代谢产物，主要成分是多抗霉素A和多抗霉素B，多抗霉素具有较好的内吸传导作用，对动物没有毒性，对植物没有药害，主要用于防治苹果斑点落叶病、草霉灰霉病，以及水稻纹枯病、小麦白粉病、烟草赤星病、黄瓜霜霉病和白粉病、林木枯梢及梨黑斑病等多种真菌病害。常用剂型有10%可湿性粉剂，一般使用量1 500～2 250 g/hm^2，兑水750～1 075 kg喷雾（或使用500～700倍液喷雾）。

抗霉菌素120（农抗120）：为一种广谱性抗生素杀菌剂，是刺孢吸水链霉菌产生的嘧啶核苷类抗生素。具预防及治疗作用，抗菌谱广，对多种植物病原菌有强烈的抑制作用，可用于防治瓜、果、蔬菜、花卉、烟草、小麦等作物的白粉病、炭疽病、枯萎病等。常用剂型有2%水剂，使用量7 500 mL/hm^2，兑水1 500 kg喷雾（或使用200倍液喷雾或灌根）。

木霉菌（特立克、灭菌灵、生菌散、trichoderma sp.）：属微生物体农药，真菌剂型。该药具有多重杀菌、抑菌功效，杀菌谱广，且病菌不易产生抗性。对人、畜及天敌昆虫安全，无残留，不污染环境。可防治猝倒、立枯、根腐、白绢、疫病、叶霉、灰霉、霜霉等多种病害。常见的剂型有可湿性粉剂(2 亿活孢子/g)。一般使用浓度为可湿性粉剂稀释 600～1 500 倍灌根或喷雾。

稻瘟散(灭瘟素 blasticidins):是放线菌的代谢产物,是防治稻瘟病专用抗生素,仅对稻瘟病菌有作用。产品有 1%可湿性粉剂,2%乳油。防治稻瘟病用 2%乳油 500～1 000 倍液喷雾。对叶瘟在刚出现急性型病斑时立即施药,如普遍发病,应全田喷药 1～2 次;对穗颈瘟在水稻破口和齐穗期各施药 1 次。对胡麻叶斑病、小粒菌核病有兼治作用。

乙蒜素(抗菌剂 402、ethylicin):植物源生物化学杀菌剂。以保护作用为主,乙蒜素对病菌孢子的萌发和菌丝的生长有很强的抑制作用。可防治阔叶树腐烂病、轮纹病等多种病害,常见的剂型有 70%、80%乳油。一般使用浓度为 80%乳油稀释 2 000～4 000 倍液喷雾。

宁南霉素(ningnarmycin、菌克毒克):低毒。具有预防、治疗作用。是一种胞嘧啶核苷肽型广谱抗生素杀菌剂,具有预防、治疗作用.对烟草花叶病毒病有良好的防治效果,具有抗雨水冲刷,毒性低等特点。不能与碱性物质混用。常见 2%、4%、8%的水剂,10%可溶粉剂。2%宁南霉素水剂防治大豆根腐病 60～80 mL/667 m^2,播前拌种;防治水稻纹枯病 200～333 mL/667 m^2,防治辣椒病毒病 300～417 mL/667 m^2,兑水 30～50 kg 喷雾。

(4)生物化学产物杀菌剂

氨基寡糖素(oligosaccharins、施特灵、D—氨基葡萄糖):低毒。该药属微生物代谢提取的一种具有抗病作用的杀菌剂,对某些病菌的生长有抑制作用,如影响真菌孢子萌发,诱发菌丝形态发生变异,菌丝的胞内生化反应发生变化等,诱导植物产生抗病性的机理主要是激发植物基因表达,产生具有抗菌作用的几丁酶.葡聚糖酶.保素及 PR 蛋白等;同时具有抑制病菌的基因表达,使菌丝的生理生化发生变异,生长受到抑制,同时还能刺激生长。严禁与碱性农药和肥料混用。剂型以 0.2%、0.5%、1%、2%、5%的水剂为主,2%水剂防治番茄、烟草病毒病 160～230 mL/667 m^2,防治番茄晚疫病 50～60 mL/667 m^2,兑水 30～50 kg 喷雾(一般使用浓度为 0.5%水剂稀释 600～800 倍液喷雾)。

香菇多糖(Lentinan,LNT):香菇多糖是一种广谱性的治疗植物病毒病生物制剂,属于植物诱抗剂,具有增强植物抗病毒病能力。由蘑菇培养基中提取的抑制病毒病 RNA 复制的高效治疗病毒病的生物农药,在植物表面有良好的湿润和渗透性,能迅速被植物吸收、降解,对人、畜及环境安全,适于绿色无公害基地使用。防治对象:烟草花叶病毒病、番茄花叶病毒病、水稻条纹叶枯病、黄瓜花叶病毒病、大豆花叶病毒病、玉米花叶病毒病、玉米粗缩病、芜菁花叶病毒病、辣椒病毒病、马铃薯病毒病以及其他作物的病毒病等。常见剂型有 0.5%、1%、2%的水剂,0.5%氨基寡糖素水剂防治辣椒、瓜类的病毒病 200～300 mL/667 m^2,兑水 30～50 kg 喷雾。

近年一些新的农用抗生素也在开发应用,如公主岭霉素,主要用于种子消毒,武夷霉素用于防治白粉病和灰霉病,中生霉素主要用于防治水稻白叶枯病,木霉菌主要用于防治黄瓜、大白菜霜霉病,四霉素(梧宁霉素)主要防治果树腐烂病。

5. 杀线虫剂　杀线虫剂是用来防治植物线虫病害的药剂。杀线虫剂必须具备很强的穿透力,并且易于分散在土壤或线虫所在的其他生活环境中,持效期长,对作物、有益生物、人、畜安全,不污染环境。目前应用的杀线虫剂有两大类:一类是熏蒸剂,并非专对线虫,而是对土壤中的病菌、害虫、杂草都有毒杀作用;另一类是兼有杀虫、杀线虫作用的非熏蒸剂,它们一般具触杀和胃毒作用,且毒性高,用药量较大。

棉隆(dazomet、必速灭):为硫代异氰酸甲酯类杀线虫剂。毒性低,具较强的熏蒸作用,易在土壤中扩散,作用全面、持久,能与肥料混用。制剂有 50%可湿性粉剂、98%～100%微粒剂。一般每 667 m^2 用 50%可湿性粉剂 1～1.5 kg，拌细土 10～15 kg 沟施或撒施，施后耙入深土层中。

淡紫拟青霉(paecilomyces lilacinus、线虫清)：本剂为活体真菌杀线虫剂，有效菌为淡紫拟青霉菌，能防治胞囊线虫、根结线虫等多种寄生线虫。菌丝能侵入线虫体内及卵内进行繁殖，破坏线虫生理活动而导致死亡。剂型为 5 亿活孢子/g(颗粒剂)，高浓缩吸附粉剂，是毒性极低的生物制剂，对人、畜和环境安全。主要用于防治粮豆和蔬菜作物线虫病，在播种时按种子量的 1%用量进行拌种，拌种后堆闷2～3 h，阴干后即可播种。播种前或移栽前，每 667 m^2 用菌剂 0.5～1 kg 可与 5～10 kg 豆饼等有机肥料混合均匀，将其穴施或条施在种子或幼苗根系周围，施药深度 10 cm 左右。连年施用本剂对根治土壤线虫有良好效果，并对作物无残毒，也不污染土壤，还对作物有一定刺激生长作用。本品不可与含有铜离子、镁离子的农药混合使用。

威百亩(威巴姆、维巴姆、保丰收、metham-sodium) 为一种具熏蒸杀灭作用的杀线虫剂。对人、畜低毒，对皮肤、眼、黏膜有刺激作用。持效期 15 d 左右。常见的剂型有 33%、35%、48%水剂，施药量为 35%水剂每 667 m^2 用 3～4 kg，兑水400～900 L 稀释后，均匀浇施于沟内，随即覆土踏实，过 15 d 后，翻耕放气，再播种或定植。

噻唑磷(fosthiazate)：有机磷杀线虫剂。中等毒性，有强烈的触杀，对多种线虫有明显的内吸毒杀作用，可防治的线虫包括地上茎叶外寄生线虫、地下植物根部内寄生线虫等约 20 种，是一种防治植物线虫的理想杀线虫剂，可有效防治水稻、蔬菜、观赏植物、果树等上的多种线虫。常见剂型为 10%颗粒剂(GR)，900 g/L 乳油(EC)，10%乳油(EC)。以 1～4 kg 有效成分/hm^2 行间撒施颗粒剂。

6. 除草剂　又名除莠剂，用于农田灭除杂草和有害植物的化学药剂，用于消灭或抑制植物生长的一类物质，用除草剂除草称化学除草，具功效高，节省劳力，增加产量。但使用时，须准确掌握浓度及其施用量和施药时期，有些品种对鱼类有高毒性，对人、畜、环境也有一定影响。

(1)除草剂的选择性原理：除草剂的选择性，是指作物与杂草，由于形态差异，或生理生化反应不同，或利用除草剂的某些特性及作物与杂草之间的生态、空间等差异达到保护农作物杀除杂草的目的。主要表现有如下几个方面：

①时间差选择：利用某些除草剂药效迅速，持效期短的特点，在作物播种或移栽前施用，快速杀死田间杂草，药效过后，再播种或移栽，达到高效安全除草，而对种子和幼苗生长无影响。如在作物地播后苗前喷施敌草快除草剂，则可有效地防除苗前杂草。

②位差选择：利用某些除草剂在土壤中移动能力较差，利用作物和杂草根系在土壤中分布深浅不同，或作物与杂草的生长点高低的差异而达到安全有效的除草目的。如在水稻移栽田使用丁草胺封闭除草，迅速灭杀田间杂草而不伤害秧苗；又如在作物生育期施药时，可在喷头上安装防护装置实施定向作喷施，由于作物与杂草的高低不同而把低位杂草防除，而不伤害作物。

③形态选择：利用植物形态不同，因而对除草剂的吸附作用不一，吸附多的易被毒杀，吸附少的较安全。如禾谷类作物叶片狭窄，直立，叶面蜡质层厚，喷布的除草剂液滴不易粘于叶表面，且生长点被多层叶鞘保护，触杀型除草剂不易伤害其分生组织。而双子叶植物叶片宽大，角质和蜡质层较薄，除草剂雾滴易在叶片上沉淀，生长点裸露，触杀型除草剂就能直接伤害。如阔叶净只对双子叶杂草有高活性。

④生理生化选择：利用作物与杂草对除草剂生化反应不同，达到杀除杂草的目的。如敌稗能安全用于稻田除稗，主要是水稻幼苗体内含较多的酰胺水解酶，能迅速水解敌稗为无毒物

质,而稗草幼苗却无能力而被毒杀。由于植物的茎、叶或根系对除草剂的吸收与输导的差异而产生的选择性。

⑤生物技术选择:利用生物技术将抗除草剂基因导入,可使苗木有不受除草剂毒害的能力,从而获得选择性。比如抗草甘膦基因大豆、玉米等转基因品种。

(2)除草剂分类:除草剂可按化合物来源、作用方式、传导方式、使用方式、施药部位等方面进行分类。

①根据化合物来源分类,可分为无机化合物除草剂和有机化合物除草剂两类。前者由天然矿物原料组成,不含有碳素的化合物,大都是灭生性除草剂,如氯酸钾、硫酸铜、石灰氮等。后者主要由苯、醇、脂肪酸、有机胺等有机化合物合成,如醚类——乙氧醚,三氮苯类——扑草净,取代脲类——异丙隆,苯氧乙酸类——2 甲 4 氯,吡啶类——敌草快、二硝基苯胺类——氟乐灵,酰胺类——丁草胺,有机磷类——草甘膦,酚类——五氯酚钠等。

②根据作用方式分类,可分为选择性除草剂和灭生性除草剂两类。前者对不同种类的植物,抗性程度也不同,除草剂可以杀死杂草,而对作物无害。常见的选择性除草剂有丁草胺、氟乐灵、扑草净、西玛津、乙氧醚等。后者对所有植物都有毒害性,接触绿色苗叶部分,不分苗木和杂草,都会受到伤害或被杀死。常见的灭生性除草剂如草甘膦、草铵膦等。

③根据传导方式分类,分为触杀型除草剂和内吸性除草剂两类。前者不能在植物体内传导或传导性很差,只能杀死杂草接触到药剂的部位,未接触药剂的部位不受影响,对杂草的地下部分则效果较差,使用这类除草剂需均匀喷雾使药滴覆盖杂草全株才能达到较好的除草效果,如敌稗。后者可以被植物的根、茎、叶吸收并传导至其他器官造成杂草死亡,对防除多年生杂草最好选用内吸性传导型除草剂,如草甘膦、扑草净等。

④根据使用方法分类,分为茎叶处理剂和土壤处理剂两类。前者在作物生长期间,在杂草出苗后使用,利用位差及时间差选择性,采取定向喷施方式,对杂草有效,而对作物无害的除草剂。这种喷洒方式使用的除草剂叫茎叶处理剂,如盖草能、草甘膦等。后者又分为播前土壤处理剂、播后苗前土壤处理剂。在作物出苗前施用,将除草剂均匀地喷洒到土壤上形在一定厚度的药层,当杂草种子的幼芽、幼苗及其根系被接触吸收而起到杀草作用,通常采用有喷雾法、浇洒法、毒土法等方式施用。这种使用方式的除草剂叫作土壤处理剂,如乙草胺、扑草净、氟乐灵等。

(3)常见除草剂:有以下几类:

①苯氧羧酸类:具有杀草谱宽、效果好、价格低等优点,防除一年生和多年生阔叶杂草以及莎草科杂草有高活性;它有生长素类除草剂特性,在低浓度下,对植物具有促生长效果,在高浓度下能杀死双子叶植物,但对单子叶植物作用很小;其不同品种与剂型的杀草活性有不同差异,常规品种中除草效果优劣是:二甲四氯＞2,4-滴;同品种不同剂型的除草效果是;酯＞酸＞胺盐＞钠盐(钾盐);这类除草剂喷施到植物后被茎、叶和根系吸收,通过韧皮部筛管和根部的木质部导管进行传导,从而促进植物体内核酸和蛋白质的合成,影响细胞过度分裂和伸长,使组织因过度生长而畸形,最终阻碍物质运输,导致植物死亡。代表品种:二甲四氯、禾草灵、精吡氟禾草灵、精喹禾灵。

②苯甲酸类:迅速被植物的根、茎、叶吸收,通过韧皮部或木质部向上与向下传导,并在分生组织中积累,干扰内源生长素的平衡,从而杀死双子叶杂草。代表品种:麦草畏、地草平、敌草索、杀草畏。

③二苯醚类:大都具有触杀性,在有光作用下发挥其杀草效能,主要通过胚轴进入植物体

内，经根部吸收较少，并有极微量通过根部微管运输到叶部，在芽前和芽后早期施用效果最好，对种子萌发的杂草除草效果好除草谱广，主要起到触杀作用，主要防治一年生阔叶杂草。代表品种：乙羧氟草醚、三氟羧草醚、克阔乐、氟磺胺草醚。

④酰胺类：大都是选择性芽前除草剂，主要通过杂草幼芽和幼小次生根吸收，抑制体内蛋白质合成，使杂草幼株肿大，畸形，最终死亡。可作土壤处理剂，主要防除一年生禾本科杂草，应用面积极广。代表品种：甲草胺、乙草胺、丙草胺、丁草胺、异丙甲草胺、敌稗。

⑤氨基甲酸酯类：大都具有选择性除草剂，可作土壤处理剂或茎叶处理剂，可杂草的根部和幼芽吸收，引而对生长点的抑制，阻止蛋白质合成造成杂草死亡。在旱物、大田均可使用，杀草谱较广。代表品种：禾大壮、杀草丹、野麦畏、环草特、灭草灵、甜菜宁。

⑥取代脲类：取代脲类除草剂的大都是内吸传导性土壤处理剂，药剂主要通过杂草的根部吸收，传导到叶片部，在光的作用下，抑制光合作用中的希尔反应，使受害杂草从叶尖和边缘开始褪色，终至全叶枯萎，不能制造养分，杂草饥饿而死。防治一年生杂草及阔叶杂草都有优良防治效果。代表品种：伏草隆、绿麦隆、利谷隆、异丙隆、敌草隆。

⑦三氮苯类：均是选择性内吸传导型除草剂，是典型的光合作用抑制剂，低浓度的三氮苯类除草剂对一些植物有促进生长的作用，可刺激幼芽和根的生长，也促进叶面积加大，茎增粗，当用量较高时，会产生强烈的抑制作用。此类除草剂主要防治一年生杂草和种子繁殖的多年生杂草；通常下防治阔叶杂草的药效较好于禾本科杂草。代表品种：扑草净、西玛津、西草净、环嗪酮、莠去津、嗪草酮、阔叶净。

⑧有机磷类：大多数有机磷除草剂品种的选择性差，通常作为灭生性除草剂，主要用于林业、果园、非农田及免耕田，他们的杀草谱比较广，不仅能防治一年生杂草，而且还能防治多年生杂草。代表品种：草甘膦、双丙胺磷。

⑨磺酰脲类：最优秀的一类除草剂，磺酰脲类除草剂的杀草谱很广，可防治绝大多数阔叶杂草，对禾本科杂草也有一定的抑制作用，不同品种适用于不同作物。此类除草剂在土壤中降解比较迅速，并在非靶标生物体内不进行生物积累，最大优点是：超低用量而对环境较为安全。代表品种：烟嘧磺隆、噻吩磺隆、氯磺隆、苄嘧磺隆、吡嘧磺隆、氯嘧磺隆。

7. 植物生长调节剂　植物能自发地调节生长发育是因体内含有微量生理活性物质，这些微量物质称植物生长素。这种物质多存于植物、菌类及藻类中，以生长旺盛的根尖、顶芽含量最多，其具有细胞伸长、插枝生根、诱导雌花及果实形成、顶端优势等生理作用，对农业生产有着重要作用。

植物生长调节剂被认定为植物外源激素，是通过化学合成或微生物发酵等方式，研究产生的一些与天然植物激素有相似生理功能和生物学效应的物质，称为植物生长调节剂。目前，在我国将应用于农业生产的植物生长调节剂列为农药。

其主要分类有：生长素、赤霉素、细胞分裂素、脱落酸和乙烯 5 类植物生长素。

(1)植物生长调节剂的生理作用：植物生长调节剂有与植物生长素相同的生理作用，在植物体内可进行双向运输，可作茎叶喷雾，又可拌种用。按其对植物的生理作用分类为：①植物生长促进剂(如萘乙酸、赤霉素、芸薹素内酯等)；②植物生长抑制剂(如脱落酸、三碘苯甲酸等)；③植物生长延缓剂(如多效唑、矮壮素、乙烯利等)。其主要生理作用有：①促进插枝生根；②促进植物体内营养物质合理运输；③阻止器官脱落；④促进植物开花、抽薹；⑤形成无籽果实；⑥打破休眠期；⑦催熟果实；⑧促进植物茎秆伸长。

(2)主要植物生长调节剂有以下几类：

①萘乙酸(O-萘乙酸、NAA、α-naphthaleneacetic acid)：广谱型植物生长调节剂，能促进细胞分裂与扩大，诱导形成不定根，增加坐果，防止落果，改变雌、雄花比例，延长休眠，维持顶端优势等。对人、畜低毒，但对人的皮肤和黏膜有刺激作用。

主要用于水稻、玉米、豆类、小麦、棉花、果树及蔬菜上，能够促进种子早发，根多苗壮，增加有效分蘖，提高结实率。一般采用叶面喷雾、浸种、浸苗等方法。常见剂型为70%钠盐、99%原粉、3%水剂。一般大田作物及蔬菜浸种，使用有效浓度为10～20 μm/L，浸种6～12 h，禾谷类作物在花期喷洒1～10 μm/L药液，能减少秕谷率，增加千粒重。甘薯苗及果树枝条繁殖时，用10～20 μm/L的药液浸苗和插枝，能提高成活率，促进不定根形成。本品稀释后要立即使用，不宜久存，不能和碱性物质混用。

②赤霉酸(赤霉素、九二〇、gibberellic acid)：是通过赤霉菌液体发酵，从代谢产物中提取出来的一种广谱型高效能生长激素，具刺激植物细胞伸长，使植株长高，叶片增大；打破种子、块茎、块根的休眠，促使萌发；刺激果实生长，提高结实率或形成无籽果实；改变雌雄花比率，减少花、果脱落等作用，使2年生的植物在当年开花。对人、畜低毒。是目前农、林、果、园艺上使用较为广泛的植物生长调节剂。常见剂型有85%/1 g的结晶粉、4%乳油。

赤霉素对葡萄，柑橘，棉花、蔬菜，水稻，花生等有显著增产作用，对果树，苗圃，三麦，菇类栽培，育豆芽也有良好作用。可采用喷雾，浸根，浇根，种子处理，涂抹等方法，一般使用浓度20～50 mg/L。施用时，先将粉剂溶于少量酒精中，再加水稀释所需浓度。杂交水稻制种在水稻孕穗期，每667 m^2 用赤霉素粉剂2 g，加水均匀喷雾，对解决杂交水稻制种花期不遇和促进穗头冲开包叶有很好的效果。在水稻扬花、灌浆期，每667 m^2 用结晶粉剂赤霉素1 g，先用少量酒精溶解，加水50～70 kg喷洒穗部，可提高结实率和千粒重。柑橘初花或谢花后20 d、葡萄开花后1周使用，可提高坐果率。本剂水溶液随配随用，更不可超量使用，否则会导致植物畸形枯死。

③矮壮素(CCC、chlormequat)：赤霉素的颉抗剂。控制植株的徒长，促进生殖生长，使植株节间缩短，抗倒伏等。对人、畜低毒。常见的剂型有50%水剂。控制植物徒长，增加花数，多用300 mg/kg浓度的药液喷雾。

④复硝酚钠(爱多收、丰产素)：对人、畜低毒。能迅速渗透到植物体内，促进细胞的原生质流动，对植物发根、生长、生殖及结果等各发育阶段有不同程度的促进作用。可使植物提早开花，打破休眠，防止落花落果，改良植物产品的品质等。在植物播种开始至收获的任何时期均可使用。常用制剂有1.8%水剂(爱多收)、1.4%水剂(丰产素)。

⑤氯吡脲(吡效隆、调吡脲、施特优、forchlorfenuron)：为细胞分裂素类植物生长调节剂，属苯基脲类衍生物，具有细胞分裂素活性，活性比嘌呤形细胞分裂素要高10～100倍。可促进细胞分裂、分化和扩大，促进器官形成、蛋白质合成，提高光合作用效率、增强抗逆性、延缓衰老、提高坐果率、促进果实膨大等作用。适应于果树及瓜果类植物，对瓜果类植物处理后促进花芽分化，防止生理落果效果显著。加工剂型有0.1%可溶性液剂、2%水剂。在花后采用浸幼果或果穗，浸瓜蕾或蘸瓜胎、涂抹瓜柄等方法，使用浓度0.1%可溶性液剂10～30 mg/L。

⑥三十烷醇是天然产物，对作物具有促进生根、发芽、开花、茎叶生长、早熟、提高结实率的作用。在作物生长期使用，可提高种子发芽率、改善秧苗素质、增加有效分蘖。在作物生长中、后期使用，可增加蕾花、坐果率(结实率)，千粒重，从而增产。主要制剂有1.4%乳粉、0.1%微乳剂。可用于水稻、麦类、玉米、高粱、棉花、大豆、花生、烟草、甜菜、蔬菜、果树、花卉等多种作

物和观赏植物。可以浸种或茎叶喷雾。

⑦多效唑(高效唑、氯丁唑、paclobutrazol、bonzi)：对人、畜低毒。为植物生长延缓剂，内源激素赤霉素的合成抑制剂。能抑制植物纵向伸长，使分蘖或分枝增多，茎变粗，植株矮化紧凑。如抑制果树及花木新梢顶端分生组织中赤霉素的合成，降低分生组织细胞的分裂和增大的速率，减少果树的营养生长器官，使较多的光合产物转运到生殖生长器官，促进花芽分化、果实形成。多效唑对苹果、梨、桃、葡萄、樱桃、李、柑橘、草莓、水稻、大豆等处理均有显著效果，对花卉、草皮、观赏植物有抑制生长、增加分蘖的效用，对番茄、油菜、甜菜也有明显作用。主要通过根系吸收，叶吸收量少。常见剂型为15%可湿性粉剂。一般使用剂量为每667 m^2用15%可湿性粉剂500～1 000倍液喷雾。

⑧乙烯利(乙烯磷、一试灵、ethephon)：为促进成熟的植物生长调节剂。在酸性介质中稳定，在pH 4以上时，则分解释放出乙烯。可由植物叶、茎、花、果、种子进入植物体内并传导，放出乙烯，促进果实早熟齐熟，增加雌花，提早结果，减少顶端优势，增加有效分蘖，使植株矮壮等。常见剂型为40%水剂。一般使用方法是用本剂100～150 mL加水50 kg喷雾。本剂勿与碱性物质混用，以免分解失效。

【巩固训练】

植保技能考核22：喷雾法防治作物病虫害。操作要求：①根据防治对象选用的对口农药，写出防治对象名称、选用农药名称、药液浓度，配药；②进行喷雾操作。③30 min内完成。

植保技能考核23：土壤消毒技术。操作要求：每人用福尔马林液处理土壤1 m^2，写出用药量和用水量(填下表)，30 min内完成。

植保技能考核24：水稻种子(或瓜类、茄果类种子、柑橘类果树种子、苗木)消毒。操作要求：1.根据考评员宣布的防治对象，写出防治对象名称，对口选药，写出各用料名称及用量，写出消毒过程。2.配药，进行消毒操作。3.写出防治对象2种以上，15 min内完成。

作业

1.怎样才能做到合理使用农药？

2.怎样才能做到安全使用农药？

3.怎样才能延缓或克服病菌或害虫抗药性的形成？

4.试述胃毒剂、内吸剂、熏蒸剂、灭生性除草剂、绿色食品、LD_{50}、LC_{50}、安全间隔期的概念。

5.熟记各大类农药2～4种代表的防治对象及使用方法。

子项目四　农药的田间药效试验及防治效果调查

【学习目标】

掌握农药田间药效试验设计的一般原则和药效试验方法，了解农药田间药效试验的内容和程序，学会进行农药防治效果的调查与计算。为独立进行农药田间药效试验奠定基础。

任务一　田间药效试验方案的设计与实施

【材料、用具与场地】当地常用低毒杀虫剂或杀菌剂若干种，手动喷雾器、量筒、水桶、测绳、计算器、红油漆、记录板(纸)，某害虫或病害发生较重的农田(或果园、菜园)等。

【基础知识】

一、田间药效试验的内容和程序

(一)田间药效试验的内容

1.农药品种比较试验　新农药上市后，需要与当地常规使用的农药进行防治效果对比试验，以评价新老品种及新品种之间的药效差异程度，以确定有无推广价值。

2.农药应用技术试验　对施药剂量(或浓度)、施药次数，施药适期、施药方式进行比较，综合评价药剂的防治效果及对作物、有益生物及环境的影响，确定最适宜的应用技术。

3.特定因子试验　为深入地研究农药的综合效益或生产应用中提出的问题，专门设计特定因子试验。如环境条件对药效的影响、不同剂型之间比较、农药混用的增效或拮抗、药害试验、耐雨水冲刷能力、在作物及土中的残留等。

(二)田间药效试验的程序

1.小区试验　农药新品种，虽经室内测定有效，但不知田间实际药效，须经小面积试验，即小区试验。

2.大区试验　经小区试验取得效果后，应选择有代表性的生产地区，扩大试验面积，即大区试验，以进一步考察药剂的适用性。

3.大面积示范试验　在多点大区试验的基础上，选用最佳的剂量、施药时期和方法进行大面积试验示范，以便对防治效果、经济效益、生态效益、社会效益进行综合评价，并向生产部门提出推广应用的可行性建议。

二、田间药效试验设计的一般原则

1.设置重复　设置重复能估计和减少试验误差，使试验结果准确地反映处理的真实效应。一般小区试验应设置3～5次重复为宜。

2.运用局部控制　为克服重复之间因地力等因素造成的差异，试验可运用局部控制。做法是将试验地划分与重复数相等的大区，每个大区包括各种处理，即每一处理在每个大区内只出现1次，这就是局部控制。它使各种处理(药剂)的重复在不同环境中的机会均等，从而减少试验的误差。

3.采用随机排列　运用局部控制可以减少重复之间的差异，而重复之内的差异总是存在的。为了获得无偏的试验误差估计值，要求试验中每处理都有同等的机会设置在任何一个试验小区，因此必须采用随机排列。通常采用的随机排列法有对比法设计、随机区组设计、拉丁方设计及裂区设计等。

4.设对照区和保护行　对照区是评价和校正药剂防治效果的参照。对照区有两种，一是不施药的空白作对照区，二是以标准药剂(防治某有害生物有效的药剂)作对照区。在试验区四周及小区间还应设保护行，以避免外来因素的影响。水田小区试验，若施药于水层中，应修筑小埂，避免小区间的影响。

三、田间药效试验的方法

(一)试验前的准备

试验前，要制订具体的试验方案，并根据试验内容及要求，做好药剂、药械及其他必备物资准备工作。

(二)试验地选择与小区设计

1.试验地选择　应选择土质、地力、前茬、作物长势等均匀一致，防治对象严重、分布均匀等有代表性的田块做试验地，除试验处理项目外，其他田间操作必须完全一致。

2.面积和形状　试验地的大小，依土地条件、作物种类及栽培方式、有害生物的活动范围及供试药剂的数量等因素决定。一般试验小区面积在 15～50 m^2，成年果树以株为单位，每小区 2～10 株。小区形状以长方形为好。

大区试验田块需 3～5 块，每块面积在 300～1 200 m^2；化学除草大区试验面积不少于 2 hm^2；杀鼠剂药效试验每种处理面积应为 6～7 hm^2(或以施药前样方内能捕 30 只鼠或 100 个有效鼠洞为准)，四周保护区 3～6 hm^2，不设重复。

3.小区设计　小区设计应用最为广泛的方法是随机区组设计(图 4-4-1)。将试验地分为几个大区组。每大区试验处理数目相同，即为一个重复区。在同一重复区内每处理只能出现 1 次，并要随机排列，可用抽签法或随机数字表法决定各处理在小区的位置。

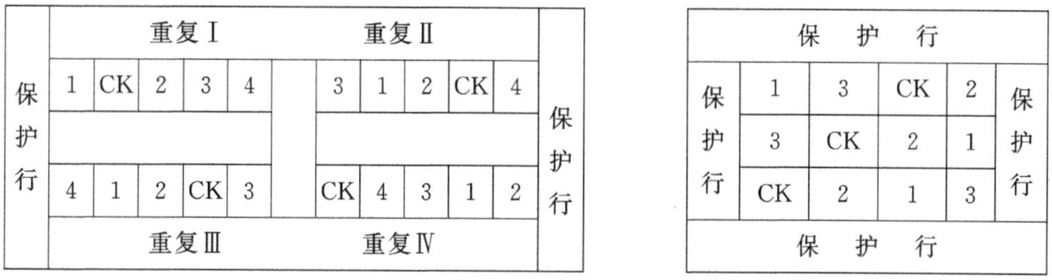

5 个处理(含对照)4 次重复随机区组排列法

4 个处理(含对照)3 次重复的随机区组排列法

图 4-4-1　随机区组设计示意图

(三)小区施药作业

1.插标牌　小区施药前，要插上处理项目标牌，并规定小区施药的先后顺序。若为喷雾法施药通常是先喷清水的空白对照区，然后是药剂处理区。如果是不同剂量(浓度)的试验，应从低剂量(浓度)到高剂量(浓度)顺序。

2.检查药械　在试验施药前，要使用药器械处于完好状态，并用清水在非试验区试喷，以确定每分钟压杆次数和行进速度，力求做到 1 次均匀喷完。

3.量取药剂　要用量筒或天平准确地量取药剂，并采用 2 次稀释法稀释药液(即先用少量水将乳油或可湿性粉剂稀释搅匀，再将其余水量加入稀释)。

4.施药作业　整个施药作业应由1人完成。如果小区多,需几人参加,则必须使用同型号的喷雾器,并在压杆频率、行进速度等方面尽量一致,喷洒的药液量视被保护作物种类及生育期或植株大小来决定,一般在300～900 L/hm^2。

(四)试验基本情况记载

1.试验条件　试验名称,试验地点,试验对象,作物和品种,环境或设施栽培条件。

2.试验设计和安排　试验药剂和对照药剂的含量/中(英)文名称/剂型、商品名称、生产单位。设空白对照。各供试药剂试验设计,药剂的用量可列表表示,如表4-4-1所示。各试验小区的设计与安排,如小区排列,小区面积或植株数,重复次数。药剂的施药方法,施药器械,施药时间和次数(或作物生育期及虫害发生阶段),使用容量(实际公顷用药液量或用药倍数)。

表4-4-1　供试药剂试验设计

处理编号	供试药剂	施用剂量	有效成分量
		制剂量或稀释倍数	mg/kg或 g/hm^2
	对照药剂		
	空白对照		

3.调查、记录和测量方法　施药期间气象资料及土壤资料,调查方法、时间和次数,药效计算方法(公式)。对作物的质量和产量直接影响,对其他生物和其他非靶标生物的影响。

4.结果与分析　调查记录各小区的药前基数和药后结果,如调查杀虫剂防治效果一般以调查药前虫数和药后残虫量表示,速效性农药的以调查药后1 d、3 d、5 d……的防治效果为宜,持效性农药以调查药后7 d、14 d、28 d……的防治效果为宜;杀菌剂以调查药前和最后一次施药后7～14 d的病情指数为宜。并对数据进行方差分析,见表4-4-2。

表4-4-2　____________试验结果

药剂处理	有效成分用量/(mg/kg或 g/hm^2)(或重复)	药前基数虫量/头(或病情指数)	药后____d			药后____d			药后____d			药后____d		
			残留虫量/头(或病性指数)	防效/%	差异显著性	残留虫量/头	防效/%	差异显著性	残留虫量/头	防效/%	差异显著性	残留虫量/头	防效/%	差异显著性
药剂1	1													
	2													
	3													
	4													
	平均													

续表 4-4-2

药剂处理	有效成分用量/（mg/kg或g/hm²）（或重复）	药前基数虫量/头（或病情指数）	药后____d			药后____d			药后____d			药后____d		
			残留虫量/头（或病性指数）	防效/%	差异显著性	残留虫量/头	防效/%	差异显著性	残留虫量/头	防效/%	差异显著性	残留虫量/头	防效/%	差异显著性
药剂1	1													
	2													
	3													
	4													
	平均													
药剂3	1													
	2													
	3													
	4													
	平均													
对照药剂	1													
	2													
	3													
	4													
	平均													
空白对照	1													
	2													
	3													
	4													
	平均													

（试验负责人员签名：　　　）

任务二　田间药效试验报告的撰写

【材料及用具】计算器，试验报告纸，参考资料（有关病虫害田间防治的杂志论文若干）。

试验报告是对农药田间药效试验的结论性文献，一是要反映农药对某种有害生物药效试验的结果，二是要反映农药对某种有害生物应用的条件、方法和可行性，三是要反映农药对某种有害生物试验的科学性、可靠性、准确性、先进性等。试验报告的结果可作为农药在生产上推广应用的依据。

【工作步骤】

1. 试验目的要求　包括当时有关试验项目研究的概况和存在问题，要有针对性，明确通过试验应解决哪些问题。

2. 试验材料和方法　这是试验报告的重要部分，反映了试验设计是否科学、先进，同时也可预测到试验结果的可信度和准确度。

(1)试验所用药剂名称、来源、浓度、剂型以及用药的方法、时间及次数。供试验病虫害名称、植物品种、试验地条件、栽培管理措施以及必要的气象资料等。

(2)试验处理项目及田间排列情况。

(3)介绍调查项目、时间和方法。

3. 试验结果　这是试验报告的主要部分，应按照试验目的，分段叙述，力求文字简明扼要，正确客观的反映试验结果，尽量用图表、数据表示。

4. 讨论　根据试验结果，讨论、评价并作必要的解释，指出实用价值、存在问题和今后的意见、设想。

5. 结论　对全部试验进行简要的总结，提出主要的结论和看法。结论一定要明确，不可似是而非，模棱两可。

【拓展知识】

农药田间药效试验的调查与统计

一、田间药效调查

1. 调查时间　田间药效调查时间各异。比如杀虫剂药效试验以种群减退率为评判指标，一般在施药后 1 d、3 d、7 d 各调查数次，若为内吸性或残效期较长的药剂，可采用更长时间；若以作物的被害率作为评判指标，要等到作物被害状表现并稳定时调查；杀菌剂对叶斑病类的防效试验，要在最后 1 次施药后的 7～14 d 调查防效；芽前施用的除草剂，要到不施药的对照区杂草出苗时调查防效，而苗后使用的除草剂，宜在施药后的 2 周调查药效；若用熏蒸法进行杀鼠剂灭鼠试验，要求在当天调查防效、工具灭鼠应在 3 d 后调查防效。

2.调查方法　杀虫剂与杀菌剂田间药效调查取样方法与病虫害的田间调查取样方法相同，可参阅项目二子项目一中的农作物重要病虫害的田间调查相关内容。

除草剂田间药效调查方法有两种：一是绝对数（定量）调查法，即采用对角线取样法在小区内取样3～5点，每点0.25～1 m^2（可用铁丝围成该面积的方框），计数样点内每种杂草的株数和鲜重；二是估计值（目测）调查法，即将每个处理小区同附近的对照小区进行比较，目测并估计相对杂草种群量，包括杂草株数、覆盖度、高度和生长势等指标。调查前应有草害级别做参照，调查人员需经训练，才能估计准确，以正确评价药效。

杀鼠剂田间药效调查的常用方法是查掘开洞法和鼠夹法。前者是对洞系明显的鼠种，将投药鼠洞堵严，24 h或48 h后调查鼠从里向外掘开洞数。后者是对洞系不明显的鼠种，施药后一定天数，在样区内按5 m×50 m间距棋盘式布置与施药前调查的同一型号的鼠夹100个，以鲜花生米等作诱饵，24 h记录捕得鼠数。

二、防治效果的计算

1.杀虫剂防治效果

（1）以虫口减退率表达防治效果：在防治前后分别调查活虫数，以虫口减退率表达防治效果，其公式为：

$$\text{虫口减退率}=\frac{\text{防治前活虫数}-\text{防治后活虫数}}{\text{防治前活虫数}}\times 100\%$$

该式计算出的虫口减退率包含了杀虫剂和自然因素两种原因造成的死亡，若害虫的自然死亡率（对照区死亡率）低于5%，则计算结果基本上反映了药剂的真实效果，若自然死亡率在5%～20%，则应以下列校正虫口减退率予以更正，若自然死亡率大于20%，则试验失败。

$$\text{校正虫口减退率}=\frac{\text{处理区虫口减退率}-\text{对照区虫口减退率}}{1-\text{对照区虫口减退率}}\times 100\%$$

$$\text{或校正死亡率}=\left[1-\frac{\text{药前对照区活虫数}\times\text{药后施药区活虫数}}{\text{药后对照区活虫数}\times\text{药前施药区活虫数}}\right]\times 100\%$$

（2）以被害减少率表达防治效果：对于地下或钻蛀性等隐蔽为害的害虫，由于不易观察到死活虫体，一般用被害减少率表达防治效果。其公式为：

$$\text{被害率}=\frac{\text{作物被害单位数}}{\text{调查总单位数}}\times 100\%\text{，即被害率}=\frac{\text{被害苗（株、叶、杆）数}}{\text{调查总苗（株、叶、杆）数}}\times 100\%$$

$$\text{被害减少率}=\frac{\text{对照区被害率}-\text{处理区被害率}}{\text{对照区被害率}}\times 100\%$$

2.杀菌剂防治效果

（1）以发病率表达防治效果：对于苗期病害、果实病害或全株发病的病害，可随机调查一定数量的苗数、果数或株数。求出发病率，以此计算防治效果。其公式为：

$$\text{发病率}=\frac{\text{病苗（株、叶、杆）数}}{\text{检查总苗（株、叶、杆）数}}\times 100\%$$

$$\text{防治效果}=\frac{\text{对照区发病率}-\text{处理区发病率}}{\text{对照区发病率}}\times 100\%$$

（2）以病情指数表达防治效果：对于病情差异较大，对作物产量影响不同的病害，应作病情分级调查求出病情指数，再计算防治效果。其公式为：

$$\text{病情指数}=\frac{\sum(\text{病级株叶或果数}\times\text{该病级代表值})}{\text{调查总株、叶或果数}\times\text{最高级代表值}}\times 100\%$$

$$\text{相对防效}=\frac{\text{对照区病情指数}-\text{处理区病情指数}}{\text{对照区病情指数}}\times 100\%$$

若施药前已经发病，而各处理区的基础病情有明显差异时，则应在处理区和对照区分别于施药当天和施药后若干天进行病害分级调查，求出病情指数增长值，再计算实际(绝对)防治效果。其公式为：

$$\text{病情指数增长值}=\text{施药后病情指数}-\text{施药当天病情指数}$$

$$\text{绝对防效}=\frac{\text{对照区病情指数增长率}-\text{处理区病情指数增长率}}{\text{对照区病情指数增长率}}\times 100\%$$

3. 除草剂防治效果

$$\text{防除效果}=\frac{\text{对照区杂草鲜重或株数}-\text{施药区杂草鲜重或株数}}{\text{对照区杂草鲜重或株数}}\times 100\%$$

4. 杀鼠剂的防治效果

(1)以捕鼠率表达防治效果：鼠夹法调查药效要在灭鼠前 1 d 以同样方法调查捕鼠数，再以投药前后捕鼠数的对比计算防治效果。其公式为：

$$\text{捕鼠减少率}=\frac{\text{灭鼠前的捕鼠数}-\text{灭鼠后的捕鼠数}}{\text{灭鼠前的捕鼠数}}\times 100\%$$

(2)以有效鼠洞表达防治效果：查掘开洞法也要在施药前 24 h 或 48 h 堵洞调查掘开洞数，并同时在掘开洞口旁投药。以投药前后有效鼠洞数的对比变化，计算防治效果。其公式为：

$$\text{掘开洞减少数}=\frac{\text{投药前掘开洞数}-\text{投药后掘开洞数}}{\text{投药前掘开洞数}}\times 100\%$$

【巩固训练】

作业

写 1 份农药田间药效试验总结，设计某农药防效的试验方案，并对农药药效试验结果进行比较。格式按国家标准 GB 7713—87《科学技术报告、学位论文和学术论文的编写格式》的要求，学术论文应当由(1)标题；(2)作者署名；(3)摘要；(4)关键词；(5)前言；(6)正文；(7)注释；(8)参考文献目录；(9)致谢等部分构成。

【课程思政】

1. 中国式现代化的本质要求

中国式现代化的本质要求是坚持中国共产党领导，坚持中国特色社会主义，实现高质量发展，发展全过程人民民主，丰富人民精神世界，实现全体人民共同富裕，促进人与自然和谐共生，推动构建人类命运共同体，创造人类文明新形态。

2.农作物病虫害防治有法可依

《农作物病虫害防治条例》（中华人民共和国国务院令第725号，2020年5月1日起施行）给出了农作物病虫害防治定义，病虫害分类及工作内容。明确国务院农业农村主管部门县级以上人民政府农业农村主管部门，乡镇人民政府的工作职责，法律责任。农作物病虫害防治实行预防为主、综合防治的方针，坚持政府主导、属地负责、分类管理、科技支撑、绿色防控。

3.违法生产、使用农药入刑

《农药管理条例》（中华人民共和国国务院令第677号，2017年6月1日起施行）规定了国家实行农药登记制度，申请农药登记的，应当进行登记试验。规定了农业主管部门及其工作人员、农药登记评审委员会组成人员、农药登记试验单位、农药生产、农药经营、农药使用、监督管理等方面必须遵守法律条例及应负的法律责任。如农药登记试验单位出具虚假登记试验报告的；未取得农药生产许可证生产农药或者生产假农药的，生产劣质农药的；农药经营者未取得农药经营许可证经营农药；经营假农药、劣质农药的，在农药中添加物质的；农药使用者不按照农药的标签标注的使用范围、使用方法和剂量、使用技术要求和注意事项、安全间隔期使用农药；使用禁用的农药；将剧毒、高毒农药用于防治卫生害虫，用于蔬菜、瓜果、茶叶、菌类、中草药材生产或者用于水生植物的病虫害防治在饮用水水源保护区内使用农药；使用农药毒鱼、虾、鸟、兽等；在饮用水水源保护区、河道内丢弃农药、农药包装物或者清洗施药器械。构成犯罪的，依法追究刑事责任。

4.农药包装废弃物回收处理

《农药包装废弃物回收处理管理办法》（中华人民共和国农业农村部生态环境部令2020年第6号）要求，农药生产者、经营者应当按照“谁生产、经营，谁回收”的原则，履行相应的农药包装废弃物回收义务。国家鼓励和支持对农药包装废弃物进行资源化利用；资源化利用以外的，应当依法依规进行填埋、焚烧等无害化处置。资源化利用按照“风险可控、定点定向、全程追溯”的原则，资源化利用不得用于制造餐饮用具、儿童玩具等产品，防止危害人体健康。资源化利用单位不得倒卖农药包装废弃物。《办法》强调，县级以上人民政府农业农村主管部门或生态环境主管部门未按规定履行职责的，对直接负责的主管人员和其他直接责任人依法给予处分；构成犯罪的，依法追究刑事责任。农药包装废弃物回收处理过程中，造成环境污染的，由地方人民政府生态环境主管部门按照《中华人民共和国固体废物污染环境防治法》等法律的有关规定予以处罚。

5.“药肥双减”

2016年国家农业部首次提出“农药化肥双减”“农药零增长”概念和目标，并由科技部、农业部成立了国家“十三五”计划农业项目“化学肥料和农药减施增效综合技术研发”专项，项目以化肥农药减施增效、农药提质增效为目的，实现农民增收致富。

6.弘扬工匠精神，培养高素质技术技能人才、能工巧匠、大国工匠

强化农药（械）使用技能培训与考核，要求能根据有害生物的发生特点和田间调查结果，快速决策是否需要使用农药，如需要使用，则对症选药，精确计算用药量，采用正确的方法稀释配制农药，在合适的时间安全用药，科学用药。了解主要药械的结构、性能能正确使用、保养主要类型的机动药械。坚持面向实践、强化能力，让更多青年凭借一技之长实现人生价值；坚持面

向人人、因材施教，营造人人努力成才、人人皆可成才、人人尽展其才的良好环境。

7. 解读标准

解读中华人民共和国国家标准. GB/T 8321 农药合理使用准则(一)～(十)和中华人民共和国农业农村部行业标准. NY/T 393—2020 绿色食品农药使用准则。

【学习评价】

表 4-4-3 农药(械)使用与田间药效试验考核评价表

序号	考核项目	考核内容	考核标准	考核方式	分值
1	农药质量的简易鉴别	农药外观质量的鉴别，物理性状的鉴别	从外观上基本能判断出农药的质量优劣；利用水溶法、加热法、灼烧法等物理方法能基本鉴定出所给乳油(剂)、悬浮剂、可湿性粉剂、水分散性粒剂等农药样品的优劣	现场操作考核	5
2	波尔多液的配制	配制方法，原料质量的识别，质量鉴定	配制方法正确；能识别原料的优劣；配制的波尔多液颜色为天蓝色，沉淀较慢	现场操作考核	5
3	石硫合剂的熬制	熬制方法，原料质量的识别，熬制的质量	能识别原料的优劣；熬制方法正确，操作有序；熬制的石硫合剂达 20 °Bé 以上	现场操作考核	5
4	当地生产上常用农药种类及应用调查	调查当地生产上常用的农药种类、生产厂商，防治对象、使用方法等，写出调查报告	调查报告详细真实，能反映当地生产上常用的农药种类及应用农药趋向；调查报告格式规范，文字流畅，有参考价值	个人表述、小组讨论和教师评分相结合	5
5	田间药效试验方案的设计与实施	田间药效试验方案设计，田间药效试验方案的实施	方案设计科学合理，实施性强；方案结合实际，解决了某种病虫害的防治(或某种农药的药效)问题；较好地实施了田间药效试验方案，并取得了较好地试验结果	个人表述、小组讨论和教师评分相结合	5
6	知识点考核		农药(械)基础知识	闭卷笔试	50
7	作业、实验报告		完成认真，方法正确，数据完整	教师评分	10
8	学习纪律及态度		遵守纪律，服从安排，积极思考	学生自评、小组互评和教师评价相结合	15

参考文献

[1] 彩万志，庞雄飞，花保祯，等. 普通昆虫学[M]. 2 版. 北京：中国农业大学出版社，2011.
[2] 雷朝亮，荣秀兰. 普通昆虫学[M]. 2 版. 北京：中国农业出版社，2016.
[3] 洪晓月. 农业昆虫学[M]. 3 版. 北京：中国农业出版社，2017.
[4] 洪晓月，丁锦华. 农业昆虫学[M]. 2 版. 北京：中国农业出版社，2007.
[5] 丁锦华，苏建亚. 农业昆虫学：南方本[M]. 北京：中国农业出版社，2002.
[6] 仵均祥，袁锋. 农业昆虫学[M]. 5 版. 北京：中国农业出版社，2020.
[7] 苏建亚. 农业昆虫学(南方本)[M]. 北京：中国农业出版社，2002.
[8] 李云瑞. 农业昆虫学[M]. 北京：高等教育出版社，2006.
[9] 北京农业大学. 植物病理学[M]. 北京：农业出版社，1982.
[10] 华南农业大学，河北农业大学. 植物病理学[M]. 2 版. 北京：中国农业出版社，2009.
[11] 赖传雅，袁高庆. 农业植物病理学(华南本)[M]. 2 版. 北京：科学出版社，2022.
[12] 陈利锋，徐敬友. 农业植物病理学[M]. 4 版. 北京：中国农业出版社，2015.
[13] 陈啸寅，邱晓红. 植物保护[M]. 4 版. 北京：中国农业出版社，2019.
[14] 强磊. 园林植物保护[M]. 4 版. 北京：中国农业出版社，2019.
[15] 徐洪富. 植物保护学[M]. 北京：高等教育出版社，2003.
[16] 张学哲. 作物病虫害防治[M]. 北京：高等教育出版社，2005.
[17] 郃连春. 作物病虫害防治[M]. 北京：中国农业大学出版社，2007.
[18] 马成云，张淑梅，窦瑞木. 植物保护[M]. 北京：中国农业大学出版社，2011.
[19] 李清西，钱学聪. 林植物保护[M]. 北京：中国农业出版社，2002.
[20] 程亚樵，丁世民. 园林植物病虫害防治[M]. 2 版. 北京：中国农业大学出版社，2011.
[21] 农业部人事劳动司，农业职业技能培训教材编审委员会. 农作物植保员[M]. 北京：中国农业出版社，2004.
[22] 黄宏英，程亚樵. 园艺植物保护概论[M]. 北京：中国农业出版社，2006.
[23] 赵善欢. 植物化学保护[M]. 3 版. 北京：中国农业出版社，2001.
[24] 徐汉虹. 植物化学保护[M]. 5 版. 北京：中国农业出版社，2020.
[25] 吴文君，罗万春. 农药学[M]. 北京：中国农业出版社，2008.
[26] 刘乾开，朱国念. 新编农药使用手册[M]. 2 版. 上海：上海科学技术出版社，1999.
[27] 农业部农药检定所. 新编农药使用手册(续集)[M]. 北京：中国农业出版社，1998.
[28] 黄晓萱，等. 新农药科学使用手册[M]. 南昌：江西科学技术出版社，2000.
[29] 赵桂芝. 百种新农药使用方法[M]. 2 版. 北京：中国农业出版社，2002.
[30] 叶钟音. 现代农药应用技术全书[M]. 北京：中国农业出版社，2002.
[31] 张友军，吴青君，芮昌辉，等. 农药无公害使用指南[M]. 北京：中国农业出版社，2003.
[32] 张国安，傅四礼. 农业害虫防治[M]. 武汉：湖北科学技术出版社，1996.
[33] 陈文龙. 作物害虫综合防治[M]. 上海：上海教育出版社，2001.

[34] 侯建文. 植物保护学[M]. 南京:河海大学出版社,2001.
[35] 广西壮族自治区农业学校. 植物保护学总论[M]. 北京:中国农业出版社,1996.
[36] 江苏省南通农业学校. 作物保护学各论[M]. 北京:中国农业出版社,1996.
[37] 强胜. 杂草学[M]. 北京:中国农业出版社,2001.
[38] 苏少泉,宋顺祖. 中国农田杂草化学防治[M]. 北京:中国农业出版社,1996.
[39] 任自忠,苑凤瑞,张森,等. 新编植物保护实用手册[M]. 北京:中国农业出版社,2003.
[40] 朱恩林. 农村鼠害防治手册[M]. 北京:中国农业出版社,2000.
[41] 戴奋奋,袁会珠. 植保机械与施药技术规范化[M]. 北京:中国农业科学技术出版社,2003.
[42] 吕印谱,马奇祥. 新编常用农药使用简明手册[M]. 北京:中国农业出版社,2004.
[43] 农业部农作物病虫测报总站. 农作物主要病虫测报方法[M]. 北京:农业出版社,1981.
[44] 张左生. 粮油作物病虫鼠害预测预报[M]. 上海:上海科学技术出版社,1995.
[45] 张孝羲,张跃进. 农作物有害生物预测学[M]. 2003 年内部印刷.
[46] 肖悦岩,季伯衡,等. 植物病害流行与预测[M]. 北京:中国农业大学出版社,1998.
[47] 商鸿生. 植物检疫学[M]. 2 版. 北京:中国农业出版社,2017.
[48] 王春林,边全乐. 植物检疫法制管理概论[M]. 北京:中国科学技术出版社,1993.
[49] 刘学敏. 植物保护技术与实训[M]. 北京:中国劳动社会保障出版社,2005.
[50] 农业部全国植保总站. 植物医生手册[M]. 沈阳:化学工业出出版社,1994.
[51] 吕佩珂,高振江,张宝棣,等. 中国粮食作物、经济作物、药用植物病虫原色图鉴[M]. 呼和浩特:远方出版社,1999.
[52] 甘蔗病虫鼠草防治彩色图志编辑委员会. 甘蔗病虫鼠草防治彩色图志[M]. 南宁:广西科学技术出版社,1999.
[53] 张孝羲. 昆虫生态及预测预报[M]. 北京:中国农业出版社,2002.
[54] 广西壮族自治区植保总站. 广西农作物主要病虫测报技术手册[M]. 南宁:广西科学技术出版社,2009.
[55] 广西壮族自治区植保总站. 广西鼠害防治[M]. 南宁:广西科学技术出版社,1995.
[56] 王晓红. 沈阳地区水稻田杂草群落演替及成因[J]. 杂草科学,2004(4):29-31.
[57] 李妙寿. 温州农区稻田杂草群落及其演替[J]. 浙江农业科学,2000(6):325-330.
[58] 沈旦军,稻田杂草群落演替规律、成因和农业防治[J]. 上海农业科技,2002(1):34-36.
[59] 张随榜. 农田杂草识别与防除[M]. 北京:中国农业出版社,2000.
[60] 杨志华. 甘蔗二点螟预测预报研究[J]. 江西植保,1995(4): 4-7.
[61] 曾长荣. 第一代甘蔗二点螟的预测预报方法及防治[J]. 甘蔗,1999,6(4): 23-25.
[62] 广西壮族自治区植保总站. 农田害鼠预测预报技术规程[M]. 南宁:广西科学技术出版社,1995.
[63] 农业部全国植物保护总站. 全国农田杂草调查方案[M]. 北京:中国农业出版社,1997.
[64] 叶银恭. 植物保护学[M]. 杭州:浙江大学出版社,2006.
[65] 全国农业技术推广中心. 玉米大斑病测报调查规范. 农作物有害生物测报技术手册[M]. 北京:中国农业出版社,2006.
[66] 中国农业科学院植物保护研究所,中国植物保护学会主编. 中国农作物病虫害上、中、下

册[M].3 版.北京:中国农业出版社,2015.
[67] 农业标准出版中心.最新中国农业行业标准:第一辑[M].北京:中国农业出版社,2011.
[68] 农业标准出版中心.最新中国农业行业标准:第五辑[M].北京:中国农业出版社,2011.
[69] 农业标准出版中心.最新中国农业行业标准:第六辑[M].北京:中国农业出版社,2011.
[70] 农业标准出版中心.最新中国农业行业标准:第七辑植保分册[M].北京:中国农业出版社,2012.
[71] 农业标准出版中心.最新中国农业行业标准:第八辑种植业分册[M].北京:中国农业出版社,2013.
[72] 农业标准出版中心.最新中国农业行业标准:第十辑种植业分册[M].北京:中国农业出版社,2013.
[73] 中华人民共和国国家标准.主要农作物病虫测报调查规范(一)[S].北京:中国标准出版社,1998.
[74] 中华人民共和国国家标准.GB/T 23391.1—2009 玉米大、小斑病和玉米螟防治技术规范 第 1 部分:玉米大斑病[S].
[75] 中华人民共和国国家标准.GB/T 23391.1—2009 玉米大、小斑病和玉米螟防治技术规范 第 2 部分:玉米小斑病[S].
[76] 中华人民共和国国家标准.GB/T 23391.3—2009 玉米大、小斑病和玉米螟防治技术规范 第 3 部分:玉米螟[S].
[77] 黑龙江省地方标准 DB23/T 1229—2008 水稻二化螟防治技术规范[S].
[78] 中华人民共和国国家标准.GB/T 35879—2018 甘蔗螟虫综合防治技术规程.
[79] 中华人民共和国农业行业标准.NY/T 2683—2015 农田主要地下害虫防治技术规程.
[80] 中华人民共和国农业行业标准.NY/T 2393—2013 花生主要虫害防治技术规程.
[81] 中华人民共和国农业行业标准.NY/T 2359—2013 三化螟测报技术规范.
[82] 广西壮族自治区地方标准.DB45/T 2030—2019 甘蔗粉蚧防治技术规程.
[83] 浙江省地方标准.DB33/T 689.1—2008 水稻灰飞虱测报防治第 1 部分:水稻灰飞虱测报调查规范.
[84] 浙江省地方标准.DB33/T 689.2—2008 水稻灰飞虱测报防治第 2 部分:水稻灰飞虱防治规范.
[85] 中华人民共和国国家标准.GB/T 8321.10—2018 农药合理使用准则(十).
[86] 中华人民共和国国家标准.GB/T 8321.9—2009 农药合理使用准则(九).
[87] 中华人民共和国国家标准.GB/T 8321.8—2007 农药合理使用准则(八).
[88] 中华人民共和国国家标准.GB/T 8321—7 农药合理使用准则(七).
[89] 中华人民共和国国家标准.GB/T 8321—6 农药合理使用准则(六).
[90] 中华人民共和国国家标准.GB/T 8321.5—2006 农药合理使用准则(五).
[91] 中华人民共和国农业行业标准 NY/T 393—2020 绿色食品　农药使用准则.

附录

附录一 国家禁限用农药名单

（中国农药信息网，网址：http://www.chinapesticide.org.cn/）

1.截至目前国内禁止生产销售和使用的农药名单（38种）

（1）2002.6.5农业部公告第199号：六六六，滴滴涕，毒杀芬，二溴氯丙烷，杀虫脒，二溴乙烷，除草醚，艾氏剂，狄氏剂，汞制剂，砷、铅类，敌枯双，氟乙酰胺，甘氟，毒鼠强，氟乙酸钠，毒鼠硅。

（2）2008.1.9发改委、农业部等六部委公告第1号：甲胺磷，对硫磷（1605），甲基对硫磷（甲基1605），久效磷，磷胺。

（3）2011.6.15农业部公告第1586号：苯线磷，地虫硫磷，甲基硫环磷，磷化钙，磷化镁，磷化锌，硫线磷，蝇毒磷，治螟磷，特丁硫磷。

（4）2011年5月，第八届全国农药登记评审委员会第九次会议决定：停止受理和批准硫酸链霉素（农用链霉素）的新增田间试验、农药登记，已批准含有硫酸链霉素的产品，其登记证件到期后不再办理续展登记（实际上自2018年起我国已实际禁用硫酸链霉素）。

（5）2016.9.13.农业部公告第2445号：自2018年10月1日起，全面禁止三氯杀螨醇销售、使用。

（6）2019.3.22农业农村部公告第148号：自2020年1月1日起，禁止使用含氟虫胺成分的农药产品。

2. 目前为止国内禁止销售和使用但可以生产、外销或未提可生产的农药名单（7种）：

（1）2013.12.9农业部公告第2032号：氯磺隆、福美胂和福美甲胂（包括原药、单剂和复配制剂），自2015年12月31日起，禁止在国内销售和使用。胺苯磺隆、甲磺隆单剂自2015年12月31日起，禁止在国内销售和使用；原药和复配制剂自2017年7月1日起，禁止在国内销售和使用。

（2）2012.5.10农业部、工业和信息化部、国家质检总局发布第1745号公告，自2014年7月1日起，撤销百草枯水剂登记和生产许可、停止生产，保留母药生产企业水剂出口境外使用登记、允许专供出口生产，2016 年 7 月 1 日停止水剂在国内销售和使用。

(3)2016.9.13 农业部第 2445 公告：自本公告发布之日起，不再受理、批准 2,4-滴丁酯(包括原药、母药、单剂、复配制剂，下同)的田间试验和登记申请；不再受理、批准 2,4-滴丁酯境内使用的续展登记申请。保留原药生产企业 2,4-滴丁酯产品的境外使用登记(实际上自 2023 年 1 月 29 日起，我国已全面停止国内 2,4-滴丁酯产品的经营和使用)。

3.已撤销或即将撤销农药登记，禁止生产，即将禁止销售和使用的农药(8 种)

(1)2022.3.16 农业农村部第 536 号公告：自 2022 年 9 月 1 日起，撤销甲拌磷、甲基异柳磷、水胺硫磷、灭线磷原药及制剂产品的农药登记，禁止生产。已合法生产的产品在质量保证期内可以销售和使用，自 2024 年 9 月 1 日起禁止销售和使用。

(2)2023 年 12 月 25 日农业农村部公告第 736 号：自 2024 年 6 月 1 日起，撤销含氧乐果、克百威、灭多威、涕灭威制剂产品的登记，禁止生产，自 2026 年 6 月 1 日起，禁止销售和使用。保留原药生产企业的原药生产出口，将现有登记变更为仅限出口登记，实施封闭运行监管。

4. 禁止在蔬菜、果树、茶叶和中草药材上使用农药(20 种)

(1)2002.5.10 农业部公告第 194 号：禁止氧乐果在甘蓝上使用。

(2)2002.6.5 农业部公告第 199 号：禁止甲拌磷(3911)，甲基异柳磷，内吸磷(1059)，克百威(呋喃丹)，涕灭威(神农丹铁灭克)，灭线磷，硫环磷，氯唑磷在蔬菜、果树、茶叶和中草药材上使用。禁止氧乐果在柑橘树上使用；禁止三氯杀螨醇和氰戊菊酯在茶树上使用。

(3)2011.6.15 农业部公告第 1586 号：禁止水胺硫磷在柑橘树上使用；禁止灭多威在柑橘树、苹果树、茶树和十字花科蔬菜上使用；禁止硫丹在苹果树和茶树上使用；禁止溴甲烷在草莓和黄瓜上使用。

(4)2013.12.9 农业部公告 2032 号：自 2016 年 12 月 31 日起，禁止毒死蜱和三唑磷在蔬菜上使用。

(5)2015.8.22 农业部公告 2289 号：自 2015 年 10 月 1 日起，撤销杀扑磷在柑橘树上的登记，禁止杀扑磷在柑橘树上使用。

(6)2017.7.14 农业部公告第 2552 号：自 2017 年 8 月 1 日起，撤销乙酰甲胺磷、丁硫克百威、乐果(包括含上述 3 种农药有效成分的单剂、复配制剂，下同)用于蔬菜、瓜果、茶叶、菌类和中草药材作物的农药登记，不再受理、批准乙酰甲胺磷、丁硫克百威、乐果用于蔬菜、瓜果、茶叶、菌类和中草药材作物的农药登记申请；自 2019 年 8 月 1 日起，禁止乙酰甲胺磷、丁硫克百威、乐果在蔬菜、瓜果、茶叶、菌类和中草药材作物上使用。

5.禁止在花生、水稻、甘蔗上使用的农药(5 种)

(1)2003.4.30 农业部公告第 2741 号：禁止丁酰肼(比久)在花生上使用。

(2)2016.9.13. 农业部公告第 2445 号：自 2018 年 10 月 1 日起，禁止氟苯虫酰胺在水稻作物上使用；禁止克百威、甲拌磷、甲基异柳磷在甘蔗作物上使用。

6.限制使用范围和施用方法农药(3 种)

(1)2009.2.25 农业部公告第 1157 号：除卫生用、玉米等部分旱田种子包衣剂外，禁止氟虫腈(锐劲特)在其他方面使用。

(2)2015.8.22 农业部公告第 2289 号：自 2015 年 10 月 1 日起，将溴甲烷、氯化苦的登记使用范围和施用方法变更为土壤熏蒸，撤销除土壤熏蒸外的其他登记。溴甲烷、氯化苦应在专业技术人员指导下使用。

(3)2017.7.14.农业部公告第2552号：自2019年3月26日起，禁止含硫丹产品在农业上使用。自2019年1月1日起，将含溴甲烷产品的农药登记使用范围变更为“检疫熏蒸处理”，禁止含溴甲烷产品在农业上使用。

7.人、畜居住场所禁止使用农药1种

2016.9.13.农业部公告第2445号：自本公告发布之日起，生产磷化铝农药产品应当采用内外双层包装。外包装应具有良好密闭性，防水防潮防气体外泄。内包装应具有通透性，便于直接熏蒸使用。内、外包装均应标注高毒标识及“人、畜居住场所禁止使用”等注意事项。自2018年10月1日起，禁止销售、使用其他包装的磷化铝产品。

8.限制使用农药32种

2017.8.31农业部公告第2567号：公布限制使用农药名录32种，2017年10月1日起施行。其中前22种种实行定点经营，其他农药实行定点经营的时间由农业部另行规定。32种农药是：甲拌磷，甲基异柳磷，克百威，磷化铝，硫丹，氯化苦，灭多威，灭线磷，水胺硫磷，涕灭威，溴甲烷，氧乐果，百草枯，2,4-滴丁酯，C型肉毒梭菌毒素，D型肉毒梭菌毒素，氟鼠灵，敌鼠钠盐，杀鼠灵，杀鼠醚，溴敌隆，溴鼠灵，丁硫克百威，丁酰肼，毒死蜱，氟苯虫酰胺，氟虫腈，乐果，氰戊菊酯，三氯杀螨醇，三唑磷，乙酰甲胺磷。

按照《农药管理条例》规定，任何农药产品都不得超出农药登记批准的使用范围使用，农药使用作物场所范围可查阅中国农药信息网：http://www.chinapesticide.gov.cn/。

附录二　NY/T 393—2020 绿色食品　农药使用准则

中华人民共和国农业农村部　2020-07-27 发布　2020-11-01 实施

前言

本标准按照 GB/T 1.1—2009 给出的规则起草。

本标准代替 NY/T 393—2013《绿色食品　农药使用准则》。与 NY/T 393—2013 相比，除编辑性修改外主要技术变化如下：

——增加了农药的定义(见 3.3)

——修改了有害生物防治原则(见第 4 章)。

——修改了农药选用的法规要求(见 5.1)。

——修改了绿色食品农药残留要求(见第 7 章)。

——在 AA 级和 A 级绿色食品生产均允许使用的农药清单中，删除了(硫酸)链霉素，增加了具有诱杀作用的植物(如香根草等)、烯腺嘌呤和松脂酸钠；删除了 2 个表注，增加了 1 个表的脚注(见表 A.1)。

——在 A 级绿色食品生产允许使用的其他农药清单中，删除了 7 种杀虫杀螨剂(S-氰菊酯、丙溴磷、毒死蜱、联苯菊酯、氯氟氰菊酯、氯菊酯和氯氰菊酯)，1 种杀菌剂(甲霜灵)，12 种除草剂(草甘膦、敌草隆、噁草酮、二氯喹啉酸、禾草丹、禾草敌、西玛津、野麦畏、乙草胺、异丙甲草胺、莠灭净和仲丁灵)及 2 种植物生长调节剂(多效唑和噻苯隆)；增加了 9 种杀虫杀螨剂(虫螨腈、氟啶虫胺腈、甲氧虫酰肼、硫酰氟、氰氟虫腙、杀虫双、杀铃脲、虱螨脲和溴氰虫酰胺)，16 种杀菌剂(苯醚甲环唑、稻瘟灵、噁唑菌酮、氟吡菌酰胺、氟硅唑、氟吗啉、氟酰胺、氟唑环菌胺、喹啉铜、嘧菌环胺、氰氨化钙、噻呋酰胺、噻唑锌、三环唑、肟菌酯和烯肟菌胺)，7 种除草剂(苄嘧磺隆、丙草胺、丙炔噁草酮、精异丙甲草胺、双草醚、五氟磺草胺、酰嘧磺隆)及 1 种植物生长调节剂(1-甲基环丙烯)；删除了 2 个条文的注，在条文中增加了关于根据国家新的禁限用规定自动调整允许使用清单的规定(见 A.2)。

本标准由农业农村部农产品质量安全监管司提出。

本标准由中国绿色食品发展中心归口。

本标准起草单位：浙江省农业科学院农产品质量标准研究所、中国绿色食品发展中心、中国农业大学理学院、农业农村部农产品及加工品质量安全监督检验测试中心(杭州)、浙江省农产品质量安全中心。

本标准主要起草人：张志恒、王强、张志华、张宪、潘灿平、郑永利、于国光、李艳杰、李政、戴芬、郑蔚然、徐明飞、胡秀卿。

本标准历次版本发布情况为：

——NY/T 393—2000。

——NY/T 393—2013。

引言

绿色食品是在优良生态环境中按照绿色食品标准生产，实行全程质量控制并获得绿色食品标志使用权的安全、优质食用农产品及相关产品。规范绿色食品生产中的农药使用行为，是保证绿色食品符合性的一个重要方面。

本标准用于规范绿色食品生产中的农药使用行为。2013 年版标准在前版标准的基础上，已经建立起了比较完整有效的标准框架，包括规定有害生物防治原则，要求农药的使用是最后的必要选择；规定允许使用的农药清单，确保所用农药是经过系统评估和充分验证的低风险品种；规范农药使用过程，进一步减缓农药使用的健康和环境影响；规定了与农药使用要求协调的残留要求，在确保绿色食品更高安全要求的同时，也作为追溯生产过程是否存在农药违规使用的验证措施。

本次修订延续上一版的标准框架，主要根据近年国内外在农药开发、风险评估、标准法规、使用登记和生产实践等方面取得的新进展、新数据和新经验，更多地从农药对健康和环境影响的综合风险控制出发，适当兼顾绿色食品生产对农药品种的实际需求，对标准做局部修改。

1 范围

本标准规定了绿色食品生产和储运中的有害生物防治原则、农药选用、农药使用规范和绿色食品农药残留要求。

本标准适用于绿色食品的生产和储运。

2 规范性引用文件

下列文件对于本文件的应用是必不可少的。凡是注日期的引用文件，仅注日期的版本适用于本文件。凡是不注日期的引用文件，其最新版本(包括所有的修改单)适用于本文件。

GB 2763 食品安全国家标准　食品中农药最大残留限量

GB/T 8321(所有部分)　农药合理使用准则

GB 12475　农药贮运、销售和使用的防毒规程

NY/T 391　绿色食品　产地环境质量

NY/T 1667(所有部分)　农药登记管理术语

3 术语和定义

NY/T 1667 界定的及下列术语和定义适用于本文件。

3.1　AA 级绿色食品 AA grade green food

产地环境质量符合 NY/T 391 的要求，遵照绿色食品生产标准生产，生产过程中遵循自然规律和生态学原理，协调种植业和养殖业的平衡，不使用化学合成的肥料、农药、兽药、渔药、添加剂等物质，产品质量符合绿色食品产品标准，经专门机构许可使用绿色食品标志的产品。

3.2　A 级绿色食品 A grade green food

产地环境质量符合 NY/T 391 的要求，遵照绿色食品生产标准生产，生产过程中遵循自然规律和生态学原理，协调种植业和养殖业的平衡，限量使用限定的化学合成生产资料，产品质量符合绿色食品产品标准，经专门机构许可使用绿色食品标志的产品。

3.3　农药 pesticide

用于预防、控制危害农业、林业的病、虫、草、鼠和其他有害生物以及有目的地调节植物、昆虫生长的化学合成或者来源于生物、其他天然物质的一种物质或者几种物质的混合物及其制剂。

注：既包括属于国家农药使用登记管理范围的物质，也包括不属于登记管理范围的物质。

4　有害生物防治原则

绿色食品生产中有害生物的防治可遵循以下原则：

——以保持和优化农业生态系统为基础：建立有利于各类天敌繁衍和不利于病虫草害孳生的环境条件，提高生物多样性，维持农业生态系统的平衡；

——优先采用农业措施：如选用抗病虫品种、实施种子种苗检疫、培育壮苗、加强栽培管理、中耕除草、耕翻晒垡、清洁田园、轮作倒茬、间作套种等；

——尽量利用物理和生物措施：如温汤浸种控制种传病虫害，机械捕捉害虫，机械或人工除草，用灯光、色板、性诱剂和食物诱杀害虫，释放害虫天敌和稻田养鸭控制害虫等；

——必要时合理使用低风险农药：如没有足够有效的农业、物理和生物措施，在确保人员、产品和环境安全的前提下，按照第5、6章的规定配合使用农药。

5　农药选用

5.1　所选用的农药应符合相关的法律法规，并获得国家在相应作物上的使用登记或省级农业主管部门的临时用药措施，但不属于农药使用登记范围的产品（如薄荷油、食醋、蜂蜡、香根草、乙醇、海盐等）除外。

5.2　AA级绿色食品生产应按照A.1的规定选用农药，A级绿色食品生产应按照附录A的规定选用农药，提倡兼治和不同作用机理农药交替使用。

5.3　农药剂型宜选用悬浮剂、微囊悬浮剂、水剂、水乳剂、颗粒剂、水分散粒剂和可溶性粒剂等环境友好型剂型。

6　农药使用规范

6.1　应根据有害生物的发生特点、危害程度和农药特性，在主要防治对象的防治适期，选择适当的施药方式。

6.2　应按照农药产品标签或GB/T 8321和GB 12475的规定使用农药，控制施药剂量（或浓度）、施药次数和安全间隔期。

7　绿色食品农药残留要求

7.1　按照第5章规定允许使用的农药，其残留量应符合GB 2763的要求。

7.2　其他农药的残留量不得超过0.01 mg/kg，并应符合GB 2763的要求。

附录 A
（规范性附录）
绿色食品生产允许使用的农药清单

A.1　AA 级和 A 级绿色食品生产均允许使用的农药清单

AA 级和 A 级绿色食品生产可按照农药产品标签或 GB/T 8321 的规定（不属于农药使用登记范围的产品除外）使用表 A.1 中的农药。

表 A.1　AA 级和 A 级绿色食品生产均允许使用的农药清单

类别	组分名称	备注
Ⅰ.植物和动物来源	楝素（苦楝、印楝等提取物，如印楝素等）	杀虫
	天然除虫菊素（除虫菊科植物提取液）	杀虫
	苦参碱及氧化苦参碱（苦参等提取物）	杀虫
	蛇床子素（蛇床子提取物）	杀虫、杀菌
	小檗碱（黄连、黄柏等提取物）	杀菌
	大黄素甲醚（大黄、虎杖等提取物）	杀菌
	乙蒜素（大蒜提取物）	杀菌
	苦皮藤素（苦皮藤提取物）	杀虫
	藜芦碱（百合科藜芦属和喷嚏草属植物提取物）	杀虫
	桉油精（桉树叶提取物）	杀虫
	植物油（如薄荷油、松树油、香菜油、八角茴香油）	杀虫、杀螨、杀真菌、抑制发芽
	寡聚糖（甲壳素）	杀菌、植物生长调节
	具有诱集和杀线虫剂（如万寿菊、孔雀草、芥子油）	杀线虫
	天然诱杀作用的植物（如香根草等）	杀虫
	植物醋（如食醋、木醋和竹醋等）	杀菌
	菇类蛋白多糖（菇类提取物）	杀菌
	水解蛋白质	引诱
	蜂蜡	保护嫁接和修剪伤口
	明胶	杀虫
	具有驱避作用的植物提取物（大蒜、薄荷、辣椒、花椒、薰衣草、柴胡、艾草、辣根等的提取物）	驱避
	害虫天敌（如寄生蜂、瓢虫、草蛉、捕食螨等）	控制虫害

续表 A.1

类别	组分名称	备注
Ⅱ.微生物来源	真菌及真菌提取物(白僵菌、轮枝菌、木霉菌、耳霉菌、淡紫拟青霉、金龟子绿僵菌、寡雄腐霉菌等)	杀虫、杀菌、杀线虫
	细菌及细菌提取物(苏云金芽孢杆菌、枯草芽孢杆菌、蜡质芽孢杆菌、地衣芽孢杆菌、多粘类芽孢杆菌、荧光假单胞杆菌、短稳杆菌等)	杀虫、杀菌
	病毒及病毒提取物(核型多角体病毒、质型多角体病毒、颗粒体病毒等)	杀虫
	多杀霉素、乙基多杀菌素	杀虫
	春雷霉素、多抗霉素、井冈霉素、嘧啶核苷类抗菌素、宁南霉素、申嗪霉素和中生菌素	杀菌
	S-诱抗素	植物生长调节
Ⅲ.生物化学产物	氨基寡糖素、低聚糖素、香菇多糖	杀菌、植物诱抗
	几丁聚糖	杀菌、植物诱抗、植物生长调节
	苄氨基嘌呤、超敏蛋白、赤霉酸、烯腺嘌呤、羟烯腺嘌呤、三十烷醇、乙烯利、吲哚丁酸、吲哚乙酸、芸苔素内酯	植物生长调节
Ⅳ.矿物来源	石硫合剂	杀菌、杀虫、杀螨
	铜盐(如波尔多液、氢氧化铜等)	杀菌,每年铜使用量不能超过6 kg/hm^2
	氢氧化钙(石灰水)	杀菌、杀虫
	硫磺	杀菌、杀螨、驱避
	高锰酸钾	杀菌,仅用于果树和种子处理
	碳酸氢钾	杀菌
	矿物油	杀虫、杀螨、杀菌
	氯化钙	仅用于治疗缺钙带来的抗性减弱
	硅藻土	杀虫
	粘土(如斑脱土、珍珠岩、蛭石、沸石等)	杀虫
	硅酸盐(硅酸钠,石英)	驱避
	硫酸铁(3 价铁离子)	杀软体动物

续表 A.1

类别	组分名称	备注
V.其他	氢氧化钙	杀菌
	二氧化碳	杀虫,用于贮存设施
	过氧化物类和含氯类消毒剂(如过氧乙酸、二氧化氯、二氯异氰尿酸钠、三氯异氰尿酸等)	杀菌,用于土壤和培养基质、种子和设施消毒
	乙醇	杀菌
	海盐和盐水	杀菌,仅用于种子(如稻谷等)处理
	软皂(钾肥皂)	杀虫
	松脂酸钠	杀虫
	乙烯	催熟等
	石英砂	杀菌、杀螨、驱避
	昆虫性外激素	引诱或干扰
	磷酸氢二铵	引诱
国家新禁用或列入《限制使用农药名录》的农药自动从该清单中删除。		

A.2　A 级绿色食品生产允许使用的其他农药清单

当表 A.1 所列农药不能满足生产需要时,A 级绿色食品生产还可按照农药产品标签或 GB/T 8321 的规定使用下列农药:

a)杀虫杀螨剂

1)苯丁锡 fenbutatin oxide
2)吡丙醚 pyriproxifen
3)吡虫啉 imidacloprid
4)吡蚜酮 pymetrozine
5)虫螨腈 chlorfenapyr
6)除虫脲 diflubenzuron
7)啶虫脒 acetamiprid
8)氟虫脲 flufenoxuron
9)氟啶虫胺腈 sulfoxaflor
10)氟啶虫酰胺 flonicamid
11)氟铃脲 hexaflumuron
12)高效氯氰菊酯 beta-cypermethrin
13)甲氨基阿维菌素苯甲酸盐 emamectin benzoate
14)甲氰菊酯 fenpropathrin
15)甲氧虫酰肼 methoxyfenozide
16)抗蚜威 pirimicarb
17)喹螨醚 fenazaquin
18)联苯肼酯 bifenazate
19)硫酰氟 sulfuryl fluoride
20)螺虫乙酯 spirotetramat
21)螺螨酯 spirodiclofen
22)氯虫苯甲酰胺 chlorantraniliprole
23)灭蝇胺 cyromazine
24)灭幼脲 chlorbenzuron
25)氰氟虫腙 metaflumizone
26)噻虫啉 thiacloprid
27)噻虫嗪 thiamethoxam
28)噻螨酮 hexythiazox
29)噻嗪酮 buprofezin
30)杀虫双 bisultap thiosultapdisodium
31)杀铃脲 triflumuron
32)虱螨脲 lufenuron
33)四聚乙醛 metaldehyde

34)四螨嗪 clofentezine
35)辛硫磷 phoxim
36)溴氰虫酰胺 cyantraniliprole
37)乙螨唑 etoxazole
38)茚虫威 indoxacard
39)唑螨酯 fenpyroximate

b)杀菌剂

1)苯醚甲环唑 difenoconazole
2)吡唑醚菌酯 pyraclostrobin
3)丙环唑 propiconazol
4)代森联 metriam
5)代森锰锌 mancozeb
6)代森锌 zineb
7)稻瘟灵 isoprothiolane
8)啶酰菌胺 boscalid
9)啶氧菌酯 picoxystrobin
10)多菌灵 carbendazim
11)噁霉灵 hymexazol
12)噁霜灵 oxadixyl
13)噁唑菌酮 famoxadone
14)粉唑醇 flutriafol
15)氟吡菌胺 fluopicolide
16)氟吡菌酰胺 fluopyram
17)氟啶胺 fluazinam
18)氟环唑 epoxiconazole
19)氟菌唑 triflumizole
20)氟硅唑 flusilazole
21)氟吗啉 flumorph
22)氟酰胺 flutolanil
23)氟唑环菌胺 sedaxane
24)腐霉利 procymidone
25)咯菌腈 fludioxonil
26)甲基立枯磷 tolclofos-methyl
27)甲基硫菌灵 thiophanate-methyl
28)腈苯唑 fenbuconazole
29)腈菌唑 myclobutanil
30)精甲霜灵 metalaxyl-M
31)克菌丹 captan
32)喹啉铜 oxine-copper
33)醚菌酯 kresoxim-methyl
34)嘧菌环胺 cyprodinil
35)嘧菌酯 azoxystrobin
36)嘧霉胺 pyrimethanil
37)棉隆 dazomet
38)氰霜唑 cyazofamid
39)氰氨化钙 calcium cyanamide
40)噻呋酰胺 thifluzamide
41)噻菌灵 thiabendazole
42)噻唑锌
43)三环唑 tricyclazole
44)三乙膦酸铝 fosetyl-aluminium
45)三唑醇 triadimenol
46)三唑酮 triadimefon
47)双炔酰菌胺 mandipropamid
48)霜霉威 propamocarb
49)霜脲氰 cymoxanil
50)威百亩 metam-sodium
51)萎锈灵 carboxin
52)肟菌酯 trifloxystrobin
53)戊唑醇 tebuconazole
54)烯肟菌胺
55)烯酰吗啉 dimethomorph
56)异菌脲 iprodione
57)抑霉唑 imazalil

c)除草剂

1) 2 甲 4 氯 MCPA
2)氨氯吡啶酸 picloram
3)苄嘧磺隆 bensulfuron-methyl
4)丙草胺 pretilachlor
5)丙炔噁草酮 oxadiargyl
6)丙炔氟草胺 flumioxazin
7)草铵膦 glufosinate-ammonium
8)二甲戊灵 pendimethalin
9)二氯吡啶酸 clopyralid
10)氟唑磺隆 flucarbazone-sodium

11)禾草灵 diclofop-methyl
12)环嗪酮 hexazinone
13)磺草酮 sulcotrione
14)甲草胺 alachlor
15)精吡氟禾草灵 fluazifop-P
16)精喹禾灵 quizalofop-P
17)精异丙甲草胺 s-metolachlor
18)绿麦隆 chlortoluron
19)氯氟吡氧乙酸(异辛酸) fluroxypyr
20)氯氟吡氧乙酸异辛酯 fluroxypyr-mepthyl
21)麦草畏 dicamba
22)咪唑喹啉酸 imazaquin
23)灭草松 bentazone
24)氰氟草酯 cyhalofop butyl
25)炔草酯 clodinafop-propargyl
26)乳氟禾草灵 lactofen
27)噻吩磺隆 thifensulfuron-methyl
28)双草醚 bispyribac-sodium
29)双氟磺草胺 florasulam
30)甜菜安 desmedipham
31)甜菜宁 phenmedipham
32)五氟磺草胺 penoxsulam
33)烯草酮 clethodim
34)烯禾啶 sethoxydim
35)酰嘧磺隆 amidosulfuron
36)硝磺草酮 mesotrione
37)乙氧氟草醚 oxyfluorfen
38)异丙隆 isoproturon
39)唑草酮 carfentrazone-ethyl

d)植物生长调节剂

1)1-甲基环丙烯 1-methylcyclopropene
2)2,4-滴 2,4-D(只允许作为植物生长调节剂使用)
3)矮壮素 chlormequat
4)氯吡脲 forchlorfenuron
5)萘乙酸 1-naphthal acetic acid
6)烯效唑 uniconazole

国家新禁用或列入《限制使用农药名录》的农药自动从上述清单中删除。